国家出版基金项目
NATIONAL PUBLICATION FOUNDATION

世界技术编年史

SHIJIE JISHU BIANNIAN SHI

化工 轻工纺织

主编 张明国 赵翰生

山东教育出版社

图书在版编目（CIP）数据

世界技术编年史. 化工 轻工纺织 / 张明国，赵翰生
主编 .— 济南：山东教育出版社，2019.10（2020.8重印）
ISBN 978-7-5701-0799-5

Ⅰ . ①世… Ⅱ . ①张… ②赵… Ⅲ . ①技术史 – 世
界 Ⅳ . ①N091

中国版本图书馆CIP数据核字（2019）第217564号

责任编辑：李广军　闵　婕　岳思聪
装帧设计：丁　明
责任校对：赵一玮

SHIJIE JISHU BIANNIAN SHI
HUAGONG　QINGGONG FANGZHI

世界技术编年史

化工　轻工纺织

张明国　赵翰生　主编

主管单位：山东出版传媒股份有限公司
出版发行：山东教育出版社
　　　　　地址：济南市纬一路321号　邮编：250001
　　　　　电话：（0531）82092660　　网址：www.sjs.com.cn
印　　刷：山东临沂新华印刷物流集团有限责任公司
版　　次：2019年10月第1版
印　　次：2020年8月第2次印刷
开　　本：710毫米×1000毫米　1/16
印　　张：37.5
字　　数：618千
定　　价：115.00元

（如印装质量有问题，请与印刷厂联系调换）印厂电话：0539-2925659

《世界技术编年史》编辑委员会

总序

　　人类的历史，是一部不断发展进步的文明史。在这一历史长河中，技术的进步起着十分重要的推动作用。特别是在近现代，科学技术的发展水平，已经成为衡量一个国家综合国力和文明程度的重要标志。

　　科学技术历史的研究是文化建设的重要内容，可以启迪我们对科学技术的社会功能及其在人类文明进步过程中作用的认识与理解，还可以为我们研究制定科技政策与规划、经济社会发展战略提供重要借鉴。20世纪以来，国内外学术界十分注重对科学技术史的研究，但总体看来，与科学史研究相比，技术史的研究相对薄弱。在当代，技术与经济、社会、文化的关系十分密切，技术是人类将科学知识付诸应用、保护与改造自然、造福人类的创新实践，是生产力发展最重要的因素。因此，技术史的研究具有十分重要的现实意义和理论意义。

　　本书是国内从事技术史、技术哲学的研究人员用了多年的时间编写而成的，按技术门类收录了古今中外重大的技术事件，图文并茂，内容十分丰富。本书的问世，将为我国科学技术界、社会科学界、文化教育界以及经济社会发展研究部门的研究提供一部基础性文献。

　　希望我国的科学技术史研究不断取得新的成果。

2022/11/02

前言

　　技术是人类改造自然、创造人工自然的方法和手段，是人类得以生存繁衍、经济发展、社会进步的基本前提，是生产力中最为活跃的因素。近代以来，由于工业技术的兴起，科学与技术的历史得到学界及社会各阶层的普遍重视，然而总体看来，科学由于更多地属于形而上层面，留有大量文献资料可供研究，而技术更多地体现在形而下的物质层面，历史上的各类工具、器物不断被淘汰销毁，文字遗留更为稀缺，这都增加了技术史研究的难度。

　　综合性的历史著作大体有两种文本形式，其一是在进行历史事件考察整理的基础上，抓一个或几个主线编写出一种"类故事"的历史著作；其二是按时间顺序编写的"编年史"。显然，后一种著作受编写者个人偏好和知识结构的影响更少，具有较强的文献价值，是相关专业研究、教学与学习人员必备的工具书，也适合从事技术政策、科技战略研究与管理人员学习参考。

　　技术编年史在内容选取和编排上也可以分为两类，其一是综合性的，即将同一年的重大技术事项大体分类加以综合归纳，这样，同一年中包括了所有技术门类；其二是专业性的，即按技术门类编写。显然，两者适合不同专业的人员使用而很难相互取代，而且在材料的选取、写作深度和对撰稿者专业要求方面均有所不同。

　　早在1985年，由赵红州先生倡导，在中国科协原书记处书记田夫的支持下，我们在北京玉渊潭望海楼宾馆开始编写简明的《大科学年表》，该年表历时5年完成，1992年由湖南教育出版社出版。在参与这一工作中，我深感学界缺少一种解释较为详尽的技术编年史。经过一段时间的筹备之后，1995年与清华大学汪广仁教授和东北大学远德玉教授组成了编写核心组，组织清华大学、东北大学、北京航空航天大学、北京科技大学、北京化工大学、中国电力信息中心、华中农业大学、哈尔滨工业大学、哈尔滨医科大学等单位的同行参与这一工作。这一工作得到了李昌及卢嘉锡、任继愈、路甬祥、柯俊、席泽宗等一批知名科学家的支持，他们欣然担任了学术顾问。全国人大常委会原副委员长、中国科学院原院长路甬祥院士还亲自给我写信，谈了他的看法和建议，并为这套书写了序。2000年，中国科学院学部主席团原执行主席、原中共中央顾问委员会委员李昌到哈工大参加校庆时，还专门了解该书的编写情况，提出了很好的建议。当时这套书定名为《技术发展大事典》，准备以纯技术事项为主。2010年，为了申报教育部哲学社会科学研究后期资助项目，决定首先将这一工作的古代部分编成一部以社会文化科学为背景的技术编年史（远古—1900），申报栏目为"哲学"，因为我国自然科学和社会科学基金项目申报书中没有"科学技术史"这一学科栏目。这一工作很快被教育部批准为社科后期资助重点项目，又用了近3年的时间完成了这一课题，书名定为《社会文化科学背景下的技术编年史（远古—1900）》，2016年由高等教育出版社出版，2017年获第三届中国出版政府奖提名奖。该书现代部分（1901—2010）已经得到国家社科基金后期资助，正在编写中。

2011年4月12日，在山东教育出版社策划申报的按技术门类编写的《世界技术编年史》一书，被国家新闻出版总署列为"十二五"国家重点出版规划项目。以此为契机，在山东教育出版社领导的支持下，调整了编辑委员会，确定了本书的编写体例，决定按技术门类分多卷出版。期间召开了四次全体编写者参与的编辑工作会，就编写中的一些具体问题进行研讨。在编写者的努力下，历经8年陆续完成。这样，上述两类技术编年史基本告成，二者具有相辅相成，互为补充的效应。

本书的编写，是一项基础性的学术研究工作，它涉及技术概念的内涵和外延、技术分类、技术事项整理与事项价值的判定，与技术事项相关的时间、人物、情节的考证诸多方面。特别是现代的许多技术事件的原理深奥、结构复杂，写到什么深度和广度均不易把握。

这套书从发起到陆续出版历时20多年，期间参与工作的几位老先生及5位顾问相继谢世，为此我们深感愧对故人而由衷遗憾。虽然我和汪广仁、远德玉、程承斌都已是七八十岁的老人了，但是在这几年的编写、修订过程中，不断有年轻人加入进来，工作后继有人又十分令人欣慰。

本书的完成，应当感谢相关专家的鼎力相助以及参编人员的认真劳作。由于这项工作无法确定完成的时间，因此也就无法申报有时限限制的各类科研项目，参编人员是在没有任何经费资助的情况下，凭借对科技史的兴趣和为学术界服务的愿望，利用自己业余时间完成的。

本书的编写有一定的困难，各卷责任编辑对稿件的编辑加工更为困难，他们不但要按照编写体例进行订正修改，还要查阅相关资料对一些事件进行核实。对他们认真而负责任的工作，对于对本书的编写与出版给予全力支持的山东教育出版社的领导，致以衷心谢意。本书在编写中参阅了大量国内外资料和图书，对这些资料和图书作者的先驱性工作，表示衷心敬意。

本书不当之处，显然是主编的责任，真诚地希望得到读者的批评指正。

姜振寰

2019年6月20日

一、收录范围

本书包括化工（化学工业、化学工程、化学工艺等）、轻工和纺织技术（陶瓷业、造纸业、印刷业、家具业、家用电器业、食品业、纺织业、服装业等）三大部分。每部分收录的事件按时间顺序排列。

二、条目选择

以与上述三大类有关的技术思想、原理、发明与革新（专利、实物、实用化）、工艺（新工艺设计、改进、实用化）以及与技术发展有关的重要事件、著作与论文等为条目进行编写。

三、编写要点

1. 每个事项以条目的方式写出。用一句话概括，其后为内容简释。

2. 外国人名、地名、机构名、企业名尽量采用习惯译名，无习惯译名的按商务印书馆出版的辛华编写的各类译名手册处理。

3. 文中专业术语根据具体情况稍加解释。

4. 书后附录由人名索引、事项索引及参考文献组成，均按英文字母顺序排列。人名、事项后加注该人物、事项出现的年代。

四、国别缩略语

［英］英国　　　［法］法国　　　［德］德国　　　［意］意大利　　［奥］奥地利

［西］西班牙　　［葡］葡萄牙　　［美］美国　　　［加］加拿大　　［波］波兰

［匈］匈牙利　　［俄］俄国　　　［中］中国　　　［芬］芬兰　　　［日］日本

［希］希腊　　　［典］瑞典　　　［比］比利时　　［埃］埃及　　　［印］印度

［丹］丹麦　　　［瑞］瑞士　　　［荷］荷兰　　　［挪］挪威　　　［捷］捷克

［苏］苏联　　　［以］以色列　　［新］新西兰　　［澳］澳大利亚

目录

化 工

轻工纺织

化 工

概述
（远古—1900年）

1. 远古至17世纪

　　远古时代是指距今约300万年至B.C.21世纪的世代。其间，在非洲和东亚地区产生了人类（考古学家们在非洲发现了距今300余万年的人类化石，在中国的重庆市发现了距今约200万年的巫山人化石）。人类最初直接利用天然物质（如采集植物和狩猎动物等），或从中提取所需要的物质（如从靛蓝等植物中提取染料等）。但是，这些物质满足不了人们的需求。于是，人类便发明了各种加工技术，把天然物质转变成具有多种性能的新物质。例如，人类发明各种化学加工技术制造并使用了火、陶器、酒、盐、漆器、沥青、涂料、染料、玻璃等物质。"火第一次使人支配了一种自然力，从而最终把人和动物分开"（恩格斯语）；制作陶器被誉为这个时代人类最早的四大发明之一（另三大发明分别是种植植物、饲养动物、磨制石器）。自此，人类由被动地顺应自然阶段进入到主动地改造自然的较高级阶段。

　　B.C.21世纪以后，人类先后进入到青铜器时代和铁器时代。其间，人类运用冶炼技术炼制的铜、铁制作武器、耕具、炊具、餐具、乐器、货币等。B.C.20—B.C.11世纪，中国人用酒曲发酵，发明了原始瓷器（青釉器）等器物。B.C.7—B.C.6世纪，腓尼基人用山羊脂和草木灰制成肥皂。B.C.5—B.C.4世纪，中国人发明了桐油漆、炼丹术、造纸术；叙利亚人发明了玻璃吹制技术。约7世纪，拜占庭人发明了"希腊烟火"。约8世纪，阿拉伯人查比尔发现了王水。11世纪，欧洲人发明了水力风箱，提取硝石，掌握了制备硝酸的方法。

为了总结与传承化学化工技术的经验，人们撰著了许多化学化工方面的著作。例如，B.C.5—B.C.4世纪，中国人撰著了《考工记》。77年，罗马人老普林尼（Pliny, the Elder 23—79）撰著了《自然史》。约1世纪，希腊人迪奥斯科里斯（Dioscorides, P. 40—90）撰著了《药物学》。100—170年，中国东汉学者魏伯阳（约151—221）等撰著了《周易参同契》。约533年，中国北魏学者贾思勰（生卒不详）撰著了《齐民要术》。约9世纪，亚历山大人编纂了工匠手册《着色的配方》，波斯炼金家拉齐（Rāzī, Abū Bakr Muhammad ibn Zakarīyyā al-864—924）撰著了《秘密中的秘密》。1044年，中国曾公亮（999—1078）和丁度撰著了《武经总要》。1260年，德国科学家大阿尔伯图斯（Albertus, Magnus Saint 约1200—1280）撰著了《炼金术》，中国宋末元初蒋祈撰著了《陶记》。1267年，英国学者罗吉尔·培根（Bacon, R. 约1214—约1292）撰著了《大著作》等。这些著作对于推动当时化学化工技术的发展起到了重要作用。

B.C.3世纪，中国人开始了炼丹活动并在其中发明了火药。8—12世纪，火药"经过印度传给阿拉伯人，又由阿拉伯人和火药武器一道经过西班牙传入欧洲"。中国东汉魏伯阳在其《周易参同契》的炼丹术著作中对炼丹经验进行详细的记述。晋代炼丹家葛洪（284—364）在其《抱朴子》一书中对汉晋以来的炼丹术也做了详细记载和总结。炼丹—炼金家在炼丹和炼金的过程中，认识了硫、汞、铅等金属和非金属的性质；认识了氯化镁、硼砂、苛性钠、草木灰、食盐等化合物的反应；发明了加热器、蒸馏瓶、坩埚等仪器；掌握了蒸发、过滤、蒸馏等实验操作技术。因此，炼丹—炼金术被认为是近代化学的前身或是原始化学。

B.C.1世纪，中国西汉人发明了造纸术。105年，东汉蔡伦（？—121）对造纸术进行了改进，使之趋于成熟，完成了一次书写材料的革命，也完成了一次重要的化学工艺的革命。6世纪，北魏学者贾思勰在《齐民要术》中，专门记载了处理造纸原料楮皮和染黄纸的技术。7世纪初期，造纸术被东传至朝鲜、日本。8世纪，造纸术被西传入阿拉伯。10—11世纪，造纸术被传入埃及、摩洛哥等国。中国北宋时期，沈括（1031—1095）在其《梦溪笔谈》一书中，最先提出了"石油"一词。

12世纪，欧洲人制造肥皂，分离出了无水酒精。1450年起，欧洲人开始从明矾石中制造结晶明矾。1477年，英国炼金家诺顿（Norton，T.）发明了同时进行60种以上操作的炼金熔炉。13世纪以后，中国人发明的火药、造纸术被传入印度以及欧洲。火药、造纸术、指南针和印刷术被誉为中国古代对世界具有重大影响的四大发明，是中国古代劳动人民的伟大创造，它对中国乃至世界文明的发展都起到了重要的推动作用。其中，造纸术的发明为人类提供了经济、便利的书写材料，掀起了一场人类文字载体的革命；火药武器的发明和使用，改变了作战方式，帮助欧洲资产阶级摧毁了封建堡垒，加速了欧洲的社会历史进程。英国哲学家培根（Bacon，F. 1561—1626）指出，中国人的发明在世界范围内把事物的全部面貌和情况都改变了；马克思（Marx，K.H. 1818—1883）则指出，中国人的发明预告资产阶级社会到来；恩格斯（Engels，F.V. 1820—1895）认为火药的发明具有光辉的历史意义；英国汉学家麦都思（Medhurst，W.H. 1796—1857）指出，中国人的发明对欧洲文明的发展，提供了异乎寻常的推动力。

15世纪和16世纪前期，威尼斯人生产出了水晶玻璃；16世纪，荷兰人德雷贝尔（Drebbel，C.）发明了硫酸制造方法，瑞士人帕拉塞尔苏斯（Paracelsus，P.A.）提出了新医疗法；16世纪中期，欧洲兴起涂漆业；16世纪末期，中国明代李时珍（1518—1593）撰著了《本草纲目》，作者记载了纯金属、金属、金属氯化物、硫化物等化学反应和蒸馏、结晶、升华、沉淀、干燥等化学方法，批判了水银"无毒"，久服"成仙""长生"等说法，驳斥了久服水银可以长生不老的无稽之谈，该书被誉为"东方药物巨典""中国古代的百科全书"。17世纪，德国化学家格劳贝尔（Glauber，J.R. 1604—1668）首次通过加热蒸馏明矾（或绿矾）和盐的混合物，制造出近乎纯净的盐酸。英国化学家波义耳（Boyle，R. 1627—1691）发现了甲醇，建造了化学实验室；英国化学家雷文斯克罗夫特（Ravenscroft，G.）发明了燧石玻璃；英国化学家伊勒（Eele，M.）提取了沥青和焦油；中国明代学者宋应星（1587—约1666）撰著了《天工开物》，首次论述了锌和铜锌合金（黄铜），记述了冶金、分金、铅丹、铅白、银朱、煤炭、石灰、矾、炭黑、燃料、颜料、陶瓷、制曲、酿酒等化学过程和技术，记述了炉甘石还原成锌的火法炼锌技术，该书被誉为世界上第一部关于农业和手工业生产的综合性著作、"中国17世纪的工艺百科全书"。

2. 18世纪

18世纪，欧洲出现了两大革命性事件，一是英国率先完成了技术革命和产业革命，二是法国完成了社会革命。受其影响，化学化工技术获得了突破性的发展。1704年，德国人狄斯巴赫（Diesbach，Heinrich）发明了普鲁士蓝；1709年，英国人达比（Darby，A. 1677—1717）首次用焦炭炼铁；1727年，德国人舒尔策（Schulze，J.H. 1687—1744）发现了银盐的化学反应；1746年，英国人罗巴克（Roebuck，J. 1718—1794）建成了世界上第一座铅室法生产硫酸厂；1763年，英国建造了用煤炼焦的蜂窝式炼焦炉；1781年，英国人科克伦（Cochrane，D.A. 1749—1831）制取了焦油；1792年，英国人默多克（Murdoch，W. 1754—1839）率先用煤气照明；1798年，瑞士人吉南（Guinand，P.I. 1748—1824）发明了生产光学玻璃的搅拌器；1799年，英国人坦南特（Tennant，C. 1769—1838）发明了干性漂白粉。这一时期，在化学化工技术方面也有两个值得关注的事件：一个是法国化学家拉瓦锡（Laovoisier，A.L. 1743—1794）与他人合作制定出了化学物种命名原则，创立了化学物种分类新体系，通过化学实验阐明了质量守恒定律及其在化学中的运用，创建了"燃烧的氧化理论"，为近代化学的发展奠定了基础，他因此被誉为"近代化学之父"；另一个是法国化工技术专家吕布兰（Leblanc，N. 1742—1806）发明了第一个工业制纯碱的方法——"吕布兰制碱法"，并建成了第一座吕布兰法碱厂，为近代化学工业的形成与发展奠定了基础。

3. 19世纪

19世纪，欧洲进入了自然科学全面发展的时期和电力技术革命时期。受其影响，化学工业进入到初级发展时期。其间，无机化工已初具规模，有机化工正在形成，高分子化工处于萌芽时期。其主要体现在以下几个方面：**（1）运用化学化工技术合成了新物质。**法国合成了无机颜料铬黄，用乙烯和硫酸合成了乙醇，用电弧法合成了乙炔；英国合成了苯胺紫染料、香豆素、茜素；德国合成了滴滴涕、靛蓝、刚果红和酪蛋白塑料等。**（2）发明了新技术。**德国发明了橡胶塑炼机和橡胶混炼技术、人类历史上第一台制冷机、氨制冷器、蓄热室炼焦炉，建成了第一座工业规模的隔膜电解槽；英国设计了水泥制造的回转窑技术，建立了蜂窝式炼焦炉和电炉制磷工业装置；爱尔兰发明了直立式筛板塔。（3）**分离、提取或提炼出新物质。**英国电解分离出了金属钾，从煤焦油中分离出萘，提炼出了异戊二烯；德国从鸦片中分离出了吗啡，从煤焦油中提炼出了苯酚，从煤焦油中提取出了苯；法国分离出了奎宁等。（4）**发明和发现了新技术、新物质。**英国发明了防水胶布、充气轮胎、人造丝、胶棉湿版摄影术、明胶干版摄影底片、从硫化氢回收硫黄的"克劳斯法"、石油裂化技术、黏胶纤维、波特兰水泥、火柴等；美国发明了赛璐珞和赛璐珞胶卷、水煤气，发现了从石油中脱去硫化物的方法、制取烧碱的水银电解法，以及石油和天然橡胶的硫化方法等；瑞典发明了硝化甘油、雷管、黄色炸药、爆胶、巴里斯太双基火药等；瑞士发明了红磷安全火柴、合成靛蓝的方法；比利时发明了纯碱生产方法；德国发明了硝化纤维制法，发现了苯胺、重氮化反应和天然橡胶结构；法国发明了杀菌剂"波尔多液"、单基火药、阿司匹林等，发现了苦味酸的炸药用途和有机物催化加氢反应；俄国发明了甲基橡胶等，发现了异丁烯聚合反应。（5）**生产出了许多化学化工产品。**英国首次生产出了硫酸、无机磷肥、明矾、硝基苯、无机颜料锌钡白等；德国首次生产出了钾肥、磷肥、土耳其红油、发烟硫酸、甲醛、TNT炸药、季戊四醇；美国生产出了炭黑、乙炔等；法国首次生产出了人造黄油、人造丝、乙醚、乙炔等；加拿大首次生产出了煤油等。（6）**完成了许多研究成果。**德国化学家李比希（von Liebig, J. 1803—1873）创立了"养分归还理论"，德国化学家纳普（Knapp, F.L.）撰著了世界上第一部以化学工艺命名的专著《化学工艺手册》；英国化学家们撰著了《伦敦药典》，提出了关于流体流动规律的"雷诺数"；法国微生物学家巴斯德（Pasteur, L. 1822—1895）创立了细菌学说；中国化学家徐寿（1818—1884）编译了《化学鉴原》。（7）**成立了化工教育机构和化工学术机构。**英国伦敦帝国学院成立了化学工程系；美国麻省理工学院开设了第一个化学工程学士学位课程，成立了美国试验和材料学会（ASTM）。（8）**成立许多化学公司。**美国成立了伊斯曼-柯达公司、埃克森公司、杜邦公司等；德国成立了巴斯夫公司、赫司特公司、拜耳公司等；中国成立了火柴厂、硫酸厂、水泥厂等；瑞士成立了汽巴公司；英国成立了工业涂料厂等。

约170万年前

人类开始用火　约170万年前，中国西南地区的元谋人使用火（考古工作者于1965年在云南元谋县发现了元谋人用火的痕迹）。约142万年前，肯尼亚人使用火（考古工作者于1981年在肯尼亚的切苏瓦尼亚发现了用火的痕迹）。约140万年前，南非斯瓦特克兰斯洞的开普人（直立人）使用火（考古工作者于1981年在南非斯瓦特克兰斯洞内发现了用火的遗迹）。约80万—100万年前，中国陕西省蓝田地区的古蓝田人使用火。约40万—50万年，中国北京周口店地区的北京猿人使用火并能够保存火种。火的利用是人类化学和化工发展史上的重大技术发明，正如恩格斯在《反杜林论》中所说："火第一次使人支配了一种自然力，从而最终把人同动物界分开。"

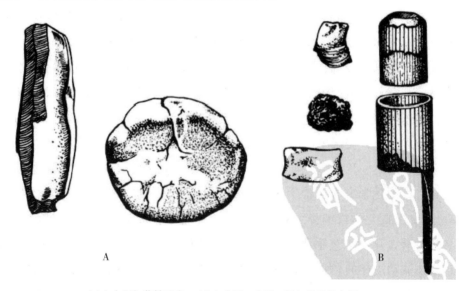

（Ａ）火石与黄铁矿瘤。（Ｂ）火石、火绒、钢与竹质的容器。

约50万年前

人类用矿物颜料装饰和绘画　约50万年前，北京周口店地区的山顶洞人把赭石研成粉末，用它把石珠、鱼骨、骨管、介壳等涂染成红色，再把它们都穿个孔，用纤维串起来，最后制成装饰品。约2万年前，山顶洞人在殡葬中使用以赭石为颜料美化的饰物。其后，埃及人用赭石做染料。距今约2万—3万年前的西班牙阿尔塔米拉洞穴和距今约17000年前的法国拉斯科洞穴中的壁画，使用的颜料都来自矿物质，如黄色、红色和棕色来自赭石和赤铁矿，黑色、黑棕色和紫罗兰取自各种锰矿物。这些矿物质先被磨成粉状，然后被直接涂抹在潮湿的石灰石壁或洞顶上。此外，旧石器时代的非洲史前绘画所使用的颜料是白色颜料。矿物颜料的发明开启了人类装饰和绘画的历史。

9000—1万年前

人类制作陶器　9000—1万年前，中国人发明制作了陶器并用之吃稻米（2011年浙江省文物考古研究所在龙游荷花山遗址发掘出稻作、陶器等文物）。距今约9000年前，土耳其人制作了软质陶器（在土耳其的安纳托利亚高原沙塔夫鲁克发现了软质陶器）。B.C.5000年左右，中国人制作了彩陶（河南省仰韶村出土了红陶、灰陶和黑陶，以彩陶最为突出）。距今约6000年前，伊拉克人制作了彩陶（在伊拉克北部发现了彩陶盘）。距今约5000年前，埃及人制出了软质和硬质陶器，美索不达米亚人制作了陶器。B.C.3000年的希腊人、B.C.2500年的日本人和B.C.2000年的玛雅人也都制造出了陶器。陶器为瓷器的发明打下了基础，也推动了冶金技术的产生。

约B.C.6000年

巴比伦人酿造啤酒　B.C.6000年左右，巴比伦人酿造啤酒。B.C.4000年，美索不达米亚人用大麦、小麦、蜂蜜制作出了16种啤酒。B.C.3000年，埃及人将发芽的大麦制成面包，将面包磨碎，放在敞口的缸里，让空气中的酵母菌进入缸中发酵，制成原始啤酒。B.C.1800年，在古巴比伦国法典中，已有关于啤酒的详细记载。1—2世纪，罗马政治家普利尼（62—113）曾提到过啤酒的生产方法，其中包括酒花的使用。中世纪，啤酒的酿造已由家庭生产转向修道院、乡村的作坊生产。6世纪，啤酒的制作方法由埃及经北非、西班牙、葡萄牙、法国被传入德国。11世纪，啤酒花由斯拉夫人用于啤酒。1480年，德国南部地区的人们发明新的发酵法。1516年，巴伐利亚公国威廉四世大公颁布了《德国啤酒纯酿法令》，规定德国啤酒只能以大麦芽、啤酒花、水和酵母四种原料制作。1845年，巴林（Balin，C.J.）阐明发酵度理论；1857年，法国微生物学家巴斯德（Pasteur，L. 1822—1895）确立生物发酵学说。1881年，汉森（Hansen，E.）发明了酵母纯粹培养法，使啤酒酿造逐步科学化。1876年，德国工程师林德（Linde，Carl 1842—1934）发明了冷冻机，促进了啤酒的工业化生

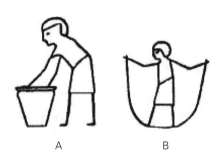

（A）表示啤酒制造者的埃及象形文字，表明他把麦芽浆过滤到发酵缸里的特征性姿势。（B）象形文字，象征在一个大发酵缸里踩踏麦芽浆的工人。

产。1900年，俄国人乌卢布列夫斯基（Ukrainian ruble Lev Siji）在哈尔滨市首先建立了乌卢布列希夫斯基啤酒厂（即现在的哈尔滨啤酒厂），啤酒酿造技术从此被传入中国。

苏美尔人筑房舍和神庙　B.C.6000年左右，美索不达米亚人用粗糙揉过或捣制的黏土建造成房舍和神庙（现有哈苏那、尼尼微的遗址）。B.C.5000—B.C.4300年（哈拉夫文明和欧贝德文明时期），人们使用上下镂空的长方形木模具制作捣实黏土砖。约B.C.3500年（楔形文字初创的乌鲁克时期），该砖被广泛应用于各种建筑。B.C.3200—B.C.2800年（乌鲁克晚期和杰姆代特奈斯尔时期），该砖的尺寸变得较大、较扁，为了特殊用途，须将其放在窑中进行烧制。

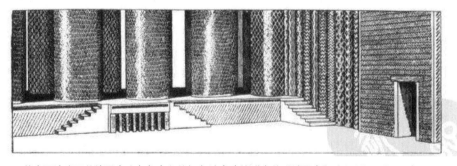

美索不达米亚的埃里克（乌鲁克）的红色神庙建筑群中的"神圣宫"（Sublime Porte）

B.C.5000年

人类使用天然涂料　人类最早使用的天然涂料是生漆。它在漆酶的催化作用下固化成膜，具有耐高温、抗磨损、耐腐蚀等性能。后人提取漆酚并制成漆酚涂料。B.C.5000年的新石器时代，人类使用野兽的油脂、草类和树木的汁液以及天然颜料等配制成原始涂饰物质，用羽毛、树枝等进行绘画。例如，西班牙阿米塔米拉洞窟的绘画、法国拉斯科洞穴的岩壁绘画和中国仰韶文化时期残陶片上的漆绘花纹等都是当时人类绘画的遗存。另外，公元前的巴比伦人使用沥青作为木船的防腐涂料，希腊人掌握了蜂蜡涂饰技术。公元初年，埃及人使用阿拉伯树胶制造涂料。

约B.C.4000年

中国人发明制盐技术　中国先秦古籍《世本》记载："黄帝时，诸侯有夙沙氏，始以海水煮乳煎成盐，其色有青、黄、白、黑、紫五样。"夏禹时代，官方命青州贡盐，周代天官冢宰下属中设有"盐人"。制盐的另外一种方法是开采井盐卤水制盐。战国晚期，李冰（约B.C.302—B.C.235）发明了井盐开凿技术，并在今成都市双流区境内开凿盐井，汲卤煮盐。秦汉时期，胡人发明了"戎盐""胡盐""羌盐"等各类石盐，并贩卖到中原地区。北宋以前，人们开凿出大口径的盐井，其井口"周回四丈"（见《陵州图经》），井深达到八十丈。北宋时代，食盐制作技术有了较大发展。人们开凿出了小口径深井，其被称为"卓筒井"即"竹筒井"，井口如碗大，深数十丈。卓筒井分为盐井、火井和水火井。盐井又分为岩盐井和卤水井，前者通过注水浸卤汲出，后者直接汲卤煮盐。火井引出天然气，作为煮盐的燃料；水火井则兼采卤水和天然气。宋以后至明清时代，卓筒井井深从数十丈到三百多丈，这表明凿井制盐有了重大突破。

中国人制造漆器　从新石器时代起，中国人认识了漆的性能并用以制器。在距今6000—7000年前的浙江河姆渡遗址中，出土了一件木胎朱漆碗，它用天然漆在木碗壁上涂了一层朱红色的涂料，微见光泽，是世界上现存最早的漆器。在距今5000年前的江苏吴江梅堰遗址中，挖掘出的彩绘黑陶罐上有棕红色的漆绘制的花纹。在良渚文化遗址中，也挖掘出了漆器。1973年，河南成蒿成台西村商代遗址中，出土了涂有红、黑两色的漆器残片。尧、舜、禹时期，人们使用黑色漆、红色漆保护和装饰饮食器皿和祭祀礼器。西晋至南北朝时期，人们以漆灰和麻布造型作为漆胎，制造出了为宗

漆木碗

教服务的夹纻胎漆器。唐代出现了金银平脱、螺钿、雕漆等制作费时、价格昂贵的漆器制作技术。宋代的漆器器皿样式多样，造型简朴，结构合理，素色静谧。明代官制和民制漆器普及甚广，且名家很多（如张德刚、方信川、江千里等），并出现了漆器工艺著作（如黄成著、杨明注《髹饰录》等）。漆器至今仍是大陆和台湾民间工艺的重要组成部分。用漆制作和装饰器物体现出科学性、艺术性和实用性的统一，是中国古代在化学工艺及工艺美术方面一项独创性发明。

美索不达米亚人用沥青制造建筑材料 在距今6000多年前的幼发拉底河两岸的古代建筑中，发现了利用沥青砂浆的迹象。当时，美索不达米亚人利用产自巴格达油苗中的沥青制作建筑材料。他们不仅能够使用沥青，还能够精炼岩石沥青，其工艺方法一直应用到16世纪。此外，他们还从事沥青贸易。

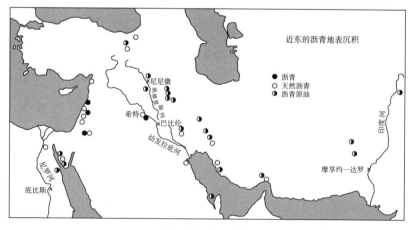

近东的沥青地表沉积

约B.C.3000年

埃及人制作矿物颜料 早在距今6000年前的中国河姆渡文化时期，人们就用朱砂（矿物学名称是辰砂，化学成分是天然硫化汞）制作彩绘的颜料。B.C.3000年，埃及人使用天然红赭石制造陶器或用于壁画。以后，埃及人曾使用黄赭石和雌黄制作黄色颜料，使用铅黄（黄色氧化铅）制作橙色颜料，使用碳酸钙（白垩）或硫酸钙（石膏）制作白色颜料，使用天然孔雀石制作绿色颜料，使用方铅矿制作黑色颜料并用它化妆眼部，使用天青石和绿松石制作蓝色颜料。上述天然颜料多数被沿用到中世纪晚期。此外，他们把硅石、孔雀石、碳酸钙和泡碱加热到830℃，并用烧制加工出的产品制作蓝色玻璃。B.C.700—B.C.200年，该项技术失传。

八种颜色的调色板

古埃及人制造蜡烛 B.C.3000年，古埃及人制造出了细蜡烛和蜡烛。其中，细蜡烛的制作方法是：将纤维材料缠成细长的筒形，再灌入动物脂油或蜡。蜡烛的早期制作方法是：在用于支撑的小木棒的周围团一堆油脂，油脂块一头尖，以便于点燃；其后期制作方法是：先在小木棒的顶端固定一个扁

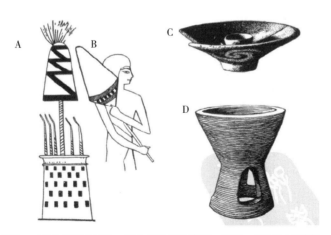

（A）蜡烛与细蜡烛。（B）便携式蜡烛。来自底比斯的墓葬，埃及，约B.C.1300年。（C）带插座的烛台。来自米诺斯宫殿，克里特岛，B.C.1600年，直径约7英寸。（D）重建的红铜时代的石制火盆。来自巴勒斯坦靠近加沙的加沙旱谷，高约10英寸。

平或杯形的器物，再将切成圆锥形的油脂或蜡块放到该器物中，最后用易燃性材料制成的窄带条缠绕在燃料外边，以便防止燃烧时锥形燃料泻散。其后，又制造出了圆柱形蜡烛。蜡烛在当时被用于照明和熏香等，是丧葬仪式的必备用品。中世纪时期，南欧如地中海沿岸的人们用牛脂和羊脂制作蜡烛。中国南唐时期，江南人用柏树油脂代替动物油脂制成蜡烛，使其制作价格大幅下降，并由此被普遍使用。到19世纪，人们用提炼石油生成的石蜡制作蜡烛。

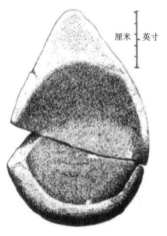

厘米 英寸

旧石器时代的石灯

乌尔地区制作油灯 油灯起源于火的发明和人类照明的需要。旧石器时代，人们在简易的石杯中加入少量油和一根灯芯制作了油灯。约B.C.3000年，乌尔地区（古代两河流域南部的一个苏美尔人城邦）的人们把灯油和灯芯装入被修整过的海绵软体动物的贝壳（有供灯芯的燃烧的一个或多个敞开式的凹槽）中制成了贝壳油灯。中国人最早制作的灯是瓦豆（镫），即"瓦豆谓之登"（《尔雅·释器》）。该灯被称为"陶灯"。其形状是上盘下座，中间以柱相连。后来，人们利用相同的方法，并以石膏、金、银和铜为原料，制作出了许多种不同形状的油灯。油灯所需燃料来源于鱼类、鸟类、鲸鱼以及海豹等动物的油脂和橄榄油、蓖麻油或菜籽油等植物油以及石油等矿物油。

B.C.25—B.C.15世纪

古埃及人和美索不达米亚人发明绘画底料 古埃及人和美索不达米亚人很少直接在砖石上绘画，他们常常在被粉刷在砖石墙壁或石头表面的底子上绘画。早期的底料是灰泥，低质量灰泥用尼罗河的淤泥和稻草搅拌制成，

"首席雕刻家Anta"的工作室

高质量灰泥用山洞或矿穴中含有石灰石的泥土制成。后来，埃及人便使用优质石膏作底料。希腊-罗马时代，埃及人用石灰作底料。B.C.2500年，美索不达米亚人把掺入灰烬或砖石粉的石灰砂浆粉刷成约4毫米厚的绘画底子，并在其上绘画。

古埃及人最早制造玻璃制品　玻璃是由二氧化硅和其他化学物质熔融在一起形成的，其主要原料是纯碱、石灰石、石英等。B.C.2500年前后（或B.C.3700年），古埃及人制作了有色玻璃（其主要成分是钠-钙硅酸盐）并用它制成装饰品；靠近森林的其他地区的人们使用草木灰生产钾玻璃。以后，逐渐出现了生产不同颜色玻璃的配方，埃及人可能使用天然二氧化锰"淡化"玻璃颜色。B.C.1500年左右，人们制作出了玻璃容器。B.C.1000年，中国周朝人制作出了无色玻璃（见于西周早期墓葬），其主要成分是铅钡硅酸盐。到4世纪，罗马人把玻璃应用在门窗上。12世纪，玻璃被用于工业材料。1688年，意大利人发明了大块玻璃的制作工艺，由此，玻璃成为普通用品。1874年，比利时人制成平板玻璃。1906年，美国人制成平板玻璃引上机。玻璃的发明是材料技术发明中的一项重大突破。

美索不达米亚或叙利亚带有滚料板纹痕的砂芯瓶

用大块玻璃冷雕而成的枕头

中国人发明织物染色技术　织物染色技术工艺包括练漂和染色两部分：练漂是指先用碱剂处理织物（即所谓"练"），后用清水漂洗（即所谓"漂"）；染色是指用染色剂染色织物。染色剂分为矿物颜料和植物染料，矿物颜料包括赭石、丹砂、石黄、铅白、空青、曾青、胡粉、蜃灰、墨等；植物染料包括蓝草、葳草、茜草、荩、紫草、荩草、山矾、黄檗、地黄、天名精、皂斗等。约B.C.3000年，中国人发明了织物染色技术。早期人们使用矿物颜料染色织物（即所谓"石染"）。夏商之际，人们开始试用植物染料染色丝麻和帛布。到了周朝，染色技术逐渐成熟，形成了一套比较完整的操作工序，由此产生了织染手工业。到了秦代，人们开始使用蓝草叶造靛蓝素染料染色织物（即所谓"蜡染"）并趋于成熟。

中国人发明发酵技术　发酵原指轻度发泡或沸腾状态。现指人们借助微生物在有氧或无氧条件下的生命活动制备微生物菌体本身，或者直接代谢产物或次级代谢产物的过程。它是人类较早接触的一种生物化学反应。B.C.2000年，中国人用酒曲（曲蘖）发酵。曲蘖既含有起糖化作用的霉菌，又含有酵母菌，因此可将淀粉直接发酵成酒。在西安市米家崖遗址，考古人员发现了距今5000年前中国人酿制啤酒的证据。夏禹时代，仪狄发明了酒醪技术，杜康发明了秫酒制造技术。商周时期，中国人发明了酒曲复式发酵技术，并制造出了黄酒。宋代，中国人发明了蒸馏法，并制造出了白酒。元朝时期，中国人制造了高度白酒。到了19世纪50年代，法国化学家巴斯德（Pasteur，Louis　1822—1895）揭示了发酵酿酒的原理，并注意到了中国独特的酿酒方法。19世纪末，法国学者把中国的酿酒方法称作"淀粉发酵法"。西方的酿酒技术工艺是：先让谷物生芽、用麦芽糖化谷物，然后用酵母菌使糖发酵成酒。这种方法比中国的酿酒方法要晚约4000年。酿酒技术促进制醋和做酱业的发展，丰富了人们的饮食文化。

地中海地区提炼染料　B.C.3000年，埃及人普遍使用起源于印度的靛蓝（在第五王朝的布料上和后来的包木乃伊的材料上都发现了靛蓝）。在B.C.2000—B.C.1500年，人们开始使用来自菘蓝或靛蓝的蓝色染料，来自胭脂虫红、红花和茜素的红色染料，来自藏红花和姜黄的黄色染料以及来自五倍子和香桃木的黑色染料。约B.C.1500年，叙利亚乌加里特古城出售被用泰尔紫染料染成的紫黑色或紫红色羊毛。这种染料取自地中海东岸的软体动物紫螺和骨螺中的某一小部分，被称为"帝王的染料"。其加工方法是：先把用于提炼染料的组织泡软，再把它们放到1%的盐水溶液中煮3天，使液体体积减少到原体积的1/6，即可得到染料。

约B.C.17世纪

中国最先使用天然成膜物质涂料——大漆 B.C.17—B.C.11世纪，中国人就开始使用天然的物质涂料——大漆（从中国河北藁城市台西村遗址中发现了一些商代的漆器残片）。春秋时期，中国人发明了熬炼桐油制涂料的技术。战国时期，中国人能用桐油和大漆制造复合涂料。到B.C.2世纪，中国的大漆使用技术趋于成熟（长沙马王堆汉墓出土了做工细致、漆膜坚韧、性能良好的漆棺和漆器）。明代，中国的漆器技术达到了高峰。17世纪以后，中国的漆器技术被传入欧洲。1773年，英国人掌握了用天然树脂和干性油炼制清漆的方法。1790年，英国创建了第一家涂料厂。以后，法国、德国、奥地利、日本相继建立了涂料厂。1915年，中国在上海创建了第一家涂料厂——上海开林颜料油漆厂。

约B.C.16世纪

中国人发明瓷器 约B.C.1600年，中国的商朝人发明了原始瓷器——青釉器。青釉器胎的组成与陶器有本质区别，它所用的原料接近瓷土，其表面有一层玻璃釉，它是以CaO为助溶剂的石灰釉，属于高温釉（熔点约为800℃），它以FeO为呈色剂，故呈淡青绿色或黄绿色。石灰釉浆通过在易熔黏土中掺入一定量的方解石粉或石灰获得，也可在配置白色陶衣泥浆中获得。原始瓷器由印纹硬陶发展而来，故其身上保留制陶工艺的痕迹，但它区别于陶器更接近瓷器，烧成温度已达到1200℃左右。商代以后至东汉时期，原始瓷器演变为成熟瓷器。东汉至魏晋时期，青瓷加工精细，胎质坚硬且表面有一层青色玻璃质釉，这标志着中国瓷器生产技术进入了一个新时代。南北朝至隋朝，中国人制造出了白釉瓷器。到了唐代，瓷器烧成温度达到1200℃，瓷的白度达到70%以上，为釉下彩和釉上彩的发展奠定了基础。宋代的瓷器生产又有了新的提高，出现了许多名窑。其中，磁州窑以磁石泥为坯生产瓷器，瓷器因此又被称为磁器；建窑生产出了黑瓷。中国古代陶瓷器釉彩发展路线是：从无釉到有釉，由单色釉到多色釉，再由釉下彩到釉上彩，逐步发展成釉下与釉上合绘的五彩、斗彩。瓷器是中国古代文明的象征。

约B.C.10世纪

中国人发明炭黑 炭黑是一种无定形碳，是轻、松而极细的黑色粉末，是含碳物质（煤、天然气、重油、燃料油等）在空气不足的条件下经不完全燃烧或受热分解而得的产物：由天然气制成的称"气黑"，由油类制成的称"灯黑"，由乙炔制成的称"乙炔黑"。B.C.10世纪左右，中国人焚烧动植物油、松树枝，收集火烟凝成的黑灰，当时它被称为炱、烟炱、松烟，是最早的炭黑。它在当时被用来调制墨和黑色颜料。以后，炭黑制造技术由中国传入日本等东方国家，然后传入希腊、罗马等欧洲地区。1821年，北美地区的人们首次用天然气为原料生产炭黑。它是一种无定形碳，是疏松、质轻而极细的黑色粉末。1872年，炭黑生产实现了工业化和规模化，同时产生了"Carbon Black"（炭黑）这一术语。1882年，美国人发明了用天然气制造"槽法"炭黑技术，开拓了近代炭黑工业。当时，炭黑仍主要用作着色剂。1912年，英国人莫特（Mott，S.C.）在一个偶然事件中发现炭黑对橡胶的补强作用。第二次世界大战前后，由于合成橡胶工业的发展，炉法炭黑开始出现。1943年，美国建成了世界上第一座工业化规模的油炉炭黑工厂。直至1945年前后，"槽法"炭黑还占据炭黑生产的主导地位。20世纪70年代初，油炉法新工艺炭黑迅速崛起并取代传统炭黑。此后，相继出现了低滞后炭黑、纳米结构炭黑以及等离子炭黑等品种。1949年，中国的炭黑产量仅252吨，所需炭黑几乎全部进口。1950年，中国在四川隆昌建立了"槽法"炭黑试验装置。20世纪50年代，中国在生产以天然气为主要原料的炭黑产品的同时，开发并逐步改进油炉法炭黑生产技术和乙炔炭黑生产技术。20世纪70年代末，中国成功开发出新工艺炭黑生产技术，并开始利用炭黑生产过程的余热和尾气，实现了第一次技术飞跃。20世纪80年代后期，中国对引进的国外万吨级炭黑生产装置进行了消化吸收和再创新，实现了第二次技术飞跃。进入21世纪以来，中国以装置大型化、节能环保化为发展目标，开发出了一系列新技术和新设备，建立起了现代化的炭黑工业体系，成为世界第一大炭黑工业国。

B.C.5—B.C.4世纪

中国人发明桐油漆　桐油漆是古代人们用桐油制成的一种油漆。桐油漆的主要原料是桐油，它是一种带干性植物油，其主要成分是桐油酸和甘油酯。虞夏时期，人们将处理后的漆树汁涂在物体表面，干后形成一层薄膜——漆膜。春秋时期，人们认识到漆膜具有防腐性能，开始重视漆树栽培。战国时期，发明了桐油和漆掺和使用的技术，增强了漆的亮度，还用油彩绘饰花纹，使用雄黄、朱砂、雌黄等颜料。到了汉代，漆器被传到亚洲其他国家。17世纪，漆器又被传到欧洲。桐油漆制作工艺的发明成为涂料由单一天然成膜物质发展为复合成膜物质的一个转折点，促进了涂料工艺的发展。

《考工记》问世　《考工记》又称《周礼·冬官·考工记》，是中国战国时期记述官营手工业各工种规范和制造工艺的文献。全书共7100余字，记述齐国关于手工业各个工种的设计规范和制造工艺，记述了木工、金工、皮革、染色、刮磨、陶瓷等6大类30个工种的内容，反映出当时中国所达到的科技及工艺水平。此外《考工记》还有数学、地理学、力学、声学、建筑学等多方面的知识和经验总结。该书是中国最早的一部手工技艺专著，在中国科技史、工艺美术史和文化史上占有重要地位。

约B.C.3世纪

泰奥弗拉斯托斯［古希腊］首次记述铅白　铅白又称白铅粉，其学名为碱式碳酸铅。它是一种绘画涂料。B.C.3000—B.C.2000年，人们认识了铅白（碱式碳酸铅）这种白色颜料。古希腊的泰奥弗拉斯托斯（Theophrastus 约B.C.372—约B.C.287）首次在文献中记述该颜料的制造方法：先把铅板悬挂在盛装醋的陶罐里；过一段时间，铅板上积累着一种白色的沉淀物——碳酸盐和醋酸盐的混合物；接着，把它刮下来磨细，再煮一煮就制成了铅白。据李约瑟考究，B.C.300年左右，中国人已知人造铅白。这从战国时代楚国人宋玉（约B.C.298—约B.C.222）著《登徒子好色赋》中"著粉太白，施朱太赤"的记载中可以得到验证。秦汉、隋唐时期，人们已经制造出了铅白，并用于绘画和化妆。明代科学家宋应星在其《天工开物》一书中详细地记述了古代铅白的制作工艺。中世纪时期，人们除了制作铅白以外，还通过煅烧骨头制造并使用骨白（主要成分是磷酸钙）。16世纪，铅白的制造工艺有了较大改进：用湿稻草堆或粪堆捂热陶罐，以此加速它的化学反应。

B.C.140—B.C.87年

中国人发明造纸术　西汉时期，中国人蔡伦发明了造纸术（1933年，在新疆的一个汉代烽燧遗址出土了B.C.1世纪的西汉麻纸）。其工艺流程是：浸沤、切碎、灰水浸泡、舂捣、洗涤、打槽、抄纸、晒纸、揭纸。到了东汉，蔡伦改用树皮、麻布、渔网做原料，扩大了造纸原料的来源范围，改进了造纸技术：他用树皮、麻头及敝布、渔网等原料，经过挫、捣、抄、烘等工艺并用，碱液蒸煮皮料纤维，增强了对纤维的腐蚀程度，提高了纸的柔韧度和白度。3—4世纪，纸基本上取代了帛、简，成为当时重要的书写工具。南北朝时期，人们用桑皮、藤皮造纸。隋唐至五代时期，人们用竹、檀皮、麦秆、稻秆等造纸，从而扩大了造纸原料的范围。到了清代，人们制造出了各种颜色、类型的纸，促进了文化的发展。造纸术经过朝鲜传到日本，又经过阿拉伯传到欧洲，推动了欧洲的社会发展。纸的发明是中国古代四大发明之一，对促进世界文化交流和发展起到了重要作用。

约B.C.2世纪

叙利亚人发明玻璃吹制技术　人类认识玻璃可能始于天然玻璃，B.C.3000年，人类开始制造玻璃制品。B.C.1500年，埃及人制造了玻璃器皿。早期的玻璃器皿主要由砂芯技术制作，后期的玻璃品则依靠模压、冷雕以及其他装饰工艺制作而成。B.C.7世纪，开始流行海绿色冷雕工艺，并出现了新式砂芯技术。B.C.4世纪，玻璃的主要制作中心可能在腓尼基地区，产品则远达非洲大西洋沿岸。B.C.1世纪以后，埃及人发明了将模压和冷雕（附加物）结合起来的"玻棒"工艺。此后，叙利亚人发明了玻璃吹制技术。开始时，叙利亚人在模具里进行有模吹制，具体方法是：吹制工手持一条长约1.5米的空心铁管，一端从熔炉中蘸取玻璃液（挑料），一端为吹嘴。挑料后在滚料板（碗）上滚勺。吹气，形成玻璃料泡，在模中吹成制品；然后，从吹管上敲落；最后使其冷却成型。后来，又在此基础上发展为无模吹制。B.C.31年，罗马帝国的开国君主屋大维（Octavian，Gaius Thurinus B.C.63—14）在亚克兴角战争中取得胜利，并于次年并吞埃及，于B.C.27年建立了罗马帝国。埃及和叙利亚的能工巧匠来到罗马帝国从事玻璃制造业，并逐渐扩散、传播该技术至整个欧洲。这一时期是玻璃工艺发展的重要转折点。玻璃吹制技术是玻璃工艺的最后一项重要技术，此后玻璃工艺在基本要领上几乎没有发生什么变化。

77年

老普林尼［罗马］著《自然史》　77年，罗马自然哲学家老普林尼（Pliny，the Elder 23—79）博引473位前人的2000多种著作，用拉丁文编纂了《自然史》（又译《博物志》）。全书共37卷，基本囊括了当时的自然科学和技术知识。在最后7卷中，作者描述了大量配方及其化学过程。其中，有一些是从古希腊后期开始用希腊文记录在纸莎草文稿中的更为古老的"配方"。另外，在第6卷中，作者把中国称为"丝之国"，对中国生产的钢铁进行了高度评价。该书保存了大量佚失古籍的记载，基本上代表了古代的传统技术，是西方古代百科全书的代表作，一直被传抄到14、15世纪。当然，受历史条件的限制，该书中存在许多错误知识。例如，作者认为中国的丝是把在树上结成的绒采下来，并经过漂洗、晾晒而成。15—17世纪，该书中的错误不断被人揭露出来。例如，1492年，列奥尼契诺（Leoniechino）著《关于普林尼的错误》一书。尽管如此，该书仍对研究古代的自然科学、历史等具有重要意义。

《自然史》插图（12世纪手抄本）

《自然史》其中一页（14世纪手抄本）

约1世纪

迪奥斯科里斯［古希腊］著《药物学》 古希腊植物学家、罗马军队军医迪奥斯科里斯（Dioscorides，Pedanius 40—90）在他的《药物学》（*De Materia Medica*）中，详尽记述了600多种植物和近千种药物，叙述了配制烤铜（即硫化铜）和铜绿、水银（朱砂中制备水银的方法）、砒霜（书中称雄黄）、醋酸铅、氢氧化钙以及氧化铜等矿物药的方法，明确提出从鸦片和毒参茄根中提炼出的安眠药可用作外科麻醉药。该书是欧洲药学史上第一部药物学专著，为现代植物学提供了最经典的原始材料。直到15世纪末，《药物学》一直被用作药理学的基本教材，现代科学药典中的许多知识都可以追溯到该著作，在医药发展史上产生了重要影响。

药店（出自13世纪迪奥斯科里斯著作的阿拉伯译本）

100—170年

魏伯阳［中］等著《周易参同契》 中国东汉桓帝时期，炼丹理论家魏伯阳（约151—221）等著有《周易参同契》。全书共6000余字，作者托易象而论炼丹，以"黄老"参同"大易""炉火"三家之理而合归于一，以乾坤为鼎器，以阴阳为堤防，以水火为化机，以五行为辅助，以玄精为丹基，阐明了炼丹的原理和方法。该书中最核心的内容是炼制"还丹"。作者指出，水银易于蒸发，加热会变成蒸气；黄金在高温下具有稳定性；碱式碳酸铅在高温下被碳还原为铅。作者重点记述了制备汞铅齐和还丹的方法：将15两金属铅放在反应器四周，加入6两水银，用6两炭的

魏伯阳

炭火微微加热，铅与水银、炭火相互反应生成汞铅化合物；持续加热，它失去部分汞，变成细粉，将其研磨后放入加热使用过的鼎器中，先缓慢加热，后再施以强热，注意观察及温度调节，过一段时间，反应物变成紫色便是还丹。上述方法用现代化学知识解释如下：① $3Pb+2O_2 \xlongequal{\triangle} Pb_3O_4$；② $2Pb_3O_4 \xlongequal{\triangle} 6PbO+O_2\uparrow$；③ $2Hg+O_2 \xlongequal{\triangle} 2HgO$。此外，作者还记述了许多炼丹药物，如铅、汞、丹砂、胆矾、云母、磁石、金、铜等。《周易参同契》是世界上现知最早的包含着系统的内外丹理论的养生著作，被称为"丹经之祖"。它对后世炼丹术产生了重大影响，该书的炼丹理论被后人吸收，并被后人注释、传播。20世纪30年代初，该书被翻译成英文在国外出版。

约3世纪

炼金术兴起 B.C.1900年，埃及法老赫耳墨斯（Hermes）等创造了炼金术并形成了最早的炼金术典籍——《翠玉录》。古希腊时期，亚里士多德（Aristotle，B.C. 384—B.C.322）的"四元素说"（万物由气、水、土、火构成）为炼金术提供了理论依据。1世纪，炼金术士们制造合金和染料，确立了炼金术的实践程序：原料 $\xrightarrow{（黑化）}$ 死物质 $\xrightarrow{（转化）}$ 产物。3世纪左右，出现了希腊语的炼金术书籍。7—8世纪，炼金术被传入阿拉伯。扎比尔（Jabirinn，Hayyan 721—815）提出了"硫-汞"理论，认为世间一切金属都是由硫黄和水银组成的，他被称为阿拉伯炼金术的创始人。波斯医生拉齐（Rāzī，Abū Bakr Muhammad ibn Zakarīyyā al- 864—924）被誉为将炼金术发展为古代化学的奠基人。12世纪，炼金术被传入西欧。大阿尔伯图斯（Albertus，Magnus 约1200—1280）提出了炼金术步骤：首先将金属还原回纯粹的硫和汞，然后挖掘金属的潜力，使之重新融合得到新金属。阿奎纳（Aquinas，Thomas 1225—1274）主张水银是炼金术的"精神"，是纯粹的物质。培根（Bacon，Roger 约1214—约1292）宣称"炼金术是诸多认识世界的方法之一"。威兰诺瓦（von Villanova，Arnaldus 1240—1311）主张四大元素和硫汞之间比例达到平衡可使贱金属变为贵金属。1382年，弗拉梅尔（Flamel，N. 1330—1417）把"汞-银""汞-金"转化成功。文艺复兴时期，帕拉塞尔苏斯（Paracelsus，R.A. 1493—1541）在"硫-汞"体系中加入盐，认为"盐-硫-汞"构成万物。牛顿（Newton，lsaac 1643—1727）誊写和翻译了多部炼金术著作，编辑了炼金术词汇表，进行了炼金术实验。1661年，波义耳（Boyle，Robert 1627—1691）在《怀疑派化学家》中，倡导实验，主张去除炼金术中的神秘思想。他被称为"近代化学之父"。我国自周、秦以来创造了将药物加温升华的制药方法。东汉魏伯阳著书《周易参同契》阐明长生不死之说。晋代陶弘景（456—536）著书《真诰》。唐代孙思邈（581—682）著书《丹房诀要》。9—10世纪，我国炼丹术被传入阿拉伯。炼金术虽然被现代科学证明是错误的，但人们通过炼金术积累了化学操作经验，发明了多种实验器具，认识了许多天然矿物。炼金术在欧洲成为近代化学产生和发展的基础。

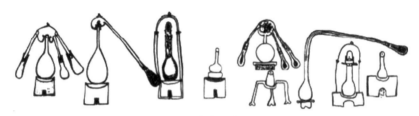

希腊炼金术的装置图

456—536年

陶弘景［中］记载硝酸钾的火焰分析法　中国南朝齐梁时期，医药家、炼丹家陶弘景（456—536）在《集金丹黄白方》中，记载了硝酸钾的火焰分析法："先时有人得一种物，其色理与朴硝大同小异，朏朏如握盐雪不冰。强烧之，紫青烟起，仍成灰，不停沸，如朴硝，云是真硝石也。"其中的"紫青烟起"是钾盐所特有的性质。此外，他在炼丹过程中，掌握了许多化学知识。例如，汞可与某些金属形成汞齐，汞齐可以镀物；碱式碳酸铅和四氧化三铅不是天然产物，而是由铅制得等。硝酸钾的火焰分析法是世界化学史上鉴定钾盐的最早记录。

约533年

贾思勰［中］著《齐民要术》　约533年，中国北魏农学家贾思勰（约

480—约550）完成了农书《齐民要术》。全书10卷，92篇，约11万字。该书系统地记述了6世纪以前我国黄河中下游地区农、林、牧、渔等部门的生产技术知识。其中，作者记录了染色、酿酒、造曲、制盐、做酱、造醋、造纸、漆器等许多技术知识。例如，在酿造技术方面，他主张将和好的曲料或曲块放入密闭的曲室中培养曲菌，在上面用一些东西覆盖，同时保持一定的温度和湿度，以便使有益的微生物顺利地繁殖。在酿酒过程中，酿酒的饭必须熟透，充分软化，使得有益的微生物糖化，起到酒精发酵的作用；在酒饭放入缸中后，还要经过多次适当搅拌，最终才能成功。此书被称为"中国古代农业百科全书"，也是世界农学史上最早的专著之一。

7世纪

亚历山大人编纂工匠手册《着色的配方》　600年，亚历山大人把埃及人的手工工匠化学技术汇集并编纂成一部工匠手册——《着色的配方》（*MCompositiones ad Tingenda*），该书用希腊语写成。大约200年后，该书被译成拉丁文，成为第一部拉丁文工匠手册。该书中有些关于染料的术语是阿拉伯语或波斯语，例如luza是黄木樨草，lulax是靛蓝，lazure是天蓝色。800年，意大利人编纂了另一个文本《着色秘诀》（*Mappae Clavicula*）。书中提到的许多染料大都起源于亚历山大、埃塞俄比亚、波斯和卡帕多西亚等地。这说明在中世纪，东西方在化学化工技术领域具有一定的联系。

拜占庭人发明"希腊烟火"　远古时期，人们在战争中使用的火器主要有火箭、火矛、火罐等。B.C.1000年，含有"石脑油"（石油的最初馏分）的火罐被用于战争。6世纪左右，东罗马帝国学者普罗科匹厄斯（Procopius 约500—约565）曾描述过波斯人发明的装有硫黄和石脑油的投掷燃烧罐。7世纪，拜占庭人发明了"希腊烟火"（其配方严格保密）。它是一种助燃剂。他们凭借该武器在673—678年穆斯林的进攻中以及其后西欧人和俄罗斯人的进攻中生存下来。10世纪，"希腊烟火"被改造成能够从喷管中喷出火焰，并被装备在船上，喷管中的物质可能是硫黄和生石灰、硝石、苦土粉、沥青、树脂、石油的一种混合物。其中的生石灰遇水发生化学反应，因此，发射后，它落在水面上可将火势蔓延开去，以此杀伤敌人。此外，穆斯林也多次成功

用于海战的"希腊烟火"

地用"希腊烟火"抵御了欧洲十字军东征。"希腊烟火"被认为是世界上最早的喷火器。

约8世纪

查比尔［阿］发现王水　王水（aqua regia）又称"王酸""硝基盐酸"，是一种腐蚀性非常强、冒黄色雾的液体，是浓盐酸和浓硝酸按体积3：1组成的混合物。它是少数几种能够溶解金的液体之一。它的氧化能力极强，因此被誉为"酸中之王"。但后来又发现了比它更具有氧化能力的超强酸（如固体超强酸等）。约8世纪，阿拉伯炼金术士查比尔·伊本·赫扬（Jābir ibn Hayyān　约721—约815）用氯化铵（或盐酸）与硝酸混合，制造出的溶液能溶解黄金，还可以把银从金中分离出来。他通过干馏硝石方法制取硝酸并以此制造王水，这是人类关于硝酸最早的记录。王水溶解金的化学反应式为$Au+HNO_3+4HCl\!=\!\!=\!H[AuCl_4]+NO\uparrow+2H_2O$，查比尔在《东方水银》《炉火术》等著作中，记述了硝酸、王水、硝酸银、氯化铵、升汞以及硫酸的制法；介绍了金属、矿物、盐类等多方面的知识；最先引用了碱、锑等化学术语；提出了"硫-汞金属构成论"（任何金属都是由硫和汞按不同比例结合而成）。12世纪，他的著作被翻译成拉丁文，被誉为"阿拉伯化学之父"。

约9世纪

拉齐［波］著《秘密中的秘密》　波斯炼金家阿布·贝克尔·穆罕默德·伊本·扎卡里亚·拉齐（Rāzī, Abū Bakr Muhammad ibn Zakarīyyā al-864—924）在《秘密中的秘密》（*The Book of the Secret of Secrets*）中，列出了炼金术研究所需的化学药品及仪器。他把更多的机制和规则引入炼金术，初步建立了依据物质性质的分类方案，并对自然物进行了全面分类。例如，他把物质分为动物、植物和矿物，又把矿物分为精神、肉体、石头、硫酸盐、硼砂和泻盐。他认为精神有四种，即两种不易燃烧的挥发物（水银和氯化铵）与两种易燃烧的挥发物（硫和砷）。他认为石头包括黄铁矿、孔雀石、石膏、赤铁矿等。他还认识到了它们的许多衍生物，包括烧碱和甘油等。他的实验设备非常齐全，甚至包括除尘器。他一生编写了131部著作，其中的21部是关于炼金术方面的，但大都没能流传下来。他被誉为"中世纪最伟大的伊斯兰临床医生"，是将炼金术发展为古代化学的奠基人。他的炼金术研究对推动化学和实验科学的发展具有方法论意义。

10世纪

紫胶被传入欧洲　紫胶虫（laccifer lacca）是南亚热带特有的昆虫，它的成虫为雌雄异型。其中，生活在寄主植物上的雌虫吸取植物汁液，通过腺体分泌出紫色的天然树脂——紫胶（shellac）。紫胶因此又被称为虫胶、赤胶、紫草茸等，它主要含有紫胶树脂、紫胶蜡和紫胶色素，它是一种重要的化工原料，广泛地应用于多种行业。制造紫胶在总体上采取如下方法：首先把从树上采集的胶块除去杂质，变成紫胶原胶；然后再将其溶于碳酸钠溶液中，经活性炭脱色制成脱色紫胶片或脱色白虫胶，或用次氯酸钠漂白制成漂白紫胶或漂白虫胶，接着再用稀硫酸使之沉淀（如需脱蜡则先冷却并过滤）、分离，然后干燥成粒状或片状成品。具体方法又分为热滤法和溶剂法。热滤法：将虫胶虫的分泌物连同树枝即紫梗破碎、筛分、脱色得半成品（含水分10%～20%）；再经热滤、洗胶、脱水、压片得产品。溶剂法：将紫梗破碎、筛分、洗色、干燥得半成品，然后溶解于酒精中，经过滤除去不溶物；再经减压浓缩回收酒精，残液压片得产品。紫胶虫主要分布于东南亚、印度、斯里兰卡以及中国云南、西藏、广东、广西、福建、贵州、湖南、台湾等地。因此，紫胶产于中国云南、西藏和台湾等地，以及斯里兰卡、缅甸、印度、泰国和越南等国。我国古书曾把紫胶称为赤胶、紫铆、紫吁、紫梗，直到1765年，才使用紫胶这个名称。我国出产紫胶，但可能由于当时陆上交通不如海路来得方便而从国外进口。10世纪时，紫胶作为"树脂虫胶"

或"黏虫胶"被传入欧洲。

1044年

曾公亮［中］著《武经总要》　1044年，中国北宋科学家曾公亮（999—1078）、丁度（990—1053）奉皇帝之命用五年时间编撰出了兵书《武经总要》。全书约25万字、330余幅图，详细记述了北宋时期军队使用的各种冷兵器、火器、战船等器械，特别是它记述了毒药烟球、蒺藜火球、火炮火药的配方。其中，毒药烟球是以硝硫炭为主的黑色火药，其配方是：硝30两、硫15两、木炭5两，配以其他成分；蒺藜火球是典型的三元体系的黑色火药，其配方是：硝40两、硫20两、木炭5两，配以其他成分。它们都是世界上最早的火药配方。该书是我国第一部规模宏大的官修综合性军事著作，对研究宋朝以前的军事思想以及古代中国军事史、技术史都具有重要意义。

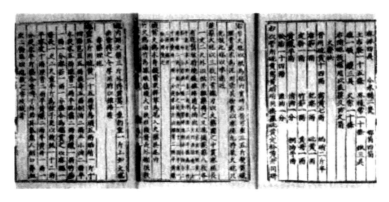

1044年曾公亮、丁度主编的《武经总要》中介绍的三种火药配方

1068—1077年

中国建立火药制造场　宋神宗熙宁年间（1068—1077年），政府改革军制，设置军器监，总管京师及诸州军器制造，规模宏大，分工很细，分立很多工场，把火药列入兵器之首，在开封设立了规模宏大的火药制造工场，并制定有保密规程，由政府管辖，包办经营。从此各类型的火药火器被制造出来。北宋文学家宋敏求（1019—1079）在其《东京记》一书中，对此有所记述：京城开封有制火药工场，叫"火药窑子作"。以后火药大规模用于军事。

明朝永乐十年（1412），火器得到了发展，《火龙经》（署名为刘基、焦玉等，该书中有关于地雷、水雷、火绳枪等记述，是一部中国古代火器大全）问世，对火器和火药的制造又进行了较为全面的总结。

1086—1093年

沈括［中］首次提出"石油"的名称　1086—1093年，中国宋代科学家沈括（1031—1095）著成《梦溪笔谈》一书。该书共分30卷，其中《笔谈》26卷，《补笔谈》3卷，《续笔谈》1卷。全书有17目，凡609条，其内容包括数学、物理、化学、天文、地质、地理、气象、工程技术、生物和医药等各方面。他在该书中首先提出"石油"的名称，认为石油"生于水际"之中，"沙石与泉水相杂，惘惘而出"，与其他油类不同，称之"石油"。他主张"石油至多，生于地中无穷"，"此物后必大行于世"。他研究了石油的产状、性能、用途；采集了石油烧成炭黑，制成名为"延川石液"的墨，得到广泛应用。他在《良方》中详细记述了"秋石"的炼制方法，这被认为是世界上最早的"提取留体性激素"的制备法。他在《梦溪忘怀录》中关于"药石井"的记述，被认为是最早的磁化、矿化水制备法。在他兼管军器监期间，京城开封曾设有"猛火油作"，这是世界上最早的炼油车间，并生产出粗加工石油产品"猛火油"，应用于军事。沈括"博学善文，于天文、方志、律历、音乐、医药、卜算无所不通，皆有所论著"，他的《梦溪笔谈》是一部百科全书式著作，被世人称为"中国科学史上的里程碑"。

12世纪

欧洲人制造肥皂　肥皂是脂肪酸金属盐的总称，其通式为RCOOM。B.C.3000年，美索不达米亚人将1份油和5份碱性植物灰混合制成清洁剂。2世纪，罗马人开始生产肥皂（考古学家在意大利的庞贝古城遗址中发掘出了制肥皂的作坊）。800年，欧洲人通过手工制造肥皂。其具体方法是：先把石灰加入到木灰中，并加入一定量的水，把它从混合物中过滤出来，碳酸钾被转换成了苛性钾；接着，把这些碱性溶液加热煮沸；然后，在一些配方中加入油或脂肪并搅拌，就制成了肥皂。12世纪，肥皂开始规模化生产，产品出口到斯堪的纳维亚乃至西班牙和地中海区域。1180年，英格兰的布里斯托尔（Bristol）成为欧洲肥皂贸易中心。当时生产的肥皂主要有两种类型：一种是地中海地区用一种（钠）碱含量较高的"苏打灰"（含有20%的碳酸钾）制造的、气味芬芳的硬肥皂——橄榄油肥皂；另一种是北方地区生产的、比较粗糙的、钾化合物的软肥皂——鲸油肥皂。1791年，法国化学家吕布兰（Leblanc）用电解食盐方法成功地制取出了廉价的火碱，从而结束了从草木灰中制取碱的古老方法。1823年，德国化学家契弗尔（Cheever）发现了脂肪酸的结构和特性。19世纪末，肥皂由手工制造转变为工业化生产。

无水酒精首次被分离出来　无水酒精是指纯度较高（99.5%）的乙醇水溶液。如果再用金属镁处理其中极少量的水，可得100%的乙醇即绝对酒精。1100年，意大利萨莱诺医学院（Università degli Studi di Salerno，是欧洲中世纪大学的代表之一，该校始建于11世纪初，位于意大利南部的坎帕尼亚大区的萨莱诺城市）通过蒸馏（葡萄酒）制造出了酒精。从12世纪起，炼金术士们开始提取酒精及其提纯物。以后，人们对酒精进行蒸馏，分离出无水酒精。据炼金术士卢利（Lully，Raymond 约1235—1315）记载，用生石灰将酒精蒸馏三次，能分离出无水酒精。现在，实验室制备无水酒精方法为：在95.57%酒精中加入生石灰（或者无水硫酸铜）加热回流，酒精中的水和氧化钙反应生成不挥发的氢氧化钙除去水分（酒精和无水硫酸铜反应生成五水硫酸铜），然后再蒸馏获得99.5%的无水酒精。工业上制备无水酒精的方法是：在普通酒精中加入一定量的苯，再进行蒸馏。于64.9℃沸腾，蒸出苯、乙醇和水的三元恒沸混合物（比率为74∶18.5∶7.5），这样可将水全部蒸出。继续升高温度，于68.3℃蒸出苯和乙醇的二元混合物（比率为67.6∶32.4），可将苯全部蒸出。最后升高温度到78.5℃，蒸出的是无水乙醇。近年来，工业上也使用强酸性阳离子交换树脂（具有极性基团，能强烈吸水）来制取无水酒精。

1267年

罗吉尔·培根[英]著《大著作》　1267年，英国思想家和科学家罗吉尔·培根（Bacon，Roger 约1214—约1292）写成《大著作》（*Opus Majus*）一书。他在书中谈到，水银和硫黄是原始物质，水银是金属之父，硫黄为金属之母。他把炼金术分为两类：一类是思辨性的，即论述如何从要素生成各种物体，包括各种金属、矿物、盐等，也就是说探讨宇宙万物的起源、构成和变化；另一类是实践性的，即研究如何用人工方法制造比天然产物更为完善之物，以及如何用蒸馏、升华等方法提纯物质，制造有效药剂和各种颜料。他强调炼金术应为医学服务，提供有效药物。此外，他还在该书中谈到火药的制造方法，但在他的配方中，硝石比例过小、配比不够精确。他主张任何学说都要有理论研究作为指导，再加上实践操作进行验证，他将该思想引入炼金术。培根是使欧洲炼金术向医药化学过渡的先驱者，是实验科学的最早倡导者。1277年，他被当时的教皇宣判为巫师和"异端"，并判处入狱14年，出狱后不久去世。

13—14世纪

大阿尔伯图斯［德］著《炼金术》　　1260年，德国理论家和科学家大阿尔伯图斯（Albertus，Magnus Saint　约1200—1280）写成《炼金术》（*De Alchymia*）一书。他在该书中记载了明矾、绿矾、铅丹、砒石、苛性碱、酒石等物质，描述了蒸馏甑、曲颈瓶、黏土制容器、坩埚等实验设备。他在《矿物学》中，把炼金术称为"天才与火的卑下结合"。他倡导把对自然界的研究建成教义中的一门合法学科。他还提出了炼金术的方法，即将金属还原回纯粹的硫和汞，然后挖掘金属的潜力，使之重新融合，得到新金属。他一生留下了大约30部炼金术著作，是当时重要的炼金家、主教和哲学家，是中世纪唯一的一位对亚里士多德全部著作加以注释的学者。他与罗吉尔·培根一道，基本结束了欧洲炼金术以翻译（或委托翻译）阿拉伯文献为主的时代，他的著作基本代表了那个时代欧洲的全部知识。

蒋祈［中］著《陶记》　　1213—1234年，中国南宋科学家蒋祈著成《陶记》。此书无单行本，始载于清代《浮梁县志》。全文1090字，翔实记载了景德镇的瓷用原料产地、胎釉制备、成型、装饰、焙烧、制匣等，准确描述了当时陶瓷市场、地方习尚、税收制度、瓷器品类和景德镇瓷业内部的精细分工情况："景德陶，昔三百余座"，"陶工、匣工、土工之有其局，利坯、车坯、釉坯之有其法，印花、画花、雕花之有其技，秩然规制，各不相紊"。

该文被收录到清代《浮梁县志》中，是记录景德镇瓷器生产的文献，是我国最早一部系统叙述景德镇陶瓷发展史的著作，也是研究中国陶瓷史、手工业史、科技史的珍贵文献。

《教士智书》成书 13—14世纪，《教士智书》（*Liber Sacerdotumn*）出版。该书在内容上囊括了200多个专业配方，这些配方原本是作者从不同时代的著作中精选出来的。作者按自己的意愿将配方分为四类：（1）"贱"金属变为"贵"金属；（2）焊接方法，例如铜的焊接：取三份锡、一份优质铅，把锡溶化，并加入铅，像银那样处理……然后，再把此焊料涂在想要焊接的物品上，并在上面加入硼砂水，在文火上熔化这些焊料的粉末；（3）金属硫化物或氧化物的制备或操作，例如金属硫化物、氧化锌、硫酸盐、硫化锑、朱砂、黄丹等；（4）其他。该书于13世纪上半叶被译成拉丁文，反映了早期东西方知识交流的状况，是拉丁学术早期最为典型的代表作。

盖博［阿］最早记述硝酸制备方法 8世纪，阿拉伯炼金术士查比尔·伊本·赫扬（Jābir ibn Hayyān）采用干馏硝石的方法制取硝酸，这是人类关于硝酸最早的记录。13—14世纪，以"盖博（Geber）"署名（"盖博"是查比尔·伊本·赫扬的西洋名字。当时，许多阿拉伯语炼金术著作被归到他的名下，其中的大部分可能是他原著的修订和扩充）的炼金术著作《完美的总结》（*Summa Perfectionis*）首次提及硝酸的制备方法：在高温条件下，用事前部分脱水的铝、铜或铁的硫酸盐蒸馏提取硝酸（蒸馏器皿必须耐热和耐酸）。硝酸的工业用途主要是盐析，从银中分离出金来，即把银溶解掉而保留金。该书对硝酸制法的描述标志着这一时期硝酸开始得到某种程度的广泛运用。17世纪中叶，德国人格劳贝尔（Glauber, J.R. 1604—1668）用硝石和浓硫酸作用制得硝酸。1895年，英国人瑞利（Rayleigh, J.W.S. 1842—1919）将空气通过电弧，使氮和氧直接化合生成一氧化氮，进而加工成硝酸。1903年，挪威建成世界第一座电弧法生产硝酸的工厂，1905年投产。1908年，德国建成以氨为原料生产硝酸的工厂。1913年，合成氨法诞生，从而降低了生产硝酸的成本。

欧洲人发明水力风箱 水力风箱，又称水排。它最早是中国东汉南阳（今河南南阳）太守杜诗（？—38）在前人基础上设计并制造的以水力为动力的冶铁鼓风机具。其基本构造和工作原理为：在激流中置一木轮，让水冲击木轮转动，然后通过轮轴、拉杆等机械传动装置，把圆周运动改变为直线往复运动，从而使皮制鼓风囊连续开合，达到鼓风目的。13世纪，欧洲人发明了水力驱动的风箱，比中国晚1200年。14世纪，该风箱逐渐被采用，由此能够迅速提高燃烧炉的温度，达到熔化铁的目的，提高高温下化学工艺的效率和效果。水力鼓风机的发明，是冶铁技术的一次大革命，它有力地推动了我国古代冶铁业的发展。

欧洲人提取硝石 约1300年前，欧洲从印度进口硝石（硝酸钾）。后来，欧洲人开始从本地的硝石沉淀物（干燥的羊厩或马厩的泥土、墙上和天花板上结的硬壳等）中提取硝石。硝石的提取方法是：先在大缸中装满不同层的硝石泥、木灰和石灰；然后用细水流渗透这些层；再向由此产生的溶液中加入少量的灰汁和明矾，并煮沸浓缩；接着，从煮沸的溶液中结晶出食盐；再倒出残余的溶液，冷却，产生硝石晶体。这种硝石含有较多杂质，因此，如果要制造火药，必须再重新结晶一到两次。印度的硝石也是用类似的方法制造出来的。

硝的采集者用一种特殊的刷子把盐霜从马厩墙上刷下来

硝石工场

火药被传入欧洲 13世纪，火药被传入欧洲。罗吉尔·培根（Bacon,Roger 约1214—约1292）曾描述过"火药"配方。1340年，欧洲人在奥格斯堡建立了黑火药工厂。15世纪末，欧洲火药的生产和军事用途被普遍化。此后，黑火药配方被确定为：硝酸钾75%、碳15%、硫黄10%左右；火药加工时通常保持潮湿，以免意外。16世纪中期，火药加工改为湿筛，使之成颗粒状。火药被传入欧洲以后，产生重大社会影响。对此，马克思称赞道："火药、罗盘针、印刷术——这是预兆资产阶级社会到来的三项伟大发明。火药把骑士阶层炸得粉碎，罗盘针打开了世界市场并建立了殖民地，而印刷术却变成新教的工具，并且一般地说，变成科学复兴的手段，变成创造精神发展的必要前提的最强大的推动力。"

从黄铁矿中用蒸馏法提取硫黄

约1450年

欧洲人从矿物中提取明矾 明矾即指十二水合硫酸铝钾，它是含有结晶水的硫酸钾和硫酸铝的复盐。13世纪以前，人们一直使用天然矿石明矾。中国古代文献《吴普本草》（作者吴普是华佗弟子，三国时代魏国医药学家。该书著成于3世纪中叶，主要记述药性寒温五味良毒，共6卷，记载药441种。该书曾流行于世达数百年，后失传）、《唐本草》［由唐代医学家苏敬（599—674）主持编纂，李勣（594—669）等22人修订，于唐显庆二年至四年（657—659）编著。该书共54卷，载药844种（一说850种）。其中记载了用白锡、银箔、水银调配的补牙用的填充剂，是世界上最早的一部药典，它比欧洲纽伦堡药典早800年］、《本草图经》［由宋代医药学家苏颂（1020—1101）等编撰，共20卷，成书于1061。该书记载了300多种药用植物和70多种药用动物以及大量化学物质，记述了食盐、钢铁、水银、铝化合物等多种物质的制备方法］等都记述了明矾及其制取。从1450年起，欧洲人开始从明矾石中制造结晶明矾。其制法是：先把矿物焙烧，使其自然风化；然后，把经过焙烧风化的产品放在同样的水中煮，直到其溶液浓度足以结晶。由于明矾比铁盐更易结晶，因此，在冷却过程中，明矾被分离出来。1453年，拜占庭陷落，明矾严重短缺。此时，人们在意大利的托尔法地区发现并开采那里丰富的明矾矿，至今仍在开采中。从矿物中提取明矾是早期利用化学方法提取高纯矾矿的成功尝试。

15世纪

　　诺顿［英］发明炼金熔炉　1477年，英国炼金家诺顿（Norton，Thomas）发明了同时进行60种以上操作的炼金熔炉，但他并没有给出熔炉的细节构造。1646年，德国化学家格劳贝尔（Glauber，J.R. 1604—1668）在熔炉中加强通风的烟囱。约50年后，法国炼金术士扎加利或扎卡里（Denis Zachaire or Zacaire），建造了用来蒸馏、升华、煅烧、溶解和熔化的小熔炉，如焙烧炉、升华炉、蒸馏炉、熔合炉、

诺顿的实验室（局部）

溶解炉和凝固炉等。其中，焙烧炉是方形的，被煅烧的物质用由硬质黏土制成的盘子盛到炉内，这种黏土可用来制造坩埚，然后便用猛火煅烧；升华炉和蒸馏炉结构相同而所需热量不同；熔化炉使用陶制坩埚，被用来熔化金属；溶解炉由一个架在火上的水锅以及一个用铁钳或其他装置固定住的圆锥形细颈玻璃瓶构成，瓶子很大，而且是圆底的；凝固炉或浸煮炉的里面放一充满细灰的深锅。炼金熔炉的使用提高了人们发现和处理新物质的能力，也使各项试验趋于精密化和定量化。

　　威尼斯人制造水晶玻璃　水晶玻璃又称人造水晶。它由硅和氧化铅煮溶而成。美国把威尼斯的钠钙水晶、波希米亚（Bohemia）的钾钙水晶和钾钠钙水晶和铅水晶都看成是水晶玻璃。欧洲共同体把铅水晶玻璃分为全铅水晶（含铅大于30%）、铅水晶（含铅大于24%）和水晶（含18%的铅），中国则把水晶玻璃分为高铅水晶玻璃（铅≥30%）和中铅水晶玻璃（铅≥24%）。

公元初期，波希米亚人从意大利人那里学习玻璃工艺，制成玻璃。13世纪，威尼斯人采用含杂质较少的石英岩和拉万特（Lavant）河的含钠的草木灰，制成透明的玻璃。13世纪以后，波希米亚人使用石英砂和含有碳酸钾的森林木材灰制成水晶玻璃。此后，该技术被传到欧洲多个国家。15世纪，威尼斯人又采用提契诺（Ticino）河下游纯粹的石英砂和草木灰沸水溶液中再结晶的纯碱，得到了一种透明度更高的类似水晶的玻璃。它是一种钠钙水晶玻璃。1612年，意大利化学家内里（Neri，Antonio）出版了玻璃制作教科书——《玻璃的技术》，介绍了制造含铅玻璃的工艺流程，揭示了威尼斯玻璃的奥秘，从而使玻璃制造方法逐渐得到了传播。受其启发，1673年，英国人雷文斯克罗夫特（Ravenscroft，G.）发明了燧石玻璃。到17世纪末期，波希米亚开始成为玻璃制造业的新中心。

16世纪

德雷贝尔［荷］发明硫酸制造方法　硫酸的历史最早可追溯到8世纪的阿拉伯。13世纪，大阿尔伯图斯（Albertus，Magnus Saint 约1200—1280）在其著作中记述了用蒸馏绿矾（七水硫酸亚铁，化学式为$FeSO_4 \cdot 7H_2O$）的方法获得硫酸。因此，欧洲人把硫酸称为绿矾油。然而，采用此法获得硫酸的产量仅为所用绿矾重量的10%，不能满足人们的需求。15世纪下半叶或16世纪上半叶，有人提出点燃硫黄制硫酸的方法。16世纪下半叶，荷兰发明家德雷贝尔（Drebbel，Cornelius 1572—1633）提出用燃烧硫黄和硝石制取硫酸的方法——"钟罩法"：将硝石和硫黄置于一个小容器内，外面用一个大的广口容器承载（大容器里可以放少量水），把它们放在一个悬挂的大玻璃钟罩下方点燃，产生的三氧化硫与空气中的水蒸气结合，生成的硫酸凝结在钟罩壁内，用大容器把它们收集起来。英国人瓦德（Ward，Joshua 1685—1761）最初使用该方法制造了硫酸。这种方法后来成为铅室硫酸制法的基础。

帕拉塞尔苏斯［瑞］提出新医疗法　约1527年，瑞士医生帕拉塞尔苏斯（Paracelsus，Philippus Aureolus 1493—1541）当众烧毁阿维森纳（Avicenna 980—1037）和盖伦（Galenus，Claudius 129—199）的著作，因此被称为医学界的路德。此后，他提出了新的医疗观点，认为每一种疾病都有其特殊性，

都应该有相应的化学治疗法。他反对滥用
复方，主张使用纯物质有针对性地用药。
故此，他的学派又被称为化学医学派。
他的主张推动了纯度试验和纯度标准的
发展，为化学物质的纯度概念奠定了基
础。后来，经过布莱克（Black，Joseph
1728—1799）、道尔顿（Dalton，John
1766—1844）等人的努力，帕拉塞尔苏斯
的方法逐渐成熟。

帕拉塞尔苏斯

**李时珍［中］《本草纲目》问
世**　1590年，中国明朝医药学家李时珍（1518—1593）撰著的《本草纲目》
问世。全书共52卷，190多万字，载有药物1892种，收集医方11096个，绘制
精美插图1160幅，分为16部、60类。书中对植物的分类，比瑞典分类学家林
奈（von Linné，Carl 1707—1778）早200年。在化学化工方面，他记载了纯金
属、金属、金属氯化物、硫化物等一系列的化学反应；记述了蒸馏、结晶、
升华、沉淀、干燥等现代化学中应用的一些操作方法；对氯化汞的制备、黄
金的比色鉴别以及多种铜合金的区别都有精辟的见解；批判了水银"无毒"、
久服"成仙""长生"等说法；论述了铅中毒会引起中毒性肝炎而出现黄疸症
状，否定了"铅是无毒的物质"的谬论；阐述了水银是由丹砂加热后分解出
来的（"汞出于丹砂"），水银和硫黄一起加热变成银朱（硫化汞），水银加盐
等可以变成另一种物质——轻粉（氯化汞），主张水银是一种"温燥有毒"的
物质，驳斥了久服水银可以长生不老的无稽之谈。1606年，该书首先被传入
日本。1647年，波兰人卜弥格（Michel，Boym 1612—1659）来中国，将《本
草纲目》译成拉丁文流传欧洲。后来，该书又先后被译成日、朝、法、德、
英、俄等文字。1953年出版的《中华人民共和国药典》，共收集531种现代药
物和制剂，其中采取《本草纲目》中的药物和制剂就有100种以上。2011年5
月，金陵版《本草纲目》入选《世界记忆名录》。《本草纲目》是中国古代汉
族传统医学集大成者，被誉为"东方药物巨典"，被英国生物学家达尔文誉为
"中国古代百科全书"。

1625年

格劳贝尔［德］首次制成高纯盐酸　15世纪，德国人瓦伦丁（Valentine，B.）将食盐与硫酸亚铁混合加热后酸化制成纯盐酸。16世纪，德国炼金术士利巴菲乌斯（Libavius，Andreas 1540—1616）首次通过在黏土的坩埚中加热盐与浓硫酸的混合物分离出纯净盐酸。1625年左右，德国化学家格劳贝尔（Glauber，J.R. 1604—1668）首次通过加热蒸馏明矾（或绿矾）和盐的混合物，制造出了近乎纯净的盐酸。同时，他发现该反应的另一产物——硫酸钠（芒硝）是一种轻泻剂，后被称为"格劳贝尔盐"。后来，他又用硫酸和硝石制得硝酸，从而制成许多氯化物和硝酸盐。此外，他还发现了制备吐酒石（酒石酸锑钾）的方法，即用曲颈瓶蒸馏木材获得焦油和一种醇。在化学理论上，他认识到化学亲和力，正确解释了某些条件下的复分解反应。在实验设备上，他发明了熔炉中通风烟囱。1655年，格劳贝尔在阿姆斯特丹设计和建造了化学实验室。他的研究和发现被收集在《格劳贝尔选集》（1715）中。他被称为"德国的波义耳""德国化学之父"。

格劳贝尔建造的一种炉子，带有排放废气的高烟囱

1637年

宋应星［中］著《天工开物》　1637年，中国明代科学家宋应星（1587—约1666）著成《天工开物》。该书共分为三卷十八篇，分别是五谷、纺织、染色、粮食加工、制盐、制糖、陶瓷、铸造、车船、锻造、焙烧矿石、油脂、造纸、冶金、兵器、朱墨、制曲、珠玉宝石，并且配有123幅插图。该书记述了化学知识、农业和手工业技术。在化学理论方面，作者用阴阳五行说解释各种化学变化，在解释的过程中，孕育了化合和质量守恒思想；在化学工艺方面，作者记述了冶金、分金、铅丹、铅白、银朱、煤炭、

石灰、钒、炭黑、燃料、颜料、陶瓷、制曲、酿酒等化学过程和技术，记述了炉甘石（碳酸盐类矿物方解石族即碳酸钙族菱锌矿，主要含碳酸锌）还原成锌的火法炼锌技术。他第一次对煤进行了分类。其中，铅白（碱式碳酸铅）、银朱（硫化汞）的制备方法至今被欧洲称为"中国方法"。此外，作者还介绍了中和反应、分解反应、置换反应、氧化还原反应、络合反应及酶催化反应等。宋应星是世界上第一个科学地论述锌和铜锌合金（黄铜）的科学家，他记载的用金属锌代替锌化合物炼制黄铜的方法，是人类历史上用铜和锌直接熔融而得黄铜的最早方法。该书被称为世界上第一部关于农业和手工业生产的综合性著作，被誉为"中国17世纪的工艺百科全书"。

1661年

波义耳［英］发现甲醇　1661年，英国化学家波义耳（Boyle, Robert 1627—1691）从木材干馏的蒸出液中分离得到甲醇，这成为工业上最先获得甲醇的方法。1857年，法国化学家贝特洛（Berthelot, Pierre-Eugène Marcellin 1827—1907）用一氯甲烷水解制得甲醇。1923年，他开始合成甲醇的工业生产。德国巴登苯胺纯碱公司（BASF）首先建成以合成气为原料、年产300吨的高压法甲醇合成装置。20世纪60年代中期，人们采用高压法生产甲醇。1966年，英国卜内门化学工业公司（ICI）研制成功铜系催化剂并开发了低压工艺（简称ICI低压法）。1971年，联邦德国鲁奇（Lurgi）公司开发了另一种低压合成甲醇工艺（简称鲁奇低压法）。20世纪70年代中期以后，许多国家均采用低压法新建和扩建了甲醇厂，并出现了其他低压生产工艺和生产燃料甲醇的工艺。

1668年

波义耳［英］建造化学实验室　1600年，德国炼金术士利巴菲乌斯（Libavius, Andreas 1540—1616）在他的《炼金术》（1595）中，绘制出了理想的"化学大楼"。大楼包括主实验室、炼金熔炉、储藏室、制备室、灰浴和水浴室、结晶室、实验室助手办公室、燃料仓库和酒窖（酒窖用于储藏蒸馏的酒精尾液）。他的图纸设计精巧、设备齐全、排列整齐。1668年以后，英国化学家波义耳在靠近考文特花园的梅登巷建成了自己的实验室。实验室里居于重要地位的是熔炉，其他每一种器材都用于一种专门操作，实验室结构虽然合理，但其实验设备仍然带有"转换的幻想"的色彩。100年后，英国化学家普利斯特利（Priestley，Joseph 1733—1804）在波义耳的基础上，建造了简单而高效的化学实验室。

波义耳的实验室

1673年

雷文斯克罗夫特［英］发明燧石玻璃　1612年，意大利化学家内里（Neri，Antonio）在其《玻璃的技术》中，介绍了制造含铅玻璃的工艺流程，指出这种玻璃的高折射系数适于仿制宝石，揭示了威尼斯玻璃的奥秘。1662年，英国人梅里特（Merrett，Christopher 1614—1695）把该书翻译成英文，并做了评论。同年，英国人雷文斯克罗夫特（Ravenscroft，George 1632—1683）在英国东南部发现了高纯度的燧石（二氧化硅的主要来源）。1673年，他受《玻璃的技术》一书的启发，制造出了"像无色水晶一样的水晶玻璃"，但是，玻璃上出现许多细小的微裂纹。1675年，他在制造过程中，使用了氧化铅，从而减少了盐的比例，使玻璃更加稳定。这种玻璃被用来指英国的铅玻璃（lead glass），又被称为燧石玻璃。17世纪，这种含铅玻璃在英国被普遍使用。18世纪，人们在制造中逐渐加入了很多铅，并用燃煤代替木材，还使用了闭口坩埚，生产出了一种色泽深而油亮的玻璃，实现了英国玻璃技术的重大革新。

1694年

伊勒［英］提取沥青和焦油 1694年，英格兰人马丁·伊勒（Eele, Martin）从一种矿石中大量抽取和制造沥青、焦油和油类并获得了专利。他还在什罗普郡的塞汶河畔建厂投入生产。具体方法是：先收集煤层上面含沥青的页岩，将其放在畜力磨坊中磨碎；再把其中的一部分运到蒸馏工厂，用蒸馏法生产油；把剩余的部分和水一起放到大铜锅中煮沸，沥青从水中分离浮起；将沥青成分撇出后，剩余部分再经蒸发浓缩，其中的一部分也可能与预先准备好的油混合，稀释成焦油。蒸馏的轻馏分则作为药用"贝顿的英国油"（Betton's British oil）在市场上出售。伊勒制造的沥青的韧性度比用木材制的沥青强，它作为船的填缝材料很受欢迎。1835年，法国建成世界上第一座页岩油

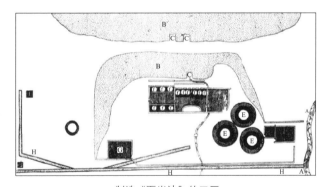

制造"页岩油"的工厂

厂。1862年，英国人詹姆斯·杨（Young, James 1811—1883）在苏格兰建造了干馏页岩油工厂。世界页岩油工业由此发展起来了。伊勒的专利是人类利用热解法或分解蒸馏法从油页岩中获得人工原油的开端。

约17世纪

海尔蒙特［比］ 首次做"柳树实验" 比利时化学家、生物学家和医生海尔蒙特（van Helmont, Jan Baptista 1580—1644）首先把"气体"一词引用到化学中来。他最先认识到气体及其种类，如二氧化碳、一氧化碳、氢气、

海尔蒙特

甲烷、一氧化硫和氯气等。他认为物质最基本的元素是水，其次是空气，并做过一个化学史上有名的"柳树实验"：在盛有200磅干土的瓦罐中，栽上一棵5磅重的柳树苗，罩上瓦罐后只用水灌溉，5年后树和落叶总重169磅3盎司，干土只少了2盎司。他误认为柳树增加的重量只能来源于水，不知空气中二氧化碳所起的作用。他的"柳树实验"，开启了定量分析研究的大门。他把一生中的大部分时间用于化学试验。他被称为"生物化学之父"，是炼金术向近代化学过渡时期的代表性人物，为中世纪末期炼金术向化学过渡发挥了关键作用。

欧洲兴起涂漆业　涂漆是指采用浸涂法进行涂装的涂料。16世纪中期，欧洲人用溶解于酒精或油中的树胶（人工采集杨树芽，经过蒸煮、碾压、提出等一系列提取工艺制成的胶状物质）或以印度虫胶（印度是虫胶的主产国）为基础的清漆装饰漆器。荷兰旅行家林索登（van Linschoten, Jan Huyghen）用不同比例的虫胶（lac，是紫胶虫吸取寄主树树液后分泌出的紫色天然树脂）、酒精和颜料的混合物制取磁漆。后来，伊夫林（Evelyn, John 1620—1706）调出了著名的"英国漆"，可将银箔漆上黄金的色彩，以此来装饰马车。1660—1675年，新型的涂漆业在巴黎、伦敦、荷兰和德国相继起步。18世纪早期，在波义耳和孔克尔（Kunkel）的推动下，形成了抗撞击、耐酸、耐热、耐酒精的漆铁和漆铜工艺。现代涂漆工艺除了传统的刷涂方法以外，还有喷涂、电沉积涂、浸涂、辊涂和帘涂等。

1704年

狄斯巴赫［德］发明普鲁士蓝　普鲁士蓝又叫柏林蓝、亚铁氰化铁、中国蓝等，它是一种古老的蓝色染料。它的主要成分是$Fe_4[Fe(CN)_6]_3 \cdot xH_2O$。1704年，柏林颜料生产商狄斯巴赫（Diesbach）发明了普鲁士蓝。其工艺说法不一：一种说法是，用2价铁盐与亚铁氰化钾反应制得，初始产物为白色不溶性化合物——格林白，经氧化而成蓝色颜料；另一种说法是，用等份量的硝酸钾、酒石酸锑钾（吐酒石）和牛血或动物肉共同加热，生成物溶解在水中，先用硫酸亚铁或明矾处理，然后用盐酸处理而成。1756年，斯提干波把普鲁士蓝从德国带到英国，并于1770年左右投入生产。它与群青（ultramarine blue，最古老最鲜艳的蓝色颜料）、铬黄（chrome yellow）等是十八十九世纪彩色颜料制作技术的重大突破。

1709年

达比［英］首次用焦炭炼铁 17世纪二三十年代，英国人杜德利（Dudley，Dud 1599—1684）用厚煤块和煤屑做燃料，煤块所含的硫会使生铁产生热脆性，无法锻造成形，导致用矿煤代替木炭炼铁未获成功。1699年，英国人亚布拉罕·达比（Darby，Abraham 1677—1717）在布里斯托尔开办公司制造家用铜锅，因铜的成本高，他改用铁铸锅并获得成功，还申请了专利。1709年，他在什罗普郡科尔布鲁克代尔的工厂中，用含硫量低的煤焦炭炼铁获得成功。煤焦炭炼铁在成本和效率上都比木炭有优势，因而在英国迅速取代木炭。由于质量优良，他生产的铁主要被用于铸造精巧铸件。1758年，他的长子在科尔布鲁克代尔铸造了100多个纽可门汽缸。1779年，他的孙子建造了世界上第一座铁桥。焦炭炼铁的发明促进了钢铁业及相关行业的巨大发展，也使人类进入了"钢铁时代"，英国的工业革命因此得以全面展开。

1727年

舒尔策［德］发现银盐的化学反应 银盐是指卤素与金属银形成的化合物的总称，如氯化银、溴化银、碘化银等。1727年，德国人舒尔策（Schulze，Johann Heinrich 1687—1744）首次明确指出太阳光对银盐有化学作用，并将此发现报告给了纽伦堡帝国研究院。其原理是：银盐在光的作用下发生分解，生成银颗粒，银颗粒是黑色的，所以银盐在光照下变暗。此外，他还首次利用银盐的光效应产生图像：他将一张剪出文字的纸盖在一个装有白垩（一种石灰岩，由古生物的残骸集聚形成，其主要成分是碳酸钙）

和硝酸银混合溶液的玻璃瓶上，被纸盖住部分的溶液仍是白色，其余部分则变为黑色。于是，他得出结论：这一变化并不是太阳热量所致，而是由阳光引起的反应。他虽然没有实际应用这一重大发现，即没有把它与摄影联系起来，但是，该发现却是整个光化学系谱的根，在其后的百余年中推动了摄影技术的产生和发展。1839年，法国科学家达盖尔（Daguerre，Louis-Jacques-Mandé 1787—1851）发明了摄影技术。

1746年

罗巴克［英］发明铅室法制硫酸 1736年，英国人沃德（Ward，Joshua 1685—1761）在特威克纳姆（Twickenham）建厂，开始规模化生产硫酸。1740年，该工厂迁到里士满。他的工厂大量使用易碎的球状玻璃器皿，不易大规模生产。1746年，英国医生、化学家罗巴克（Roebuck，John 1718—1794）利用格劳贝尔（Glauber，J.R. 1604—1668）曾提及的铅对硫酸有抵抗作用的原理，用铅代替玻璃器皿，同加贝特（Garbett，Samuel 1717—1805）一起，在伯明翰建造了世界上第一个生产硫酸的铅室，

沃德发明在玻璃器皿中生产硫酸

史称"铅室法"。其具体方法是：用木料做框架，铅板做墙壁；操作时，将硝石和硫黄放到铁勺内，点燃后将其放进铅室中的铁盘中，产生的氧化物气体被预先喷洒在铅室内壁的水吸收形成硫酸，并不断添加硫黄和硝石；大约每隔4周取出一次酸，再进行加热浓缩。此后，英国各地争相建造更大的铅室。铅室硫酸法经过不断发展，一直沿用到现在。罗巴克用铅代替玻璃器皿制造硫酸的技术，是化工技术史上的重大进步。

1763年

欧洲人建造蜂窝式炼焦炉 1763年，英国建造了用煤炼焦的蜂窝式炼焦

炉。它是由耐火砖砌成的圆拱形空室，顶部及侧壁分别开有煤料和空气进口。点火后，煤料分解放出的挥发性气体，与侧门进入的空气在拱形室内燃烧，产生的热量由拱顶辐射到煤层提供干馏所需的热源，一般经过 48～72 小时，即可得到合格的焦炭。1850—

砖砌蜂窝式炼焦炉

1860年，法国及欧洲其他国家建立的炼焦炉开始采用由耐火材料砌成的长方形双侧加热的干馏室，室的每端有封闭铁门，在推焦时可以开启，这种炉就是现代炼焦炉的雏形。19世纪70年代，德国成功地建成了有化学品回收装置的焦炉，由煤焦油中提取了大量的芳烃，作为医药、农药、染料等工业的原料。1925年，中国在石家庄建成了第一座焦化厂，1934年，在中国上海建成拥有直立式干馏炉和增热水煤气炉的煤气厂，生产城市煤气。蜂窝式炼焦炉是早期炼焦炉的源头。

1781年

科克伦［英］制取焦油　1684年，英国人克莱顿（Clayton，John 1657—1725）发现了干馏产生的"黑油"和"精灵"。1739年，他将该成果发表在《哲学学报》上。1781年，英国贵族邓唐纳德第九代伯爵阿希巴尔德·科克伦（Cochrane，Dundonald Archibald 1749—1831）在炼铁厂附近建造了焦油炉，他利用焦油炉通过干馏处理煤炭生产焦油，以此取代了日渐匮乏的木馏油（由山毛榉或类似植物干馏得到的酚类混合物），并因此获得了专利。但是，他没有察觉到焦油蒸馏时产生的可燃性蒸气也可以用于照明，故而失去了发明煤气灯的时机。现在焦油的制造方法是：先将煤干馏，得到焦炉煤气、粗氨水、煤焦油、焦炭；再将煤焦油分馏：170℃以下分出苯、甲苯、二甲苯；接着，再用分液分出甲苯和二甲苯，加入适量过氧化钠，分离出二甲苯。煤干馏产生的煤焦油和煤气广泛用于化工和燃气领域。科克伦的发明加快了对煤焦油分析和利用的步伐，"比瓦特的蒸汽机更具重大意义"。

1787年

拉瓦锡［法］等编制化学术语命名法　早期化学家们对各种化合物的命名，始终没有一个确定的标准。他们常常使用一些隐晦和怪诞的名词，结果没有一个化学家能够准确地弄清楚其他化学家谈论的化合物是什么。为了改变这种状况，1787年，法国化学家拉瓦锡（Laovoisier, Antoine-Laurent 1743—1794）同贝托莱（Berthollet, Claude-Louis 1748—1822）、吉东·德·莫尔沃（Guyton de Morveau, Louis-Bernard 1737—1816）和富克鲁瓦（de Fourcroy, Antoine-François 1755—1809）一起发表了一篇题为《化学术语命名法》的报告。在报告中，拉瓦锡强调，科学应包括事实、思想和术语，完美的化学术语必须能准确表达科学思想和事实，术语应能够激发思想，同时不能削弱或夸张事实。这种命名法的结构是：以主成分作为词根，以该化合物的化学性质做词尾来命名，新命名法应让物质的化学组成一目了然。该报告收录了约700种物质的新旧名称，其中首次出现了碳酸钾、硝酸铜、硫酸锌等物质。他们出版的《化学命名法》系统建立了对每一种物质用组成它们的元素而定名的原则，对化学术语第一次进行了清晰的表述，大大推动了化学术语的革命，为现代化学命名法奠定了基础。

1788年

吕布兰［法］发明第一个工业制纯碱的方法　18世纪，生产玻璃、陶瓷、肥皂和造纸需要大量价廉的较纯的碱。1775年，法国科学院悬赏征求制碱的方法。1788年，法国化学家吕布兰（Nicolas Leblanc 1742—1806）发明了第一个工业制纯碱（即碳酸钠）的"吕布兰法"并于1791年获得了专利。其具体方法是：用海盐与硫酸反应，生成硫酸钠，再与石灰石和煤一起煅烧而成纯碱。1791—1793年，他在法国建成了第一座工厂。1823年，英国首先建立了吕布兰法制碱工厂。此后，欧洲各国纷纷用此法建厂生产纯碱。1875年，用此法生产的碱占全世界碱产量的95%。吕布兰法的副产品是对环境有害的氯化氢。英国议会通过管理条例，迫使生产者必须回收氯化氢。1836年，科塞（Gossage, W. 1799—1877）用焦炭填充洗涤塔；在塔内使从塔底上升的氯化氢气体被下降的水吸收，制得盐酸。1866年，迪肯（Deacon，H. 1822—1876）和胡尔特（Hurter，F. 1844—1896）将氯化氢气体与预热的空气混合通过铜和锰的氧化物，生成氯气；然后将氯气通入石灰水中，得到漂白液。钱斯（Chance，A. M. 1844—1917）将含有二氧化碳的烟道气通入生产废料中，使废料硫化钙转变成硫化氢，然后用氧气氧化制成硫黄。通过上述对吕布兰法的改进，使吕布兰法形成一个化工生产系统。19世纪末，吕布兰法被索尔维法取代。吕布兰制碱法是化学工业发展史的一个里程碑。

1790年

英国建立第一家工业涂料厂　涂料也被称为油漆，它是涂覆在被保护或被装饰的物体表面，并能够与被涂物形成牢固附着的连续薄膜。人类使用涂料具有悠久的历史。中国仰韶文化的漆绘花纹、法国拉斯科洞窟中的壁画和西班牙阿米塔米拉壁画等都是当时人类使用天然成膜物质涂料的结晶。中国在B.C.770—B.C.476年的春秋时代，就掌握了熬炼桐油制造涂料的技术；在B.C.475—B.C.221年的战国时代，就能够用桐油和大漆复配涂料。后来，该技术被传入朝鲜、日本及东南亚各国；1638—1644年，漆器技术达到了顶峰。17世纪，中国的漆器技术和印度的虫胶（紫胶）涂料技术被传入欧洲。18世纪，涂料工业开始形成。1773年，英国韦廷（Wettin）公司搜集并出版了很多用天然树脂和干性油炼制清漆的工艺配方。1790年，英国建立了第一家工业涂料厂。19世纪，法国、德国、奥地利、日本分别在1820年、1830年、1843年、1881年建立了涂料厂。19世纪中叶，涂料厂家直接配制适合施工要求的涂料——调和漆，这标志着涂料厂完全掌握涂料配制和涂料生产技术，进而推动了涂料生产的规模化发展。1855年，英国人帕克斯（Parkes，A.）取得了用硝酸纤维素（硝化棉）制造涂料的专利，并建立了第一个生产合成树脂涂料的工厂。1909年，美国化学家贝克兰（Baekeland，Leo Hendrik 1863—1944）成功制造出了醇溶性酚醛树脂，并被广泛用于木器家具行业。1915年，中国在上海创立了第一个涂料厂——上海开林颜料油漆厂。1927年，美国通用电气公司（General Electric Company，简称GE，创立于1892年，是世界上最大的提供技术和服务业务的跨国公司）的基恩尔（Kienle，R. H.）发明了用干性油脂肪酸制取醇酸树脂工艺，摆脱了以干性油和天然树脂混合炼制涂料的传统方法的桎梏，开辟了涂料工业的新纪元。20世纪40年代以后，欧美国家开发出了环氧树脂涂料、聚氨酯涂料、丙烯酸树脂涂料、（用丁苯胶乳制造的）水乳胶涂料、聚醋酸乙烯酯胶乳和丙烯酸酯胶乳涂料、乙烯类树脂热塑粉末涂料、环氧粉末涂料以及电沉积涂料、有机树脂涂料等新型工业涂料。未来的涂料工业将向水性化、粉末化、高固体化和光固化方向发展。

1792年

默多克［英］率先用煤气照明　1667年，英国乡村教师雪莱（Shelley）在其工作地发现一个池塘冒出气体，用火点燃后生成蓝莹莹的火焰。1670年，雪莱的朋友克莱顿（Clayton）把从该池塘中挖出的泥炭放入

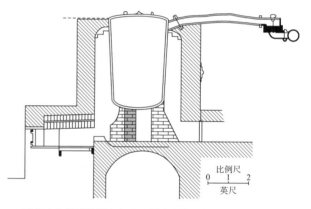

默多克为菲利普斯和李公司制造的第一座干馏釜的剖面图

密闭的容器中加热，生成一种可燃性气体。1792年，英国发明家威廉·默多克（Murdoch，William　1754—1839）在铜壶里装上一些煤，放在火上加热，煤受热后产生的煤气从壶嘴里逸出，他立即用火点燃，制成了世界上第一盏煤气灯。1802年，他的煤气灯照亮了正在庆祝《亚眠条约》的（瓦特的）索霍工厂。1806年1月1日，他所在的公司用50盏灯对第一个客户——棉纺巨头菲利普斯（Philips）进行测试。1808年以后，他成功地实现了煤气照明的商业运作。1812年，伦敦成立了世界上第一家煤气公司。以后，许多国家相继建立了煤气厂。1865年，英国在上海建立了第一家煤气厂。1940年，煤气灯被电灯淘汰。

1798年

吉南［瑞］发明生产光学玻璃的搅拌器　搅拌器是指使液体、气体介质

强迫对流并均匀混合的器件。它有旋桨式、涡轮式、桨式、锚式、螺带式、磁力式等多种类型。瑞士科学家皮埃尔·路易斯·吉南（Guinand，Pierre Louis　1748—1824）在研究中发现，搅拌坩埚内的熔融玻璃可以提高其均匀度。1775年，他建起了第一台大型生产光学玻璃的熔窑。但是，他尚未想到搅拌器，致使实验研究毫无进展。1798年，他发明了搅拌器。最初的搅拌器形如蘑菇状且不完全有效，后来，他改换了其他形式。1805年，他终于设计出了能够被普遍使用的搅拌器：它是用火泥烧制的中空的圆筒，通过一根带钩的铁棒可使其在熔融的玻璃液中移动。他的发明不仅使玻璃中的成分分布趋于均匀，而且能够驱除气泡，增加透光率，推动了玻璃制造技术的发展。

1799年

坦南特［英］发明干性漂白粉　漂白粉是氢氧化钙、氯化钙和次氯酸钙的混合物，其主要成分是次氯酸钙，它是白色或灰白色粉末或颗粒，易分解，很不稳定。1785年，法国化学家贝托莱（Berthollet，

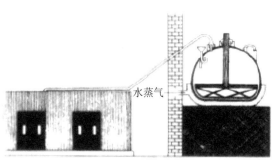

水蒸气

漂白粉的制备

Claude Louis　1748—1822）认为，氯气是一种强力漂白剂。由于气体不易使用，因此有人设想用碱吸收氯气生成次氯酸盐。1789年，英国苏格兰伦弗鲁郡（Renfrewshire）漂白剂师坦南特（Tennant，Charles　1769—1838）用氯气与熟石灰浆混合生产液态漂白剂并获得了专利。但是，液态漂白剂不利于运输，且该专利很难受到保护。于是，1799年，坦南特发明了纯干性漂白粉并获得了专利。同年，他在圣罗洛克斯建厂并生产了50吨漂白粉，每吨售价140英镑。1830年，该厂年产1000吨，售价降至80英镑。1840年，在格拉斯哥附近，仅一家工厂每天就可漂白1400件棉制品。德国著名化学家李比希（von Liebig，J. 1803—1873）评价道，如果没有漂白技术，英国的棉制品制造业不可能达到19世纪的规模，价格也难以同法国和德国竞争。

1802年

杜邦公司［美］成立 杜邦公司全名是"E.I. Du Pont de Nemours & Company"，它是法国移民伊尔·杜邦（Du Pont, I.E. 1771—1834）在美国特拉华州创立的。1788年，杜邦在法国埃松省的化学家拉瓦锡的实验室当学徒，掌握了火药生产技术。1789年，法国爆发了大革命，杜邦移民美洲。1802年，杜邦在特拉华州威尔明顿附近的布兰迪万河旁建立了火药厂，两年后生产黑火药。1805年，第一批火药出口到西班牙。1811年，该厂火药年产量达到204056万磅，销售额达到122006万美元，成为美国最大的火药生产商。至1834年他去世时，该公司已经成为美国大型企业。1857年，该企业生产出最早的工业炸药。1880年，该企业开始生产硝化甘油。20世纪以来，杜邦公司改变生产经营方式，从单一型向多样型转变。1915年生产硝化塑料，1917年开始生产颜料、涂料。1931年，首创氯丁合成橡胶，1938年发明尼龙，1945年开发了聚四氟乙烯。20世纪80年代以来，研究开发重点是与节能有关的聚合物材料、电子工业和信息工业用材料等。到1983年，该企业的科研费用达到9.66亿美元。

1806年

泽蒂尔纳［德］从鸦片中分离出吗啡 1806年，德国汉诺威青年药剂师泽蒂尔纳（Sertürener, Friedrich Wilhelm Adam 1787—1841）从鸦片中分离出了一种苦味而无色的晶体，并使用希腊梦神Morpheus的名字将其命名为"吗啡"。他通过对狗进行的实验证明，吗啡使鸦片具有麻醉效应。由此，人们开始认识到，植物中存在的化学成分使其起到药物作用。1820年，德国达姆施塔特地方的默克药厂开始生产和销售该厂的吗啡制品。在美国南北战争、普奥战争和普法战争期间，吗啡被用于救治伤员，解除疼痛。然而，这些伤兵自此却染上了终身无法解脱的吗啡毒瘾。1860年，美国医生本特利（Bentley）从可卡叶中提炼出可卡因［有人认为，1855年，德国化学家弗里德里希（Friedrich, G.）首次从古柯叶中提取出来。1859年，奥地利化学家纽曼（Albert Neiman）又精制出更高纯度的物质，并命名为可卡因

（Cocaine）］。1878年，他用可卡因治疗有吗啡毒瘾者，但是，治疗者非但没有摆脱对吗啡的依赖，还增加了对可卡因的依赖。吗啡是人们首次从自然药中分离出来的有效成分，主要用于止咳、镇痛、麻醉及治疗肺结核，吗啡的分离开辟了工业制药的途径。

1807年

戴维［英］电解分离出金属钾　1807年，英国化学家汉弗莱·戴维（Davy, Sir Humphry 1778—1829）首先用250对金属板制成产生强大电流的伏打电堆；接着，用它电

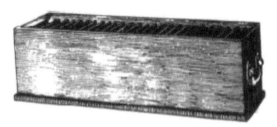

保存于伦敦皇家研究院的戴维电池组

解碳酸钾的饱和溶液，但未分离出金属钾。同年10月6日，他先将碳酸钾放在空气中暴露片刻，让它吸附少量的水分；然后，再用导线将铂制小盘与电池的阴极相连；另一条与电池的阳极相连的铂丝则插到碳酸钾中。通电以后，碳酸钾开始熔化，表面就沸腾了。戴维发现阴极上发出强光并产生了带金属光泽的酷似水银的颗粒。其中，有的颗粒燃烧产生光亮的火焰，甚至发生爆炸；有的颗粒被氧化，表面上形成一层白色的薄膜。戴维将电解池中的电流倒转了过来，仍然在阴极上发现银白色的颗粒，也能燃烧和爆炸。他把这种金属颗粒投入水中，它先在水面上急速转动，并发出嘶嘶的声音，然后燃烧放出淡紫色的火焰。他确认自己发现了一种新的碱金属元素。由于这种金属是从钾草碱中制得的，所以将它定名为"钾"。戴维的发现不仅证实了拉瓦锡（de Lavoisier, Antoine-Laurent 1743—1794）关于苛性钠（氢氧化钠）是含氧化合物的假说，而且在理论上确立了电解制取高纯单质的新方法。

1809年

沃克兰［法］合成无机颜料铬黄　铬黄（又名铅铬黄），其主要成分为铬酸铅（$PbCrO_4$）。1766年，法国化学家沃克兰（Vauquelin, Nicolas-Louis 1763—1829）对西伯利亚红铅矿（铬铅矿）进行分析：他以盐酸溶解红铅矿，

溶液呈绿色,并发现其中含有铅。1797年,沃克兰又重新进行分析:他取红铅矿样品与两份碳酸钾共沸,得到碳酸铅沉淀和含有一种未知酸的钾盐的黄色溶液。此溶液与汞溶液生成美丽的红色沉淀,与铅盐溶液生成黄色沉淀,加氯化亚锡则变成绿色。沃克兰由此推断红铅矿中含有一种新金属,并命名为Chromium(1872年,中国化学家徐寿译为铬)。不久,沃克兰证实,祖母绿和红宝石因分别含有不同价态的铬化合物而呈不同色泽。同年,他以炭粉还原氧化铬的方法制得金属铬。1809年,沃克兰合成了无机颜料铬黄。1835年,英国人库兹(Kurtz, A.)首先试制出了铅铬(Cr_2O_3)。后来,他在利物浦的一家工厂中小批量生产铅铬。1900年,开始大规模生产铅铬。沃克兰的发现对矿物颜色机制研究和无机颜料的应用都具有重要意义。

布莱〔法〕首次制造乙醚 1809年,法国科学家布莱(Braet, P.)用硫酸使乙醇脱水制造出了乙醚,此法至今仍是工业制取乙醚的主要方法。1842年3月,美国外科医生朗(Long, Crawford Williamson 1815—1878)首次将乙醚作为麻醉剂用于手术中,致使乙醚的需求量迅速增加。由于乙醚极易燃烧起火,因此,工业上经常采用苏贝兰法(Soubeiran)大规模生产乙醚。该方法依据乙醚的挥发性远大于水蒸气和乙醇的原理,能够一次性制造出乙醚,从而提高了乙醚生产的安全性。其方法是:把硫酸与乙醇混合加热;然

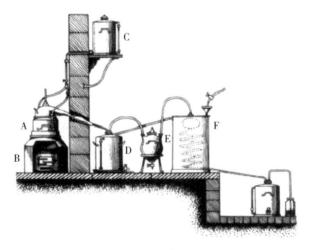

(A)蒸馏器 (B)炉子 (C)乙醇贮储器 (D)第一冷凝器 (E)提纯器 (F)螺旋管冷凝器
苏贝兰的乙醚精馏器

后，通过第一冷凝器，使水蒸气和乙醇蒸气被冷凝掉了；具有挥发性的乙醚继续经过（装有苛性钠和炭）的提纯器，过滤掉二氧化硫；最后，在螺旋管冷凝器中冷凝乙醚。除乙醚外，氧化亚氮（笑气）和氯仿作为麻醉剂，分别于1844年和1847年在医疗上被投入使用。

1819年

布兰德［英］等人首次从煤焦油中分离出萘　19世纪初期，对煤焦化后剩余的煤焦油的利用仅限于建筑、造船、照明灯油等少数领域，且其化学成分未知。1819年，英国皇家研究院化学家布兰德（Brande，William Thomas 1788—1866）从蒸馏焦油中发现一种白色结晶体，通过分析得知，它是一种碳和氢的二元化合物。同年，英国实业家加登（Garden，Alexander 1757—1829）也获得了这一物质。不久，牛津大学化学家基德（Kidd，John 1780—1851）将它命名为Naphthalene（萘），它来自Naphtha（石脑油）一词，其波斯语是指石油的最初馏分。此后，英国科学家法拉第（Faraday，Michael 1791—1867）确定了萘的化学式——$C_{10}H_8$。萘是最先从煤焦油中分离出来的物质，此后，人们又不断地从煤焦油中分离出了各种新物质，从此打开了煤焦油化工原料宝库的大门。

1820年

汉考克［英］发明橡胶塑炼机　1736年，法国科学家德·拉·孔达米纳（de La Condamin，Charles Marie 1701—1774）在南美发现了天然橡胶。然而，天然橡胶因加工问题一直未得到广泛应用。1820年，英国技师汉考克（Hancock，Thomas 1786—1865）尝试将橡胶进行切碎处理，发明了加工橡胶的机器。该机器由布满内齿牙的空心外滚筒和布满外齿牙的实心内滚筒构成。其间，

大型塑炼机及加工后橡胶的取出和切割

汉考克又发现了"塑炼"（mastication）现象：随着机器旋转速度的加快，橡胶不但没有被切碎，反而结成一个固态均质橡胶块儿。塑炼是大分子链断裂和分子量分布均匀化的过程，它可以降低橡胶黏性和弹性、提高可塑性，有利于进一步加工塑型，是橡胶生产必不可少的工序，汉考克因此被誉为橡胶工业的先驱。

佩尔蒂埃［法］等分离出奎宁　17世纪，秘鲁首都利马经常发生疟疾，威胁着人们的生命。当地印第安人找到一种医治疟疾有特效的树皮，他们称这种树为"生命之树"。1638年，秘鲁总督钦琼伯爵夫人金鸡纳（Cinchona）来到利马不久，患了冷热病。印第安姑娘珠玛用"生命之树"的树皮给夫人煎服并痊愈。翌年，"生命之树"便被移植到欧洲，植物学家把它改名为"金鸡纳"树［Cinchona ledgeriana（Howard）Moens ex Trim，别名是奎宁树、鸡纳树，茜草科金鸡纳属］。1692年冬，康熙皇帝身患疟疾，御医用药后，效果仍不佳。此时，有一传教士向康熙提议服用"金鸡纳霜"可治疗该病。康熙即刻颁旨，洪若翰（de Jean Fontaney 1643—1710）等两位传教士立刻把药带入京师并治好了康熙的疾病。于是，康熙颁旨，允许引进金鸡纳霜，也允许西方传教士在北京传教。1820年，法国人佩尔蒂埃（Pelletier, P.J. 1788—1842）和卡文图（Caventou, J.B. 1795—1877）从金鸡纳树皮中，分离出了奎宁和辛可宁两种生物碱。奎宁（即金鸡纳霜，分子式：$C_{20}H_{24}N_2O_2$）是治疗疟疾的特效药物，辛可宁（喹啉型生物碱，分子式：$C_{19}H_{22}N_2O$）能够治疗心脏病。3年后，奎宁在伦敦的斯特拉特福开始生产。奎宁和辛可宁的发明对促进医疗事业的发展起到重要作用。目前，印度尼西亚的奎宁产量占世界总产量的92%。

1823年

麦金托什［英］发明防水胶布　1768年，法国化学家马凯（Macquer, Pierre Joseph 1718—1784）等人发现松节油和乙醚可溶解天然

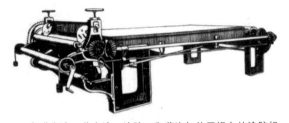

配备进布滚、收布滚、涂胶刀和蒸汽加热干燥台的涂胶机

橡胶。英国人麦金托什（Macintosh，Charles　1766—1843）发现低沸点、易挥发的石脑油（煤焦油的最初馏分）也能溶解橡胶，并形成一种被称作"清漆"的橡胶水。他在将其涂布面以后，形成了既不透气又不透水的胶布。接着，他又将两层胶布叠在一起施压制得复合织物，形成了"双层胶布"。他因此于1823年6月17日获得了专利（包括溶剂的使用和防止胶浆出现在织物表面的办法）。他用"双层胶布"生产出了"麦金托什雨衣"。1824年，他在曼彻斯特开设工厂生产各种胶布。1837年，英国人汉考克（Hancock，T.）加入该企业后，又发明了涂胶机，提高了生产效率。此项发明成为橡胶涂层工业的开端。

汉考克［英］发明橡胶混炼技术　11世纪，南美洲人开始利用野生天然橡胶。1736年，法国人孔达米纳（Contamine，C.）在南美洲观察到，三叶橡胶树流出的胶乳可固化为具有弹性的物质。1823年，英国人麦金托什（Macintosh，C.）在英国建立了第一家防水胶布工厂。同年，英国科学家汉考克（Hancock，T.）发现塑炼能够加速天然橡胶在普通溶剂中的溶解。他将橡胶溶解在松节油中，再与其他配料混合完成混炼。不久，他又发现，沥青即使不加入溶剂也能和橡胶均匀混合，从而又发明了干式混炼。这种混炼也可在塑炼机中进行，从而使他发明的塑炼机兼有了混炼功能。此项技术的发明对提高橡胶质量具有重要作用。他被公认为世界橡胶工业的先驱。1839年，美国人固特异（Goodyear，C.）发现橡胶与硫黄共热可以大大增加橡胶的弹性，不再受热发黏，从而使橡胶具备良好的使用性能。橡胶硫化方法的发现对推动橡胶的应用起了关键的作用。19世纪中叶，橡胶工业开始形成。1916年，班伯里（Barbury，F.H.）获得了橡胶密炼机专利，橡胶加工机械相应得到了完善和发展，橡胶加工技术在这一时期有了很大进步。

早期的开放式混炼机由两个水平放置的滚筒构成

1824年

阿斯普丁［英］发明波特兰水泥　罗马人在建筑工程中使用石灰和火山灰的混合物施工，这种混合物被称为"天然水泥"。1756年，英国工程师斯米顿（Smeaton, J.）研究发现：采用含有黏土的石灰石可烧制水硬性石灰；由它和火山灰配成用于水下建筑的砌筑砂浆。该发现为近代水泥的研制和发展奠定了理论基础。1796年，英国人帕克（Parker, J.）用天然泥灰岩烧制出一种棕色水泥。其外观很像罗马人使用的水泥，故命名为"罗马水泥"。1813年，法国土木技师毕加（Biga）研究发现：将石灰和黏土按3∶1的比例混合可以制成性能更好的水泥。1824年，英国工程师阿斯普丁（Aspdin, Joseph 1779—1855）将石灰石和黏土按一定比例配合后，在烧石灰的立窑内煅烧成熟料，再经过磨细制成水泥。该水泥硬化后的颜色与英格兰岛的波特兰地区的石头相似，故被称为"波特兰水泥"。同年，他因此获得了专利，并于次年建厂生产。最初，因烧制温度较低而影响了水泥的质量。后来，他偶然找到了有效烧结的温度。然而，或许出于保密考虑，他并未公开专利而是继续生产。1850年，约翰逊（Johnson, L.C. 1811—1911）也找到了烧制水泥的温度，并强调自己的发明权。1893年，日本学者远藤秀行和内海三贞合作发明了不怕海水的硅酸盐水泥。1907年，法国人比埃（Bières）利用铝矿石的铁矾土代替黏土混合石灰岩烧制成了水泥。该水泥含有大量氧化铝，故命名为"矾土水泥"。20世纪以来，人们对波特兰水泥进行改进，研制出了高铝水泥、特种水泥等100多种水泥。1952年，中国制定了全国统一标准，规定水泥生产以多品种、多标号为原则，并将波特兰水泥按其所含的主要矿物组成改称为矽酸盐水泥，后又改称为硅酸盐水泥。波特兰水泥是人造水泥工业的开端，在水泥史上具有划时代意义。

阿斯普丁在肯特郡的诺斯弗利特建立的工厂中的窑炉

1826年

恩弗多尔本［德］首次发现苯胺 1826年，德国化学家恩弗多尔本（Unberdorben, Otto 1806—1873）从干馏靛蓝中发现一种物质，它易与酸化合形成结晶体（kristallin）。1834年，德国化学家龙格（Rung, Friedlieb Ferdinand 1795—1867）在煤焦油中添加酸溶液加热后分离出一种油，再将其蒸馏后生成蓝色、红色和白色三种物质。1840年，德国药剂师弗里茨舍（Fritzsche, Carl Julius 1808—1871）将靛蓝和苛性钠发生反应制成苯胺（aniline）。1842年，俄罗斯化学家齐宁（Zinin, N.N. 1812—1880）将硫化铵和硝基苯发生反应制成苯胺（benzidam）。1843年，德国化学家霍夫曼（Hofmann, August Wilhelm 1818—1892）研究发现，他们制成的物质都是同一种物质，化学式是$C_6H_5NH_2$，他保留了苯胺的名称。目前，苯胺的工业生产方法主要有硝基苯铁还原法、氯化苯胺化法、硝基苯催化加氢还原法和苯酚氨解法等。由苯胺生产的产品达300多种，被誉为"染料中间体之王"，在染料工业中发挥重要作用。

李比希［德］建成吉森实验室 1822年，德国化学家李比希（von Liebig, Justus 1803—1873）来到法国巴黎，在化学家盖-吕萨克（Gay-Lussac, Joseph Louis 1778—1850）私人实验室从事学习和研究。其间，他发现，雷汞就是雷酸盐，并确定了它的组成。1824年，李比希学成回国，被聘为德国吉森大学教授。他认为，只有在实验室里才能培养出出色的化学家。为此，他引入法国的教育体制，申请建立化学实验室但未获准。他自筹经费，将一栋废旧兵营改造成实验室，并于1826年正式落成。吉森实验室由天平室、贮藏室、洗涤室和助手室等组成。起初，实验室只是用于学生实验，后来发展成为学生研究型实验室。初建的实验室设备简陋，但它不同于盖-吕萨克的师徒作坊式的私人实验室，而是一个可以容纳大量学生同时进行科学实验的系统教学实验室，具有近代教育的特征。李比希亲自编制教学大纲，亲自教学，他还改革了教学方法，注重讲授定量分析法，减少理论教学，强调实验教学和自主研究相结合。在该实验室中，他自己取得了很大成就，还培养出了霍夫曼（Hofmann, J. 1876—1957）、凯库勒（Kekule,

F.D. 1829—1896）等著名化学家。吉森实验室因此被誉为"近代化学教育的圣地"。

1827年

沃克［英］发明火柴　577年，中国南北朝时期，中国人发明了引火材料。当时，人们将硫黄沾在小木棒上，通过火种或火石引火。这是最原始的火柴。《辍耕录》（陶宗仪）、《资治通鉴》（司马光）、《清异录》（陶谷）等中国古代文献都记述了火柴的使用。在欧洲，火柴出现于罗马时期，即人们用浸泡硫黄的木柴引火。1669年，德国人布兰德（Brande，H.）提炼出了黄磷。人们将浸泡过硫黄的木柴沾上黄磷而发火。1805年，法国人钱斯尔（Chancer）将氯酸钾和糖用树胶粘在小木棒上，浸沾硫黄便立即发火。1827年，英国人沃克（Walker，John 1781—1895）发明了具有实用价值的火柴（此前人们根据氯酸钾与硫酸反应产生热量的原理，设计出包括液态酸的引火产品）。他先将氯酸钾、硫化锑与树胶混合涂在木条头上，再用木条在砂纸上摩擦生火。他在斯托克顿建厂生产，并于1827年出售了第一批产品。伦敦火柴制造商琼斯（Jones Samuel）从法拉第（Faraday，Michael 1791—1867）的演讲中得知沃克并未申请专利，立即仿制并于1832年左右申请了专利。同时，法国也开始生产这种火柴。1831年左右，法国青年索里亚（Sauria Charles）用白磷或黄磷代替硫化锑，改进了火柴的生火性能。由于白磷和黄磷有剧毒，该火柴的安全性也不强，因此，芬兰于1872年首先禁止用白磷制造火柴。1906年，国际劳工立法联合会在瑞士伯尔尼通过决议，禁止制造、进口和销售白磷火柴。后来，人们改用硫化磷生产火柴。硫化磷虽无毒但自燃。1845年，奥地利人施勒特尔（Schröeter，A.）研制出了红磷，无毒。1855年，瑞典人伦德斯特姆（Lundström，J.E.）研制出了安全火柴。其特点是：火柴盒的侧面涂有红磷（发火剂）、三硫化二锑（易燃物）和玻璃粉；火柴头上的物质是$KClO_3$、MnO_2（氧化剂）和S（易燃物）。红磷无毒，它和氧化剂分别黏附在火柴盒侧面和火柴杆上，不用时，二者不接触，故安全。1833年，瑞典建立了世界上第一个火柴厂。1865年，火柴被输入中国。1878年，广东建立了第一家火柴厂。1967年，中国研制了第一台火柴自动连续机。1982年，中国建成第一条火柴生产线。

1828年

维勒［德］首次用无机物合成尿素 19世纪，瑞典化学家贝齐里乌斯（Berzelius，Jöns Jakob 1779—1848）根据有机物和无机物在电解等化学性质上的差异，提出了"生命力学说"，主张有机物是"有生命力的"，只有动植物才能制造有机物。1824年，德国化学家维勒（Wöhler，Friedrich 1800—1882）在研究氰跟氨水作用时，发现"形成了草酸及一种肯定不是氰酸铵的白色结晶物"。以后，他又做了一系列实验，证明该白色结晶物就是尿素，并分别用不同的无机物，通过不同的途径合成了有机物尿素。1828年，维勒用氯化铵和氰酸银反应生成氰酸铵，然后再对氰酸铵进行加热合成尿素。同年，他将自己的发现和实验过程写成题为《论尿素的人工制成》的论文，发表在《物理学和化学年鉴》第12卷上，文中详尽记述了如何用氰酸与氨水或氯化铵与氰酸银来制备纯净的尿素。随后，乙酸、酒石酸等有机物相继被合成出来，支持了维勒的观点。维勒开创的有机物的无机合成，打破了无机物和有机物之间的绝对界限，"把康德（Kant，I. 1724—1804）还认为是无机界和有机界之间的永远不可逾越的鸿沟大部分填起来了"，解放了人们的思想，动摇了当时盛行一时的"生命力"论的基础，为有机合成开拓了道路。

1830年

科菲［爱］发明直立式筛板塔 1830年，爱尔兰制酒商科菲（Coffey，Aeneas）发明了一种带筛板塔的蒸馏塔。其工艺流程是：冷的酒醅在管道里由泵抽入右半侧的精馏塔，在精馏塔的管道内曲折下降并同时被不断上升的乙醇蒸气加热变为热酒醅；热的乙醇蒸气被冷凝成液体落入承受器成为成品酒精；热酒醅继续进入左半侧分析塔内，在塔内筛板上一层一层地通过孔道落下；其间，不断上升的热蒸气携带乙醇蒸气顺势进入右侧精馏塔，继续加热冷的酒醅，并将自身冷凝成酒精。使用该筛板塔制取的酒精浓度可达86%～95%，提高了蒸馏效率，是现代精馏塔的先驱。

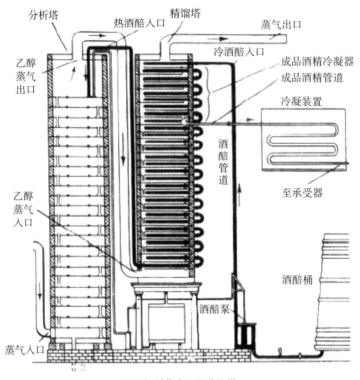

分析塔　　　热酒醅入口　精馏塔　　　　　蒸气出口
乙醇蒸气出口　　　　　　　　冷酒醅入口　成品酒精冷凝器
　　　　　　　　　　　　　　　　　成品酒精管道
　　　　　　　　　　　　　　　　　冷凝装置
酒醅管道
乙醇蒸气入口　　　　　　　　　　　至承受器
　　　　　　　　　　　　　　酒醅桶
　　　　　　　酒醅泵
蒸气入口

1830年科菲发明的蒸馏塔

1831年

菲利普斯［英］首次用接触法制取硫酸　　1831年，英国商人菲利普斯
（Phillips，Peregrine）以铂为催化剂把二氧化硫直接氧化成三氧化硫，再用
水吸收之产生硫酸。其反应流程是：先将硫黄或黄铁矿，分别放在专门设计
的燃烧炉中并使其燃烧得到SO_2；然后将SO_2进入接触室，通过氧化反应生成
SO_3；从接触室出来的SO_3与H_2O化合生成了H_2SO_4。由于用H_2O吸收SO_3容易
形成酸雾，不利于SO_3的吸收。因此，为了提高吸收效率，工业上用98.3%的
硫酸吸收。其具体做法是：从吸收塔的下部通入SO_3，从吸收塔顶喷下98.3%
的硫酸，供稀释用的硫酸从吸收塔底放出。98.3%的硫酸吸收SO_3后浓度增
大，可用水或稀硫酸稀释，制得各种浓度的硫酸。为防止环境污染，将从吸
收塔上部导出的SO_2等再次通入接触室进行第二次氧化，然后再进行一次吸
收，最后再将这种尾气加以净化回收处理，既可消除SO_2对大气的污染，又可

充分利用原料。接触法虽因催化剂易被污染失去催化活性而未被工业采用，但其发展潜力很大，是一种重要的硫酸生产方法。

吉梅［法］实现群青规模化生产　群青又称云青、佛青、洋蓝，是最古老和最鲜艳的蓝色颜料，其分子式是：$Na_6Al_4Si_6S_4O_{20}$。天然群青俗称琉璃，是一种天然无机颜料，它具有耐光、耐热和持久等优良性能，一直被人们所用。它的采集方法是：将矿石粉碎，焙烧后，浸于醋酸里，溶去石灰质，再和树脂、亚麻仁油、白蜡等物盛于棉布袋内，入温汤中杵叩之，群青通过棉布出于水中，数次水洗，再以酒精洗去油脂诸质。青金石是一种天然群青，1979年，中国技术人员在莫高窟和云冈石窟等地发现使用青金石颜料的壁画。据统计，中国从北魏至清末，1600多年在使用青金石。但是，天然群青价格昂贵，因此，化学家们一直研究人工制造群青的方法。1801年，英国首次授予人工制取群青的发明者奖章。1824年，法国的群青研制者也获得奖金。1828年，法国的吉梅（Guimet，J. B.）发现了群青颜料的合成制造方法，降低了生产成本。1831年，他在里昂建立了世界上第一座大规模生产群青的工厂，实现了群青的规模化生产。1884年，英国建立了生产群青的工厂——好利得颜料有限公司。该公司一直致力于群青的开发和制造，成为世界领先的群青颜料供应企业。群青的主要制法是：将陶土、硫黄、纯碱、芒硝、炭黑和石英粉按照不同配方混匀，装于陶罐中，在高温下焙烧，再经水洗等精制工序制成。产品从浅蓝色到深蓝色。与氯化铵混合经热处理后，可制成粉红色、紫色颜料。

1834年

龙格［德］从煤焦油中提炼出苯酚　1834年，德国化学家龙格（Runge，Friedlieb Ferdinand 1795—1867）先在煤焦油中添加酸溶液并加热后分离出一种油；再将其蒸馏生成三种物质，蒸馏剩余的部分物质被溶解在苛性碱溶液中，从中又分离出一种油，向其中添加无机酸后，获得了一种纯净物——苯酚（又名石炭酸）。1841年，法国化学家洛朗（Laurent，August 1807—1853）再次从煤焦油中分离出了苯酚。法国化学家热拉尔（Gerhardt，C.F. 1816—1856）通过加热水杨酸和石灰也制得了苯酚。他认为苯酚与醇相似，不是真正的酸，故将其命名为Phenol，分子式是C_6H_5OH。此外，龙格和洛朗还从煤焦油中分离出了其他多种物质。20世纪以来，人们采用异丙苯法生产苯酚，其他方法有甲苯氯化法、氯苯法、磺化法。我国的生产方法主要有异丙苯法和磺化法。苯酚用途广泛，英国医生里斯特最先发现苯酚具有消毒作用，可作为外科消毒剂。他因此被誉为"外科消毒之父"。

1839年

固特异［美］发现天然橡胶的硫化方法　1838年，美国发明家固特异（Goodyear，Charles 1800—1860）从橡胶厂主哈瓦德（Hayward，Nathaneil 1808—1865）手中，买下了橡胶表面用硫黄涂抹处理的专利。1839年，他将硫黄和橡胶混合并加热，部分橡胶被烧毁，而其余的部分被硫化，从而使其受热不发黏，冬天也不变硬。1841年，他将橡胶片通过加热的铸铁槽，成功试制出了质地均匀、有弹性的橡胶片。固特异将该样品送给了英国技师汉考克（Hancock，Thomas 1786—1865），汉考克用熔融的硫黄（温度为华氏240度左右）浸泡橡胶片得到类似的硫化效果，并于1843年11月21日申请并获得了英国专利。1844年1月30日，固特异申请并获得了一项美国专利，并因此而陷入了专利纠纷之中。最后，他经亲友资助才在专利诉讼中获胜，并在英国、法国展出其成就。法国皇帝拿破仑三世（Napoléon Ⅲ 1808—1873）授予他大荣誉勋章和荣誉十字奖。硫化使橡胶分子交联成立体网状结构，它是应用橡胶的关键。固特异的硫化方法带来了橡胶行业的彻底革命，被称为橡胶工业划时代的里程碑。美国化学学会建立古德伊尔奖章，每年授予国际上对橡胶事业做出重大贡献的科技工作者。

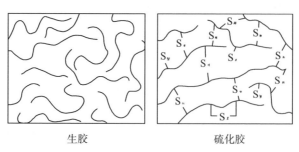

生胶　　　　　　　硫化胶

硫化时橡胶分子变化示意图

1840年

李比希［德］创立"归还理论" 1840年，德国化学家李比希（von Liebig，Justus 1803—1873）通过实验研究发现，植物需要的营养包括碳酸、氨、水、磷酸、硝酸、硅酸、石灰、镁、钾、铁等。他还认为，氨以铵盐或硝酸盐的形式，通过植物根部被植物吸收。同年，他撰写了题为《有机化学在农业和生理学中的应用》的论文，倡导使用无机肥料，弥补土壤中的营养损失，这一理论被称为"归还理论"。他利用有机酸的不溶性驳斥了以前充斥植物营养学的"腐殖质理论"，该理论认为，植物只能从在土壤中被分解的动物尸体或植物物质中获得所需要的营养。"归还理论"为近代肥料工业的发展奠定了基础。

1842年

劳斯［英］首次生产无机磷肥 1808年，英国人贝尔法斯特（Belfast）尝试用经过硫酸处理的骨头作为农肥，庄稼长势很好。1835年，捷克斯洛伐克的布吕恩某学校校长埃舍尔（Escher）也建议用硫酸处理骨头，使其中的磷酸盐变得可溶。1940年，李比希也提出过同样建议。1835年，都柏林医生默里（Murry，James 1788—1871）提出用硫酸不仅可以处理骨骼，还可以处理磷酸盐矿石。1842年，他申请了专利并付诸生产，但他并未获得商业上的成功。英国人劳斯（Lawes，John Bennet 1814—1900）从1834年起，在罗泰姆斯特德（Rothamsted）做了广泛的农田实验，并于1842年申请了一项生产过磷酸盐的专利。1843年，他开始在德特福德建起大型工厂生产过磷酸钙。到1870年初，这家工厂的年产量已达4万吨。此后这种生产遍布全世界，过磷酸盐的生产也成为硫酸的一个主要用途。劳斯的工厂是世界上首家大规模生产无机肥料的工厂。

1845年

汤姆森［英］发明充气轮胎 轮胎起初用木头、铁等材料制成，因其内层没有帆布，而不能保持一定的断面形状和断面宽。1845年，英国商人汤姆森（Thomson，R.W. 1822—1873）发明了充气轮胎并获得了专利。该轮胎由几层浸透橡胶溶液并经硫化的帆布制成，外面包上皮革以增加强度和耐磨性。皮革用铆钉紧固在车轮上，轮胎用打气筒或"空气压缩器"充气，以缓和运动时的振动与冲击。1888年，英国人约翰·邓禄普（Dunlop，John Boyd 1840—1921）制成了橡胶空心轮胎。随后，托马斯（Thomas）又制造了带有气门开关的橡胶空心轮胎。1892年，英国人伯利·密尔（Burleigh Mill）发明了帘布，改进了轮胎质量。1895年，法国人制造出了由平纹帆布制成的单管式轮胎（该轮胎虽有胎面胶但无花纹），到1908—1912年才制成有花纹的轮胎。1904年，马特（Matt）发明了炭黑补强橡胶，增强了轮胎抗磨性能。到了20世纪20年代，人们用帘布取代了帆布，并制造出了低压轮胎，并从30年代起得到推广。40年代，人们开发研制出了钢丝轮胎和无内胎轮胎。1948年，法国米其林（Michelin）公司首次研制出子午线轮胎并投入商业化生产。子午线轮胎因其具有优异的行驶性能、缓冲性能和节油性能而成为世界轮胎发展的主流。1983年，世界轮胎总产量为6.65亿套，其中，子午线轮胎的产量占63.3%。

斯彭斯［英］用硫酸处理硫化铁生产明矾　1797—1808年，英国人查尔斯·麦金托什（Macintosh，Charles）通过加工富含硫化铁的明矾页岩生产明矾（十二水硫酸铝钾）和绿矾（七水硫酸亚铁），到1835年，明矾的产量达到2000吨。1845年，英国制造商斯彭斯（Spence，Pdter 1806—1883）通过在硫酸中加热烘烤过的硫化铁矿与焚烧过的页岩残渣，生产明矾和碌矾，并因此获得了一项专利。1850年，斯彭斯又获得了一项专利。他在曼彻斯特附近的彭德尔顿成立了彼得·斯彭斯公司，成为世界上最大的明矾制造企业。

1846年

舍因拜恩［德］发明硝化纤维制法　1846年，德国化学家舍因拜恩（Schonbein，Christian Friedrich 1799—1868）用硫酸和硝酸的混合液处理棉花制取了硝化纤维。其方法是：在10～15℃的温度下，把1份棉花浸在20～30份的混合液内（浓硫酸和浓硝酸按3∶1的重量比混合）进行反应；一小时以后，将液体倒出，先用水洗涤，再用稀释的钾碱洗涤，以除掉酸，最后用水洗涤；把水榨出后，浸在0.6%的硝石溶液中，再把水榨出，最后在65℃温度下干燥完成。同年，舍因拜恩申请了英国专利。次年7月，他在法弗舍姆的工厂生产炸药时发生爆炸，死21人，因此，他的火棉生产被迫终止了。英国冶金学家帕克斯（Parkes，Alexander 1813—1890）在研究中发现，将硝化纤维溶于酒精和乙醚的混合液，溶剂挥发后，留下角质状的弹性固体残渣。于是，他开始研究塑料。硝化纤维是人类化学加工天然纤维的开端，也是重要的化工基础原料。

1847—1848年

纳普［德］著《化学工艺手册》　1847年和1848年，德国化学家纳普（Knapp，F.L.）撰著的《化学工艺手册》（*Handbook of Chemical Technology*）在德国布伦瑞克（Brunswick）分两卷以德文出版。该书包括无机、有机、冶金方面的全部化学工艺，内容新颖翔实，是世界上第一部以"化学工艺"命名的专著。该书出版以后，英国和美国随即出版了英译本，并在可燃物方面增加了煤的化学工艺内容。纳普先在德国吉森大学讲授工艺学，后又在慕尼黑任化学工艺学教授。

1849年

霍夫曼［德］等从煤焦油中提取苯　1825年4月，英国科学家法拉第首次从鲸鱼油的蒸馏液体中分离出苯，并分析了它的性质及其分子组成。另一种观点认为，法拉第于1825年用蒸馏法对生产煤气剩余的油状液体进行分离得到了另一种液体。他称之为"氢的重碳化物"。其实，这种物质就是苯。1834年，德国科学家米希尔里希（Mitscherlich，E.E. 1794—1863）通过蒸馏苯甲酸和石灰的混合物，得到与法拉第所制的液体相同的液体，并命名为苯。1834年和1845年，德国化学家李比希和霍夫曼（von Hofmann，August Wilhelm 1818—1892）分别指出，苯也存在于煤焦油中。1849年，霍夫曼在英国皇家学院任教期间，指导学生曼斯菲尔德（Mansfield，Charles Blachford 1819—1855）不仅从煤焦油中分离出大量的苯，还分离出甲苯和二甲苯等物质。曼斯菲尔德发明了（部）分（蒸）馏法，对分离煤焦油做出了贡献。1855

年，曼斯菲尔德在实验研究中死于苯蒸气遇火发生的爆炸。

1851年

《伦敦药典》在英国出版 1618年，《伦敦药典》（*London Pharmacopoeia*）第1版出版。该书收录了各种"奇异药物"，其中动物药有胆汁、血液、爪子、鸡冠、羽毛、毛皮、毛发、汗液、唾液、蝎子、蛇皮、蛛网和地鳖。1851年，《伦敦药典》第10版出版。该书中列入了吗啡盐、丹宁酸、碘化硫、氯化锌、柠檬酸亚铁铵和氯仿等多种新药品。这反映了医疗朝着使用特定化学物质以及人工分离与合成方向发展的趋势。英国药典有悠久的编写历史，从1618年开始编写《伦敦药典》以后，又有《爱丁堡药典》和《爱尔兰药典》出版，1864年合为《英国药典》。1968年，在第11版《伦敦药典》出版以前，在英国医学委员会指导下编辑出版，1973年交由卫生和社会安全部管辖。《伦敦药典》作为大不列颠王国全国性药典，对药品标准化管理方面起了重大作用，至今《英国药典》在世界上仍有一定权威性。1820年，美国出版了《美国药典》（共发行32版）。1953年，中国出版了《中国药典》（共发行9版）。

阿切尔［英］发明胶棉湿版摄影术 B.C.400多年，中国哲学家墨子（生卒年不详）在其《墨子·经下》中记述了他观察到的小孔成像的现象，为摄影的发明奠定了理论基础。1250年，欧洲人马格纳斯

旅行摄影师的帐篷式暗室

（Magnus）发现了银盐受光变黑现象。1725年，德国人舒尔茨（Schulzel，Heinrich 1687—1744）发现硝酸银溶液受光照变黑，被称为"现代摄影的始祖"。1802年，英国人汤姆斯维吉伍德（Thomas Wedgwood）及其学生制成人类史上第一张能久存的照片。1826年，法国人尼埃普斯（Nièpce，Joseph Nicèphore 1765—1833）拍摄了第一张照片。1847年，法国人圣-维克多（de

Saint-Victor，Abel Niepce 1805—1870）首次发明了玻璃板摄影术。他使用蛋清作为碘化银的载体，把乳剂涂在玻璃板上，较好地解决了显影、定影时银盐被漂洗掉等问题。但是，该摄影术曝光时间需要5～15分钟，不适于肖像摄影。1851年3月，英国摄影师阿切尔（Archer，Fredrick Scott 1813—1857）发明了胶棉湿版摄影术。其方法是：把含有碘化钾的胶棉剂（即火棉溶解在乙醚中）倒在玻璃板上，倾斜玻璃板，直到溶液形成一层均匀黏稠的覆盖面；然后，立即将玻璃板放到硝酸银溶液中浸泡以增加感光敏感度，因为感光能力会随着胶棉变干变硬而失效，所以曝光必须趁版湿时进行；显影时可以用焦棓酸或硫酸亚铁，但也同样必须趁版未全干时进行，否则，胶棉变硬后，显影液无法浸透到胶棉中去。该摄影术曝光速度极快，图像也比以前精细，从而取代了其他摄影术，并流行了近30年。该摄影术的缺点是，摄影师不得不背负沉重的"帐篷式暗室"进行拍摄外景。因此，该摄影术以后被干版摄影术所取代。

1854年

格斯纳［加］生产煤油　1846年，加拿大医生格斯纳（Gesner，Abraham 1797—1864）从干馏沥青岩中提炼出油液并加工成最初的煤油，其方法是：先用5%～10%容积比的硫酸充分混合，除去液体中的焦油；然后用2%容积比的新煅石灰石除去水和酸。格斯纳把这种处理后的纯油命名为煤油。1853年，格斯纳成立了沥青矿业和煤油煤气公司。1854年，他申请在美国生产煤油的专利，使得煤油在美国实现生产和销售。后来，英国人詹姆斯·杨（James，Young 1811—1883）在苏格兰建厂生产照明灯油。他的产品是轻质的石脑油和石蜡油，被命名为"煤之油"，其原料先取自石油，石油井干涸后，又取自邻近煤层中以及同一地区的油母页岩。他是苏格兰油母页岩工业的开创者。1896年，中国首次进口煤油。翌年，外国煤油公司先后在中国开设煤油公司，煤油成为清末民国时期杭州进口大宗外国货之一。煤油的加工开创了煤炭和油母页岩的干馏史。格斯纳发明的煤油是真正从煤炭中提炼出来的油品，而现在大家所熟悉的煤油都是从石油中提炼出来的。

1855年

伦德斯特罗姆［典］发明红磷安全火柴　577年，我国南北朝时期的北齐的宫女用硫黄制成了用于引火的火柴。后来，该技术被传入欧洲。18世纪末，罗马人在木棍上涂上较浓的氯酸钾、糖和树胶的混合物，晾干后将其保存起来，用火时，将其伸到盛有硫酸的器皿中，相互摩擦并使木棍燃烧，从而制成了火柴的雏形。但是，这种火柴自身笨重不便使用。1827年，英国人沃克（Walker）利用树胶和水制成了膏状的硫化锑和氯酸钾，他将其涂在火柴梗上并夹在砂纸上，拉动火柴梗便产生了火，从而发明了曾被中国人称为"洋火"的现代火柴。1830年，有人发明了黄磷火柴。1835年，又有人发明了白磷火柴。但是，这种火柴容易爆炸，危及人身安全。1855年，瑞典人伦德斯特罗姆（Lundström, J.E.）用红磷替代白磷并将其涂布在火柴盒的外侧，木梗头上无磷，从而取代了之前的"两头火柴"（木梗两头分别涂磷和氯酸钾，使用时将木梗从中间折断，互相摩擦起火），彻底解决了火柴的安全隐患，设计制造出世界上第一盒安全火柴。时至今日，这种火柴一直被广泛使用。

帕克斯［英］首次合成树脂涂料　1855年，英国人帕克斯（Parkes, Alexander）取得了用硝酸纤维素（硝化棉）制造涂料的专利权，建立了第一个生产合成树脂涂料的工厂。1909年，美国化学家贝克兰（Baekeland, L.H.）试制成功醇溶性酚醛树脂。随后，德国人阿尔贝特（Albert, K.）研究成功松香改性的油溶性酚醛树脂涂料。1927年，美国通用电气公司的基恩尔（Kienle, R.H.）突破了植物油醇解技术，发明了用干性油脂肪酸制备醇酸树脂的工艺，摆脱了以干性油和天然树脂混合炼制涂料的传统方法，开创了涂料工业的新纪元。到1940年，三聚氰胺-甲醛树脂与醇酸树脂配合制漆，进一步扩大了醇酸树脂涂料的应用范围。第二次世界大战结束后，美、英、荷等国生产环氧树脂；德国生产聚氨酯涂料，发明了乙烯类树脂热塑粉末涂料，开发了环氧粉末涂料，还生产光固化木器漆、乳胶涂料、水溶性涂料、粉末涂料和光固化涂料；美国用丁苯胶乳制水乳胶涂料，先后开发了丙烯酸树脂涂料、聚醋酸乙烯酯胶和丙烯酸酯胶乳涂料、电沉积涂料。随着电子技术和航天技术的发展，以有机硅树脂为主的有机树脂涂料、杂环树脂涂料、橡胶类涂料、乙烯基树脂涂料、聚酯涂料、无机高分子涂料等得到迅速发展。

贝特洛［法］用乙烯和硫酸合成乙醇　中国晋代江统（？—310）首次提出"谷物自然发酵酿酒"学说。1855年，法国化学家贝特洛（Berthelot, Pierre-Eugène Marcellin　1827—1907）首次不用发酵而用乙烯和硫酸合成乙醇。具体方法是：在一定温度、压力条件下，将低纯度的乙烯通入浓硫酸中生成硫酸酯，然后将硫酸酯加热水解得到乙醇（同时生成了副产物乙酸）。使用该方法反应条件较缓和，乙烯转化率高。但是，使用该方法生成乙醇导致设备腐蚀严重，生产流程长。1947年，该方法被美国壳牌公司（Sopus）开发出的乙烯直接水合法所取代。其具体方法是：在加热、加压和有催化剂存在的条件下，乙烯和水直接反应生产乙醇。该方法中的乙烯取自石油裂解气，成本低，产量大，可节约粮食，故发展很快。此外，贝特洛还先后合成了甲烷和乙烯、樟脑和冰片、乙炔、苯和氢氰酸等。1883年，贝特洛获戴维奖章。1900年，他获得了科普利奖章。

西利曼［美］完成第一份石油样品分析报告　1840—1860年间，美国盐商基尔（Kiel, S.M.）从渗入石油的盐水中，提炼石油并用作药物，以小瓶出售。受其启发，1854年，美国实业家比斯尔（Bissell, G.H. 1821—1884）成立了宾夕法尼亚岩油公司，并将其原油样品送给耶鲁大学教授西利曼（Silliman, Benjamin Jr. 1779—1864）。1855年，西利曼在研究中用自己发明出的原油分馏装置，分馏出了原油的各个馏分（如石蜡、石脑油），并研究了它们的一般性质。他用过度加热重馏分的方法（裂化蒸馏法），得到了迅速变黑的轻馏分。他指出，石油加热后会产生一些（原来并不存在于其中的）新产物。此外，他还用激烈加热法制出可用于照明的气体，指出某些馏分可用作润滑油等。他完成了对石油样品的分析报告。该报告的最终结论是："这种原料完全可以用简单而廉价的方法加以处理，生产出多种有价值的产品，它的各个馏分几乎全部可以加以利用，没有废料。"这是世界上第一份对石油进行全面分析的报告，是石油发展史上的转折点。

1856年

辛普森等公司［英］生产硝基苯　1834年，德国化学家密切里希

（Mitscherlich，Eilhardt 1794—1863）用一份安息香酸（苯甲酸）和三份消石灰（氢氧化钙）共同蒸馏，得到了苯。接着，密切里希用苯和浓硫酸及浓硝酸（被称"混酸"）发生反应得到了硝基苯。其实验方法如下：在大试管里加入适量的浓硫酸和浓硝酸，摇匀，冷却到50～60℃以下，滴入适量的苯，不断摇动，使之混合均匀。然后，放在60℃的水浴中加热10分钟，把混合物倒入一个盛水的试管中，即可看到有油状硝基苯生成。该方法被用在工业生产时，需要大量的硫酸，以致产生大量的废硫酸和废水。1842年，俄罗斯化学家齐宁（Zinin，N.N. 1812—1880）和德国科学家霍夫曼发现硝基苯被还原可以得到苯胺。1856年，英国辛普森公司、莫尔公司和尼科尔森公司生产硝基苯。为解决硝基苯制备中所存在的上述问题，有人提出以惰性溶剂四氯化碳为反应溶液剂，可提高生产率，降低混酸用量，废酸可用四氯化碳萃取，且四氯化碳可循环回收使用。制备硝基苯除了上述方法以外，还有连续硝化法（即采用串联的硝化器，并加入稍过量的苯，以便充分利用硝酸，减少二硝基苯的生成，此法产能大，降低硝酸浓度）、绝热硝化法（此法的反应热可用来浓缩硫酸，减少副产物二硝基苯的生成）等。硝基苯被还原生成的苯胺被称为"染料中间体之王"，硝基苯的工业生产是染料工业的重要环节。

珀金［英］合成苯胺紫染料 苯胺紫即甲基紫，亦称"冒酞"，是一种三芳甲烷结构的碱性染料。1856年，英国化学家珀金（Perkin，William Henry 1838—1907）在制取治疗疟疾的特效药奎宁试验中，使用氧化剂重铬酸钾与粗苯胺进行反应，结果没有得到奎宁但却得到了一种暗黑色沉淀物。当他试图用酒精清洗试管时，发现沉淀物溶剂在乙醇里产生紫色溶液。他用这种溶液制作了染料，并将染料送到普拉斯公司进行测试，结果效果良好。1857年，他申请了专利并在哈罗建立了世界上第一家生产苯胺紫的合成染料工厂。其间，他发明了工业制取硝基苯、苯胺及提高染色效果的方法，强调用该染料染丝绸需要在肥皂水中进行，染棉布则需要加鞣酸（又名单宁酸，

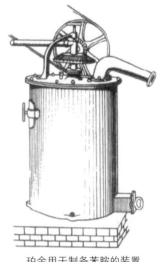

珀金用于制备苯胺的装置

是由五倍子植物中提取到的一种多元酚类化合物，化学式为$C_{76}H_{52}O_{46}$）。1886年左右，人们确定了苯胺紫的化学组成（分子式：$C_{25}H_{30}ClN_3$）。苯胺紫的发现掀起了发现苯胺染料及其衍生物的热潮。1858年，霍夫曼发现了苯胺红（品红）。1861年，吉拉尔（Gérard）等发现了苯胺蓝（分子式：$C_{32}H_{25}N_3Na_2O_9S_3$）。此外，还发现了苯胺紫的衍生物，如翡翠紫、霍夫曼紫、碱性蓝、醛绿、藏红、碘绿、甲基紫等。苯胺紫是人类历史上第一次合成出来的化学染料，它的人工合成标志着合成染料工业的开端。珀金因合成苯胺紫染料而成为皇家学会会员，并首次获得了美国珀金奖章。

1857年

巴斯德［法］创立细菌学说　　1854年，法国化学家巴斯德（Pasteur, Louis　1822—1895）在研究发酵过程中发现，发酵过程是酵母作用的过程，酵母是能够自我繁殖的生物，它能够在人工培养基中，且在没有游离氧的情况下繁殖，这个现象被称为"巴斯德效应"。1857年，他确定发酵是微生物活动的结果。为此巴斯德做了许多实验，包括空气过滤、让未发酵的液体接触阿尔卑斯山顶的空气以及对酒精、乳酸、醋酸等的发酵的研究等。他证明

巴斯德

食物在接触空气中的细菌时发生分解，其腐坏是细菌造成的，食物本身不会自发产生新的生物。此外，他还发明了杀菌法：以50～60℃的温度加热啤酒半小时，就可以杀死啤酒里的乳酸杆菌和芽孢，而不必煮沸。该法被后人称为"巴氏消毒法"。细菌学说奠定了发酵理论的科学基础，奠定了工业微生物学和医学微生物学的基础。巴斯德开创了微生物生理学。不仅如此，他还在战胜狂犬病、鸡霍乱、炭疽病、蚕病等方面取得了成果，被世人誉为"进入科学王国的最完美无缺的人"。

1858年

格里斯［德］发现重氮化反应　　重氮化反应是芳香族伯胺和亚硝酸作

用生成重氮盐的反应。其中，芳伯胺为重氮组分，亚硝酸为重氮化剂。其反应机理是：首先，由一级胺与重氮化剂结合，然后通过一系列质子转移，最后生成重氮盐。1858年，德国学者格里斯（Griess, Peter 1829—1888）在研究中发现，在盐酸存在的条件下，将亚硝酸与芳香族胺混合生成重氮盐；重氮盐与某些芳香族化合物在适当条件下，通过偶联反应即可合成偶氮化合物。偶氮化合物被苯酚（石炭酸）和其他类似性质的物质处理时，能产生有色化合物，它具有较好的染料性能。1863年，德国工业化学家马蒂乌斯（von Martius, Carl Alexander）制造了第一种偶氮染料（俾斯麦棕）。翌年，他在曼彻斯特生产该种染料。1867年，他和其他人一起创建了阿克发公司（AGFA）。重氮化反应除上述方法外，还有亚硝酰硫酸法。具体体现在：先将芳伯胺溶于浓硫酸或冰醋酸中，再向其中加入亚硝酰硫酸溶液，生成重氮盐。重氮化反应的发现是合成染料工业的一个里程碑。

1859年

格洛弗［英］改善硫酸铅室法 940年，波斯炼金术士提出将绿矾（$FeSO_4 \cdot 7H_2O$）放在瓶里煅烧，放出SO_3和H_2O经冷凝生成硫酸。15世纪后半叶，瓦伦丁（Valentius, B.）提出将绿矾与砂共热或将硫黄与硝石混合物焚燃可制取硫酸。约1740年，英国人沃德（Ward, J.）在玻璃器皿中，间歇地焚燃硫黄和硝石的混合物生成硫酸，此法为硝化法制硫酸的先导。1746年英国人罗巴克（Roebuck, J.）建成了世界上第一座铅室法生产硫酸厂。1805年前后，人们又在铅室之外，设置燃烧炉焚燃硫黄和硝石，使铅室法连续作业。1827年，法国化学家盖-吕萨克（Gay-Lussac, Joseph Louis 1778—1850）提出在硫酸铅室后设置一塔，用硫酸吸收反应后溢出的氮氧化气体。但是，此法也存在问题：硫酸必须经过稀释才能充分吸收NO，而稀释又会影响浓硫酸的生产效率；吸收后的硫酸如何再次释放出氮氧化气体。1859年，英国管道工人格洛弗（Glover, John 1817—1902）提出在铅室前再置一塔（脱硝塔），把来自盖-吕萨克塔的稀硫酸从上方淋下，燃烧产生的二氧化硫自下部被引入塔内，热的气体向上升腾加热稀硫酸，不仅使稀硫酸被一定程度地浓缩，而且使其中的氮氧化物受热释放出来。同年，华盛顿化学工厂首次应用"脱硝塔"并盛行起来。由此，提高了铅室法的生产效率，实现了氮氧化物的循环利用。铅室法制硫酸效率低、质量差、耗铅多、投资高，因此，到19世纪后半期，该法被塔式法代替。

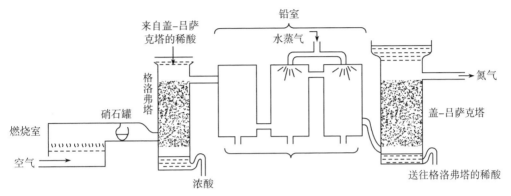

铅室法制硫酸示意图

德雷克〔美〕发现石油　石油是一种黏稠的、深褐色液体，被称为"工业的血液"。其主要成分是各种烷烃、环烷烃、芳香烃的混合物，B.C.10世纪前，古埃及、古巴比伦和古印度等已经采集天然沥青（石油原油渗透到地面，经蒸发、日照后被氧化、聚合而成的沥青矿物）用于建筑等。5世纪，波斯人用手工挖成石油井采集石油。7世纪，拜占庭人用石油和石灰混合，点燃后用弓箭远射攻击敌人船只；阿塞拜疆人采集石油作为燃料或用于治病。中世纪，欧洲人挖井采油，把它作为"万

德雷克的油井

能药"。19世纪四五十年代，欧洲人从石油原油中提炼出煤油用作照明（制成煤油灯）。中国东汉学者班固（32—92）在《汉书》中记载："高奴，有洧水，可燃。"西晋的《博物志》、北魏的《水经注》、唐代的《酉阳杂俎》等典籍中都有所记载。宋朝科学家沈括（1031—1095）在《梦溪笔谈》中，首次将上述"洧水"中的可燃的天然矿物称为"石油"。到了元朝，人们

用手工挖井采油。1859年，美国企业家德雷克（Drake，E.L. 1819—1880）在宾夕法尼亚州用钻井机器成功钻出石油。他在泰特斯维尔（Titusville）建立了世界上第一个真正意义上的石油炼厂，开始石油钻探。1860年，他的油井产出原油9万吨。德雷克将采得的石油进行分馏，制取灯油等产品，为生产灯用燃油提供了简便经济的原料。它被看成是近代石油工业的开始。

1860年

威廉姆斯［英］提炼出异戊二烯　异戊二烯一般指2-甲基-1，3-丁二烯，其分子式为C_5H_8。它可由高温裂解石油气制得，或由异戊烷和异戊烯脱氢制得，也可由乙炔和丙酮缩合制取。1860年，英国学者威廉姆斯（Williams，Charles Grebille 1829—1910）从蒸馏橡胶中提炼出了橡胶的基本组成成分——异戊二烯（正戊烯的同分异构体）。1879年，法国药剂师布查德（Bouchardat，Apollinaire 1806—1886）用热裂解法制取异戊二烯；又将异戊二烯与氯化氢作用，得到了具有弹性的类似橡胶的物质。虽然该物质与天然橡胶的性质不同，但由此人们认识到，用低分子单体合成橡胶是可能的。1882年，英国马逊（Mason）大学化学教授蒂尔登（Tilden，William Augustus 1842—1926）从松节油中制取了异戊二烯。1892年，他打开瓶盖时，发现在液体中飘浮着淡黄色黏稠体，他确定此物质是橡胶。异戊二烯是最早的人造橡胶样品，它的制取标志着人类迈出了人工合成橡胶的第一步。

约1860年

法国建造炼焦炉　炼焦炉是用于提炼焦炭的火炉。1763年，英国建立了蜂窝式炼焦炉。它是由耐火砖砌成圆拱形的空室，顶部及侧壁分别开有煤料和空气的进口。点火后，煤料分解放出的挥发性组分，与由侧门进入的空气在拱形室内燃烧，产生的热量由拱顶辐射到煤层，提供干馏所需的热源，一般经过 48～72小时，即可得到合格的焦炭。1850—1860年，法国和其他一些欧洲国家建成了具有回收挥发性产物功能的炼焦炉。这时的炼焦炉已开始采用由耐火材料砌成的长方形双侧加热的干馏室。室的每端有封闭铁门，在炼焦时可以开启。19世纪70年代，德国成功地建成了有化学品回收装置的炼焦炉，从煤焦油中提取了大量的芳烃，作为医药、农药、染料等工业的原料。炼焦炉的焦化室和加热焰道的分离，实现了焦化工业的重大转变，成为现代炼焦炉的雏形。现代炼焦炉由炭化室、燃烧室、蓄热室、斜道区、炉顶、基础、烟道等组成。炼焦炉按照加热系统的结构不同可分为双联火道式炼焦炉、两分火道式炼焦炉和上跨焰道式炼焦炉等类型。20世纪30年代以前，焦炉室容积不超过20m³。1927年，德国首次建成了炭化室高6m、容积为30m³的炼焦炉并投产。1984年，德国建成了世界上最大的炼焦炉。中国于1919年建成首批炼焦炉；1957年，中国能独立设计炼焦炉；1970年，中国建成了首座大型炼焦炉。

1861年

索尔维［比］发明纯碱生产方法 1811年，法国科学家菲涅尔（Fresnel, Augustin Jean 1788—1872）在其私人信件中提到，将氨水溶入浓盐水中达到饱和，再通入二氧化碳可得到难溶的碳酸氢钠，加热后者可得到纯碱。后来，欧洲人尝试用此法生产纯碱，但因氨的流失以及作业不能连续进行而未成功。1860年，比利时工业化学家索尔维（Solvay, Ernest 1838—1922）到其叔父的煤气厂工作，研究煤气废液的用途。他想从废液中提取碳酸铵，但实验失败。1861年，索尔维用海盐、氨和二氧化碳生产碳酸钠。具体流程是：先使氨气通入饱和食盐水中生成氨盐水，再通入二氧化碳生成溶解度较小的碳酸氢钠沉淀和氯化铵溶液。同年，他申请了专利，并和阿尔福特·索尔维（Solvay, Alfred）成立了公司。1863年，他在库耶建立了工厂，1865年投入生产。其间，他们发明了能够连续生产的碳化塔，引入了重要原料石灰石（$CaCO_3$）。石灰石加热产生二氧化碳和氧化钙，氧化钙制成石灰水可以处理反应剩余物（氯化铵）生成氨气，从而解决了氨的回收和再利用问题。1867年，索尔维设厂制造的产品在巴黎世界博览会上获得铜制奖章，此法被正

索尔维

式命名为索尔维法。1872年后，索尔维法经过蒙德（Mond，Ludwig 1839—1909）等人的改进日臻完善，降低了纯碱价格，最终取代了吕布兰法。1894年，他创办了世界最高水平学术会议——"索尔维会议"（包括索尔维国际化学会议、物理学会议等），这对促进世界科学事业的发展起到重要作用。为了纪念索尔维在工业化学方面做出的巨大贡献，比利时科学研究基金会专门设立了索尔维科学奖，以奖励在科学领域取得杰出成就的科学家。

1862年

贝特洛［法］用电弧法合成乙炔　乙炔俗称风煤和电石气，分子式为C_2H_2。1836年，法国科学家埃德蒙得·戴维（Davy，Edmund 1785—1857）将木炭与碳酸钾共热，生成黑色碳化钾，遇水产生了气体（乙炔），气体燃烧发生爆炸。当时，他称之为"一种新的氢的二碳化合物"。1862年，法国化学家贝特洛（Berthelot，Pierre-Engène Marcellin 1827—1907）用电弧法合成乙炔。其方法是：先将乙烯、乙醚、甲醇和乙醇的

贝特洛

蒸气通过赤热的管子；再将氢气和氰气的混合物通过电火花；最后将氢气通过两碳极间燃烧的电弧，直接合成乙炔。他测定了乙炔的化学组成，命名为Acetylene。同年，德国化学家维勒（Wöhler，Friedrich 1800—1882）将钙锌合金与木炭受强热，得到碳化钙，与水作用合成乙炔。电弧法合成乙炔为乙炔的工业合成奠定了基础。

1863年

诺贝尔［典］发明硝化甘油　硝化甘油又称三硝酸甘油酯，化学式为$C_3H_5N_3O_9$，是一种黄色的油状透明液体。1846年，意大利化学家索布雷罗（Sobrero，Ascanio 1818—1888）最先制取了硝化甘油。其方法是：先将半份甘油滴入2份浓硫酸和1份浓硝酸的混合液中，并用手工搅拌，使甘油硝化；再经过分离、洗涤等工序完成制造。克里米亚战争期间（1854—1856），诺

贝尔（Nobel，Alfred Bernhard 1833—1896）的父亲在俄罗斯建厂，生产军火以供应战争。当时，俄罗斯化学家齐宁（Zinin，N.N. 1812—1880）建议，用硝化甘油替代黑火药。于是，诺贝尔家族开始研究制造硝化甘油。1859年，俄

用索布雷罗的方法制造硝化甘油的装置

罗斯政府取消了合作订单，诺贝尔家族破产。1862年起，诺贝尔继续研究硝化甘油的制造工艺，同年完成了第一次爆炸试验。1863年，他用装有黑火药的小木管引爆硝化甘油，但不再直接引爆，从而解决了安全问题，并于1864年获得了专利。1867年，他把硅藻土（是一种硅质岩石，其主要化学成分是SiO_2）和硝化甘油混合制成两种安全烈性炸药，并获得了英、法、德等国的专利。1875年，他又发明了爆炸性能高、安全性好、价格便宜的腔质炸药和胶质炸药。1888年，他又以硝化甘油制成了混合无烟炸药。他在去世前一年留下遗嘱，设立了享誉全球的诺贝尔奖。1868年，诺贝尔父子因此获得瑞典科学院授予的金质奖章。

拜耳公司［德］成立 1863年，德国商人弗里德里希·拜耳（Bayer，Friedrich 1825—1880）和约翰·韦斯考特（Wescott, J.）在德国伍珀塔尔—巴门创办了一家小型染料厂。1865年，他们在美国纽约创办了染料工厂。1881年改为股份公司，翌年首次获得德国专利。1887年，公司推出了非那西汀止痛药。1892年制造出安替依宁（即二硝甲酸）杀虫剂。1899年，发明了阿司匹林。1912年，总部迁至勒沃库森。该公司最初经营品红、碘绿等合成染料。1925年，他们与巴斯夫公司、赫司特公司、阿克发-吉伐公司合并成立了当时世界上最大的法本化学工业公司（IG Farben）。1929年合成了聚酯，1930年合成了单宁精鞣剂。1935年，公司推出了百浪多息（它能杀死链球菌，是磺胺类药物中第一个问世的药物）。1945年，公司被盟军解散。1951年，重建拜耳股份有限公司（Bayer Aktiengesellschaft）。此外，拜耳公司还合成了聚酯（1912）、聚氨基甲酸乙酯（1937）、聚碳酸酯（1953）等产品。至1986年，

已在世界五大洲设有400多个子公司和分公司，产品达10000种以上，共获得136000项专利。拜耳公司是最早开展跨国经营的德国公司，是德国最早生产化学药物的公司之一。

赫司特公司［德］成立　1863年，德国在法兰克福创立了赫司特染料厂，生产品红（又称酸性品红）等染料。以后，改名为赫司特公司（Hoechst Aktiengesllsechaft）。1869年，公司得知合成茜素（染料，学名为1，2-二羟基-9，10-蒽醌）的方法以后，立即进行开发并获得成功。1873年，其产品销售额达到440万马克。1901年，公司斥巨资成功开发出了合成靛蓝，并获得巨额收入。1921年，公司建立了化工工程公司——伍德公司，代理本公司的专利技术业务，为世界60多个国家承包化工成套设备的设计、建设、试车和人员的培训。1925年赫司特公司并入法本公司。1952年赫司特公司重新组建。1985年，药品总销额达28.7亿美元，其主要产品有：抗生素和心血管药物等，约占联邦德国的8%。公司在世界各化工公司中，仅次于杜邦公司、拜耳股份公司、巴斯夫公司，居世界200家大型化学公司的第4位。生产的主要产品有：有机和无机基本化工原料和中间体、肥料和农药以及其他农业用化学品、纤维用染料和颜料、洗涤剂原材料、合成纤维、合成树脂和涂料、塑料、塑料薄膜，电子工业的印刷版和化学品、药品、化妆品、工业气体和焊接切削设备等约2万种。塑料生产占联邦德国的20%，合成纤维占西欧的20%。赫司特（Hoechst）公司（成立于1863年，总部在法兰克福）是世界上最早开发化学药物的公司，目前仍是世界上最大的医药制造商之一。

1865年

巴斯夫公司［德］成立　1863年，德国实业家恩格尔霍恩（Engelhorn, F.）和化学家克勒姆（Clemm）兄弟，三人合伙购买一家生产品红（又分为酸性和碱性两种品红，分子式为$C_{20}H_{19}N_3$）和苏打（又名纯碱，学名为碳酸钠）的工厂。1865年，他们在曼海姆成立了巴斯公司（BASF Aktiengesellschaft，简称BASF）。1869年，该公司的工程师卡罗（Caro, Heinrich 1834—1910）率先实现合成茜素的低成本生产工艺。1870年生产出茜素染料。1908年，该公司研制成功合成氨。1910年，该公司发明合成氨用催化剂，1913年，该公司在路德维希港建厂，并使用哈伯-博施合成氨法正式投产。1919年，该公司总部被迁到路德维希港。1922年末，该公司用"高压法"生产甲醇和尿素。1925年，该公司与德国几家公司合并成立法本公司。1930年，该公司制造出苯乙烯、聚丙烯和聚丙烯酸酯。1941年，该公司采用"管式法"制取高密度聚乙烯。1945年，法本公司解散后，又重建巴登苯胺纯碱公司。1952年，巴斯公司得到重建。1953年，该公司与莱茵烯烃（Limealk）公司和联邦德国壳牌公司联合建设聚乙烯装置。1961年，该公司在欧洲首次采用电子计算机控制化工生产过程。1971年，该公司以自己开发的技术建成丁二烯装置。1973年，巴斯公司更名为"巴斯夫公司"，主要开发新技术和新产品。1977年，该公司又采用自身技术建成"气相法"聚丙烯装置。至1984年，除联邦德国外，已在70个国家和地区设有87个子公司和联合公司，组成巴斯夫集团公司，可生产6000多种产品，1984年总营业额达404亿马克，在世界大型化学公司中名列第4位。

诺贝尔［典］发明雷管　雷管是一种起爆材料。它分为火雷管和电雷管。1800年，英国化学家霍华德（Howard, Edward Charles 1774—1816）用浓硝酸、乙醇和汞混合加热，制取了纯态的雷酸汞［$Hg(CNO)_2$］。1815年，雷酸汞被小批量用于发火帽（一种火工品，内装起媒药的金属壳，能产生火焰以点燃发射药和雷管）。1831年，英国人比克福德（Bickford, Williams 1774—1834）发明了用于黑火药的矿用安全导火索，完成爆破史上的第一次重大革新。诺贝尔研究发现，易爆炸的硝化甘油在用硅藻土吸附后变得很稳定。但如何引爆它，就成为他的研究对象。为此，1865年，诺贝尔将原先装有黑火药的小木管——发火体改换成装有雷酸汞的金属管，从而发明了雷管。雷管成为安全引爆硝化甘油的可靠手段，这是爆破史上的第二次重大革新。

1867年

诺贝尔［典］发明黄色炸药　1847年，意大利发明家索伯雷罗（Sobrero, Ascanio 1812—1888）发明了一种烈性但不安全的炸药——硝化甘油。1854年，俄罗斯化学家齐宁（Zinin, N.N. 1812—1880）首次提出了用多孔物质吸收硝化甘油的方法。1867年，瑞典发明家诺贝尔发现，用三份硅藻土吸收一份硝化甘油后所得产物对冲击的敏感度比纯硝化甘油低得多，但是，用一个装有雷汞的雷管点燃它就能够引爆。一次，装运硝化甘油的坛罐破碎，其中的硝化甘油流入坛罐下部被用作防震衬垫物的硅藻土中，产生一种爆破力较低、更安全的固体物。诺贝尔随即用实验确立了配方比例，发明了黄色炸药，即代那买特（Dynamite）炸药或达那炸药。1867—1868年，他分别取得了英国和美国的专利。以后，他用火药棉和硝化甘油混合研制了一种新的、更加安全的胶质炸药。这是诺贝尔发明的第一号硝化甘油固体炸药，他因此也成为安全使用硝化甘油的第一人。

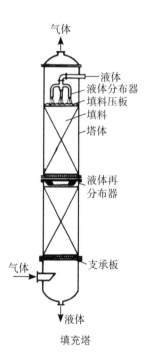

填充塔

1868年

珀　金

　　珀金［英］首次合成香豆素　香豆素又称香豆内酯、邻氧萘酮等，其化学式为$C_9H_6O_2$。1867年，英国化学家珀金（Perkin，William Henry 1838—1907）研究发现，芳醛类、脂肪酸酐和碱发生反应合成不饱和酸。该反应被称为珀金反应，并为香豆素合成奠定了基础。1868年，珀金和他的合作者用水杨醛（Salicylaldehyde，分子式：$C_7H_6O_2$）和乙酸酐作用合成了香豆素，这是最早人工合成的香料。此外，珀金还发现并合成了世界上第一个人工合成染料——苯胺紫，还合成了甘氨酸、酒石酸等。1866年，珀金当选为英国皇家学会会员。1883年，他担任英国化学会会长。1889年，他获得英国皇家学会戴维奖章。

1869年

　　卡罗［德］和珀金［英］共同取得合成茜素的专利　1868年，德国化学家格雷贝（Graebe，Karl James Peter 1841—1927）和利伯曼（Liebermann，C. 1842—1914）先从煤焦油中提取蒽（工业上用来制造有机染料，可从分馏煤焦油中提取，分子式：$C_{14}H_{10}$），再将蒽气氧化成蒽醌（Anthraquinone，分子式：$C_{14}H_8O_2$），然后将蒽醌溴化并水解，最终得到茜素。但是，该实验没有成功。后来，德国化学家海因里希·卡罗（Caro，Heinrich 1834—1910）与格雷贝和利伯曼共同研究并对上述方法进行了如下改进：让蒽醌与浓硫酸在高温下共热，生成的磺酸衍生物再与强碱熔融，结果制得了茜素，产率高达97%。1869年，他们到英国申请了专利。同年，英国化学家珀金（Perkin，William Henry 1838—1907）也申请了相同的专利。他们商议双方可免费使用对方的专利进行生产。1871年，合成茜素投入批量生产。1875年，人工合成10万千克的茜素。1902年，人工合成的茜素达到200万千克，从而使天然茜素完全被合成品取代了。这是人类第一次用人工合成的方法获得的天然有机染料。马克思在评价茜素的合成时说："利用现有生产煤焦油染料的设备，已经可以在几周之内，得到以前需要几年才能得到的结果。"

海厄特［美］发明赛璐珞 赛璐珞即硝化纤维塑料。1865年，美国因象牙短缺而希望找到替代品来制作台球。1869年，美国业余发明家海厄特（Hyatt，John Wesley 1837—1920）在研究中发现，当在硝化纤维中加进樟脑（Camphor，是樟料植物樟的提取物，是一种萜类化合物）时，硝化纤维竟变成了一种柔韧性相当好的又硬又不脆的材料。在热压下可成为各种形状的制品，可以用来做台球。他将它命名为"赛璐珞"，又叫云石膜。1870年，他获得了专利。1872年，他在美国纽瓦克建立了生产赛璐珞的工厂。1877年，英国也开始用赛璐珞生产假象牙和台球等塑料制品。1914年，海厄特获得珀金奖章。赛璐珞后来成为照相胶片的材料。此外，他还发明了用混凝剂使水净化的方法、在现代机器上广泛采用的滚珠轴承、甘蔗压榨制糖机、制造机器传动皮带的缝合机等；他还用赛璐珞做成的人造象牙制弹子球和其他制品。海厄特的发明开创了人类制造和使用高分子材料的新纪元。

梅热–穆里埃［法］发明人造黄油技术 黄油又叫乳脂、白脱油。黄油比奶油的脂肪含量高。B.C.1500—B.C.2000年前，圣地亚哥人通过搅拌牛乳、牦牛乳、马乳等制造出了黄油。B.C.5世纪，匈奴人能够加工食用黄油。7世纪，欧洲人食用黄油。19世纪60年代末，法国出现黄油荒，拿破仑三世悬赏生产黄油替代品。1868—1870年，法国工业化学家梅热-穆里埃（Mege-Mouries, Hippolyte 1817—1883）发明了一种人造黄油法。其发明方法是：用牛脂肪与碳酸钙、胃蛋白酶混合加热，加压分离出牛油，然后用食盐和牛乳蛋白乳化牛油。因为这种奶油在颜色上像珍珠，他给这种奶油起名为"珍珠"。后来，梅热-穆里埃用脂肪加上牛奶、少量的水和一种特殊成分造出了人造黄油。1869年他取得了专利。1870年，他在普瓦西（Ppissey）建厂生产。他本人因此得到了奖赏。他成立了协会，旨在推广人造黄油。此后，人造黄油的方法不断改进，原料和乳化剂种类都有所发展。1879年，离心分离技术的发明促进黄油的规模化生产，黄油由此进入百姓家。1923年，美国制定了黄油的标准；日本模仿丹麦制造黄油的方法建成了乳品工厂。1924年，法国颁布法令，严格规定黄油的品名和成分。人造黄油是世界上最早的人造食品。

1871年

马多克斯［英］发明明胶干版摄影底片　底片是用于拍摄的胶片。现在用的底片是将卤化银涂抹在乙酸片基上，当有光线照射到卤化银上时，卤化银转变为黑色的银，经显影工艺后固定于片基，成为黑白负片。彩色负片则涂抹了三层卤化银以表现三原色。1871年，英国生物学家马多克斯（Maddox, Richard Leach 1816—1902）用明胶（动物胶）代替胶棉剂制成干版摄影底片，明胶可以吸收空气中的水分并膨胀，干燥后仍能使底片感光。其方法是：用硝酸、溴化镉和硝酸银混入明胶中做成感光乳剂，曝光后用含有少量硝酸银的连苯三酚溶液显影。这种感光剂开始时仍然比湿胶棉剂底片显影慢。1878年，贝内特（Bennett, C.）发现将乳剂加热能增加感光度，使显影速度快了20倍。到1880年，这种底片迅速替代了湿版底片，甚至出现了专门涂布这种感光乳剂的机器，每小时可以生产干版1200块。干版的出现彻底解放了摄影师拍摄外景的工作量，是摄影技术中最重要的成就之一。

徐寿［中］编译《化学鉴原》　1871年，中国清代科学家徐寿（1818—1884）编译了《化学鉴原》一书。该书是他参考英国教科书 *Well's Principles* of Chemistry一书的无机化学部分所翻译的。*Well's Principles of Chemistry*是"Well's科学丛书（*Well's Scientific Series*）"系列之中的一种，由英国韦尔司（Wells，D.A.）撰、傅兰雅（Fryer，John 1839—1928）口译、徐寿笔录而成。徐寿在《化学鉴原》中，以当时已知的各种元素分章，简要介绍了各种元素及其化合物的性质、制取方法、用途等，反映了当时的化学成就。他取西文第一音节而造新字的原则命名化学元素，例如钠、钾、钙、镍等。这种命名方法，后来被我国化学界一直沿用至今。他还首次提出了"化学"的术语。此外，他还编译了《化学鉴原补编》（无机化学）、《化学鉴原续编》（有机化学）、《化学考质》（定性分析）、《化学求数》（定量分析）和《物体遇热改易记》（物理化学部分知识）等化学方面的著作；参与了江南制造局出版的《化学材料中西名目表》《西药大成中西名目表》两部书的编译工作，系统地介绍了19世纪60—80年代国外化学知识；编译了《西艺知新》《西艺知新续刻》《宝藏兴焉》《汽机发轫》《测地绘图》《营阵揭要》《法律医学》《汽机手工》《质数证明》等其他领域的科学著作。1874年，他在上海创设格致书院，传播化学知识。《化学鉴原》是中国第一部近代化学理论教科书。徐寿是中国近代化学的启蒙者，对化学元素命名法做出了很大贡献。

1872年

美国首次用天然气生产炭黑　炭黑又名碳黑，是一种无定形碳，它是含碳物质在空气不足的条件下，经过不完全燃烧或受热分解而得的产物。炭黑的生产方法主要有槽法、炉法等。用槽法生产炭黑的方法是：以天然气为原料、以槽钢为火焰接触面生产炭黑。这种炭黑被称为"气黑"。用炉法生产炭黑的方法是：以油类作为原料，在缺氧条件下的密闭炉中，加入可燃气体使之达到炉内所需的温度。这种炭黑被称为"灯黑"。1872年，美国的霍沃思-拉姆（Haworth-Lahm）公司首先以天然气为原料生产炭黑。到1945年，世界上约10%的天然气用于生产炭黑。炭黑不仅被用于着色剂，而且能够增加橡胶的强度。使用天然气为原料生产炭黑是首次利用天然气生产化工副产品。

德国用钾矿代替木材生产钾肥　钾肥全称钾素肥料。其主要含量有氯化钾、硫酸钾、草木灰等。19世纪70年代，钾肥的主要来源是焚烧木材，主要产地是加拿大。1871年，加拿大有519个钾碱厂，每年消耗木材达400万吨。其生产工艺是：先把木灰溶于水，再将其放在锅中蒸发取盐。19世纪50年代后期，在德国马格德堡附近的施塔斯富特（Stassfurt）发现了丰富的钾盐矿藏，此矿是世界上最著名的钾矿，矿区面积160平方千米，矿深达1000米，以分层形式贮有多种无机盐类，而光卤石储量尤为丰富。1872年，德国运用湿法生产出第一批重过磷酸钙（磷酸二氢钙），很快影响到木材钾碱工业。到1891年，加拿大的木材钾碱厂数目降至128个。到20世纪初，木材钾碱工业几乎完全消失。

德国实现湿法制磷肥的工业生产　磷肥的生产方法主要有酸法和热法两种，湿法属于酸法中的一种。湿法不是由硫酸直接分解粉碎的磷矿得到过磷酸钙（只含有14%~20%的P_2O_5），而是先用硫酸处理磷矿萃取出磷酸、分离去除硫酸钙，再用所得磷酸处理磷矿获得重过磷酸钙（含有42%~46%的P_2O_5）。因此，湿法能够生产高浓度的磷肥。1872年，德国实现湿法制磷肥的工业生产。20世纪50年代起，随着磷酸工业的发展，重过磷酸钙肥料的生产得到发展。1885年，磷肥作为肥料首先在德国销售。1956—1957年，重过磷酸钙的产量占世界磷肥产量的12%。热法制磷肥可以通过加工（熔炼磷矿石的）炼钢厂的炉渣得到磷肥。热法生产的磷肥占磷酸盐肥料市场的16%。

1873年

布特列洛夫［俄］发现异丁烯聚合反应　异丁烯又称2-甲基丙烯，分子式为C_4H_8。1861年，俄罗斯化学家布特列洛夫（Butlerov，Aleksandr Michaylovich 1828—1886）提出分子的化学性质不仅由分子的数量和类型决定，而且由它们的排列决定，预见并证实了位置异构体和骨架异构体的存在。在该理论的基础上，他合成了叔丁醇（2-甲基-2-丙醇，化学式为$C_4H_{10}O$）。1864年，他预言了2种丁烷、3种戊烷以及异丁烯的存在。1867年，在硫酸的作用下，他用叔丁醇脱水的方法制得了异丁烯，并证明它可以

布特列洛夫

聚合。1873年，在室温条件下，他用硫酸和三氟化硼聚合异丁烯，制得了低分子量的聚异丁烯。1940年，德国和美国实现聚异丁烯的工业化生产。聚异丁烯的合成是人类工业合成人造橡胶实验的开端。布特列洛夫被誉为化学结构理论的奠基人。

1874年

英国生产无机颜料锌钡白　锌钡白又称立德粉，是硫酸钡、硫化锌的混合物。1874年，英国奥氏锌钡公司所属的威德尼斯工厂开始生产锌钡白。其生产工艺是：先将硫酸钡和硫化锌进行反应，生成一种不溶混合物沉淀下来；然后，对这种混合物进行压滤分离，并在600℃的温度下进行煅烧便生成锌钡白。锌钡白是一种白色无机颜料。1928年，锌钡白的使用比例一度上升到60%。第二次世界大战后，其使用率降至15%。以后，锌钡白逐渐被二氧化钛替代。

齐德勒［德］首次合成滴滴涕　滴滴涕即DDT，化学名为双对氯苯基三氯乙烷，化学式为（ClC_6H_4）$_2$CH（CCl_3）。1874年，德国学者齐德勒（Aeidler，Othmar）在硫酸的作用下，用三氯乙醛和两份氯苯制成了二氯二苯三氯乙烷（简称DDT）。但是，齐德勒并没有发现它具有杀虫功效。1939年，瑞士学者米勒（Müller，Paul Hermann　1899—1965）独立合成并证明它具有杀虫效果。1839年和1943年，瑞士政府和美国农业部先后用DDT控制马铃薯甲虫并取得成功。1842年，DDT开始被大规模生产。在其后的20年间，它被广泛使用，成功地控制了许多农作物害虫和人类疾病。1944年，意大利那不勒斯的虱传斑疹伤寒（Louse-borne typhus，通过虱传播的急性传染病）也被DDT控制。1948年，米勒获得了诺贝尔生理学或医学奖。但是，20世纪60年代，科学家研究发现，DDT在环境中很难降解，并可在动物脂肪内蓄积，甚至在南极企鹅血液中也检测出了DDT。1962年，美国科学家雷切尔·卡逊（Rachel Carson）在《寂静的春天》中指出，DDT进入食物链，是导致一些食肉和食鱼的鸟接近灭绝的主要原因。2001年，科学家研究发现，男人体内DDT含量高会减少精子数量。因此，世界各地明令禁止生产和使用DDT。

1875年

洛威［美］发明水煤气 水煤气的主要成分是一氧化碳、氢气和烃等。其燃烧速度是汽油的7.5倍。1875年，美国飞艇驾驶员洛威（Lowe，Th. S.）发明了水煤气的制造方法，即让水蒸气通过灼热的碳或无烟煤，得到一氧化碳和氢气的混合气体——水煤气。这个反应是吸热反应，需要交替通入空气和水煤气以维持反应温度。如果再喷入一些油使之在炉内裂化，则称之为增热水煤气。1875年，洛威在宾夕法尼亚州生产增热水煤气，以此作为城市煤气的原料气。水煤气的投产是煤的汽化应用的开端。

巴登苯胺纯碱公司［德］生产土耳其红油 土耳其红油又称红油，其主要成分是蓖麻酸硫酸酯钠盐，分子式是$C_{18}H_{12}O_6Na_2$。它由蓖麻油和浓硫酸在较低温度下反应，再经过氢氧化钠中和而成。它是一种阴离子表面活性剂，主要用于染色时作为染料助剂，也可用于制革、造纸和洗涤。用于洗涤效果不明显。1834年，德国化学家龙格（Rung，F.F.）用硫酸磺化橄榄油制得土耳其红油。1875年，德国巴登苯胺纯碱公司开始用硫酸磺化蓖麻子油生产土耳其红油。土耳其红油的分子带有亲油基团和亲水基团，属于第一种人工合成的表面活性剂，它的合成是人工合成洗涤剂的开端。但是，它同肥皂一样，并没有改变耗费油脂原料的缺点，直到1916年烷基萘磺酸盐的诞生，这一困难才得到解决。

麦塞尔［德］首次用接触法生产发烟硫酸 发烟硫酸是三氧化硫的硫酸溶液。当它暴露于空气时，挥发出来的SO_3和空气中的水蒸气形成硫酸的细小露滴而冒烟。它包括焦硫酸（$H_2S_2O_7$）、二聚硫酸（$H_4S_2O_8$）、三聚硫酸（$H_6S_3O_{12}$）等类型。1870年，德国化学家麦塞尔（Messel，Rudolph 1847—1920）通过研究制取硫酸的接触法，发现通过净化反应气体的方法可以一定程度地减少催化剂的中毒失效问题，并通过用浓硫酸吸收三氧化硫，解决了水吸收SO_3产生大量热，影响连续生产的问题，他的产品是发烟硫酸。1875年，他在西尔弗镇（Silvertown）建厂生产发烟硫酸。同年，德国人雅各布（Jacob，Emil）在巴特克洛伊茨纳赫（Bad Kreuznach）也建起了生产发烟硫酸的工厂，制造出铂催化剂。这是铂催化接触法制硫酸的首批工业应用。

诺贝尔［典］发明爆胶 1875年，瑞典发明家诺贝尔（Nobel，Alfred Bernhard 1833—1896）在研究中发现，硝化甘油溶解硝化纤维素形成了一种比较稳定、爆炸力很强的胶状物——爆胶。起初，这种炸药用8%的火棉胶和92%的硝化甘油混合生产，但是，生产困难较大。1884年，他采用了"爆炸用可溶硝化棉"，从而实现爆胶的大规模生产。其生产方法是：先将硝化棉彻底干燥，用筛子筛选后与硝化甘油混合静置，再在50℃下进行搅拌完成胶化。起初用手工操作，之后使用掺和机操作；混合后让炸药冷却变硬，再装包出厂。爆胶不仅保持了爆炸威力和安全性，而且可以成型，是火炸药工业发展的里程碑。

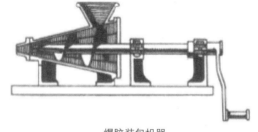

爆胶装包机器

1876年

中国第一家硫酸厂建成投产 1867年，清政府在天津建立了大型军火企业——天津机械局。1874年，建立了天津机械局淋硝厂。1876年，该厂以硫黄为原料，用铅室法生产硫酸，日产硫酸约2吨，用于制作无烟火药。1934年，中国第一座接触法装置在河南巩县（今巩义市）兵工厂分厂投产。1934年，中国重化学工业的奠基人范旭东（1883—1945）在南京创建了远东第一化工厂——南京永利亚硫酸厂，1937年投产，以硫黄为原料，日产硫酸112吨。1937年，日本在大连建成满洲化学工业株式会社（后改为大连化学厂），并投产，年产硫酸2万吨。1942年，中国硫酸年产量为18万吨。1951年，中国研制成功并大量生产钒催化剂，此后还陆续开发了几种新品种。1956年，中国成功开发了硫铁矿沸腾焙烧技术，并将文氏管洗涤器用于净化作业。1966年，中国建成了两次转化的工业装置，成为较早应用这项新技术的国家。1983年，中国的硫酸产量达8.7吨，仅次于美国、苏联，居世界第三位。

林德［德］研制出氨制冷器 1870年，德国科学家卡尔·林德（Linde，Carl 1842—1934）开始研究制冷学。1874年，他研制出甲基醚制冷器。1875年，他建成了德国第一个工程实验室。1876年，他研制出利用连续压缩氨原

林 德

理工作的氨制冷器，该制冷器是第一台在效率方面按照精确计算设计的制冷设备，工作安全可靠，经济效率高，可用来制冰和冷却液体。1879年，他创建了林德制冷有限公司。1895年，他利用焦耳-汤姆逊效应（Joule-Thomson effect）和逆流换热原理（冷却的流体和被冷却的流体的流动方向相反，从而达到较好的冷却效果）研究成功循环液化空气方法，这是最简单的深度冷凝循环，它使大规模生产液体空气成为可能。1902年，他用精馏方法设计出制取纯（液态）氧的装置，以便利用纯氧炼钢和氧-乙炔气焊。1903年，他利用氮的循环过程生产纯氮，1909年，他利用一氧化碳冷凝的方法，从水煤气中制取氢气。林德被誉为制冷科学的奠基人。

1877年

克兰普顿［英］设计回转窑水泥制造技术　1756年，英国工程师史密顿（Smeaton）发明了水泥。1824年，英国工程师亚斯普丁（Aspdin, Joseph 1779—1855）在史密顿的基础上，总结出石灰、黏土、矿渣等各种原料之间的比例以及生产这种混合料的方法并申请了专利。由于亚斯普丁制造的水泥和英国波特兰岛上的石材相似，所以人们称它为"波特兰水泥"。1850年，人们又对其方法进行了改进：将原料（白垩和黏土）湿磨混合、干燥、煅烧和冷却。但是，此方法依然没有解决连续生产问题。1877年，英国工程师克兰普顿（Crampton, Thomas Russell 1816—1888）重新设计了回转窑炉构

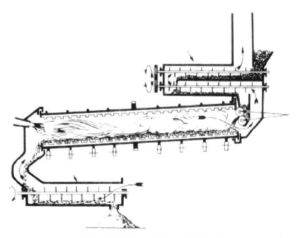

克兰普顿煅烧水泥的专利回转窑

造：它是一个搅拌室和一个倾斜的可滚动煅烧室，其中间置一组研磨滚子，从而实现了一次性完成。以后，英国人兰塞姆（Ransome, Frederick）又对其进行了改进：他引入粉末状原料，不断加以搅拌，取消了研磨滚。但是，该设计的效果仍不十分理想。19世纪90年代，美国的几位水泥商进一步完善了回转窑炉设计，使其技术成熟定型，发展了水泥制造业。

1878年

拜耳［德］最早合成靛蓝　靛蓝是一种水溶性非偶氮类着色剂。化学名为3，3'-二氧-2，2'-联吲哚基-5，5'-二磺酸二钠盐，分子式为$C_{16}H_8N_2Na_2O_8S_2$。1863年，德国化学家拜耳（von Baeyer, Adolf 1835—1917）发明了丙二酰脲（$C_4H_4N_2O_3$）。1865年，拜耳试图将靛红（$C_8H_5NO_2$）还原回靛蓝，但得到的是吲哚（C_8H_7N）。1870年，他研究酚醛反应生成酚酞和荧光素。1878年，他和自己的学生利用三氯化

拜　耳

磷、磷和乙酰氯将靛红还原成靛蓝。同年，拜耳又从苯醋酸制得靛红，从而完成了靛蓝的人工合成。1880年，他取得了专利。但是，这种合成靛红的方法过于复杂，生产成本太高，不适合工业生产。1882年，拜耳又创造了一种新的合成路径，即用邻硝基甲苯合成靛蓝。但是，该合成方法也因其成本原因没有实现工业化。1883年，拜耳提出了靛蓝的结构式。1905年，拜耳因其对化学的重大贡献获得诺贝尔化学奖。此外，他还得到了英国皇家学会的戴维奖章和柏林化学家代表大会的李比希奖。人工合成靛蓝是合成染料工业史上最伟大的成就之一。

1879年

卫省轩［中］创办中国第一家火柴厂　1879年，中国华侨商人卫省轩携带资本和火柴制造技术从日本回国，在广东省佛山县（今佛山市）文昌沙（后迁至缸瓦栏）创建了巧明火柴厂（广州火柴厂的前身）。初期，该厂规模

很小，全靠手工操作，每天产量只有10多竹笠（每竹笠1200小盒）。当时，日本、瑞典等国的"洋火"占领中国市场，巧明火柴厂不得不以仿制国外火柴商标打进市场，所以，早期中国产的火柴贴着日本的商标，该厂生产的"舞龙"牌火柴贴画，被认为是中国最早的火花（即火柴盒上的贴画）。1908年，该厂因亏损停业。1890年，宁波商人叶澄衷（1840—1899）在上海虹口朱家大桥（今唐山路）创建了当时上海最大的燮昌自来火公司。该公司拥有工人800名，日产火柴36万盒。1896年，叶澄衷又集资委派同乡宋炜臣（1866—1926）去汉口创办更大的燮昌火柴二厂。1897年，李鸿章（1823—1901）委托天津人吴懋鼎（1850—？）、杨宗濂（1832—1905）等人创办了天津第一家火柴厂——天津自来火局。巧明火柴厂是中国第一家民族资本家开办的火柴厂，它的创建结束了中国人使用火柴只能依赖进口的历史，标志着中国民族火柴工业的起步。

雷姆森［美］和法尔伯格［美］合成糖精　糖精又称邻磺酰苯甲酰亚胺，现今一般指糖精钠，化学式为$C_7H_5O_3NS$。1879年6月，美籍俄罗斯裔化学家法尔伯格（Fahlberg, Constantine 1850—1910）做完实验回家吃晚饭时，发现手中的面包很甜，漱口之后用餐巾纸擦手，发现餐巾纸比面包还甜。于是，他立即返回实验室，一一尝过器皿中物质的味道，找到一种比蔗糖更甜的结晶物。以后，他和老师约翰·霍普金斯大学的教授雷姆森（Remsen, Ira 1846—1927）通过研究邻甲苯磺胺的氧化作用，发现了制造糖精的方法，即用从煤焦油中提取的甲苯与氯磺酸反应生成甲苯氯磺酰，再与氨反应、分离出邻甲苯磺胺，经过氧化、脱水后即得糖精。虽然围绕糖精的毒性争议很大，但是，作为首例人工合成的甜味剂，它开启了这一类物质研究和应用的大门。

1882年

《化学工业协会会报》创刊　1881年，英国化学工业协会成立。1882年，《化学工业协会会报》（*Journal of the Society of Chemical Industry*）创刊，第1卷仅500页。1918年，因学报内容增加，分为综述、文摘和会报三个分册。其中，综述分册自1923年第42卷起改名为《化学与工业综述》，后又改名为

《化学与工业》（周刊）；文摘分册自1926年起，第45卷改名为《英国化学文摘》，其后又改名为《英国化学与生理文摘》、《英国文摘》；会报分册自1951年第70卷起，改名为《应用化学杂志》（月刊）。《化学工业协会会报》是世界上最早出版的化工技术刊物。

米亚尔代［法］发明杀菌剂"波尔多液"　葡萄霜霉病是一种世界性的葡萄病害。其病原是葡萄霜霉菌。该病于1834年在美国野生葡萄中首次被发现；1899年在我国被记载。1878年左右，法国波尔多城葡萄园流行一种葡萄霜霉病，农户因此损失惨重。1882年，法国植物学家米亚尔代（Millardet, Pierre-Marie-Alexis　1838—1902）在研究中偶然观察到，波尔多近郊地区却受灾极轻，主要原因是，数百年来，当地果农为防止馋嘴的过路人偷吃葡萄而用硫酸铜、石灰和水的混合液喷洒在葡萄上。于是，他在杜扎克酒庄进行试验，并公布了这一发现，并提倡用这种配方防治霜霉病，收到良好效果。1885年，他发明了硫酸铜、生石灰和水以1∶1∶100的比例配比的波尔多液。波尔多液杀菌的化学原理是：熟石灰与硫酸铜发生化学反应，生成碱式硫酸铜，具有很强的杀菌能力。波尔多液是在世界范围内广泛使用的第一种能够防治真菌的保护性杀菌剂，在当时和整个农药发展史上都具有重大意义。

埃克森公司［美］成立　埃克森公司（Exxon Corporation）的原名是新泽西标准石油公司，又译为新泽西美孚石油公司。1870年，美国实业家洛克菲勒（Rockefeller, J.D. 1839—1937）在克利夫兰成立了俄亥俄标准（美孚）石油公司。1882年8月5日，该公司联合其他石油公司共同组成了埃克森公司。当时公司的名称为"新泽西标准石油公司和托拉斯"（Standard Oil Company and Trust），其总部设在新泽西州。1911年，在反托拉斯法的影响下，标准石油公司被拆分为34个独立公司。新泽西标准石油公司即为其中之一。1948—1964年，被称为埃索标准油公司。1959年，公司与亨布尔石油炼制公司合营。1972年，它更名为现用名"埃克森公司"（Exxon Corporation），以适应其曾用商标"埃索"（ESSO）。该公司的总部设在纽约。公司下设：美国埃克森公司、埃克森国际公司、埃克森企业公司、埃克森化学公司、埃克森矿物公司、埃克森生产研究公司、埃克森研究和工程公司等。1979年以来，埃克森公司的销售额超过美国通用汽车公司而居世界大工业公司的首位。1984

年，埃克森公司在美国及其他80多个国家有 500多个子公司。如在联邦德国、英国、法国、加拿大等国都设有埃索化学公司。埃克森公司是美国第一个托拉斯组织。目前，它仍是美国最大的综合性石油公司，也是世界上最大的跨国公司之一。

1883年

克劳斯［英］发明从硫化氢气体中回收硫黄的"克劳斯法"　　1883年，英国化学家克劳斯（Claus，C.F.）从硫化氢气体中回收硫黄。其方法是：使硫化氢气体与氧部分燃烧，生成的SO_2与未燃烧的H_2S再进行反应，生成H_2O和S。第一步称为部分氧化反应，第二步称为催化反应。该反应的关键是，第一步需要严格控制空气进入量，要将硫化氢的氧化量控制在1/3左右。该方法被称为"克劳斯法"。运用该方法回收硫黄的纯度可达99.8%，它既很好地解决了工业生产中的大气污染问题，也为其他工业提供了硫黄原料。因此，此法在地热发电中去除排气中硫化氢时被广泛使用。目前，人们应用直流法、分流法和硫循环法等改良克劳斯法，并在此基础上形成了超级克劳斯工艺、低温克劳斯工艺、克劳斯直接氧化工艺以及富氧克劳斯工艺等一系列特殊工艺方法。

雷诺［英］提出关于流体流动规律的"雷诺数"　　1883年，英国力学家雷诺（Reynolds，Osborne 1842—1912）在其题为《决定水流为直线或曲线运动的条件以及在平行水槽中的阻力定律的探讨》的文章中指出：由层流向湍流的过渡取决于比值$dv\rho/\eta$（d也可以写成L，是流场的几何特征尺寸，例如管子内径；v为流速；ρ为流体密度；η为流体黏度系数），这个比值被称为雷诺数（Re）。流态转变时的Re值被称为临界雷诺数。实验表明：对于圆管内的流动，当Re<2300时，流动是层流；Re>4000时，流动一般为湍流；其间为过渡区，流动可能是层流，也可能是湍流，取决于外界条件。依据雷诺数的大小可以判别流动特征，从而对运动方程做出不同的近似处理，得出方程的解。此外，在涉及流体流动的热量传递和质量传递的计算中，也会广泛应用雷诺数。

奥托［德］和霍夫曼［德］设计蓄热室炼焦炉　　19世纪中叶，出现了倒焰式炼焦炉。该炉的炭化室和燃烧室用砖墙分开，但上部相通，使炭化室发生的煤气转入燃烧室，并从燃烧室上部引入空气，使煤气燃烧，火焰由上"倒焰"而下，经炉底焰道排入烟囱。该炉不回收化学产品，加热时煤气量不能调节，结焦末期煤气产量小，供热不足。19世纪70年代末，德国人奥托（Otto，Nikolaus August 1832—1891）在"倒焰炼焦炉"基础上，设计出废热式炼焦炉。其特点是：燃烧室内设置了上升气流通道和下降气流通道，并组成一个燃烧单元，形成了最初的双联火道结构形式。这种焦炉不回收废热，热效率不高。1883年左右，奥托与霍夫曼将蓄热室原理用于炼焦炉，设计出蓄热室炼焦炉（即奥托–霍夫曼炼焦炉），蓄热室是一个用砖砌筑的长方形炉室，沿中心分成两格，交替用于上升气流时预热和下降气流蓄热。从而提高了炼焦炉的热效率，至此，焦炉设计在总体上也基本定型。

1884年

伯蒂格［德］合成刚果红　刚果红是一种酸碱指示剂，它的化学名为二苯基–4，4'–二（偶氮–2–）–1–氨基萘–4–磺酸钠，其分子式为$C_{32}H_{22}N_6Na_2O_6S_2$。1884年，德国化学家伯蒂格（Böttiger，Paul）由联苯胺合成了染料刚果红。刚果红是第一个人工合成的直接染料，它被广泛应用于纺织、造纸和印染等工业。现在，合成刚果红的方法主要是：由联苯胺重氮化后，与1，4–氨基萘磺酸钠进行耦合，然后经盐析、过滤及干燥而制得。具体方法为：将联苯胺溶于适量盐酸中，加热至80～90℃，使联苯胺完全溶解，加冰冷至5℃以下，再加入相同量的盐酸。然后维持温度在5℃以下，搅拌后，滴加10%的亚硝酸钠水溶液进行反应，放置半小时后，在充分搅拌下加入碳酸钠使溶液呈碱性，加热至80℃后冷却、过滤，用饱和盐水洗涤，干燥即可。

汽巴公司［瑞］成立　1758年，嘉基公司（Geigy）成立于瑞士的巴塞尔，1901年，公司成为有限公司。该公司的经营范围包括染料、颜料、印刷油墨、工业化学品、医药、杀虫剂、除草剂、增塑剂、添加剂。1942年，该公司因其创制滴滴涕（DDT）而享誉世界。1884年，瑞士汽巴公司（CIBA）在巴塞尔成立。起初，该公司生产染料。后来，公司逐渐发展成为瑞士最大的化工企业和世界上最重要的精细化工企业。第二次世界大战以前，公司总资本额中有80%为德国的法本公司控制，战后才全部收归瑞士所有。汽巴公司的经营范围包括医药（占总销售额的40%以上）、染料（约占30%）、纺织工业用的化学品、造纸和皮革工业用的辅助化学品、塑料、农药、兽药、照相化学品、化妆品、稀有金属和电子仪表等。1970年，该公司与嘉基公司合并成汽巴-嘉基公司（Ciba–Geigy Aktiengesellschaft），其子公司遍布世界40多个国家，仍沿用两公司的原名，总数达300余个，构成了一个遍布世界的生产销售网。1983年，汽巴-嘉基公司总营业额为66.25亿美元，居世界200家大型化学公司中第10位。

阿贝［德］和肖特［德］研制光学玻璃 光学玻璃是能改变光的传播方向，并能改变紫外光、可见光或红外光的相对光谱分布的玻璃。狭义的光学玻璃仅指无色光学玻璃，广义的光学玻璃还包括有色光学玻璃、激光玻璃、石英光学玻璃、抗辐射玻璃、纤维光学玻璃、声光玻璃、磁光玻璃和光变色玻璃等。16世纪起，玻璃成为制造光学零件的主要材料。1729年，赫尔（Hull）在玻璃中加入氧化铅，制得第一对消色差透镜，

阿贝

有助于解决光学仪器制造中所存在的光学系统的消色差问题。1768年，法国人纪南（Jina）首先用黏土棒搅拌的方法制得了均匀的光学玻璃，并建立了光学玻璃制造厂。以后英国、法国分别于1848年、1872年建立了光学玻璃厂。1884年，德国光学家恩斯特·阿贝（Abbé，Ernst 1840—1905）同化学家奥托·肖特（Schött，Otto）共同建立了光学玻璃厂即肖特玻璃厂。1886年，他们只知道硅、钾、钠、铅和钙等氧化物会对玻璃光学性质产生影响。后来，他们研究发现，如果把硼、磷、锂、镁、锌、铝、钡、锶、镉、铍、铁、锰、铈、铒、银、汞、铊、铋、锑、砷、钼、铌、钨、锡、钛、铀和氟等元素，按10%的比例加入不同种类的玻璃中，将会影响玻璃的光学性能，从而开启了玻璃配方发展的新阶段。此外，他们还研究了玻璃的耐温骤变性能和抗化学药剂侵蚀性能。阿贝在研究显微镜方面，还做出了重要贡献：确定了可见光波段上显微镜分辨本领的极限，为迄今光学设计的基本依据之一；创立了波动光学中的两步成像理论——阿贝成像原理，该理论于1906年得到波

特（Porter，A.B.）的实验证明，成为以激光为实验条件的光学变换基本理论之一。二战后，肖特玻璃厂一分为二：一个在东德耶拿，一个在西德美茵兹。德国统一后，两个工厂合并为一个公司。现在的肖特玻璃厂是世界上最大的光学玻璃厂，其肖特玻璃目录有100多种光学玻璃。该厂现设有美国分公司和中国分公司（肖特玻璃中国有限公司）。阿贝和肖特的研究促进了德国光学工业的发展。

约1885年

维埃耶［法］制成单基火药　单基是指纤维素硝酸酯，它是用挥发性溶剂塑化成型后，将溶剂驱除而成的。单基火药是指只含有一种高分子爆炸基剂及一些附加物的发射药。它的主要成分是硝化棉，故也称硝化棉单基药。1885年，法国化学家维埃耶（Vieille，Paul 1854—1934）经过对各种配方的研究，确定了这种火药的生产工艺。首先，用68%的"不溶"火棉（含13%的氮）、30%的可溶火棉（含12%的氮）和2%的石蜡组成基剂对其进行脱水（使用乙醇）、挤压；然后，将其打碎，用乙醚搅拌使之胶化成团；最后，用热空气烘干，碾轧成型、切割成成品。法国军队将其命名为B火药（Poudre B）。这种火药可以缓慢燃烧，它比容较大，爆温较低，对武器烧蚀较轻，被广泛用作枪弹和中小口径炮弹的发射药。它是第一种单基火药，也是近代火药工业的真正开端。

1. 管状　2. 带状　3. 球状　4. 七孔粒状　5. 七孔梅花状
常见的发射药形状

蒂尔潘［法］发现苦味酸的炸药用途　苦味酸的学名是2，4，6-三硝基苯酚，它是一种黄色结晶体。1771年，英国人沃尔夫（Wolf，P.）用硝酸作用于靛蓝制得苦味酸。当时，苦味酸被用于染料。使用期间经常发生爆炸，使人们认识到该物质具有爆炸特性。1885年，法国化学家蒂尔潘（Turpin，Eugènel）用雷管引爆了苦味酸，证明了它的爆炸特性。1885—1886年，法国军队开始使用它填装炮弹，称其为麦宁炸药（Mélinite），在英国则被称为立德炸药（Lyddite）。其制造方法是：将1份结晶的石炭酸（苯酚）和1份浓硫酸在100～120℃的温度下加以处理，将混合物冷却并用2倍体积的水稀释，再加入3份硝酸进行反应，分离提纯出结晶体即得产品。苦味酸是一种威力大于TNT的单质猛炸药，第一次世界大战以前，它是最主要的军用炸药品种。一战后，因其不耐冲击性和强腐蚀性而逐渐被TNT炸药取代。

伦敦帝国学院化学工程系成立 伦敦帝国学院也称伦敦帝国理工学院，或简称为帝国理工，它成立于1885年。该学院共分为3个系：机械工程系、电机工程系、化学工程系。其中，化学工程系讲授的化学工程课程不过是化学和机械工程的混合，没有单元操作的概念。不久，该系被停办。化学工程系是世界上最早的化学工程专业，它标志着化工教育与化学教育开始分离开来。

斯旺［英］最先发明人造丝 人造丝是一种丝质的人造纤维，它由纤维素构成。人造丝的来源有石油和生物两种。其中，源自生物的人造丝被称为再生纤维。1866年，英国人休斯（Hughes，E.E.）首先从动物胶中制造出人造蛋白质纤维。具体方法是：将动物胶溶于乙酸，在硝酸酯水溶液中凝固抽丝，然后，以亚铁盐溶液脱硝，进一步加工得到蛋白质纤维。1855年，瑞士化学家安德曼（Anderman）用硝酸处理桑叶后变成了黏性液体；将其通过小孔挤压出一根根细丝，这是人类历史上最早的人造纤维。1880—1883年，英国化学家斯旺（Swan，Sir Joseph Wilson 1828—1914）在研制灯丝过程中，尝试将硝酸纤维素溶解在醋酸中，对溶液施压使其通过（固定模具）小孔口成为细丝，细丝在乙醇溶液中凝固并经硫化铵脱硝成为"人造丝"。1883年，他以这种加工工艺申请了专利。1885年1月，他在伦敦博览会上展出了这种人造丝。斯旺的发明为人造纤维的发展奠定了基础。1889年，法国化学家夏尔多内（Chardonnet，Hilaire Bernigaud 1839—1924）在斯旺的基础上发明了人造纤维，实现了工业

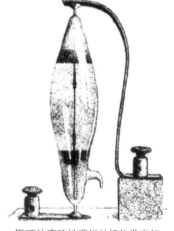

斯旺的实验性碳灯丝炽热发光灯
于1878年12月公开展出

化生产。1935年，意大利人弗雷蒂（Frette）用牛乳提取的奶酪素制成人造羊毛。1937年，美国杜邦公司的一位发明家用煤焦油、空气与水的混合物在高温下融化后拉出了细丝即所谓合成纤维——尼龙。

1886年

本顿［英］最早申请石油裂化专利　石油裂化是指在一定条件下，将相对分子量较大、沸点较高的烃断裂为相对分子量较小、沸点较低的烃的过程。它具体分为热裂化（即指在不用催化剂的热作用下，将重质油发生裂化反应，转变为裂化气、汽油、柴油的过程）和催化裂化（即指使用催化剂的裂化反应过程）。裂化的深度过程被称为裂解，它指以比裂化更高的温度，使石油分馏产物中的长链烃断裂成乙烯、丙烯等短链烃的过程。1886年，英国化学家本顿（Benton, M.）建议：首先，在20～35个大气压下，将炉内管子中的残渣或重油加热到370～540℃；然后，再在炉后的汽化室内，对得到的轻质馏分进行汽化。同年，他申请了专利。之后，皮尔斯蒂克（Pielsticker, C.M.）创造了管式蒸馏釜，他让石油在压力下高速通过一根装在炉子内部的60米长的螺旋管，这样，轻质馏分便在压力条件下，在汽化室中从没有裂化的重质馏分中分离出来，而重质馏分能被重新引回蒸馏釜中。但是，由于裂化汽油在当时没有市场，因此，皮尔斯蒂克的专利并没有被采用，反而被视为"纸上的专利"。1913年，伯顿（Burton, William Meriam 1865—1954）申请了热裂化专利，由此，真正实现了石油裂化。

1887年

诺贝尔［典］发明巴里斯太双基火药　双基火药分为双基推进剂火药和双基发射火药。它与单基火药比较，其能量高、吸湿性小、物理安定性和弹道稳定性好，但它爆温高，烧蚀炮膛严重，生产时危险性较大。1887年，瑞典发明家诺贝尔发明了巴里斯太（Ballistite）双基火药（又被称为硝化甘油无烟火药）。其具体方法是：以大约3∶2的比例，将（用含低氮量的可溶硝化纤维制成的）硝化棉悬浮在热水中与硝化甘油混合，用压缩空气搅拌；然后，在50～60℃的温度下碾轧去水，成型切片。这种火药安全稳定，爆炸力适中。1889年，英国人阿贝尔（Abel，Sir Fredrick Augustus 1827—1902）和迪尤尔（Duel, J.）为克服巴里斯太火药的缺点，又以大约2∶3的比例，用凡士林［学名矿脂，是由石油分馏后制得的一种烷系烃或饱和烃类半液态的混合物，其结构式为（C$_{(n)}$H$_{(2n+2)}$）］作为稳定剂，用丙酮溶解硝化甘油和（高氮量不溶的）硝化棉，制成了柯达（Cordite）型无烟双基火药。至此，近代火药工业基本成型。

弗拉施［美］发明从石油中脱去硫化物的方法　石油中的含硫量高于2.0%则称之为高硫石油，低于0.5%则称之为低硫石油，介于两者之间则称之为含硫石油。石油中存有硫化物（硫化氢、硫醇、硫醚、二硫化物等），会在炼制中腐蚀设备及其零部件，其生成的气体有毒，危害人体健康。因此，须从石油中脱出硫化物。它被称为"萃取"。1887年，美国化学家弗拉施（Frasch，Herman 1851—1914）利用铜、铅、铁等金属氧化物使石油中的硫化物沉淀，分离回收后，将硫化物重新变回氧化物。后来，他又用硫酸将石油中的硫化物氧化成磺酸，形成酸渣，再用离心分离或静置分离法分离。1894年，他还发明了将过热水灌入地底熔化硫矿、抽水采硫的弗拉施法。弗拉施发明的方法是最早的石油化学加工方法。20世纪60年代，苏联化学家采用86%和91%的硫酸成功地从含硫石油中分段萃取石油硫化物，其萃取率达到70%。20世纪80年代，我国化学工作者采用95%的硫酸成功地萃取石油硫化物，使其中的不饱和石油硫化物聚合生成固体石油硫化物，其萃取率达到95%以上，并能简化萃取工艺，降低成本，提高效率。

1888年

麻省理工学院开设第一个化学工程学士学位课程　19世纪后半叶，制碱、制酸、化肥和煤化工发展到了很大规模，技术也发展到了很高水平，尤其是大规模石油炼制业的崛起，为化学工程学科的成立奠定了基础。英国化学家戴维斯（Davis，George Edwards 1850—1907）首次提出"化学工程"的概念，指出：各种化工生产工艺，都是由蒸馏、蒸发、干燥、过滤、吸收和萃取组成的。化学工业发展中所面临的许多问题都是工程问题。化学工程将成为继土木工程、机械工程、电气工程之后的第四门工程学科。他建议成立化学工程学科。1887—1888年，他在曼彻斯特工学院作了12次演讲，系统阐述了化学工程的任务、作用和研究对象。但是，他的倡议和理论在当时的英国并未被普遍接受，但却在美国引起普遍关注。1888年，麻省理工学院以诺顿（Norton, L.M.）为首，成立了应用化学工程教育研究委员会。同年12月，该委员会决定设置化学工程课程。1888年，麻省理工学院开设了世界上第一个定名为"化学工程"的四年制学士学位课程（即著名的"第十号课程"）。这些课程的主要内容是机械工程和化学，还不具有今天化学工程专业的特点。随后，宾夕法尼亚大学（1892）、密歇根大学（1898）也相继开设了类似课程。1901年，戴维斯出版了世界上第一部化学工程的专著——《化学工程手册》。以后，伴随着单元操作、"三传一反"（动量传递、热量传递、质量传递和反应过程）概念的提出，基本上形成了化学工程的学科体系和课程体系。1902年，美国《化学与冶金》杂志改名为《化学工程》。1908年，美国成立了化学工程学会。由此，化学工程开始迅速发展。

邓禄普［英］发明第一条充气自行车轮胎　1836年，比利时人迪埃兹（Diaizi）就提出过充气轮胎的看法。1845年，英国人汤姆逊（Thompson, L.）发明了空心轮胎，他用压缩空气充入弹性囊，以缓和运动时的振动和冲击。当时的轮胎是用皮革和涂胶帆布制成的。根据这一原理，1888年，英国发明家邓禄普（Dunlop, John Boyd 1840—1921）用压缩空气气垫减小行驶震荡的方法，给自己的儿子改装了一辆自行车。其具体方法是：用一个全橡胶内胎充满压缩空气，包上帆布套，外面用一圈加厚橡胶带做保护，帆布套伸出的边固定在车轮的轮圈上，用胶固定牢。当年，他申请了专利。这种自行车在公路上试验效果良好，很快风靡英国。1890年，英国人韦尔奇（Welch, C.K.）设计了凹面和盘形轮缘，它有助于把轮胎固定在车轮上。同年，他获得该项技术专利。1895年，法国人安德烈（André, Michelin 1853—1931）和爱德华（Édouard, Michelin 1859—1940）根据这种轮胎原理改装了汽车轮胎（用平纹帆布制成的单管式轮胎，虽有胎面胶而无花纹，直到1908—1912年，才出现有花纹的轮胎），并参加了巴黎-波尔多汽车赛。他们虽然没能夺得冠军，但这种汽车轮胎给人留下了深刻印象。不久，这种轮胎即作为商品开始生产。邓禄普的发明使人类进入了充气轮胎时代。

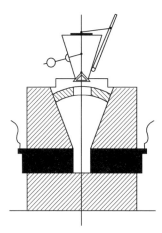

在温斯菲尔德使用的最初制磷电炉

雷德曼［英］和帕克［英］建立电炉制磷工业装置 1888年，英国工业家雷德曼（Readman，J.B.）和帕克（Parker，C.W.）共同建立了500kW电炉制磷工业装置。其生产工艺是：将磷酸盐矿石、煤和沙的混合物放入电炉，生成磷蒸气并定时排出炉渣。以后，人们对该工艺进行了改进，基本形成了由供料系统、供电系统、制磷电炉、除尘装置和收磷系统等五个部分构成的工业生产流程系统。其具体内容是：由原料预处理（其方法主要有："球团法"，即通过干燥、预热、焙烧、冷却等工艺，制得磷矿球团；"烧结法"，即通过高温使磷矿变成烧结矿，再经冷却、破碎、筛分后制得炉料用矿；"瘤结法"，即通过高温煅烧磷矿，再经冷却、破碎、筛分制得瘤结料）装置加工合格的磷矿、硅石和焦炭，按生产工艺确定的配比，分别称重计量后混合均匀，然后将混合炉料送入电炉顶料仓，经下料管连续均匀地加入炉中。电网中的电能经电炉变压器、二次短网和电极输入电炉。在炉内电能以电阻的形式转化成热能，加热熔融炉料，温度达到1350～1450℃。炉料在高温下发生还原反应，反应产物磷蒸气和一氧化碳从导气管中引出。炉渣与磷铁定期或连续地从电炉渣口和铁口排出。电炉制磷法不仅改变了加热方式而且能够连续生产磷。

1889年

伊斯曼公司［美］推出赛璐珞胶卷 1869年，美国发明家海厄特（Hyatt，John Wesley 1837—1920）通过硝化纤维和樟脑合成制取出了具有柔韧性的世界上第一种合成塑料，并将其命名"赛璐珞"。1880年，美国人伊斯曼（Eastman，George 1854—1932）创建了生产感光材料及照相器材的伊斯曼公司。1888年，伊斯曼公司采用赛璐珞作为片基，试制出了赛璐珞透明片基胶卷。同年，伊斯曼公司研制生产了世界上第一台装有内置式胶卷（采用纸基底片卷）装置的小型照相机——"Kodak"（柯达）相机。1889年，伊斯曼

公司正式推出适用于柯达相机的透明胶卷。1892年，公司改名为"伊斯曼–柯达公司"，它是世界首家商业化生产赛璐珞胶卷的公司。20世纪50年代后，赛璐珞片基被新的醋酸纤维、涤纶等透明片材取代。伊斯曼–柯达公司不仅是传统银盐感光材料制造方面的巨头，也是APS系统和数字影像系统设备硬件制造方面的先行者和主力军之一。

伊斯曼

唐廷枢［中］创办中国第一家水泥厂 1889年，中国开平矿务局首任督办唐廷枢（1832—1892）在唐山市路北区创办了最早的水泥厂——唐山细棉土厂。建立之初，该厂因成本高、质量差，连年亏损，于1893年停产。1906年，开平矿务局总办周学熙（1866—1947）接管该厂恢复生产，并改名唐山洋灰公司，继又定名为启新洋灰股份有限公司。为了维护民族资产阶级利益，他在公司的《章程》中规定："凡系本国人民均可附股。"该公司采用当地北大城山石灰石和唐坊黑黏土为原料，并购进了丹麦史密斯公司的先进回转窑、球磨机等设备，采用干法生产龙马负太极图牌（俗称马牌）水泥，年产约25万铁桶（约42.5kt）。1910—1941年，该厂先后四次扩建，逐步成为年生产力300kt的大型水泥厂。其间曾一度垄断国内水泥市场。1904—1915年，该厂生产的马牌水泥产品分别在美国、意大利、巴拿马等国获优等、头等奖状及奖章。1954年，该厂改名为启新水泥厂。1965年，该厂的产量为600kt。1976年，该厂在唐山大地震时遭到破坏。震后，该厂生产逐渐恢复，年产量达到50万吨以上。启新水泥厂是中国第一家机械化生产水泥的企业。该厂生产的水泥先后被用于建造北京图书馆、辅仁大学、燕京大学、大陆银行、交通银行、河北体育馆、上海邮政总局等著名建筑。唐廷枢和周学熙为创办近代民族实业，推动民族经济发展做出了重要贡献。

德国首次用甲醇制取甲醛 由甲醇制取甲醛依据其利用的催化剂不同而分为两种方法，一种是"银法"或"甲醇过量法"：在过量甲醇（甲醇蒸气浓度控制在爆炸上限，即37%以上）条件下，将甲醇气、蒸汽和水汽混合物在金属银催化剂上进行脱氢氧化反应制取甲醛。另一种是"铁钼法"或"空气过量法"：在过量空气（甲醇蒸气浓度控制在爆炸区下限，即7%以下）条件下，甲醇气直接与空气混合，并在铁钼氧化物（$Fe_2O_3MoO_3$）型催化剂上进行氧化反应制取甲醛。1889年，德国首次建成了利用"银法"由甲醇脱氢生产甲醛的工业装置，并进行工业化生产，实现了脱氢方法的第一次工业应用。其生产工艺是：先将空气喷入预热过的甲醇中使之汽化，并与蒸汽混合。混合气体加热后，通入装有催化剂的反应器进行反应，反应后的气体在废热锅炉中换热，被快速冷却，并产生蒸汽，经进一步冷却后的气体进入吸收塔用水逆流吸收。蒸馏吸收液回收未反应的甲醇（循环使用），并得到甲醛。此后，其他国家陆续用此法建立了生产装置，美国于1901年投入生产，日本于1912年投入生产。20世纪30年代以来，"铁钼法"得到广泛应用。欧美国家、苏联、日本及东南亚国家都重视使用该法生产甲醛。另外，有些国家还用其他方法生产甲醛。例如，美国用烷烃氧化法生产甲醛；日本用二甲醚氧化法生产甲醛；中国则以天然气甲烷为原料，一氧化氮、硼砂为催化剂，在约600℃和常压下，用空气控制氧化来生产甲醛。

1890年

德国建成第一座工业规模的隔膜电解槽　电解槽由槽体、阳极和阴极组成，大多数电解槽用隔膜将阴极室和阳极室隔开。电解槽按电解液不同而分为水溶液电解槽、熔融盐电解槽和非水溶液电解槽。隔膜电解槽属于水溶液电解槽中的一类。在阴阳两极空间用多孔隔板（隔膜）隔开，以阻止两极溶液的互相混合，但并不妨碍离子的运动和电流的通过。它被用于电解饱和食盐水溶液时，多以石墨为阳极，铁为阴极，用石棉绒制成隔膜。

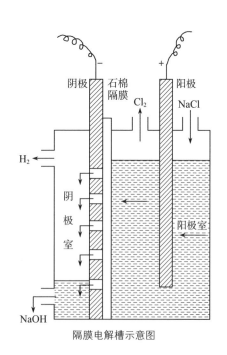

隔膜电解槽示意图

隔膜电解槽依据隔膜网的安装位置而被分为立式和卧式两种。前者又被分为长方形（如虎克型电解槽等）和圆形（如克利布斯电解槽等）；后者有比利特尔-西门子电解槽等。1890年，德国采用多孔水泥隔板，在格里斯海姆地区，建成了世界上第一座水泥隔膜电解装置，电解氯化钾生产氯气。1893年，美国建成了用石棉做成多孔渗透性隔膜的电解槽电解食盐水，能够更加有效地阻止阴极室的氢氧离子向阳极室扩散。隔膜电解槽投资较低，操作简单，不需用水银，槽电压较低，但碱溶液浓度不及用水银电解槽制得高，因此，该类电解槽虽然经过技术改造，可以多次使用，但是，现在一般采用离子膜电解槽。

1891年

巴斯夫公司［德］生产TNT炸药　1863年，德国化学家威尔布兰德（Wilbrand，Joseph）用接近沸点的硝酸、硫酸混合液硝化甲苯首先制得了TNT炸药［2，4，6-三硝基甲苯，化学式为$C_6H_2CH_3(NO_2)_3$］。1867年，瑞典化学家诺贝尔发明了"代那买特"炸药（Dynamite）。1873年，德国化学家斯普伦格尔（Sprengel）发现用雷管可以引爆苦味酸。1875年，诺贝尔在"代那买特"炸药中，加入胶棉研制出了取代黑色火药的又一种新型炸药——爆胶。1877年，化学家约色林（Joselin）发明硝基胍并制成一种新的耐热高能单体炸药。同年，化学家默顿斯（Mertens）先将N-二甲基苯胺与硫酸化合生成盐，然后硝化而得到另一种新型高能炸药。1880年，德国人赫普（Hempe）用硝酸和浓硫酸混合处理甲苯合成了TNT炸药。1884年，法国人维埃耶（Vieille，P.P.M.）首先使用醇、醚混合溶剂塑化硝化棉制得单基火药（称硝化棉火药）。1888年，诺贝尔用60%硝化甘油加入40%低氮量的硝化棉研制成巴里斯太火药（又称之为双基火药）。同年，杰克逊（Jackson）研制出了最早的耐热炸药——三氨基三硝基苯。1891年，巴斯夫公司决定生产TNT炸药。1904年，TNT炸药首次被用在日俄战争中，之后，它被广泛用于战争。第一次世界大战后，TNT炸药成为世界上产量和用量最大的单质炸药。

夏尔多内［法］首次工业生产人造丝　1878年，法国生物学家夏尔多内（Chardonnet，Hilaire Bernigaud 1839—1924）从巴斯德对蚕的研究中得到启示，决定模仿蚕的吐丝过程用人工的方法生产纤维。1884年，他发表了题为

《一种类似蚕丝的人造纺织材料》的论文，并取得制造硝酸纤维素纤维的专利。其方法是：把硝酸纤维素溶解在醇和醚的混合溶剂中，得到的溶液经很细的玻璃毛细管挤出并使之在热空气中凝固，得到了一种类似蚕丝的纺织材料，这是人类最早生产的化学纤维。后来，他又用数年的时间解决这种新纤维的防火问题。1889年，他在巴黎世界博览会上首次展出了"夏尔多内丝"，人们称之为"人造丝"。1891年，他在贝桑松建立了夏尔多内丝织品公司。1904年，他在匈牙利绍特沃尔地区建立了另一个工厂，从而开始了人造丝的工业化生产。1914年，他因发明人造丝获珀金奖章。夏尔多内被西方誉为"人造丝工业之父"。

托伦斯［德］制得季戊四醇 1891年，德国化学家托伦斯（Tollens, B. 1841—1918）用乙醛和过量甲醛在碱溶液中反应制得了季戊四醇（$C_5H_{12}O_4$）。1894年，他通过季戊四醇硝化制得了季戊四醇四硝酸酯［$C(CH_2ONO_2)_4$］，它是一种单质炸药——太安炸药（PETN）。这种炸药爆炸威力大，对撞击和摩擦感度较大，装填炮弹时必须加以钝化。它的化学稳定性较好，因此被用于装填雷管、导爆索。第一次世界大战期间，甲醛和乙醛产量没有达到工业规模。因此太安炸药没有被用作军用炸药。一战以后，甲醛和乙醛原料可以从碳、水、空气和石油气制得。因此，第二次世界大战期间，太安炸药被大量用于装填雷管、导爆索等。目前，太安炸药已很少被直接用于装填弹药。

1892年

伊斯曼-柯达公司［美］成立 1880年，美国科学家伊斯曼（Eastman, George 1854—1932）开始制造照相干版。1881年，他建立了伊斯曼干版公司。1884年，他开始生产反转片。1888年，他开始生产照相机。1889年，他成功研究硝酸纤维片基。1892年，他将公司改名为伊斯曼-柯达公司（Eastman-Kodak Company）。该公司的总部在美国纽约州罗彻斯特市。1920年，他建立田纳西伊斯曼公司生产照相用原材料。1930年，他建立了伊斯曼明胶公司。后来，他在英国、法国和联邦德国也建立了分公司。1948年，他研制成专业电影用的三醋酸纤维素安全片基。1950年，他发明了能自动形成的色罩，提高了彩色影像质量。1952年，他设立了柯达加工实验室公司。

1966年，他购买了瑞典的哈塞尔布拉德公司和委内瑞拉的赫尔蒙德公司。1968年，他建立了伊斯曼–柯达国际资本公司。该公司设有四个主要营业部，分别为美国及加拿大摄影用品部、伊斯曼化学品部、国际摄影用品部和研究与开发部。在美国本土及世界各地设立50多个分公司和近30个联营公司。20世纪80年代初，公司开始生产录像器材。1985年，公司正式宣布加入视频销售市场。

威尔森［美］和穆瓦桑［法］分别用电弧炉法生产乙炔　1842年，德国化学家维勒（Wöhler，Friedrich 1800—1882）制备了碳化钙并证明它与水反应生成乙炔。1862年，法国化学家贝特罗（Pieltte，Engene Marceiin Berthelot 1827—1907）用电弧法直接合成乙炔。1892年，美国商人威尔森（Willson，Thomas Leopold　1860—1915）建立了世界上最大的电弧炉，他试图用煤焦油（煤焦化中得到的黑色或黑褐色黏稠状液体）和铝矾土（含有杂质的水合氧化铝）在电炉中作用制取铝，但没有成功。以后，他用煤焦油（或焦炭）与生石灰在电炉中反应，以期将生石灰中的氧化钙还原成钙，再用钙取代氧化铝中的铝，结果，他得到了一种暗黑而脆的物质，将其倒入水中，冒出大量气体，点燃后，产生了大量黑烟和明亮火焰的气体——乙炔。1892年，威尔森申请了专利并于次年获得批准。1895年，他建成生产碳化钙的工厂，并为乙炔找到了照明用途。同年，法国学者穆瓦桑（Moissan，Ferdinand Frédéric Henri 1852—1907）也发明出电弧炉并用同样的方法制得电石（主要成分是碳化钙，遇水反应生成乙炔）。这是首次实现电石和乙炔的工业化生产。

克罗斯［英］和比万［英］发明黏胶纤维　黏胶纤维属于再生纤维素纤维。它分为普通黏胶纤维、高湿模量黏胶纤维和高强力黏胶纤维以及改性黏胶纤维。1844年，莫塞尔（Mercer，J.）发现用碱处理纤维素能增加纤维素的反应能力。1891年，英国人克罗斯（Cross）、贝文（Bevan）和比德尔（Beadle）等以棉为原料制成了黏度很大的纤维素黄酸钠溶液（被命名为"黏胶"）。黏胶遇酸后，纤维素又重新被析出。1892年，英国人克罗斯（Cross，Charles Frederick 1855—1935）和比万（Bevon，Edwand John 1856—1921）用烧碱处理纤维素，再与二硫化碳反应生成纤维素黄酸钠；再将它溶入稀碱液，得到一种黏度非常大的溶液，将这种溶液通过喷丝头的细孔中挤出，在硫酸溶液中凝固，成为黏胶纤维。1905年，米勒尔（Muller）等发明了一种稀硫酸和硫酸盐组成的凝固浴（指制造化学纤维时，使纺丝胶体溶液经过喷丝头的细流凝固或同时起化学变化而形成纤维的溶液），实现了黏胶纤维的工业化生产，并由英国萨姆康劳德公司首先工业生产。20世纪30年代，黏胶强力丝投入生产；50年代，又出现了超强力丝和二超强力丝；60年代，制得三超强力丝和四超强力丝，还制得高性能黏胶纤维。黏胶纤维是世界上最重要的人造纤维之一。

1894年

卡斯特纳［美］和克尔纳［奥］发明制取烧碱的水银电解法　1890年，德国人首先用"隔膜电解法"制取烧碱（氢氧化钠）。其方法是：用水泥微孔隔膜隔开阳极、阴极产物（以后改用石棉滤过性隔膜，以减少阴极室氢氧离子向阳极室的扩散）；当输入直流电后，食盐溶液中的部分氯离子在阳极上失去电子生成氯气并逸出；阳极溶液中剩下的钠离子随溶液一同向阴极迁移，流入阴极的电解液，其中的氢离子在阴极得到电子生成氢气自阴极室逸出；氢离子不断放电析出氢气促使水电离。溶液中所剩的氢氧根离子与钠离子形成碱溶液，与未电解的氯化钠溶液一起不断从电解槽中排出。但是，用隔膜电解法所得到的烧碱含有杂质。1894年，美国化学家卡斯特纳（Castner, Hamilton Young　1858—1899）提出了用水银做阴极的水银电解法。其原理是：将电解槽分隔为三部分，两侧设有阳极，底部盛有水银作为阴极，隔板插入到接近底部的水银面以下。通电以后，两侧槽内食盐溶液中的钠被还原并与水银形成钠汞齐（钠溶解在水银里），摇动电解槽，水银里的钠随水银流动到中间盛水的槽内，与水反应生成烧碱。用此方法生产的烧碱纯度几乎达到100%。1894年，当卡斯特纳为此申请专利时，奥地利的克尔纳（Kellner, Carl 1850—1905）已经以类似方法抢先在德国申请了专利。卡斯特纳与克尔纳于1896年

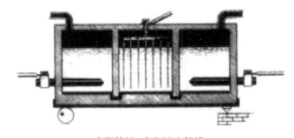

卡斯特纳-克尔纳电解槽

和1897年先后在美国和英国建厂生产。水银电解法后被称为"卡斯特纳–克尔纳法"。

1897年

霍伊曼〔瑞〕发明合成靛蓝的方法　1880年，德国化学家拜耳（von Baeyer，Adolf 1835—1917）取得了合成靛蓝的专利。以后，巴登苯胺纯碱公司就不断投入巨资研究靛蓝的工业化。1890年，瑞士化学家霍伊曼（Heumann，K. 1850—1893）先用萘经过酞酸酐或苯二酸制得邻氨基苯甲酸，再以此为原料，通过缩合、环合、氧化等过程制取靛蓝。但是，由于萘在硫酸作用下得到酞酸酐（邻苯二甲酸酐）或苯二酸（邻苯二甲酸）的反应极其缓慢，因此，该方法不适合工业生产。1897年，霍伊曼在实验过程中，其工作人员不小心打碎了水银温度计，从温度计里流出来的汞和硫酸发生反应，生成的硫酸汞对上述反应起到了催化作用，大大增加了反应速度，实现了合成靛蓝的低成本工业生产。10年间，合成靛蓝几乎替代了全部天然靛蓝，使得印度种植靛蓝的出口量从1895年的19万吨降至1913年的1100吨，也使得原来种植天然靛蓝的20多万英亩土地被闲置下来。合成靛蓝的工业化生产带来了一次染料革命。

萨巴蒂埃〔法〕发现有机物催化加氢反应　催化加氢反应是指在Pt、Pd、Ni等催化剂的作用下，烯烃和炔烃与氢进行加成反应生成相应的烷烃并放出热量的过程。其反应机理是：吸附在催化剂上的氢分子生成活泼的氢原子与被催化剂削弱了键的烯、炔加成。1897年，法国化学家萨巴蒂埃（Sabatier，Paul 1854—1941）和他的助手桑德勒（Senderens，Jean Baptist 1856—1936）研究乙炔在热的氧化镍的作用下进行氢化作用，在其过程中，他们发现了金属镍粉的催化加氢作用。他在实验中发现，镍的催化作用可以将乙烯氢化成乙烷，将苯氢化成环乙烷，将一氧化碳氢化成甲烷等。1902年，德国化学家诺尔曼（Normann，K.），取得了"利用催化氢化使油硬化"的专利，在欧洲各国建厂生产人造黄油等固脂食品。1904年，俄国人伊帕季耶夫（Ipatieff，Vladimir Nikolayevich 1867—1952）提出在加压下进行加氢过程。1913年，他用"哈伯–博施法"由氢气和氮气合成氨。1923年，先后开发了用"费托法"由氢和一氧化碳合成液体燃料、由一氧化碳高压加氢合成甲醇等方法。1926年，用"柏吉斯法"由煤高压加氢液化制取液体燃料。加氢过程已是化学工业和石油炼制工业中最重要的反应过程之一。萨巴蒂埃出版了《催化剂与有机化学》（1913）一书，他的成果为人造黄油、石油馏分加工、合成甲醇等工业生产奠定了理论基础。萨巴蒂埃于1912年获得了诺贝尔化学奖。

霍夫曼［德］等发明阿司匹林 阿司匹林是一种历史悠久的解热镇痛药，其化学式为$C_9H_8O_4$。B.C.1552年，古埃及药典《埃伯斯莎草古卷》中记载：服用桃金娘科植物干叶的浸泡液可以治疗疼痛。约B.C.400年，古希腊医生希波克拉底（Hippocrates B.C.460—B.C.377）让病人咀嚼柳树皮或柳树叶以缓解疼痛。1763年，英国牧师爱德华（Edward）介绍了银柳树皮有退烧和止痛的效果。1828年，德国药学家约翰·毕希纳（Büchner, John）从止痛用的植物中分离了少量的苦味黄色珍珠状晶体，并命名为"水杨苷"。1829年，法国化学家亨利·雷格克斯（Regkors, Henry）从树皮中提取了水杨苷晶体。1838年，意大利化学家拉斐尔·皮尔（Piria, Raffaele）通过化学方法用水杨苷制取了一种无色针状晶体，并命名为"水杨酸"。1853年，法国科学家弗雷德里克·热拉尔（Gerhardt, C.F. 1816—1856）用水杨酸与醋酸酐（乙酸酐）合成了乙酰水杨酸。但是，他的发明未被人们重视。1897年，德国人霍夫曼（Hoffman, Felix 1868—1946）在犹太化学家阿图尔·艾兴格林（Eichengrun, Arthur）的指导下，并完全采用他的技术路线，用水杨酸与醋酸酐作用合成了乙酰水杨酸，并为他父亲治疗风湿关节炎，疗效很好。1899年，德莱塞（Dreiser）将其介绍到临床，并取名为阿司匹林（Aspirin）。阿司匹林是人类最成功的合成药物之一。热拉尔、霍夫曼共同发明了阿司匹林。在这一发明过程中，阿图尔·艾兴格林发挥了重要作用。

1898年

美国材料与试验学会成立 19世纪80年代，为解决采购商与供货商在购销工业材料过程中所产生的分歧，有人提出建立技术委员会制度，由该组织通过技术座谈会的形式，讨论解决有关材料规范、试验程序等问题。

1882年，在欧洲召开了首次国际材料试验协会（International Association for Testing Materials，简称IATM）会议，会上组成了工作委员会，主要研究解决钢铁和其他材料的试验方法问题。1898年6月16日，70名IATM会员聚集在美国费城，开会讨论成立国际材料协会美国分会。1902年，在国际材料试验协会分会第五届年会上，宣告美国分会正式独立，取名为美国材料试验学会（American Society for Testing Materials）。1961年，又改名为美国材料与试验协会（简称ASTM）。它为材料、产品、系统和服务的自愿一致性标准的判定和发布提供了全球性论坛。它的会员遍布世界100多个国家和地区，其会员（个人和团体）总数超过33669个。它的技术委员会下设有2004个技术分委员会。有105817个单位参加了ASTM标准的判定工作。它是从事工业原材料标准化的一个非官方组织，是世界上最早的标准化学术团体。该学会从事的业务涉及冶金、机械、化工、纺织、建筑、交通、动力等领域。它所制订的标准大都被直接纳入国家标准，也被国际上很多贸易双方采用。我国进口的原材料检验也常用ASTM标准。它制订的分析、测试方法，被世界各国许多实验室用作标准方法。

1899年

克里舍〔德〕和斯皮特勒〔德〕分别合成酪蛋白塑料　酪蛋白塑料是以酪蛋白（酪素）为基本成分的塑料。它的吸水性大，表面容易产生裂纹，拉伸强度和抗压强度都高，但性脆，能耐油类和稀酸溶液。1899年和1900年，德国化学家克里舍（Krische，W.）和斯皮特勒（Spiteler，Adolf）分别在德国和美国取得了酪蛋白塑料专利。具体做法是：先从牛乳、花生中提取酪蛋白，然后再将其同甲醛反应，生成一种硬的白色抗酸物质，它可用做纽扣、黑板、装饰品。第一次世界大战前，德国生产酪蛋白塑料。1913年，英国也生产该塑料。目前，人们运用湿法和干法两种方法制造酪蛋白塑料。湿法是将干酪蛋白碱性溶液与染料、软化剂捏和，挤压成型，在甲醛溶液中硬化，干燥后进行加工成型。干法是将干酪蛋白细粉与染料、软化水捏和成胶状，在挤压机中压制成棒或管，出模后的半成品再作硬化处理。

1900年

孔达科夫［俄］发明甲基橡胶 1879年，布查德认为异戊二烯能合成出类似橡胶的物质。1881年，德国化学家霍夫曼用1，3-戊二烯合成了橡胶，这标志着合成橡胶的诞生。1885年，俄罗斯化学家孔达科夫（Коняаковэ，И.Л. 1857—1931）人工合成了异戊二烯。1900年，他发现了一种与异戊二烯极为相似的同系物2，3-二甲基-1，3-丁二烯，将这种物质静置可以聚合成类似橡胶的物质，如果加热可以聚合得更快些。这种橡胶被称为甲基橡胶。1917年，德国法本公司先后用2，3-二甲基-1，3-丁二烯生产合成了橡胶，并取名为甲基橡胶W和甲基橡胶H。甲基橡胶W是2，3-甲基-1，3-丁二烯在70℃热聚合历经5个月后制得的；甲基橡胶H是2，3-甲基-1，3-丁二烯在30～35℃聚合历经3～4个月制得的。但因其生产周期太长且性能比天然橡胶低、技术落后，于1918年停止生产。1927—1928年，美国人帕特里克（Patrick，J.G.）首先合成了聚硫橡胶（聚四硫化乙烯）；卡罗瑟斯（Carothers，Wallace Hume 1896—1937）合成制得氯丁橡胶（CR）。1931年，美国杜邦公司生产氯丁橡胶。1932年，苏联工业生产了丁钠橡胶。以后，各国相继生产了SBR（丁苯橡胶）、NBR（丁腈橡胶）、BR（顺丁橡胶）、EPDM（乙丙橡胶）、IR（异戊橡胶）等品种。我国从1958年开始合成橡胶。甲基橡胶是人类首次工业生产的人造橡胶。

哈里斯［德］发现天然橡胶结构 天然橡胶也称乳胶，它是由三叶橡胶树（巴西橡胶树）割胶时流出的胶乳经凝固、干燥后制得。天然橡胶内含92%～95%的橡胶烃。1826年，英国科学家法拉第（Faraday，M. 1791—1867）研究发现天然橡胶的分子式应为（C_5H_8）$_n$。1860年，威廉姆斯（Williams，C.G.）从天然橡胶的热裂解产物中分离出了异戊二烯，确定天然橡胶的化学式为C_5H_8。1879年，布查德用热裂解法又制得了异戊二烯，重新制成弹性体，从而说明从低分子单体能够合成橡胶。1892年，梯尔登（Tilden，W.A.）进一步确定它的化学式是异戊二烯。1900—1910年，德国化学家哈里斯（Harries，Carl Dietrich 1865—1922）利用臭氧法降解天然橡胶，得到乙酰丙醛。1905年，他研究认为天然橡胶的基本结构单元是异戊二烯，两个异戊二烯分子结合形成二甲基环辛二烯，彼此再通过双键中碳原子的"副价力"的作用，进行自聚而形成缔合物。1920年，德国化学家施陶丁格（Staudinger，Hermann 1881—1965）研究认为天然橡胶等都是由数目巨大的单体小分子通过共价键的重复连接而形成的线性长链分子，修正了哈里斯的观点。1934—1937年，庞默拉（Pummerer，R.）直接证实了橡胶的线型长链分子结构。哈里斯的发现为人工合成橡胶开辟了途径。1910年，俄国化学家列别捷夫（Лебелев，С.В. 1874—1934）以金属钠为引发剂，把1，3-丁二烯聚合成为丁钠橡胶，以后又陆续出现了许多新的合成橡胶品种，如顺丁橡胶、氯丁橡胶、丁苯橡胶等，从而使得合成橡胶的产量大大超过天然橡胶。

概述

（1901—2000年）

20世纪初期到20世纪60—70年代是化学工业大发展时期。其间，合成氨工业、石油化工和煤化工得到了发展，高分子化工进行了开发，精细化工逐步兴起，"单元操作"等理论研究奠定了化学工程的基础。具体表现在以下几方面：（1）**合成氨工业异军突起**。德国化学家哈伯（Haber，F. 1868—1934）运用物理化学的反应平衡理论，提出了氮气和氢气直接合成氨的催化方法，并先后以焦炭和石油或天然气为原料合成氨，促进了化学工业与石油工业的结合，并于1918年获得了诺贝尔化学奖；德国用氨和二氧化碳制造尿素；中国用碳化法合成氨流程生产碳酸氢铵；美国建成了第一座单系列合成氨装置。

（2）**石油化工和煤化工获得了发展**。美国首次用管式加热炉和蒸馏塔加工原油，用热裂化技术生产汽油，采用催化裂化技术炼制石油，开发出了从汽油中直接提取氢的技术，建成了延迟焦化装置，用丙烯氨化氧化法合成丙烯腈，用丙烯生产异丙醇，生产环氧丙烷和环氧乙烷；英国建成了石油烃烷基化装置和轻质油蒸气转化厂；中国发明了煤油、润滑油的连续式成球法尿素脱蜡新工艺，建成了合成石油生产装置和加氢裂化装置；德国发明了人造石油技术和费托合成技术，建成了煤间接液化工业装置和煤气化炉。中国建成第一座炼焦炉；德国首次生产温克勒煤气化炉，建成了加氢液化煤厂。（3）**高分子化工得到了发展**。第一，在合成橡胶方面，俄国发明了甲基橡胶；美国发现了炭黑对橡胶的补强作用，发明了橡胶密炼机，生产出了氯丁橡胶、硅橡胶、氟橡胶、顺丁橡胶、异戊橡胶、溶聚丁苯橡胶，建成了普里森（Prism）气体膜分离装置；德国发现了天然橡胶结构，生产出了丁腈橡胶、乳液聚合丁苯橡胶；法国试制成了子午线轮胎；中国研制出了氯丁橡胶，生产出了丁二烯和顺丁橡胶；意大利生产出了乙丙橡胶等。第二，在合成纤维方面，美国发明了醋酸纤维，生产出了聚酰胺66纤维、聚四氟乙烯纤维、聚丙烯腈纤维、聚苯并咪唑纤维、聚酯纤维等；意大利生产出了聚丙烯纤维；德国生产出了尼龙66；日本建成了聚乙烯醇缩甲醛纤维生产装置。第三，在塑料方面，英国生产出了脲醛树脂和低密度聚乙烯；美国发明了塑料和醇酸树脂制造技术，生产出了线型低密度聚乙烯和乙烯-醋酸乙烯酯树脂；俄国首次合成了聚氯乙烯；德国用乳液聚合法生产出了聚氯乙烯，用本体聚合法生产聚苯乙烯，制造有机玻璃；中国生产聚甲基丙烯酸甲酯，自主设计聚氯乙烯生产装置。第四，在耐高温和抗腐蚀材料方面，美国生产出了有机硅树脂和被誉为"塑料之王"的聚四氟乙烯。**（4）精细化工迅速发展**。第一，在染料方面，德国生产阳离子染料、冰染染料、还原染料和分散染料；美国生产喹吖啶酮颜料；英国生产反应性染料；中国生产活性染料。此外，还生产出了用于激光、液晶和显微技术的特殊染料，满足了合成纤维及其混纺织物的需要。第二，在农药方面，美国首次合成了拟除虫菊酯，首次小批量试制复合肥料，发现了二甲基二硫代氨基甲酸盐类杀菌剂，生产除草剂草甘膦和除草剂2,4-滴；德国首次发现了第一个专用有机农药，生产杀菌剂唑菌酮；瑞士生产"滴滴涕"；英国生产"六六六"。在农用抗生素方面，中国发明了用于抗水稻纹枯病的农用抗生素——井冈霉素；日本也开发了农用抗生素。第三，在医药方面，德国和美国都发明了磺胺类药物；美国和中国都生产青霉素；中国和瑞士都开发生产维生素C；美国首次发明半合成青霉素，生产链霉素，人工合成了"苦木素"；德国发明抗梅毒药"六〇六"；中国成功人工合成牛胰岛素。第四，在涂料方面，美国开发丙烯酸树脂涂料、电沉积涂料和环氧树脂；德国发明乙烯类树脂热塑粉末涂料。此外，还有醇酸树脂和丙烯酸树脂等合成树脂以及用丁苯乳胶制成的水性涂料等。

20世纪60—70年代以后，进入了现代化学工业发展时期。其间，化工生产规模日趋大型化，信息技术化学品逐渐增加，高性能复合材料、能源材料和节能材料发展较快，专用化学品得到进一步发展。其具体体现在：**（1）规模大型化方面**。1963年，美国建设的第一套日产500吨的合成氨单系列装置成为化工生产规模大型化的标志。以后，合成氨生产规模进一步大型化，乙烯、硫酸、烧碱、基本有机原料、合成材料等生产规模也相继趋向大型化，从而降低了生产成本，减少了环境污染，使生产安全有了保障。**（2）信息技术化学品方面。**美国研制成磁记录材料和聚酯磁带，生产感光树脂、二氧化铬磁粉和光导纤维；荷兰研制盒式录音磁带；中国成功地拉制第一根电路级硅单晶；德国生产多晶硅，首次制成纸基磁带。**（3）高性能合成材料方面。**美国生产聚砜塑料、均聚甲醛、聚酰亚胺树脂、ABS树脂、不饱和聚酯、聚苯醚、碳纤维、芳香族聚酰胺纤维；德国生产聚碳酸酯等。此外，还有有机硅树脂和含氟材料等。它们以高强度、耐高温、韧性好、耐老化等优质性能被广泛应用。**（4）能源材料与节能材料方面。**20世纪50—60年代，化工企业生产出了重水、吸收中子材料和传热材料，满足了原子能工业发展的需要。化工企业生产出了由胶黏剂、增塑剂和添加剂组成的固体推进剂，满足了航天事业发展的需要。中国研制的液氢燃料首次被用作航天运载火箭推进剂。此外，还生产出了液氢、煤油、无水肼等液体高能燃料以及发烟硝酸、四氧化二氮等氧化剂。60—70年代，化学家们开发出了用于淡化海水、处理污水的醋酸纤维膜，开发出了能够抗生物降解的芳香族聚酰胺反渗透膜以及非对称性反渗透膜。此外，还开发出了电渗析和超过滤用膜以及聚砜中空纤维气体分离膜等；美国生产出了氮化硅等节能材料。

20世纪的化学化工还在以下方面获得了发展。**（1）发明和生产出了许多催化剂。**美国发明了骨架镍催化剂和纽兰德催化剂，生产微球形硅铝催化剂、汽车排气净化催化剂、X型和Y型分子筛催化剂，建成了流态化催化裂化反应装置、铂催化重整装置、固定床加氢裂化装置，将铂铼双金属催化剂用于催化重整装置；德国发现了常温聚合乙烯的催化剂；中国研制了小球硅铝、微球硅铝裂化催化剂，建成了铂催化重整装置和流化床催化裂化装置。此外，还创刊了《催化作用的进展》，为研究催化剂提供了园地。**（2）理论研究取得丰硕成果。**美国提出了"单元操作"和"流变学"概念、图解方法，建立了"芬斯克方程"，研究催化效率因子同蒂利模数的关系，创建了溶质渗透理论和双膜理论，提出了"原子经济性"概念，出版了《化学工程师用热力学》《煤利用化学》《化工过程原理》《化学工艺大全》《化工原理》《传递现象》《聚合物科学与工艺大全》，创刊了《化学工程》《化学文摘》《工业与工程化学》等；德国创立了高分子线链型学说，研究开发乙炔加压反应——"雷佩反应"，出版了《化学工程手册》《乌尔曼工业化学大全》；匈牙利创立了湍流相似理论；英国创立了涡量传递理论和表面更新理论，出版了《染料索引》等著作；中国创建了"顾氏公式"和"扩散原理"，创立广义流态化理论，提出分子的四维分类法和"外扩散对于燃烧反应的影响"理论，开发了SDTO工艺，出版了《纯碱制造》（英文版），创刊了《化工学报》。**(3)化学化工教育获得了发展**。中国创建了第一个硅酸盐专业、第一个人造石油专业和石油炼制专业；英国开设了粉体技术课程，成立了化学反应工程学科和聚合反应工程学；美国创建了电化学反应工程学科。**(4)成立化学化工学会，开展国际学术交流**。美国成立化学工程师协会、石油学会；中国成立化学工业学会、化学工程学会、硅酸盐学会、化工学会、石油学会、煤炭学会等；英国召开了首届世界石油大会、首届流体性质和相平衡国际会议。**(5)成立了化工企业**。美国成立了孟山都公司、联合碳化物公司、第一个乙烯生产厂；英国成立了英荷壳牌石油公司、卜内门化学工业公司、英国石油公司和葛兰素-威尔康姆集团；法国成立了罗纳-普朗克公司；德国建立了第一座用电弧法制乙炔的工厂；中国成立了久大精盐公司、永利制碱公司、永明漆厂、香料公司、秦皇岛耀华玻璃厂、天原电化厂等。**(6)专用化工品进一步发展**。中国用萃取法取代沉淀法处理核燃料，加工出了第一颗原子弹的核部件，用液氢燃料作为航天运载火箭推进剂；日本学者发现导电塑料并获诺贝尔化学奖；美国研制乳化炸药，生产第一代乳化炸药，研制外偶彩色反转片，制造安全胶片，发明银影像转移法，生产静电复印材料，生产硼硅酸盐玻璃和氮化硅；德国用乌洛托品制得黑索今炸药。

1901年

戴维斯［德］出版《化学工程手册》 1901年，英国化学家戴维斯（Davis，George Edwards 1850—1907）编撰的《化学工程手册》（*Handbook of Chemical Engineering*），由英国曼彻斯特的戴维斯兄弟公司出版发行。作者戴维斯在他多年的化工实践中，逐步形成了将化工生产过程的各步骤加以分类，归纳为若干共性操作的概念。他指出：各种化工生产工艺都是由蒸馏、蒸发、干燥、过滤、吸收、萃取等基本工艺组成，可以对他们进行综合研究和分析。1887—1888年，他在曼彻斯特工学院进行了12次演讲，系统阐述了化学工程的任务、作用和研究对象，并在此基础上写成此书。全书共900多页，分为16章，包括绪论（化学工程的概念，应用化学、化学工艺与化学工程的区别等）、材质、计量、动力、物料运输、吸收、加热及冷却、冷凝、蒸发和蒸馏、结晶、透析、电解、包装、安全等内容。1904年，他的学生斯温丁（Seventeen，N.）将该书增订为篇幅达1000多页的第二版，分两卷，仍由原出版社出版。《化学工程手册》是世界上第一本阐释各种化工生产过程共性规律的著作，是世界上第一本化学工程手册，它的出版为化学工程学科的发展奠定了理论基础。

博恩［德］首次合成还原染料——阴丹士林 还原染料是一种自身不溶于水的染色物质，它沉积在织物里以后再用空气中的氧将其氧化显现出颜色。按其化学结构分为靛类和蒽醌两大类。阴丹士林（indanthrene）属于蒽醌类染料。1856年，英国化学家帕金（Perkin，W.H. 1838—1907）在制取奎宁（quinine，俗称金鸡纳霜，通用名为硫酸奎宁）的实验中意外地发现一种紫色染料——苯胺紫（methyl violet，是第一个人工合成的紫色染料）。1857年，苯胺紫投入生产，这标志着合成染料工业的开端。1868年，德国化学家格雷贝（Graebe，Karl James Peter 1841—1927）和利伯曼（Liebermann，C. 1842—1914）合成出茜素。1880年，德国化学家拜耳（von Baeyer，A. 1835—1917）注册了合成靛蓝（indigo，化学式为$C_{16}H_{10}N_2O_2$）的专利。1901年，德国化学家博恩（Bohn，René 1862—1922）将2-氨基蒽醌与氯乙酸缩合，然后用苛性钠处理，希望得到一种蒽醌的靛蓝衍生物，但实际得到的是一种蓝色的蒽醌还原染料（不属于靛蓝衍生物）。后来，他发现用强碱在150～200℃下进行碱熔亦可得到。他将其取名为阴丹士林，此名由靛蓝和蒽组合构成。蒽醌类染料是还原染料的重要种类，其衍生品种色谱齐全、色泽鲜艳、坚牢度高，至今仍是广为使用的一大类合成染料。茜素、靛蓝、阴丹士林这三种化合物是合成染料工业发展中三个里程碑式的发明。

霍普金斯［英］从酪蛋白中提取色氨酸 色氨酸即 β–吲哚基丙氨酸，其化学式为$C_{11}H_{12}N_2O_2$。色氨酸分为右旋体色氨酸、左旋体色氨酸和外消旋体色氨酸等。1900—1901年，英国生物学家霍普金斯（Hopkins，F.G. 1861—1947）从牛乳所含的酪蛋白中提取色氨酸纯品，并证实这是一种人体必需的氨基酸。1906年，他研究发现，佝偻病及维生素C缺乏症是由于缺乏必要营养素维生素D和维生素C等所致。目前，色氨酸的生产方法主要有三种。第一，3-吲哚乙腈与氨基脲缩合后，氰加成、水解得到外消旋体色氨酸。第二，3-吲哚甲醛与苯胺缩合，然后与α–硝基乙酸脂缩合，经氢化水解得到DL-色氨酸。第三，丙烯醛与N-丙二酸基乙酸胺在乙醇钠存在下缩合，然后与苯肼（英文名称：phenylhydrazine，又名苯基联胺，化学式为$C_8H_8N_2$）缩合、环化，经水解脱羧得到外消旋产品。此方法被称为"丙烯醛-苯肼法"，是最常用、最经济的色氨酸生产方法。1929年，霍普金斯与荷兰医学家艾克曼（Eijkman，Christiaan 1858—1930）（发现脚气是因为缺少维生素B1）共获诺贝尔生理学或医学奖。人体服用色氨酸是否有害，对此，曾出现争议。1989年，美国的一些色氨酸使用者患有"嗜酸性粒细胞增多–肌痛综合征"（简称EMS）。围绕其病因，出现了"色氨酸杂质致病说""色氨酸致病说"等不同观点并引发了争议。

孟山都公司［美］成立 1901年，美国商人约翰·奎恩伊（Queeny，John Francis）在美国密苏里州的圣路易市创建了以其妻闺名命名的孟山都公司（Monsanto Company）。公司先后生产人造甜味剂糖精（中文名：邻苯甲光磺酰亚胺；英文名：saccharin；化学式：$C_7H_5O_3N_5$）、咖啡因（一种黄嘌呤生物碱化合物，是中枢神经兴奋剂）和香草醛（也叫香兰素，是香草豆的香味成分，是一种有机化合物，化学式为$C_8H_8O_3$）。1919年，公司首先实现了黄磷制磷酸的工业化生产。1928年，奎恩伊之子埃德加·奎恩伊（1897—

1968）掌管公司。公司生产范围扩展到化肥、苯乙烯，提炼钚元素，制造发光二极管及硅晶圆等。1933年，公司改名为孟山都化学公司。现在，公司总部设在美国密苏里州克雷沃克尔市。1955年，公司开始勘探和开发石油和天然气，为本公司石油化工生产提供原料。1962年，公司采用电子计算机网络，对石油化工生产系统进行自动控制，使工艺过程实现最优化控制。1964年，公司定名为孟山都公司。20世纪70年代初，公司开发出的甲醇低压羰基合成制醋酸的先进工艺，在美国被广泛采用。1984年，公司总营业额达到62亿美元，在世界大型化工公司中居第13位。1989年以后，公司先后在上海、北京等地设立了办事处，并与农业部、国家专利局、中国科学院等积极开展合作。该公司是20世纪成立的最大的化学工业公司。

1902年

《化学工程》在美国创刊　1902年，美国化工技术的学术刊物——《化学工程》在纽约创刊。1902—1909年，该刊以《电化学与冶金工业》名称出版。1910—1917年，该刊被改名为《冶金与化学工程》。1918—1946年，它又以《化学与冶金工程》及其后的《化学工程及化学与冶金工程》名称出版，作为美国《电化学与冶金工业》和《钢与铁》杂志的合刊。该刊最初为半月刊，后改为月刊。1946年9月，该刊出版至第53卷第9期后停刊。1947年，该刊正式更名为《化学工程》（*Chemical Engineering*）（月刊）。1958年，该刊又被改为双周刊，每年一卷。该刊主要报道世界化学工业重要技术进展的消息及化学工程综述性文章，该刊发表的论文被美国《化学文摘》（*Chemical Abstracts*，简称CA）、俄罗斯《文摘杂志》、日本科学技术振兴机构中国文献数据库（JST China）、美国《剑桥科学文摘》、荷兰Scopus数据库、波兰《哥白尼索引》、美国《乌利希期刊指南》等国外著名检索机构收录。该刊是美国第一个化学工程期刊。

奥斯特瓦尔德［德］发明氨催化氧化制硝酸的方法　硝酸在自然界主要由雷雨天生成的一氧化氮或微生物活动放出的二氧化氮形成，人类污染源中排出的氮氧化物也能形成硝酸。8世纪，阿拉伯炼金术士哈扬（Hayyān, J.I.）在干馏硝石（KNO_3）时发现并制得了硝酸。17世纪中叶，德国人格劳贝尔（Glauber, J.R. 1604—1668）用硝石和浓硫酸反应制得硝酸。1839年，法国化学家库尔曼（Kuhlman, Charles Frederic 1803—1881）提出，氨气在300℃下通过铂棉（将石棉浸入氯铂酸或氯铂酸铵溶液中，取出后灼烧即得）可以氧化成一氧化氮。1895年，英国人瑞利（Rayleigh, J.W.S. 1842—1919）将空气通过电弧，使氮气和氧气在高温下反应生成一氧化氮，再将其进一步加工成硝酸。1902

奥斯特瓦尔德

年，德国化学家奥斯特瓦尔德（Ostwald, Friedrich Wilhelm 1853—1932）发明了氨接触氧化制硝酸的方法（后称"奥斯特瓦尔德法"）并取得了专利。其具体过程是：先在混有10%铑的铂催化剂的情况下，将氮气与氧气一起加热反应生成一氧化氮和水；然后，在有水存在的吸附装置中，一氧化氮被氧化生成二氧化氮，生成的气体被水吸收，得到硝酸，有一部分又被还原为一氧化氮，一氧化氮可以循环利用，得到的硝酸通过蒸馏法浓缩。从吸收塔出来的尾气中含有未被吸收的少量氮氧化物气体，它们会污染大气。为此，要用氢氧化钠和碳酸钠的水溶液或氨水等吸收剂吸收尾气，或者在催化剂作用下，用氨使硝酸尾气中的氮氧化物还原为氮气。1903年，挪威建成世界第一座电弧法生产硝酸的工厂，并于1905年投产。1908—1913年，德国化学家哈伯发明了合成氨法并实现了工业化生产，建成了日产3吨的硝酸生产厂。1935年，中国化工专家侯德榜（1890—1974）领导建立了合成氨、硝酸、硫酸和硫酸铵的联合企业——永利公司南京錏厂。"奥斯特瓦尔德法"是重要的硝酸生产方法。1909年，奥斯特瓦尔德获得了诺贝尔化学奖。

1903年

埃迪兰努［罗］首次工业应用萃取方法 萃取又称溶剂萃取，亦称抽提。它是利用不同溶剂对各组分溶剂的差别，用互不相容的溶剂分离某些组分的方法。它所依据的基本原理是：物质在两种互不相溶（或微溶）的溶剂中，其溶解度或分配系数有所不同。由此，可使物质从一种溶剂转移到另一种溶剂中，并被提取出来。1842年，法国学者佩利若（Péligot, Eugène-

Melchior 1811—1890）首先用乙醚从硝酸溶液中萃取硝酸铀酰〔亦称硝酸双氧铀，化学式为$UO_2(NO_3)_2 \cdot (6H_2O)_6$〕。1892年，罗特（Roth，F.）从盐酸溶液中用乙醚萃取铁。1903年，罗马尼亚化学家埃迪兰努（Edeleanu，Lažar 1861—1941）用液态二氧化硫从煤油中萃取芳烃，这是萃取方法的第一次工业应用。20世纪30年代，出现了螯合物（英文名：chelation，是具有环状结构的配合物，通过两个或多个配位体与同一金属离子形成螯合环的螯合作用而得到）萃取方法，即用有机溶剂萃取金属和二硫腙、铜铁试剂等形成的螯合物。20世纪40年代后期，生产核燃料的需要促进了萃取方法的研究开发。第二次世界大战期间，原子能工业需要提取核燃料，分离裂变产物，从而推动了溶剂萃取技术的发展，合成了许多性能优良的萃取剂。现今萃取方法通用于石油炼制工业，并广泛应用于化学、冶金、食品和原子能等工业。

1904年

德国氮肥公司〔德〕建成第一座氰氨化钙工厂　1898年，德国学者弗兰克（Frank，Adolf 1834—1916）和他的两个助手将碳化钙（电石）和氮气加强热（1100℃）产生氰氨化钙。1900年，弗兰克在研究中发现，氰氨化钙与过热水蒸气反应生成氨，并建议将氰氨化钙作为肥料使用。这种合成氨方法被称为氰化法（电石法或石灰法）。其具体方法是：第一步，煅烧石灰（温度为900～1200℃）制取氧化钙；第二步，在电弧炉内与碳反应生成电石；第三步，在高温炉内与纯氮气反应生成氰氨化钙；第四步，氰氨化钙与过热水蒸气反应生成氨。该方法高耗能或高耗电，不适用于工业化生产。随后，波尔扎尼乌斯（Polzenius，F.E.）在研究中发现，将碳化钙中混入适量氯化钙可以使反应温度降到700～800℃，从而解决了氮化炉的衬里问题，使工业生产成为可能。1904年，德国氮肥公司建成第一座氰氨化钙工厂。该厂用氰化法生产氰氨化钙。1905年，弗兰克在意大利的皮亚诺-德奥尔托（Peano-Dealto）再次建成氰氨化钙工厂。第一次世界大战期间，德国、美国主要采用该方法生产氨，满足了军工生产的需要。氰化法固定氮的成本很高，故到20世纪30年代，该方法被淘汰。氰氨化钙作为氮肥肥料至今仍占有一定地位。

1905年

伯克兰德［挪］和艾德［挪］用电弧法生产硝酸 1859年，法国科学家勒菲布尔（Lefêbvre），最早提出用电火花使氮气氧化并获得了专利。1901年，两位英国科学家布拉德利（Bradley）和洛夫焦（Lovejoy）设计了专门的电弧设备并尝试生产硝酸，但因生产效率低下、产物含杂质较多而停产。1904年，

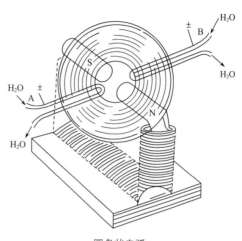

圆盘状电弧

挪威人伯克兰德（Birkeland，Kristian 1867—1917）和艾德（Eyde，Samuel 1866—1940）设计了大型电弧炉，用通有冷却水的铜管做电极，在生成的电弧上加上一个强磁场，电弧变成一个振荡的圆盘形状，火焰面积因此增大，温度可达3300℃。1905年，该设备实现大规模生产。1906年，挪威与德国巴斯夫公司联合在诺托登建成用舍恩赫尔（Schönherr）电弧炉生产硝酸的工厂。不久，巴斯夫公司因哈伯的研究进展而退出，挪威工厂则继续用电弧法生产硝酸，其产量逐年增加。电弧直接氧化氨法的工业化是人类固氮方法的一大进步。

米尔斯［美］发明醋酸纤维 醋酸纤维是指以醋酸为溶剂，以醋酐为乙酰化剂，在催化剂作用下进行酯化得到的一种热塑性树脂。1865年，法国化学家舒岑贝格（Schutzenberger，Paul 1829—1897）将纤维素在无水醋酸中密闭加热产生醋酸纤维素。1894年，克罗斯（Croos，C.F.）和比万（Bevon，E.J.）发现在氯化锌参与下，通过乙酰化可产生三醋酸纤维素。但是，三醋酸纤维素只能溶于三氯甲烷等一些有毒且价格昂贵的溶剂中，不适合工业生产。1905年，美国化学家米尔斯（Miles，G.W.）将这种三醋酸纤维素进行局部水解，产生二醋酸纤维素，可以溶于无毒且廉价的丙酮中，使工业生产成为可能。1910年，瑞士人德雷费斯·卡米尔（Camille，Dreyfus 1897—?）和

亨利（Henry，Dreyfus 1882—1944）研制出不易燃的硝酸纤维素薄膜，他们在巴塞尔设厂生产这种薄膜，这是醋酸纤维素制品的首次工业生产。此后，这种纤维素还用于制作飞机机翼防雨布、电影胶片、香烟过滤嘴等，而作为织物材料的醋酸纤维则逐渐成为仅次于黏胶纤维的第二大品种。

康索蒂姆斯公司［德］用乙炔制取三氯乙烯　1905年，德国康索蒂姆斯（Hense Demose）公司建厂实现由乙炔制三氯乙烯的工业化生产，并由其制成一系列氯化烃。该法以电石发生的乙炔和氯气为原料、四氯化碳为稀释剂、三氯化铁为催化剂液相合成1，1，2，2-四氯乙烷，再加入石灰乳脱氯化氢，得到粗三氯乙烯，经粗馏、精馏，即得产品。因乙炔价高，大多转用乙烯法。乙烯法包括乙烯直接氯化法和乙烯氧化氯化法。前者的主要过程包括：乙烯经直接氯化得四氯乙烷和五氯乙烷的混合物，通过对其进行气相裂解制取三氯乙烯和四氯乙烯；后者的主要过程包括：以乙烯、氧气（或空气）、氯气为原料，经催化、氯化、氧化得三氯乙烯产品，同时还可制得四氯乙烯。

1906年

伊帕季耶夫［俄］用苯酚加氢法生产环己醇　1906年，俄罗斯化学家伊帕季耶夫（Ipatieff，Vladimir Nikolayevich 1867—1952）通过苯酚加氢制得环己醇，并在德国巴登苯胺纯碱公司首先实现工业化。苯酚加氢一般采用镍催化剂，反应温度为150℃，压力为2.5MPa，产率接近理论值，产品纯度高，反应平稳。进入20世纪60年代，鉴于原料价格因素，苯酚加氢法逐渐被环己烷氧化法取代。环己烷氧化法分为无催化氧化法和催化氧化法两种。无催化氧化法由法国罗纳普朗克（Rhone-Poulenc）公司最先开发出来。该方法是：首先在160～170℃的温度下，环己烷与空气混合发生氧化反应，生成环己基过氧化氢；然后，在碱性催化剂的作用下，环己过氧化氢发生分解反应，生成环己醇、环己酮混合物。后者又分为钴盐法和硼酸法。钴盐法最早由美国杜邦公司开发出来。该方法以环烷酸钴为催化剂，使环己烷与空气混合发生氧化反应，生成环己基过氧化氢，然后，该过氧化物在催化剂作用下进一步定向分解，生成环己醇、环己酮混合物。硼酸法以硼酸为催化剂，使环己烷氧化生成环己基过氧化氢，然后，该过氧化物与硼酸反应生成硼酸环己醇酯，然后通过水解生成环己醇。苯酚加氢法是在有机化学工业上的首次应用。

1907年

《化学文摘》创刊 1907年，《化学文摘》（*Chemical Abstracts*，简称CA）创刊。其前身为《美国化学研究评论》（1895—1906）。由美国化学会下属的化学文摘社（Chemical Abstracts Service，CAS）编辑出版。《化学文摘》原为半月刊，全年24期为1卷，内容分为30大类。1961年，从第55卷起改为双周刊，每年26期。1962年，从第56卷起，每半年1卷，每卷13期，内容细分为73大类。1963年，该刊的内容又被调整为74大类。1967年，第66卷改为周刊，全年2卷，各26期，延续至今。1907—2007年，共出版147卷。创刊以来，随着所摘文献内容与数量的不断增加，文摘的编排与索引也多次改变。创刊时，《化学文摘》分为30大类；1967年之后分为五大部分，80大类。从1971年第74卷起，五大部分改为交替出版，即单数期为生物化学、有机化学（第1~34大类），双数期为高分子化学、应用化学和化学工程、物理化学和分析化学（第35~80大类）。1981年起，每期出版的文摘索引有三种（关键词索引、专利索引、著者索引），每卷出版的索引有八种：化学物质索引、普通主题索引、著者索引、分子式索引、环系索引、杂原子索引、专利索引、登记号索引。自1968年第69卷起，陆续出版了索引指南、索引指南增补。此外，1907—1956年，每十年，1957年以后每五年出版累计索引，以帮助读者在短时间内了解某一专题或学科在累计期内的进展，并配合出版累计索引指南及累计索引指南增补。据称，该刊所摘文献范围已达到世界上出版的化学、化工文献总数的98%。《化学文摘》历史悠久、文摘量大、检索齐全方便、出版迅速，是科技文摘中最完整、最具权威性的刊物，是世界上发行最广、影响最大、质量最好的专业文摘之一。

英荷壳牌石油公司［英］在英国成立 1907年，荷兰皇家石油公司（1890年成立）和英国壳牌运输和贸易公司（1897年成立）合并成立了英荷壳牌石油公司（Royal Dutch/Shell Group，又译英荷壳牌集团）。荷兰皇家石油公司和英国壳牌运输和贸易公司分别占股60%和40%，两家公司分别下设荷兰壳牌石油公司和英国壳牌石油公司，公司总部分别设在荷兰海牙和英国伦敦。1913年，英荷壳牌石油公司收购了罗马尼亚、俄国、伊拉克、埃及、墨西哥、委内瑞拉等国家和地区的产油公司，该公司在美国的子公司为壳牌石油公司，成立于1922年。1983年，英荷壳牌石油公司石油和天然气产量占资本主义国家总产量的8%，在世界各地有60余座炼油化工厂，炼油能力达2亿吨。除石油外，公司还生产各类石油化工产品以及煤炭、金属和少量核能，总收入仅次于美国通用汽车公司和埃克森公司，位居世界第三位。英荷壳牌石油公司是英国、荷兰最大的石油公司，也是名列世界前茅的跨国公司。

1908年

美国化学工程师协会成立　1908年，由美国化学工程师组成的美国化学工程师协会成立。协会宗旨是发展化学工程的理论和实践，提高会员的专业水平，为社会服务。现协会会址设在纽约。协会理事会由会长、副会长、秘书、司库等4名执行理事和前会长及12名理事组成。执行理事兼秘书近100名专职人员负责日常工作。到1985年，协会下设102个地方协会、30个工作委员会及12个专业协会，6万多名会员。协会主要开展的活动有：每年召开全国性会议，会上举行若干分组学术报告或讨论会，其中包括工厂设备展览会；出版《化学工程进展》《能源进展》《环境进展》《工厂操作进展》《国际化学工程》及《美国化学工程师协会杂志》等期刊；每年举办200～260次短训班；组织由历届理事会成员参加的政府计划促进委员会。

1909年

哈伯［德］发明合成氨法　1898年，英国科学家克鲁克斯（Crookes, W. 1832—1919）在讲演中呼吁科学家研制新肥料以解决肥料危机问题。1900年，德国化学家奥斯特瓦尔德（Ostwald, F.W. 1853—1932）研究发现，使用铁丝作为催化剂，加热氮气和氢气可得一定数量的氨。但是，德国化学家博施（Bosch, C. 1874—1940）经过研究认为，奥斯特瓦尔德合成的氨是氢气和氮化铁反应的结果。1909年，德国化学家哈伯（Haber, Fritz 1868—1934）用锇作催化剂，将氢气和氮气在17.5～20MPa和500～600℃的条件下直接合

成得到了浓度为6%的氨。他
建立了日产80克氨的实验室
装置。1911年，博施主持并
完成了合成氨的中间试验并
改进了合成氨法。1912年，
哈伯在德国化学家米塔斯
（Mittasch，Alwin 1869—
1953）的提议下，经过多次
试验，研制成价廉易得的铁

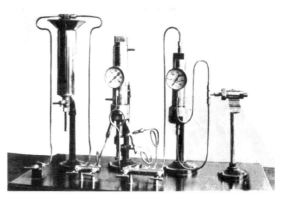

哈伯用于合成氨的实验装置

催化剂并取得了稀少且不稳定的锇催化剂。1913年，日产30吨的合成氨装置
建成并投产。上述合成氨法被称为"哈伯-博施法"。哈伯和博施因发明和改
进合成氨法分别获得1918年和1931年的诺贝尔化学奖。

科恩［英］发明氯苯制造工艺　氯苯（C_6H_5Cl）在第一次世界大战期间
主要被用于生产军用炸药所需的苦味酸。1940—1960年，主要用于生产农药
DDT杀虫剂。1960年以后，DDT逐渐被高效低残毒的农药所取代。氯苯的需
求量日趋下降。现在主要用于生产乙基纤维素和树脂的溶剂。1909年，英国
科学家科恩（Cohen，J.B.）发明了以苯直接氯化制氯苯的新工艺，首次在英
国实现了工业化生产。其具体制造方法主要有气相法和液相法。气相法：反
应温度为400～500℃，成本高于液相法，故已被淘汰。液相法：通常用三氯
化铁作为催化剂，但在生成氯苯的同时，还伴有多氯苯的生成。为此，在反
应过程中，要维持苯有较高的浓度，使氯苯的浓度较低，可控制多氯苯的生
成。1932年，德国拉西（Lacy）公司成功开发了"氧氯化法"。其反应是在
275℃和常压下于气相中进行的，催化剂为铜-氧化铝。为了抑制多氯苯的生
成，所用的苯需过量。尽管如此，还会生成浓度为5%～8%的二氯苯，而氯化
氢被全部用完。该方法主要是在用拉西法（Raschig Process）制苯酚（苯在固
体钼催化剂作用下，高温进行氯氧化反应，生成氯苯和水，氯苯进行催化水
解，得到苯酚和氯化氢，其中氯化氢循环使用）的过程中应用，由于拉西法
制苯酚已被淘汰，此法已不再采用。

贝克兰［美］发明塑料　塑料的主要成分是树脂，它是指尚未和各种

添加剂混合的高分子化合物。树脂最初是指由动植物分泌出的脂质（如松香、虫胶等），故得此名。1872年，德国化学家拜耳（von Baeyer, Adolf 1835—1917）研究发现，苯酚和甲醛反应生成一种不易溶解的黑色黏稠液体。当时，他正集中研究合成涂料，对此现象并未注意，反而认为该物质毫无价值。但是，这种现象引起美籍比利时裔化学家贝克兰（Baekeland, Leo Hendrik 1863—1944）的关注。他

贝克兰

从1904年起开始研究该现象。最初他研制出一种液体——苯酚-甲醛虫胶。3年后，他研制出来一种糊状黏性物，模压后成为半透明的硬塑料——酚醛塑料。其制备过程是：先聚合成聚合度较低的化合物；用高温处理，转变为聚合度很高的高分子化合物。1907年，他获得了酚醛塑料的专利。1909年，他又获得了高温热压成型专利。1910年，贝克兰创办了通用酚醛塑料公司，日产酚醛树脂180kg。1912年，贝克兰将此产品用于木材粘接的胶黏剂，扩展了用途。贝克兰用苯酚和甲醛制造出的酚醛树脂是工业生产的第一个合成高聚物，也是人类历史上第一种完全人工合成的塑料，又被称为"贝克兰塑料"。它的诞生标志着人类社会正式进入了塑料时代。1924年，贝克兰也以其完成多项重大发明当选为美国化学会会长。1940年，他被《时代周刊》誉为"塑料之父"。

吴蕴初［中］最先用水解法生产味精 味精又称味素，其主要成分是谷氨酸钠和食盐。1866年，德国人里德豪森（Ritthasen, H.）从面筋（一种植物性蛋白质，由麦醇溶蛋白和麦谷蛋白组成）中分离出谷氨酸。1908年，日本化学家池田菊苗（1864—1936）在研究煮汁的鲜味时，从海带中提取出了一种L-谷氨酸钠。极少量的谷氨酸钠就能使汤的味道鲜美至极。当时，日本商人铃木三朗助等人正研究从海带中提取碘的生产方法。当他们得知池田教授的上述研究成果以后，便转而研究用海带来提取谷氨酸钠。池田告诉铃木：每10千克的海带中只能提取出0.2克谷氨酸钠。可是，用大豆和小麦可以大量生产谷氨酸钠。于是，他们合作生产出谷氨酸钠，并将其命名为"味の素"。当"味の素"被传入中国以后（被改名为"味精"），化学工程师吴蕴

初（1891—1953）研究独立发明出一种生产谷氨酸钠的方法：他先用34%的盐酸加压水解面筋，得到一种黑色的水解物，经过活性炭脱色，真空浓缩，就得到白色结晶的谷氨酸；再把谷氨酸同氢氧化钠反应，加以浓缩、烘干，就得到了谷氨酸钠。他将自己的产品取名为"味精"，并于1923年成立了上海天厨味精厂。1925年，吴蕴初公开自己的生产工艺。1926—1927年，他将自己产品的配方和生产技术向英、美、法等国申请专利，并获批准。这是中国历史上第一次在国外申请化工产品的专利。1926年、1930年、1933年，他的味精连续在世界博览会上获得奖项。其产品打入欧洲市场，在东南亚市场上也取代了日本产品。他是世界上最早用水解法来生产味精的人。1956年，日本人木下祝郎又发明了一种用细菌发酵葡萄糖生成L-谷氨酸钠的方法，为味精生产带来了革命。1964年，日本人又生产出以鸟苷酸钠为主体、降低成本且能提高效率的"强力味精"。1965年以来，我国用粮食或淀粉原料生产谷氨酸，然后经等电点结晶沉淀、离子交换或锌盐法精制等方法提取谷氨酸，再经脱色、脱铁、蒸发、结晶等工序制成谷氨酸钠结晶，生产出了安全又富有营养的调味品。味精的工业生产是食品工业的一个里程碑。

《工业与工程化学》创刊　美国化学会（ACS）成立于1876年，是世界上历史最悠久的科学技术协会之一。该学会出版的系列期刊涵盖了24个主要的化学研究领域，并以"高品质、高影响力"著称，被ISI的*Journal Citation Report*（JCR）评论为"化学领域中被引用次数最多的期刊"。1909年，该学会出版了综合期刊——《工业与工程化学》（*Industrial and Engineering Chemistry*），该刊为月刊，每年1卷。该期刊内容均为有关专题初次公开发表的论文。1962年起，该杂志将综合性文章于三个分册另行出版，即《基础理论》《过程设计与开发》《产品研究与开发》，均为季刊。《工业与工程化学》综合性杂志出版至1970年第62卷，三个分册仍继续出版，是影响较大的化学工业与化学工程综合期刊，迄今仍为从事化工研究与开发工作者经常阅读的刊物。

1910年

列别捷夫［苏］发明合成丁钠橡胶新方法　1900年，苏联科学家孔达科夫（Конлаковэ，И.Л.）用2，3-二甲基-1，3-丁二烯聚合成革状弹性体。1910年，俄罗斯化学家列别捷夫（Лебелев，СергейВасильевич 1874—1934）利用金属钠做催化剂，将1，3-丁二烯聚合成一种类似橡胶的物质，他断言凡有共轭双键的二烯烃化合物都能聚合成橡胶类似物。1913年，他发表了《二烯烃聚合的研究》一书，该书被认为是苏联合成橡胶工业的科学基础。不久，他发明了用乙醇合成二烯烃的"列别捷夫法"。1926年，他的合成样品在全国举办的合成橡胶最佳方法的国际竞赛中获奖。1926—1928年，他和他领导的团队研究出生产丁钠橡胶的较好方法，1928—1931年又提出了合成橡胶制品的基本配方。1931年，苏联开始小规模生产丁钠橡胶。1932年，苏联开始大规模生产丁钠橡胶。由于乙醇来源丰富，因此，该方法是合成丁二烯方法中最容易实现的一种方法，不仅在苏联而且在德国也被采用。列别捷夫对异丁烯聚合的研究是丁基橡胶及聚1-丁烯工业生产方法的理论基础，对苏联合成橡胶工业有重大贡献。1931年，苏联政府授予他列宁勋章。

埃利希［德］发明抗梅毒药"六〇六" "六〇六"即砷凡纳明，是一种含砷的抗梅毒药。梅毒是15—17世纪地理大发现时代常见且严重的传染病，它从西半球传遍至全世界。1498年，葡萄牙航海家达·伽马（da Gama，Vasco 约1469—1524）探险队把梅毒传入印度，后梅毒经东南亚传入中国、日本。16世纪，中国明代医学家李时珍（1518—1593）在《本草纲目》中，记载用汞剂、砷（砒霜）剂等治疗梅毒。1869年，法国科学家安托万·贝尚（Antoine Béchamp）合成了砷和染料的化合物。1887年，德国化学家、生理学家埃利希（Ehrlich，Paul 1854—1915）在研究中发现，碱性甲基蓝能使某些寄生细菌染色，而不会染色人体细胞组织。他设想这类染料如果带上某种毒性基团，是否可以成为一种特效药。1905年，意大利科学家桑丁（Sundin，F.）发现了梅毒病原体。1907年，埃利希发现偶氮结构带有这种毒性，进而想到与氮同族的砷也应该可以形成相似结构，且毒性更强。他开始对砷的各种化合物进行试验并编号。至1910年，他在其助手日本学者秦佐八郎（1873—1938）的协助下，确定了第606号试验品——一种三价有机砷剂"二氨基二羟基偶砷苯"——具有明显的抗梅毒效果，命名为"六〇六"，药品名称为砷凡纳明。随后，埃利希在法兰克福建厂生产并投放市场。这是第一个治疗梅毒的有机物。1912年，他又对药品进行了减毒改进，发明出"六〇六"的衍生物"九一四"（新砷凡纳明）并投放市场。1930年，合成了该药活性成分Ma Pharsen。"六〇六"在治疗梅毒过程中有很大副作用，且它对治疗梅毒晚期并发症，尤其是神经梅毒无效。因此，它被后来发明的青霉素等更安全的抗生素所取代。1908年，埃利希因在免疫学方面的贡献而获得了诺贝尔生理学或医学奖。"六〇六"的人工合成开辟了化学治疗的新时代。

1911年

康索蒂姆斯公司［德］用乙醛氧化法生产醋酸 8世纪时，波斯炼金术士贾比尔·伊本·哈扬（Hayyān）用蒸馏法浓缩醋获得醋酸。文艺复兴时期，人们通过干馏金属醋酸盐制取了冰醋酸（无水乙酸）。长期以来，人们误认为醋酸和冰醋酸是两种物质。法国化学家阿迪（Adet，Pierre）证明两者是相同物质。1847年，德国科学家科尔贝（Kolbe，Adolph Wilhelm Hermann 1818—1884）第一次通过无机原料合成了乙酸。首先，二硫化碳经过氯化转化为四氯化碳；接着，高温分解四氯乙烯后再水解，并氯化产生三氯乙酸；最后，将其进行电解还原产生乙酸。1910年，人们从干馏木材得到的煤焦油中制取醋酸：先用氢氧化钙处理煤焦油，然后将形成的乙酸钙用硫酸酸化，得到乙酸。1911年，德国康索蒂姆斯公司建造了用醋酸锰做催化剂、通过乙醛氧化生产醋酸的工业装置。1925年，英国塞拉尼斯（Celanese）公司开发出甲基羰基化制乙酸的试点装置。但是，由于缺少能耐高压和耐腐蚀的容器，因此，此法一度受到抑制。1963年，德国巴斯夫化学公司用钴作催化剂，开发出了工业生产醋酸的方法。1970年，美国孟山都公司建造了使用铑催化剂生产醋酸的设备。20世纪90年代后期，英国发明了使用铱催化剂生产醋酸的方法。用乙醛氧化法生产醋酸是工业规模的氧化法醋酸生产的开端。

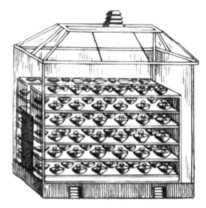

通过乙醛氧化生产醋酸的装置

奥普尔［奥］用塔式法生产硫酸 650—683年，唐代炼丹家狐刚子在其书《黄帝九鼎神丹经诀》中，记载"炼石胆取精华法"，即干馏石胆（胆矾）可获硫酸。8世纪，阿拉伯炼丹家贾比尔·伊本·哈扬（Hayyān）通过干馏硫酸亚铁晶体制得硫酸。15世纪后半叶，瓦伦丁（Valentin，B.）曾提到将绿矾与砂共热制取硫酸，或者将硫黄与硝石混合物焚燃制取硫酸。17世纪，德国化学家格劳伯（Glauber，J.R. 1604—1670）将硫与硝酸钾混合蒸气加热制得硫酸。约1740年，英国人沃德（Ward，Joshua）首次使用玻璃器皿生产硫酸，即在器皿中间歇地焚燃硫黄和硝石的混合物，产生的二氧化硫和氮氧化物与氧气、水反应生成硫酸，这是硝化法制硫酸的先导。1746年，英国人罗巴克（Roebuck，John）建成世界上第一座铅室法生产硫酸的工厂。1805年前后，他首次在铅室之外设置燃烧炉焚燃硫黄和硝石，使铅室法实现了连续作业。1827年，法国科学家盖·吕萨克建议在铅室之后设置吸硝塔，用铅室产品（浓度为65%的硫酸）吸收废气中的氮氧化物。1831年，英国人菲利普斯（Phillips，P.）用接触法有效地制取三氧化硫和硫酸。1859年，英国人格洛弗（Glover，John）又在铅室之前增设脱硝塔，成功地从硝硫酸中充分脱除氮氧化物，并使硫酸的浓度达到76%，从而使铅室法工艺得到完善。1916年，美国田纳西炼铜公司建成了世界上容积最大的铅室法硫酸生产装置。然而，铅室法生产硫酸生产效率低、耗铅多和投资高。1911年，奥地利人奥普尔（Opal，C.）发明了塔式法硫酸生产技术，并建立了世界上第一个塔式法硫酸生产装置。塔式法的工艺原理与铅室法相同，它们都是以填充塔（又称填料塔）为主要制酸设备，塔内的填料提供了巨大的表面，使气体和液体得以充分接触，强化了扩散和吸收过程，导致二氧化硫的氧化和进一步的制酸反应绝大部分在液相（含硝硫酸）中迅速完成。与铅室法相比，塔式法节约了铅材和投资。1979年，德国对塔式法进行改良，即用二氧化硫烟气制成硫酸，并建成工业示范装置投产。塔式法制硫酸是铅室法生产硫酸工业的一大改进。

1912年

特朗布尔［美］首次用管式加热炉和蒸馏塔加工原油 原油即石油，是石油刚开采出来未经提炼或加工的物质。原油加工分为一次加工、二次加工和深度加工等。一次加工指对原油进行脱盐、脱水等预处理和常减压蒸馏，由此使原油组分初步得到分离。二次加工指通过催化裂化、催化重整、加氢精制、加氢裂化等将分子量较大的群体变成较小的群体。19世纪20年代，原油蒸馏采用釜式蒸馏法，即将原油间歇地送入蒸馏釜，在釜中加热获得煤油。19世纪80年代，随着原油加工量逐渐增加，人们将4～10个蒸馏釜串联起来，连续送入原油，该方法被称为连续釜式蒸馏。1912年，美国人特朗布尔（Trumble，M.T.）首次采用管式加热炉

原油蒸馏塔剖面示意图

（直接受热或加热设备，它包括辐射室、对流室、燃烧器、通风系统和余热回收系统等）和蒸馏塔（包括粗馏塔和精馏塔）进行原油蒸馏，形成了现代化原油蒸馏装置的雏形，原油加工能力大大提高。以后，原油蒸馏沿着扩大处理能力和提高设备效率的方向发展，逐渐制造出现代化大型装置。

格里斯海姆电子公司［德］生产冰染染料　冰染染料又称显色染料，它是色酚钠盐溶液和色基重氮盐溶液在纤维上耦合而生成的不溶性偶氮染料。其原理是：先将织物浸入耦合组分溶液（色酚）中，然后，再浸入到用冰冷却的重氮组分溶液（色基）中，染料在织物上发生直接耦合反应而被染色。由于染色过程中需用冰维持低温，因此被称为冰染染料。冰染染料对棉纤维的附着力强、色泽鲜明、色谱范围宽、合成路线简单迅速。1880年，英国人托马斯（Thomas）和霍利德（Holliday，R.）将乙萘酚钠盐溶液浸在棉布上，然后用乙萘胺重氮盐显色，在棉纤维上染得红色。1911年，德国化学家温特尔（Winther，A.）和齐切尔（Zitscher，A.Z.）进一步发现，2-萘酚-3-甲酰芳胺具有更好的坚牢度。1912年，德国格里斯海姆（Griesheim）电子公司生产色酚AS（2-羟基-3-萘甲酰基苯胺），并使之形成一个系列，称为色酚（AS）系产品，不但丰富了冰染染料的种类，还为有机颜料生产开辟了途径。

巴登苯胺纯碱公司［德］用水煤气制造氢气　生产氢气的工业方法主要有电解法，此外还有烃类裂解法、烃类蒸气转化法等。电解法主要是通过电解水获得氢气和氧气；电解食盐溶液制取氯气、烧碱，并得出副产品——氢气。电解法虽然能够制取氢气，但耗电量很高：每生产一立方米的氢气，耗电量达21.6～25.2MJ。1912年，巴登苯胺纯碱公司用水煤气制造氢气，替代了原先耗电巨大的电解法。水煤气反应的过程是：碳（焦炭）和水蒸气在高温下产生一氧化碳和氢气（50%），一氧化碳再次与水反应产生二氧化碳和氢气，然后用水洗去二氧化碳即得高纯氢气。水煤气反应是一种吸热反应，需要交替通入空气和水蒸气以维持反应温度。实际生产中，水煤气生产设备与发生炉煤气生产设备配合使用，再与其他工艺（如脱硫）以及最终与合成氨设备联合运转，真正形成了合成氨的低成本工业化生产。1926年，法本公司又采用使褐煤直接气化的温克勒沸腾床煤气发生炉，进一步降低了成本。

莫特［英］发现炭黑对橡胶的补强作用　炭黑又名碳黑，是一种无定形碳，是含碳物质在空气不足的条件下，经过不完全燃烧或受热分解而得的产物。它按其性能可分为补强炭黑、导电炭黑、耐磨炭黑等，用于制造油墨、油漆和橡胶的补强剂。1821年，人们在北美地区首次用天然气为原料生产炭黑。1823年，英国人麦金托什（Macintosh, C.）在英国建立了第一家防水胶布工厂。在同一时期，英国人汉考克（Hancock, T.）发现橡胶通过两个转动滚筒的缝隙反复加工，可以降低弹性，提高塑性，奠定了橡胶加工的基础。1839年，美国人固特异（Goodyear, C.）发现橡胶与硫黄共热可以大大增加橡胶的弹性，不再受热发黏，从而使橡胶具备良好的使用性能。1872年，美国首先以天然气为原料用槽法生产炭黑。1912年，莫特（Mott, S.C.）发现炭黑能够增加橡胶的耐磨损力和强度。1937年，斯诺（Snow, R.D.）研究高效的炭黑生产方法。后来，克雷奇（Krech, J.C.）致力于从液态烃生产炭黑，开发了油炉法工艺。1941年，试产出第一批油炉黑。1943年，美国建成了世界上第一座工业化规模的油炉黑工厂。油炉法是效率最高、经济效益最好的炭黑生产方法。莫特的发现不仅推动了橡胶工业的发展，同时促成了炭黑规模制造的起步。

奥斯特洛梅斯连斯基［俄］首次合成聚氯乙烯　聚氯乙烯英文简称

PVC，是氯乙烯单体在过氧化物、偶氮化合物等引发剂，或在光和热的作用下，按自由基聚合反应机理聚合而成的聚合物。1835年，美国化学家勒尼奥（Regnault, Henri Victor 1810—1878）研究发现，用日光照射氯乙烯生成一种白色固体，即聚氯乙烯。1872年，德国化学家鲍曼（Baumann, Eugen 1846—1896）发现这种白色固体粉末具有抗酸、抗热、坚硬、不易磨损等性能，但他不知道这就是聚氯乙烯。1912年，俄罗斯化学家奥斯特洛梅斯连斯基（Ocтромысленский, Иван Иванович 1880—1939）首次在实验室合成了聚氯乙烯，并申请了专利。他在专利中描述聚氯乙烯只能在熔融下与其分解的伴生物一起加工，作为硬质橡胶、杜仲胶和赛璐珞等材料的坚固替代物。1912—1915年，德国格里斯海姆电子（Griesheim Elektron）公司的化学家克拉特（Klatte, Fritz）制造出了聚氯乙烯增塑剂并获得了专利，但仍没有解决聚氯乙烯的加工问题，因为聚氯乙烯坚硬、有脆性、不易加工，不易开发出合适产品。1914年，人们发现通过有机过氧化物能加速氯乙烯的聚合。1926年，美国古德里奇（Goodrich, B.F.）公司化学家西蒙（Semon, W.L. 1898—1999）合成了PVC并在美国申请了专利。同年，他和古德里奇公司还开发了利用加入各种助剂塑化PVC的方法，实现了聚氯乙烯的商业化应用。1928年，德国法本公司、美国杜邦公司和美国联合碳化物公司研究发现，聚氯乙烯与聚乙酸乙烯酯共同聚合，可以降低加工温度。1931年，德国法本公司采用乳液聚合法实现聚氯乙烯的工业化生产。1933年，美国科学家西蒙（Semon, W.L.）提出用高沸点溶剂和磷酸三甲酚酯与聚氯乙烯加热混合，可加工成软聚氯乙烯制品，真正实现了聚氯乙烯的实用化。1936年，英国卜内门化学工业公司、美国联合碳化物公司及美国固特里奇化学公司几乎同时开发出了氯乙烯的悬浮聚合及PVC的加工应用。1956年，法国圣戈邦公司开发了本体聚合法，简化了生产工艺，降低了能耗。同年，中国自行设计的PVC生产装置在辽宁锦西化工厂进行试生产，并于1958年正式投产。

魏茨曼［英］用发酵法生产丙酮、丁醇　1861年，法国微生物学家巴斯德（Pasteur, Louis 1822—1895）发现细菌可以产生丁醇。1872年（也说是1852年），法国科学家孚兹（Wurtz, Charles-Adolphe 1817—1884）从发酵过程制酒精所得的杂醇油中发现了正丁醇。1912 年，英国科学家哈伊姆·魏茨曼（Weizmann, Chaim Azriel 1874—1952）分离出了丙酮丁醇梭杆菌，并知道它可发酵淀粉产生丁醇、丙酮和乙醇，他被认为是"现代工业发酵技术之父"。1913年，英国斯特兰奇–格拉哈姆（Strange–Graham）公司首次以玉米为原料经发酵过程生产丙酮，其主要副产物是正丁醇。具体发酵工艺是：以谷物（玉米、玉米芯、黑麦、小麦）淀粉为原料，加水混合成醪液，经蒸煮杀菌，加入纯丙酮丁醇菌，在36～37℃的温度下进行发酵，产物为乙醇、正丁醇和丙酮（比例约6∶3∶1）。以后，由于正丁醇需求量增加，发酵工厂改以生产正丁醇为主，丙酮和乙醇作为副产物。1918年，美国建成了世界上第一个商业化生产厂。第二次世界大战期间，德国鲁尔化学（Ruhrchemie）公司用丙烯羰基合成法生产正丁醇。20世纪50年代，科学家们又发明了用丙烯羰基和乙醇醛合成正丁醇的方法。此外，他们还发明了通过乙烯制高级脂肪醇进而制造正丁醇的方法。

1913年

巴登苯胺纯碱公司［德］首先用钒催化剂生产硫酸　1740年，英国人沃德（Ward, Joshua）建立了燃烧硫黄和硝石制硫酸的工厂。1746年，英国人罗巴克（Roebuck, John）建立了由硝石产生的氧化氮为催化剂的铅室反应器，这是利用催化技术从事工业生产的开端。1831年，英国人菲利普斯（Phillips, Peregrine）获得二氧化硫在铂上氧化成三氧化硫的专利。19世纪60年代，人们用氯化铜为催化剂氧化氯化氢制取氯气。1875年，德国人雅各布（Jacopo, E.）在巴特克罗伊茨纳赫（Bad Kreuznach）建立了第一座生产发烟硫酸的接触法装置，并制造出了第一个工业催化剂——铂。1901年，巴登苯胺纯碱公司化学家克尼奇（Knietsch, R. 1854—1906）经过长期研究发现砷的氧化物是降低工业催化剂活性的原因，主张预先净化进入转化工序的气体。1913年，巴登公司将五氧化二钒与碳酸钾和硅藻土的粉末混合作为催化剂。这种催化剂活性较好、不易中毒，且价格较低。它的作用是加速二氧化硫氧化成三氧化硫的反应速度。钒催化剂是直径为5mm的圆柱形颗粒，其氧化钒、氧化钾载在多孔性硅藻土载体上。在反应条件下，钒催化剂有效成分熔融分布在载体微孔内表面上，形成一定厚度的液态薄膜。钒催化剂正常使用寿命为5～10年或更长。到了20世纪30年代，钒催化剂完全取代了铂催化剂。

伯顿［美］等用热裂化技术生产汽油　热裂化技术是一种石油裂化技术。石油裂化是指在一定条件下，将相对分子质量较大、沸点较高的烃断裂为相对分子质量较小、沸点较低的烃的过程。19世纪中叶，人们大量使用煤油，煤油也是当时原油炼制的主要产品，汽油则被当作燃料烧掉。1883年，德国人戴姆勒（Daimler）发明了第一台立式汽油机。1885—1886年，汽油机作为汽车的动力被广泛使用，同时，也推动了汽车的发展。汽油也因此得到重视。但是，采用蒸馏法仅能从原油中提炼出20%的汽油。1913年，美国化学家伯顿（Burton，William Meriam　1865—1954）等人成功地用热裂化技术将重质的瓦斯油加热裂化为轻质的汽油并申请了专利。裂化在5个大气压下进行，温度为350～450℃，用以裂化低挥发度的大烃分子。该技术使石油提炼不再受常压下原油不同成分的分馏温度的制约，使人能够控制分子形态，提高了产品产量。而且，用该技术生产出的汽油比自然分离法生产出的汽油有更好的抗爆性，可以提供更大的动力。同年，美国印第安纳州的标准石油公司最先用"伯顿法"实现（液相）裂化的工业生产。"伯顿法"使得汽油产量成倍增加，为第一次世界大战期间美国的汽油供应做出了重要贡献。伯顿因此获得1921年的珀金奖章。20世纪20年代以后，随着人们对高辛烷值汽油需求的增长，热裂化方法得到较大发展。20世纪30年代，催化裂化和加氢裂化技术诞生，伯顿的液相裂化法逐渐被各种新方法取代。"伯顿法"是最先实现工业化的裂化方法，也是人类加工天然油品的开端。

1914年

柏吉斯［德］发明人造石油技术　石油是重要的能源，但是，地球上的石油含量毕竟有限。科学家们预测，到21世纪末，天然石油将被开采殆尽。因此，人们试图通过人造石油代替天然石油。1869年，法国化学家贝特洛（Berthelot，Pierre-Engène Marcellin　1827—1907）用碘化氢在270℃加热下，将煤转化成烃类油和沥青状物质。他是第一个合成自然界所不存在的有机物的人。1914年，德国化学家柏吉斯（Bergius，Friedrich　1884—1949）将150

千克煤粉与5千克氢气在400℃、200atm下加热，获得85%的人造石油。同年，他获得煤的氢化专利。1922年，他建成了"柏吉斯法"试制装置。其具体方法是：先将煤和溶剂（重质油）制成浆液，注入反应器内进行高压加氢，产物有气体、液化油、残煤及灰分。以烟煤做原料可得到44%~55%的液化油。其中230℃以下的馏分占原料煤量的15%~22%，产生的中级油还可以进一步汽化后，

柏吉斯

再将它与氢反应生成汽油。后来，德国化学家皮尔（Pier, Mattlias 1882—1965）用钼催化剂等活性较高的催化剂，提高了反应速度和转化率。1926年，德国法本公司将此方法用于工业化生产，并相继在洛伊纳、鲁尔区等12个地区建厂。现在，世界上规模最大的人造石油工业在南非地区。20世纪50年代，中国在辽宁抚顺和广东茂名地区建成人造石油生产基地。以油页岩为原料经低温干馏得到页岩油，再经加工得到轻质燃料油。1931年，柏吉斯获得诺贝尔化学奖。

拉西［德］发明陶瓷环填料 填料在化学工程中是指装于填充塔内的惰性固体物料，其作用是增大气体与液体的接触面，使其相互强烈混合。填料在化工产品中又被称为填充剂，它是指用以改善加工性能、制品力学性能并（或）降低成本的固体物料。填料可分为拉西环、鲍尔环、阶梯环、弧鞍填料、矩鞍填料、金属环矩鞍填料、球形填料等。1914年，德国人拉西（Raschig, F.）首先采用高度与直径相等的陶瓷环填料，称为"拉西环"（Raschig ring）。这是首个标准填料品种，此后随着材料科学和机械加工的进步，不断出现新的填料品种。拉西环的发明推动了填充塔的发展。由于拉西环填料的气液分布较差，传质效率低，阻力大，通量小，工业上已较少使用。20世纪40年代，德国

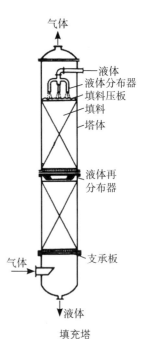

气体

液体
液体分布器
填料压板
填料
塔体

液体再分布器

气体

支承板

液体

填充塔

巴斯夫（BASF）公司在拉西环基础上，经改进开发出了"鲍尔环"。它采用金属薄板冲扎制成，在环壁上开出了两排带有内伸舌叶的窗孔，每排窗有五个舌叶弯入环内，指向环心，在中心处几乎相搭，上下两层窗孔的位置相互错开，一般开孔的面积约为总面积的35%。之后，人们又对鲍尔环进行了改进，研制出了"阶梯环"。阶梯环高度比鲍尔环减少了一半并在一端增加了一个锥形翻边，从而减少了气体通过床层的阻力，增大了通量和填料强度，提高了传质效率。上述诸多技术进一步推动了填料塔的发展。

范旭东［中］创立久大精盐公司 盐虽然存在于海洋中，但它却来自陆地的岩石和土壤。河水在流动中经过土壤和岩层使其分解为各种盐类物质，并被带进海洋，海水经过不断蒸发，蓄积了大量盐（90%是氯化钠，另有氯化镁、硫酸镁、钾、碘等）。据科学家估算，每年经过江河流到海洋中的盐高达19亿吨。盐分单盐（正盐、酸式盐、碱式盐）和合盐（复盐和络盐）。制盐方法主要有：炒盐、炙盐（炒盐水）、浸盐水、蒸盐水、煮盐水、洗盐水等。用这些方法制得的盐多为粗盐，纯度低且含有较多有毒物质。西方发达国家规定，氯化钠不足50%的盐不能用作食料，而当时中国食盐中的氯化钠却不足50%。故此，西方人讥笑中国是"食土民族"。当时，中国的精盐市场长期被英商和日商垄断。为打破这种垄断，1913年，中国化工专家范旭东（1883—1945）赴欧洲考察盐政。1914年7月，呈报北洋政府财政部盐务署批准立案，在塘沽筹建久大精盐公司。1914年11月29日，召开筹备会，募集了5万元筹建基金。1915年，召开第一次股东会议（实际筹集资金41100元），同年10月30日，工厂竣工，开始生产精盐。1916年，取得盐政部门批准，在天津设店行销。久大盐厂生产精盐的过程是：将粗盐熔化、澄清，再用平底锅熬制而成。该企业研制精盐纯度达到90%以上，品种主要有粒盐、粉盐和砖盐等，其质量远高于粗盐。经过十年奋斗，总资产增至250万元，规模发展到年产62500吨。久大精盐公司是中国近代规模最大的私营盐业企业，也是首次使用科学方法生产精盐的企业，它不仅推动了盐业的发展，也为后续制碱工业的起步提供了优质原料。范旭东不仅首创精盐制造业，而且还创办了亚洲第一座纯碱工厂——永利制碱公司，推动了近代中国民族制碱业的发展。范旭东是中国化工实业家，中国重化学工业的奠基人，被誉为"中国民族化学工业之父"。

里姆〔德〕首次发现第一个专用有机农药 农药是指用于防治危害林牧业生产的有害生物和调节植物生长的化学制品。它分为无机农药、有机农药、植物性农药、微生物农药。人类制造和使用农药具有悠久历史。中国先秦时期的《诗经》中有熏蒸杀鼠的记述;《周礼》中记载使用杀虫药物及其方法;《山海经》中记载礜石(含砷矿石)能毒鼠;北魏时期的《齐民要术》中记述用艾蒿防虫的方法;明代的《本草纲目》中记述用砒石能防治农业害虫。1814年,人们发现石硫合剂(由生石灰和硫黄加水熬制而成)具有杀菌作用。1867年,人们发现巴黎绿(含杂质的亚砷酸铜)具有杀虫作用。1882年,法国科学家米亚尔代(Millardet,Pierre-Marie-Alexis 1838—1902)发现用硫酸铜和石灰配制的农药能够有效防治葡萄霜霉病。1892年,美国人用砷酸铅治虫;1912年,以砷酸钙代替砷酸铅。1914年,德国科学家里姆(Riehm,I.)发现治疗小麦黑穗病的第一个专用有机农药——邻氯酚汞盐。次年,德国拜耳公司投产生产该药,这是专用有机农药发展的开端。1931—1934年,美国人蒂斯代尔(Tisdale,W.H.)等人发现二甲基二硫代氨甲酸盐类具有杀菌作用,并开发出了有机硫杀菌剂,这标志着农药的研制已进入专业化、系统化阶段。1938年,瑞士人米勒(Müller,P.H.)发现第一个有机杀虫剂——DDT,并于1942年开始生产。米勒因此获得了诺贝尔生理学或医学奖。1942—1943年,美国人齐默尔曼(Zimmerman,P.W.)、希契科克(Hitchcock,A.E.)和英国人坦普尔曼(Templeman,W.G.)、斯莱德(Selected,R.E.)、塞克斯顿(Sexton,W.A.)以及法国人迪皮尔(Depere,A.)发现了"六六六"等多种除草剂,并分别在美国和英国投产。1944年,德国法本公司的施拉德尔(Schrader,G.)等合成了具有杀虫效果的对硫磷和甲基对硫磷,1946年,对硫磷首先在美国氰氨公司投产。1957年,中国开发出了敌百虫生产工艺,并于1985年投产。1961年,日本开发出了第一个农用抗生素——杀稻瘟素-S。

乌尔曼〔德〕主编《乌尔曼工业化学大全》 1914年,德国科学家乌尔曼(Ullmann,Fritz)主编了《乌尔曼工业化学大全》(*Ullmanns Encyklopädie der technischen Chemie*)。该书涉及化学工业及化工类型工业各个部门和有关领域，主要论述各类化学产品的性质、制法、应用和其他有关知识。第1版共12卷，1914—1922年出版；第2版共11卷，1928—1932年出版；第3版共21卷，1951—1970年出版。第1~3版各书中，所有条目都按照德文字母顺序排列。第4版共25卷，1972—1984年出版。其中，第1卷为化学工程和化学反应工程总论，第2卷为单元操作，第3卷为单元操作续编和反应器技术，第4卷为过程开发及化工厂设计，第5卷为物理化学分析方法和检测技术，第6卷为环境保护和安全技术，第7~24卷仍按字母顺序排列，第25卷是全书索引，德文和英文并列。第5版共36卷，全部改用英文编写，第1卷于1984年问世。该书由德国沃尔夫冈捷哈兹（Wllfgang Gerhartz）公司出版，是德国出版的一套工业化学百科全书，是同类型辞书中的第一部著作。鉴于该书的权威性，除第一、第二版外，德文不同版本在不同时期在我国均予影印发行，是国内化工界公认的案头必备的大型参考工具书。

1915年

利特尔［美］首次提出"单元操作"概念 单元操作又称为化工过程及设备，它是化学工业和其他过程工业中进行的物料粉碎、输送、加热、冷却、混合和分离等一系列使物料发生预期的物理变化的基本操作的总称。在化工技术研究中，人们最初以具体产品为对象，分别研究各种产品的生产过程和设备。19世纪末，英国学者戴维斯（Davis，George Edwards 1850—1907）提出，各种不同产品的生产过程是由为数不多的基本操作和各种化学

利特尔

反应过程所组成的。但是，他的观点在当时未引起足够重视。1915年，美国学者利特尔（Little，A.D. 1863—1935）首先提出了单元操作概念。他指出，任何化工生产过程不论规模如何，皆可分解为一系列名为单元操作的过程。1923年，华克尔（Walker，W. H.）、刘易斯（Lewis，W. K.）和麦克亚当斯（McAdams，W.H.）等合著出版了《化工原理》，成为第一本全面阐述单元操作的著作。单元操作从此得到了广泛重视，成为化学工程中的奠基学科。

单元操作的应用遍及化工、冶金、能源、食品、轻工、核能和环境保护等部门，对这些部门生产的大型化和现代化起到了重要作用。

康宁公司［美］生产硼硅酸盐玻璃　硼硅酸盐玻璃由石英（SiO_2）和硼酸盐（B_2O_3）构成。它分为低碱硼硅酸盐玻璃、碱土硼硅酸盐玻璃、镧硼硅酸盐玻璃和稀土掺杂硼硅酸盐玻璃。1884年，德国人肖特（Schött, O.）用B_2O_3代替玻璃成分中一部分Na_2O，发现B_2O_3不但可作熔剂成分，还降低了热膨胀系数，使玻璃的耐温度急变性能大为增强。经过不断发展和引用锌、钡、镁等玻璃成分，研制出一系列硼硅酸盐玻璃。1915年，美国康宁玻璃（Corning Gorilla Glass）公司生产派莱克斯（Pyrex）硼硅酸盐玻璃，有极好的抗温度急变性能和抗化学侵蚀性能。1920年，德国耶拿玻璃（Jena Glass）公司生产出抗化学侵蚀性更好、但抗温度急变性稍差的铝硼硅酸盐玻璃。石英玻璃虽然早在1869年就被用于制造玻璃仪器，但因制造困难、价格昂贵，直到20世纪初才逐步实现工业化生产。1939年，美国康宁玻璃公司发明硼硅酸盐玻璃热处理分相、酸浸滤烧结新工艺，制造出含96%二氧化硅的高硅氧玻璃。

1916年

德国用乙炔水合法生产乙醛　1774年，瑞典化学家舍勒（Scheele, Carl Wilhelm 1742—1786）以乙醇、二氧化锰和硫酸反应首先制得乙醛。1881年，俄国化学家库切罗夫（Кукчеров，Михаил Лриговевич 1850—1911）将乙炔通入高价汞盐的硫酸溶液中也制得乙醛，为乙炔水合制乙醛的工业化奠定了基础。1916年，德国首次以乙炔为原料，在汞盐催化剂的作用下，在70～90℃的硫酸溶液中水合制得乙醛，其工艺过程主要包括乙炔水合制粗乙醛、粗乙醛精馏和催化剂回收三部分。它的特点是反应条件缓和、乙醛回收率高，但所用催化剂有毒，反应介质对设备有较强的腐蚀性，环境污染严重。1940年，人们又发明了乙醇氧化法，该方法以空气为氧化剂，乙醇蒸气和空气经混合加热至460℃左右，自顶部进入装有银催化剂的固定床反应器，进行氧化脱氢反应生成乙醛，此过程的主要副反应乙醛继续氧化为醋酸。1959年，人们又发明了乙烯直接氧化法（又称瓦克法），该法以氯化钯–氯化铜–盐酸–水组成的溶液为催化剂，使乙烯直接氧化为乙醛。该方法是世界上第一个采用均相配位催化剂实现工业化的方法，它一方面促进了乙醛的生产，另一方面对均相配位催化理论的发展具有重要意义。

班伯里［美］获得橡胶密炼机专利　生产橡胶的机器主要有开放式炼胶机和密闭式炼胶机（简称密炼机）。据统计，橡胶工业中的88%的胶料是由密炼机制造的。当前，世界上先进系列密炼机主要有两大系列：F系列和GK系列。F系列中先进的是同步转子密炼机；GK系列中先进的有GK-N（ZZ2转子密炼型）和GK-E（PES3、PES5转子密炼机）。1826年，开放式炼胶机被用于生产，其结构较简单，效率较低。1820—1876年，英国人汉考克（Hancock，Thomas）发明了单转子密炼机。1865年，美国纳撒尼尔-古德温（Nathaniel-Goodwin）公司发明了石英碾磨机。1875年，美国俄亥俄州的巴登（Barden，James）和考鲁登（Crudden）发明了旋转搅拌机。1876—1910年，德国人芬伯格（Fergburger）、普夫莱德（Pfleiderer）和哈诺曼（Haramann）等人合作制造了多种类型的密炼机。1910—1915年，德国维尔纳·普弗莱德（Werner&Pfleiderer）公司的GK系列密炼机问世。1916年，美国工程师班伯里（Banbury，F.H.）发明了橡胶密炼机（即"班伯里密炼机"或F型密炼机）并获得了专利（专利名为"处理橡胶和其他高分子材料的机器"）。它由密炼室、两个相对回转的转子、上顶栓、下顶栓、测温系统、加热和冷却系统、排气系统、安全装置、排料装置和记录装置组成。橡胶在密炼室中受到转子之间及转子与室壁之间的剧烈机械作用而被降解。但是，由于当时液压技术落后，上顶栓仍然使用机动。1926—1930年，坎普特发明了三角形断面的密炼机。1943年，英国弗兰西斯-邵（Francis-Shao）公司发明了啮合型密炼机。以后，伴随着液压技术的发

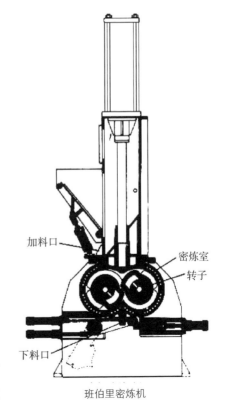

加料口

密炼室

转子

下料口

班伯里密炼机

展，密炼机因其气压上顶栓逐渐被液压上顶栓取代而获得了发展。我国的密炼机生产在新中国成立前处于空白。新中国成立后，大连橡塑机械厂仿照苏联密炼机技术生产出PC-2140/20L型密炼机。以后又仿照F系列密炼机生产出F80、F160、F270型密炼机。"班伯里密炼机"被称为真正意义上的密炼机，开创了密炼机领域的新纪元。

1917年

巴登苯胺纯碱公司［德］首次生产烷基萘磺酸盐洗涤剂 烷基萘磺酸盐洗涤剂是一种表面活性剂。表面活性剂被誉为"工业味精"，是指具有固定的亲水亲油基团，在溶液的表面能定向排列，并能使其表面张力显著下降、溶液体系界面发生变化的物质。B.C.2500—1850年，人们用羊油（三羧酸酯）和草木灰制取肥皂。19世纪，工业化生产肥皂，出现了化学合成的表面活性剂。人们用蓖麻油和硫酸反应合成土耳其红油；利用矿物原料合成了第一个洗涤剂——绿钠（石油磺酸皂）。1917年，德国人冈瑟（Gunther，Fritz）用发烟硫酸生产烷基萘磺酸盐，可以用来代替肥皂，节省了制皂用的动植物油脂。冈瑟的产品包括丙烷基萘磺酸和丁烷基萘磺酸盐。同年，巴登苯胺纯碱公司分别以Nekal A（丁基萘磺酸钠）和Nekal BX（二丁基萘磺酸钠）作为洗涤剂商品投入市场。烷基萘磺酸盐的洗净能力虽然较差，但具有良好的润湿、渗透和乳化能力，且不受硬水或酸性溶液的影响，原料来源丰富、制造方便，因此至今仍被广泛采用。生产烷基萘磺酸盐洗涤剂是使用非油脂原料合成洗涤剂的开端。

联合碳化物公司［美］成立 1917年，在生产碳刷（亦称电刷，由纯碳加凝固剂制成，是在电动机或发电机的固定部分和转动部分之间传递能量或信号的装置）和石墨电极等碳制品工厂的基础上，美国成立了联合碳化物和碳公司。1957年，公司改名为联合碳化物公司（Union Carbide Corporation），简称"联碳公司"。公司总部设在美国康涅狄格州的丹伯里市（工业城市，创建于1889年）。公司董事会由12名董事组成；下设执行委员会负责日常经营事务，执行委员会由9人组成，其中，1人为董事长兼总经理、首席行政长官，其余8人均为副总经理，分管战略投资、顾问咨询、核心业务、劳动人事、财务等部门的工作。1920年，该公司开始研究用丙烯经异丙醇生产丙酮，并于1923年在西弗吉尼亚州的查尔斯顿建立第一个石油化工中心。第二次世界大战期间，该公司对第一颗原子弹的研制做出了重大贡献。后来，公司又在轻质烃（乙烷、丙烷）裂解制取乙烯，并进一步生产环氧乙烷和乙二醇的开发方面取得成功，使石油化工产品的种类不断增加。20世纪30年代，生产合成橡胶和塑料，并建成美国第一座大型塑料厂。50年代，公司生产分子筛（合成沸石），建成世界上第一家工业规模生产沸石工厂。1971年，公司合并了通用碳素和化学品公司。1979年，该公司发明"低密度聚乙烯低压气相合成法"。1980年底，该公司在近50个国家和地区有7个大型联营公司，下属72家分公司和500多家生产工厂。1983年，公司总营业额为90亿美元，在世界200家大型化学公司中位居第12位。1984年，公司在印度博帕尔的农药厂发生甲基异腈酸酯毒气泄漏，引起严重中毒事件，造成2000余人死亡，酿成重大事故，使公司蒙受很大损失，公司被迫进行改组。联碳公司研究开发出的低压气相流化床聚烯烃技术、低压碳基化工艺、环氧乙烷/乙二醇生产技术、乙丙橡胶生产工艺、电缆绝缘与护套料生产技术等在世界上处于领先地位。

范旭东［中］创办永利制碱公司 1914年，中国化工专家范旭东（1883—1945）等人为了冲破西方国家对中国精盐业实施的商业垄断和技术封锁，在天津创办了久大精盐公司，1915年生产出了第一批精盐。1917年，范旭东为了冲破英国对中国制碱业实施的商业垄断和技术封锁，依托久大精盐公司又创办了永利制碱公司。1920年，他们在塘沽兴建碱厂，用"索尔维法"制纯碱。1921年，他们聘请侯德榜为总工程师。1924年，公司生产出第一

范旭东

批纯碱，但质量不合格。1925年，公司四台煅烧炉相继被烧裂，不得不停产整顿。1926年，公司终于生产出纯度高达99%的纯碱（"纯碱"的名称也是范旭东取的）。同年8月，公司生产的"红三角"牌纯碱获美国费城万国博览会金质奖章，其产品远销日本、印度、东南亚一带。1934年，公司被改组为永利化学工业公司，并在南京创办了永利錏厂。1935年，黄海化学工业研究社

为解决永利制碱中的盐水精制问题，先后采取了洗盐法、焙盐法、石灰纯碱法、石灰芒硝法，最后采用石灰-碳酸铵法，提高了制碱效率。抗战期间，他在大后方先后创办了久大川厂和永利川厂。其间，采取"联合制碱法"（即"侯氏碱法"），进一步提高了制碱效益，推进了大西南建设，支援了抗战，为我国民族工业的发展做出了重大贡献。1952年，永利制碱公司易名为"公私合营永利化学工业公司"，永利碱厂则更名为"公私合营永利化学工业公司沽厂"。1955年，永利碱厂和久大精盐厂合并更名为"公私合营永利久大化学工业公司沽厂"。1968年，永利碱厂改名为"化学工业部天津碱厂"。1991年，天津碱厂改名为"天津渤海化工集团天津碱厂"。2011年，天津碱厂与比利时苏威公司合资组建天津渤化永利碱业有限公司。范旭东是中国化工实业家，中国重化学工业的奠基人，被称作"中国民族化学工业之父"。永利制碱公司是中国第一家民族化工企业，为中国基本化工原料工业的发展奠定了基础。

1918年

大连染料厂［中］成立　1918年，日本资本家首藤定兴在大连始建大连染料厂。1919年，正式投入生产。主要生产硫化氰、苦味酸、二硝基氢化苯、二硝基酚钠等10余种产品。1920年，更名为大和颜料株式会社。1919年，公司年生产能力只有155吨，1938年达到2000吨。1949—1955年，大连染料厂建成了万吨级硫化黑生产装置及其配套原料的生产装置，从而使硫化黑年产量达到9921吨。1955年，该厂开发出氯化苦（三氯硝基甲烷）产品。1999年，大连染料厂与大连北方氯酸钾厂部分有效资产联合组成大连染料化工有限公司。公司主要生产染料、染料中间体、氯碱、农药、化工等20多种产品。2002年，以大连染料化工有限公司为主体，联合大连北方氯酸钾厂、大连先进化工有限公司、大连鸿雁房地产开发公司、大连染化机械有限公司等企业组建大连染化集团。大连染料厂的建立是中国合成染料工业的开端。

1919年

巴登苯胺纯碱公司［德］最先用氯乙醇生产乙二醇　1919年，德国巴登苯胺纯碱公司最先用浓度为7%～8%的氯乙醇与碳酸氢钠一起加热水解生产乙二醇。此法副产物少，但生成的氯化钠难以分离。1937年，环氧乙烷水合制乙二醇的工艺问世。该法以环氧乙烷水溶液为原料，经水合反应制得乙二醇。水合过程有常压和加压两种方法。其中，加压法的反应在150～200℃、2～2.5MPa下于管式反应器中进行。产物除乙二醇外，还有缩乙二醇醚和少量高聚物生成。增加水的用量可以减少副产物，同时提高环氧乙烷的转化率；但相应地增加了产品分离的能耗。反应产物经真空蒸发浓缩和减压精馏而得到分离。乙二醇产品的总收率约为90%。此法因其技术经济的优越性而获得迅速发展，成为当今乙二醇生产的最重要方法。1978年，美国哈康公司开发了不经环氧乙烷而氧化水解成乙二醇的方法。反应过程分两步进行：首先，使乙烯、氧和醋酸在催化剂的作用下，反应生成中间产物醋酸乙二醇酯；然后，在酸催化下使酯水解为乙二醇。但因未能解决易腐蚀、能耗高等问题，迄今尚未得到推广。近几年，又出现了环氧乙烷先与二氧化碳反应生成碳酸乙烯酯，再在缓和条件下水解生成乙二醇的新路线，此法能耗低，若能实现工业化，将是乙二醇生产技术的重大改进。

孟山都公司［美］首次用黄磷生产磷酸　12世纪，阿拉伯炼金术士阿尔希德·贝希尔（Alcide Becher）发现了黄磷。1669年，欧洲在汉堡布赖顿首次获得黄磷。1838年，首次制成工业用黄磷，1855—1890年，欧洲相继建立黄磷生产厂，为热法制取磷酸提供了条件。1901年，美国商人约翰·奎恩伊（Queeny, John Francis）在密苏里州的圣路易斯市建立了以其妻子闺字命名的孟山都化工厂。1917年，孟山都公司收购位于伊利诺伊州的商业酸类公司。1919年，孟山都公司首先实现黄磷制磷酸的工业化生产，即用热法生产磷酸。它是通过燃烧黄磷生产五氧化二磷，再经水化制成的。它比湿法磷酸产品浓度高、产品纯，但缺点是生产黄磷耗电量大。热法磷酸丰富了磷肥的生产方式，也推动了黄磷生产技术的发展。1923年，孟山都公司开始在中国销售产品。20世纪30年代，该公司发展石油化工和塑料工业。1955年，公司开始经营石油和天然气的勘探和开发。1962年，该公司采用电子计算机网络对石油化工生产系统进行自动控制。1984年，公司总营业额达到62亿美元，在世界大型化工公司中，位居第13位。1989年，孟山都公司在中国设立了第一个办事机构——孟山都远东有限公司上海代表办事处。

美国石油学会成立 美国石油学会（American Petroleum Institute）简称 API，成立于1919年。学会宗旨是研讨与石油工业有关的科学技术问题，促进会员间的技术交流与进步，并提供行业与政府间的合作方法。API 设主席和负责政府事务、政策研究、管理预算、工业事务、公共事务和环保、财务、统计的副主席。工业事务副主席主管勘探、市场、炼制、运输、产品、合成燃料和协调等7个部门。其中，炼制部成立于1930年，下设生产、设备、环保、研究、数据、情报、培训与开发、石油产品、节能和计划等委员会。委员会下有各种专业小组委员会。每年召开多种专业会议并出版技术报告。截至1985年，炼制部已出版的技术报告和标准规程达140余种。API也是一个公证机构，凡符合API标准的机械设备，可申请API证书，并得到国际上的公认。1924年，API学会发布了第一个标准，至今已发布了500个标准。API标准主要是规定设备性能，有时也包括设计和工艺规范。API标准制定领域包括石油生产、炼油、测量、运输、销售、安全和防火、环境规程等，其信息技术标准包括石油和天然气工业用EDI（电子数据交换）、通信和信息技术应用等方面。API是美国第一家国家级的商业协会，是一家提供美国每周石油消耗及库存水平等重要数据的美国石油工业机构，也是全世界范围内最早、最成功的制定标准的商会之一。

1920年

新泽西标准石油公司［美］生产异丙醇 1855年，法国人贝特洛（Berthelot，P.M.）首先用间接水合法制造异丙醇，即丙烯与硫酸反应生成硫酸氢异丙酯，后者再经水解而成异丙醇。1917—1919年，美国人埃利斯（Ellis，C.）用炼厂气中分离出丙烯并制成了异丙醇。1920年底，美国新泽西标准石油公司采用"埃利斯法"建立了生产装置，正式生产异丙醇，又用异丙醇生产丙醇和其他溶剂。1951年，英国卜内门化学工业公司开始用直接水合法生产异丙醇，即丙烯和水在催化剂的作用下加温、加压进行水合反应，生成异丙醇。其生产工艺是：将丙烯和水分别加压到2.03 MPa，并预热至200℃，混合后进入反应器，进行水合反应，反应器内装有磷酸硅藻土催化剂或钨系催化剂，反应温度为95℃，压力为2.03 MPa，水与丙烯的摩尔比为0.7：1，丙烯的单程转化率为5.2%，选择性为99%，反应气体经中和换热后被送到高压冷却器和高压分离器，气相中的异丙醇在回收塔中用脱离子水喷淋回收，未反应的气体经循环压缩机加压后循环使用，液相为低浓度异丙醇（15%～17%），经粗蒸塔蒸馏得纯度为85%～87%的异丙醇水溶液，再用精馏塔精馏到95%，然后用苯萃取提浓到99%以上。与间接水合法相比，直接水合法不存在硫酸腐蚀和稀酸浓缩等问题，工艺流程简单，但丙烯的单程转化率低，丙烯缩环量太大，且要求原料丙烯纯度须达到99.5%。为克服直接水合法的缺点，以95%的丙烯为原料，反应温度为240～270℃，压力为14.7～19.6MPa，水与丙烯的摩尔比为水过量，使丙烯转化率达到60%～70%。此外，还可采用分子筛催化丙烯水合制异丙醇。直接水合法是国内外生产异丙醇的主要方法。异丙醇是石油化工发展史上从石油原料制得的第一个化工产品，它标志着石油化学工业的诞生。

氰氨公司［美］首次小批量试制磷酸铵复合肥　复合肥是指氮、磷、钾三种养分中，至少有两种养分由化学方法制成的肥料。化学合成复合肥是指通过化合（化学）作用或氨化造粒过程制成的复合肥，常见的复合肥主要包括磷酸二铵、磷酸一铵、硝酸磷肥、硝酸钾和磷酸二氢钾等。这类复合肥含有两种或两种以上农作物需要的元素，养分含量高，能比较均衡和长时间地供应农作物需要的养分，提高施肥增产效果。1920年，美国氰氨公司首次小批量试制磷酸铵复合肥。磷酸铵复合肥是磷酸与氨经中和反应并加工制成的氮磷复合肥料。该过程被称为"湿法磷酸"。它的生产过程是磷肥生产过程和氮肥生产以及氨加工过程的结合。20世纪50年代末期，美国全国肥料发展中心开发出磷酸二铵生产工艺（近年来，又对该工艺进行改进，即用管式反应器代替预中和反应器）。20世纪60年代初，湿法磷酸生产技术趋于完善，生产规模逐渐扩大。60年代末，美国和英国又开发出粉粒磷酸一铵生产工艺。磷酸铵复合肥几乎适用于所有的土壤和农作物，有效成分浓度高，不易吸湿结块。此外，磷酸铵还可用作织物和纤维的阻燃剂、发酵工业中的培养液、食品添加剂和饲料添加剂、印染业的酸化剂和消防用的干粉灭火剂配料等。磷酸铵复合肥的生产是第一次实施复合肥料的工业化生产。

中国开展化学与化工教育　1898年，清政府成立京师大学堂。1910年，京师大学堂开办分科大学，共开办7科13学门。其中就有格致科化学门。1912年，京师大学堂改名为北京大学。1919年，北京大学化学门改为化学系（1952年，该化学系与清华大学化学系、燕京大学化学系重组新的化学系。1994年，该化学系更名为化学与分子工程学院。2001年，原技术物理系应用化学工业并入该学院），这是中国第一个化学系，标志着我国正规高等化学教育的开始。据1931年统计，全国大学和独立学院化学系共有在校学生1239人，占全国在校大学生总数的3.7%，并有部分大学开始了化学专业的研究生教育。1920年，浙江公立工业专门学校设立应用化学科。1927年，该校与浙江公立农业专门学校合并组成国立第三中山大学（浙江大学的前身），浙江公立工业专门学校改组为工学院，内设化学工程科。1928年，该校使用浙江大学作为校名。1930年，化学工程科改为化学工程系。浙江公立工业专门学校的应用化学科是我国化工教育的开端。到1948年，在我国的148所大学及独立学院、80所专科学校中，共有58个化学系、18个化工系、7个化工科（含应化科）；166个各类研究所中，有18个化学及与化学有关的研究所。

联合碳化物公司［美］发明生产乙烯新方法　乙烯制取方法主要有两种：一种是自然制取，如植物及其果实能产生乙烯；另一种是工业制取，即从石油炼制工厂和石油化工厂所生产的气体里分离出乙烯。19世纪末，德国化学家弗里切（Fritsche, P.）在美国建立了以含乙烯气体为原料小规模生产乙醚的装置。之后不久即出现了从焦炉煤气中分离乙烯和由乙醇脱水制乙烯的方法，并在工业上得到小规模应用。20世纪初，随着石油化工的崛起，副产品乙烯的数量已经无法满足生产的需要。1920年，美国联合碳化物公司开发了乙烷、丙烷高温裂解制乙烯的方法，它的下属公司——林德空气产品公司实现了从裂解气中分离乙烯，并将乙烯加工成化学产品。1923年，联合碳化物公司在西弗吉尼亚州的查尔斯顿市建立了第一个石油化工中心。后来，该中心又开发出裂解轻质烃（乙烷、丙烷）制取乙烯并进一步生产环氧乙烷和乙二醇的新工艺。这是裂解在石油化工中的首次工业运用，也是乙烯在石油化工领域里生产和运用的开端。

施陶丁格［德］创立高分子线链型学说　1784年，法国科学家阿羽（Haüy，Renè Just）提出了晶胞学说。他认为，每种晶体都有一个形状一定的最小的组成细胞——晶胞；大块的晶体是由许多个晶胞砌在一起而成的。1861年，胶体化学的奠基人、英国化学家格雷阿姆（Graham，T.）提出了高分子的胶体理论。他认为高分子是由小的结晶分子形成

施陶丁格

的。支持该理论者认为，天然橡胶是通过部分价键缔合而成的。1920—1922年，德国化学家施陶丁格（Staudinger，Hermann 1881—1965）针对胶体理论创建了"高分子线链型学说"。他认为聚合不同于缔合，高分子都是由长链大分子构成的，天然橡胶、聚苯乙烯等具有线性链式的价键结构式，从而动摇了胶体理论的基础并引发了争论。胶体论者认为，高分子溶液的黏度和分子量没有直接联系；施陶丁格主张，测定高分子溶液的黏度可以换算出其分子量。1929年，他成功地推导出高分子溶液黏度G与分子量M之间的线性关系式：$G=K_m M$（K_m是溶剂常数），创建了"施陶丁格定律"。面对用X射线衍射法观测纤维素所得出的单体（小分子）与晶胞（构成晶格的最基本的几何单元）大小接近的实验结果，胶体论者认为，一个晶胞就是一个分子，晶胞通过晶格力相互缔合，形成高分子；施陶丁格却认为，晶胞大小与高分子本身大小无关，一个高分子可以穿过许多晶胞。1926年，瑞典化学家斯维德贝格（Svedberg，T.）等人用超离心机测量出蛋白质的分子量，证明高分子的分子量的确是几万乃至几百万，支持了施陶丁格的观点。1928年，晶胞学说的权威马克（Mark）和迈那（Mana）公开承认了自己的错误，并帮助施陶丁格完善和发展了大分子理论。1932年，施陶丁格出版了划时代巨著《高分子有机化合物》，成为高分子科学诞生的标志。此外，他还提出了"高分子化合物"术语；创办了《高分子化学》杂志，为化学和化工理论创新做出了巨大贡献。1953年，施陶丁格获得了诺贝尔化学奖。

1921年

苏联在爱沙尼亚建成油页岩干馏炉 油页岩又称油母页岩，是人造石油的重要原料。它经低温干馏可得页岩油、干馏气和页岩半焦。油页岩干馏炉是用于油页岩的低温干馏以制取页岩油的主体设备，它按所用加热载体的相态可分为气体热载体干馏炉和固体热载体干馏炉两大类。爱沙尼亚的油页岩储藏范围超过3000平方公里，储备总量约占全世界的1.1%。1921年，苏联在爱沙尼亚建立了发生式干馏炉，对波罗的海沿岸的油页岩进行干馏汽化。1940年，爱沙尼亚的页岩油开采量达到年产17.4万吨。1955年，爱沙尼亚的油页岩的开采量达到540万吨。20世纪70年代，爱沙尼亚的油页岩开采量进一步扩大。1980年，爱沙尼亚的油页岩开采量达到顶峰，当年开采量达到3100万吨，占世界开采总额的65%，其后开采量有所下降。爱沙尼亚油页岩干馏炉技术后来得到很大发展。其干馏炉分为两种类型。一种是垂直的内热式干馏炉：炉高21米、内径8米。炉上部中间和炉中部两侧有长方形燃烧室，由烧嘴通入空气和干馏气进行燃烧，生成热烟气横向进入炉上部的两个干馏室，加热的油页岩生成的油气径向导出，页岩半焦被炉下部进入的冷循环干馏气冷却后经水封排出，含有潜热的半焦被送到热电厂发电。另一种是倾斜式圆筒型干馏炉：它由进料器、干燥器、旋分器、混合器、反应器、除尘器、燃烧器、分离器等部分构成。

1922年

巴登苯胺纯碱公司［德］用氨和二氧化碳制造尿素 尿素又称脲、碳酰胺，是由碳、氮、氧、氢组成的有机化合物。1773年，法国化学家鲁埃尔（Rouelle，G.F. 1703—1770）从尿中分离出尿素。1828年，德国化学家维勒（Wöhler，Friedrich 1800—1882）又由氰酸铵（NH_4CNO，可由氯化铵和氰酸银反应制得）制得尿素，揭开了人工合成有机物的序幕，它推翻"活力论"（认为有机物只能由生物细胞在生命力的作用下生成，无机物无法变成有机物）的桎梏，开辟了有机化学的新领域。1922年，德国巴登苯胺纯碱公司实现了用氨和二氧化碳合成尿素的工业化生产。其合成反应过程是：首先，氨与二氧化碳作用生成氨基甲酸铵（简称甲铵）；其次，甲铵脱水生成尿素。当时，尿素的生产技术不完善，生产费用较高，合成塔设备易腐蚀。1953年，荷兰斯塔米卡本公司在二氧化碳原料气中加入少量氧气，基本解决了上述问题。尿素的工业化生产促进了有机化学化工的迅速发展。

魁克麦片公司［美］首次实现糠醛工业化生产　糠醛又称2-呋喃甲醛，化学式为$C_5H_4O_2$。1821年，德国化学家德贝赖纳（Döebereiner, J.W.）首先发现了糠醛。随后，人们对其物理化学性质及其合成方法进行了深入的研究。1922年，美国魁克麦片公司（Quaker Oats Co.）首先实现糠醛的工业化生产。其生产工艺是：把玉米芯、棉籽壳、甘蔗渣等原料加至反应釜内，用3%～10%的稀硫酸作催化剂，并通入蒸汽加热，在0.6～1.0MPa和140～200℃条件下反应5～8h；生成的多缩戊糖水解生成戊糖，经进一步脱水环化而生成糠醛。由于戊聚糖水解和戊糖脱水生成糠醛在同一个水解锅内一次完成，因此，该法又被称为"一步法"。之后，人们又对该法进行改进：从最初的单锅蒸煮，发展到多锅串联连续生产。针对生产中产生的废渣，目前采用煤渣混烧技术将废渣用作产生蒸汽的燃料。此外，还有"两步法"，即戊聚糖先在100℃左右水解生成戊糖，然后，戊糖再在较高温度下脱水环化生成糠醛。20世纪40年代，英国人邓宁（Dunning, J.W.）对该法进行改进：以硫酸为催化剂，玉米芯为原料制取糠醛。20世纪40年代，糠醛广泛应用于合成橡胶、医药、农药等领域。20世纪60年代以后，随着糠醛衍生物的开发，特别是呋喃树脂在铸造业的广泛应用，极大地促进了糠醛工业的发展。

巴登苯胺纯碱公司［德］生产分散染料　分散染料是一种微溶于水并在水中借分散剂作用而呈高度分散状态的染料，它主要用于聚酯纤维和醋酯纤维的染色。它最早被用于醋酯纤维的染色，故称之为醋纤染料。分散染料按染色性能又可分为三类：适用于竭染法染色的低温型分散染料；适用于热熔染色的高温型分散染料；介于低温型和高温型之间的中温型分散染料。分散染料的操作方法主要有：载体染色法（利用烃类、酚类等载体对涤纶染色）、高温高压染色法（利用2atm的高压和120～130℃的高温，增加染料向纤维内部的扩散速率，使染色速率加快）、热熔染色法（先经浸轧染液后即行烘干，随即再在200℃高温下进行热熔处理）等。1922年，德国巴登苯胺纯碱公司开始生产分散染料，主要用于醋酯纤维的染色。20世纪50年代后，随着聚酯纤维的出现，获得了迅速发展，成为染料工业中的大类产品。

赫尔茨［德］用乌洛托品制得黑索今炸药　1899年，英国药物学家亨宁（Henning，G.F.）用福尔马林和氨水作用，制得了一种弱碱性的白色固体（乌洛托品，学名六亚甲基胺或六次甲基四胺，化学式为$C_6H_{12}N_4$）。他用硝酸处理该物质时，得到了一种白色的、水溶性极差的粉状晶体——环三亚甲基三硝胺（黑索今）。1922年，德国化学家赫尔茨（von Herz，G.C.）发现黑索今是一种不弱于TNT的炸药（它实际上比TNT还猛烈1.5倍，被称为"旋风炸药"），其合成原料（氨水、福尔马林）价格便宜，来源丰富。他成功地用硝酸硝化乌洛托品制取黑索今。第二次世界大战期间以及战后，许多学者对黑索今的生产方法进行了研究。其生产方法主要有：直接硝解法（用浓硝酸直接硝解乌洛托品）、醋酐法（将乌洛托品与硝酸、硝酸铵、醋酐在醋酸介质中进行硝解反应）、伍尔维次法（用硝酸硝解六甲基四胺）、兹贝雷–奚斯勒–罗斯法（将甲醛及硝酸铵加入乙酸酐中发生反应）、巴克曼法（将六甲基四胺、硝酸铵、硝酸及乙酸酐混合在一起发生反应）、沃尔夫拉姆法（当甲醛和氨基磺酸钾反应生成次甲基氨基磺酸钾，后者再和发烟硝酸及三氧化硫为硝化剂进行硝化）等。黑索今是继TNT之后现代武器弹药的主要炸药之一。第二次世界大战后，它曾取代TNT的"炸药之王"的宝座。

宾汉［美］首次提出流变学概念　流变学是指从应力、应变、温度和时间等方面研究物质变形和（或）流动的物理力学。1678年，英国物理学家虎克（Hooke，R. 1635—1703）提出，在小变形情况下，固体的变形与所受外力成正比。这一定律被称为"虎克定律"。1687年，英国科学家牛顿（Newton，I. 1643—1727）提出，流体的剪应力与剪切应变率成正比。该定律被称为"牛顿黏性定律"，并将符合该定律的流体称为"牛顿流体"，不符合该定律的流体称为"非牛顿流动"。19世纪末，法国物理学家柯西（Cauchy，A.L. 1789—1857）、法国力学家纳维（Navier，C.L.M.H. 1785—1836）、英国力学家斯托克斯（Stokes，G.G. 1819—1903）将上述两定律推广到三维变形和流动，并被科学家广泛接受。1869年，英国物理学家麦克斯韦（Maxwell，J.C. 1831—1879）在研究中发现，材料可以是弹性的，又可以是黏性的。1919年，美国物理化学家宾汉（Bingham，E.C. 1878—1945）和格林（Green, H.）发表了题为《油漆是一种塑性材料而不是黏性流体》的论文。1922年，宾汉在其《流动性与可塑性》一书中，首次提到流变学。1928年，他把对非牛顿流体（指不满足牛顿黏性实验定律的流体，如生物流体、人体内的血液、淋巴液等）的研究正式命名为流变学〔其名称来源于古希腊哲学家赫拉克利特（Heraclitus，B.C.535—B.C.475）的"一切皆流"的论断〕，并倡议成立流变学会，研究流体的变形和流动。1929年，召开了流变学会第一次会议，并创刊了《流变学杂志》（*Journal of Rheology*）。1933年后该杂志曾停刊。1957年，改名为*Transactions of Society of Rheology*重新出版。1978年，刊名又被恢复为《流变学杂志》。1939年，荷兰成立了以伯格斯为首的流变学小组。1940年，英国成立了国际流变学家俱乐部。1945年，国际科学联合会成立了国际流变学委员会，并于1947年召开了第一次会议。1973年，该委员会被接纳为国际纯粹和应用化学联合会的分支机构。1984年，召开了第九届国际流变学会议。米纳（Mena，B.）等主编了《流变学进展》一书。1985年，中国力学学会和中国化学会联合成立了流变学专业委员会，并召开了首届全国会议。宾汉是流变学的奠基人，流变学对聚合物的合成、加工、加工机械和模具的设计等具有重要意义。

中华化学工业学会成立　1922年4月23日，中华化学工业学会在北京成立。1923年，学会在北京创刊《中华化学工业会会志》。1928年，该学会的总部迁至上海，学会刊物改名为《化学工业》，共出版21卷45期。1936年，学会受国民党政府教育部委托，完成了《化学工程名词草案》。1937年，中国化学家吴蕴初（1891—1953）捐赠学会后，学术活动日益活跃。抗日战争期间，学会迁往重庆。抗日战争胜利后，学会又迁回上海。1946年，学会创刊《化学世界》。1947年，学会成立技术服务部，为工商界提供咨询。1949年，学会在原有图书基础上，积极筹备化工图书馆，先后收集到各文种图书共一万余册。1950年，《化学工业》与《化学工程》合并为《化学工业与工程》。1952年停止出版。1956年，该学会和中国化学工程学会商定成立中国化工学会。1957年3月3日，中华化学工业学会结束活动。自1922—1957年，学会共召开年会21次。中华化学工业学会在普及化学、化工知识，提倡综合利用、推广工业分析方面做出重大贡献。

秦皇岛耀华玻璃厂［中］成立　1922年，中国和比利时合资组建了耀华机器制造玻璃股份有限公司。它是中国乃至远东第一家采用机器连续生产平板玻璃的企业，也是中国民族资本与当时国际上先进的玻璃生产技术相结合、较早采用股份公司组织形式的企业，被誉为"中国玻璃工业的摇篮"。至1993年，公司先后使用了"耀华玻璃股份有限公司""公私合营耀华玻璃股份有限公司""秦皇岛耀华玻璃厂""秦皇岛耀华玻璃总厂"等名称。1956年，建成中国第一座大型玻璃熔窑。1965年，建成中国第一条军用航空玻璃生产线，并生产出中国第一块航空防弹玻璃。1966年，试验成功我国第一座"无槽引上"工艺玻璃熔窑。1987年，成功生产出了中国第一块彩色玻璃。1990年，建成中国唯一的浮法玻璃工业性试验基地，并首次研发生产出15mm超厚玻璃。1995年，被第50届国际统计大会加冕为"中国玻璃生产之王"。1996年，"耀华玻璃"A股股票成功上市，创立了秦皇岛耀华玻璃股份有限公司。2004年，浮法玻璃产量、销售量、出口量、销售收入、出口创汇等多项指标均处于全国同行业首位。

1923年

米奇利［美］发现四乙基铅提高汽油的辛烷值　辛烷值是衡量汽油在气缸内抗爆震能力的一种数字指标，辛烷值高表示抗爆性好。汽油辛烷值的测定是以异辛烷和正庚烷为标准燃料，按标准条件，在实验室标准单缸汽油机上用对比法进行的。调节标准燃料组成的比例，使标准燃料产生的爆震强度与试样相同，此时，标准燃料中异辛烷所占的体积百分数就是试样的辛烷值。四乙基铅是一种无色透明状液体，约含铅64%，其化学式为$C_8H_{20}Pb$。它被作为添加剂加入汽油中，以提高汽油的辛烷值，提高汽车发动机的效率和功率。美国化学家米奇利（Midgley, Thomas Jr. 1889—1944）在戴顿工程公司工作时，对寻找某些防止燃油爆震的物质产生了兴趣。他设想红色染料可以使燃油更均匀地吸热而防止爆震。他用碘做实验，结果发现，碘减弱爆震不是因为其颜色。无色的碘乙烷的减弱爆震的效果甚至更好些。他利用门捷列夫发明的元素周期表缩小探索范围，只考虑已被证实具有抗爆震性质的化合物中存在的那些元素附近的元素。最终他发现四乙基铅具有抗爆震性质，它是迄今为止已知最好的抗爆震剂。之后，新泽西标准石油公司生产四乙基铅。四乙基铅提高辛烷值作用的发现，有效地减少机器震动，进而提升汽油的使用效率。

唐-米卢兹公司［法］建成二氧化钛生产厂 1923年，法国唐-米卢兹公司（Thannet Mulhouse S.A.）建成第一个硫酸法二氧化钛生产厂，开始用硫酸法生产纯度为96%～99%的二氧化钛。其具体方法是：先以硫酸分解含钛矿物制得硫酸氧钛溶液，经水解制得水合二氧化钛；再经煅烧制得二氧化钛。该方法的主要缺点是废副品产量太大。因此，欧美一些大型硫酸法工厂被迫关闭，有的用氯化法生产二氧化钛。其具体方法是：以钛铁矿、高钛渣、人造金红石或天然金红石（金红石是较纯的二氧化钛）等与氯气反应生成四氯化钛，经精馏提纯，再进行气相氧化；速冷后，经过气固分离得到钛白粉即二氧化钛。氯化法和硫酸法相比，过程简单，工艺控制点少，产品质量易于达到最优的控制，大大减少了废弃物的产生，再加上没有转窑煅烧工艺形成的烧结，其钛白粉原级粒子易于解聚，所以产品精制过程较硫酸法大幅度节省能量。

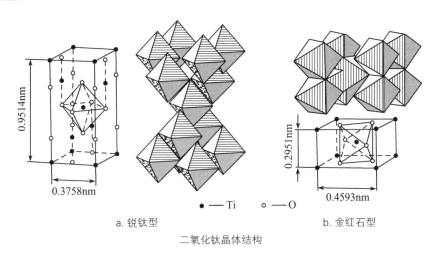

a. 锐钛型　　　　　　　● — Ti　　○ — O　　　　　b. 金红石型

二氧化钛晶体结构

联合碳化物公司［美］建成第一个乙烯生产厂 19世纪末，德国化学家弗里切（Fritsche，P.）在美国建立了以含乙烯气体为原料小规模生产乙醚的装置，开始了乙烯化学利用的初步尝试。随后，人们又研制出了从焦炉煤气中分离乙烯（即焦炉煤气经过压缩机压缩至1.6MPa，经水洗、碱洗脱除二氧化碳等酸性气体后，被来自系统的低温气体预冷至-110℃，此时，焦炉气中的乙烯和一部分甲烷等被冷凝为粗乙烯；粗乙烯馏分再经乙烯提纯系统，使乙烯纯度提高到97%以上）和由乙醇脱水制乙烯（即把酒精和浓硫酸按1：3的比例混合并迅速加热到170℃，使酒精分解制得）的方法，并在工业上得到应用。1920年，美国联合碳化物公司（Union Carbide Corporation）的下属公司——林德空气产品公司开发了乙烷、丙烷高温裂解制乙烯的方法。1923年，联合碳化物公司在西弗吉尼亚州建立了第一个石油烃类裂解制乙烯的石油化工厂。

孟山都公司［美］用磺化法制取苯酚 第一次世界大战前，人们主要从煤焦油中提取苯酚。1923年，美国孟山都公司（Monsanto Company）首先在工业上用磺化法制取苯酚。其具体方法是：用硫酸使苯磺化得苯磺酸，再用亚硫酸钠使苯磺酸中和成苯磺酸钠，后者再经过碱熔生成酚钠，用二氧化硫与酚钠反应制得苯酚。至此，苯酚的工业生产走向合成。用磺化法制取苯酚是最早出现的合成方法。但是，此法步骤多，要消耗大量硫酸、氢氧化钠，并存在严重的污染问题，且仅适合于小规模生产苯酚，因此，大型工厂已不再采用该方法。

巴登苯胺纯碱公司［德］用合成气高压法生产甲醇 合成气是以氢气和一氧化碳为主要成分，用作化工原料的一种原料气。1913年，人们就用合成气生产氨。1923年，德国巴登苯胺纯碱公司首次以合成气为原料，以氧化锌和氧化铬为催化剂，建成年产300吨甲醇的高压法生产装置。高压法反应温度为300~400℃，压力约为30MPa，合成塔结构与氨合成塔相同。合成气加压后，同循环气混合进入合成塔底部，由热交换器加热到330~340℃，然后，沿着装有电加热器的中心管进入合成塔上部，再连续通过每层催化剂进行反应生成甲醇。反应热被送入塔内的冷循环气带走。到20世纪60年代中期，所有甲醇生产装置均采用高压法。但是，高压法单程转化率为12%~15%，在能耗和质量上都有待提高。1966年，英国帝国化学工业集团（简称ICI）研究成功了低压生产甲醇的方法（被称为"ICI低压制甲醇法"）。它采用51-1型铜基催化剂，合成压力为5MPa。ICI低压制甲醇法所用的合成塔为热壁多段冷激式合成塔，结构简单，每段催化剂层上部装有菱形冷激气分配器，使冷激气均匀地进入催化剂层，用以调节塔内温度。该方法打破了甲醇合成高压法的垄断，完成了甲醇生产工艺上的一次重大变革。但是，低压法操作压力低，导致设备体积相当庞大，不利于甲醇生产的大型化。为此，ICI公司又研究成功了压力为10MPa左右的甲醇合成中压法（采用51-2型铜基催化剂），更有效地降低建厂费用和甲醇生产成本。

费歇尔［德］和托罗普施［德］发明费托合成技术　费托合成技术是煤间接液化技术之一，它以合成气为原料，在催化剂和适应条件下合成液体燃料的工艺过程。1923年，德国化学家费歇尔（Fischer，F.）和托罗普施（Tropsch，H.）发明了费托合成技术，从而开创了自煤间接液化制取液体燃料的途径。其工艺流程主要包括：煤气化、气体净化变换和重整、合成和产品精制改质等部分。合成气中的氢气与一氧化碳的摩尔比要求在2～2.5。反应器采用固定床或流化床两种形式，前者以生产柴油为主，后者以生产汽油为主。传统费托合成技术以钴为催化剂，所得产品组成复杂，选择性差，轻质液体烃少，重质石蜡烃较多。20世纪50年代，中国研究开发出氮化熔铁催化剂流化床反应器，完成了半工业性放大试验并取得工业放大所需的设计参数。1955年，南非萨索尔公司建成SASOL（Saudi Arabian Standards Organization的缩写，即沙特阿拉伯标准组织）小型费托合成油工厂。1977年，该公司又开发成功大型流化床西斯龙（synthol，是一种合成醇，其中有85%的中链三酰甘油、7.5%的利多卡因和7.5%的苯甲醇）反应器。1980—1982年，该公司又相继建成两座费托合成油工厂（SASOL-Ⅱ、SASOL-Ⅲ），皆采用氮化熔铁催化剂和流化床反应器，其反应温度为320～340℃，压力是2.0～2.2MPa。产品组成中轻质烃较多，适宜于生产汽油、煤油和柴油等发动机燃料。目前，以煤为原料通过费托合成法制取的轻质发动机燃料，比较适合于煤炭资源丰富而石油资源贫缺的国家或地区。2006年，中国研制出费托合成、煤基液体燃料合成浆态床技术，并建成中科合成油技术有限公司，实现了中国煤炭间接液化技术的产业化。

刘易斯［美］和惠特曼［美］创立双膜理论　1923年，美国麻省理工学院教授刘易斯（Lewis，W.K. 1882—1975）和惠特曼（Whitman，W.G.）提出了一种描述气液两相相际传质的"双膜理论"。其基本论点为：气液两相接触时存在一个稳定的相界面，在界面两侧各存在一层膜，气相一侧称为气膜，液相一侧称为液膜，不管两相主体内湍流程度如何剧烈，两层膜始终保持层流状态；在两相界面上，被传递的组分达到相平衡（即组分在两界面处的化学位相等），界面上不存在传质阻力；在层流膜内，通过分子扩散实现质量传递，传递的阻力完全集中于两层膜内；质量传递过程是定态的。根据双膜理论，每一相的传质分系数正比于传递组分在该相中的分子扩散系数，反比于层流膜的厚度。相际传质的总阻力等于两相传质的分阻力之和。双膜理论简单、直观，曾广泛用于传质过程分析。但是，这种理论将复杂的相际传质过于简单化。随着传质过程的强化和对传质现象的深入研究，双膜理论关于两相界面状态和定态分子扩散的假设虽然都与实际情况有明显差别，但是，它的总传质阻力为两相阻力之和以及界面上不存在传质阻力的论点仍被广泛采用。

华克尔［美］等著《化工原理》　　1901年，英国化学工程师戴维斯（Davis，G.E.）出版了第一本化学工程教科书——《化学工程手册》。他在书中提出，所有化工生产过程都可分解成为数不多的若干种基本操作的思想。1923年，美国麻省理工学院华克尔（Walker，W.H.）、刘易斯（Lewis，W.K.）和麦克亚当斯（McAdams，W.H.）合著《化工原理》（*Principles of Chemical Engineering*）（又译《化学工程原理》）并在纽约和伦敦同时出版。初版阐明了各种单元操作所依据的流体力学、传热学和物理化学原理，提出了可用于过程和设备计算的各种定量关系式。其主要内容包括：化工计算原理；与流体流动、热量传递有关的各种操作；燃料及其燃烧；破碎、磨碎和过滤等操作；与液体汽化有关的各种操作，如蒸发、蒸馏、干燥、增湿、减湿等。1927年和1937年，该书的第2版和第3版出版。第2版增加了"扩散过程原理"和"吸收与萃取"两章。第3版对书的结构作了部分调整，并根据过去10年间各单元操作的发展对各章内容作了全面修订和补充。吉利兰（Gillilan，E.R.）参加了第3版的修订工作，成为本书的第四位作者。该书是世界上第一本全面阐述各种单元操作原理和计算方法的著作，它的出版标志着化学工程已形成一门独立的工程学科，对化学工程师的培养和训练产生了深远影响。

1924年

洛［英］主编《染料索引》　1924年，英国利兹大学教授洛（Rowe，F.M.）主编了《染料索引》（*Colour Index*，简称C.I.），并由英国染色工作者学会出版发行。全书按类别详载染料的颜色、应用方法、用途、主要性能数据、坚牢度测试方法、已知的化学结构、制备方法、染料商品名称、生产厂商代称以及参考文献、专利、索引等。该书采用以颜色分类的方法。如将颜料分为颜料黄（PY）、颜料橘黄（PO）、颜料红（PR）、颜料紫（PV）等十大类。另外，该书还对染料的命名采用了统一编号。每一染料一般有两种编号，其一标示应用类属，其二标示化学结构。例如，还原蓝RSN编为C.I.还原蓝4和结构代号C.I.69800，按代号可以查出化学结构，与之相对应的商品名称多达30余个，书中均予载明。1928年，又发行了《补编》。1956—1958年，英国染色工作者学会与美国纺织品化学师与染色师协会合编出版了该书的第2版（共4卷）。1963年，又发行了第2版的《补编》（1卷），新增了反应性染料用途的内容。1971年，两学会合编发行了第3版（共5卷）。1982年，将全书作第二次修订（共7卷）。另外，还发行了未编卷数的《颜料及溶剂染料》卷。《染料索引》是供染料专业检索查阅的重要工具书，它在染料分类信息方面具有重要的指导意义。

东斯［美］用电解槽法制取钠并获得专利　1807年，英国化学家戴维（Davy，Sir Humphry 1778—1829）用250对锌–铜原电池串联作为电源电解氢氧化钠制取金属钠，并于1891年获得成功。之后不久，俄国化学家弗拉索夫（Vlasov，Yurii）利用同样方法制取碱金属。1852年，德国化学家本生（Bunsen，R.W. 1811—1899）成功地研究了熔盐电解制取碱土金属的方法。1855年，马蒂森（Mathisen，A.）研究了熔碱氯化钠并同德国化学家本生（Bunsen，R.W.）一起创立了"电解制镁法"。1883年，法拉第在玻璃弯管中熔化盐类并用铂电极向熔体通入直流电，以此电解熔融碘化钾等物质，并最先把熔盐的分解电压概念引入科学。进入20世纪，人们采用"卡斯特钠法"，即电解烧碱法制取钠。具体方法是：在350℃的条件下，在卡斯特钠电解槽中电解氢氧化钠，电解时，在阳极生成的水同电解质中的钠接触并发生反应，生成氢氧化钠和氢，电解效率不超过50%。1924年，美国学者东斯（Downs，J.C.）在熔融状态下，运用他发明的东斯电解槽通过电解氯化钠生产钠并获得了专利。这种电解槽是由衬砌耐火砖的钢槽组成，钢槽内有巨大圆筒，石墨电极从筒底伸入，石墨电极外包裹着同轴的铁丝网阴极。通过把氯化钙添加到氯化钠中，这种电解液的熔点从800℃降到500℃。东斯电解槽法的电解效率是卡斯特钠法的3倍左右。该方法降低了钠的市场价格，使其从1890年每磅2美元下降至1946年的每磅0.15美元。20世纪40年代，德国研发出大电流（24kA、32kA）电解氯化钠（含氯化钙的二元体系）工艺，美、日等国也相继开发出多阳极和大电流的先进盐法制钠技术。20世纪50年代，我国引进苏联碱法制钠技术。1968年，我国建成第一套年产1500吨的盐法制钠生产线。1996年，我国引进美国制钠技术，建成了年产5000吨金属钠的泰达制钠一厂。2000年，又建成了年产万吨的泰达制钠二厂。至今，我国金属钠生产能力居世界第一。

1925年

沙维尼根化学公司［加］生产聚醋酸乙烯酯 聚醋酸乙烯酯又名聚乙酸乙烯酯，是由醋酸乙烯聚合而成的无定形聚合物，属热塑性树脂。其分子式为（$CH_3COOCH_2CH_2$）$_n$。1912年，德国化学家克拉特（Korat，F.）和罗莱特（Rolette，A.）在研究中发现，可用乳液聚合、悬浮聚合、本体聚合和溶液聚合四种方法生产聚醋酸乙烯酯。其中，"乳液法"产物直接用作涂料和胶黏剂等；"溶液法"产物用于制造聚乙烯醇和聚乙烯醇纤维。1925年，加拿大沙维尼根化学公司第一次将聚醋酸乙烯酯投入工业化生产，这也是第一次工业化生产热塑性树脂。目前，生产聚醋酸乙烯酯的工艺方法主要有两种。一种方法是：在醋酸的存在下，以过氧化苯甲酰为引发剂，将醋酸乙烯进行本体聚合；或以聚乙烯醇为分散剂，在溶剂中于70～90℃下进行溶液聚合2～6h（聚合度控制在250～600为宜），即得产品。另一种方法是：在醋酸的存在下，以过氧化苯甲酰为引发剂，由醋酸乙烯进行本体聚合；或以聚乙烯醇为分散剂，在一定温度下于溶剂中进行聚合制得。1929年，德国人普劳松（Proson，H.）用乳液聚合法首先制得聚醋酸乙烯酯乳液。

雷尼［美］发明骨架镍催化剂　骨架镍也被称为"雷尼镍"，骨架镍催化剂（raney nickel catalyst）是一种由带有多孔结构的镍铝合金的细小晶粒组成的固态异相催化剂。1897年，法国化学家保罗·萨巴捷（Sabatier，Paul 1854—1941）发现镍可以催化有机物的氢化反应。1920—1925年，美国化学家雷尼（Raney，M.）发明了骨架镍催化剂。其制备方法是：用氢氧化钠处理镍硅混合物（其比例为1∶1），硅和氢氧化钠被反应掉，形成了具有较高催化活性的多孔结构催化剂。再用镍铝比例为1∶1的合金得到了催化性能更高的催化剂。1926年，他申请了专利。20世纪70年代，人们又发明了新的制备方法——固相分离浸取法。其具体做法是：在混合器中将镍铝合金粉末与少量氢氧化钠混合均匀，然后一边搅拌一边加水（保持物料均匀湿润但不形成液相），使其发生分解反应（氢氧化钠在其中起到催化剂的作用），并生成氢氧化铝。当反应终止时，形成分离的两个固相：上层是氢氧化铝，下层是催化剂。最后，在热的碱液中再进行处理，使碱液中的氢安全释放出来。此方法的优点是：在浸出的过程中不形成泡沫，所需的装置体积和操作时间约为一般方法的一半，氢氧化钠的需要量也较少。骨架镍催化剂主要用于有机合成和工业生产的氢化反应，是催化剂发展的一大进步。

中国建成第一座炼焦炉　中国在明代以前，采用土窑炼焦（用焦炭冶铁）。20世纪初，土窑发展为圆窑和长窑：前者适用于地下水位不高、煤结焦性较好的地区；后者适用于多雨而煤结焦性略差的地区。土窑的特点是：结焦室和燃烧室不分开，炼焦热源靠煤干馏时产生的煤气和部分煤料燃烧提供，因而成焦率低，焦炭灰分高，结焦时间长，不能回收、利用其产物，严重污染大气。后经改进，出现一种带固定拱顶的圆窑，被称为"蜂窝式炼焦炉"。其每孔炉的装煤量达到5~7吨，结焦时间长达48~72小时。焦炭在炉内熄火，最初用人工出焦，后来改为机械化出焦。西方在19世纪，先后出现了倒焰焦炉、废热式炼焦炉、蓄热室炼焦炉。1914年，德国人汉纳根（von Hanneken，C. 1855—1925）与井陉矿务局合资兴建了中国近代最早的炼焦厂——石门焦化厂。1925年，中国在石门焦化厂的基础上，又建成了石家庄炼焦厂。该厂最初安装德国产的拥有20个炼炉的废热式副产炼焦炉，日产焦炭40吨。1930年，该厂又增加一座拥有10个大炼炉的蓄热式副产炼焦炉，日产焦炭60吨。这两座炼焦炉炼制的焦炭被称为"清水焦炭"。以后，中国又相继在本溪、大连、吉林建立了许多座炼焦炉。但是，由于长期战争，炼焦炉大都被破坏。1949—1959年，国家恢复了11座旧炼焦炉，改建了24座炼焦炉。1957年起，中国开始独立设计炼焦炉。1965年，开始设计大容积炼焦炉。1970年，中国生产第一座36孔、高5.5米、有效容积为35.4立方米的大容积炼焦炉。石家庄炼焦厂的建成，标志着中国煤焦化工业的开端。

麦凯勃［美］和蒂利［美］提出图解方法　精馏是化工生产中的一种重要的单元操作，它是利用液体混合物中各组分挥发性不同而达到分离的目的。精馏塔的设计是在一定条件下根据规定的分离要求，计算出所需要的理论塔板数，其计算方法有逐板计算法、图解法和捷算法。1925年，美国学者麦凯勃（McCabe，W.L.）和蒂利（Thiele，E.W.）合作首次设计出了图解法（又被称为麦凯勃–蒂利图解法，McCabe-Thiele法，简称M–T法）。图解法被用于双组分精馏理论板计算，它的基础是组分的物料衡算和汽液平衡关系。此法假定流经精馏段的汽相摩尔流量V、液相摩尔流量L以及提馏段中的汽液两相流量V′和L′都保持恒定。此假定通常被称为恒摩尔流假定，它适用于料液中两组分的摩尔汽化潜热大致相等、混合时热效应不大且两组分沸点相近的系统。逐板计算法是计算理论塔板数的基本方法，它是从塔顶或塔底开始，交替使用相平衡方程和操作线方程逐板计算得出的。但是，该法手算烦琐，效率低，准确度不高，并且条件一旦发生变化，则只能重新计算。图解法和该法的原理相同，其优点是比较直观，便于分析。但是，当所需要的理论塔板数量较多时，用该法手工绘图的准确性较差。捷算法是一种经验算法，通过曲线回归算式求出理论塔板数，误差较大，因此，该法只适用于粗略估算塔板数。随着精馏技术的完善、生产规模的不断扩大以及各种复杂精馏塔的相继出现，要求对精馏塔板数进行严格计算，即根据组分物料衡算方程、汽液相平衡方程、归一方程（即汽相和液相中各组分摩尔分率之和为1）和热量衡算方程，对每块理论板都建立这些方程，应用电子计算机计算出精馏塔内温度、流量和浓度的变化，以达到更合理的设计和操作。

1926年

卜内门化学工业公司［英］成立　1926年，由英国染料公司、布鲁纳–蒙德公司、诺贝尔工业公司和联合碱公司等合并建立了卜内门化学工业公司（Imperial Chemical Industries Limited，又译帝国化学工业公司，简称ICI），总部设在伦敦。1931年，公司开始生产聚甲基丙烯酸甲酯（有机玻璃）。1934年，公司生产酞菁蓝染料。1939年，公司开发了高压气相法制取低密度聚乙烯并投入生产。1941年，公司发明了聚酯纤维并于20世纪50年代初投入工业生产。1945年，公司生产了"六六六"杀虫剂。1956年，公司首次生产反应性染料。1966年，公司开发了低压法合成甲醇。20世纪70年代中期，公司在拟除虫菊酯（是一种仿生合成的杀虫剂，是改变天然除虫菊酯的化学结构衍生出的合成酯类，如敌杀死即溴氰菊酯、氯氟氰菊酯等）等农药方面研制了一系列品种。1983年，公司在各地共有400多家分公司和10多家联合公司，总营业额达117.14亿美元，在世界200家大型企业化学公司中居第5位。目前，公司在全球55个国家和地区设有生产厂和办事处，经营5万多个产品，产品行销100多个国家。

法本公司［德］首次生产温克勒煤气化炉　1926年，德国法本公司洛伊纳工厂投产温克勒煤气化炉。它是以德国人温克勒（Winkler，F.）命名的一种煤气化炉。该炉是立式圆筒形结构，炉体用钢板制成。其工艺特点是：用汽化剂（氧和蒸汽）与煤以沸腾床方式进行汽化；原料煤要求粒径小于1mm的在15%以下，大于10mm的在5%以下，并具有较高的活性，不黏结，灰熔点高于1100℃；常压操作，温度

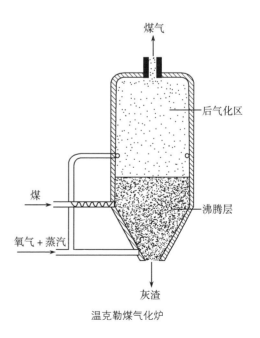

温克勒煤气化炉

900～1000℃，煤在炉中停留时间为0.5～1.0h。其工艺过程是：用螺旋加料器把煤从气化炉沸腾层中部送入，汽化剂从下部通过固定炉栅吹入，在沸腾床上部二次吹入汽化剂，干灰从炉底排出。该炉生成气中不含焦油，但带出的飞灰量很大；整个床层温度均匀，但灰中未转化的碳含量较高。后来，公司对该炉进行了改进，即将炉底改为无炉栅锥形结构，汽化剂由多个喷嘴射流喷入沸腾床内，改善流态化的排灰工作状况。温克勒煤气化炉是第一次工业使用的大型煤气化炉，也是流态化技术在现代工业上的最初应用。

法本公司［德］建成加氢液化煤厂　煤炭液化是把固态的煤炭通过化学加工转化为液态产品（如汽油、柴油等）的过程。煤通过液化除去其中存在的硫等一些物质，洁净能源，减少环境污染。煤的液化方法包括直接液化和间接液化。直接液化又称加氢液化，它是指煤在氢气和催化剂的作用下，通过裂化（使烃类分子分裂为若干小分子的反应过程）转变为液体燃料的过程。间接液化是指以煤为原料，先气化制成合成气，然后再通过催化剂作用将合成气转化为烃类燃料、醇类燃料和化学品的过程。1913年，德国化学家柏吉斯（Bergius，F.）开发出了直接液化煤的技术（亦称"柏吉斯法"）并获得了专利。1922年，建成了柏吉斯法装置，采用三个平卧串联反应器，首先将煤和溶剂（重质油）制成浆液，然后将其注入反应器内进行高压加氢，使煤加氢裂解为液体燃料，用过滤或离心分离方法，使其液固发生分离，其产物有气体、液化油、残煤及灰分。此方法的主要缺点是反应停留时间较长。1926—1927年，德国法本公司在德国洛伊纳建成世界上第一个年产10万吨的直接液化煤厂。1936—1943年，德国先后建成11套直接液化煤装置。1944年，德国液化煤总生产能力达到年产400万吨。二战后，美、日、法、意等国相继研究煤直接液化技术。1981年，德国鲁尔煤矿公司和费巴石油公司对"柏吉斯法"进行改进：采用真空闪蒸方法使固液分离，降低了操作压力，提高了反应温度，将难以加氢的沥青烯留在残渣中，随同残渣进行汽化制氢，循环油中基本不含沥青烯，提高了轻油和中油产率。1978—1983年，日本钢管公司、住友金属工业公司和三菱重工业公司分别开发出三种直接液化煤工艺，并将其合并成NEDOL工艺，对次烟煤和低价煤进行液化。此外，美国开发出HTI工艺（采用悬浮床反应器和铁基催化剂），俄罗斯开发出FFI工艺（采用瞬间涡流仓煤粉干燥技术和钼催化剂）。

1927年

联合碳化物公司［美］生产环氧丙烷　1917年，美国联合碳化物公司（Union Carbide Corporation，简称联碳公司）成立。1927年，该公司首次通过丙烯生产环氧丙烷。具体过程是：首先，次氯酸与丙烯在35～50℃的温度和常压条件下，在衬瓷砖的碳钢塔内发生反应生成氯丙醇；然后，在通过蒸汽的条件下，氯丙醇溶液与含10%～15%（质量）的氢氧化钙的石灰乳发生皂化反应，得到环氧丙烷。环氧丙烷的生产工艺主要有氯醇化法（以美国陶氏化学公司为代表，其主要工艺过程为丙烯氯醇化、石灰乳皂化和产品精制）、间接氧化法（由美国奥克兰公司开发，又分为乙苯共氧化法和异丁烷共氧化法）和直接氧化法（由美国莱昂德尔化学公司开发，将丙烯、氢气、氧气直接转化为环氧丙烷）。环氧丙烷实现工业化，进一步丰富了丙烯系产品。

基恩尔［美］发明醇酸树脂制造技术　醇酸树脂是由脂肪酸、二元酸及多元酸反应生成的一种合成树脂，由它可以合成树脂涂料。按照脂肪酸（或油）分子中双键的数目及结构分为干性、半干性和非干性三种；按照所用脂肪酸的含量分为短、中、长和极长四种油度的醇酸树脂。工业生产醇酸树脂采用脂肪酸法（即用脂肪酸、多元醇与二元酸互溶形成均相体系并一起酯化）和醇解法（即用多元醇先将油加以醇解，使之在与二元酸互溶时形成均相体系并酯化）。在缩聚工艺方面又分为溶剂法（即在缩聚体系中加入共沸液体除去酯化反应生成的水）和熔融法（即不加共沸液体）。1855年，英国人帕克斯（Parkes, A.）取得了用硝酸纤维素（硝化棉）制造涂料的专利权，并建立了第一个生产合成树脂涂料的工厂。1909年，美国化学家贝克兰（Baekeland, L.H. 1863—1944）试制成功醇溶性酚醛树脂。1912年，美国通用电气公司用邻苯二甲酸酐和甘油经缩合制成醇酸树脂，以此代替电绝缘材料——虫胶。1927年，美国通用电气公司的基恩尔（Kienle, R.H.）根据树脂的性质，并依照多元酸变化而不同的特点，开发出适于各种用途的醇酸树脂的制造方法，尤其是用苯酐或顺酐制造涂料用树脂，同年，该技术由美国通用电气公司进行工业化生产。他发明了用干性油脂肪酸制备醇酸树脂的工艺，突破了植物油醇解技术，摆脱了以干性油和天然树脂混合炼制涂料的传统方法，开创了涂料工业的新纪元，促使合成树脂工业步入了新时代。

1928年

氰氨公司［英］生产脲醛树脂　脲醛树脂（英文缩写UF）又称脲甲醛树脂。它是尿素和甲醛在催化剂（碱性或酸性催化剂）的作用下，缩聚成初期脲醛树脂，然后再在固化剂或助剂作用下，形成不溶、不熔的末期热固性树脂。1924年，英国氰氨公司研制脲醛树脂。1928年，该公司生产脲醛树脂产品。其生产工艺是：将环保甲醛和普通甲醛加入反应釜内，开动搅拌器，再加入聚乙烯醇；加入尿素，开始升温；保温反应结束后，用氯化铵调节pH值；成胶后，降温，停止搅拌，即可放料。其特点是：成本低，有助于保护环境，生产工艺简单。1939年，美国氰氨公司开始生产三聚氰胺-甲醛树脂的模塑粉、层压制品和涂料。20世纪30年代，脲醛树脂的年产量达千吨。20世纪80年代，世界脲醛树脂的年产量已超过1.5Mt。2009年，中国脲醛树脂年生产能力为120万吨以上，年产量约为110万吨。2016年，中国大力发展环保型粉状脲醛树脂胶，继续发展和完善脲醛和树脂产品。英国氰氨公司生产的脲醛树脂是第一个无色透明的热固性树脂。

欧尼尔［德］首次制成纸基磁带　1898年，丹麦发明家波尔森（Poulsen，Valdemar 1869—1942）发明了钢丝磁带和钢丝录音电话机并获得了专利，他还于1900年在巴黎万国博览会上获最佳奖。1930年，德国劳伦兹（Lorenz）公司和英国马克尼（Makeni）公司分别成功制出钢带录音机及钢带式磁带并投放市场但未能普及。1928年，德国人欧尼尔（Onell，J.A.）把铁粉涂在磁带上，制成纸基磁带，其带速为76.2cm/s。同年，德国人弗勒玛（Phleumer，Fritz）在纸和塑料带基上涂上磁性铁粉制成了磁带。1947年，美国3M公司首次向市场出售磁带。1950年，日本也向市场投放涂有黑色Fe_3O_4的纸基磁带。1935年，德国研制出使用塑料带基磁带的录音机。1938年，日本人永井健三发明了交流偏磁法，提高了磁带性能和录音效果。第二次世界大战期间，欧美各国秘密研制出了环形磁头、超声波交流偏磁法等新技术和新器件。1947年，美国人坎拉斯（Camras，M.）研制成γ-Fe_2O_3醋酸盐带基磁带。1952

年，美国3M公司发明了沿磁带走带方向涂磁粉的"定向涂敷法"。1953年，美国里夫斯（Reeves）兄弟公司研制成功聚酯带基磁带。1960年，日本人岩畸俊一发明了金属磁粉。1963年，荷兰菲利浦（Philips）公司研制出盒式录音机和盒式录音带。1966年，美国杜邦公司研制成CrO_2磁粉。1970年，美国明尼苏达矿业及制造公司推出$Co-\gamma-Fe_2O_3$磁粉。1973—1974年，日本制成名为埃维林（Avilyn）和贝瑞道克斯（Beridox）的新型包钴磁粉。1975—1976年，日本索尼、胜利公司制成了盒式录像机及盒式录像带。20世纪80年代以来，相继出现了用于脉码调制（PCM）、垂直记录等新技术蒸镀薄膜磁带、金属磁带等新材料，使磁记录材料的应用进入新阶段。中国于20世纪60年代开始研制酸法针状$\gamma-Fe_2O_3$磁粉，70年代相继研制出碱法磁粉、包钴型$\gamma-Fe_2O_3$磁粉及其他改性的$\gamma-Fe_2O_3$磁粉等。纸基磁带的研制使磁带进入实用化阶段。

张克忠［中］创建扩散原理　扩散是指物质因杂质浓度不均匀而产生的杂质定向运动和由于温度分布不均匀而产生的热传导。扩散研究的先驱者是托马斯·格拉汉姆（Graham，T.）。他认为扩散的量基本上和溶液中的盐量成正比。1855年，阿道夫·费克（Fick，A.）研究扩散问题时指出，溶解物的扩散完全受分子力的影响，其规律类似于热在导体中的传播和电传播的规律。他提出了费克第一定律：在单位时间内通过垂直于扩散方向的单位截面积的扩散物质流量（称为扩散通量）与该截面处的浓度梯度成正比，即浓度梯度越大，扩散通量越大。费克第二定律是在第一定律的基础上推导出来。费克第二定律指出，在非稳态扩散过程中，在距离x处，浓度随时间的变化率等于该处的扩散通量随距离变化率的负值。但是，一些小分子在黏弹性物体中的扩散（如脱挥、纺丝、膜分离、药物的缓释与输送、热固性塑料的成塑与加工等）则无法用费克定律描述，这种扩散被称为"非费克扩散"。1922年，张克忠（1903—1954）考入南开大学化学系。1923年，他考取助学金赴美留学，在麻省理工学院攻读化学专业并于1928年获得博士学位。其间，他在研究精馏过程机理的过程中，根据所得结果和实验数据，对影响塔板效率的因素进行了定量分析和讨论，创建了扩散原理。该原理被称为"张氏扩散原理"，至今仍被沿用。1928年，他以优异成绩成为在该院获得化学工程科学博士的第一个中国人。同年，他回国到南开大学任教，积极筹办化工系和应用化学研究所。1931年，化工系开始招生。1932年，应用化学研究所正式成立，他任研究所所长兼化工系主任。应用化学研究所是我国第一个高校应用化学研究所。1942年，他任昆明化工厂厂长，在抗战极端困难条件下办起了硫酸（铅室法）、酒精、磷肥和吕布兰法制碱等车间。1947年，他回南开大学任工学院院长兼化工系主任，并重新组建了应用化学研究所。其间，他开设了工业化学课，并亲自利用业余时间编写该课程的教材——《无机工业化学》和《有机工业化学》。1951年，他任天津市工业试验所所长。其间，他研制的一种橡胶促进剂代替了进口品，增补了一项空白。此外，他还会同各地同行对化工名词进行重新审定和编译，改变了中国化工名词都是"舶来品"的局面。张克忠为中国化学工程教育和早期化学工业的发展做出了杰出贡献。

雷佩［德］研究开发乙炔加压反应——雷佩反应　1921年，德国化学家雷佩（Reppe，Walter Julius 1892—1969）在德国巴登苯胺纯碱公司从事染料、丁钠橡胶等研究开发工作。1928年，他开始研究用乙炔与乙醇（加有氢氧化钾）于加压下合成乙烯基醚。1930—1934年，他申请了一系列专利。1937年，他研究了由乙炔与甲醛反应生成1，4-丁炔二醇；然后再经1，4-丁二醇制取丁二烯。1943年，德国用此方法建成了生产丁钠橡胶的年产30kt的工厂。乙炔加压反应除了上述反应以外，还包括以下两种反应。一种反应是：乙炔与一氧化碳和水（或醇、胺、酸等）生成酸（或酯），即羰化反应。另一种反应是：乙炔四聚生成环辛四烯，即4个乙炔分子在氰化镍作用及加压下发生环化反应，生成环辛四烯。这些反应统称为"雷佩反应"。第二次世界大战期间，雷佩反应在德国大部分实现了工业化，战后在其他国家也部分地实现了工业化。二战后，雷佩因与纳粹的关系而入狱两年。出狱后，他于1949年指导法本公司的研究。雷佩著有《乙炔加压反应的化学与工艺》等著作，并获得多种奖章。"雷佩反应"的开发标志着乙炔化学的诞生。

纽兰德［美］发明纽兰德催化剂　1906年，美国化学家纽兰德（Nieuwland，Julius Arthur 1878—1936）研究发现乙炔气体通过氯化铜和卤代烃的混合物会发生化学反应，但是产物很不稳定，始终无法提取。1928年，纽兰德通过改变混合物配比，发明了纽兰德催化剂（$CuCl$-NH_4Cl-HCl-

H₂O）。这种催化剂由氯化亚铜、氯化铵和盐酸配成的酸性溶液组成。将乙炔通过此催化剂溶液，即可合成乙炔系二聚物、三聚物。将乙炔与氢氰酸在此催化体系中反应可得到丙烯腈。该催化剂由于配制和使用简单，反应条件温和，安全性较好，成本较低，一直被沿用至今。1925年底，纽兰德结识了杜邦公司的化学家埃尔默·博尔顿（Bolton，Elmer），开始作为杜邦公司的研究顾问，将自己的催化剂用于合成橡胶的研发过程。1930年，他和美国化学家卡罗瑟斯（Carothers，Wallace Hume 1896—1937）合作，由乙炔得到2-氯-1，3-丁二烯（即氯丁二烯）聚合成为氯丁橡胶。1932年，杜邦公司正式将氯丁橡胶投入市场，商品名为Duprene（氯丁橡胶），使得氯丁橡胶成为第一种大量生产的合成橡胶。同年，纽兰德因对乙炔的研究而获得了莫尔黑德奖章。1935年，他又荣获孟德尔奖及美国化学会最高荣誉尼科尔斯奖。1996年，纽兰德入选美国国家发明家名人堂（National Inventors Hall of Fame）。

陈调甫［中］创建永明漆厂　1917年，中国化工专家陈调甫（1889—1961）在实验室用索尔维法研制纯碱成功，他欲创办制碱厂，但因缺乏资金而被迫停顿。1920年，他与范旭东、侯德榜等创建了亚洲第一座纯碱工厂永利制碱厂。陈调甫在青年时代就对我国的桐油与大漆的研究深感兴趣。他在研究中得知，中国生产和利用桐油和大漆具有悠久历史，但到近代仍守旧无新，而美国早在19世纪就利用我国的桐油制成了化学漆，又返销于中国，并售价昂贵。对此，陈调甫甚为痛惜，他立志从事油漆事业。1928年12月，陈调甫创办了永明漆厂。该厂生产出了中国油漆工业的第一个名牌产品——"永明漆"（它是一种高级酚醛油漆，俗名瓦利斯，它是该厂分析研究美国的同类瓦利斯后制成的新产品）。1933年，"永明漆"获得南京国民政府颁发的优质奖状。以后，该厂又先后开发生产了用于喷涂汽车的"硝酸纤维漆"和中国第一代醇酸树脂漆——"三宝漆"。抗日战争期间，陈调甫发明的"鹤牌"油漆战胜了日本人生产的"鸡牌"油漆。1952年，永明漆厂的油漆产量已跃居中国首位。1953年1月1日，永明漆厂率先成为中国涂料行业第一家公私合营企业——天津市公私合营永明油漆工业公司。1958年，该厂更名为天津油漆厂。1986年，该厂的油漆产量已达40kt，占全国涂料总产量的6.7%，成为中国产量最大的涂料厂。该厂生产"灯塔牌"涂料、涂料用树脂、颜料、涂料助剂、辅助材料和包装桶罐等2000多个品种，产品更新较快。醇酸清漆和聚氨酯清漆为中国首创，其产品还远销巴基斯坦等国。该厂的创始人陈调甫被誉为"油漆大王"，是中国纯碱工业和涂料工业的奠基人之一。

罗纳-普朗克公司［法］成立　1895年，罗纳化工公司成立。1928年，该公司与普朗克兄弟公司合并成立了罗纳-普朗克公司（Rhone-Poulenc Société Anonyme，亦称罗纳-普朗克化工集团）。1953年，公司到美国开拓市场，开发了赛珞玢纤维素薄膜。1961年，公司确立了控股公司结构。1982年，公司被收归国有。公司的最高权力机构是董事会，董事会由董事长和11名董事组成。董事会下设执行委员会，负责制定公司的总方针，包括战略、人力资源、财政、国防发展、环境与健康、公共关系等。公司下设财务、秘书、计划、电脑中心、情报资料、研究开发、基建工程、人事培训、联络和经营10个处，分为基础化学品、专用化学品、精细化学品，纺织品，农业化学品，医药用品，信息记录材料和薄膜5个部分。1985年，公司在国内外有84个分公司、子公司和合股公司，有150余座工厂，分布于法国、英国、瑞士、巴西、西班牙、阿根廷等地。1986年，公司推出兼并、全球化和民营化三大政策。1993年，公司实现了民营化。1996年，公司的营业收入在当时世界500强排名中名列225名，净利润排名第192名，公司业务遍及160个国家。1998年，由罗纳-普朗克公司的化工部和纤维聚合物部组合成立了新的精细化工公司——罗地亚公司并投产运营。该公司主要研究和改进分子结构、产品或配方的生产工艺，并在工业生产、贮存和运输过程中应用对苯二酚、对甲氧基苯酚和4-叔丁基邻苯二酚，居于世界领先地位。公司相继于1980年、1987年和1989年分别在北京、上海和广州设立了办事处。

1929年

李润田［中］建立首家香料公司　香精是由人工合成的模仿水果和天然香料气味的浓缩芳香油，它是一种人造香料。香料是配制香精的原料，分为天然香料、合成香料和单离香料。1834年，人工合成了最早的香料——硝基苯。之后，又人工合成了水杨酸甲酯和苯甲酸。1868年，人工合成了干草的香气成分——香豆素。1874年，德国人哈尔曼（Harman，M.）和泰曼

（Taiman，G.）合成了最早的香精——香兰素。1893年，人工合成了紫罗兰的香气成分——紫罗兰酮。1920年，中国近代实业家李润田（1894—1954）先后任职于隆兴洋行、慎余洋行。1929年，李润田脱离慎余洋行，以鉴臣洋行香料部的名义，独自经营"鹰牌"香料。"鹰牌"香料早期是将奇华顿香料改装发售，后来逐步进入以香精配置香精的简单加工，最后过渡到全部用进口香料加工自配香精的调香工艺，力求适合国人爱好。产品经过不断改进，形成"鹰牌"香精的质量标准，逐步摆脱对国外香精的依赖。1932年，李润田买下鉴臣洋行的牌号。1943年，他将公司改组为鉴臣香精原料股份有限公司。1949年，国内香料供应困难，李润田无偿提供香料，支援国内香料生产。他为填补国内香料、香精工业空白做出了贡献，堪称香料工业先驱。

吴蕴初［中］创办中华工业化学研究所 1928年，中国近代实业家吴蕴初（1891—1953）在上海创设中华工业化学研究所，从事分析化验与科学实验等研究工作。他自任董事长，并聘请电化学专家潘履洁为所长。该所经费由吴蕴初与天厨味精厂分担，后由天原电化厂和天厨味精厂分担。成立后，该研究所成立了三个研究中心：防腐蚀研究中心、芳香油研究中心和饮料食品研究中心。该研究所主要从事防腐剂、芳香油、饮食品等方面的研究。另外，该研究所还承担过服务于社会的原料和成品的分析、工业疑难问题的解答等工作。该研究所在研究维生素方面取得显著成果，其研究成果多发表在《化学工业》杂志上。1929年，中华化学工业会因北方政局动荡而被迫中断活动。吴蕴初欢迎该会南迁，并将该研究所与中华化学工业会合址办公，协助中华化学工业会迅速恢复了学会活动。1937年，吴蕴初捐赠了自己的房产作为中华化学工业会会所。吴蕴初及其所创建的中华工业化学研究所对中华化学工业会的早期发展起到重要作用。

吴蕴初［中］创办天原电化厂 1921年，中国发明家吴蕴初（1891—1953）生产自己发明的味精，并将其产品命名为"天厨味精"。1923年8月，他成立了天厨味精公司。1929年10月，在上海成立了为生产"天厨味精"提供原料的企业——天原电化厂股份有限公司，自任总经理并于1930年11月10日正式投产。起初，该厂主要生产盐酸、烧碱、漂白粉等产品（产品采用"太极"商标）。后来，他积极引进国外技术，改进生产技术，扩大生产

规模。至1937年，天原电化厂的烧碱日产量已达
10吨，资产逾百万元，成为我国实力雄厚的少数
厂家之一。1940年，该厂迁往重庆并改名为重庆
天原电化厂。1943年，又建立宜宾天原电化厂。
1946年，在上海恢复了天原电化厂的生产。1952
年，该厂又与吴蕴初创办的天利淡气制品厂合并
称天原天利厂。1956年，被分建为天原化工厂和
上海化工研究院。同年，天原化工厂更名为上海
天原化工厂，以区别于重庆、宜宾天原化工厂。

吴蕴初

1957年，该厂与化工部设计院协作试制成功了立式吸附隔膜电解槽，后者在
中国氯碱工业中被推广应用。1973年，该厂试制成功大型工业化金属阳极电
解槽，还与上海化工研究院、锦西化工机械厂协作试制成功了国内首创的氯
气离心压缩机。20世纪80年代，该厂年产烧碱100kt以上。此外，还有盐酸、
漂粉精、聚氯乙烯等20余种无机和有机产品。天原电化厂是中国第一个氯碱
厂，它的创办开创了中国电化工业之新纪元，进一步完善了我国化工体系，
提升了中国化学工业竞争力。

1930年

法本公司［德］生产非离子表面活性剂　非离子表面活性剂是溶于水后
不发生电离的表面活性剂。它在酸性、碱性及电解质溶液中均较稳定，并可
与任何种类的表面活性剂配合使用，而不生成沉淀。按亲水基类别，非离子
表面活性剂可分为聚氧乙烯型和多元醇型两类。前者又被称为聚乙二醇型，
是环氧乙烷与含有活泼氢的化合物进行加成反应的产物，它包括烷基酚聚
氧乙烯醚（APEO）、高碳脂肪醇聚氧乙烯醚（AEO）、脂肪酸聚氧乙烯酯
（AE）等；后者是乙二醇、甘油季戊四醇、失水山梨醇和蔗糖等含有多个羟
基的有机物与高级脂肪酸形成的酯。它包括失水山梨醇酯、蔗糖酯、烷基醇
酰等。1930年，德国法本公司路德维希港工厂生产聚氧乙烯脂肪醇型非离子
表面活性剂，商品名有Igepol、Leonil及Emulphor等。聚氧乙烯型非离子表面
活性剂广泛用于洗涤剂、匀染剂、乳化剂、消泡剂等。

杜邦公司［美］用己二酸法制取己二腈　1930年，杜邦公司首先将己二酸与氨经胺化、脱水生产己二腈（此为己二酸法）。此法分为气相法和液相法。气相法是在300～350℃的温度下，在磷酸硼催化剂的作用下，己二酸与氨经胺化、脱水生成己二腈。液相法是在磷酸催化剂的作用下，先将200～300℃的熔融己二酸进行胺化，然后其反应产物经过脱水、脱重组分、化学处理和真空蒸馏等步骤可获得纯己二腈。以后，杜邦公司又开发了丁二烯氯化氰化法和丁二烯直接氢氰化法。丁二烯氯化氰化法是先将1，3-丁二烯与氯气在160～250℃的温度下进行气相反应，生成二氯丁烯；然后使二氯丁烯与氰化钠或氢氰酸在铜催化剂存在下反应生成二氰基丁烯；最后在钯催化剂的作用下，二氰基丁烯加氢生成己二腈。丁二烯直接氢氰化法是在100℃的温度下，1，3-丁二烯在催化剂作用下，与氢氰酸发生液相反应，生成戊烯腈的异构体混合物；经分离并将异构体异构为直链戊烯腈后，再与氢氰酸加成为己二腈。20世纪60年代，美国孟山都公司率先开发出丙烯腈电解二聚法。电解法分为隔膜式电解法和无隔膜式电解法。隔膜式电解法分为溶液法和乳液法。溶液法由孟山都公司最先开发出来，其具体过程是：浓度为10%～40%的丙烯腈溶液在含有季铵盐等物质的阴极液里进行电解偶联反应制得己二腈。乳液法由日本旭化成公司开发出来。其具体过程是：丙烯腈借助乳化剂聚烯乙醇、电解质等物质在阴极液里呈乳化状态进行二聚反应。无隔膜式电解法是比利时联合化学公司开发出来，它是一种直接电合成工艺，其电解液为乳液，由于丙烯腈不参与阳极反应，故取消了隔膜。无隔膜式电解法比隔膜式电解法降低了电耗、设备投资及维修费用。

印第安纳标准石油公司［美］建成第一套延迟焦化装置　延迟焦化是一种石油二次加工技术，是指以贫氢的重质油（重油、渣油、沥青等）为原料，在约500℃的高温下进行深度的热裂化和缩合反应，生产汽油、柴油、蜡油和焦炭的技术。延迟焦化装置有焦化部分（设备有加热炉和焦炭塔等）、分馏部分（设备有分馏塔等）、焦化气体回收和脱硫部分（设备有吸收塔、解吸塔、稳定塔、再吸收塔等）、水力除焦部分（设备有高压水泵、除焦控制阀、除焦胶管等）、焦炭的脱水和储运部分、吹气放空系统、蒸汽发生部分和焦炭焙烧部分等。1930年，美国印第安纳标准石油公司的怀廷炼厂建成了第一套延迟焦化装置，对减压渣油进行焦化，获得了更多汽油。延迟焦化的主要工艺过程是：在短时间内将渣油等原料加热到焦化反应所需温度，控制原料在炉管中基本不发生裂化反应，延缓到专设的焦炭塔中进行裂化反应。延迟焦化可处理残碳和金属含量很高的劣质原料，提高轻质油的回收率和脱碳效率，其优点体现在操作连续化、处理量大、灵活性强、脱碳效率高、投资和操作费用低等方面。延迟焦化是焦化技术的革命性进展，是渣油深度加工的主要方法之一，是解决我国柴油、汽油供需矛盾的理想手段之一。

卡门［美］创立湍流相似理论　湍流是流体的一种流动状态。当流速增大到一定程度时，流线不清楚，流场中出现许多小漩涡，层流被破坏，相邻流层间不但有滑动，还有混合，形成湍流，故又称之为"乱流"。研究湍流运动规律可遵循两条途径：一是研究均匀运动规律，形成了湍流半经验理论［代表人物有普朗特（Prandtl，Ludwig 1875—1953）、冯·卡门（von Karman，Theodore）等］；二是研究脉动运动规律，形成了湍流统计理论［代表人物有泰勒（Taylor，G.I.）、柯尔莫哥洛夫（Kolmogorov，A.N.）等］。在湍流半经验理论方面，1877年，法国科学家布森涅斯克（Boussinesq，J.）仿照牛顿黏性定律（认为流体内摩擦力与两层流体间的相对速度成正比），提出了涡流黏度理论。他认为，二元湍流的雷诺应力（是指由于湍流脉动的运动所形成的附加应力，包括湍流正应力和湍流切应力）和平均速度梯度成正比。1883年，英国科学家雷诺（Reynolds，O.）在用实验证明湍流发生规律之后，从纳维-斯托克斯方程［是描述黏性不可压缩流体动量守恒的运动方程，该方程由法国科学家纳维（Navier，C.L.M.H.）和英国物理学家斯托克斯（Stokes，G.G.）分别于1821年和1845建立，简称N-S方程］出发，研制出了雷诺方程（是支配湍流场中平均流场变化的方程）。1925年，德国科学家普朗特（Prandtl，L.）仿照气体动力学理论提出了混合长理论（亦称动量传递理论）。他认为，当一个湍涡从某一高度出发时，它带有那个高度的平均流场的平均动量，然后在混合过程中，此动量保持不变，当走完一个混合长以后，该湍涡突然与四周新环境混合起来，从新环境中吸取新的动量，从而使它的动量与新环境的动量一致，从而把湍涡的湍流无规则的脉动速度和平均流场的平均速度梯度联系在一起，使雷诺方程闭合。1930年，美籍匈牙利科学家卡门（Karman，T.）提出了一种假定局部脉动场相似的理论。1938年，卡门又用统计方法考察湍流，为湍流统计理论奠定了基础。1940年，中国科学家周培源（1902—1993）第一次提出了湍流脉动方程，建立了普通湍流理论，奠定了湍流模式理论的基础。1945年，周培源提出了解决湍流运动的方法，形成了湍流模式理论流派。20世纪50年代，他第一次由实验确定了从衰变初期到后期的湍流能量衰变规律和泰勒湍流微尺度扩散规律的理论结果。周培源是湍流模式理论的奠基人。

中国化学工程学会成立 1930年2月，中国化学家张洪沅（1902—1992）等在美国波士顿成立了中国化学工程学会。侯德榜等闻讯申请参加。学会的宗旨是"研究化工学术，提倡化工事业"。1930年9月，学会在麻省理工学院举行了第一次年会，会议除宣读论文、进行学术交流外，还作出决议，尽早将学会迁回中国。学会在成立之初，着手筹备编辑出版会刊，刊载中国化工科研论文，争取国际地位。1934年初，会员多已回国。学会在天津召开

张洪沅

了平津座谈会，决定出版刊物。1934年，学会会刊《化学工程》问世，每年出两期。中华人民共和国成立后，学会各分会先后恢复了活动。1951年8月，重庆分会举行大会，选出新的理事。天津分会为了响应"向科学进军"的号召，将《化学工程》全套重印，广为流传，并编辑出版八期《化学工业与工程》。1956年，学会与中华化学工业会合并，筹建中国化工学会。中国化学工程学会为中国化学工业的发展做出了贡献。

1931年

杜长明［中］最先提出了"外扩散对于燃烧反应的影响"理论 1926年，杜长明（1902—1947）毕业于北京清华学校（清华大学的前身）。其后，他赴美就读于麻省理工学院并于1931年获得博士学位。他的博士论文《碳的燃烧速率》，研究球形颗粒碳在气流中的燃烧现象。他把碳粉做成3厘米大小

的球形颗粒，并将其悬挂在炉中，同时将空气以不同的速度送入炉中进行燃烧，观测碳粒形状的变化及速率，从而求得在不同条件下碳的燃烧速度。他在论文中率先提出了"外扩散对于燃烧反应的影响"的理论。论文迄今被列为对化学反应工程学科早期发展有影响的论文之一。后来，英国燃烧学会在编选《燃烧》（Fuel）杂志50年来所刊登的有影响的部分论文专册时，将该文收入。1930年，他在美国与张洪沅、顾毓珍（1907—1968）共同成立了中国化学工程学会并任该会总干事（同年，他还和张洪沅等人成立了中国化学工程学会，即中国化工学会的前身组成部分之一）。1931年底，他回国后，先后在安徽大学、南京中央大学和重庆大学任教，开设了化工计算、化工原理、工业化学、传热学、化工机械等课程，培养了一大批化学和化工方面的人才。

杜邦公司［美］生产氟利昂　氟利昂是饱和烃（甲烷、乙烷等）的卤代物的总称，是一种制冷剂。20世纪20年代的电冰箱使用氨、二氧化硫、丙烷等有毒且危险的气体作为制冷剂，使用中这些气体时常泄漏。1929年，美国一家医院的冰箱发生泄漏事故导致100多人丧生。为此，美国化学家小托马斯·米奇利（Midgley，Thomas Jr.）研制出了稳定、不易燃且无毒的新型制冷剂——二氟二氯甲烷（即CFC-12，R-12）。1931年，美国杜邦公司用甲烷氯化物为原料，采用液相法生产R-11型和R-12型氟利昂（商标名称为Freon）。液相法是置换法中的一种（另一种是气相法，它以氟化铝、氟化铬和氟氧化铬为催化剂，反应在固定床反应器或流化床反应器中进行，其后处理与液相法相似），它以卤化锑为催化剂，以四氯化碳为原料，反应温度一般为45～200℃，最高压力为3.5MPa，对反应生成物进行水洗、碱洗、干燥、压缩和蒸馏等处理后制得氟利昂。1933—1936年，该公司又先后投入工业生产R-114、R-113和R-22等类型氟利昂。1969年，意大利蒙特爱迪生集团公司用甲烷氟氯化方法，生产R-11和R-12等类型氟利昂（见表1）。其具体过程是：以甲烷、氯气和氟化氢为原料，以金属氟化物或氯化物为催化剂，反应温度为370～470℃；反应产物中主要含R-11、R-12，沸点较高的氟化物和氯化氢，经汽提塔使部分氟化合物再循环，剩余气体进入氯化氢蒸馏塔，脱除氯化氢后经水洗、中和、干燥和精馏，得到R-11和R-12型氟利昂。1981年，世界氟利昂的产量约为1Mt。20世纪50年代后，人们发现氟利昂的大量使用致使地球南极上空出现臭氧空洞，并导致温室效应。于是，氟利昂被限制使用。1974年，美国率先禁止使用氟利昂。2010年，世界各国全面禁止使用氟利昂。

表1　氟利昂各类型产品及特点

商品名	化学名	沸点（℃）	凝固点（℃）	临界温度（℃）	临界压力（℃）
R-11	一氟三氯甲烷	23.82	−111	198.0	4.41
R-12	二氟二氯甲烷	−29.78	−158	112.0	4.11
R-13	三氟一氯甲烷	−81.40	−181	28.9	3.87
R-21	一氟二氯甲烷	8.92	−135	178.5	5.17
R-22	二氟一氯甲烷	−40.75	−100	96.0	4.97
R-112	1，2-二氟四氯乙烷	92.80	26	278.0	3.44
R-113	1，1，2-三氟三氯乙烷	47.57	−35	214.1	3.41
R-114	1，1，2，2-四氟二氯乙烷	3.77	−94	145.7	3.26

列别捷夫［苏］用酒精合成丁二烯　丁二烯是制造合成橡胶、合成树脂、尼龙等的原料。丁二烯的主要制造法有：乙醇法，即以乙醇为原料，以氧化镁-二氧化硅为催化剂，并加入活性添加剂，在360～370℃温度下，催化脱氢和脱水生成丁二烯。抽提法，即乙烯裂解装置副产C_4馏分，用溶剂抽提法提取丁二烯，依照采用溶剂的不同，该法又分为乙腈抽提法（以乙腈为萃取剂）和N，N-二甲基甲酰胺抽提法（以N，N-二甲基甲酰胺为萃取剂）。1902年，苏联化学家列别捷夫组织成立了石油及煤炭化学加工实验室和合成橡胶实验室，主要研究聚合过程。1910年，他用金属钠作催化剂，由丁二烯制成合成橡胶（丁钠橡胶）。1913年，他发表了题为《二烯烃聚合的研究》的论文，为合成橡胶工业奠定了科学基础；他对异丁烯聚合的研究为研究丁基橡胶及聚1-丁烯工业生产方法奠定了理论基础。1926—1928年，他及他领导的集体，研究出生产丁钠橡胶的有效方

列别捷夫

法。1928—1931年，他又提出了合成橡胶制品的基本配方。1931年，苏联利用列别捷夫的方法，从酒精合成了丁二烯，并用金属钠作催化剂进行液相本体聚合，制得了丁钠橡胶，建成了万吨级生产装置。为此，苏联政府授予他列宁勋章。1934年，他又组织成立苏联科学院高分子化合物实验室。丁二烯的工业化生产，为当时苏联生产丁纳橡胶提供了重要的原料。

法本公司［德］用乳液聚合法生产聚氯乙烯　聚氯乙烯可由乙烯、氯和催化剂经取代反应制成，也可用自由基加成聚合方法制成。聚合方法主要分为悬浮聚合法［在带有搅拌器的聚合釜中，使单体呈微滴状悬浮分散于水相中，加入油溶性引发剂（有机过氧化物和偶氮化合物）和悬浮稳定剂（如明胶、聚乙烯醇等），经聚合反应合成聚氯乙烯］、乳液聚合法和本体聚合法。其中，乳液聚合法是最早生产聚氯乙烯的方法。1835年，法国化学家勒尼奥（Regnault, Henri Victor）在研究中发现，用日光照射氯乙烯时生成一种白色固体，即聚氯乙烯（PVC）。1872年，德国化学家鲍曼（Baumann, Eugen）又发现了该物质。1912年，德国人克拉特（Klatte, Fritz）合成了PVC并申请了专利。但是，他没能开发出合适产品。1914年，科学家们发现有机过氧化物可加速氯乙烯的聚合。1926年，美国化学家西蒙（Semon, W.L.）合成了PVC并申请了专利。同年，他利用加入各种助剂塑化PVC并得到了商业应用。1931年，德国法本公司首先在乳液聚合中加入水和氯乙烯单体以及烷基磺酸钠等表面活性剂作乳化剂生产聚氯乙烯。1933年，美国科学家西蒙（Semon, W.L.）用高沸点溶剂和磷酸三甲酚酯与聚氯乙烯加热混合合成软聚氯乙烯制品，使聚氯乙烯生产有了实质性突破。1936年，英国卜内门化学工业公司、美国联合碳化物公司及美国固特里奇化学公司几乎同时开发出氯乙烯的悬浮聚合及PVC的加工应用。1956年，法国圣戈邦公司采用本体聚合法（即先在立式预聚合釜中聚合氯乙烯单体和引发剂，然后在卧式聚合釜中继续聚合的方法）生产聚氯乙烯。乳液聚合法是最早的工业生产聚氯乙烯的一种方法。

罗姆–哈斯公司［德］制造有机玻璃　有机玻璃（英文缩写为PMMA）的化学名称为聚甲基丙烯酸甲酯，是由甲基丙烯酸甲酯聚合而成的高分子化合物。1927年，德国罗姆–哈斯公司的化学家在两块玻璃板之间将丙烯酸酯加热，使丙烯酸酯发生聚合反应，生成了有黏性的橡胶状夹层，可用作防破碎的安全玻璃。他们用同样的方法使甲基丙烯酸甲酯聚合，得到了透明度好、性能良好的聚甲基丙烯酸甲酯（即有机玻璃板）。1931年，罗姆-哈斯公司建厂生产有机玻璃，被用作飞机座舱罩和挡风玻璃。随后，美国、英国等也相继生产有机玻璃。有机玻璃的生产方法主要有：粘贴法（将有机玻璃切割成一定形状后，在平面上粘贴而成）、热压法（将有机玻璃薄板加热后，在模具中加热压成型）、镶嵌法（将不同色彩的有机玻璃块切割成所需的几何图形，在底板上镶嵌拼接而成）、立磨法（将棒形有机玻璃或厚板形有机玻璃粘接后，直接在砂轮上磨制、抛光成型）、断磨法（将板形有机玻璃重叠粘贴在一起，然后直接削磨断面成型）、热煨法（将有机玻璃加工到一定形状，再将其加热，然后直接用手迅速窝制、捏制成型）等。在生产过程中，如果加入各种染色剂，就可以聚合成为彩色有机玻璃；如果加入荧光剂（如硫化锌），就可聚合成荧光有机玻璃；如果加入人造珍珠粉（如碱式碳酸铅），则可制得珠光有机玻璃。有机玻璃的生产，取代了赛璐珞塑料，在飞机工业得到广泛应用。

杜邦公司［美］首次生产氯丁橡胶　1930年，美国化学家华莱士·卡罗瑟斯（Carothers，W.H. 1896—1937）和纽兰德（Nieuwland，Julius Arthur 1878—1936）由乙炔得到2-氯-1，3-丁二烯（即氯丁二烯）聚合成为氯丁橡胶。1931年，美国杜邦公司首先用乳液聚合法生产氯丁橡胶。其生产工艺流程多为单釜间歇聚合；用氧化锌、氧化镁等进行硫化；聚合温度多控制在40～60℃，转化率约为90%；聚合温度、最终转化率过高或聚合过程中进入空气均会导致产品质量下降；生产中用硫黄-秋兰姆（四烷基甲氨基硫羰二硫化物）体系调节分子量。1937年，该公司正式将其产品推向市场。之后，美国杜邦公司生产Neoprene系列氯丁橡胶，美国得克萨斯石油化学公司生产Neoprere系列氯丁橡胶，日本电气化学公司生产Denka系列氯丁橡胶，德国拜耳公司生产Bay pren系列氯丁橡胶，日本东洋曹达公司生产Skyprene系列氯丁橡胶，法国迪斯狄吉尔公司生产Butaehlor系列氯丁橡胶，俄罗斯生产Nairit系列氯丁橡胶。20世纪50年代，我国开始研究开发氯丁橡胶并取得较快发展。截至2010年底，我国氯丁橡胶的总生产能力达到8.3万吨，约占世界氯丁橡胶总生产能力的20.96%。氯丁橡胶是第一个实行工业化生产的合成橡胶。

抚顺［中］建成油页岩干馏厂　页岩油是存在于页岩层系中的石油，它是由页岩干馏时有机质受热分解生成的一种褐色、有特殊刺激气味的黏稠状液体，是一种人造石油。组成页岩油的化合物主要有烃类、含硫化合物、含氮化合物、含氧化合物。页岩油的加工方法主要有精馏、热裂化、石油焦化、加氢精制等。其具体包括加氢处理法（可得到液体燃料，包括柴油、石脑油和汽油）和非加氢处理法（包括酸碱精制、溶剂精制、吸附精制等）。1835年，法国建成世界上第一座页岩油厂。该厂将油页岩进行干馏生成页岩油，再制取煤油、石蜡等用于照明。1862年，英国开始页岩油生产，随后建立了百余座小规模页岩油厂。同时，德国、西班牙等也发展了页岩油的生产。20世纪20年代，爱沙尼亚建成了第一座油页岩干馏厂，应用垂直的烟气内热式干馏炉，对波罗的海沿岸的油页岩进行干馏汽化；到1940年，该厂年产17.4万吨页岩油。中国页岩油储量丰富。据2004—2006年统计：中国页岩气资源有7199.4亿吨，页岩气可采资源2432.4亿吨；页岩油资源476.4亿吨，页岩油可采资源159.7亿吨，页岩油可回收资源119.8亿吨。页岩油遍布全国20个省和自治区，吉林、辽宁、广东的页岩油储量最大。1925—1927年，中国在抚顺进行过内热式干馏试验，采用上段为干馏、下段为汽化相结合的内热式干馏炉处理低品位油页岩并获得成功。1931年，中国在抚顺建成油页岩干馏厂，采用改装后的细腰炉和粗腰炉干馏炉加工油页岩制取页岩油（适宜于加工制取轻质油品），生产重油、石蜡，副产硫酸铵。到1945年，抚顺建成了200台干馏炉，页岩油年产量最高达25万吨。1959年，抚顺页岩油厂年产60万吨页岩油，其产量是历史上最高的。20世纪60年代，大庆油田被发现，油页岩工业进入停滞期。到80年代，抚顺的页岩油被迫停产。1989年，抚顺又重建页岩炼油厂，1991年投产20台干馏炉。到2008年，抚顺共建220台干馏炉，年产量达到35万吨。抚顺油页岩干馏厂是中国第一家页岩油厂，是我国目前唯一的油母页岩炼油厂，是全国油母页岩综合利用示范基地，也是中国页岩油工业的开端。

泰勒［英］创立涡量传递理论　涡量（vorticity）是流体速度矢量的旋度，它被用来量度涡旋的强度和方向。在流体中，只要有"涡量源"，就会产生不同尺度的涡旋。1931年，英国力学家泰勒（Taylor，Geoffrey Ingram 1886—1975）提出了一种模拟涡量运输的涡量传递理论。这种理论将湍流与气体分子运动相类比，在普朗特混合长理论的基础上，将传递量看成涡量。在脉动流速的作用下，具有涡量的流体质团要运行一定距离后，其涡量才发生变化，在这段距离内，涡量为常数。这是关于湍流的又一个重要理论——半经验理论。它与卡门的相似理论都属于平均场封闭模型，是湍流研究的早期重要理论。此后，泰勒又先于卡门提出了湍流统计方面的理论，为湍流研究做出了关键性贡献。

1932年

芬斯克［美］建立芬斯克方程　1932年，美国科学家芬斯克（Fenske，M.R.）提出了在全回流条件下，计算最小理论塔板数的"芬斯克方程"，这是继图解法之后的第二大精馏计算方法。利用该方程能计算出采用全回流操作达到给定产品浓度所需的最少理论板数。1940年，吉利兰（Gilliland，E.R.）发表多元系精馏中理论塔板数与回流比的经验关系式。芬斯克方程与吉利兰图结合构成精馏捷算法，这种方法稳定可靠，可推广到估算多组分料液的精馏。精馏捷算法在进行整个生产过程的优化计算中常被采用，大幅节省了计算时间。

侯德榜［中］著《纯碱制造》（英文版）　1932年11月，中国化学家侯德榜用英文著《纯碱制造》，并在美国出版。该书是美国化学学会《科学与技术专论丛书》之一。1940年12月，该书被修订再版。1948年，该书被译成俄文，在苏联出版。全书共26章，作者论述了索尔维法制碱的历史沿革、原理、工艺、设备、结构及布置、操作、参数、生产控制以及技术经济方面的要求。该书出版以前，索尔维法受垄断资本集团的操纵，一直被作为技术秘密，没有专门书籍。作者在该书中把多年的实践和成功的经验毫无保留地记述出来，打破了垄断资本集团的技术封锁，受到各国的广泛欢迎，产生了很大

侯德榜

影响。后来，作者又对英文版进行了修订，增加了碱与氯化铵联合生产的内容。此外，他还以中文著成《制碱工学》一书，共计54章，85万字，由中国化学工业出版社先后于1959年和1960年分上、下两册出版。侯德榜的《纯碱制造》被公认为是世界上关于索尔维法的权威科学著作。

顾毓珍［中］创建了顾氏公式　1927年，中国化工专家顾毓珍（1907—1968）毕业于北京清华学校（清华大学的前身）。以后，他赴美国麻省理工学院攻读化学工程专业并于1932年获博士学位。他提出了关于流体在圆管中流动时的流动阻力计算公式，即湍流时，在不同Re值范围内，光滑管的柏拉休斯摩擦系数 λ 的表达式：$\lambda = 0.0056 + 0.500/Re^{0.32}$。该公式被称为"顾毓珍公式"（简称"顾氏公式"）并得到了国际学术界的公认。1930年，他与张洪沅等人共同发起成立中国化学工程学会。1932年秋，他回国后专门从事寻求液态燃料代用品的研究。1935年，他研究以植物油为原料生产液体燃料，并得出对各种植物油的压榨产油量的计算式，在此基础上总结出产油量的一般计算式。他曾任金陵大学、同济大学、华东化工学院等校教授，先后编写出版了《液体燃料》《油脂制备学》《化工计算》《湍流传热导论》等书；发起编著《化学工程学丛书》；与他人共同编写的《化学工业过程及设备》一书是中国专家编写的第一部全国高等院校化工原理通用教材。顾毓珍是中国液体燃料与油脂工艺研究的开拓者、中国流体传热理论研究的先行者。

1933年

苯胺化学品公司［美］用苯氧化法生产顺丁烯二酸酐　顺丁烯二酸酐简称顺酐，其分子式为$C_4H_2O_3$。它主要由苯或碳四馏分中的正丁烷或丁烯氧化而制得，是生产不饱和聚酯及有机合成的原料。1817年，化学家由苹果酸脱水蒸馏制得顺丁烯二酸酐。1933年，美国国民苯胺化学品公司用苯氧化法生产顺丁烯二酸酐。苯氧化法的具体内容是：在V–Mo–P系催化剂（钒的氧化物）作用下，在365℃的温度下，在固定床中发生氧化反应，生成顺丁烯二酸酐；然后用水吸收生成顺丁烯二酸水溶液，再经共沸脱水和精馏，刮片得到成品。1960年，美国石油–得克萨斯化学公司建立了由丁烯氧化法生产顺酐的工业装置。丁烯氧化法的具体内容是：以混合碳四馏分中的有效成分正丁烯、丁二烯等为原料，在V_2O_5-P_2O_5系催化剂作用下，经气相氧化反应生成顺酐，其中，正丁烯在反应中，先脱氢生成丁二烯，再氧化生成顺酐。该反应还产生一氧化碳、二氧化碳以及少量的乙醛、乙酸等副产品，耗料高，收效低。1974年，美国孟山都公司建厂首先以正丁烷为原料生产顺丁烯二酸酐。丁烷（或丁烯）氧化法的具体内容是：丁烷（或丁烯）在V-Mo催化剂作用下，经空气或氧气氧化生成顺酐，反应温度为350~400℃，然后通过经水吸收、脱水和精制工艺流程得到成品。

鲁尔化学公司［德］建设第一座煤间接液化工业装置 1923年，德国化学家费歇尔（Fischer，F.）和托罗普施（Tropsch，H.）开发出了煤间接液化合成技术（简称"F-T合成技术"或"费托合成技术"）。费托合成技术总的工艺流程包括煤气化、气体净化、变换和重整、合成和产品精制改质等。合成气中的氢气与一氧化碳的摩尔比要在2~2.5。反应器采用固定床或流化床两种形式。如生产柴油，则采用固定床反应器；生产汽油，则采用流化床反应器。其具体过程是：以合成气为原料在催化剂（主要是铁系）和适当反应条件下合成以石蜡烃为主的液体燃料。1933—1934年，德国鲁尔化学公司采用此方法建成了第一座工业装置并投入生产，产量为每年7万吨，这是煤间接液化合成技术的首次工业实现。到1944年，德国共有9个工厂共每年57万吨的生产能力。在同一时期，日本、法国、中国共建成了6套装置。1955年，南非建厂使用煤炭间接液化的方法生产石油和石油制品，并于1980—1982年建成投产，成为世界上第一个将费托合成技术工业化的国家。

赖希施泰因［瑞］发明了维生素C的工业生产法 1897年，荷兰科学家艾克曼（Eljkman，C. 1858—1930）在爪哇发现，人如果只吃精磨白米可患脚气病，用糙米能治疗此病，他还发现能用水和酒精提取治疗该病的物质（当时称之为"水溶性B"）。1906年，他证明食物中除了含有蛋白质、脂类等物质以外，还含有量虽小但动物生长必需的物质。1912年，波兰裔美国科学家卡西米尔·冯克（Funk，Kazimierz 1884—1967），研究发现自然食物中的维生素A、维生素B、维生素C和维生素D等物质分别可以防治夜盲症、脚气病、维生素C缺乏病和佝偻病。1928年，匈牙利生化物学家阿尔伯特（Albert，Szent-Gyorgyi）成功地分离出维生素C，他也因此而获得1937

年的诺贝尔生理学或医学奖。1933年，瑞士化学家塔德乌什·赖希施泰因（Reichstein，Tadeus）发明了维生素C的工业生产法：先将葡萄糖还原成为山梨醇，经过细菌发酵成为山梨糖，山梨糖加丙酮制成二丙酮山梨糖；然后，再用氯及氢氧化钠氧化成为二丙酮古洛酸；后者溶解在混合的有机溶液中，经过酸的催化剂重组成为维生素C。1934年，该专利权被罗氏公司购得，成为50余年来工业生产维生素C的主要方法。罗氏公司也因此独占了维生素C的市场。

首届世界石油大会在英国召开 世界石油大会（World Petroleum Council，简称WPC）是一个国际性的石油代表机构，也是世界权威性的石油科技论坛。大会的宗旨是加强对世界石油资源的管理，促进石油科学技术的发展，加强成员国之间的合作，为石油科技人员、管理者和行政人员提供交流信息和讨论研究的论坛。1933年，在英国伦敦召开了首届世界石油大会并宣布成立该组织。其总部设在伦敦。大会的专题包括石油地质、勘探、钻井、采油、油藏工程、炼油、油页岩加工、石油化工原料、环境保护、人员培训、世界石油经济等。大会的组织原则是：每个成员国均隶属于执行委员会并在世界石油大会理事会有一票的表决权；执行委员会负责处理日常事务并监督世界石油大会各个委员会的工作。世界石油大会不接纳团体和个人成员。大会每四年举行一次，从第14届大会以后改为每三年举行一次。第二次世界大战期间曾中断活动。1951年恢复活动。1979年9月13日，第10届大会通过决议，接纳中国国家委员会为该组织常任理事会成员。1997年10月12日至16日，在北京举行了第15届世界石油大会。目前，该组织有近64个成员国，其成员国占世界石油和天然气消费量和生产量的95%以上。

1934年

范旭东［中］建成永利化学工业公司錏厂 1924年，中国近代企业家范旭东（1883—1945）当选为中华化学工业会副会长。1934年，范旭东改组永利制碱公司为永利化学工业公司，在江苏省六合县卸甲甸（现南京市六合区）创办硫酸铵厂，即永利化学工业公司錏厂，简称永利宁厂或永利錏厂。1937年，该厂生产合成氨、硫酸、硫酸铵及硝酸，被称为当时具有世界水平的大型化工厂。1945年，范旭东当选为中国化学学会理事长。1951年，该厂研制成功硫酸生产用钒催化剂，并以此为起点，逐步建成了能生产多品种、多系列产品的中国第一个催化剂厂。1956年，该厂成功试制出中国第一台高压容器和第一台大型硫铁矿沸腾焙烧炉。1959年，成立南京化学工业公司，下设永利宁厂、南京磷肥厂等7个单位。1965年5月，南京化学工业公司改名为南京化肥厂（只包括生产单位）。1973年7月，再度成立公司，发展成为一个生产经营化肥、化工原料、催化剂、化工机械并从事化学工程有关的科研、设计、制造、施工、安装的大型联合企业。1985年，企业生产化肥和化工产品25个品种57个型号、催化剂13个品种37个型号、化工机械14大类90个品种。许多产品和化工机械产品均进入了国际市场。永利化学工业公司錏厂为中国自主生产酸、碱两大基本化工原料工业奠定了基础，为民族化学工业的发展做出了重大贡献。

卜内门化学工业公司［英］和法本公司［德］生产酞菁蓝　1934年，英国卜内门化学工业公司和德国法本公司分别生产了第一个品种——酞菁蓝。其主要生产方法是：将邻苯二甲酸酐与尿素在钼酸铵催化剂作用下，与氯化亚铜反应，所得粗品俗称为"铜酞菁"。目前，工业上生产酞菁蓝的方法主要有烘焙法和溶剂法。烘焙法是：将苯酐、尿素、氯化亚铜、钼酸铵按照一定比例混合均匀，在反应锅中加热熔化，然后将其装入金属盘内，放入密闭烘箱内加热，在240～260℃的温度下烘焙数小时，生成粗品酞菁蓝，冷却后即取。该法的有效率为75%～80%，且须将生成品再通过酸洗、碱洗进行提纯。溶剂法是：在反应釜中加入三氯苯（2776kg）、苯酐（1200kg）、尿素（1000kg），升温至160℃，保温2小时；第三次加入三氯苯（876kg）、钼酸铵（13.4kg），升温至200℃左右，保温；第六次加入三氯苯、尿素（850kg）及氯化亚铜（230kg），升温，保温；然后，将其移入蒸馏锅加入液碱，并用直接蒸汽蒸出溶剂；用水漂洗，继续蒸净，物料以薄膜干燥器干燥，制得粗品酞菁蓝1250kg；将135kg粗品酞菁蓝加入850kg且浓度为98%的硫酸中溶解，在40℃的温度下保温，再加入二甲苯17kg，升温至70℃，后再逐渐降温至24℃，稀释于水中，静止3小时，吸去上层废液；如此重复三次后，用浓度为30%的氢氧化钠中和至pH值为8～9，搅拌后以直接蒸汽煮沸半小时，水洗、干燥、磨粉制得精品酞菁蓝118kg。世界酞菁蓝颜料的年总产量在10万吨左右，年需求增长达3%，中国占20%的份额。从总体发展趋势看，欧美等发达国家的产量会逐渐下降，中国有望成为世界最大的酞菁蓝颜料供应商，并且有优势占据更大的市场份额。酞菁蓝有机颜料是第一种酞菁颜料，其工业化使得有机颜料进一步丰富和发展。

蒂斯代尔［美］等发现二甲基二硫代氨基甲酸盐类杀菌剂　杀菌剂又称杀生剂等，是指有效控制或杀死各种微生物的化学制剂。它可分为工业杀菌剂和农业杀菌剂，也可分为无机杀菌剂和有机杀菌剂。早期的杀菌剂都是无机化合物。1885年，法国植物学家米拉德（Millardet，Pierre-Marie-Alexis）在研究中发现，由硫酸铜和石灰配成的溶液能够治疗葡萄的霉叶病，并取名为"波尔多液"，这是世界上第一个合成杀菌剂。1914年，德国科学家里姆（Riehm，I.）首先利用有机汞化合物防治小麦黑穗病，这标志着有机杀菌剂的开端。1931年，杜邦公司合成了第一个有机杀菌剂——"福美双"（化学名称：四甲基秋兰姆二硫化物，化学式：$C_6H_{12}N_2S_4$）。1934年，美国化学家蒂斯代尔（Tisdale，W.H.）等发现二甲基二硫代氨基甲酸盐具有杀菌作用，这是最早脱离重金属有机物的有机杀菌剂。此后，从20世纪40年代开始，三种重要的有机硫杀菌剂类型［福美类、代森类（如代森锌）和三氯甲硫基二甲羧酰亚胺类］相继被开发出来。此外，有机汞、有机氯、有机砷杀菌剂也相继被合成出来。从此，有机杀菌剂开始取代无机杀菌剂，但是这些种类的杀菌剂大多是保护性的，因此，它被后来的内吸性杀菌剂，即能通过植物的叶、茎、根部吸收进入植物体，在植物体内输导至作用部位的杀菌剂所代替。例如：1965年，日本开发了有机磷杀菌剂——稻瘟净；1966年，美国开发了萎锈灵；1967年，美国开发了苯菌灵；1969年，日本开发了硫菌灵；1974年，联邦德国开发了唑菌酮；1975年，美国开发了三环唑；1977年，瑞士开发了甲霜灵；1978年，法国开发了三乙磷酸铝。中国自20世纪50年代起主要发展保护性杀菌剂，70年代以来，开始发展内吸性杀菌剂和农用抗生素，并停用有机汞杀菌剂。

蒂利［美］研究催化效率因子同蒂利模数的关系　1934年，美国科学家蒂利（Thiele，E.W.）在研究催化效率的过程时，给出了催化剂内部效率因子

（观测的反应速率与本征反应速率之比）同蒂利模数的关系。蒂利模数是一个无因次数群，反映了（反应相内传质模型）极限反应速率与极限内部传质速率之比。催化效率因子是蒂利模数的函数，表示反应相的利用率。二者的关系是：当蒂利模数接近于0时，效率因子接近于1，说明表观反应速率几乎不受内部传质的影响；当蒂利模数很大时，效率因子很小，传质对反应有严重影响，反应主要是在界面附近的狭小区域内进行；蒂利模数值高，表示传质阻力大，反应物浓度低。蒂利的研究成果为反应相内传质理论的形成奠定了基础。

1935年

法本公司［德］用本体聚合法工业化生产聚苯乙烯　聚苯乙烯（英文简称PS），是指由苯乙烯单体经自由基加聚反应合成的聚合物，是一种无色透明的热塑性塑料，其化学式为$(C_8H_8)_n$。1839年，德国人爱德华·西蒙（Simon，Edward 1789—1856）第一次从天然树脂中提取出聚苯乙烯。1930年，德国法本公司首先用本体聚合法试生产聚苯乙烯，1935年实现了工业化生产。该方法是指单体（或原料低分子物）在不加溶剂以及其他分散剂的条件下，在引发剂或光、热、辐射作用下，其自身进行聚合引发的聚合反应。有时也可加少量着色剂、增塑剂、分子量调节剂等。液态、气态、固态单体都可以进行本体聚合。本体聚合法可分为连续（流动）式和间歇式两类。该方法常被用于聚甲基丙烯酸甲酯（俗称有机玻璃）、聚苯乙烯、低密度聚乙烯、聚丙烯、聚酯和聚酰胺等树脂的生产。1934年，美国陶氏化学公司开始生产聚苯乙烯。1954年，陶氏化学公司开始生产聚苯乙烯泡沫塑料。聚苯乙烯的工业化生产给化工领域带来新的聚合材料。但是，由于聚苯乙烯无法经由生物分解及光分解进入生物地质化学循环，因此，它的使用会影响生态环境。为此，科学家们开展聚苯乙烯的回收和自然分解等技术研究工作并取得成果。

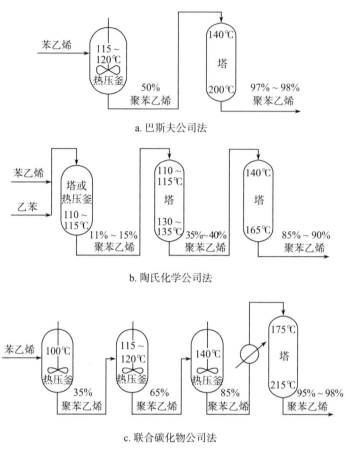

a.巴斯夫公司法

b.陶氏化学公司法

c.联合碳化物公司法

苯乙烯本体聚合的主要方法流程

法本公司［德］首次生产丁腈橡胶　丁腈橡胶（简称NBR）是由丁二烯和丙烯腈经过低温乳液聚合法制得的一种合成橡胶。1931年，德国制成丁二烯与丙烯腈的共聚物，发现其具有耐油、耐老化及耐磨等性能。1935年，德国法本公司首先生产丁腈橡胶。1937年，法本公司在布纳化工厂建成丁苯橡胶工业生产装置。1941年，美国也开始大规模生产丁腈橡胶。不久，其他国家也相继生产丁腈橡胶。丁腈橡胶制造普遍采用乳液聚合法。其具体方法分为四个步骤。第一，将一定比例的丁二烯、丙烯腈混合均匀，制成碳氢相；在乳化剂中加入氢氧化钠、焦磷酸钠、三乙醇胺、软水等制成水相，并配制引发剂等待用。将碳氢相和水相按一定比例混合后送入乳化槽，在搅拌下经充分乳化后送入聚合釜。第二，向聚合釜内直接加入引发剂，以调节橡胶的分子量；聚合反应进行至规定转化率时，加入终止剂终止反应，并将胶浆卸入中间贮槽。第三，经过终止后的胶浆，被送至脱气塔，减压闪蒸出丁二烯，然后借水蒸气加热及真空脱出游离的丙烯腈。第四，后处理经脱气后的胶浆加入防老剂过滤除去凝胶后，用食盐水凝聚成颗粒胶，经水洗后挤压除去水分，再用干燥机干燥，然后包装即得成品橡胶。丁腈橡胶的生产拓宽了橡胶的使用范围。

多马克［德］发明磺胺药——百浪多息　1932年，德国生物化学家格哈德·多马克（Domagk，Gerhard 1895—1964）发现将百浪多息［化学名：4-（2，4-二氨基苯基）偶氮苯磺酰胺，分子式：$C_{12}H_{13}N_5O_2S$］注射进被感染的小鼠体内，能杀死链球菌。后来，他又用兔、狗进行试验都获得了成功。他还用它挽救了身患链球菌败血病的女儿。1935年，他发表了此发现。百浪多息是磺胺类药物中第一个问世的药物。它杀死链球菌的机理是：它在体内能分解出磺胺基因——对氨基苯磺酰胺；它与细菌生长所需要的对氨基苯甲酸在化学结构上十分相似，细菌吸收它但因不起养料作用而死去。但是百浪多息只有在动物体内才能杀死链球菌，而在试管内则不能。于是，法国巴斯德研究所的特雷富埃尔（Trefouel）和他的同事通过分析百浪多息的有效成分，分解出了氨苯磺胺（对氨基苯磺酰胺）。1937年以后，人们先后研制出磺胺吡啶、磺胺噻唑、磺胺嘧啶等磺胺类药物，这些药物被称为在青霉素被发现之前的最好的抗菌药物。多马克的发现拯救了无数人的生命。1939年，多马克因此获得了诺贝尔生理学或医学奖。但是，当时希特勒禁止德国人接受诺贝尔奖，直到第二次世界大战后，多马克才于1947年赴斯德哥尔摩补领该奖。

伊斯曼-柯达公司［美］研制外偶彩色反转片　彩色反转片又称反转型彩色片、幻灯用彩色片，它分为外偶彩色反转片和内偶彩色反转片。彩色反转片可用来制作幻灯片、印刷制版和制作彩色照片。1935年，伊斯曼-柯达公司首先研制出外偶彩色反转片。次年，德国阿克发公司研制出内偶彩色反转片。外偶反转片不含成色剂（染料），而内偶反转片是将成色剂涂布在胶片乳剂里的。因此，外偶胶片需要到生产厂家用特殊工艺显影，这在使用上受到一定限制。但这种胶片在显影效果上有自身的优势，因此一直占有一定市场。两种彩色反转片各有所长，在彩色感光胶片史上不仅是最早的类型，而且长盛不衰，它们共同促进感光材料工业进入了获得彩色画面的新时代。

希格比［美］创建溶质渗透理论　溶质渗透理论（penetration theory）是溶质渗透模型的简称。1923年，惠特曼（Whitman，W.G.）和刘易斯（Lewis，L.K.）提出了双膜理论。该理论认为，气体吸收是气相中的吸收质经过相际传递到液相的过程。当气体与液体接触时，即使在流体的主体中已呈湍流，气流相际两侧仍分别存在稳定的气体滞流层（气膜）和液体滞流层（液膜），而吸收过程是吸收质分子从气相主体运动到气膜面，再以分子扩散的方式通过气膜到达气液两相界面，在界面上吸收质溶入液相，再从液相界面以分子扩散方式通过液膜进入液相主体。该理论虽然较好解释了液体吸收剂对气体吸收质吸收的过程，但是，它不能确定等效膜层厚度和界面上的浓度。1935年，美国化学家希格比（Higbie，R.）提出了溶质渗透理论。他将相际传质过程设想为：工业吸收设备中气液接触、溶质从液面渗入液内而形成浓度梯度、混合、消失浓度梯度的交替过程。由于接触时间很短，扩散过程难以发展到定态，因此，传质是靠非定态的分子扩散。该理论的基本内容是：在设备中进行传质过程而当气液还未接触时，整个气相或液相内的溶质是均匀的。当气液一开始接触，溶质才渐渐溶于液相中，随着气液接触时间的增长，积累在液膜内的溶质也逐渐增多，溶质从相界面向液膜深度方向逐步渗透，直至建立起稳定的浓度梯度。这种理论与吸收传质的实验结果比较符合，其主要贡献在于，它放弃了定态扩散的观点，揭示了过程的非定态特性，并指出了液体定期混合对传质的作用。该理论是继双膜理论之后相际传质的又一重要理论。

1936年

索康尼真空油公司和太阳石油公司［美］采用催化裂化技术炼制石油　催化裂化是在热和催化剂的作用下，使重质油发生裂化反应，转变为裂化气、汽油和柴油等的过程。催化裂化技术是法国化学家胡德利（Houdry，E.J.）发明的。1936年，美国索康尼真空油公司和太阳石油公司合作，采用催化裂化技术实现了石油的工业化生产。当时采用固定床反应器，反应和催化剂再生交替进行。由于高压缩比的汽油发动机需要较高辛烷值汽油，因此，催化裂化向移动床（反应和催化剂再生在移动床反应器中进行）和流化床（反应和催化剂再生在流化床反应器中进行）两个方向发展。移动床催化裂化（使用小球硅酸铝催化剂）因设备复杂逐渐被淘汰；流化床催化裂化（使用微球硅酸铝催化剂）设备较简单、处理能力大、较易操作，得到较大发展。20世纪60年代，出现分子筛催化剂（采用硅溶胶或铝溶胶等黏结剂，把分子筛、高岭土粘接在一起，制成高密度、高强度的新一代半合成分子筛催化剂，所用分子筛除稀土–y型分子筛以外，还有超稳氢–y型分子筛等），因其活性高，裂化反应改在一个管式反应器（提升管反应器）中进行，而被称为提升管催化裂化。中国于1958年在兰州建成移动床催化裂化装置。1965年，在抚顺建成流化床催化裂化装置。1974年，在玉门建成提升管催化裂化装置。到1984年，中国已建成39套催化裂化装置。催化裂化技术的使用，为石油化工提供了更多低分子烯烃原料，是人类生产石油的一大进步。

鲁奇公司［德］建成鲁奇煤气化炉 煤气化炉是将煤作为气化燃料生成可燃气体的炉子，或是燃烧煤气的炉子。典型的工业化煤气化炉型有：UGI炉（常压固定床炉）、温克勒炉（沸腾床炉）、K–T炉（气流床炉）和鲁奇炉等。1936年，德国鲁奇煤和石油技术公司开发出加压移动床煤气化设备——鲁奇煤气化炉。该炉为立式圆筒形结构，炉体由耐热钢板制成，有水夹套副产蒸汽。该炉的特点是：煤在炉中缓慢下降，并和汽化剂（蒸汽和氧气）逆流接触，煤在炉中停留时间1~3h，压力2.0~3.0MPa。煤层最高温度点必须控制在煤的灰熔点（是固体燃料中的灰分达到一定温度以后，发生变形、软化和熔融时的温度）以下。煤的灰熔点的高低决定了汽化剂中水与氧气比例的大小。高温区的气体含有二氧化碳、一氧化碳和蒸汽，进入气化区进行吸热气化反应，再进入干馏区，最后通过干燥区出炉。粗煤气出炉温度一般在250~500℃。该炉的工艺过程是：煤自上而下移动，先后经历干燥、干馏、气化、部分氧化和燃烧等区域，最后变成灰渣由转动炉栅排入灰斗，再减至常压排出；汽化剂则由下而上通过煤床，在部分氧化和燃烧区与该区的煤层反应放热，达到最高温度点并将热量提供给气化、干馏和干燥区域使用；粗煤气最后从炉顶引出炉外。鲁奇煤气化炉气化强度高，后来被不断改进和广泛采用。

亨克尔公司［德］建成第一个高级脂肪酸工业化装置 高级脂肪酸是指$C_6 \sim C_{26}$的一元羧酸。天然脂肪酸主要以酯的形式存在于动植物油脂中且数量很少。早期的高级脂肪酸主要通过加碱皂化、酸化或者水解的方法，从动植物油脂中提取。随着现代石油化工的发展，高级脂肪酸可以通过人工合成生产。主要方法有：石蜡氧化法、伯醇碱氧化法（由烯烃通过羰基合成法和齐格勒法制得的伯醇经碱熔融生成钠盐，再经酸化制得脂肪酸）等。1936年，德国亨克尔（Heinkel）

高级脂肪酸工业化装置

公司建立第一个高级脂肪酸工业化装置。该装置使用石蜡氧化法合成高级脂肪酸。该法以沸程（蒸馏时冷凝管开始滴下第一滴液体时的温度为初馏温度；蒸馏接近完毕时的温度为末馏温度，两个温度之差为沸程）$350 \sim 420℃$的直链正构烷烃（石蜡）为原料，在高锰酸钾或二氧化锰-钾-钠催化剂的作用下，石蜡与空气在反应塔内接触。首先在$120 \sim 160℃$、$0.14 \sim 0.63MPa$的条件下引发$1 \sim 2h$，温度控制在$105 \sim 120℃$，反应时间为$12 \sim 20h$，收率为$75\% \sim 85\%$，产物在洗涤塔内水洗除去$C_1 \sim C_4$酸，分离催化剂后加碱皂化，再在$380℃$、$0.6 \sim 1.3MPa$的条件下分离不皂化物，最后用硫酸酸化，通过精制分离出各种等级的脂肪酸。每吨酸消耗石蜡约为$1.75 \sim 1.85$吨。反应可在多组串联的氧化塔或其他形式反应器中连续进行。在美国和日本，仍以天然油脂为主要原料，同时还采用以烯烃为原料的生产路线；中国、苏联及东欧各国主要以石蜡为原料生产。

苯胺公司［美］用苯和煤油制成洗涤剂 洗涤剂的主要成分是表面活性剂。洗涤剂产品可分为肥皂、合成洗衣粉、液体洗涤剂、固体洗涤剂等。洗涤剂在中国古代有许多类型，如"潘汁"（淘米水）、"灰水"（草木灰水）、栏木灰、皂角（也叫皂荚，是豆科植物皂荚树的果实）、"澡豆"（把猪胰腺洗净，撕除脂肪后研磨成糊状，再加入豆粉、香料等，均匀混合后，经过自然干燥成形）、"胰子"（在研磨猪胰腺时加入砂糖，又以碳酸钠代替豆粉，并加入熔融的猪脂，混合均匀后，压制成球状或块状）、茶籽饼（碱和茶麸的混合物，茶麸是油菜籽榨油后的副产品）等。B.C.2500—1850年，人们用羊油（三羧酸酯）和草木灰制造肥皂。19世纪初，随着石油化工的发展，人们利用矿物原料制造出来第一个洗涤剂——石油磺酸皂（绿钠）。其具体做法是：由石油馏分〔指用蒸馏法将石油分离成不同沸点范围油品（称之为"馏分"）的过程〕在230～320℃下，先进行氢化或用浓硫酸处理，除去不饱和烃而得到纯烷烃；然后，在紫外光照射下与氯和二氧化硫作用生成一氯化合物，再用烧碱皂化制得。1920—1930年，德国首先用丙醇或丁醇和萘结合，再经磺化合成洗涤剂。当时，统称之为"涅卡尔"（Nekal）。以后，人们通过脂肪醇硫酸化制造出以烷基硫酸盐为主要成分的合成洗涤剂。其具体做法是：由十二醇和氯磺酸在40～50℃的温度下，经硫酸化生成月桂基硫酸酯，再加上氢氧化钠中和后，经漂白、沉降、喷雾干燥制得。1936年，美国苯胺公司首先由苯和煤油制成洗涤剂。其具体做法是：将苯和氯化石油进行烷基化，然后将生成的烷基苯进行磺化制得烷基苯磺酸盐。第二次世界大战后，人们由丙烯聚合生成四聚丙烯，将其与苯结合生成四聚丙烯烷基苯，再经磺化、中和生成烷基苯磺酸钠（合成洗涤剂的主要成分），并于1946年投产。随后，又在配方中引用了三聚磷酸钠，由此提高了洗涤剂合成的产量。由于四聚丙烯烷基苯污染水质，造成公害。1956年，人们开始由生产支链烷基苯磺酸盐转向生产直链烷基苯磺酸盐。此后，合成洗涤剂在洗涤用品总量中所占的比重逐年上升。1995年，世界洗涤剂总产量达到4300万吨。中国从1960年后开始工业化生产合成洗涤剂并取得突出的进步。10余年来，中国合成洗涤剂产量每年仍以8%的速度递增。据预测，到2050年，世界洗涤剂总产量将增加到12000万吨。

1937年

杜邦公司［美］用硝酸氧化环己醇制取己二酸 己二酸又称肥酸，主要用作尼龙66和工程塑料的原料，分子式为$C_6H_{10}O_4$。1937年，美国杜邦公司（DuPont Company）首先用硝酸氧化环己醇（由苯酚加氢制得），实现了己二酸的工业化生产。进入20世纪60年代，工业上逐步改用环己烷氧化法制造己二酸。具体内容是：先由环己烷制中间产物——环己酮和环己醇混合物（即酮醇油，又称KA油）；然后，再进行KA油的硝酸或空气氧化。环己烷氧化法又分为环己烷一步氧化法和环己烷分步氧化法。前者以环己烷为原料，以醋酸为溶剂，以钴和溴化物为催化剂，在2MPa和90℃的条件下反应10～13h生成己二酸，该法的生产效率为75%。后者先在1.0～2.5MPa和145～180℃的条件下，通过空气直接氧化制备KA油，或者用偏硼酸作催化剂，在1.0～2.0MPa和165℃的条件下进行空气氧化制备KA油，该法的生产效率为90%，醇酮比为10∶1，反应物用热水处理，使酯水解、分层，水层回收硼酸，经脱水成偏硼酸循环使用，有机层用苛性钠皂化有机酯，并除去酸，蒸馏回收环己烷后得醇酮混合物。然后，在两级串联的反应器中，在60～80℃和0.1～0.4MPa的条件下，以铜–钒系（铜0.1%～0.5%，钒0.1%～0.2%）为催化剂，以过量50%～60%的硝酸氧化KA油，反应物蒸出硝酸后，经两次结晶精制可得高纯度己二酸。

法本公司［德］首次生产乳液聚合丁苯橡胶　丁苯橡胶（SBR）又称聚苯乙烯丁二烯共聚物，它是由丁二烯和苯乙烯共聚制得的一种合成橡胶，它分为乳液聚合丁苯橡胶（ESBR）和溶液聚合丁苯橡胶（SSBR）两类。早期用过硫酸钾作引发剂生产乳液聚合丁苯橡胶——热胶；从20世纪50年代开始生产冷胶（聚合温度降至5℃）。1937年，德国法本公司首先生产乳液丁苯橡胶。其生产在多个串联的釜中连续进行，转化率控制在65%左右。未反应的丁二烯和苯乙烯相继用卧式闪蒸槽和蒸馏塔脱除后，经精制再重新使用。脱除了未反应单体的共聚物乳液用氯化钠、氯化钙和酸等凝聚，生成的橡胶经振动筛与乳清分离，再经脱水、干燥即得成品。20世纪50年代末期，美国菲利普斯（Philips）公司采用锂引发阴离子聚合成功地开发了SSBR。20世纪80年代初期，英国邓禄普（Dunlop）公司和荷兰壳牌（Shell）公司通过高分子设计技术共同开发了新的低滚动阻力型SSBR产品，这标志着SSBR的生产技术已进入了新的阶段。

联合碳化物公司［美］用乙烯氧化制环氧乙烷　环氧乙烷是一种非特异性烷基化合物，分子式为C_2H_4O。它是继甲醛之后的第二代化学消毒剂，也是目前四大低温灭菌技术（包括等离子体、低温甲醛蒸气、环氧乙烷、戊二

醛）之一。第一次世界大战期间，德国在工业上由乙烯、氯气和水反应生成
2-氯乙醇，再由2-氯乙醇与碱液反应制得环氧乙烷，此法简称"氯醇法"。但
是，该方法消耗大量氯气，设备腐蚀和环境污染严重。1937年，美国联合碳
化物公司发明了由空气与乙烯反应直接制得环氧乙烷的方法，此法简称"氧
化法"。此后，传统的氯醇法逐渐被氧化法所取代。1958年，美国壳牌公司又
以氧气代替空气与乙烯反应直接制取环氧乙烷。用乙烯氧化制环氧乙烷替代
了过去的氯醇法，提高了生产效率，使得环氧乙烷的应用进一步得到推广。
世界上环氧乙烷工业化生产装置几乎全部采用以银为催化剂的乙烯直接氧
化法。我国最早以传统的乙醇为原料，采用氯醇法生产环氧乙烷。20世纪
70年代，我国开始引进以生产聚酯原料乙二醇为目的的环氧乙烷/乙二醇联
产装置。

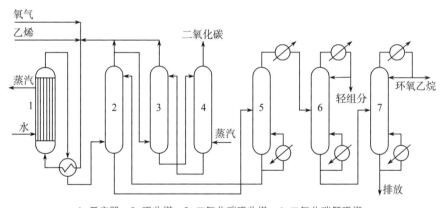

1. 反应器　2. 吸收塔　3. 二氧化碳吸收塔　4. 二氧化碳解吸塔
5. 净化塔　6. 脱轻组分塔　7. 精馏塔
氧化法制环氧乙烷流程

1938年

伊文斯〔美〕制取磺胺吡啶　磺胺类药物是指具有对氨基苯磺酰胺结
构的一类药物的总称，是用于预防和治疗细菌感染性疾病的化学治疗药物。
1906年，有人制得磺胺类物质——对氨基苯磺酰胺。当时它只被用于染料
工业，并未发现它有抗菌作用。1932年，德国化学家合成了一种名为百浪
多息的红色染料。该染料内含一些消毒成分，故被用于治疗丹毒等病。然

而，它在试管内无明显的杀菌作用，故未受重视。同年，德国生物化学家多马克（Domagk，G.）发现该染料可治疗链球菌感染病。法国巴斯德研究所专家从百浪多息中分离出氨苯磺胺。1936年，英国开始研究磺胺类药物。1938年，德国学者道尔恩（Dohrn，M.）和迪特里奇（Dietrich，P.）合成一种磺胺药，名为磺胺醋胺（SA）。同年，美国学者伊文斯（Ewins，A.J.）以氨苯磺胺为母体与吡啶制成了磺胺吡啶（SP）。1939年，美国学者福斯宾得（Fosbinder，R.J.）和瓦尔特（Walter，L.A.）以化学方法制取磺胺噻唑（ST），其疗效与SP不相上下，毒性和副作用较低。以后，新的磺胺类药不断出现。据1945年报告，磺胺药的种类已达5485种。1956年，出现了第一种长效磺胺药——磺胺甲氧哒嗪（SMP）。1969年，又发现了与磺胺药协调使用的广谱增效剂——甲氧苄胺嘧啶（TMP），与磺胺药合用可大幅增加抗菌作用。

1939年

法本公司［德］生产酚醛系离子交换树脂　离子交换是借助于固体离子交换剂中的离子与稀溶液中的离子进行交换，以达到提取或除去溶液中某些离子的目的。早在1850年，人们就发现土壤吸收铵盐时的离子交换现象。但直到20世纪40年代人工合成了离子交换树脂以后，离子交换才成为一种现代分离手段。离子交换树脂是带有官能团（有交换离子的活性基团）、具有网状结构、不溶性的高分子化合物。离子交换树脂分阳离子交换树脂（分为强酸性、弱酸性）和阴离子交换树脂（分为强碱性、弱碱性）等类型。根据其基体的种类又分为若干系列：苯乙烯系列、丙烯酸系列、酚醛系列、环氧系列、乙烯吡啶系列和脲醛系列等。此外，离子交换树脂根据其高分子骨架的毛细孔的大小分为凝胶型和大孔型两种类型：前者存在显微孔，适合于吸附无机离子，不能吸附大分子有机物质；后者存在微细孔和大网孔，能吸附各种非离子性物质。1935年，英国人亚当斯（Adams，B.A.）和霍姆斯（Holmes，E.L.）发现，苯酚磺酸-甲醛聚合物能够交换阳离子，其后，他们又发现间苯二胺与甲醛的聚合物具有交换阴离子的性能，开创了离子交换树脂的领域。1939年，德国法本公司实现了酚醛系离子交换树脂的工业生产。1941年，美国树脂产品和化学品公司也生产酚醛系离子交换树脂，并以"Amberlite"为商品名。1944年，美国人达莱利奥合成了苯乙烯系离子交换树脂。二战期间，德国用酚醛系离子交换树脂精制水，从人造丝废液中回收铜氨，从照相废液中回收银。美国用该树脂从贫铀矿中提取铀及分离核裂变生成物、超铀元素和稀土元素。20世纪50年代以后，开展了膜状离子交换树脂的研究，开辟了电化学的新领域。20世纪60年代初期，又研制出耐压、耐磨、高交换速度、能交换或吸着高分子量化合物（如水里的腐殖酸）的大孔离子交换树脂。在选择分离稀有金属、贵重金属、环境保护、医药、仿生高分子、选择性膜、金属络合催化等方面都有广泛的应用。20世纪70年代以后，又出现了各种大孔吸附树脂及特种树脂。酚醛系离子交换树脂的工业生产是功能性高分子材料工业生产的开端。

英伊石油公司［英］建成石油烃烷基化装置　汽油是一种易燃易爆液体，要让其安全燃烧，必须控制其燃烧程度，以抵抗汽油的爆震。显示抵抗汽油爆震的指数即是抗爆指数，而该指数即为辛烷值，因为汽油的抗爆性能与其所含的异辛烷的值成正比。汽油由石油炼制得到的不同汽油组分经精制后与高辛烷值组分经调和后制得。石油烃烷基化是制取汽油的主要方法。其工艺过程分为氢氟酸法烷基化和硫酸法烷基化。石油烃烷基化是在催化剂（氢氟酸或硫酸）存在下，使异丁烷和丁烯（或丙烯、丁烯、戊烯的混合物）通过烷基化反应，以制取高辛烷值汽油组分的过程。它是在第二次世界大战期间为满足航空汽油的需求而开发的一项汽油生产技术。英伊石油公司（Anglo-Persian Oil Company）是1908年发现伊朗马斯吉德苏莱曼一处大型油田后成立的首家在中东开采石油的公司。当时，该公司名为英波石油公司。1935年，英波石油公司易名为英伊石油公司。1939年，英伊石油公司建成了以硫酸作催化剂的石油烃烷基化装置，生产高辛烷值汽油。其工艺流程大体与氢氟酸法烷基化相似。该法缺点是：耗酸高、副产品即稀酸多，易污染环境。1942年，美国环球油品公司和菲利普斯石油公司建成了以氢氟酸作催化剂的石油烃烷基化装置，生产高辛烷值汽油。其工艺流程包括：原料预处理（控制原料的含水量、硫、丁二烯、含氧化合物等杂质含量，以免设备受腐蚀）、反应（使用管式反应器）、产品分馏及处理、酸再生和三废治理等。

1954年，英伊石油公司改名为英国石油公司。20世纪60年代，中国建成硫酸法烷基化装置，目前，正在兴建氢氟酸法烷基化装置。

卜内门化学工业公司［英］生产低密度聚乙烯　聚乙烯是由乙烯聚合而成的聚合物。聚乙烯依聚合方法、分子量大小、链结构等可分为高密度聚乙烯、低密度聚乙烯和线性低密度聚乙烯。低密度聚乙烯俗称高压聚乙烯，其特点是密度低、材质软，主要用于塑胶袋、农业用膜等。1933年，英国卜内门化学工业公司（Imperial Chemical Industries Limited）研究发现，乙烯在高压下可聚合生成聚乙烯。1939年，卜内门化学工业公司运用高压气相本体法，即用氧或过氧化物等作引发剂，使乙烯聚合为低密度聚乙烯，实现了聚乙烯的工业化生产。其工艺过程是：乙烯经二级压缩后进入反应器，反应物经减压分离，使未反应的乙烯回收后循环使用，熔融状的聚乙烯在加入塑料助剂后挤出造粒。运用高压气相本体法生产低密度聚乙烯，是聚乙烯的第一次工业化生产，使得热塑性树脂种类进一步增加，给生产生活带来很大便利。1953年，联邦德国科学家齐格勒（Ziegler, Karl）发现以$TiCl_4$–Al$(C_2H_5)_3$为催化剂，乙烯在较低压力下也可聚合。1955年，该法由该国的赫斯特公司投入工业化生产。1957年，美国菲利普斯石油公司发现以氧化铬–硅铝胶为催化剂，乙烯在中压下也可生成高密度聚乙烯，并于同年实现工业化生产。20世纪60年代，加拿大杜邦公司以乙烯和α–烯烃用溶液法制成低密度

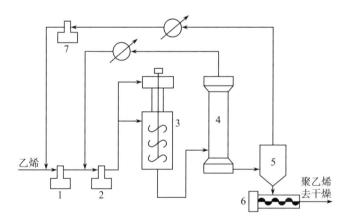

1. 一次压缩机　2. 二次压缩机　3. 反应器　4. 分离器　5. 低压贮斗
6. 造拉机　7. 辅助压缩机

低密度聚乙烯生产流程

聚乙烯。1977年，美国联合碳化物公司和陶氏化学公司先后采用低压法制成线性低密度聚乙烯（兼具有高密度聚乙烯的某些特征）。

杜邦公司［美］生产聚酰胺66　聚酰胺66也称尼龙66，其学名为聚己二酰己二胺，工业简称PA66。尼龙66由己二酸和己二胺缩聚而成。它的生产工艺包括单体合成、尼龙66盐的制备和缩聚等工序。第一，单体合成包括合成己二酸和己二胺。制取己二酸的方法主要有苯酚法（以苯酚为原料，用雷尼镍作催化剂，在140～150℃和2～3MPa的条件下，加氢生成环己醇，再在铜或钒催化剂作用下，在55～60℃的条件下，用浓度为60%～65%的硝酸氧化制得）、环己烷法（以环己烷为原料，在环烷酸或硼酸催化剂的作用下，通入空气加压液相氧化，生成环己酮和环己醇的混合物，再用浓度为60%的硝酸，在45～60℃的条件下，氧化制得）、丙烯腈二聚法（以丙烯腈为原料，用电解还原法二聚生成己二腈，再在稀硫酸水溶液中加热水解制得）。制取己二胺的方法主要有己二酸法（以己二酸为原料，在磷酸三丁酯等脱水催化剂作用下，在280～300℃的条件下氨化脱水得到己二腈，再在雷尼镍催化剂作用下，在90℃和2.8MPa的条件下，在乙酸中加氢制得）、丁二烯法（先将丁二烯氯化生成二氯丁烯异构体混合物，再与氢氰酸或氰化钠在酸性水溶液中氰化成丁烯二氰异构体，然后用氢氧化钠处理，使异构体全部转化成1，4-二氰基丁烯-2，精制后用钯炭作催化剂，在300℃的条件下氢化成己二胺）。第二，尼龙66盐的制备是分别把己二胺的乙醇溶液与己二酸的乙醇溶液在60℃以上的温度下搅拌混合，中和成盐后析出，经过滤、醇洗、干燥环节，最后配制成63%左右的水溶液，供缩聚使用。第三，缩聚是在高温下脱水，将尼龙66盐通过间歇法和连续法缩聚生成尼龙66。1928年，美国杜邦公司成立了基础化学研究所，美国化学家卡罗瑟斯（Carothers，Wallace Hume 1896—1937）受聘担任该所的负责人。1930年，他的助手发现，二元醇和二元羧酸通过缩聚反应制取的高聚酯，其熔融物能像制棉花糖那样抽出丝来，而且这种纤维状的细丝即使冷却后还能继续拉伸，拉伸长度可达到原来的几倍，经过冷却拉伸后纤维的强度、弹性、透明度和光泽度都大大增加。1935年，他用己二胺、己二酸合成了聚酰胺66。两年后，他又发明用熔融法制造聚酰胺66的技术，产品称作尼龙（Nylon）或尼龙66。1938年，他们研制出世界上第一种合成纤维并将这种合成纤维命名为尼龙（Nylon）。1939年，杜邦公司在特拉华州锡福德市建成了生产聚酰胺66纤维的工业装置。聚酰胺66纤维的工业化生产为现代生活提供了新的材料。

韦伯［美］著《化学工程师用热力学》 化工热力学是化学工程的一个分支，是热力学基本定律应用于化学工程领域中而形成的一门学科。主要研究化工过程中各种形式的能量之间相互转化的规律及过程趋近平衡的极限条件，为有效利用能量和改进实际过程提供理论依据。20世纪20年代，汽车工业的发展促进了石油炼制工业的发展，出现了第一个化学加工过程——热裂化。要操纵和放大这些化学加工过程，需要了解流体流动、热量的传递和利用以及相际传质的规律。为此，化学工程师在开发热裂化过程中推动了单元操作的研究，并取得了许多成果，出版了一批学术著作，如《精馏原理》（1922）、《化工计算》（1926）、《热量传递》（1933）等。但是，化工过程中的问题很难用经典热力学解决。为此，1939年，美国麻省理工学院韦伯（Weber，H.C.）写出了第一本化工热力学教科书——《化学工程师用热力学》。提出了用气体临界性质的计算方法，这是化学热力学最早的研究成果。1944年，美国耶鲁大学教授道奇（Dodge，B.F.）写出了名为《化工热力学》的教科书。这两部著作为化工热力学发展奠定了基础。

1940年

联合碳化物公司［美］用乙烯生产氯乙烯 1835年，法国人勒尼奥（Regnault，H.V.）首先在乙醇溶液中，用氢氧化钾处理二氯乙烷得到了氯乙烯。20世纪30年代，德国格里斯海姆电子公司首先实现了氯乙烯的工业生产。初期，该公司采用电石、乙炔与氯化氢催化加成的方法生产氯乙烯，此法简称"乙炔法"。以后，随着石油化工的发展，氯乙烯的合成迅速转向以乙烯为原料的工艺路线。1940年，美国联合碳化物公司发明了生产氯乙烯的二氯乙烷法，即用乙烯为原料生产氯乙烯，从而进一步促进了化学工业的发展。

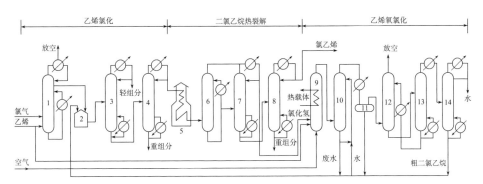

1. 二氯乙烷合成塔　2. 贮槽　3. 脱轻组分塔　4. 脱重组分塔　5. 热解炉　6. 二氯乙烷淬冷塔
7. 脱氯化氢塔　8. 氯乙烯精馏塔　9. 氧氯化反应塔　10. 水淬冷塔　11. 分层器　12. 吸收塔
13. 解吸塔　14. 脱水塔

乙烯氧氯化制氯乙烯流程

联合碳化物公司［美］建成甲醇生产厂　1923年以前，甲醇几乎全部用
木材或其废料的分解蒸馏来生产。当时，世界甲醇的总产量为4500吨。1923
年，德国巴登苯胺纯碱公司在合成氨工业化的基础上，用锌铝催化剂在高温
高压下实现了由碳和氢合成甲醇的工业化生产。这种生产方法被称为"高压
法"。但是，利用这种生产方法生产甲醇能耗大、加工复杂、材质要求苛刻、
产品中副产品多。后来，人们先后开发出来生产甲醇的低压法和中压法。
1940年，美国联合碳化物公司首先建成以天然气为原料的合成甲醇厂，开创
了制取廉价甲醇的生产路线。

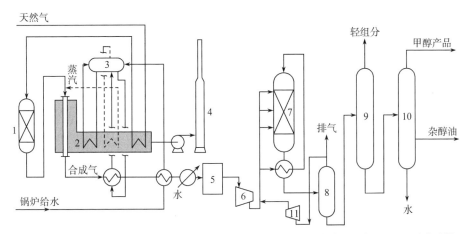

1. 脱硫反应器　2. 蒸汽转化炉　3. 汽包　4. 烟囱　5. 净化系统　6. 合成气压缩机　7. 甲醇合成塔
8. 分离器　9. 脱轻组分塔　10. 精馏塔　11. 压缩机

天然气制甲醇工艺流程

1941年

标准油公司［美］建成乙烯生产装置　1941年，美国标准油公司（The Standard Oil Company）首先在路易斯安那州建成管式炉裂解制乙烯装置——管式裂解炉。管式裂解炉是用于烃类裂解制乙烯及其关联产品的一种生产设备。早期的管式裂解炉是用石油炼制工业的加热炉的结构采用横置裂解炉管的方箱炉，其反应管放置在靠墙内壁处，采用长火焰烧嘴加热，炉管表面热强度低，约为85～125MJ/（m²·h）。20世纪50年代，管式裂解炉结构有了较大改进，炉管位置由墙壁处移至辐射室中央，并采用短焰侧壁烧嘴加热，提高了炉管表面热强度和受热均匀性，热强度可达210MJ/（m²·h）。20世纪60年代，反应管开始由横置式转变为直立吊装式，这是管式炉的一次重大革新。它采用单排管双面辐射加热，进一步把炉管表面热强度提高到150MJ/（m²·h），并采用多排短焰侧壁烧嘴，以提高反应的径向和轴向温度分布的均匀性。美国鲁姆斯公司首先建造了这种立管式裂解炉装置。现在，世界上大型乙烯装置大多采用立式裂解炉装置。20世纪70年代，相继开发出以下管式裂解炉：短停留时间炉（由美国鲁姆斯公司开发研制）、超选择性裂解炉（由美国斯通–韦伯斯特公司开发研制）、林德–西拉斯裂解炉（由林德公司和西拉斯公司开发研制）、超短停留时间裂解炉（由美国凯洛格公司和日本出光石油化学公司开发研制）等。通过管式裂解炉进行高温裂解反应以制取乙烯的过程，是现代大型乙烯生产装置普遍采用的一种烃类裂解装置。

法本公司［德］生产尼龙6　尼龙6又称锦纶6、聚酰胺6。它的化学和物理性质和尼龙66相似。与尼龙66相比，尼龙6的熔点较低，抗冲击性和抗溶解性较好，吸湿性更强，其工艺温度范围较宽。1935—1939年，美国杜邦公司研制并工业化生产尼龙66。1938年，德国法本公司的施拉克（Schlack，P.）成功地用单一的己内酰胺（$C_6H_{11}NO$）为原料，以 ε–氨基己酸作引发剂，加热聚合制成聚己内酰胺。1939年，实现了尼龙6的小批量投产。1941—1943年，德国法本公司大规模生产尼龙6，其产品名称为"佩龙"（Perlon）。己内酰胺的生产方法主要有四种。第一，苯酚法：由苯酚加氢生成环己醇，再脱氢生成环己酮，肟化生成环己酮肟，再在等量的发烟硫酸中转位生成己内酰胺。第二，环己烷氧化法：环己烷空气氧化生成环己醇与环己酮，经分离后环己醇脱氢生成环己酮，环己酮肟化生成环己酮肟，环己酮肟在等量的发烟硫酸中转位生成己内酰胺。第三，光亚硝化法：环己烷在光照下，用氯代亚硝酰进行亚硝基化反应生成环己酮肟盐酸盐，然后在硫酸中经转位生成己内酰胺。第四，甲苯法：由甲苯氧化制苯甲酸，氢化生成环己甲酸，然后在发烟硫酸作用下与亚硝酰硫酸反应生成己内酰胺。单体己内酰胺生成后，它在高温下水解得到氨基己酸，后在高温下聚合制得尼龙6。尼龙6是尼龙家族的第二个重要种类，它的诞生扩大了尼龙品种和生产方式，是合成纤维工业的进一步发展。

中国甘肃油矿局建成石油炼厂　1817年，中国台湾居民在后龙溪畔发现油迹。1861年，清朝理蕃通事邱苟则在苗栗挖出一口油井，日产油40千克。它比美国于1859年在宾州钻探的德瑞克油井晚了2年，是亚洲第一、世界第二口油井。1877年，该油井被收归清廷官办，翌年，该油井枯竭。1895—1945年，日本侵占台湾并钻井251口。1905年，中国在陕西延长地区建成了中国第一个石油厂——延长石油厂。1907年，该厂打出"中国陆上第一口油井"，同年，建成了炼油房，结束了中国陆上不产石油的历史。1914年，北洋政府同美国签订《中美合办油矿合同》，开设溥利石油公司，美国人经过勘探认为延长石油没有工业价值。1934年，国民党政府成立陕北油矿探勘处，在延长钻井4口，日产石油1.6吨；在永坪钻井3口，日产石油3吨。1935年，红军接收了延长石油厂，研制出了汽油、煤油、蜡烛、蜡片、擦枪油、凡士林等石油产品，成为陕甘宁边区政府主要经济支柱之一。1938—1939年，国共合作在玉门老君庙打出了第一口产油井——"起家井"。1941年，成立了甘肃油矿局，建成了以釜式蒸馏法为主的炼油厂——玉门石油炼厂。1942年，该厂加工原油6.4万吨，成为中国第一个石油生产基地。1958年，延长油矿职工仿照美国星牌钻机，用木料自制成功了"延安牌"钻机。同年，延长油矿成立了中国第一个女子钻井队——共青团女子钻井队。1965年，延长油矿建成第一套管式常压蒸馏-热裂化装置并正式投产。1980年，建成一套3万吨/年热裂化装置。1981年，建成一套220吨/年石油液化气配套生产线。1985年，成立了全国第一个钻采公司。1987年，开发生产出了70号无铅汽油，成为陕西省第一个生产无铅汽油的炼油厂。同年，建成了我国第一套全重油同轴式催化裂化装置，填补了国内小型常压渣油催化裂化的空白。1996年，延安炼油厂开发生产出了90号汽油，成为陕西省第一个生产高标号汽油的炼油厂。1999年，组建陕西省延长石油工业集团公司。2005年，组建陕西延长石油（集团）有限责任公司。

侯德榜［中］提出侯氏制碱法　　1862年，比利时化学家索尔维（Solvay，Ernest 1838—1922）发明了以食盐、氨、二氧化碳为原料制取碳酸钠的索尔维制碱法（又称氨碱法）。但是，该方法存在食盐利用率低，制碱成本高，废液、废渣污染环境和难以处理等不足。1917年，中国实业家范旭东在实验室里成功制出了碱。1920年，他创办了永利制碱公司。1922年，他聘请侯德榜（1890—1974）出任总工程师。侯德榜努力改进制碱工艺和设备，探索出了索尔维法的各项生产技术。1924年，公司在侯德榜的技术指导下，在塘沽正式投产，生产出了"红三角"牌纯碱产品。1926年，"红三角"牌纯碱在美国费城的万国博览会上获得金质奖章。产品畅销国内且远销日本和东南亚。抗战期间，制碱厂被迫迁往四川，新建了永利川西化工厂。制碱的主要原料是食盐，而四川的食盐都是井盐，井盐制取困难且浓度稀，利用索尔维法制碱，其食盐的利用率很低，这就导致制造纯碱的成本很高。为此，侯德榜立志探索不用索尔维法制碱的新路。1941—1943年，侯德榜带领技术人员进行了500多次试验，分析了2000多个样品，终于发明了比索尔维制碱法更好的制碱方法。该法是将氨碱法和合成氨法两种工艺联合起来，同时生产纯碱和氯化铵两种产品的方法。因此，它又被称为"联合制碱法"。具体制碱过程是：首先，先将氨通入饱和食盐水而制成氨盐水，再通入二氧化碳生成碳酸氢钠沉淀，经过滤、洗涤得$NaHCO_3$微小晶体，再煅烧制得纯碱产品，其滤液是含有氯化铵和氯化钠的溶液。其次，在278～283K（5～10℃）的温度下，向母液中加入食盐细粉，并通入氨气，使氯化铵单独结晶析出。氯化铵经过滤、洗涤和干燥即得氯化铵产品，可做氮肥。滤出氯化铵沉淀后所得的滤液基本上是氯化钠饱和溶液，可回收循环使用。该方法不仅使盐的利用率从原来的70%提高到96%，而且使污染环境的废物氯化钙成为对农作物有用的化肥——氯化铵，还可以减少1/3设备投入。此法的优越性大大超过了索尔维制碱法，它被世人称为"侯氏制碱法"，并很快被世界各国所采用，开创了世界制碱工业的新纪元。

徐名材［中］用植物油裂解炼成燃料油与润滑油 1917年，徐名材（1889—1951）在美国麻省理工学院攻读化学工程并获硕士学位后回国，担任汉阳钢铁厂工程师。1922年，他任上海交通大学化学教授。1931年，他任上海交通大学科学学院化学系主任。1933年，他创立上海交通大学油漆研究所，并从事软水剂（能够改善洗涤效果，防止织物发黄，减少洗涤剂消耗的物质）的研究。1934年，他建立化工馆，除供学生研究实习外，还将研究成果转让工厂并投产使用。1937年，他赴欧洲考察燃料工业，准备筹建以煤为原料生产汽油，因抗日战争爆发而停顿。翌年，他回国参加资源委员会工作。1941年，他接办重庆动力油料厂，担任厂长。当时，正值抗战时期，西南抗战所用石油原料进口困难，延长石油厂和玉门油田所产石油远远满足不了需要。因此，人们希望用植物油裂解产品作为替代或补充。为此，徐名材主持研究用植物油裂解炼成燃料油与润滑油，并进行燃料与合成树脂、酚醛塑料的研究，曾先后取得许多研究成果，包括"石灰对植物油裂解的效应""烃类的气液平衡""植物汽油与酒精的掺混性""植物油黏土处理"等课题，还获经济部专利10余项。抗战胜利后，他参加中国驻日代表团，向日本交涉索回战争期间被日本军国主义者从中国拆走的化工设备（如永利厂稀硝酸设备等）。回国后，他在上海筹建中央化工厂，任筹备处主任，把上海已接管的日商糖厂改建为化工厂（现上海化工厂前身），组织生产硫化元（硫化黑）、硫化草绿、直接蓝、橡胶制品、黄蜡布、酚醛塑料及软水剂等，为上海化工厂发展塑料加工奠定了基础。同时，他又在南京燕子矶筹建南京化工厂，在重庆筹建重庆化工厂。1949年后，他任华东工业部化工处处长，兼任中央轻工业部上海化工研究所所长。他为中国的化工技术的发展做出了重要贡献。

1942年

德国建立第一座用电弧法制乙炔的工厂 乙炔的生产方法主要有：电石乙炔法、烃类裂解法、由煤直接制取乙炔法等。其中，烃类裂解法在工业上首先用天然气制乙炔；以后，改用石油烃类裂解联产乙炔和乙烯。烃类裂解法分为电裂解法、蓄热炉裂解法和氧化裂解法，其中电裂解法又分为电弧法、等离子体法等。电弧法是利用电弧所产生的高能量的原理使烃类裂解生产乙炔。其原理是：当气体中插入电极并加上高压电时，电极间的气体分子即被电离，电离的气体具有导电性，进而因存在电流便使气体受热电离，致使气体电阻急剧下降。此时，如果回路电阻小，气体进一步电离而使气体电阻减小后，电流可维持在回路电阻和气体特性所决定的某一电流值上，即发生电弧放电。1836年，英国化学家戴维·爱德蒙德（Edmund，Davy 1785—1857）发现了乙炔。1892年，美国化学家威尔森

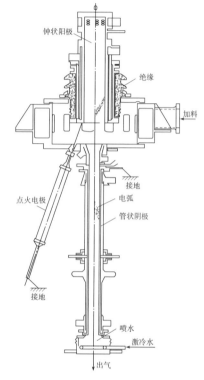

电弧法乙炔炉

（Wilson，T.L.）在碳质电极的电弧炉中，将煤焦油与石灰进行反应，制得碳化钙（即电石），进而与水反应制取乙炔。从此，乙炔进入工业化生产时代。20世纪30年代，德国休斯（Hüels）化学厂开始研究电弧放电裂解甲烷制乙炔，并开发出用于天然气转化的Hüels工艺。该工艺的主要设备——电弧炉，其功率为8000kW，电压为7000V，电流为1150A，弧长为1m，电弧用直流电产生。该厂以天然气为原料，裂解所需能量由电弧提供；天然气进入乙炔炉，旋转地通过放电区。气体中的电弧呈层状结构，故裂解反应的平均温度约为1600℃，电弧柱内中心温度约为1800℃，从放电区出来的裂解气体可用水或油冷却至500℃以下。电弧法使用方便、灵活，但耗电量极高，且电极寿命短，因此，必须用两个炉子切换运行。1942年，德国在马尔建立了第一座用电弧法由天然气制乙炔的工厂，以后，又建立了若干个用电弧法生产乙炔的工厂。1963年，美国杜邦公司对电弧法进行改良：采用同轴型电弧发生装置，用电磁铁产生旋转磁场，使电弧在阴极内以7000 r/s的速度旋转，从而使

电弧稳定，提高乙炔的生产率。该公司建设了一套2.8×104 t/a的乙炔生产装置。乙炔的工业化生产，推动了化学工业有机合成的发展。

壳牌石油公司［美］实现异丙苯的工业化生产 烷基化是利用加成或置换反应将烷基引入有机物分子中的反应过程。它分为热烷基化和催化烷基化。在石油炼制工业中，烷基化过程主要用于生产高辛烷值汽油的调和组分。例如：异丁烷用丙烯或丁

异丙苯的工业生产装置

烯进行烷基化，得到烷基化油，这是烷基化反应的最早应用。苯和丙烯进行烷基化反应生产异丙苯。异丙苯最初是汽油的掺合剂，现在是生产苯酚和丙酮的主要原料。1939年，英伊石油公司以硫酸为催化剂，建成石油烷基化装置。1942年，美国若干家公司以氢氟酸为催化剂建成石油烷基化装置。其工艺流程是：原料丙烯经过预处理后被送到烷基化反应器，原料苯经过预处理被送到苯塔，在苯塔中进行脱水后由侧线采出被送到烃化和反烃化反应器进行反应，反应液混合后送入分离系统，即依次送到苯塔、异丙苯塔、二异丙苯塔进行分离，在苯塔塔顶脱出污苯、水等组分，在异丙苯塔塔顶得到产品异丙苯，二异丙苯塔侧线得到二异丙苯送回反烃化反应器，副产物重芳烃由二异丙苯塔釜采出。后来，人们又开发了许多催化烷基化方法，如液相法和气相法等。液相法使用的催化剂主要有：酸催化剂（硫酸、氢氟酸等）和弗瑞德–克来福特催化剂（氯化铝–氯化氢、氟化硼–氟化氢等），该法在卧式或塔式反应器内进行。气相法使用的催化剂主要有：固体酸催化剂（磷酸硅藻土等）、金属氧化物催化剂（氧化铝、氧化硅等）和分子筛催化剂（ZSM–S型分子筛催化剂等），该法使用列管式固定床反应器或多段激冷式绝热反应器。中国在20世纪60年代建成硫酸法烷基化生产装置，之后建成氢氟酸法烷基化生产装置。异丙苯的工业化生产为其他化合物的生产提供了原料。

匹兹堡平板玻璃工业公司［美］生产不饱和聚酯 不饱和聚酯（英文简称UP）是由二元酸（饱和二元酸和不饱和二元酸）与二元醇经缩聚反应而制

得的不饱和线型热固性树脂。不饱和聚酯当溶解于有聚合能力的单体中（苯乙烯）而成为一种黏稠液体时，被称为不饱和聚酯树脂（英文简称UPR）。不饱和聚酯的生产过程主要包括缩聚和掺混。缩聚方法有四种：一是熔融缩聚法，即以酸和醇直接熔融缩聚；二是溶剂共沸脱水法，即在缩聚过程中加入甲苯或二甲苯（溶剂），利用甲苯与水的共沸点较水的沸点低，将反应生成的水迅速带出，促进缩聚反应；三是减压法，即在缩聚中的缩水量达2/3～3/4时，抽空至酸值达到要求时为止；四是加压法，即加压可加速反应，缩短反应周期，提高生产率。掺混方法主要包括干预混与湿预混：干预混是把反应性固态预聚物、固态交联剂、玻璃纤维、催化剂、色料混合后制成模塑料；湿预混是用苯乙烯作交联剂，把液态不饱和聚酯、玻璃纤维、催化剂、润滑剂、色料等在捏合机中混炼后，做成聚酯料团模塑料。1894年，沃尔兰德（Volland）首先合成了不饱和聚酯。1930年，布莱德利（Bradley）等人发现不饱和聚酯的固化现象，埃利斯发现乙烯类单体可提高不饱和聚酯的固化速度。由此，不饱和聚酯开始工业化使用。1942年，美国匹兹堡平板玻璃工业公司开始工业化生产不饱和聚酯。同年，美国橡胶公司生产不饱和聚酯树脂，并用玻璃纤维进行增强制成一种复合材料，该材料被俗称为玻璃钢（英文简称FRP）。二战后，不饱和聚酯被迅速从军用领域转向民用领域。1958年，我国开始工业化生产不饱和聚酯，并被用于军工领域。1976年，我国开始在民用领域大规模使用不饱和聚酯。

嘉基公司［瑞］生产滴滴涕　滴滴涕（DDT）是二氯二苯基三氯乙烷的简称，是一种有机氯杀虫剂。1874年，欧特马勒德勒首次合成了滴滴涕。1939年，瑞士化学家米勒（Müller，Paul Hermann）发现其有杀虫功能。1942年，瑞士嘉基公司开始生产滴滴涕。其制造方法是：在衬铅或搪瓷反应器中，用氯苯和三氯乙醛在浓硫酸中发生缩合反应，脱水得到滴滴涕原药。20世纪40—60年代，滴滴涕在全世界大量生产和广泛使用，对农业增产、防治传病昆虫、控制疟疾等曾有很大贡献。20世纪60年代，科学家发现DDT难降解并在动物体内蓄积，甚至南极企鹅体内也存有DDT。1962年，美国科学家蕾切尔·卡逊（Carson，Rachel）在其著作《寂静的春天》中怀疑DDT进入食物链，是导致一些食肉和食鱼的鸟类接近灭绝的主要原因。20世纪70年代，许多国家停止使用滴滴涕。DDT的禁用致使疟疾又卷土重来（目前，尚未有药物能代替DDT），世界每年有1亿多疟疾新发病例，约100万人死于疟疾。基于此，世界卫生组织于2002年宣布，重新启用DDT用于控制疟疾等疾病。滴滴涕是人类发展史上一种重要的农药，它为人类控制疾病发挥了重要作用。我国从1964年起研究抗疟疾的药物。1967年，我国先后有七省市全面开展抗疟药物的调研普查和筛选研究。1969年，中国中医研究院屠呦呦受命担任科研组组长，组织开展研究。1971年，她研制出青蒿素类抗疟药，并通过了鉴定。该药对恶性疟疾的治愈率达到97%。据世界卫生组织统计，截至2009年底，已有11个非洲国家的青蒿素类药物覆盖率达到100%。青蒿素类抗疟药挽救了许多人的生命，为人类的生命健康事业做出了巨大贡献。2011年，她因发现青蒿素而荣获美国拉斯克奖。2015年，她又因此荣获诺贝尔生理学或医学奖。

阿姆凯姆产品公司［美］生产除草剂2，4-滴　除草剂分为灭生性除草剂和选择性除草剂。除草剂2，4-滴的学名是2，4-二氯苯氧基乙酸。1882年，法国植物学家米拉德（Millardet，P.M.A.）发明治疗植物霉叶病的杀菌剂——波尔多液。1932年，人们发现了选择性除草剂——二硝酚。1942年，美国科学家齐默尔曼（Zimmerman，P.W.）和希契科克（Hitchcock，A.E.）发现2，4-滴具有除草的性质。同年，美国阿姆凯姆产品公司首先生产2，4-滴。其生产方法是：先用苯酚氯化制得2，4-二氯苯酚，后者在氢氧化钠作用下与氯乙酸缩合生成2，4-滴钠盐，再酸化成2，4-滴原药。2，4-滴具有类似植物生长激素的作用，能内吸进入植物体内并传导至其他部位。使用低浓度2，4-滴，能刺激植物生长，可作植物生长调节剂；使用较高浓度2，4-滴，则抑制植物生长；使用更高浓度2，4-滴，可使植物畸形发育而致死。因此，它被用于水稻、麦类等禾本科作物田间防除阔叶杂草。1971年，人们又合成了草甘膦（是非选择性、无残留灭生性除草剂，由氯甲基磷酸和甘氨酸在氢氧化钠水溶液中回流反应，再用盐酸酸化制得，或将双甘膦与水混合，与过量的过氧化氢在硫酸作用下，加热反应制得），它具有杀草面广、无公害等特点，是有机磷除草剂的重大突破。1980年，除草剂已占全球农药总销售额的41%，超过杀虫剂跃居第一位。2，4-滴是世界上第一个工业化生产的选择性高效有机除草剂，在农药发展史上有重要影响。

格雷斯公司［美］生产微球形硅铝催化剂　催化剂是一种改变反应速率但不改变反应总标准吉布斯自由能（英文名：Gibbs free energy，又叫吉布斯函数，由美国科学家吉布斯于1876年提出）的物质。催化剂最早由瑞典化学家贝采里乌斯（Berzelius，J.J.）发现，他于1836年首次提出了"催化"和"催化剂"的概念。催化剂可分为液体催化剂和固体催化剂（也称触媒）、均相催化剂和多相催化剂（包括金属催化剂、金属氧化物催化剂、分子筛催化剂等）、主催化剂和助催化剂等。催化剂的传统制取方法包括沉淀法、离子交换法等；其现代制取方法包括化学键合法、纤维化法等。硅铝催化剂的主要成分是硅酸铝，起催化作用的是其中的酸性活性中心。移动床催化裂化采用小球形（3～5mm）催化剂。流化床催化裂化早期所用的是粉状催化剂，活性、稳定性和流化性能较差。1942年，美国格雷斯公司戴维森化学分部推出了用于流化床装置的微球形（40～80μm）硅铝催化剂。不久，它就成为催化剂工业中产量最大的品种。20世纪70年代初期，人们开发了高活性含稀土元素的X型分子筛硅铝微球催化剂。20世纪70年代起，又开发了活性更高的Y型分子筛微球催化剂。微球形硅铝催化剂是最早专门用于流化床催化裂化的催化剂，它为后来石油炼制催化剂的发展奠定了基础。

新泽西标准石油公司［美］建成流态化催化裂化反应装置　流态化催化裂化反应装置是一种利用气体或液体，通过颗粒状固体层而使固体颗粒处于悬浮运动状态（物料上下翻滚沸腾），并进行气固相反应过程或液固相反应过程的反应器。在用于气固系统时，它又被称为沸腾床反应器。20世纪20年代，流态化催化裂化反应装置最先被用于煤化工，即出现在粉煤气化的温克勒炉上。20世纪40年代，随着石油催化裂化需求的增加，它在石油炼制领域崛起。1942年，美国新泽西标准石油公司在路易斯安那州的巴吞鲁日炼厂，建成流态化催化裂化反应装置，投入工业化生产。与固定床反应器相比，流化床反应器的优点是：可以实现固体物料的连续输入和输出；流体和颗粒的运动使床层具有良好的传热性能。其缺点是设备磨损大。流态化催化裂化反应装置由于设备结构简单，处理能力强，因此，它在石油的催化裂解领域基本取代了早期的流动床反应器。

1943年

麦克公司〔美〕、施贵宝公司〔美〕和菲泽公司〔美〕生产青霉素　青霉素音译盘尼西林，又称为青霉素G等。青霉素自被发现以后，又经改造出现若干代青霉素：第一代为天然青霉素；第二代为半合成青霉素（如甲氧苯青霉素等）；第三代为甲砜霉素、奴卡霉素等。天然青霉素通过菌种发酵和提取精制制得；半合成青霉素以6-氨基青霉烷酸（6-APA）为中间体与多种化学合成有机酸进行酰化反应制得。在中国唐朝长安城的裁缝把长有绿毛的糨糊涂在被剪刀划破的手指上使伤口愈合。其原因在于绿毛产生的物质（青霉菌）有杀菌的作用，这是人们最早使用的青霉素。1928年，英国细菌学家弗莱明（Fleming，Alexander 1881—1955年）在实验室发现了世界上第一种抗生素——青霉素。1939—1941年，英国病理学家弗劳雷（Florey，Howard Walter 1898—1968）、德国生物化学家钱恩（Chain，Ernst Boris 1906—1979）用冷冻干燥法提纯了青霉素，并成功地用于医治人的疾病。1942—1943年，美国麦克公司、施贵宝公司和菲泽公司采用通气搅拌的深层培养法生产青霉素。青霉素在二战中发挥了重要作用。1945年，弗莱明、弗劳雷和钱恩共获诺贝尔生理学或医学奖。同年，英国化学家霍奇金（Hodgkin，D.C.）用X射线衍射法测出了青霉素的分子结构。此后，人们又先后发现了多种类型的青霉素。2002年，比罗尔（Birol）等人对青霉素发酵过程进行深入研究，提出了基于发酵过程机理的模型。1944年9月，中国第一批国产青霉素诞生，揭开了中国生产抗生素的历史。截至2001年底，中国的青霉素年产量已占世界青霉素年产量的60%，居世界首位。青霉素的发现，使人类找到了一种具有强大杀菌作用的药物，结束了传染病几乎无法治疗的时代；青霉素的生产对治疗人类疾病起到重要作用，从此出现了寻找抗生素新药的高潮，人类进入了合成新药的新时代。

陶氏化学公司〔美〕建成1，3-丁二烯生产装置　丁二烯是制造合成橡胶、合成树脂、尼龙等的原料。1897年，美国人赫伯特·亨利·道（Dow，Herbert Henry 1866—1930）在美国成立了一家跨国化学公司——陶氏化学公司，总部设于美国密歇根州。1943年，陶氏化学公司建成1，3-丁二烯生产装置，运用氧化脱氢法生产1，3-丁二烯。氧化脱氢法是在脱氢时通入氧气（空气），改脱氢反应为氧化反应，从而大幅度提高丁烯的转化率及丁二烯的选择性。此外，丁二烯的工业生产方法还有：以电石炔和乙醛为原料合成丁二烯；丁烯催化脱氢生成丁二烯；正丁烷一步脱氢生成丁二烯；由乙烯装置副产C_4抽提等。其中，丁烯催化脱氢反应是可逆反应，转化率因受化学平衡限制而不高；由丁烷脱氢生产丁二烯的比例有所下降；以乙烯装置副产C_4抽提的方法最为经济。氧化脱氢法的丁烯转化率及选择性较其他脱氢法高得多，因此，此法问世后被广泛使用。目前，世界上丁二烯生产方法主要有ACN法（乙腈法，以含水10%的乙腈为溶剂，进行萃取蒸馏制得，此法由日本JSR公司和中国兰州石油化工公司开发）、DMF法（二甲基甲酰胺法，由日本瑞翁公司开发）、NMP法（IV-甲基吡咯烷酮法，由德国BASF公司开发）、KIP法（C馏分选择加氢脱炔烃法）等。中国先是采取酒精接触分解制取丁二烯，后因其工艺落后而于20世纪80年代初被淘汰；接着采取丁烯氧化脱氢法制取丁二烯，后因受原料制约而被改产；目前采取从乙烯副产品C_4馏分中抽提方法制取丁二烯。

法本公司［德］建成己内酰胺工业装置　己内酰胺是重要的有机化工原料，分子式为$C_6H_{11}NO$。1943年，德国法本公司通过环己酮-羟胺合成己内酰胺（现在简称为"肟法"），首先实现了以苯酚为原料的己内酰胺的工业化生产。"肟法"的具体内容是：用苯酚加氢制得环己醇，环己醇脱氢制得环己酮；或用苯加氢制得环己烷，环己烷氧化制得环己酮。氨与空气催化氧化制得NO_2，用$(NH_4)_3PN_4$吸收NO_2制得NH_4NO_3，用二氧化硫还原亚硝酸铵生成羟胺二磺酸盐，水解生成硫酸羟胺。硫酸羟胺与环己酮在80～110℃下反应生成环己酮肟，环己酮肟在发烟硫酸催化作用下，经"贝克曼重排"得己内酰胺，再用氨水中和多余的发烟硫酸生成硫酸铵。此外，还有甲苯法（又称斯尼亚法，由意大利SNIA公司开发，是唯一以甲苯为主要原料的生产工艺）、光亚硝化法（又称PNC法）、己内酯法（又称UCC法）、环己烷硝化法、环己酮硝化法、环己酮氨化氧化法等。在己内酰胺工业生产方法中，"肟法"仍是20世纪80年代工业应用最广的方法，占己内酰胺产量中的绝大部分。

法本公司［德］生产聚氨酯橡胶　聚氨酯是国际上性能最好的保温材

料。它分为热塑性和热固性两种类型，包括硬质聚氨酯塑料、软质聚氨酯塑料、聚氨酯弹性体等形态。它由异氰酸酯（单体）与羟基化合物聚合而成。1937年，德国拜耳（Bayer，Otto）教授首先发现多异氰酸酯与多元醇化合物进行加聚反应可制得聚氨酯（简称PU），并以此为基础进入工业化应用。1943年，德国法本公司开始生产混炼型聚氨酯橡胶。1945—1947年，英美等国从德国获得聚氨酯树脂的制造技术，并于1950年相继开始工业化生产。1952年，拜耳公司报道了聚酯型软质聚氯酯泡沫塑料中试研究成果。1952—1954年，又开发连续方法生产聚酯型软质聚氨酯泡沫塑料技术，并开发了相应的生产设备。1961年，采用蒸气压较低的多异氰酸酯PAPI制备硬质聚氨酯泡沫塑料，提高了硬质制品的性能和降低了施工时的毒性，并应用于现场喷涂工艺，使硬质泡沫塑料的应用范围进一步扩大。1955年，日本从德国拜尔公司及美国杜邦公司引进聚氨酯工业化生产技术。20世纪50年代末，我国聚氨酯工业开始起步，近十几年发展较快。

1944年

伊斯曼–柯达公司［美］制造安全胶片　胶片一般指胶卷，也指印刷制版中的底片，它是银盐感光胶片。胶片包括单层或多层的感光乳剂层、感光乳剂层的支持体——片基。乳剂是由对光敏感的微细颗粒悬浮在明胶介质中而成。第二次世界大战前，片基（指透明平整的薄膜，用于制造胶片）是由硝酸纤维素制成。但是硝酸纤维素化学成分不稳定，保存时易分解，易于燃烧。1944年，伊斯曼–柯达公司使用醋酸纤维素支持体制造不易燃烧的安全胶片，以替代以前的硝酸纤维素胶片。具体做法是：把树脂溶于低沸点有机溶剂中，流延在不锈钢带或铜带上，将溶剂蒸发后，形成醋酸纤维素胶片。20世纪60年代以来，由于各种技术用胶片，如射线胶片、印刷片、航空胶片等的广泛应用，对片基的力学强度和尺寸稳定性都有较高的要求，醋酸纤维素片基已不能满足这一要求。于是，人们采用聚酯片基作为支持体。聚酯片基是对苯二甲酸二甲酯和乙二醇的缩聚产物，用挤出拉伸方法制成。这种片基热稳定性好，吸湿性小，收缩率低，平整度高，抗张强度是醋酸纤维素片基的两倍。目前，除三醋酸纤维素片基仍被大量使用以外，聚酯片基也已广泛用于各种技术胶片，部分还用于电影胶片。

通用电气公司［美］开发硅橡胶　硅橡胶是指主链由硅和氧原子交替构成，且硅原子上有两个有机基团的橡胶。它分为热硫化型（简称HTV）、室温硫化型（简称RTV）。其中热硫化型又分为甲基硅橡胶（MQ）、甲基乙烯基硅橡胶（VMQ）、甲基乙烯基苯基硅橡胶（PVMQ）、氟硅橡胶等；室温硫化型又分为单组分室温硫化硅橡胶和双组分室温硫化硅橡胶以及双组分加成型室温硫化硅橡胶。1944年，美国通用电气公司成功地研制出高温硫化甲基硅橡胶。它通常用酸碱催化剂开环共聚，经脱除催化剂和低挥发分即得。橡胶加工时，先加入结构控制剂（二苯基甲硅二醇）、补强填料（气相法二氧化硅）和抗氧剂（三氧化二铁）等；再在炼胶机上混炼，经高温（约200℃）处理后加有机过氧化物［2，5-二甲基-2，5-二（叔丁基过氧化）己烷］作硫化剂，炼胶入模后要加温、加压。1948年，采用"气相法"研制成功白炭黑补强的硅橡胶。从此，硅橡胶进入实用阶段，奠定了现代硅橡胶生产技术的基础。美国、俄罗斯、中国等从二甲基二氯硅烷合成开始生产硅橡胶。1952年，美国陶-康宁公司的斯特布莱唐（Strebrand，L.）和波尔曼蒂尔（Polmantil，K.）研制出了双组分室温硫化硅橡胶。1953—1955年，又研制成甲基乙烯基硅橡胶。1956—1957年，又研制出了硅氟橡胶。1958—1959年，开发成功单组分室温硫化硅橡胶。以后，又出现加成型硅橡胶系列产品。20世纪80年代以来，硅橡胶的产量每年以15%左右的速度增长。中国于1957年开始相继研制成功各类硅橡胶，现均有批量生产。

麦克公司［美］生产链霉素　链霉素是从灰链霉菌的培养液中提取的抗生素，分子式为$C_{21}H_{39}N_7O_{12}$。它与结核杆菌菌体核糖核酸蛋白体相结合，干扰了结核杆菌的蛋白质合成，从而杀灭和抑制结核杆菌生长。1882年，德国医学家科赫（Koch，Robert 1843—1910）发现了引起肺结核的病原菌——结核杆菌，但没能根治此病。1915年，美国化学家瓦克斯曼（Waksman，Selman Abraham 1888—1973）与其同学发现了链霉菌。1940年，他和同事伍德鲁夫（Woodruff，H.B.）分离出了放线菌素，但其毒性太强，价值很小。1942年，他又分离出链丝菌素，其虽然对结核杆菌等有抵抗力，但对人体的毒性太强。1943年，他指导其学生萨兹（Schatz，A.）发现了链霉素。1944

年，美国麦克公司生产链霉素。生产过程分为两大步骤：第一步是菌种发酵。将冷干管或沙土管保存的链霉菌孢子接种到斜面培养基上，斜面长满孢子后，制成悬浮液接入装有培养基的摇瓶中，菌丝生长旺盛后，合并其中的培养液将其接种于种子罐内

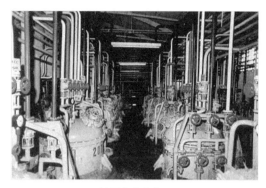

链霉素生产装置

已灭菌的培养基中，通入无菌空气搅拌，然后接入发酵罐内已灭菌的培养基中，通入无菌空气，搅拌培养。第二步是提取精制。发酵液经酸化、过滤，除去菌丝及固体物，然后中和，通过弱酸型阳离子交换树脂进行离子交换，再用稀硫酸洗脱，收集高浓度洗脱液——链霉素硫酸盐溶液，经活性炭脱色得到精制液。精制液经薄膜浓缩成浓缩液，再经喷雾干燥得到无菌粉状产品。链霉素经临床试验，其抑制结核杆菌等病菌能力得到证明，取得很好的治病效果。1952年，瓦克斯曼（Waksman，S.A. 1888—1973）因发现链霉素而获得诺贝尔生理学或医学奖，被誉为"抗生素之父"。链霉素是继青霉素后第二个生产并用于临床的抗生素，其抗结核杆菌的特效作用，开创了结核病治疗的新纪元。

1945年

道–康宁公司［美］生产有机硅树脂　有机硅树脂是高度交联的网状结构的聚有机硅氧烷。它既含有"有机基团"又含有"无机结构"，集有机物特性与无机物功能于一身。它分为聚烷基、聚芳基和聚烷基芳基三大类。1937年，美国化学家海德（Hyde，J.F.）用"格氏法"［一种合成氯硅烷的方法，它以格氏试剂的乙醚溶液与一个硅化合物（如四氯化硅）反应，得到一个氯硅烷的混合物即二氯硅烷］合成出有实用价值的有机硅树脂，为开发有机硅化物揭开新的一页。1941年，美国通用电气公司的罗乔（Rochow）发明了用硅与卤烃在铜的催化下，直接合成有机卤硅烷的方法。德国的米勒（Müller）也同时研究该反应。直接合成法可用于大量生产甲基氯硅烷，为提供二甲基

二氯硅烷创造了条件，为发展有机硅工业奠定了基础。1943年，美国康宁玻璃公司与道化学公司合资成立道-康宁公司（Dow Corning Corp）。该公司先用"格氏法"合成有机硅单体，生产甲基氯硅烷、苯基氯硅烷等。后来，它又用通用电气公司开发的流化床工艺生产甲基氯硅烷。1951年，中国北京化学工业试验所开始研究有机硅。1957年，该所搬迁到沈阳化工研究院，并建成了甲基氯硅烷中试装置，用搅拌床以氯甲烷、硅粉为原料，以氯化亚铜为催化剂，合成甲基氯硅烷单体，并用该单体和其他中间体合成出多种有机硅材料。1971年，北京化工研究院与上海树脂厂合作开发了中国第一台合成甲基氯硅烷的直径为400mm的流化床，为中国有机硅工业的发展奠定了基础。有机硅树脂的工业生产通常以甲基三氯硅烷、苯基三氯硅烷等为主要原料。为了降低树脂的脆性、硬度，提高树脂的黏着性，可加入二甲基二氯硅烷、甲基苯基二氯硅烷等官能度单体。上述单体在溶剂中水解、缩聚，洗除副产物氯化氢，得到尚含少量硅羟基的树脂液。使用时要加入少量环烷酸钴等催化剂，使树脂进一步缩聚完全，得到交联的三维网状固化树脂。水解过程中的加料速度、反应温度、搅拌强度等，对树脂性能都有影响。有机硅树脂的工业化增加了新的树脂类型，为工业发展提供了新的材料。

卜内门化学工业公司［英］生产"六六六"　"六六六"又称六氯环己烷，英文简称BHC，分子式为$C_6H_6Cl_6$。它是多种同分异构体的混合物，共有8种同分异构体，分别被称为 α、β、γ、δ、ε、η、θ 和 ξ。其中，γ-异构体杀虫效力最高，α-异构体次之，δ-异构体又次之，β-异构体效率极低。"六六六"的杀虫机理是：它进入动物机体后，主要蓄积于中枢神经和脂肪组织中，刺激大脑及小脑，通过皮层影响自主神经系统及周围神经，在脏器中影响细胞氧化磷酸化作用，使脏器营养失调，发生变性坏死；它能诱导肝细胞微粒体氧化酶，影响内分泌活动，抑制ATP酶。1825年，英国科学家迈克尔·法拉第发现苯和氯在日光照射下反应，可以得到一种固体产物。1912年，荷兰化学家林丹（Teunis van der Linden）指出，在"六六六"混合物中存在4种立体异构体。1935年，Bender发现"六六六"具有杀虫特性。后来，斯莱德（Slade）和法国人迪皮尔（Dupire）也各自发现了"六六六"的杀虫活性。斯莱德还进一步指出，"六六六"的生物活性几乎完全是由其γ-异构体的存在引起的。1945年，英国卜内门化学工业公司开始生产"六六六"。具体方法是：将苯放在玻璃或搪瓷反应器中，在紫外线照射下，通入氯气进行加成反应，生成"六六六"原药。产品是多种异构体的混合物，其中γ-异构体仅占12%~16%，其余均为无效成分。为此，以甲醇为提取溶剂进行提取，从而将高含量的γ-异构体从中提取出来。当γ-"六六六"含量超过99%时，它被称为"林丹"。20世纪50年代以后，"六六六"在全世界被广泛使用。1950—2000年，全球"林丹"的总产量约为60万吨，其中大多数是用在农业方面。但是，"林丹"是一种持久性有机污染物，并对人体具有一定的毒性，因此，截至2006年11月，已有52个国家禁止使用"林丹"，另有33个国家限制使用"林丹"。2009年，《斯德哥尔摩公约》会议明确禁止生产和使用"林丹"。另外，1996—1998年，美国化学会所属《环球科学与技术》（ES&T）杂志的米登多夫（Middeldorf）及范艾克特（Van Eekert）研究发现，在厌氧状态下为六氯环己烷提供碳源，可催化细菌将六氯环己烷分解成苯及氯苯，分别再经厌氧及耗氧状态下完全分解成水、二氧化碳、甲烷、氢离子及氯离子等。

奥伦奈特公司［美］生产邻苯二甲酸酐　邻苯二甲酸酐，简称苯酐，又名酞酸酐。1896年，德国巴登苯胺纯碱公司首先提出了由萘液相氧化制苯酐的方法。1920年，德国冯海登化学公司建立了由萘气相催化氧化制苯酐的生产装置。采用萘氧化法生产苯酐，所使用的催化剂是钒系催化剂；所用反应器有列管式固定床和流化床两种反应器；反应副产物为萘醌、顺丁烯二酸酐等。但是，萘来源有限，价格较贵，从而限制了苯酐的生产。以后，石油化工的发展提供了大量价廉的邻二甲苯。以邻二甲苯为原料生产苯酐，产品的碳原子数和原料碳原子数一样，与萘做原料相比消除了氧化降解，减少氧气需要量及反应放热量，从而促使人们研究用邻二甲苯氧化制苯酐。1945年，美国奥伦奈特公司首先实现该法的工业化生产。他们采用以五氧化二钒为主的钒系催化剂进行邻二甲苯的气相氧化。该反应为强放热反应，其副产物是苯甲酸、顺丁烯二酸酐等；反应器多采用列管式固定床反应器。具体工艺是：将过滤后的无尘空气经压缩、预热，与汽化的邻二甲苯蒸气混合后进入反应器，在400~460℃下进行氧化反应，反应热由管外循环的熔盐带出。反应产物进入蒸汽发生器，被冷却的反应气经过进一步冷却，回收粗苯酐。尾气经水洗回收顺丁烯二酸酐后放空，或用催化燃烧法净化后再放空。粗苯酐经减压精馏由塔顶分离出低沸点的顺丁烯二酸酐、甲基顺丁烯二酸酐及苯甲酸等；塔底物料经真空精馏，得到苯酐产品。1974年，他们又开发出了高负荷表面涂层的钒系催化剂。它可以减少因内扩散而引起的深度氧化反应，提高苯酐的生产效率。1985 年，世界苯酐产量约为三百万吨。其中，80%左右的苯酐由邻二甲苯生产，有力支撑了染料工业的发展。

《煤利用化学》出版　　1945年，《煤利用化学》（*Chemistry of Coal Utilization*）出版（共两卷40章）。该书由美国国家研究理事会（1916年，美国根据战时科学技术的需要成立了该组织，成员包括英、法等国的科学家，主要有美国科学院院士、美国工程院院士和药物研究所成员等。该组织主席既是董事会主席又是执委会主席，副主席是美国工程院主席）化学和化学工艺分部煤化学应用委员会组织著名专家、教授分专题编写，由劳里（Lowry, H.H.）主编，由纽约约翰·威利（Wiley, John）父子出版公司出版。该书综述了20世纪初至40年代中期煤利用化学方面的科技成果。其内容主要包括：煤的成因、分类、岩相、化学组成和性质、煤低温干馏、焦化、煤气化、加氢（煤液化）、燃烧等过程的原理和加工产物的性质及利用等。1947年，该书再版。1951年，苏联出版该书的俄文版。1963年，该书的原编写单位又组织美国著名专家、教授编写，劳里主编出版了增补卷（共23章）。该版书综述了煤化学自第1、2卷出版以来至60年代初的科技成果，增加了煤燃烧动力学、煤灰性质和利用、煤的氧化和硝化等章节。1981年，原编写单位再次组织60位专家、教授分专题编写，埃利奥特（Elliot, M.A.）主编出版了增补第2卷（共31章）。该版书中新增加的专题有：煤的资源，煤加工工业、科技及其发展，煤加工利用中的环境、安全、健康等问题，并在煤的燃烧、热解、液化和汽化等方面增补了新的科技成果。该书是煤化学和煤化工方面的重要学术专著。

1946年

杜邦公司［美］生产聚四氟乙烯　　氟树脂是分子结构中含有氟原子的

一类热塑性树脂，其分子式是（$C_2H_2F_2 \cdot C_2ClF_3$）。它的主要品种有：聚四氟乙烯（PTFE，被称为"塑料王"）、聚三氟氯乙烯（PCTFE）、聚偏氟乙烯（PVDF）、乙烯-四氟乙烯共聚物（ETFE）、乙烯-三氟氯乙烯共聚物（ECTFE）、聚氟乙烯（PVF）等。它们是国民经济尤其是尖端科学技术和国防工业不可缺少的重要材料。聚三氟氯乙烯是最早研究开发并生产的热塑性氟塑料，其生产方法有本体聚合法、悬浮聚合法、溶液聚合法、乳液聚合法。1934年，德国化学家施洛费尔（Schloffer，F.）和舍雷尔（Scherer，O.）首先发现了聚三氟氯乙烯。1937年，法国法本公司发表了首篇制备它的研究报告。其后，美国在执行曼哈顿计划过程中，把它作为分离铀同位素的材料，并为此研究了制备它的技术路线及产品性能。1942年，美国3M公司（明尼苏达矿务及制造业公司）投入生产，并以Kel-F商标出售。其后，俄罗斯、法国、德国和日本相继生产出产品。1946年，生产出聚三氟氯乙烯的高聚物，并具有优良的性能。1936年，美国杜邦公司的罗伊·普朗克特（Plunkett，R.J.）在研究以四氟乙烯作为氟利昂代用品的过程中，意外地发现了聚四氟乙烯（他被誉为"氟树脂之父"）。他们研究发现聚四氟乙烯可以用于原子弹、炮弹等的防熔密封垫圈。因此，在二战期间，美国军方一直对该技术进行保密（直到二战结束后才解密）。1946年，开始工业化生产聚四氟乙烯。其生产方法是：第一，制备单体四氟乙烯。以三氯甲烷为原料，在65℃以上条件下，用无水氢氟酸使三氯甲烷氟化，用五氯化锑为催化剂，最后用热裂法制成四氟乙烯；也可用锌在高温下与四氟二氯乙烷作用制得四氟乙烯。第二，制备聚四氟乙烯。在搪瓷或不锈钢聚合釜中，以水为介质，以过硫酸钾为引发剂，以全氟羧酸铵盐为分散剂，以氟碳化合物为稳定剂，将四氟乙烯氧化、还原聚合而制得聚四氟乙烯。20世纪80年代初，世界上已工业生产和批量生产的有11种。我国于1959年开始研制聚三氟氯乙烯树脂，1960年试验成功，1966年建成年产25吨聚三氟氯乙烯树脂的生产装置，聚四氟乙烯也于同期得以研制和生产。聚四氟乙烯是第一个氟树脂产品，它的工业化生产是氟树脂生产的里程碑。

橡胶公司［美］生产ABS树脂　ABS树脂即丙烯腈-丁二烯-苯乙烯共聚物，它由弹性微粒分散相和刚性连续相构成。其生产方法主要有两种：一种是将丙烯腈–苯乙烯共聚物（AS）与聚丁二烯（B）混合，或将这两种胶乳混合后再共聚；另一种是在聚丁二烯胶乳中加入丙烯腈及苯乙烯单体进行接枝共聚反应（是指大分子链上通过化学键结合适当的支链或功能性侧基的反应，所形成产物叫作接枝共聚物）。1946年，美国橡胶公司首创了混炼制造法。混炼就是通过机械作用使生胶或塑料胶与各种配合剂均匀混合，其过程包括混入、分散、混合、塑化等四个阶段。其中，混入指生胶或塑料胶在炼胶机中受到剪切和拉伸的作用产生流变、断裂和破碎，与配合剂充分接触；分散指各种配合剂在生胶或塑料胶中均匀分布的过程；混合指仅增加配合剂在胶料中的分布均匀性，而不改变其粒子的尺寸大小；塑化指橡胶分子在机械力–化学作用下继续断裂，使黏度下降，实现均匀混合。1954年，美国博格华纳（BorgWarner）公司的马邦化学品部开发了化学接枝法。它是利用材料表面的反应基团与被接枝的单体或大分子链发生化学反应而实现表面接枝，包括偶联接枝、化学或臭氧引发接枝。ABS树脂的生产，为工程塑料增加了新的适用广泛的品种。

氰氨公司［美］生产甲基对硫磷　甲基对硫磷俗称甲基1605，分子式是$C_8H_{10}NO_5PS$，是一种有机磷杀虫剂。1938—1944年，德国法本公司的施拉德尔（Schrader, G.）等在研究军用神经毒气时，发现许多有机磷酸酯具有强烈杀虫作用，并合成了甲基对硫磷。二战后，该技术被美国获得。1946年，美国氰氨公司首先投产。1949年，法本公司投产甲基对硫磷。甲基对硫磷的生产方法主要有两种。一种是三氯硫磷法：将黄磷经氯化再与硫黄反应制得三氯硫磷；然后在低温下慢慢加入到过量甲醇中，反应生成O–甲基硫代磷酰二氯，分离后再与过量甲醇混合，在低温下滴加液碱，生成O，O–二甲基硫代磷酰氯；最后在溶剂中将其与对硝基苯酚在铜盐催化剂和纯碱的作用下进行缩合反应，制得甲基对硫磷原药。另一种是五硫化二磷法：将黄磷与硫黄反应制得五硫化二磷；再与甲醇反应生成二甲基二硫代磷酸；然后，通入氯得到O，O–二甲基硫代磷酰氯，由O，O–二甲基硫代磷酰氯制得甲基对硫磷的过程与第一种方法相同。甲基对硫磷的开发与生产促进了农药工业的发展。

1947年

汽巴公司［瑞］和壳牌化学公司［美］首次生产环氧树脂　环氧树脂是指分子结构中含有两个或两个以上环氧基团的有机化合物。它根据分子结构分为缩水甘油醚类、缩水甘油酯类、缩水甘油胺类、线型脂肪族类和脂环族类等。1891年，德国化学家林德曼（Lindmann）用对苯二酚与环氧氯丙烷反应，缩聚成树脂并用酸酐使之固化。1909年，俄国化学家普莱斯切捷夫（Prileschajew）发现，用过氧化苯甲醚和烯烃反应可生成环氧化合物。1930年，瑞士化学家卡斯坦（Castan，Pierre）和美国化学家格林利（Greenlee，S.O.）用有机多元胺使上述树脂固化。1933年，德国化学家斯契莱克（Schlack）研究现代双酚A环氧树脂（由双酚A和环氧氯丙烷在氢氧化钠作用下生成）同双酚A（二酚基丙烷）的分离技术。1936年，卡斯坦生产了琥珀色环氧氯丙烷-双酚A树脂，并同邻苯二甲酸酐反应生产出了热固性制品。1939年，格林利独自生产出高分子质量双酚A环氧氯丙烷树脂并用于高级热固性涂料。1947年，美国戴维-莱诺德（Devoe-Raynolds）公司第一次生产环氧树脂，开辟了环氧氯丙烷-双酚A树脂的技术历史。不久，瑞士汽巴（CIBA）公司和美国壳牌（Shell）化学公司等开始了环氧树脂的工业化生产和应用开发工作。1955年，陶氏化学公司（Dow Chemical co.）和赖希奥尔德（Reichhold）化合物公司建立了环氧树脂生产线。1956年，美国联合碳化物公司出售脂环族环氧树脂，并推出过乙酸法（以过氧化氢或过乙酸将双键进行液相氧化）合成的环氧树脂。1959年，道（Dow）化学公司生产酚醛环氧树脂。1960年以来，人们开发出了数百种环氧树脂。我国自1956年开始研究环氧树脂并生产出普通的双酚A-环氧氯丙烷型环氧树脂以及各种类型的新型环氧树脂。

波拉罗伊德公司［美］发明银影像转移法　银影像转移法即指扩散转移法，早期的银影像转移法多用于文件复制。1839年，法国化学家达盖尔（Daguerre，L.J.M. 1787—1851）发明了摄影史上最早具有实用价值的摄影法——银版照相法（达盖尔照相法）。1947年，美国波拉罗伊德公司的创始人兰德（Land，E.H.）发明了银影像转移法。该方法是将曝光的卤化银乳剂用一种含有卤化银溶解剂（如海波，即硫代硫酸钠）的药液冲洗，并同时使之与另一特制的非光敏涂层相接触，在曝光的感光层显出负像的同时，卤化银溶解剂即与未曝光的卤化银络合而使后者溶解，并扩散转移到与之相接触的非光敏层，转移过去的卤化银即在此层内显影生成正像。利用银影像转移法制取的影像转移感光材料成为一类独具特色的银盐感光材料。生产彩色一步成像材料和照相机的公司有波拉罗伊德公司和富士照相胶片公司。银影像转移法和染料影像转移法（包括采用染料-显影剂的一次彩色成像法和采用染料释放剂的一次彩色成像法）的利用可以直接获得黑白或彩色正像的卤化银感光材料。银影像转移法的发明促进了成像技术的进一步发展。

坎拉斯［美］研制成磁记录材料　磁记录材料指以磁化的形式实现记录、还原和贮存声音、图像、数码等信息的记录材料，由磁粉制成的磁性层和承载它的支持体组成。它分为磁记录介质材料和磁头材料。前者主要完成信息的记录和存储功能；后者主要完成信息的写入和读出功能。1857年，有人用3mm宽、0.05mm厚的钢带制造出了录音机的雏形。1898年，丹麦人浦耳生（Poulson，W.）用直径为1mm的碳钢丝发明了可供实用

磁记录材料

的磁录机。1907年，经过技术改进，出现了直流偏磁录音机，为磁记录技术的全面发展奠定了基础。1928年，德国人欧尼尔（Onell，J.A.）首次制成纸基磁带，带速为76.2cm/s。从此，磁带进入实用化时代。1938年，日本人永井健三发明了交流偏磁法，促进了磁记录技术的进一步发展。第二次世界大战期间，欧美各国秘密研究磁记录技术并取得了很大进展，出现了环形磁头、超声波交流偏磁法等新技术和器件。1947年，美国人坎拉斯（Camras，M.）制成 $\gamma-Fe_2O_3$，为制备各种记录材料提供了广泛的材料来源，至今仍被用于制造各种类型的氧化铁磁粉。以后，日本、美国等研制出各种类型的磁带和磁粉，推动了磁记录材料的发展。我国于20世纪60年代开始研制酸法针状 $\gamma-Fe_2O_3$ 磁粉，70年代研制出钴 $\gamma-Fe_2O_3$ 磁粉等碱法磁粉。

壳牌化学公司［美］用乙烯直接水合制取乙醇　1947年，美国壳牌化学

公司（Shell Group）休斯敦厂实现了乙烯直接水合制乙醇的工业化生产。其具体方法是：在一定温度和压力下（260～290℃，7MPa），乙烯在固体酸催化剂（一般是负载于硅藻土上的磷酸催化剂）的催化作用下，直接与水反应生产乙醇。使用这种方法的乙烯单程转化率低，大量乙烯和其他中间产物不得不在系统中反复循环。除此之外，生产乙醇的方法还有以下几种：一种是发酵法，即对含淀粉的农产品（谷类、薯类或野生植物果实等），或者制糖厂的废糖蜜，或者含纤维素的木屑、植物茎秆等进行预处理，经水解（用废蜜糖做原料不经这一步）、发酵，即可制得乙醇。另一种是间接水合法（硫酸酯法），即将乙烯与硫酸经加成作用生成硫酸氢乙酯，然后水解生成乙醇和硫酸。还有一种是煤化工方法，其具体包括用合成气（由煤转化而成）直接制乙醇（中科院大连化物所于2006年自主发明的技术）和合成气经醋酸制乙醇等。直接水合制取乙醇的方法比间接水合法有不少显著优点，现已成为生产乙醇的主要方法。为了缓解非再生化石能源日渐枯竭所带来的压力，又推出了利用生物能源转化技术生产乙醇的新方法，即联合生物加工制取乙醇的方法。该方法是把糖化和发酵结合到由微生物介入的一个反应体系中，以玉米等粮食作物为原料，可以有效降低生产成本，提高乙醇的生产效率。我国目前主要通过醋酸直接加氢制乙醇和合成气直接加氢制乙醇等方法生产乙醇。

霍根［美］和华生［美］合著《化工过程原理》　化学反应工程是化学工程的一个分支，它是在化工热力学、反应动力学、传递过程理论以及化工单元操作的基础上发展起来的。它是以工业反应过程为主要研究对象，以反应技术的开发、反应过程的优化和反应器设计为主要目的的一门新兴工程学科。化学反应工程的早期研究主要是针对流动、传热和传质对反应结果的影响进行的，如德国的达姆科勒（Damkhler，G.）、美国的霍根（Hougen，O.）和华生（Walson，K.M.）等人的工作。当时，把该学科称为化工动力学。1947年，霍根与华生合著《化工过程原理》。作者在第三分册中集中论述了动力学和催化过程，这是该学科走向专门化的标志。20世纪50年代，学者们对反应器内部发生的若干种重要的、影响反应结果的传递过程，如返混、停留时间分布、微观混合、反应器的稳定性等进行研究，获得了丰硕的成果。1957年，第一届欧洲化学反应工程讨论会正式确立了该学科。《化工过程原理》是化学反应工程的第一本专业学术著作。

《化学工艺大全》出版 1947—1956年，《化学工艺大全》（*Encyclopedia of Chemical Technology*）（第1版 共15卷）出版。该书由科克（Gork，R.E.）和奥思默（Othmer，D.F.）主编，由美国约翰·威利父子出版公司出版。1957年、1960年，出版了第1卷和第2卷补编，及时更新了第1版中的陈旧内容。第1版主要介绍了第二次世界大战与战后美国的化工技术。1963—1972年，出版了该书的第2版（共22卷）。其间，1971年，出版了全书索引。1972年，出版第2版补编。第2版采用了各国文献，反映世界化学工业的知识技术水平。1978—1984年，出版了该书的第3版（共24卷）。1979年起，每年出版4卷索引。1984年，出版了第3版1～24卷索引和补编各1卷。第3版的重点放在能量、健康、安全、公害及新材料方面，采用了SI单位制，化合物用《化学文摘》登录号标出，全书按英文字母顺序编排条目。该书是化学工艺类书中影响较大的百科全书。

1948年

壳牌化学公司［美］建成合成甘油装置 甘油即丙三醇。甘油的工业生产方法主要有：以天然油脂（即从动植物中直接提取的油脂）为原料生产天然甘油；以丙烯为原料合成甘油。后者又包括两类途径，一类是通过丙烯氯化法合成甘油，其具体步骤包括：丙烯高温氯化→氯丙烯次氯酸化→二氯丙醇皂化→环氧氯丙烷水解。另一类是通过丙烯过乙酸氧化法合成甘油，其具体工艺过程包括：丙烯与过乙酸作用合成环氧丙烷；环氧丙烷异构化为烯丙基醇；烯丙基醇再与过乙酸反应生成环氧丙醇（即缩水甘油），再将其水解制取甘油。1779年，斯柴尔（Scheel）首先发现了丙三醇。1823

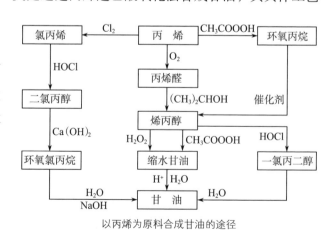

以丙烯为原料合成甘油的途径

年，人们认识到油脂成分中含有Chevreul，它在希腊语中是甘甜的意思，因此命名为甘油（Glycerine）。第一次世界大战期间，甘油因成为制造火药的原料而产量大增。1948年以前，甘油全部从动植物油脂制皂的副产物中回收，此为天然甘油。20世纪40年代，合成洗涤剂的发展使制皂工业缩减，甘油产量不敷需要，促使合成甘油的研究开发。1948年，美国壳牌化学公司（Shell Group）以丙烯为原料经氯丙烯、环氧氯丙烷合成甘油并率先投产。运用该方法生产的甘油纯度较高，但生产成本也高。所以天然油脂仍为生产甘油的主要原料。甘油的工业化生产保证了甘油的供应，推动了化工行业的发展。

米其林公司［法］试制成子午线轮胎　子午线轮胎俗称"钢丝轮胎"，其国际代号为"R"。它的胎体帘线不是相互交叉排列的，而是与外胎断面接近平行，像地球子午线排列。根据材料分为全钢丝型、半钢丝型、全纤维型等类型。1845年，苏格兰土木技师罗伯特·汤姆逊（Thomson，R.W.）发明了充气轮胎，并获得了英国政府的专利。同年，第一条充气轮胎诞生。汤姆逊虽然完成了轮胎的第一次革命，但并未引起世人的关注甚至被后人遗忘了。1888年，英格兰人邓禄普（Dunlop，J.B.）取得了充气轮胎的专利。1898年，法国人米其林（Michelin）兄弟在里昂展览会上，发现墙角一堆轮胎很像人的形状，画家欧家洛根据那堆轮胎创造出了由轮胎组成的特别人物造型——"必比登"（米其林轮胎人），并将其作为米其林公司的象征。1891年，米其林兄弟研制出可拆换的自行车轮胎，并申请了专利。1895年，米其林兄弟在汽车上安装了充气轮胎。1903年，帕玛（Pama，J.F.）发明了交叉层轮胎，延长了轮胎的寿命。1930年，米其林制造了第一个无内胎轮胎；1946年又发明了子午线轮胎。1948年，米其林轮胎公司试制生产了全世界第一条子午线轮胎。1959年，又推出"X"型无内胎卡车及公共汽车轮胎。1965年，米其林制造出胎冠具有不对称花纹的XAS型轮胎，同时，子午线轮胎也被首次安装在越野车上。1976年，TRX轮胎的发明，成为子午线轮胎发展的里程碑。1980年，米其林发明了供摩托车用的BIBTS型轮胎。1985年，推出M系列轿车轮胎。子午线轮胎于1983年占世界轮胎总产量的63.3%。我国于20世纪50年代末期开始研制子午线轮胎。1964年，生产载重汽车子午线轮胎。2002年，我国轮胎产量突破1.25亿条，跃居世界第二位，并进入轮胎出口大国之列。子午线轮胎的研制迅速掀起了轮胎工业的革命，现已成为汽车轮胎发展的主流方向。

《催化作用的进展》创刊　1948年，《催化作用的进展》（*Advances in Catalysis and Related Subjects*）创刊。该刊由弗兰肯伯格（Frankenberg，W.G.）、科马列夫斯基（Komalevski）和赖德奥尔（Reide Ore，E.K.）发起并任编辑，埃米特（Emmett，P.H.）和泰勒（Taylor，H.S.）等著名催化科学家任顾问，由美国学术出版社和英国学术出版社共同出版。1957年，弗兰肯伯格和科马列夫斯基去世。其后，埃利（Ely，D.D.）、韦斯（Westley，P.B.）和派尼斯（Penis，H.）等三人担任编辑。该刊为帮助催化研究摆脱纯经验状态、力求探明催化作用的本质、建立催化学科奠定了科学基础，更着意于探求与多相催化所涉及的经典学科（如物理、化学、生物学）以外的边缘科学的联系。内容偏重于多相表面的催化作用，亦涉及均相催化和生物催化，着重反映每个时期催化科学的进展，包括已发展的催化材料或产品、新的科学理论和方法的综述。系统论述了重要工业催化过程、催化基础和理论、催化材料的研究、催化研究的实验室技术等。在第26卷载有多相催化的物理化学量、单位的符号和命名法。有些卷还载有已故催化科学家的科学活动。至1985年，共发行33卷，约每年一卷。该刊为促进催化科学的发展起到了重要作用。

1949年

赵宗燠［中］创建合成石油生产装置　1929年，中国化工专家赵宗燠（1904—1989）毕业于南京中央大学理学院化学系。1935年，他赴德国柏林工科大学化工学院留学，1939年获化学工程博士学位，同年底回国。曾任重庆北碚合成汽油厂厂长兼同济大学教授、资源委员会沈阳化工厂厂长兼总工程师、资源委员会天津化学公司总经理兼总工程师等职。1949年，他任东北工业部化工局总工程师兼锦州合成油厂总工程师。他用费托合成法建成一氧化碳加氢工业生产装置。同年，他指导了与中国科学院大连石油研究所的合作，研制出生产合成油的常压钴催化剂、钍催化剂、镁催化剂及合成生产装置，解决了造气、合成等关键技术问题。以后，他与大连石油研究所再次合作，研究开发出性能更好的用于合成油生产的熔铁催化剂。1950年，合成油生产装置全部试运成功，生产出合格的合成油产品。1963年，他提出开展低热值煤矸石和油页岩的开发利用的研究，建设沸腾床燃烧锅炉的工艺。1965年，他在广东茂名建成了我国第一台大型沸腾床燃烧锅炉，日处理低热值燃料颗粒页岩300吨、蒸发量14.5吨/时，并取得连续稳定运行5万小时的稳定生产纪录。1979年，他提出开发"第五大能源"，即他把煤炭、石油（包括天然气）、水电和核能称为"四大能源"，把太阳、风、氢、海洋、生物等能源称为"第五大能源"。为了促进"第五大能源"的开发及能源学术的研究与交流，赵宗燠与他人在1979年成立了我国第一个能源学术团体——北京能源学会，并担任首届理事长。赵宗燠是中国人造石油之父，他为新中国石化建设做出了重大贡献。

环球油品公司［美］建成铂催化重整装置　催化重整是指在加热和催化剂等条件下，使原油蒸馏所得的轻汽油馏分（或石脑油）转变成富含芳烃的高辛烷值汽油（重整汽油），并副产液化石油气和氢气的过程。其化学反应包括环烷烃脱氢反应、烷烃脱氢环化反应、异构化反应和加氢裂化反应。其工艺流程主要包括原料预处理和重整两个工序。其所用催化剂的金属组分（促进脱氢反应）有铂、铼、铱或锡等，酸性组分（提供酸性中心，促进裂化、异构化等反应）为卤素，载体为氧化铝。20世纪40年代，德国建成了以氧化钼（或氧化铬）/氧化铝作催化剂的催化重整工业装置，因催化剂活性不高，设备复杂，现已被淘汰。1949年，美国环球油品公司（简称UOP，创建于1914年）公布了以贵金属铂作催化剂的催化重整新工艺。同年11月，该公司在密歇根州建成第一套催化重整工业装置。其后，在原料预处理、催化剂性能、工艺流程和反应器结构等方面不断有所改进。1965年，中国自行研制出铂催化重整装置并在大庆炼油厂投产。1969年，铂铼双金属催化剂用于催化重整，提高了催化重整反应的深度，增加了汽油、芳烃和氢气等的产率，使催化重

铂催化重整装置

整技术达到了一个新的水平。铂催化重整是石油炼制催化重整过程的一大进步，使得生产汽油的辛烷值大大提高。

谢克特［美］合成拟除虫菊酯　天然除虫菊酯是从除虫菊（菊科多年生草本植物）中提取得到的杀虫活性成分，它被称为除虫菊精。20世纪40年代，科学家确定了其化学结构。拟除虫菊酯是改变天然除虫菊酯的化学结构衍生的合成酯类。它的作用机

拟除虫菊酯生产装置

理是扰乱昆虫神经的正常生理使之兴奋、痉挛再到麻痹而死亡。拟除虫菊酯因用量小、使用浓度低，故对人畜较安全，对环境的污染很小。其缺点主要是对鱼毒性高，对某些益虫也有伤害，长期重复使用会导致害虫产生抗药性。1949年，美国的谢克特（Schechter，M.S.）等合成了第一个商品化的拟除虫菊酯——丙烯菊酯。20世纪50—60年代，又有一些类似化合物陆续研制成功，通称为合成拟除虫菊酯。20世纪70年代初，英国化学家埃利奥特（Elliott，M.）等合成了第一个适用于农林害虫防治的光稳定性品种——氯菊酯。此后不断出现许多光稳定性品种，被称为第二代拟除虫菊酯（还包括氰戊菊酯）。20世纪80年代以来，科学家在拟除虫菊酯结构中，引入氟原子，使其兼具杀螨效能；他们又把其结构中的酯键改为醚键，大大降低其对鱼的毒性等。拟除虫菊酯的合成使得杀虫剂水平进一步提高。

1950年

上海化工厂［中］成立　1924年，日本商人在上海建立了明华糖厂。1946年，中国化工专家徐名材（1889—1951）以明华糖厂为基础，建立了中央化工厂上海分厂，下设染料、胶品、化工原料三个部门。1950年，该厂改名为上海化工厂（Shanghai Chemical Plant），主要生产染料、橡胶制品、软水剂和绝缘材料等产品。自50年代末，该厂开始加工聚氯乙烯（PVC），成为中国第一家大规模生产PVC制品的工厂，并首次生产出覆铜板（全称覆铜板

层压板，是由木浆纸或玻纤布等作增强材料，浸以树脂，单面或双面覆以铜箔，经热压而成的一种产品）、离子交换膜和聚四氟乙烯制品。该厂下设5个塑料加工成型车间，还设有模具车间、机修车间和技工学校。生产的塑料制品有8个系列、88个品种，主要包括聚酯薄膜、软质聚氯乙烯制品、硬质聚氯乙烯制品、覆铜箔层压板、聚四氟乙烯制品、聚烯烃制品、异相离子交换膜、注射成型制品等。上海化工厂是中国最早的塑料加工专业厂。

杜邦公司［美］生产聚丙烯腈纤维 聚丙烯腈纤维又称腈纶，它是指用85%以上的丙烯腈与第二单体（如丙烯酸甲酯等）和第三单体（如丙烯磺酸钠等）的共聚物，经湿法纺丝（所用纺丝溶剂有溶液聚合用的溶剂和二甲基乙酰胺、碳酸乙烯酯、硝酸等）或干法纺丝（所用纺丝溶剂只有二甲基甲酰胺，其浓度为25%～30%）制得的合成纤维。其生产工艺包括：聚合（包括以水为介质的悬浮聚合和以溶剂为介质的溶液聚合）、纺丝（包括湿法纺丝和干法纺丝）、预热、蒸汽牵伸、水洗、烘干、热定形、卷曲、切断、打包。100多年前，人们已制得聚丙烯腈，但是，由于没有合适的溶剂，因此未能制成纤维。1942年，德国人莱因（Rhine，H.）与美国人莱瑟姆（Latham，G.H.）几乎同时发现了二甲基甲酰胺溶剂，并成功地得到了聚丙烯腈纤维。以后，又发现了多种溶剂，形成了多种生产工艺。1950年，美国杜邦公司（DuPont Company）首先进行聚丙烯腈纤维工业生产。1954年，联邦德国法本拜耳公司用丙烯酸甲酯与丙烯腈的共聚物制得纤维，改进了纤维性能，提高了实用性，促进了聚丙烯腈纤维的发展。1984年，聚丙烯腈纤维的世界产量为2.4Mt。聚丙烯腈纤维的工业化生产为人类生活提供了优质的合成纤维。

杜邦公司［美］开发丙烯酸树脂涂料 丙烯酸树脂涂料是以丙烯酸树脂为主要物质的合成树脂涂料。它按形态和性质可分为溶剂型、水型、无溶剂型三大类；按成膜特性分为热塑性和热固性两大类。丙烯酸树脂涂料的生产方法主要有溶液聚合法、悬浮聚合法、乳液聚合法和沉淀聚合法等。1805年，人们研究丙烯酸单体和树脂。1927年，罗门哈斯（Rohm & Haas）公司实现其工业化生产。1939年，德国法本公司采用"列培合成法"（Reppe's synthesis）合成丙烯酸酯。"列培合成法"是指烯烃或炔烃、CO与一个亲核试剂如H_2O、ROH、RNH_2等在均相催化剂（如过渡金属Ni、Fe、Pd等的盐和络合物）作用下，形成羰基酸及其衍生物。其反应过程是：先生成酰基金属，然后和水、醇、胺等发生反应生成酸、酯、酰胺。1950年，美国杜邦公司（DuPont Company）首先制成热塑性丙烯酸树脂涂料并用于汽车涂装。1952年，加拿大工业公司获得了生产热固性丙烯酸树脂涂料的专利。1965—1980年，美国丙烯酸树脂涂料的年平均增长率高达 8%。20世纪50年代末，中国开始研究丙烯酸树脂涂料。1984年，北京东方化工厂从日本触媒公司引进丙烯氧化技术（丙烯氧化生成丙烯酸，再将其与甲醇酯化制取）及其成套设备，建成了国内第一条丙烯酸酯生产线。1984年的产量比1983年增长44.43%。中国已成为世界上丙烯酸树脂的最大生产国。

施乐公司［美］生产静电复印机　复印机按工作原理可分为光化学复印、热敏复印、数码激光复印和静电复印四类。静电复印机主要由三部分构成：原稿的照明和聚焦成像部分，光导体上形成潜像和对潜像进行显影部分，复印纸的进给、转印和定影部分。它利用物质的光电导现象与静电现象相结合的原理进行复印：原稿放置在透明的稿台上，稿台或照明光源匀速移动对原稿扫描。原稿图像由若干反射镜和透镜所组成的光学系统在光导体表面聚焦成像。光学系统可形成等倍、放大或缩小的影像；其常用的感光体有硒鼓、氧化锌纸、硫化镉鼓和有机光导体带；其成像方法主要有间接式静电复印法（即卡尔森法，可分为充电、曝光、显影、转印、分离、定影、清洁、消电等步骤）、NP静电复印法［由日本佳能公司发明，它分为前消电/前曝光、一次充电（主充电）、二次充电/图像曝光、全面曝光、显影、转印、分离、定影、鼓清洁等步骤］、KIP持久内极化法和TESI静电转移成像法等。1800年，英国发明家詹姆斯·瓦特（Watt，James 1736—1819）发明了文字复制机（Letter copying machine）（数码复印机的前身）。1922—1938年，美国发明家卡尔森（Carlson，C.F.）为了解决文字书写的重复问题，和其助手奥托·科尼（Kornei，Otto）一起发明了复印机。他们首先把文字"10-22-38 Astoria"印在一个玻璃片上；又在一块锌板上涂了一层硫黄，然后在板上使劲地摩擦，使之产生静电，他又把玻璃板和这块锌板合在一起，用强烈的光线扫描了一遍。几秒钟之后，他移开玻璃片，这时，锌板上的硫黄末近乎完美地组成了玻璃片上的那行数字和字母。他为此发明申请了专利（专利号是

2297691）。当时的复制工作使用炭纸或者复制机完成，人们对于电子复印机没有强烈的需求。因此，在1939—1944年间，卡尔森的发明没有得到企业的支持。1944年，巴特利研究所（Battelle Memorial Institute）支持卡尔森研究复印机生产工艺。1947年，哈罗伊德公司（Haloid Company）和巴特利研究所合作开发基于静电技术的复印机。1949年，哈罗伊德公司开发了第一个称为型号A的静电图像复印机，并复印技术称为"Xerography"。该公司还改名为施乐公司（Xerox）。1950年，该公司生产出以硒作为光导体，用手工操作的第一台普通纸静电复印机。1959—1960年，该公司生产出世界上第一台落地式办公用Xerox 914全自动复印机，施乐公司也因此垄断世界复印机市场长达10多年。1970年，施乐公司在加州硅谷设立了帕罗奥图研发中心PARC，并发明出个人电脑、图形用户交互界面、桌面出版、鼠标、激光打印、电脑网路互联技术等核心技术，由此孕育出了微软、苹果、阿杜比系统等高技术企业。其间，施乐公司也受到挑战：日本佳能公司在1965—1994年，先后推出了电子传真方式复印机Canofax1000、NP型复印机、液干式普通纸复印机NP-70、记忆式复印机NP-8500、暗盒方式小型复印机PC-10/PC-20、激光打印机LBP-8/CX、以模糊逻辑控制的复印机NP9800、备有防伪装置的彩色激光复印机CLC-550、全彩色自动两面拷贝复印机CLC800。复印机的发明得益于卡尔森的贡献，请记住他的箴言："创意并不会像魔术一样从天而降，你必须从其他地方获得灵感，而通常阅读其他领域的相关书籍会帮助你获得这种灵感。"

仓敷人造丝公司［日］建成聚乙烯醇缩甲醛纤维生产装置　聚乙烯醇缩甲醛纤维又称维纶或维尼纶。其合成工艺是：将聚乙烯醇溶于水中，制得15%左右水溶液，通过0.07毫米左右孔经的喷丝头，在饱和的硫酸钠水溶液凝固浴中制得纤维，再经拉伸及热处理，提高强度及耐热水性；然后，在以硫酸为催化剂的作用下，与甲醛进行缩醛反应，温度约为70℃，时间为20～30分钟，经水洗，上油即得维纶纤维。1924年，德国人赫尔曼（Herrmann，W.O.）和黑内尔（Hahnel）首先制得了聚乙烯醇。1934年，德国制得了水溶性聚乙烯醇纤维。1938年，日本东京大学教授樱田一郎（1904—1986）和朝鲜化学家李生基联合提出热处理和缩醛化处理方法，使聚乙烯醇缩甲醛纤维成为耐热、耐水性良好的纤维。1941年和1942年，日本钟渊纺织公司和仓敷人造丝公司小批量试制聚乙烯醇缩甲醛纤维，但因受战争影响而被搁置。1948年，维纶纤维问世。1949年，日本化学会将其定名为"维尼纶"。1950年，仓敷人造丝公司建成了第一个聚乙烯醇缩甲醛纤维工业化生产装置并开始生产。20世纪60年代以后，朝鲜、中国、德国、俄国、韩国等相继生产聚乙烯醇缩甲醛纤维。1964年，中国建成了年产1000吨维纶的设备。目前，中国成为世界上维纶产量第一的国家。

1951年

丹克沃茨［英］创立表面更新理论　传质是物质系统由于其浓度不均匀而发生的质量转移过程。在化学工业中，传质过程体现在气-液系统之间、液-液系统之间和固-液系统之间。研究这些系统之间的传质机理，主要形成三大经典理论，即双膜理论、溶质渗透理论和表面更新理论。1923年，美国科学家刘易斯（Lewis，W.K.）和惠特曼（Whitman，W.G.）提出了相际传质的"双膜理论"。他们认为：气液两相接触时存在一个稳定的相界面，在界面两侧各存在一层膜，不管两相主体内湍流程度如何剧烈，两层膜始终保持层流状态；在两相界面上，被传递的组分达到相平衡，界面上不存在传质阻力；在层流膜内，通过分子扩散实现质量传递，传递的阻力完全集中于两层膜内；质量传递过程是定态的。该理论有一定局限性：具有自由相界面或高度湍动的两流体间的传质体系，其相界面是不稳定的，因此，界面两侧存在稳定的等效膜层以及物质以分子扩散方式通过此两膜层的假设都难成立。为此，1935年希格比（Higbie，R.）提出了"溶质渗透理论"，即工业吸收设备中气液接触，溶质从液面渗入液内而形成浓度梯度、混合、消失浓度梯度的交替过程。由于接触时间很短，扩散过程难以发展到定态，因此传质是靠非定态的分子扩散。1951年，英国人丹克沃茨（Danckwerts，P.V.）对溶质渗透理论进行修正，提出了"表面更新理论"。他主张：两相的流体旋涡在界面上接触一定的时间进行传质后，又由于湍流的作用分别被带回各自的流体主流中去，这样就使两相的接触界面不断更新。湍流愈激烈，表面更新也愈频繁。旋涡在界面上的停留时间可长可短，有一定的年龄分布，但是，它们被新的旋涡置换的概率都一样。表面更新理论与前两个理论有密切关系：当所有的表面更新率S值相同时，即各微元在界面上的接触时间相等时，该理论就与溶质渗透理论一致；当接触时间趋于无穷时，彼此停留时间、达到建立稳定的分子扩散所需时间都相同，此时，该理论又与双膜理论一致。即是说，前两种理论是表面更新理论的特例。以后，相继又提出了一些新的传质理论，如扩散边界层理论、膜渗透理论、渗透表面更新理论、无规则旋涡的表面更新理论以及表面拉伸理论等。

长春应用化学研究所［中］研制氯丁橡胶　氯丁橡胶又名氯丁二烯橡胶，它以氯丁二烯为原料，采用乳液聚合法（单体借助乳化剂和机械搅拌，使单体分散在水中形成乳液，再加入引发剂引发单体聚合）进行聚合而成。其生产工艺流程多为单釜间歇聚合；聚合温度为40～60℃，转化率为90%；采用硫黄-秋兰姆（四烷基甲氨基硫羰二硫化物）体系调节分子量。1930年，美国杜邦公司的华莱士·卡罗瑟斯（Carothers，Wallace Hume 1896—1937）等人分离出单体氯丁二烯并合成出第一个合成橡胶——氯丁橡胶。1937年，杜邦公司生产出氯丁橡胶，使氯丁橡胶成为第一个实行工业化生产的合成橡胶品种。1951年，中国长春应用化学研究所用电石乙炔法合成氯丁橡胶，1953年，在长春建成450千克/月的试验装置。1956年，重庆长寿化工厂建成了2000吨/年生产装置，并于1958年投产；1965—1966年，中国相继在山西合成橡胶集团、山东青岛化工厂建成电石乙炔法生产装置，生产能力为2500吨/年。截至2010年底，中国氯丁橡胶的总生产能力达到8.3万吨/年，约占世界氯丁橡胶总生产能力的20.96%。其中，山西合成橡胶集团公司的生产能力为5.5万吨/年，约占总生产能力的66.27%。重庆长寿化工公司的生产能力为2.8万吨/年，约占总生产能力的33.73%。

1952年

克虏伯-柯柏斯公司［德］建成K-T煤气化炉　K-T煤气化炉是煤气化炉中的一种类型。它是一种高温气流床熔融排渣煤气化设备。1952年，联邦德国克虏伯-柯柏斯（Krupp-Koppers）公司和工程师托策克（Totzek，F.）开发出了K-T型煤气化炉。它是第一代干法粉煤气化技术的核心。柯柏斯公司首先在芬兰建成了K-T煤气化炉生产装置。它的结构为卧式橄榄形，其上部有废热锅炉（辐射传热的和对流传热的），利用余热副产蒸汽。壳体由钢板制成，内衬为耐火材料。煤粉通过螺旋加料或气动加料与汽化剂混合，从炉子两侧或四侧水平方向以射流形式喷入炉内，立即着火进行火焰反应。中心温度可高达2000℃，炉内最低温度控制在煤的灰熔点以上，以保证顺利排渣。K-T煤气化炉最关键的问题是炉衬耐火材料与煤的灰熔点和灰组成必须相适应，尽量减少熔渣对耐火材料的侵蚀。由于存在冷煤气效率低、能耗高和环保方面的问题，因此，20世纪80年代后，除南非和印度等国仍有部分装置在运行外，K-T煤气化炉已基本停止发展。除了K-T煤气化炉以外，还有UGI炉、鲁奇炉、温克勒炉（Winkler）、德士克炉（Texaco）和道化学煤气化炉（Dow Chemical）等。K-T煤气化炉是第一个气流床煤气化炉，它开创了煤气化炉型的新纪元。

克纳萨克-格里赛恩公司［德］发明乙烯类树脂热塑粉末涂料　粉末涂料是以固体树脂和颜料、填料及助剂等组成的固体粉末状合成树脂涂料。它分为热塑性粉末涂料和热固性粉末涂料。粉末涂料的制造工艺分为干法（干混法和熔融混合法）和湿法两大类。施工方法主要有流化床法、熔射喷涂法、热熔敷法、静电喷涂法等。其中，静电喷涂法应用最多。1952年，联邦德国克纳萨克-格里赛恩（Kernassac-Grissain）公司发明了乙烯类树脂热塑粉末涂料。随后，聚乙烯（PE）、尼龙等热塑性粉末涂料相继问世。20世纪50年代后期，壳牌化学公司第一个研发出了热固性环氧粉末涂料。1961年，美国福特汽车公司开发了电沉积涂料并实现了工业化生产。1970年，荷兰的Scado BV公司和比利时的优时比（UCB）公司相继开发了三聚氰胺/聚酯体系的粉末涂料。1971年，荷兰的Scado BV公司开发了使用端羧基聚酯树脂与双酚A型环氧树脂共混融的体系（混合型）和羧基聚酯与异氰脲酸三缩水甘油酯（TGIC）体系（纯聚酯型）的粉末涂料。同一时期，德国的拜耳（Bayer）公司和巴斯夫（BASF）公司开发了热固性丙烯酸树脂体系的粉末涂料。

环球油品公司［美］发明抽提芳烃的尤狄克斯法　尤狄克斯法（Udex process）是芳烃抽提的一种方法。芳烃抽提是用萃取剂从烃类混合物中分离芳烃的液-液萃取过程。1952年，美国环球油品公司（Universal Oil Products

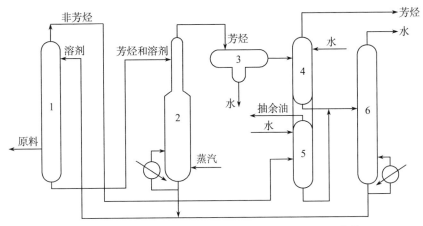

1. 抽提塔　2. 汽提塔　3. 分离器　4、5. 水洗塔　6. 溶剂回收塔
芳烃抽提工艺流程

Company）发明了以二乙二醇醚为溶剂抽提芳烃的尤狄克斯法。其具体流程是：原料在抽提塔中与溶剂逆流接触进行萃取，温度125～140℃，溶剂对原料比约15∶1；抽提塔底物含溶解在溶剂中的芳烃，将后者送入汽提塔与溶剂分离，塔底的溶剂循环去抽提塔，塔顶产物送入芳烃水洗塔洗去残余溶剂后即为纯芳烃混合物；抽提塔顶的非芳烃，送水洗塔洗除残余溶剂。两个水洗塔底均为水与溶剂，去溶剂回收塔，蒸出水后，塔底溶剂去抽提塔循环使用。目前，工业上广泛应用的是以四二乙醇醚为溶剂的"溶剂抽提法"。其步骤是：宽馏分重整汽油进入脱戊烷塔，脱戊烷塔顶流出戊烷成分，塔底物流进入脱重组分塔，塔顶分出抽提进料进入芳烃抽提部分，塔底重汽油送出装置。抽提进料得到芳烃物质和混合芳烃物质，非芳烃送出装置，混合芳烃经过白土精制，芳烃精馏后，得到苯、甲苯、二甲苯和邻二甲苯产品，重芳烃送出装置。芳烃抽提投入生产使得芳烃分离脱离了过去烦琐的精馏方法。

普范［美］发明区域熔炼法　区域熔炼法（zone melting technique）是一种深度提纯金属、金属化合物和半导体的精炼方法，故又称之为区域提纯法。区域熔炼法分为水平区熔提纯法（金属锭料水平放置在长槽容器中，熔区水平通过金属锭料）和悬浮区熔提纯法（金属以液态悬浮于金属锭料中间，熔区沿锭长自下而上移动通过锭料，使金属得到提纯）。1952年，普范（Pfann，W.G.）提出这种方法［另一种观点认为，此法是由凯克（Keek）和戈利（Golay）于1953年创立的］。它最初被应用于生产高纯度锗。此法的具体流程是：将被提纯的材料制成长度为0.5～3m（或更长些）的细棒，通过高频感应加热，使一小段固体熔融成液态，熔融区液相温度仅比固体材料的熔点高几度，稍加冷却就会析出固相。熔融区沿轴向缓慢移动（每小时几至十几厘米）。杂质的存在一般会降低纯物质的熔点，所以熔融区内含有杂质的部分较难凝固，而纯度较高的部分较易凝固，因而析出固相的纯度高于液相。随着熔融区向前移动，杂质也随着移动，最后富集于棒的一端，予以切除。一次区域熔炼往往不能满足所要求的纯度，通常须经多次重复操作，或在一次操作中沿细棒的长度依次形成几个熔融区。区域熔炼设备简单，产品纯度高，操作可以自动化，但生产效率低。目前，已经用于制备铝、镓、锑、铜、铁、银等高纯金属材料。

时钧［中］等创建中国第一个硅酸盐专业 1934年，中国化工专家时钧（1912—2005）毕业于清华大学化学系。1935年，他赴美先后就读于缅因大学化工系和麻省理工学院研究院学习化学工程。1938年，他回国后从事造纸技术等方面的研究。1949年，他先后在南京大学、南京工学院、南京化工学院从事教学工作。1952年，时钧与他人创建了中国第一个硅酸盐专业，并从事低温煅烧矾土水泥等方面的研究。1956年春，他参加了中国《1956—1967年科学技术发展远景规划纲要（草案）》的制订工作，和他人共同负责制订硅酸盐组的课题；和他人共同拟订了第五十六项（基础研究）中有关化学工程学科发展的规划。1956年秋，时钧与他人联名上书高教部，建议在化工系设立化学工程专业并获得批准。20世纪60年代中期，他从事"湍流塔"的试验研究。70年代初，他先后从事膜分离、填料及填充塔特性等方面的研究。80年代后，他从事干燥技术、气液平衡、液膜分离等方面的研究。他担任过《化工学报》副主编；与他人合编了《窑炉学》《化工原理》《化学工程手册——吸收》等著作。时钧是我国水泥专业、化学工程专业的创导者和开拓者，他在吸收技术、干燥技术、膜分离技术和化工热力学等方面做出了重要贡献，先后获得了"全国化工有重大贡献的优秀专家"称号、何梁何利基金科学与技术进步奖等多项国家和省部级科技进步奖。1998年，他主持完成了《化学工程手册》新版以及《大百科全书》化工卷的编撰工作。

曹本熹［中］筹建北京石油学院　1938年，中国化工专家曹本熹（1915—1983）毕业于清华大学化学系，并在该校农业研究所植物生理组从事研究工作。1942年，他在云南昆明利滇化学公司工作。1943—1946年，他在英国伦敦帝国学院化工系研究院获博士学位后，回国到清华大学执教。1948年，他筹建清华大学化工系并任系主任。1952年，他把化工系培养重心转向石油，为创建中国第一所石油学院（北京石油学院）奠定了基础。1953年，他以清华大学石油系、化工系为基础，汇聚北京大学、天津大学等高校石油石化等系科，成立北京石油学院（中国石油大学前身）。1963年，他被调往核工业部工作，参与了核工业部的化工生产——铀化工转化过程、热核聚变材料生产、核燃料后处理和放射性废物处理等许多重大试验和工程项目的领导工作。其中，他参与了用"萃取法"分离军用钚的核燃料处理及放射性废物处理等重大试验和工程建设与运行的领导工作；参与解决了由四氟化铀转化为六氟化铀、由六氟化铀贫料加氢还原成四氟化铀等生产技术问题；领导了对苏联原有湿法生产四氟化铀工艺的改革试验；解决了将流化床技术用于由二氧化铀制四氟化铀的技术问题。他为确保核燃料化工生产装置的顺利投产，按期生产出国家急需的合格军工产品，以及在某些生产技术上赶超世界水平，付出了极大的心血和艰苦的劳动，为中国核燃料化工生产做出了重大的贡献。1980年，他当选为中国科学院院士。

1953年

齐格勒［德］发现常温聚合乙烯的催化剂　1933年，英国化学家鲁宾孙（Robinson，S.R.）发现乙烯和苯甲醛在2000atm、170℃时，在反应器壁上有白色蜡状物——聚乙烯。1953年，德国化学家齐格勒（Ziegler，K.）用$TiCl_4$-Al（Et）$_3$实现了乙烯的常温常压聚合，得到了线性的高结晶度聚乙烯，即高密度聚乙烯（HDPE），从而使得聚乙烯的生产摆脱了高压复杂的生产条件，大大简化了生产工艺。1954年，意大利化学家纳塔（Natta，G.）用Al（Et）$_2$Cl-$TiCl_3$催化丙烯聚合，首次得到了全同立构的聚丙烯。这一开创性工作在聚烯烃工业中起到了里程碑的作用。这种催化剂被称为"齐格勒-纳塔"催化剂。1955年，齐格勒在联邦德国建成了世界上第一套高密度聚乙烯（也称低压法聚乙烯）

生产装置，创建了合成树脂一个大品种。经过数十年的发展，"齐格勒-纳塔"催化剂已经发展了三代：第一代是$TiCl_4$-Al（C_2H_5）$_3$体系催化剂，第二代是以镁化合物为载体的催化剂，第三代是可省去造粒而直接生产球状聚乙烯的催化剂。1963年，齐格勒和纳塔共获诺贝尔化学奖。

杜邦公司［美］生产聚酯纤维　聚酯纤维也称为涤纶，它是以聚酯为原料经熔体纺丝制得的一类合成纤维。聚酯纤维的生产过程包括聚酯熔体合成和聚酯熔体纺丝两部分。原料主要从石油裂解获得，也可从煤和天然气取得。缩聚是将对苯二甲酸二甲酯和乙二醇进行酯交换，生成的对苯二甲酸二乙二醇酯低聚物，在280～290℃和真空条件下缩聚获得聚对苯二甲酸乙二醇酯；或将对苯二甲酸与乙二醇直接酯化，然后，对苯二甲酸乙二酯进行缩聚获得聚酯熔体。聚酯熔体可以用于制备聚酯切片和熔体直接纺丝。1941年，英国人温菲尔德（Whinfield，J.R.）和迪克森（Dickson，J.T.）以对苯二甲酸和乙二醇为原料，在实验室内首先研制成功聚酯纤维，命名为特丽纶（Terylene）。1948年，英国卜内门化学工业公司（Imperial Chemical Industries Limited）开始聚酯纤维工业化试验研究。1953年，美国杜邦公司（DuPont Company）首先实现了工业化生产，其商品名为达可纶（Dacron）。随后，英国、日本、联邦德国等相继进行生产。

孟山都公司［美］建立乙炔生产厂　乙炔的生产方法主要有电石乙炔法、烃类裂解法、煤制乙炔等方法。烃类裂解法主要包括烃类电裂解、烃类热裂解、烃类氧化裂解。20世纪20年代，BASF公司开发出烃类氧化裂解制乙炔工艺，并于1945年在德国首次实现了工业化生产。1953年，孟山都化学公司采用巴登苯胺纯碱公司（即当时的法本公司）的萨克斯技术，建立了第一个用天然气部分氧化法生产乙炔的工厂。天然气部分氧化制乙炔工艺是：在没有催化剂和热载体存在的情况下，在乙炔炉内通过天然气和氧气的火焰反应，生成φ（乙炔）约8%（干基）的裂解气；用N-甲基吡咯烷酮（NMP）溶剂在加压、常温条件下对裂解气（及循环气的混合气体）进行选择性吸收，又通过减压、真空、加热等过程，使溶解于NMP溶剂中的气体分步解吸。裂解气经过上述处理后被分离成三股气体物流：乙炔气、富含氢气和一氧化碳的乙炔尾气（即合成气）、高级乙炔气。天然气部分氧化制乙炔的主工艺系统包括裂解气生成工序、裂解气压缩工序、乙炔提浓工序、溶剂再生工序、辅助系统有炭黑分离单元、气柜等。天然气原料制乙炔工艺促进了乙炔化工的发展。

赫格里斯公司［美］和蒸馏公司［英］合作生产苯酚和丙酮 1913年，英国斯特兰奇-格拉哈姆公司成功地通过谷物发酵生产丙酮、丁醇和乙醇。1920年，该公司运用丙烯水合法生产异丙醇，接着又成功地通过异丙醇脱氢生产丙酮。1953年，美国赫格里斯公司和英国蒸馏公司合作通过异丙苯法生产苯酚和丙酮。20世纪60年代起，异丙苯法成为生产丙酮的最主要方法。异丙苯法的内容有：异丙苯在碱稳定剂存在下加温（80～130℃）、加压（<0.7MPa），氧化成过氧化氢异丙苯，后者再在酸性条件下分解成苯酚和丙酮。苯酚的制备方法有：磺化法（以苯为原料，用硫酸进行磺化生成苯磺酸，用亚硫酸中和，再用烧碱进行碱熔，经磺化和减压蒸馏等步骤而制得）、氯苯水解法（氯苯在高温高压下与苛性钠水溶液进行催化水解，生成苯钠，再用酸中和得到苯酚）、粗酚精制法（由煤焦油粗酚精制而得）、拉西法（苯在固体钼催化剂存在下，高温下进行氯氧化反应，生成氯苯和水，氯苯进行催化水解，得到苯酚和氯化氢，氯化氢循环使用）等。丙酮的生产方法主要有异丙醇法、发酵法、乙炔水合法和丙烯直接氧化法等。

里夫斯兄弟公司［美］研制聚酯磁带 1953年，美国里夫斯兄弟（Reeves Brothers）公司研制成功聚酯带基磁带。此后很长时间，带基材料被基本确立下来。目前，90%的磁带基材是用聚酯薄膜制成的，其中，80%被用作计算机磁带。聚酯的研制成功是磁带带基材料发展的里程碑。

上海第三制药厂［中］生产青霉素 1941年，中国微生物学家童村（1906—1994）开始研究青霉素，并前往美国农业部北部地区研究室（NRRL）和施贵宝公司、默克公司、礼来公司参观访问，并获准得到青霉素产生菌。1946年，童村回国，从事青霉素实验研究。1951年，他研制成功了我国第一批青霉素。1953年，童村建造了中国第一座生产抗生素的专业工厂——上海第三制药厂（他担任副厂长兼总工程师），正式生产青霉素。1953—1966年，中国青霉素产量增长了22倍。在进行青霉素研究、试制及组织工业生产的同时，童村和同事还开展了青霉菌、链霉菌、金霉菌育种和金霉素试制研究并相继在工厂中推广应用。早在20世纪60年代初，童村就预见半合成抗生素的前景。他指导组织研制6-氨基青霉素烷酸，并由此研究出一系列半合成青霉素。此外，他还发现了有效治疗白色念珠菌感染的克念菌素。青霉素的生产标志着我国抗生素工业开始起步。童村是中国抗生素事业的先驱者，他的研究为中国各种抗生素的研究和生产奠定了基础。

朱亚杰［中］创建中国第一个人造石油专业　1938年，中国石油化工专家朱亚杰（1914—1997）毕业于清华大学化学系。1947年，他就读于英国曼彻斯特大学化学工程研究生班，1949年获硕士学位。1950年，他回国就职于清华大学化工系。1953—1968年，他就职于北京石油学院，其间，他创建了中国第一个人造石油专业，曾主持编写和讲授人造石油工学及低温干馏等课程；开展了粉煤和油页岩的流态化低温干馏研究；主持了鲁奇低温干馏炉的恢复设计和改进；进行了褐煤氧化制腐殖酸的试验。1969年起，他就职于华东石油学院。其间，配合合成氨和烃类裂解装置的引进，进行工艺设计核算。1978—1984年，他指导了油页岩热解和组成结构关系及太阳光催化水解制氢等研究。朱亚杰最早提醒人们注意我国存在能源危机的问题，他是中国能源研究会的创始人。

武迟［中］创立石油炼制专业　1936年，中国石油化工专家武迟（1914—1988）毕业于清华大学化工系。1937年，他留学美国就读于麻省理工学院研究院并于1939年获硕士学位。以后，他在侯德榜的指导下进行氯酸钠制造工艺的开发和设计工作，以及合成氨、硝酸等装置的技术引进工作。他与他人共同撰写了教材《基础化学工业技术》（*The Technology of Basic Chemical Industries*）一书，为回国任教做了充分准备。1950年初，他回国后就职于清华大学化工系，并积极参与创建了清华大学石油系。1953年，他与他人共同创建了北京石油学院。在从事教学工作期间，他与同事一起创建了石油炼制专业，培养了一批技术人才。1958—1965年，他对中国石油炼厂的技术进步和挖潜改造做出了贡献，提高了装置的加工能力（如常减压蒸馏），并参加和指导了铂重整等炼油新工艺和聚合级丁二烯及顺丁橡胶生产等工艺开发，使这些新工艺在工业上得到了推广应用。1972年，他参加和指导了分子筛催化剂提升催化裂化新工艺等重大项目的研究及发展工作。1978年，他组织开发了新型催化剂——金属铂-铼和铂-锡并取得了较好的经济效益。1983年起，他推动了新型双功能重整催化剂的研制和分子筛催化剂在石油化工中的应用。武迟长期致力于石油炼制生产技术开发和科技管理工作，为炼油和石油化工催化剂的国产化做出了突出贡献，是一位德才兼备的教育家和石油化工专家。

1954年

英国石油公司［英］在伦敦成立　1909年，英国波斯石油公司成立。1935年，改名为英（国）伊（朗）石油公司。1954年，改名为英国石油公司（British Petroleum Company），简称BP公司，其总部设在伦敦。1981年以来，公司先后建立了12个下属分公司：BP国际石油公司、BP国际化工公司、BP石油勘探公司、BP国际天然气公司、BP煤炭公司、BP国际矿产公司、BP食品公司、西康国际公司、BP船舶公司、BP企业公司、BP国际金融公司和BP国际洗涤剂公司。BP国际化工公司在乙烯、聚乙烯和醋酸的工艺技术和生产方面有专长，该公司的乙烯、聚乙烯生产能力各占西欧的10%，居欧洲第二位；该公司拥有用"气相法"生产高密度聚乙烯和低密度线型聚乙烯的新工艺；该公司的醋酸生产能力占整个欧洲的32%。BP国际石油公司在润滑油加氢精制、馏分油加氢精制、加氢裂化、石蜡加氢精制、催化脱蜡、异构化等方面拥有专利技术。上述各分公司在世界70多个国家有业务活动。

纳塔［意］首次研制聚丙烯　1938年，意大利化学家居里奥·纳塔（Natta，Giulio 1903—1979）由1-丁烯脱氢制得丁二烯，进一步发展了合成橡胶的方法。1954年，纳塔及其同事采用齐格勒型催化剂把丙烯成功地聚合成高分子量的聚合物——聚丙烯。1957年，意大利的蒙特卡蒂尼（Montecatini）公司正式生产聚丙烯。1962年，高密度聚乙烯和聚丙烯的世界产量约为25万吨。聚丙烯的生产方法是：在醋酸的作用下，以过氧化苯甲酰为引发剂，对醋酸乙烯进行本体聚合而成；或以聚乙烯醇为分散剂，在溶剂中于70～90℃下进行溶液聚合2～6h而成。聚合完成后，树脂中残存的微量催化剂（通常为过氧化物）、单体和（或）溶剂经真空干燥、蒸汽汽提、洗涤或联合处理除去。聚丙烯的制备方法主要有：淤浆法（在稀释剂中聚合，是最早工业化、最大生产量的方法）、液相本体法（在70℃和3MPa的条件下，在液体丙烯中聚合）、气相本体法（在丙烯呈气态条件下聚合）。纳塔首先在乙烯–丙烯共聚合上使用的催化体系，被称作"齐格勒–纳塔催化剂"，用它可以制成各种立体规整结构的聚合物和共聚物。他在聚合反应催化剂研究上做出很大贡献。1963年，他与德国化学家齐格勒（Ziegler，Karl 1898—1973）共获诺贝尔化学奖。

20世纪50年代中期

联合碳化物公司［美］生产X型和Y型分子筛催化剂　分子筛催化剂，又称沸石催化剂，指以分子筛（一种结晶型的铝硅酸盐，其晶体结构中有规整而均匀的孔道，孔径为分子大小的数量级，只允许直径比孔径小的分子进入）为催化活性组分或主要活性组分之一的催化剂。50年代中期，美国联合碳化物公司（Union Carbide Corporation）首先生产X型和Y型分子筛催化剂，它们是具有均一孔径的结晶性硅铝酸盐，其孔径为分子尺寸数量级，可以筛分分子。1960年，该公司采用离子交换法（以离子交换剂上的可交换离子与液相中离子间发生交换为基础的分离方法）制得分子筛，增强了结构稳定性。1962年，石油裂化用的小球分子筛催化剂在移动床中投入使用。1964年，XZ–15微球分子筛在流化床中使用，将石油炼制工业提高到一个新的水平。在制备分子筛双功能催化剂时，除用离子交换法外，也可用浸渍法，尤其是工业用分子筛催化剂，多采用浸渍法来承载贵金属。分子筛催化剂的发明是催化剂工业发展的一次飞跃。

1955年

赫司特公司［德］生产聚乙烯　1933年，英国卜内门化学工业公司（Imperial Chemical Industries Limited）发现乙烯在高压下可聚合生成聚乙烯，此法被通称为"高压法"。1939年，聚乙烯实现工业化生产。1953年，德国化学家齐格勒（Ziegler，Karl 1898—1973）发现，若以$TiCl_4$-Al$(C_2H_5)_3$为催化剂，乙烯在较低压力下也可被聚合成高密度聚乙烯，此法被通称为"低压法"，其核心技术在于催化剂。1955年，联邦德国赫司特公司（Hoechst

Aktiengesellschaft）工业化生产聚乙烯。齐格勒发明的TiCl$_4$–A1（C$_2$H$_5$）$_3$体系为制备聚烯烃的第一代催化剂，催化效率较低。1963年，比利时索尔维公司首创以镁化合物为载体的第二代催化剂，催化效率大大提高，还可省去脱除催化剂残渣的后处理工序。以后又发展了气相法高效催化剂。1975年，意大利蒙特爱迪生集团公司研制成可省去造粒而直接生产球状聚乙烯的催化剂，它被称作第三代催化剂，是高密度聚乙烯生产的又一变革。齐格勒首开低压高密度聚乙烯合成的先河。

1956年

卜内门化学工业公司［英］生产反应性染料 反应性染料又称活性染料，是指能与纤维发生化学反应的染料。它的分子结构中含有一个或一个以上的活性基因，在适当条件下，能够与纤维发生化学反应，形成共价键结合。1856年，珀金（Perkin）发明了第一个合成染料——马尾紫，创建了染料化学。20世纪50年代，帕蒂（Pattee）和史蒂芬（Stephen）发现含二氯均三嗪基团的染料在碱性条件下与纤维素上的羟基发生共价键结合，开创了活性染料的合成应用时代。1956年，英国卜内门化学工业公司（Imperial Chemical Industries Limited）首先发明了反应性染料并取得了专利，开始工业化生产反应性染料。反应性染料的生产方法有两种：一种方法是以含有氨基的母体染料与活性基团缩合而成；另一种方法是先制成带有活性基团的中间体，然后按一般酸性蒽醌染料或一般偶氮染料方法合成。20世纪80年代，人们研制出了双活性基团的反应性染料，提高了染料的固色率。另外，还研制出了含有烟酸（间羧基吡啶）的均三嗪型反应性染料，它能与分散染料同浴染色，具有节能、省时和减少印染废水的效果。反应性染料的工业化扩充了染料的种类，有力地推动了染色和印花业的发展。

联合碳化物公司［美］生产甲萘威 甲萘威（Carbaryl）又名西维因，中文别名是1–萘基–N–甲基氨基甲酸酯。它的合成方法有以下几种。第一，冷法（氯甲酸甲萘酯法）：由甲萘酚与光气反应生成氯甲酸甲萘酯，再与一甲胺反应得到甲萘威。第二，热法（甲氨基甲酰氯法）：先使一甲胺与气反应生成甲氨基甲酰氯，再与甲萘酚合成甲萘威。甲萘威合成还可以采用溶剂法或无溶剂法生产。1953—1956年，美国联合碳化物公司（Union Carbide Corporation）采用"异氰酸酯法"生产甲萘威：用光气与甲胺合成异氰酸甲酯，后者再在溶剂中与1-萘酚反应，得到甲萘威原药。此法成本低，适于大规模生产，但中间产物对人体毒性很大，故要求严格进行安全控制。中国采用的是"氯甲酸酯法"：在溶剂中使1-萘酚与通入的光气反应生成氯甲酸萘酯，后者再在碱的作用下，与甲胺反应得到甲萘威原药。此法工艺比较安全、简单，适于中小规模生产。此外，还有"氨基甲酰氯法"：先用液相法和气相法，通过甲胺的氯甲酰化合成甲基氨基甲酰氯；再将甲萘酚与稀碱液配制成甲萘酚钠，待温度达到0～5℃时滴加甲基氨基甲酰氯，并不断补充碱液，待pH值达到7.5～8.0时，反应即到终点。离心、水洗、烘干即得甲萘威。

1957年

蒙特卡蒂尼公司［意］和赫格里斯公司［美］生产聚丙烯 1957年，意大利蒙特卡蒂尼公司和美国赫格里斯公司首先实现聚丙烯的工业化生产。原料丙烯主要来自石油炼厂的炼厂气和烃类裂解。聚丙烯的生产工艺是：在醋酸的作用下，以过氧化苯甲酰为引

生产聚丙烯的工业装置

发剂，对醋酸乙烯进行本体聚合而成；或以聚乙烯醇为分散剂，在溶剂中于70～90℃下进行溶液聚合2～6h而成。聚合完成后，树脂中残存的微量催化剂（通常为过氧化物）、单体和（或）溶剂经真空干燥、蒸汽汽提、洗涤或联合处理除去。聚丙烯的生产方法主要有：淤浆法（在稀释剂中聚合）、液相本体法（在70℃和3MPa的条件下，在液体丙烯中聚合）、气相本体法（在丙烯呈气态条件下聚合）。20世纪70年代，中国开始工业化生产聚丙烯。目前，中国能够运用溶剂法、液相本体-气相法、间歇式液相本体法、气相法等多种生产工艺生产聚丙烯。中国的大型聚丙烯生产装置以引进技术为主，中型和小型

聚丙烯生产装置以国产化技术为主。

杜邦公司［美］生产聚四氟乙烯纤维　聚四氟乙烯纤维也被称为氟纶。它是以聚四氟乙烯为原料，经纺丝或制成薄膜后切割或原纤化而制得的一种合成纤维。聚四氟乙烯纤维的生产方法主要有四种：第一种是乳液纺丝法，即聚四氟乙烯乳液与黏胶丝或聚乙烯醇等成纤性载体混合后，制成纺丝液；纺丝后将载体在高温下碳化除掉，聚合物被烧结而连续形成纤维。第二种是糊料挤出纺丝法，即将聚四氟乙烯粉末与易挥发物调成糊料，经螺杆挤出后通过窄缝式喷丝孔纺成条带状纤维，然后用针辊做原纤化处理，可制得聚四氟乙烯纤维。第三种是膜裂纺丝法，即将聚四氟乙烯粉末烧结制得圆柱体，经切割或切削后，进行热拉伸等处理制得聚四氟乙烯纤维。第四种是熔体纺丝法，即以四氟乙烯与4%～5%全氟乙烯、全氟丙基醚的共聚物熔融后进行纺丝制得聚四氟乙烯纤维。1953年，美国杜邦公司（DuPont Company）开发聚四氟乙烯纤维。1957年，该公司实现聚四氟乙烯纤维的工业化生产。20世纪80年代初，该公司开始生产可溶性聚四氟乙烯纤维。日本、苏联、奥地利等国也生产聚四氟乙烯纤维。1984年，聚四氟乙烯纤维世界总生产能力为1.2kt。

吉林化学工业公司［中］成立　1954—1957年，在中国吉林染料厂、吉林化肥厂和吉林电石厂的基础上兴建了吉林化学工业公司并陆续投产。20世纪70年代后期，又兴建了石油化工新装置。1982年后，该装置陆续投产，形成包括煤化工和石油化工两大门类的大型综合性化工联合企业。企业以染料、化肥、电石、有机合成炼油等五个生产厂为主体，并有化学试剂、水泥、化工、机械、仪表制造、矿业开采、污水处理、电站等生产部门，以及设计、研究、基建、安装等单位。该公司共生产207种产品，其中近50种产品销往国际市场。1994年，以吉林化学工业公司为主要生产单位，注册成立了吉林化学工业股份有限公司。1998年起，该公司成为中国石油天然气集团公司的全资子公司。1999年，该公司将其国有法人股及部分资产和业务转让给中国石油天然气股份有限公司。2005年，中国石油天然气股份有限公司正式启动全面要约收购吉林化学工业股份有限公司境内上市内资股和境外上市外资股。2007年，中国石油天然气股份有限公司全资子公司北京市同晖投资有限责任公司对吉林化工进行吸收合并。吉林化学工公司为我国化学工业发展做出了重要贡献。

化学反应工程学科成立 伴随着化学工业的发展，特别是石油化学工业的发展，生产趋于大型化，迫切要求对化学反应过程的开发和反应器进行可靠设计。20世纪50年代，以化学反应动力学和化工单元操作的理论和实践为基础，以数学模型方法和大型电子计算机为方法和工具，人们研究反应器内部发生的传递过程，如返混、停留时间分布、微观混合、反应器的稳定性等并取得了丰硕成果。1957年，在第一届欧洲化学反应工程讨论会上正式确立化学反应工程学科。它是以化工反应过程为主要研究对象，以反应技术的开发、反应过程的优化和反应器设计为主要目的的一门新兴工程学科。化学反应工程的早期研究对象主要是流动、传热和传质对反应结果的影响，当时曾取名化工动力学或宏观动力学，着眼于对化学动力学做出某些修正以应用于工业反应过程。

《化工学报》创刊 1923年，中华化学工业会出版了《中华化学工业会会志》（共3卷）。1929年（第4卷）起，该刊更名为《化学工业》，至1949年共出版21卷45期。1934年起，中国化学工程学会出版了《化学工程》。至1949年，出版到第16卷（其中第13卷和第14卷未出版），共31期。1950年，《化学工业》与《化学工程》合并为《化学工业与工程》。至1952年，共出版2卷8期。最后一期改名为《化工学报》，随即停刊。1956年，中国化工学会筹备委员会成立。1957年，学会正式编辑出版《化工学报》［*Journal of Chemical Industry and Engineering*（*China*）］，主要刊登化学工程、化学工艺、化工机械等方面的学术论文和评述。至1960年暂停，共计出版8期。按年份编排，不列卷号。1965年，复刊并改为季刊。至1966年下半年停刊，共计出版6期。1979年下半年复刊，仍为季刊，在全世界公开发行。1982年9月起，出版英文本《化工学报选辑》，该刊为不定期期刊。1986年，该刊改为《化工学报》英文版，半年刊，列卷号。

1958年

北京化工厂［中］成立 1950年，中国化学家高崇熙（1901—1952）创建了北京新华化学试剂所。1953年，该所先后与上海一心化学厂、北京中华企业公司等合并为北京化学试剂研究所。1956年，又相继并入39个中小型化工厂，成为北京化学试剂厂。1958年，改名为北京化工厂，成为我国最大的化学试剂生产企业。以后，北京化工厂又与北京东郊和通县（今通州区）的北京化学试剂二厂以及北京化学试剂三厂合并组建了北京化学试剂总厂。北京化工厂主要生产无机试剂、有机试剂、生化试剂和临床化学试剂、环境科学用试剂、光学和电子工业用试剂、军用和民用发光材料、电影和照相用感光材料、印刷用化学品、胶黏剂以及塑料助剂等。该厂还是中国化学试剂科技情报中心和质量监测中心，并受国家标准局的委托，负责组织制定化学试剂的国家标准。

兰州化学工业公司［中］成立 兰州化学工业公司是中国"一五"期间重点引进建设的第一个大型石油化工骨干企业。1958年，该公司成立并陆续建成投产，它主要以原油为原料，生产多种石油化工产品。到20世纪70年代初，公司基本形成了比较完整的大型石油化工基地。公司共有45套主要化工生产装置，下设化肥厂、合成橡胶厂、石油化工厂、化学纤维厂、有机化工厂、原料动力厂等6个化工生产厂和与之配套的机械制造、建筑安装、科研设计、物资供应等企、事业单位。1985年，该企业生产合成氨及甲醇系列产品、三大合成材料、基本有机原料、助剂等化工产品近106种。从1979年开始，该企业已有聚乙烯、聚苯乙烯、丁苯橡胶、促进剂等18种产品投入国际市场，销往日本及东南亚地区。该公司现有大中型生产装置47套，中间试验装置和环保装置65套，能够生产化肥、合成纤维、有机助剂、化工机械和油品等110多种产品。公司累计开发国内首创技术105项，有19项接近或达到国际水平；有90多项在国内石化行业推广应用；累计输送出石化工业的各类人才26000多名。公司作为中国第一个石油化工基地，在国民经济中占据重要地位，被誉为"中国石化工业的摇篮"。

大连化学工业公司［中］成立 1933年，日本统治下的满洲铁道株式会社在大连甘井子地区建立了满洲化学工业株式会社（简称"满化"）。1935年，该企业兴建了3套合成氨生产装置，并于当年投入生产。1945年，日本战败投降，"满化"被苏联关东工业管理局接管，并在当年将"满化"的大部分化工成套装置拆走。1947年，中共旅大地委创建了第一个大型兵工生产联合企业——建新工业股份有限公司，并与苏联方面协商接收"满化"，定名为大连化学工厂。1951年，该厂正式投产。1936年，日本关东军与伪满政府签订了《满洲苏打制造株式会社设立纲要》。据此，同年，日本在大连甘井子地区兴建"满洲曹达株式会社"（"曹达"意思是"碱"），并于当年正式投产。该企业就是大连制碱厂的前身。1958年，大连化学厂和大连碱厂合并建立了大连化学工业公司（Dalian Chemical Industries Limited）。公司设有化肥厂、碱厂和机械厂三个生产厂，以及规划设计院、研究所、工程公司等研究和生产部门。1955年，公司首创软水连续碳化法生产碳酸氢铵并得到广泛使用。1963年，公司首创冷冻法生产液体二氧化硫。1964年，公司首先采用了侯德榜发明的联合制碱法，生产碳酸钠和氯化铵。1985年，纯碱年产量为703kt（全国第一，约占全国总产量的34.8%）、硫酸172kt、合成氨171kt、烧碱31kt。该厂生产的纯碱、碳酸氢铵、硝酸钠、亚硝酸钠、烧碱、农业用氯化铵等产品已进入国际市场。

阿莫科化学品公司［美］生产对苯二甲酸 1949年，英国卜内门化学工业公司（Imperial Chemical Industries Limited）发现对苯二甲酸（简称PTA）是制造聚酯的主要原料。以后，人们利用"硝酸氧化法"生产对苯二甲酸。1955年，美国中世纪公司及英国卜内门化学工业公司提出用高温液相氧化法生产对苯二甲酸。1958年，美国阿莫科化学品公司利用此方法，即在高温条件下，在醋酸钴-醋酸锰催化剂中加入助催化剂溴化物生产固体的粗品对苯二甲酸；再利用"加氢法"，即在高温、高压下使粗品对苯二甲酸溶于水，然后，

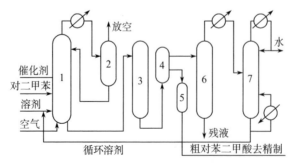

1. 氧化反应器　2. 气液分离器　3. 结晶器　4. 离心分离器　5. 干燥器　6. 蒸发塔　7. 脱水塔
阿莫科高温氧化法流程

在钯催化剂的作用下，对杂质进行加氢，再经结晶、过滤，即得精品对苯二甲酸。此外，他们还用"低温氧化法"生产对苯二甲酸。另外，日本帝人公司运用联邦德国亨克尔公司发明的"苯酐转位法"，即将邻苯二甲酸酐先转化为邻苯二甲酸二钾盐，经转位反应可得对苯二甲酸二钾盐，再经酸化（或称酸析）生产对苯二甲酸。1963年，日本三菱化学工业公司利用"甲苯氧化歧化法"，即以甲苯为原料，先经氧化制成苯甲酸，将其钾盐进行歧化，生成苯和对苯二甲酸二钾盐，再经酸化生产对苯二甲酸。对苯二甲酸的工业化是聚酯发展的重要条件。

法本拜耳公司［德］生产聚碳酸酯　聚碳酸酯（简称PC）是分子链中含有碳酸酯基的高分子聚合物。工业上应用的聚碳酸酯主要由双酚A和光气合成制取。具体方法有酯交换法和光气直接法。酯交换法是：双酚A与碳酸二苯酯熔融缩聚，并在催化剂的作用下进行酯交换，在高温减压下不断排除苯酚，提高反应程度和分子量。光气直接法是：双酚A和氢氧化钠配成双酚钠水溶液作为水相，光气的有机溶液为另一相，以胺类作催化剂，在50℃下，在水相一侧发生反应。反应器内的搅拌要保证有机相中的光气及时地扩散至界面。光气直接法比酯交换法得到更高的分子量。1953年，联邦德国法本拜耳公司（Bayer Aktiengesellschaft）首先发明双酚A型聚碳酸酯。1958年，该公司实现了聚碳酸酯的工业化生产。以后，美国通用电气公司和日本帝人公司也相继实现工业化生产。

杜邦公司［美］生产氟橡胶　氟橡胶是一种耐高温、耐油、耐腐蚀的特种橡胶，它在航空、航天、汽车、石油、化工、工业污染控制等方面是必不可少的特种合成橡胶，主要用于制造耐高温、耐油、耐化学腐蚀的垫片及密封圈等密封件；用于制造胶管、浸渍制品和防护用品等。它通常以共聚物中含氟单元的氟原子数目来表示。氟橡胶的主要缺点是：耐低温性能较差，密度较大，价格较高。为了改善加工性能，增强其耐压缩永久变形性和耐蒸汽及耐寒性，美国先后研制了20多种氟橡胶。1958年，美国杜邦公司（DuPont Company）工业化生产出在高温下耐油的氟橡胶。氟橡胶的生产采用间歇或连续悬浮聚合工艺：以水为介质，过硫酸盐为引发剂，全氟羧酸盐为分散剂，氟代烯烃混合单体在80～125℃、2.2～10.4MPa压力下共聚制得分散液，经凝聚、水洗、干燥得到白色橡胶；分子量由引发剂的浓度或加入链转移剂的量加以控制。

伊斯曼-柯达公司［美］生产感光树脂 感光树脂是指利用某些聚合物具有光分解的特性，或某些单体具有光聚合或光交联的特性而产生图像的非银感光材料。1871年，英国人马多克斯（Maddox，R.L.）发明了溴化银感光干版。1880年，美国人伊斯曼（Eastman，G.）创办了照相干版和胶片制造厂，标志着近代感光材料工业的诞生。以后，感光材料增添了新的内容——非银感光材料（即感光树脂）。感光树脂和增感剂、溶剂构成光刻胶（又称光致抗蚀剂）。感光树脂依据其含有不同类型的感光基团而发生不同的光化学反应：光分解、光交联和光聚合，进而形成相应类型。感光树脂的制备方法有：第一，使高分子化合物本身带有感光性官能团。如聚乙烯醇月桂酸酯在光照时产生分子间的交联反应，经溶剂处理后，可以制成浮雕图像。第二，在高分子化合物中加入感光性化合物，在光照时与高分子化合物反应，如在明胶或聚乙烯醇中加入重铬酸盐、在环化橡胶中加入重氮化合物。第三，由有光聚合能力的烯类单体直接光聚合而成。1958年，美国伊斯曼-柯达公司（Eastman-Kodak Company）生产了感光树脂——聚乙烯基月桂酸酯。它作为一种光刻胶，在印刷制版和石印技术方面得到应用。

中国自主设计聚氯乙烯生产装置 1921年，上海胜德赛珍厂（胜德塑料厂）开始生产赛璐珞硝化纤维塑料制品。1926年，该厂生产酚醛树脂及模塑粉。新中国成立后，酚醛塑料等热固性塑料有所发展。1958年，中国自主研究设计出第一套年产3000吨的聚氯乙烯生产装置，并在辽宁锦西化工厂建成投产。以后，北京、天津和上海等地相继建成一批生产装置。20世纪60年代初期，中国的聚氯乙烯生产以电石为原料。80年代初期，国内PVC行业开始引进国外先进技术。北京化工二厂建立国内第一套氧氯化单体生产装置，齐鲁石化和上海氯碱引进127m³聚合釜。80年代末期，北京化工二厂、锦西化工厂和福建第二化工厂引进美国古德里奇公司的生产装置技术，揭开了PVC行业的新篇章。90年代中期，北京化工二厂和锦西化工厂引进欧洲EVC公司的生产装置技术，将PVC生产装置技术提高到国际领先水平。进入21世纪，国产化聚氯乙烯生产装置日趋完美，先后出现以北京化工二厂为代表的全自动

70m³聚合釜生产装置技术和独立单项专有技术、锦西化工厂的生产技术、青岛化工厂48m³聚合釜和大沽化工厂30m³聚合釜生产技术。聚氯乙烯生产装置的设计投产标志着中国塑料工业进入规模生产新时代。

锦西化工厂［中］生产聚甲基丙烯酸甲酯　聚甲基丙烯酸甲酯（简称PMMA）是以丙烯酸及其酯类聚合所得到的聚合物，俗称有机玻璃。其生产方法主要有浇铸本体聚合、乳液聚合、悬浮聚合三种，其加工工艺包括浇铸、注塑、挤出、热成型等。1872年，丙烯酸的聚合性被发现。1880年，甲基丙烯酸的聚合性被发现。1901年，丙烯聚丙酸酯的合成法研究成功。1927年，德国罗姆-哈斯公司（Rohm-Haas）在两块玻璃板之间将丙烯酸酯加热聚合，生成黏性橡胶状夹层，制得安全玻璃。当用同样的方法浇铸聚合甲基丙烯酸甲酯时，得到了性能很好的有机玻璃板，即聚甲基丙烯酸甲酯。1931年，罗姆-哈斯公司在美国的一个工厂开始生产PMMA。同年，英国帝国化学工业公司（ICI）的科学家发明了生产MMA（甲基丙烯酸甲酯）的丙酮氰醇法（氰化钠与浓硫酸发生反应，生成氢氰酸，将其精馏提纯后，再与丙酮反应生成丙酮氰醇，再通过丙酮氰醇生产MMA）。1936年，英国卜内门化学工业公司用悬浮聚合法生产有机玻璃。1937年，甲基酸酯工业进入规模性制造时期。1948年，世界第一只有机玻璃浴缸诞生。中国化学家王葆仁（1907—1986）于20世纪50年代研制出我国第一块有机玻璃（和第一根尼龙6合成纤维）。1958年，辽宁锦西化工厂建成有机玻璃生产装置并开始生产，这是我国合成树脂品种进入高级阶段的标志。

上海润华染料厂［中］生产活性染料　活性染料又称反应性染料，它是指分子中含有化学性活泼的基团，能在水溶液中与棉、毛等纤维反应形成共键的染料。它分为两种类型：对称三氮苯型和乙烯砜型。其染色方法主要有浸染法和轧染法。1956年，英国卜内门化学工业公司的拉蒂（Rattee）和史蒂芬（Stephen）发明了第一个活性染料——普施安染料。1957年，上海染料工业公司中心实验室负责人施礼康进口一桶三聚氯氰，为研制活性染料做准备。同年，上海润华染料厂奚翔云等人从染料的应用方法和染色机理方面进行研究。其间，他们还成立了活性染料攻关小组。1958年，上海润华染料厂成功研制并生产活性染料，这标志着我国在这一领域有了自主生产的能力，也使我国染料工业进入了新的发展阶段。以后，相继开发了分散染料、阳离子染料、有机颜料、印染助剂等。到1983年，全国染料生产品种有490种，产量达到7.5万吨。印染助剂产量达到1.4万吨。上海润华染料厂创建于1945年。1955—1963年，华美化工厂、上海化工厂染料车间等先后并入上海润华染料厂，并在20世纪60年代末更名为上海染料化工八厂，成为专门生产活性染料的企业。

杜邦公司［美］生产喹吖啶酮颜料　喹吖啶酮颜料的色谱大部分为红色和紫红色。1958年，美国杜邦公司首先开发出喹吖啶酮红色颜料。其生产方法是由丁二酸二乙酯经过自身缩合，与苯胺缩合、闭环、精制、氧化即得 γ 晶型的喹吖啶酮颜料。另外，还可以按照如下方法合成 β 型喹吖啶酮：加入工业乙醇、水、工业固碱搅拌；再加入二氢基喹吖啶酮精制品滤饼，搅拌后，加入间硝基苯磺酸钠并升温回流，冷却至室温后，放入冷水，自然数释，搅拌，压滤，回收溶剂，滤饼于70℃下烘干，即制得 β 型喹吖啶酮。喹吖啶酮颜料的开发促进了有机颜料工业的发展。

联合碳化物公司［美］生产氮化硅　氮化硅是一种重要的结构陶瓷材料。1857年，法国化学家德维尔（Deville, Henri Etienne Sainte-Claire 1818—1881）和德国化学家维勒（Wöhler, F. 1800—1882）发明了氮化硅的合成方法：把盛有硅的坩埚埋于一个装满碳的坩埚中加热（以减少氧气的渗入）得到了硅的氮化物。1879年，德国学者保罗·许岑贝格尔（Schuetzenberger, Paul）将硅与衬料（由木炭、煤块或焦炭与黏土混合得到）混合后，在高炉中加热得到Si_3N_4的化合物。1910年，路德维希·魏斯（Weiss, Ludwig）和特奥多尔·恩格尔哈特（Engelhardt, Theodor）在纯的氮气下加热硅单质得到了Si_3N_4。1925年，弗里德里克（Friederich）和西蒂希（Sittig）利用碳热还原法在氮气环境下，将二氧化硅和碳高温下加热合成氮化硅。1948—1952年，艾奇逊（Acheson）开办的美国金刚砂公司为氮化硅的制造和使用注册了专利。1953年，英国为了制造燃气涡轮机的高温零件开始研究氮化硅。1958年，美国联合碳化物公司生产氮化硅，并被用于制造热电偶管、火箭喷嘴和熔化金属所使用的坩埚。1971年，美国国防高等研究计划署与福特和西屋公司商议共同研制氮化硅陶瓷燃气轮机。20世纪80年代，又开发出硅碳陶瓷纤维。20世纪90年代，人们在陨石中发现了氮化硅。氮化硅陶瓷制品的生产方法有两种：第一种是反应烧结法，将硅粉或硅粉与氮化硅粉的混合料按一般陶瓷制品生产方法成型；然后在氮化炉内预氮化，获得一定强度后，再在机床上进行机械加工；接着进一步氮化直到全部变为氮化硅为止。第二种是热压烧结法，将氮化硅粉与少量添加剂（如MgO等），在19.6MPa以上的压力和1600～1700℃条件下压热成型烧结。

闵恩泽［中］组织研制小球硅铝、微球硅铝裂化催化剂　1946年，中国石油化工催化剂专家闵恩泽（1924—2016）毕业于中央大学化学工程系。1948年，他赴美就读于俄亥俄州立大学研究生院并于同年获硕士学位。以后，他从事连二亚硫酸钠工业制备影响因素的研究并于1951年获哲学博士学位。随后，他在美国芝加哥全国铝酸盐公司任副化学工程师、高级化学工程师，从事锅炉煤炭燃烧引起结垢和腐蚀、灌溉用氨水处理等课题的研究。1955年，他回国后在北京石油炼制研究所负责磷酸叠合催化剂、铂重整催化剂的中型试验。1958—1965年，他先后组织研制了小球硅铝、微球硅铝裂化催化剂，并参加了工厂设计和试生产。其中，他研制的磷酸叠合催化剂获得了国家科技成果发明奖。以后，他指导了稀土X型、Y型分子筛裂化催化剂以及钼镍磷加氢精制催化剂的研制和试生产；组织开展了层柱分子筛等新催化材料的开拓性研究。1978年后，他组织研制了一氧化碳助燃剂、半人造分子筛裂化催化剂并于1985年获得了国家科技进步二等奖。1978年，他荣获全国科学技术大会授予的在中国科学技术工作中做出重大贡献的先进工作者称号。闵恩泽是我国石油催化应用科学的奠基者，石油化工技术自主创新的先行者，绿色化学的开拓者，在国内外石油化工界享有崇高的声誉，被誉为"中国催化剂之父"，获得2007年度国家最高科学技术奖。

1959年

中国硅酸盐学会在北京成立　1945年，中国在重庆成立了中国陶学会。1949年10月，学会编辑出版了《陶工通讯》。1951年，学会改名为中国窑业工程学会，《陶工通讯》改为《窑工通讯》。同年10月，该刊因故停止活动。1956年，在中国窑业工程学会的基础上，在北京成立了中国硅酸盐学会筹备委员会。1959年11月，在上海召开了第一次全国会员代表大会，大会决定正式成立中国硅酸盐学会（Chinese Silicate Society）（该组织现设有18个专业分会和3个工作委员会；现有地方学会124个；学会设有5个办事机构）。1962年，《窑工通讯》改名为《硅酸盐学报》。1964年和1983年，学会在北京召开了第二次和第三次全国会员代表大会。学会的主要工作是积极开展学术交流活动，组织重点学术课题的探讨和科学考察活动。1982年，学会出版了《中国陶瓷史》。1984年，学会又出版了《硅酸盐辞典》。学会迄今举办了水泥混凝土国际会议、国际高性能陶瓷会议、国际耐火材料会议、中国玻璃国际工业技术展览会、中国国际玻璃及搪瓷工业技术和设备展览会等；参加了国际玻璃协会、国际陶瓷联合会、联合国际耐火材料学术会议组织、国际晶体生长组织等国际学会组织。该会是由中国硅酸盐（无机非金属材料）科技工作者组成的学术性、公益性的法人社会团体，是中国科学技术协会的组成部分。

标准油公司［美］建成固定床加氢裂化装置　加氢裂化是在加热、高氢压和催化剂的作用下，使重质油发生裂化反应，转化为气体、汽油、喷气燃料、柴油等的过程，它包括加氢、裂化、异构化和氢解等。加氢裂化装置按反应器中催化剂的不同状态分为固定床和沸腾床和悬浮床等；按工艺流程可分为一段加氢裂化流程、二段加氢裂化流程、串联加氢裂化流程。20世纪30年代，德国和英国以二硫化钨-酸性白土为加氢裂化催化剂处理煤焦油。1959年，美国谢夫隆公司开发出了Isocracking加氢裂化技术。不久，环球油品公司开发出了Lomax加氢裂化技术，联合油公司开发出了Uicraking加氢裂化技术。1959年，美国加利福尼亚标准油公司（The Standard Oil Company）建成固定床加氢裂化装置，在工业生产中得到较广泛应用。1966年，中国建成了第一套4000kt/a的加氢裂化装置。20世纪90年代以后，中国开发的中压加氢裂化及中压加氢改质技术得到应用和发展。加氢裂化装置的建成标志着石油炼制技术进一步发展。

壳牌公司［美］用丙烯气相氧化法生产丙烯醛　1959年，美国壳牌公司（Shell Group）首先实现丙烯气相氧化工艺的工业化。其具体过程是：将丙烯、空气和水蒸气按一定比例混合后与催化剂一起送入固定床反应器，在一定的压力和温度下进行反应，反应释放的热量回收用以蒸汽的生产。反应生成的气体混合物用水急冷，从急冷塔出来的尾气放空前经过洗涤。从急冷塔塔底出来的有机液进汽提塔，汽提出丙烯醛和其他烃组分，然后用蒸馏法从粗丙烯醛中除去水和乙醛。后来，该公司采用钼-铋系和锑系催化剂，提高了丙烯醛的回收率。此外，丙烯醛的制备方法还有：第一，甘油脱水法，即将甘油与硫酸氢钾或硫酸钾、硼酸、三氯化铝在一定温度下共热，将反应生成的丙烯醛气体蒸出并经冷凝收集制得粗品，将粗品加10%磷酸氢钠溶液调pH值至6，进行分馏，收集50～75℃馏分，即得丙烯醛精品。第二，甲醛乙醛法，即在用硅酸钠浸渍过的硅胶催化作用下，由甲醛和乙醛气相缩合制得丙烯醛。丙烯醛是重要的反应中间体，它的工业化生产促进了多种化工产品的合成。

杜邦公司［美］生产均聚甲醛　聚甲醛是一种热塑性树脂，按其分子链中化学结构的不同，可分为均聚甲醛和共聚甲醛。均聚甲醛密度、结晶度、熔点都较高，但热稳定性差，加工温度范围窄，对酸碱稳定性略低；共聚甲醛密度、结晶度、熔点、强度都较低，但热稳定性好，不易分解，加工温度范围宽，对酸碱稳定性较好。合成均聚甲醛的过程是：将高纯度甲醛通入含有阳离子型催化剂的惰性溶液中聚合成均聚甲醛，再在醋酐作用下，将端羟基酯化，得到热稳定的聚甲醛；然后加入抗氧剂等助剂，即可制得均聚甲醛产品。共聚甲醛主要是由三聚甲醛共聚制备。其合成过程是：在浓硫酸或阳离子交换树脂催化下，由浓度65%～70%的甲醛，得到三聚甲醛并精馏为高纯品，后者在路易斯酸［指电子接受体。美国化学家路易斯（Lewis，Gibert Newton 1875—1946）提出了酸碱理论：凡是可以接受外来电子对的分子、离子或原子团为酸；凡是可以提供电子对的分子、离子或原子团为碱］的作用下，与少量共聚单体开环聚合为共聚甲醛。1956年，美国杜邦公司由甲醛聚合得到甲醛的均聚物——均

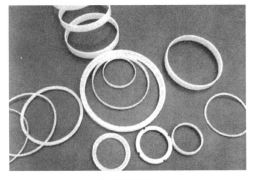

均聚甲醛产品

聚甲醛，并于1959年实现工业化生产。现在，美国、日本和西欧共有八个工厂生产聚甲醛。均聚甲醛的生产是聚甲醛的第一次工业化产物。

联合碳化物公司［美］和空军材料实验室［美］首次生产碳纤维　碳纤维是一种含碳量在95%以上的高强度、高模量纤维的新型纤维材料。碳纤维按原料来源可分为聚丙烯腈基碳纤维、沥青基碳纤维、黏胶基碳纤维、酚醛基碳纤维、气相生长碳纤维；按状态分为长纤维、短纤维和短

碳纤维产品

切纤维。碳纤维可分别用聚丙烯腈纤维、沥青纤维、黏胶丝或酚醛纤维经碳化制得。碳纤维的制造包括纤维纺丝、热稳定化（预氧化）、碳化、石墨化等4个过程。其间伴随的化学变化包括脱氢、环化、预氧化、氧化及脱氧等。1959年，美国联合碳化物公司（Union Carbide Corporation）和美国空军材料实验室首次用黏胶纤维生产碳纤维。20世纪60年代，中国开始研究碳纤维。到80年代，中国开始研究高强型碳纤维。进入21世纪以来，中国碳纤维工业进入了产业化。目前，日本、美国、德国、韩国等少数国家掌握了碳纤维生产的核心技术，并且能够规模化生产。这些国家一方面对中国碳纤维行业实施技术封锁，另一方面又积极地将其碳纤维输入中国市场，增加了中国本土碳纤维企业的压力。2016年，中国成功研制出高性能碳纤维，突破了日本的技术封锁。

杜邦公司［美］生产二氧化钛　二氧化钛又称钛白，是一种重要的白色无机颜料。它还具有净化空气、防晒等功能。它分为锐钛矿型（简称A型）和金红石型（简称R型）。二氧化钛的生产方法主要有硫酸法和氯化法。运用硫酸法能够生产锐钛型和金红石型，但是，由于硫酸法的副废品产量太大，因此，许多工厂都已经关闭或转为氯化法生产。运用氯化法只能生产金红石型，其过程是：原料在流化床反应器中进行氯化，得中间产品四氯化钛，经氧化反应生成二氧化钛。此法废副品产量较少、产品质量高，但此法在工艺上和设备上都相对复杂，技术难度大，对材料的质量要求较高，其依赖原料天然金红石短缺且昂贵。1959年，美国杜邦公司运用氯化法生产金红石型二

氧化钛。氯化法的诞生丰富和发展了二氧化钛制造技术。

希亨［美］和亨利-朗根［美］首次发明半合成青霉素　1928年，英国细菌学家弗莱明（Fleming，Alexander 1881—1955）在实验室发现了青霉素及其抑菌作用。1938—1941年，弗劳雷（Florey，Howard Walter，1898—1968）和钱恩（Chain，Emst Boris 1906—1979）经分离制得青霉素，并发现它对全身性细菌感染有良好治疗效果，是一个高效低毒抗生素。但是，随着青霉素的大量使用，细菌对青霉素产生的耐药现象日趋严重，尤其是金黄色葡萄球菌耐药菌株的蔓延已成临床上一个严重问题。另外，青霉素还存在抗菌谱不够广、易引起过敏反应等问题，因而其应用受到限制。1959年，美国生物化学家希亨（Sheahen，J.C.）和亨利-朗根（Henry-Langen，K.R.）用微生物合成与化学合成相结合的方法，从青霉素发酵液中分离出青霉素母核6-APA，并成功地合成了第一个半合成青霉素——苯氧乙基青霉素。从此开始了对青霉素结构改造的研究。但是，半合成青霉素的抗菌活性均不及天然青霉素G。半合成青霉素包括耐酸、耐酶、广谱、抗绿脓杆菌广谱等类型。半合成青霉素可以通过以6-APA为中间体与化学合成有机酸进行酰化反应制得。中间体6-APA通过微生物产生的青霉素酰化酶裂解青霉素G或V而制得，也可从青霉素G用化学法来裂解制得，但成本较高。近年来，利用酶固相化技术生产6-APA，可以简化裂解工艺过程。半合成青霉素使青霉素类得到更广泛的应用。

卜内门化学工业公司［英］建成第一座轻质油蒸汽转化厂　合成气是以氢气和一氧化碳为主要组分、供化学合成用的一种原料气，它通过蒸汽转化法和部分氧化法制得。第一，蒸汽转化法以天然气或轻质油为原料，与水蒸气反应制取合成气；天然气或轻质油蒸汽转化的主要反应为强吸热反应，反应所需热量由反应管外燃烧天然气或其他燃料供给。第二，部分氧化法把管内外反应合为一体，不预脱硫，反应器结构材料比蒸汽转化法便宜，它广泛适用于从天然气到渣油的任何液态或气态烃。1913年，人们通过合成气生产氨。1915年，米塔斯（Mittasch，A.）和施奈德（Schneider，C.）用蒸汽和以甲烷为主的天然气，在镍催化剂上反应获得了氢。1928年，美国标准油公司（The Standard Oil Company）首先设计了一台小型蒸汽转化炉生产出氢气。

1939年，德国用乙炔氢羧化工艺生产丙烯酸及其酯。1945年，德国鲁尔化学公司用羰基合成（即氢甲酰化）法生产高级脂肪醛和醇。1959年，英国卜内门化学工业公司（Imperial Chemical Industries Limited）发明轻质油原料的蒸汽转化法，并建立了第一座转化工厂。轻质油蒸汽转化与天然气蒸汽转化相似，但比天然气蒸汽转化困难。其主要表现在：转化中必须采用抗析炭催化剂（采用镍催化剂并以氧化钾为助催化剂，氧化镁为载体）；在蒸汽转化前，需先严格脱硫，并同时加氢；裂化轻油脱硫比较困难，一般用直馏轻质油制取合成气；轻质油价格较高，只有在天然气比较缺乏的地方才用轻油生产合成气。

中国化工学会成立　中国化工学会全称为中国化学工业与工程学会（The Chemical Industry and Engineering Society of China，简称CIESC）。其前身是中华化学工业会和中国化学工程学会。中华化学工业会于1922年4月23日在北京成立。1923年，学会创办了会刊《中华化学工业会会志》。1926年，该刊改名为《化学工业》。1946年，学会又创办了科普刊物《化学世界》。中国化学工程学会于1930年2月9日在美国成立。1934年出版会刊《化学工程》。1950年，中国化学工业会与中国化学工程学会决定将会刊《化学工业》和《化学工程》合并改刊名为《化学工业与工程》。1956年，中华化学工业会和中国化学工程学会合并成立中国化工学会筹备委员会。1959年，中国化工学会筹备委员会与中国化学学会合并成立了中国化学化工学会。1963年，两会又分为两个独立的学会。"文化大革命"期间，学会被迫停止了活动。1978年，学会重新开始活动并确定了外文名称。1984年，中国化工学会橡胶学会加入国际橡胶会议组织。1996年，学会成立了"侯德榜科学技术发展基金"。2001年，在"侯德榜科学技术发展基金"内又设了"侯德榜化工科学技术奖"。同年，学会参与成立了世界化学工程联合会。2004年，中国化工学会加入亚太化工联盟。2012年，学会在北京召开了第39届全国会员代表大会暨学会成立90周年庆祝大会。学会定期出版《化工学报》和《化工进展》等学术刊物。

20世纪50年代中后期

陈家镛［中］采用加压氨浸法处理难选氧化铜矿　1943年，中国化学工程学家陈家镛（1922—2019）毕业于国立中央大学化工系。1947年，他赴美国就读于伊利诺伊大学化工系并于1951年获博士学位。其间，他主要从事化工动力学、气溶胶（由固体或液体小质点分散并悬浮在气体介质中形成的胶体分散体系，又称气体分散体系）过滤和高分子聚合工程方面的科学研究；先后任职于美国麻省理工学院、伊利诺伊大学和杜邦公司，并当选为美国自然科学学会荣誉会员。1952年秋，他应邀主持"用纤维层过滤气溶胶"的研究。其间，阐明了该粒子的大小并非一个常数，而是与操作参数有关，同时对前人的过滤理论以及过滤层压降等进行了改进及发展。其部分结果在1955年出版的美国《化学评论》（*Chemical Review*）上发表，引起各方面重视，曾被译成多种文字，被广泛引用。直至今日，该文仍被视为气溶胶领域早期（1955年前）科研工作的权威性总结。1956年，他回国后一直从事化学工程、湿法冶金方面的科研工作。20世纪50年代中后期，他直接领导并组织开展湿法冶金综合提取金属的科学研究及开发工作。在加压湿法冶金方面，他采用加压氨浸法处理难选氧化铜矿，通过一系列小型、中型试验，投入工业性试生产；在加压碱浸砷钴矿的研究中，提出了解决砷污染的途径；还进行了从红土矿和硅酸镍矿中湿法提取镍、钴的研究工作。1978年，他的上述各项研究成果均获得了全国科学大会奖。

20世纪50年代末

郭慕孙［中］首次创立广义流态化理论 流态化是指固体颗粒在流体的作用下，呈现出与流体相似的流动性能的现象。颗粒虽然不断运动，但它们并不通过容器连续流进或流出，此种流动状况被称为经典流态化。但在有些过程中，颗粒和液体同时流入和流出，即颗粒的平均位置随时间而改变，此种流动状况被称为广义流态化。1943年，中国化工专家郭慕孙（1920—2012）毕业于上海沪江大学化学系。1945年，他赴美国就读于普林斯顿大学化工系并于1946年获硕士学位。他在美国主要从事流态化、煤的气化、低压空气分离和气体炼铁等工作。硕士期间他与导师共同撰写《固体颗粒的流态化》一文并于1948年发表在美国《化工进展》杂志上。1956年，他回国后，一直从事化学工程及化学反应工程方面的科学研究，并创建了我国第一个流态化研究室（任室主任）。20世纪50年代末，他发现了"散式"和"聚式"两个不同的流态化现象；提出了"无气泡气固接触"概念；首先提出了垂直系统中的广义流态化和加速运动下的"广义流态化理论"，并应用于垂直系统中各种不同的流态化操作；他对广义流态化系统中颗粒和流体的运动作了分类，根据颗粒和流体的流向及流化系统中是否设有分布板，分为八种可能的操作方式，并将散式流态化理论推广到广义流态化，对各种操作方式进行分析，在流态化理论研究中自成学派。他注重流态化技术在国民经济建设中的应用。1978年，他研究的"大冶铜钴铁矿硫酸化焙烧""贫铁矿的流态化磁化焙烧""阿尔巴尼亚红土矿的还原焙烧"等成果均获全国科学大会成果奖。1979年，他研究的"气控式多层流态化床及其在净化气体中的应用"等成果，解决了多层流态化床不稳定性问题，获国家发明奖三等奖。他发明了"流态化气体还原铁鳞制铁粉"工艺，为中国铁粉生产开创了一条新的工艺路线，获中国科学院技术成果奖一等奖。郭慕孙在流态化反应工程、冶金过程物理化学方面造诣尤深；他对流态化理论研究具有独创性见解。郭慕孙是我国流态化技术的开拓者和学术带头人，是国际流态化技术学科领域有声望的科学家之一，他在流态化理论和技术研究方面做出了突出贡献。

1960年

洛布［美］和索里拉金［美］等人制成非对称性反渗透膜 反渗透（reverse osmosis）又称逆渗透，它是一种在压力驱动下，借助于半透膜（对透过的物质具有选择性的薄膜）的选择截留作用，将溶液中的溶质与溶剂分开的分离方法。反渗透膜可分为非对称膜和均相膜。1748年，法国学者诺勒（Knowler, A.）率先研究膜渗透现象。20世纪30年代，硝酸纤维素微滤膜商品化。1950年，尤达（Juda, W.）试制出选择透过性能的离子交换膜，奠定了电渗析的实用化基础。同年，美国科学家索里拉金（Sourirajan, S.）在海鸥嗉嗉中发现一层薄膜，弄清楚了海鸥能够饮用海水的原因，也发现了反渗透法。20世纪50年代，美国政府援助开发出反渗透法。其工艺流程是：原水→预处理系统→高压水泵→反渗透膜组件→净化水。20世纪60年代，人们用此法淡化海水。1960年，美国科学家洛布（Loeb, S.）和索里拉金

（Sourirajan，S.）首次用醋酸纤维素制成非对称性反渗透膜，把反渗透用于海水及苦咸水淡化。1968年，美籍华裔学者黎念之（1932— ）最先研究乳化液膜的形成方法和渗透机理，开拓了液膜分离技术。20世纪70年代，开发成功高效芳香聚酰胺中空纤维反渗透膜。1971年，工业性反渗透装置在电厂投入运行。1981年，美国用反渗透法制造了供航天员循环饮用的太空水。20世纪80年代，又发明了由超薄反渗透膜、多孔支撑层、织物增强自叠加而成的理想的反渗透膜——复合膜。20世纪90年代，又出现低压反渗透复合膜。近年来，以四氟乙烯和聚偏氟乙烯制成的微滤膜已商品化。中国自1958年开始研究电渗析；1966年开始研究反渗透；20世纪70年代末，引进反渗透装置用于发电厂的水处理；20世纪90年代研究反渗透膜。现在，中国的反渗透技术已大范围应用。非对称反渗透膜的研制成功，实现了膜分离技术的突破，使膜分离技术进入大规模工业化应用时代。

俄亥俄标准石油公司［美］用丙烯氨化氧化法合成丙烯腈　氨化氧化（简称氨氧化）是将含有活泼甲基的有机化合物与氨一起氧化生成腈的反应过程。第二次世界大战期间，德国用"氰乙醇法"合成丙烯腈。其具体过程是：首先，在水和三甲胺的作用下，环氧乙烷和氢氰酸反应生成氰乙醇；然后，以碳酸镁为催化剂，在200～280℃下脱水制得丙烯腈，收率约75%。后来，德国法本公司用"乙炔法"合成丙烯腈。其具体过程是：在氯化亚铜-氯化钾-氯化钠稀盐酸溶液的催化作用下，在80～90℃条件下，乙炔和氢氰酸反应制得丙烯腈。1960年，美国俄亥俄标准石油公司（The Standard Oil Company of Ohio）采用"丙烯氨化氧化法"一步合成丙烯腈。其具体过程是：首先，以丙烯、氨、空气和水为原料，按一定量配比进入沸腾床或固定床反应器，在以硅胶作载体的磷钼铋系或锑铁系催化剂作用下，在430～500℃温度和常压下，生成丙烯腈；然后，经中和塔用稀硫酸除去未反应的氨，再经吸收塔用水吸收丙烯腈等气体，形成水溶液，使该水溶液经萃取塔分离乙腈，在脱氢氰酸塔除去氢氰酸，经脱水、精馏而得丙烯腈。其单程收率可达75%，副产品有乙腈、氢氰酸和硫酸铵。"丙烯氨化氧化法"是最有工业生产价值的生产方法。

杜邦公司［美］生产乙烯-醋酸乙烯酯树脂　乙烯-醋酸乙烯酯树脂是由

乙烯和醋酸乙烯酯共聚而制得的热塑性树脂。乙烯-醋酸乙烯酯树脂的生产方法主要有四种：高压法连续本体聚合、中压悬浮聚合、溶液聚合和乳液聚合。含量在 5%~40%者，一般用类似于低密度聚乙烯所用的高压本体聚合法生产，所用压力为100~200MPa；含量在40%~80%者，采用溶液聚合法生产，所用压力为10~40MPa，以叔丁醇为溶剂；含量在60%~95%者，可用乳液聚合法生产，所用压力为0.1~20MPa。1928年，美国人马克（Mark，H.F.）首次用低压聚合法获得乙烯-醋酸乙烯酯树脂。1938年，英国卜内门化学工业公司申请了高压聚合法的专利。20世纪60年代初，美国杜邦公司采用高压法连续本体聚合工艺，生产乙烯-醋酸乙烯酯树脂。随后，陶氏化学、拜尔、台湾聚合化学品、埃克森美孚、三井聚合化学、德山曹达、住友化学、尤尼卡等30多家公司相继投产并得到迅速发展。

陶氏化学公司［美］首次用乙烯合成氯乙烯　1835年，法国人勒尼奥（Regnault，H.V.）首先在乙醇溶液中，用氢氧化钾处理二氯乙烷合成了氯乙烯。20世纪30年代，德国格里斯海姆电子公司首先在工业上用氯化氢与乙炔合成生产氯乙烯。其具体采用电石、乙炔与氯化氢催化加成的方法（简称乙炔法），即在氯化汞催化剂的作用下，乙炔与氯化氢加成直接合成氯乙烯。但是，这种方法具有耗能高等缺点。1940年，美国联合碳化物公司开发了二氯乙烷法。以后，日本吴羽化学工业公司又开发了将乙炔法和二氯乙烷法联合生产氯乙烯的联合法。其方法是：以乙炔和乙烯混合气为原料，与氯化氢一起通过氯化汞催化剂床层，使氯化氢与乙炔加成生成氯乙烯；分离氯乙烯后，把含有乙烯的气体与氯气混合，生成二氯乙烷；经分离精制后的二氯乙烷热裂解成氯乙烯及氯化氢；氯化氢再循环用于混合气中乙炔的加成。1960年，美国陶氏化学公司开发了以乙烯为原料生产氯乙烯的完整方法，即用乙烯经氧氯化合成氯乙烯的方法。具体方法是：乙烯氯化生成二氯乙烷；二氯乙烷热裂解为氯乙烯及氯化氢；乙烯、氯化氢和氧发生氧氯化反应生成二氯乙烷。这种方法利用二氯乙烷热裂解所产生的氯化氢作为氯化剂，使氯得到了有效利用。这种方法和二氯乙烷法配合，逐渐取代了乙炔法等传统生产氯乙烯的方法，促进了氯乙烯的工业生产。

合成橡胶公司［美］生产顺丁橡胶　顺丁橡胶全名为顺式-1，4-聚丁二烯橡胶，简称BR。它是由丁二烯聚合制得的结构规整的合成橡胶，分为高顺式顺丁橡胶、中顺式顺丁橡胶和低顺式顺丁橡胶。高顺式顺丁橡胶是弹性和耐寒性最好的合成橡胶。顺丁橡胶的生产工序包括：催化剂、终止剂和防老剂的配制计量，丁二烯聚合，胶液凝聚和橡胶的脱水干燥。其聚合几乎都采用连续溶液聚合流程，聚合装置大都用3～5釜串联，单釜容积为12～50m³。1955年，美国费尔斯通轮胎和橡胶公司以丁基锂（化学式为C_4H_9Li）为催化剂，开发了低顺式顺丁橡胶，并于1961年投产。1956年，美国菲利普斯石油公司以四碘化钛–三烷基铝为催化剂，开发了中顺式顺丁橡胶，并于1960年由美国合成橡胶公司建厂投产。1963年，意大利蒙特卡蒂尼公司开发了钴系（一氯二烷基铝–钴盐）催化剂，并以此生产高顺式顺丁橡胶。1965年，日本合成橡胶公司采用桥石轮胎公司的技术开发了镍系（环烷酸镍–三异丁基铝–三氟化硼乙醚络合物）催化剂，并以此生产高顺式顺丁橡胶。以后，中国、美国、日本、英国、法国、意大利、加拿大、苏联、联邦德国等15个国家生产近20种顺丁橡胶。美国合成橡胶公司工业化生产顺丁橡胶是顺丁橡胶正式生产的开端。

蒙特卡蒂尼公司［意］生产聚丙烯纤维 聚丙烯纤维又称为丙纶，是以等规聚丙烯（聚丙烯的一种，其他两种分别为间规聚丙烯和无规聚丙烯）为原料纺丝制得的合成纤维。聚丙烯纤维分为单丝聚丙烯纤维（高强聚丙烯束状单丝纤维）、网状聚丙烯纤维（其外观为多根纤维单丝相互交连而成网状结构）和工程聚丙烯纤维（新型混凝土增强纤维，被称为混凝土的"次要加强筋"）。聚丙烯纤维通常采用熔体纺丝法生产：将聚丙烯树脂加入立式或卧式螺杆挤出机加热熔融，通过计量泵由喷丝头挤出，在空气中冷却成聚丙烯纤维。该方法的特点是：第一，一般用单头等螺距螺杆挤压机，为适应成纤聚丙烯熔体黏度高、流动性差的特点，螺杆压缩比要大，最小为2.8，计量段尽可能短，螺杆长径比范围为20～26。第二，由于分子量大，纺丝时熔体温度一般比熔点高出100～130℃，也可采用加分子量调节剂等方法以降低纺丝温度。第三，冷却成型过程中结晶速度较快，冷却温度宜稍低。另外，工业上还采用膜裂成纤法（将聚合物先制成薄膜，然后经机械加工方式制得）制得割裂和膜裂纤维。1960年，意大利蒙特卡蒂尼公司首先工业化生产聚丙烯纤维。20世纪80年代中期，先后有40多个国家生产聚丙烯纤维，世界聚丙烯纤维的年产量已超过1Mt。

法本拜耳公司［德］生产阳离子染料　阳离子染料（cationic dyes）又称碱性染料和盐基染料，因其分子中带有一个季铵阳离子而得名，它有黄、橙、红、紫、蓝色等品种。阳离子染料按应用性能分为普通型、X型和M型。按化学结构可分为两种类型：一种是隔离型，即染料分子中阳离子基团与共轭体系之间为隔离基所分离；另一种是共轭型，即染料分子中阳离子基团处于共轭体系中。阳离子染料的生产方法是：用邻苯二胺在盐酸溶液中与二氯醋酸作用，脱水闭环，生成2-二氯甲基苯并咪唑，再与N-甲基苯并噻唑-2-腙缩合，其产物经硫酸二甲酯季铵化而生成染料，最后经盐析、过滤、烘干和商品化处理而得商品染料。20世纪50年代，瑞士盖吉（Geigy）公司和德国的拜尔（Bayer）公司相继开发出了用于丙烯腈纤维的阳离子染料。1960年，联邦德国法本拜耳公司（Bayer Aktiengesellschaft）首次生产阳离子染料。20世纪60年代初，我国相继开发生产第一代阳离子染料；70年代又开发出第二代X型阳离子染料；80年代，试制生产了第三代M型阳离子染料。阳离子染料的生产促进了染料生产的丰富和发展。

罗斯［英］首次开设粉体技术课程　粉体技术是指粉状物质的加工处理软件和相关设备硬件的总称。它包括构思颗粒、分析构成、加工粉体、制造产品、现实设想等过程。从原始人学会制造石器粉碎食物开始，就出现了粉碎技术的雏形。数千年来，人们一直用粉碎、掺和等经验方法进行粉体操作。我国古代的《天工开物》对这些经验技术进行了系统整理。20世纪50年代，针对粉体企业生产中出现的种种故障与危害，对粉体过程现象与粉体技术理论的研究应运而生。1948年，美国人戴拉凡尔（Dallavalle，J.M.）著有《尘粒学》一书，促进了粉体性质的基础研究。1956年，日本成立了粉体工程研究会。1960年，英国人罗斯（Rose，H.E.）首次开设了粉体技术的课程，它是关于粉体工程的单元操作的专门课程。该课程系统地讲述了无机非金属材料粉碎的目的、作用，粉体的性质，粉碎的方法和原理，超细粉碎动态，过筛分离机理，粉碎筛分流程的选择和计算粉体的称量、粒化、干燥以及储料的作用、原理和方法。它使学生比较全面系统地了解无机非金属材料在粉碎过程中的基础理论知识和工作方法，并对生产粉体，防范和消除粉尘有一定的鉴别与操作能力。

博德［美］等著《传递现象》 1960年，美国威斯康星大学教授博德（Bird，R.B.）和斯图尔德（Steward，W.E.）编写了《传递现象》一书。该书为流体流动的动量传递、热能量传递及质量传递建立理论模型和基本方程提供了解题方法，对三个相互关联而又各有特点的主题进行全面、系统的分析，为读者深入研究传递现象奠定了坚实基础。全书分3篇24章。第一篇（共8章）叙述黏性流体（含聚合液体）的几种模型以及等温系统定常和非定常态动量传递，加强了边界层理论和湍流传递；第二篇（共8章）叙述能量传递机理，非等温流动系统的速度分布、温度分布以及流动体系的能量传递，加强了含相变传热和普朗特数（是流体力学中表征流体流动中动量交换与热交换的无量纲参数，表明温度边界层和流动边界层的关系，反映流体物理性质对对流传热过程的影响）下湍流传热的傅里叶（Fourier）分析；第三篇（共8章），首先叙述扩散理论及二元体系的浓度分布，然后讨论非等温混合物中的相际传递、多组分体系的传质问题，最后论及特种传递问题、热扩散、膜分离及多孔介质中的传递等。该书是一部论述传递现象的经典教材。出版后引起很大反响，到1978年共印刷了19次。2002年，又出版了第二版。它成为化学工程学科发展进入"三传"（动量传递、热量传递和质量传递）、"一反"（化学反应过程）新时期的标志。

汪德熙［中］用"萃取法"取代"沉淀法"处理核燃料 核燃料后处理是对反应堆辐射过的核燃料所进行的化学处理。它根据是否在水介质中进行处理分为"水法"和"干法"两类：水法采取诸如沉淀、溶剂萃取、离子交换等方法在水溶液中进行化学处理；干法则采用氟化物挥发、高温冶金、高温化学等方法在无水状态下进行化学处理。历史上曾先用沉淀法从辐照天然铀中提取核武器用燃料钚，后该法被萃取法取代。1935年，中国化工专家汪德熙（1913—2006）毕业于清华大学化学系。1941年，他赴美国麻省理工学院化工系就读，研究用连续电解方法将葡萄糖还原为甘油代用品辛六醇并于1946年获博士学位。1947—1960年，他在国际上最先研制成功用邻苯三酚和糠醛合成热固性塑料和不饱和聚酯，并用来制成玻璃钢小汽车壳体。1956

年，他被邀请参加全国十二年科学技术发展远景规划的制定工作，主持《稀有金属》《钛冶金》两个专题规划的编写，由于预见性强、水平高，受到有关方面的高度重视。他用邻苯三酚和糠醛聚酯制备塑料，取得了国际首创性科技成果。1960年，他主要从事核燃料后处理萃取工艺、原子弹引爆装置的制备、核试验用钋-210及其各种放射源的研制、氚的提取生产工艺、核试验当量的燃耗测定、核工业产品中铀等物质的分析鉴定方法等研究。他曾力排众议，主张废弃用沉淀法生产军用钚-239的工艺路线，改用萃取法，使处理厂节省投资3.6亿元，而且可连续操作。这些项目皆获1978年全国科学大会优秀成果奖。汪德熙在核武器研制过程中的放射化学研究和核化工领域的发展中做出了卓越贡献，他是中国著名的高分子化学家、核化学化工事业主要奠基人之一。

丹阳化肥厂［中］用碳化法合成氨流程生产碳酸氢铵　1920年，人们发现利用焦炉煤气中氨和二氧化碳反应可制取碳酸氢铵。有人试图把它作为氮肥使用，但未获成功。长期以来，碳酸氢铵仅被少量生产，主要用作食品工业中的发泡剂。1958年，中国化学家侯德榜（1890—1974）开发出了碳化法合成氨流程制碳酸氢铵的新工艺。其具体内容是：第一，将压缩二氧化碳通入浓氨水中，并在二氧化碳加压下放置，同时加以冷却，析出结晶，经离心分离，脱水而成；第二，将氨气用水吸收后，再经分离、干燥制得碳酸氢铵；第三，将二氧化碳通入氨水使之饱和，后经离心分离，热风干燥即得碳酸氢铵。该工艺的特点是：把碳酸氢铵的生产与合成氨原料气净化（脱除二氧化碳）过程结合起来，从而简化了流程，降低了能耗，减少了投资。同年，该生产工艺在上海化工研究院进行了试验。1960年，江苏丹阳化肥厂使用该新工艺成功生产出碳酸氢铵。这一成果于1964年、1965年分别获国家计委、经委、科委联合颁发的工业新产品二等奖和国家科委颁发的发明证书。20世纪80年代，全国按丹阳化肥厂模式建成了1300余家小化肥厂，碳酸氢铵产量约占中国氮肥总产量的一半以上。碳酸氢铵是新中国自行开发的化肥新品种。

1961年

环球油品公司［美］和阿什兰石油炼制公司［美］开发脱烷基制苯工艺

流程 脱烷基是从烃类分子上脱去烷基的反应过程，其方法主要有催化脱烷基、临氢脱烷基（热临氢脱烷基和催化临氢脱烷基）和加水蒸气脱烷基等。1937年，伊帕季耶夫（Ipatieff，V.N.）等人发现，在一种氢给予体的作用下，用三氯化铝作催化剂，可使芳环上的侧链断裂，形成芳烃和烷烃。1959年，美国环球油品公司（Universal Oil Products Company）与阿什兰石油炼制公司首先开发了催化临氢脱烷基的过程，称"Hydeal过程"。催化临氢脱烷基一般采取绝热式反应器或多级串联反应器，反应器间用氢气或甲苯进行激冷。它使用的催化剂是载在氧化铝–氧化硅上的铬、钼或钴的氧化物，反应温度为550~650℃，压力为2.5~7.0MPa，氢烃摩尔比为4~10∶1。使用过量的氢，可防止催化剂结焦，并可带出反应热。该工艺可用于甲苯和烷基萘脱烷基（甲苯脱烷基制苯的方法主要有催化法和热解法），并于1961年在卡特利茨堡的肯塔基炼厂投入生产。1962年，美国亨布尔石油炼制公司建成了第一套甲苯热脱甲基制苯的装置。1975年，我国建成第一套甲苯热脱甲基制苯工业试验装置并投产。其反应器平均温度为760~780℃，反应停留时间为4~4.5秒；苯总收率达到较高水平且符合标准。脱烷基制苯实现工业化标志着化学工业的进一步发展。

杜邦公司［美］生产聚酰亚胺树脂 聚酰亚胺树脂（polyimide resin）是主链重复结构单元中含酰亚胺基团的耐高温合成树脂。它分为热固性聚酰亚胺树脂和热塑性聚酰亚胺树脂。聚酰亚胺树脂由四酸二酐和二胺聚合而成。其合成方法主要有一步法、两步法、三步法和气相沉淀法。一步法是指二酐和二胺在高沸点溶剂中，直接聚合生成聚酰亚胺树脂。二步法是指先由二酐和二胺获得前驱体聚酰酸胺；再通过加热和化学方法，分子内脱水闭环生成聚酰亚胺树脂。三步法是由聚异酰亚胺树脂得到聚酰亚胺树脂的方法。气相沉淀法是指在高温下，将二酸胺和二酐直接以气流的形式输送到混炼机内进行混炼，制成聚酰亚胺树脂薄膜。1908年，首次合成芳香族聚酰亚胺树脂。20世纪50年代末期，

聚酰亚胺树脂产品

制得芳香族聚酰亚胺树脂。1961年，杜邦公司生产出聚均苯四甲酰亚胺树脂薄膜。1964年，杜邦公司生产出聚均苯四甲酰亚胺树脂膜塑料。同年，阿莫科（Amoco）公司开发出聚酰胺-亚胺电器绝缘用清漆。1969年，法国罗纳-普朗克公司开发出双马来酰亚胺预聚体。1982年，美国通用电气公司（GE）建成聚醚酰亚胺生产装置。中国于1962—1963年研究、生产聚酰亚胺树脂。2007年，我国聚酰亚胺树脂的生产能力达到1300吨。目前，全世界聚酰亚胺树脂的年消费量为6万吨左右。

科研制药公司［日］开发农用抗生素　农用抗生素简称"农抗"，是指由微生物发酵产生、具有农药功能、用于农业上防治病虫等有害生物的次生代谢产物。20世纪40年代，人们将某些医用抗生素如链霉素、土霉素、灰黄霉素等用于防治农作物病害，取得了一定的效果。同时，也筛选出一些农业专用的抗生素，如放线酮、抗霉素和一些多烯类抗生素。1961年，日本科研制药公司开发了用于防治稻瘟病的杀稻瘟素-S，取代了公害严重的有机汞制剂，是世界上第一个大规模生产的农用抗生素。20世纪60—70年代，日本又开发了春日霉素、多氧霉素、有效霉素等高效品种。70年代以来，先后开发出了具有防治昆虫、螨、动物寄生原虫和蠕虫，具有除草和调节动植物生长功能的农用抗生素。70年代后期，日本农用抗生素的年总产量已达到400吨以上。中国自20世纪50年代开始研究农用抗生素以来，陆续生产了赤霉素、灭瘟素、春雷霉素、多抗霉素和井冈霉素等品种。目前，农用抗生素已几乎遍及杀虫剂、杀菌剂、除草剂、植物生长调节剂等农药领域，其中较为突出的有杀虫剂土霉素、杀菌剂井冈霉素和春雷霉素、除草剂双丙氨膦、植物生长调节剂赤霉素等。

福特汽车公司［美］开发电沉积涂料　涂料是指涂布在物质表面，并在一定条件下能形成薄膜而起到保护、装饰或其他特殊功能的一类液体或固体材料。按使用分散介质涂料可分为溶剂型涂料和水性涂料。后者包括乳液型涂料和水溶性涂料。水溶性涂料又分为电沉积涂料、乳胶涂料、水溶性自干或低温烘干涂料。根据成膜物质涂料可分为天然树脂类涂料、酚醛类涂料、丙烯酸类涂料、环氧类涂料等。古代人们大多使用天然成膜物质作为涂料（又称为油漆）。例如，中国在春秋时代通过熬炼桐油（拉丁学名：tung oil，是一种带干性植物油）制涂料。1790年，英国创立了第一家涂料厂，使涂料生产由手工作坊进入工业生产时代。1855年，英国人帕克斯（Parkes，A.）建立了第一个生产合成树脂涂料的工厂。由此，涂料生产进入合成树脂涂料的时代。1909年，美国化学家贝克兰（Baekeland, Leo Hendrik 1863—1944）试制成功醇溶酚醛树脂。随后，德国人阿尔贝特（Albert，K.）研究成功松香改性的油溶性酚醛树脂涂料。1927年，美国通用电气公司的基恩尔（Kienle，R.H.）发明了用干性油脂肪酸制备醇酸树脂的工艺，开创了涂料工业的新纪元。1950年，美国杜邦公司开发了丙烯酸树脂涂料。20世纪50—60年代，开发了聚醋酸乙烯酯胶乳和丙烯酸酯胶乳涂料。1952年，联邦德国克纳萨克·格里赛恩公司发明了乙烯类树脂热塑粉末涂料；壳牌化学公司开发了环氧粉末涂料。1961—1963年，美国福特汽车公司首次开发出电沉积涂料并投入工业化生产。电沉积涂料是一种新型的节省资源、降低环境污染的涂料，它包括水溶性电沉积涂料（包括阴离子型和阳离子型）和粉末电沉积涂料等类型。1968年，联邦德国法本拜耳公司首次推出光固化木器漆。1976年，美国匹兹堡平板玻璃工业公司研制出新型电沉积涂料——阴离子电沉积涂料，提高了汽车车身的防腐蚀能力。

林正仙［中］发明煤油、润滑油连续式成球法尿素脱蜡新工艺 我国的煤油、柴油等含蜡较高，从而影响其质量。脱蜡方法主要有冷冻脱蜡、分子筛脱蜡和尿素脱蜡。1961年，中国化工专家林正仙（1919—1986）结合石油产品分离工作，指导完成了尿素与正构烷烃络合物聚集状态的形成机理研究，成功开发了具有国际领先水平的煤油、润滑油连续式成球法尿素脱蜡新工艺，并为工业装置设计及生产操作提供了依据。其具体内容是：尿素与原料油中的正构烷烃在活化剂活化下，形成不溶于油和尿素溶液的固相络合物，从而使油蜡分离，达到从油中脱蜡的目的。该工艺产生了十分显著的经济效益和社会效益，获得了国家科委和全国科学大会奖。此外，他还完成了二甲苯络合分离四元系统相平衡研究等项目；研究开发了二甲苯临氢异构化催化剂系列、金-1876型和SK-300型催化剂，并在大型石化企业的生产装置上使用，达到了国际先进水平，取代了进口催化剂，经济效益显著。林正仙长期从事石油炼制和石油化工科学技术研究发展工作，历任石油设计局工程师，石油工业部石油科学研究院主任工程师、研究室主任、副总工程师、总工程师，燃料化学工业部石油化工科学研究院副总工程师，石油工业部以及后来的中国石油化工总公司石油化工科学研究院总工程师，第二届学位委员会主席，国务院学位委员会化学工程和工业化学评议分组第一、二届成员等职。1986年，他被中国石油化工总公司授予"全国石化系统劳动模范"称号。

1962年

壳牌化学公司［美］首次生产异戊橡胶　异戊橡胶（polyisoprene rubber）又称合成天然橡胶，其全名为顺–1，4–聚异戊二烯橡胶，主要由异戊二烯合成制取。异戊二烯的生产方法主要有：俄罗斯雅罗斯拉夫（Jaroslav）的"异戊烷两步脱氢法"和异丁烯–甲醛"两步合成法"、荷兰壳牌公司的乙烯裂解和催化裂化副产异戊烯的"催化脱氢法"、日本可乐丽公司的异丁烯–甲醛"两步法"和瑞翁公司的乙烯裂解副产异戊二烯二甲基甲酰胺"抽提法"、意大利斯纳姆公司的"乙炔丙酮法"、美国固特里奇公司的"丙烯二聚法"和阿尔科化学公司的乙烯裂解副产异戊二烯乙腈的"抽提法"等。1962年，美国壳牌化学公司（Shell Group）采用固特里奇化学公司的专利开发了用锂或烷基锂催化剂、以环己烷（或己烷）作溶剂的"间歇溶液聚合"流程，所得异戊橡胶的顺–1，4含量为92%～93%。1963年，美国固特异轮胎和橡胶公司开发了用齐格勒–纳塔催化剂、以己烷（或丁烷）作溶剂的"连续溶液聚合"流程。其过程包括：制备催化剂（四氯化钛–三烷基铝或四氯化钛–聚亚胺基铝烷）、聚合、脱除催化剂残渣、脱水干燥及成型包装，所得异戊橡胶的顺–1，4含量超过95%。1974年，中国首次用环烷酸稀土–三异丁基铝–卤化物合成了顺–1，4–聚异戊二烯，在加氢汽油中制得顺–1，4含量高达94%以上的异戊橡胶。

中国煤炭学会成立　中国煤炭学会是由原煤炭部技术委员会主任、煤炭科学院原党委书记何以端，采矿专家、煤炭科学院院长王德滋，地质和采矿专家、北京矿业学院何杰，原煤炭工业部副部长贺秉章，原煤炭工业部技术司副司长张培江五位煤炭行业科技事业奠基人于1962年发起，同年11月28日，经中国科学技术协会批准组建的煤炭行业科技工作者学术性社会团体，是中国科学技术协会所属全国学会之一。现有分支机构34个，基本涵盖了地质、采矿、洗选、装备、管理等全部与煤相关专业技术学科，指导全国21个省级煤炭学会开展业务工作。

1963年

蒙特卡蒂尼公司［意］生产乙丙橡胶　乙丙橡胶（ethylene propylene rubber）是乙烯与丙烯共聚制得的合成橡胶。乙丙橡胶可分为二元乙丙橡胶、三元乙丙橡胶、改性乙丙橡胶和热塑性乙丙橡胶。如果聚合物只含乙烯、丙烯单元，则称其为二元乙丙橡胶；如果再含一种非共轭双烯第三单元，则称其为三元乙丙橡胶；如果将乙丙橡胶进行溴化、氯化、磺化、顺酐化、马来酸酐化、有机硅改性、尼龙改性等，则称其产物为改性乙丙橡胶；如果以三元乙丙橡胶为主体与聚丙烯进行混炼，则称其产物为热塑性乙丙橡胶。乙丙橡胶可通过溶液聚合和悬浮聚合进行生产：溶液聚合是以己烷为溶剂，常用的典型催化剂是三氯氧钒–倍半氯化乙基铝或三氯氧钒－一氯二乙基铝，并在体系中加入卤化物或磺酰氯化合物作活化剂；悬浮聚合以液态丙烯为稀释液，以钛系载体为催化剂。1957年，意大利化学家纳塔（Natta, G.）与意大利蒙特卡蒂尼公司共同开发出了二元乙丙橡胶。1963年，该公司建成万吨级装置并投产。同年开始商业化生产三元乙丙橡胶。此后，又出现了多种改性乙丙橡胶和热塑性乙丙橡胶，从而为乙丙橡胶的广泛应用提供了众多的品种和品级。

凯洛格公司［美］建成第一座日产540吨的单系列合成氨装置　1909年，德国物理化学家哈伯（Haber, Fritz 1868—1934）在600℃的高温、200个大气压和以锇为催化剂的条件下，得到产率约为8%的氨，并成功地设计了原料气的循环工艺（被称为"哈伯法"）。此后，他在博施（Bosch, Carl 1874—1940）的协助下，成功地解决了工业生产中的技术问题，如氢对钢材的腐蚀、高压反应器的结构、制取氢氮原料气的方法等。1912年，德国巴登苯胺纯碱公司在奥堡（Oppau）建成了世界上第一座日产30吨合成氨的装置，并于1913年开始运转。由此，合成氨终于从实验室走向了工业化，成为工业上实现高压催化反应的一座里程碑。哈伯和博施因此而分别获得1918年、

1931年度诺贝尔化学奖。20世纪50年代以前，最大的氨合成塔能力不超过日产200吨氨；60年代初不超过日产400吨氨。后来，离心式压缩机研制成功，为合成氨装置大型化提供了条件。1963年和1966年，美国凯洛格公司先后建成世界上第一座日产540吨和900吨氨的单系列装置。1972年，日本建成了日产1540吨的合成氨厂，它是当时世界上已投入生产的最大的单系列装置。我国于20世纪30年代建成了合成氨生产装置。到70年代初期，我国建成的合成氨装置大都是以煤（焦）为原料，采用固定床制气技术的中小型装置。从1973年开始，我国先后引进了以天然气和轻油为原料、采用烃类蒸汽转化制气工艺技术的日产1000吨合成氨的大型生产装置。1978年以后，我国又引进了以渣、煤为原料，采用部分氧化制气工艺技术的大型合成氨生产装置。

壳牌化学公司［美］生产正丁醇和2-乙基己醇　正丁醇的工业制法主要有：发酵法（谷物淀粉和水混合成醪液，经蒸煮杀菌，加入纯丙酮丁醇菌发酵后，经精馏分离得到正丁醇等）、丙烯羰基合成法（丙烯、一氧化碳和氢经钴或铑催化剂羰基合成反应生成正丁醛和异丁醛，经加氢得正丁醇等）和乙醛醇醛缩合法（乙醛经缩合并脱水制得巴豆醛，巴豆醛在镍铬催化剂作用下加氢生成正丁醇）。2-乙基己醇在工业上由正丁醛（由丙烯羰基合成法或乙醛醇醛缩合法制得）在碱性条件下缩合，经加热脱水生成2-乙基己烯醛，再加氢制得；正丁醛又可加氢制正丁醇，因此，丁醇和2-乙基己醇常在同一工厂生产。1852年，法国人孚兹（Wurtz，Charles-Adolphe 1817—1884）从发酵过程制酒精所得的杂醇油中发现了丁醇。1913年，英国斯特兰奇-格拉哈姆公司首次以玉米为原料经发酵过程生产丙酮及其副产物（正丁醇）。1930年，美国化学家史密斯（Smith，D.F.）等首先发现在钴催化剂的作用下，通过乙烯和水煤气可制取醛和醇。1963年，美国壳牌化学公司（Shell Group）用改进的钴催化剂由丙烯生产正丁醇和2-乙基己醇。其生产过程是：在钴催化剂作用下，同一反应器中同时进行烯烃、氢与一氧化碳的氢甲酰化反应和醛的催化加氢反应而制得醇。这种方法对于促进正丁醇和2-乙基己醇的生产起到重要作用。

1964年

通用电气公司［美］生产聚苯醚　聚苯醚（polyphenylene oxide，简称PPO）是由2，6-二取代基苯酚经氧化偶联聚合而成的热塑性树脂。它的制备方法是：先将在非水溶性的聚合溶剂和催化剂作用下，经聚合得到的聚苯醚溶液与一种螯合剂水溶液接触，终止聚合反应的进行并使催化剂失活；接着，加入一种水溶性的难溶聚苯醚的溶剂，使聚苯醚沉淀析出，并分离回收所沉淀的聚苯醚。1915年，美国人洪蒂尔（Huntuer，W.H.）首先以无取代基的苯酚单体为主，制得分子量较低的PPO聚合物。1957年，美国的通用电气公司的海伊（Hay，A.S.）采用氧化偶联法，制得高分子量的2，6位取代基的聚合物。1961年，普里茨尔（Pricl，C.C.）用铁氰化钾作催化剂，用对卤化苯酚进行聚合反应，制得高收缩率高分子量的产物。1964年，美国通用电气公司首先用2，6-二甲基苯酚为原料生产聚苯醚。其制作过程分为两个阶段。第一阶段，在聚合反应釜中先加入定量的铜氨络合催化剂，将氧气鼓泡通入；然后再逐步加入2，6-二甲基苯酚和乙醇溶液，进行氧化偶联聚合得到聚苯醚。第二阶段，将聚合物离心分离，用含硫酸30%的乙醇液洗涤，再用稀碱溶液浸泡、水洗、干燥、造粒，即得聚苯醚的粒状树脂。1966年，该公司又生产出了改性聚苯醚。1979年，日本开发了聚苯乙烯接枝性PPO树脂。

费尔斯通轮胎和橡胶公司［美］和壳牌化学公司［美］生产溶聚丁苯橡胶　丁苯橡胶（SBR）又称聚苯乙烯丁二烯共聚物，它分为乳液聚合丁苯橡胶（ESBR）、溶液聚合丁苯橡胶（SSBR）和粉末丁苯橡胶（PSBR，在丁苯橡胶的基础上接枝其他单体，添加防老剂和隔离剂制得）。1933年，德国采用乙炔合成法制得乳聚丁苯橡胶。1937年，德国法本公司通过乳液聚合法（由丁二烯与苯乙烯进行自由基乳液聚合）生产乳聚丁苯橡胶，其成品又分为丁苯干胶和丁苯胶乳。1964年，美国费尔斯通轮胎和橡胶公司、壳牌化学公司以丁基锂为催化剂，在非极性溶剂中，通过溶液聚合法，由阴离子活性聚合生产丁苯橡胶，它又分嵌段共聚物（即热塑性橡胶）和无规共聚物两类。20世纪80年代初期，英国邓禄普（Dunlop）公司和荷兰壳牌（Shell）公司通过高分子设计技术共同开发了新的低滚动阻力型SSBR产品。日本合成橡胶公司与普利司通公司共同开发了新型锡偶联SSBR等第二代SSBR产品，这标志着SSBR的生产技术已进入了新的阶段。中国于1982年研制SSBR，1984年进行了放大试验，1989年研制了新型节能SSBR，1996年成功开发10kt级的SSBR生产线。

姜圣阶［中］加工出中国第一颗原子弹核部件　1936年，中国化工专家姜圣阶（1915—1992）毕业于天津工业学院机电系，1948—1950年，他在美国哥伦比亚大学研究生院学习并获得了硕士学位。1950—1958年，他领导并参加了氨合成塔内部的结构改进，氨产量由日产40吨增加到500吨；他领导设计和制造出了大型沸腾焙烧炉并在国内首次用于硫酸生产，其产量比机械炉提高了10倍左右。1956年，他参加了布拉格国际氮肥会议，并宣读了新型氨催化剂研制的论文和用无烟煤代替焦炭制造水煤气的论文。他倡议并亲自从事理论计算设计，研制成功多层式高压（32MPa）容器，获国务院特别奖。1963—1975年，他领导和组织了六氟化铀厂的设计和运行，对生产工艺过程和冷凝工序进行了重大改革，用大型隔板容器代替单管冷凝器，既作冷凝装置又作贮罐，该成果荣获国家科学大会奖。他领导和组织了中国第一个大型反应堆的设计、建造和运行工作。1964年5月1日凌晨，他加工出了中国第一颗原子弹的核部件，保证了第一颗原子弹爆炸试验准时进行。他和他人共同倡议用"萃取法"取代"沉淀法"处理核燃料，并将萃取法从三循环改为二循环，节省了大量设备和仪表，其成果获得了国家科学大会奖。姜圣阶在研制核武器关键核部件方面做出了贡献，与他人共同获得了"原子弹技术突破与武器化"全国进步奖特等奖；与他人共同研制的α相钚的提炼技术获得了国家发明二等奖。姜圣阶是和平开发核能、发展核电事业的积极倡导者和实践者，他为建立我国的核安全管理体系做了许多开创性的工作。

《聚合物科学与工艺大全》出版　1964—1972年，由美国马克（Mark，H.F.）、盖洛德（Gaylord，N.G.）和比卡莱斯（Bikales，N.M.）三位教授主编的《聚合物科学与工艺大全》（*Encyclopedia of Polymer Science and Technology*）（共16卷）由约翰·威利父子出版公司陆续出版发行。该书遴选全世界有关专家、学者撰写的约450篇权威性论文。1976年和1977年，又出版了两卷补篇。该书全面介绍了20世纪70年代以来，在聚合物科学与技术领域内（包括塑料、合成橡胶、化学纤维等）各种聚合物的合成、结构、性能和应用，其内容有五个方面。第一，单体和聚合物。包括单体的物理和化学性质，单体的生产，聚合方法，聚合物的表征、性质、加工和应用等。第二，聚合物性质。讨论了聚合物所具有的重要性质（如结晶度、电性能和溶液性质等）、基本概念和有关理论，也提供了测试这些性能的方法。第三，表征方法和加工技术。一部分是涉及分析和表征的方法，如色谱分析和分子量测定；另一部分是有关加工的工程性文章，如注射成型、模压、焊接等。这两部分内容的特点是注重实际，对仪器和设备也有广泛的介绍。第四，应用。介绍聚合物在工业、农业、军事和日常生活等领域中的广泛用途，以及这些领域对聚合物的要求。另外，作者也介绍了一些聚合物的最终产品，如层压板、装饰品、橡胶制品等。第五，一般基础知识。包括聚合反应的分类、聚合物的命名、有关聚合物的参考文献等。该书是一套介绍高分子各个领域的大型综合丛书。

1965年

联合碳化物公司［美］生产聚砜塑料　聚砜（polysulfone，简称PSF或PSU）又称聚醚砜，它分为双酚A型聚砜、聚芳砜和聚醚砜。双酚A型聚砜的合成方法是：先将双酚A和氢氧化钠在二甲基亚砜溶液中反应生成双酚A钠盐；然后钠盐再与4，4'–二氯二苯砜进行缩聚反应制得聚砜。聚芳砜的合成方法有两种：一种是熔融缩聚，即将4，4'–二苯醚二磺酰氯、联苯加入反应器中，边通氮气边熔融；然后，加入三氯化铁催化剂进行傅里德–克拉夫茨（Friedel–Crafts）反应［一类芳香族亲电取代反应，由法国化学家傅里德（Friedel，C.）和美国化学家克拉夫茨（Crafts，J.）于1877年共同发现］生成氯化氢；然后控制缩聚反应冷却后即得。另一种是溶液缩聚，即将4，4'–二苯醚二磺酰氯、联苯、4–联苯单磺酰氯和溶剂硝基苯加入经干燥的反应釜内，搅拌溶解后加入无水$FeCl_3$催化剂，然后，加入稀释剂二苯基甲酰胺，在搅拌下放入甲醇以沉淀析出聚合物，再经过回流、洗涤、过滤、干燥即得。聚醚砜的合成方法也有两种。一种是脱盐法，即先将溶剂环丁砜及双酚S加入反应釜内，加入带水溶剂二甲苯和氢氧化钠，通入氯气进行成盐反应；然后再加入4，4'–二氯二苯砜进行缩聚反应，加入环丁砜稀释，通入氯甲烷，并混入磷酸三苯酯，除料后经粉碎、水洗、干燥、挤出造粒而制得。另一种是脱氯化氢法，即将4，4'-双磺酰氯二苯醚溶于硝基苯中，然后再将无水FeCl₃催化剂与二苯醚进行傅里德-克拉夫茨（Friedel-Crafts）反应制得，或者将4-二苯醚单磺酰氯溶于硝基苯中，然后在无水FeCl₃催化下进行自缩聚制得。1965年，美国联合碳化物公司首次以双酚A的钾盐或钠盐和4，4'-二氯二苯砜为原料，经缩聚生产聚砜塑料。1986年，该公司将生产和销售权全部转让给阿莫科公司。

中国成功人工合成结晶牛胰岛素　　1921—1922年，加拿大医生班廷（Banting，Frederick Grant　1891—1941）和贝斯特（Best，Charles Herbert 1899—1978）在胰脏中分离出了胰岛素（第一代胰岛素）。1922年，开始生产供应临床使用。1926年，制得牛胰岛素结晶，成为第一个有生物活性的蛋白质结晶。1955年，英国桑格（Sanger，Frederick 1918—2013）领导的研究组测定了牛胰岛素的全部氨基酸序列，开辟了人类认识蛋白质分子化学结构的道路。1965年，中国科学家人工合成了具有全部生物活力的结晶牛胰岛素，它是第一个在实验室中用人工方法合成的蛋白质。20世纪70年代初期，英国和中国的科学家又成功地用X射线衍射方法测定了猪胰岛素的立体结构，为深入研究胰岛素分子结构与功能关系奠定了基础。20世纪80年代，丹麦诺和诺德公司率先通过基因工程制造出大量高纯度的合成人胰岛素（第二代胰岛素），其结构和人体自身分泌的胰岛素一样。20世纪90年代末，科学家在对人胰岛素结构和成分的深入研究中发现，利用基因工程技术，改变胰岛素肽链上某些部位的氨基酸组合可以改变其理化和生物学特征，从而研制出更适合人体生理需要的胰岛素类似物，因其能在餐前直接使用而被称为"速效胰岛素"（第三代胰岛素）。人工合成牛胰岛素标志着人工合成蛋白质时代的到来，是生命科学发展史上一个新的重要里程碑，也是中国自然科学基础研究所取得的重大成就。

大庆炼油厂［中］建成铂催化重整装置　　催化重整装置是用直馏汽油或二次加工汽油的混合油做原料，在催化剂的作用下，经过脱氢环化、加氢裂化和异构化等反应，使烃类分子重新排列成新的分子结构。它以生产C6～C9芳烃产品或高辛烷值汽油为主要目的，并利用重整副产氢气供二次加工的热裂化、延迟焦化的汽油或柴油加氢精制。催化重整装置由四部分组成，即原料预处理、重整、芳烃抽提和芳烃精馏。20世纪40年代，德国建成了以氧化钼（或氧化铬）/氧化铝为催化剂的催化重整装置，现已被淘汰。1949年，美国公布了以贵金属铂作催化剂的重整新工艺。同年，美国在密歇根州建成了第一套催化重整装置。其后，在原料预处理、催化剂性能、工艺流程和反应器结构等方面都有所改进。1965年，中国自行开发的铂催化重整装置在大庆炼油厂投产，这是我国首个催化重整石油炼制装置，它使我国催化重整技术上升到一个新的水平。

抚顺石油二厂［中］建成流化床催化裂化装置　催化裂化是在加热和催化剂的作用下，使重质油发生裂化反应，转变为裂化气、汽油和柴油等的过程。催化裂化的流程主要包括三个部分：原料油催化裂化、催化剂再生和产物分离。催化裂化技术由法国人胡德利（Houdry，E.J.）研究成功，并于1936年由美国索康尼真空油公司和太阳石油公司合作实现了工业化。当时，采用固定床反应器，反应和催化剂再生交替进行。由于高压缩比的汽油发动机需要较高辛烷值汽油，因此，催化裂化向移动床（反应和催化剂再生在移动床反应器中进行）和流化床（反应和催化剂再生在流化床反应器中进行）两个方向发展。移动床催化裂化用的是小球硅酸铝催化剂；流化床催化裂化用的是微球硅酸铝催化剂。移动床催化裂化因设备复杂逐渐被淘汰；流化床催化裂化设备较简单、处理能力大、较易操作，得到较大发展。20世纪60年代，出现了活性高的分子筛催化剂，裂化反应改在一个管式反应器（提升管反应器）中进行，它被称为提升管催化裂化。1958年，中国在兰州建成了移动床催化裂化装置。1965年，中国在抚顺石油二厂建成了年加工量60万吨的流化床催化裂化装置。1974年，中国在玉门建成了提升管催化裂化装置。1984年，中国共建成了39套催化裂化装置，占原油加工能力的23%。抚顺石油二厂是我国首次采用流化床催化裂化装置炼油的企业，标志着我国石油炼制在催化裂化法方面进入一个新的阶段。

保定电影胶片厂［中］建成投产　1948年，中国曾在原东北电影制片厂生产过少量黑白电影正片。1949年以后，在天津、上海、厦门、汕头等地分别成立作坊式的工厂进行黑白相纸、干版的少量生产。1958年，在保定市兴建了化学工业部第一胶片厂，这是中国最大的感光材料生产厂。1960年，中国用自行研制生产的电影胶片成功地制作出电影拷贝《兵临城下》。同时，天津、上海、厦门、汕头四厂也开始扩大和实现机械化。1964年以后，中国可以生产黑白电影负片、黑白电影正片、民用业余摄影用黑白胶卷、黑白相纸和医用X射线胶片等；也试制过彩色电影正片等。20世纪60年代后期，在南阳、无锡、青岛、辽源和丹东等地建立了一些中小型的感光材料厂。同时，感光材料用的原材料也实现了国产化。至此，中国的感光材料工业已形成了一个较完整的体系。20世纪90年代，乐凯彩色胶卷和相纸的国内市场占有率分别达到25%和20%，与伊斯曼-柯达公司、富士公司形成鼎立之势。保定电影胶片厂以后发展成为中国乐凯胶片集团公司。2011年，该公司被整体并入中国航天科技集团公司。保定电影胶片厂的投产是中国感光材料工业规模生产的开端。

1966年

大庆炼油厂［中］建成加氢裂化装置　加氢裂化是在加热、高氢压和催化剂的共同作用下，使重质油发生裂化反应，转化为气体、汽油、喷气燃料、柴油等的过程。加氢裂化流程包括固定床一段加氢裂化、固定床两段加氢裂化、沸腾床加氢裂化和悬浮床加氢裂化等工艺。加氢技术最早起源于20世纪20年代德国的煤和煤焦油加氢技术。20世纪30年代，德国和英国以二硫化钨-酸性白土为加氢裂化催化剂处理煤焦油。1959年，美国谢夫隆公司开发出了异构裂化（Isocracking）加氢裂化技术。其后，环球油品公司开发出了洛马克斯（Lomax）加氢裂化技术，联合油公司开发出了Uicraking加氢裂化技术。20世纪50—60年代，美国采用较高活性的催化剂，使加氢裂化的应用逐步得到推广，并建成了固定床加氢裂化和流化床加氢裂化装置。前者在工业生产中得到较广泛的应用，出现了许多专利技术；后者设备昂贵，工业装置较少。中国对加氢技术的研究和开发始于20世纪50年代。1966年，中国在大庆炼油厂建成了自行开发的年处理能力为30万吨的加氢裂化装置并投入生产。这是我国在石油炼制上加氢裂化法的首次工业运用。

卜内门化学工业公司［英］用低压法合成甲醇　甲醇的工业合成方法是一氧化碳加压催化加氢的方法。其工艺过程包括造气、合成净化、甲醇合成和粗甲醇精馏等工序。其间，粗甲醇的净化过程包括精馏和化学处理：精馏主要是脱除易挥发组分（如二甲醚），以及难挥发组分（如乙醇、高碳醇和水）。粗馏后的纯度一般可达98%以上。化学处理主要用碱破坏在精馏过程中难以分离的杂质，并调节pH值。至20世纪60年代中期，所有甲醇生产装置均采用高压法。1966年，英国卜内门化学工业公司研制成功了活性高、反应温度和压力都相对较低的铜系催化剂，并开发了低压工艺（简称ICI低压法）。ICI低压法指甲醇合成压力为5～10MPa，反应温度为230～270℃的方法。其主要有两种工艺：一种是冷激式合成塔，塔内装有四层铜系合成甲醇催化剂；在床层不同高度平行设立许多棱形冷激气体分配器，反应温度为230～270℃，操作压力为5～10MPa；用蒸汽透平压缩机加压后的新鲜合成气与循环气体混合后，由塔顶进入合成塔，依次通过催化剂床层进行反应生成甲醇；出口气体中甲醇浓度约为4%（体积）。反应热由冷激气体从床层中带出，并通过废热锅炉产生高压蒸汽。另一种采用管壳式合成塔，出口浓度为6%～8%。这是低压法制甲醇的首次工业应用。

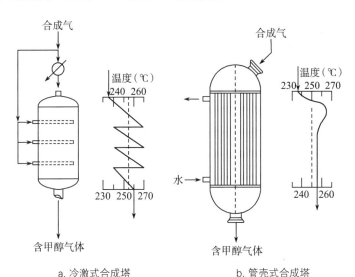

a. 冷激式合成塔　　　　　b. 管壳式合成塔

低压法甲醇合成塔结构及温度分布

锦州石油六厂［中］生产丁二烯和顺丁橡胶　丁二烯的生产方法有：碳四（C_4）馏分分离法和合成法（包括丁烷脱氢、丁烯脱氢、丁烯氧化脱氢等）。由丁二烯合成顺丁橡胶，其生产工序包括：催化剂、终止剂和防老剂的配制计量；丁二烯聚合，胶液凝聚和橡胶的脱水干燥。20世纪20年代，德国开始用乙炔法生产丁二烯，其过程是：先将乙炔制成乙醛，再缩合成丁醇醛，进而加氢得1，3-丁二醇，最后将1，3-丁二醇脱水即得丁二烯。第二次世界大战期间，除德国采用乙炔法外，美国、苏联等采用乙醇法（苏联人列别捷夫发明）生产丁二烯，其过程是：采用氧化镁-氧化硅催化剂使乙醇一步转化为丁二烯。1960年，我国开始研究顺丁橡胶。1965年，丁二烯在美国实现工业化。1966年，锦州石油六厂开发的丁烯氧化脱氢制丁二烯和顺丁橡胶技术投入批量生产。顺丁橡胶的投产是我国顺丁橡胶工业规模化生产的标志。

1967年

杜邦公司［美］生产二氧化铬磁粉　磁粉是制造磁带、磁盘、磁性卡片等磁记录材料的原料，它分为氧化物磁粉（包括氧化铁磁粉、二氧化铬磁粉、钴-氧化铁磁粉）和金属磁粉。1935年，人们开始使用羰基铁粉。1961年，美国杜邦公司发明了合

二氧化铬磁粉

成单相铁磁性二氧化铬的水热法；1967年开始商品化生产。1971年，美国科学家提出了在氧化铁磁粉中加钴制取钴-氧化铁磁粉的方法。其具体方法有两种：一种方法是以 $\gamma-Fe_2O_3$ 为原料在水中分散后表面包覆 $Co(OH)_2$；另一种方法是形成钴铁氧体 $CoxFe_3-xO_4$。1973年，日本东京电气化学工业公司利用该方法研制出了Avi-lyn磁粉。1978年，金属粉商品磁带研制成功，其制造方法主要有：针状氧化铁在氢气中还原；用强还原剂在磁场作用下于水溶液中原金属盐；真空蒸发凝聚等。1982年，日本用玻璃结晶法研制出钡铁氧体单畴细粉并制成涂布型垂直磁带。二氧化铬的工业化生产是磁粉技术的进步。

无线电公司［美］公布液晶技术的应用　液晶是由固态向液态转化过程中存在的取向有序流体，它分为热致液晶和溶致液晶。1850年，普鲁士医生鲁道夫·菲尔绍（Virchow，Rudolf）等人发现神经纤维的萃取物中含有

一种不寻常的物质。1877年，德国物理学家奥托·雷曼（Lehmann，Otto）运用偏光显微镜首次观察到液晶化现象。1883年，植物生理学家斐德烈·莱尼泽（Reinitzer，Friedrich）观察到胆固醇苯甲酸酯在热熔时有两个熔点。1888年，奥地利植物学家赖尼茨尔（Reinitzer，F.）合成了一种奇怪的有机化合物：当把它的固态晶体加热到145℃时，便熔成浑浊的液体；如果继续加热到175℃时，它似乎再次熔化，变成清澈透明的液体。1889年，德国物理学家雷曼（Lehmann，O.）发现该物质具有多种弯曲性质，认为它是流动性结晶的一种，并取名为Liquid Crystal，即液晶。1922年，法国人弗里德（Friedel，G.）把液晶分为三类：向列型（nematic）、层列型（smectic）、胆固醇（cholesteric）。1961年，美国无线电公司（简称RCA）普林斯顿试验室的海迈尔（Heimeier，F.）在研究外部电场对晶体内部电场的作用时，将两片透明导电玻璃之间夹上掺有染料的向列型液晶；当在液晶层的两面施以几伏电压时，液晶层就由红色变成了透明态，由此，他意识到这就是彩色平板电视。1967—1968年，美国无线电公司的海迈尔发表采用动态散射模式的液晶显示装置，由此开始数字式液晶手表的实用化尝试。1971年，一家瑞士公司制造出了第一台液晶显示器。1972年，研制出第一支使用液晶显示器的手表。1973年，研制出第一台使用液晶显示器的计算器；日本声宝（Sampo）公司首次将液晶运用于制作电子计算器的数字显示。1981年，研制出第一台使用液晶显示器的便携式计算机。1989年，研制第一台笔记本电脑。我国液晶显示技术研究始于1969年。目前，我国相继投资兴建TFT-LCD生产线，促进了ZCD产业的发展。

谢夫隆研究公司［美］将铂铼双金属催化剂用于催化重整装置 催化重整（catalytic reforming）是在有催化剂作用的条件下，对汽油馏分中的烃类分子结构进行重新排列成新的分子结构的过程。近代催化重整催化剂的金属组分主要是铂，酸性组分为卤素（氟或氯），载体为氧化铝。其中，铂构成脱氢活性中心，促进脱氢反应；酸性组分提供酸性中心，促进裂化、异构化等反应。为了改善催化剂的稳定性和活性，自20世纪60年代末以来，出现了各种双金属或多金属催化剂。这些催化剂中除铂外，还加入铼、铱或锡等金属组分，以改进催化剂的性能。20世纪40年代，德国建成了以氧化钼（或氧化铬)/氧化铝作催化剂的催化重整工业装置,因催化剂活性不高,设备复杂,现已被淘汰。1949年,美国公布以贵金属铂作催化剂的催化重整新工艺。同年,美国在密歇根州建成第一套催化重整装置。1965年,中国自行开发的铂重整装置在大庆炼油厂投产。1967年,美国谢夫隆研究公司(Chevron Corporation)在埃尔帕索炼厂将铂铼双金属催化剂用于催化重整,以提高重整反应的深度,增加了汽油、芳烃和氢气等产率。据统计,1984年,全世界催化重整装置的年处理能力已超过350Mt。其中,大部分用于生产高辛烷值汽油组分。中国现有装置则多用于生产芳烃,生产高辛烷值汽油组分的装置也正在发展。

液氢燃料首次被用作航天运载火箭推进剂　推进剂又称推进药,它是有规律地燃烧释放出能量、产生气体、推送火箭和导弹运行的火药。推进剂主要有固体推进剂(分为双基推进剂、复合推进剂和复合双基推进剂)、液体推进剂(分为单元推进剂、二元推进剂、惰性推进剂和气体推进剂)以及少量固液混合体推进剂。人类最早用中国人发明的黑火药作为火箭用推进剂。1898—1903年,俄国人齐奥尔科夫斯基(Константин Эдуардович Циолковский 1857—1935)首次提出用液氧、液氢或石油制品作为推进剂。1926年,美国发明家戈达德(Goddard, Robert Hutchings 1882—1945)使用液氧和煤油二元推进剂发射了第一个液体火箭。1930年后,英、德两国用双基火药作为战术火箭推进剂。1935年,苏联用二硝基苯代替一部分硝化甘油制成火箭推进剂。1940年,创制第一代沥青、过氯酸钾复合推进剂。1944年,美国将双基火药推进剂用于中程导弹。1947年,研制出第二代聚硫橡胶、过氯酸铵、铝粉复合推进剂。20世纪40年代,德国用液氧和酒精二元推进剂作为V-2火箭推进剂。50年代,又相继用高分子胶黏剂聚氯乙烯、聚氨酯、聚丁二烯-丙烯酸、聚丁二烯-丙烯酸-丙烯腈、端羧基聚丁二烯制成固体推进剂。1958年,中国制造了复合双基推进剂。1962年,又用端羟基聚丁二烯制成固体推进剂。50年代,苏联的人造卫星1号火箭仍使用液氧和煤油作为推进剂。60年代,美国为阿波罗工程研制的土星1B号试验火箭首次运用液氢燃料作为推进剂。1967年,土星5号火箭正式采用液氢作为推进剂,第一级火箭仍使用煤油作为推进剂,第二级、第三级火箭均使用液氢作为推进剂,这是液氢燃料首次应用于人类航天事业。

1968年

布卢姆〔美〕研制乳化炸药　乳化炸药（emulsion explosive）是借助乳化剂的作用，使氧化剂盐类水溶液的微滴，均匀分散在含有分散气泡或空心玻璃微珠等多孔物质的油相连续介质中，形成一种油包水型的乳胶状炸药。它的组分有：氧化剂、可燃剂、乳化剂、敏化剂和发泡剂（或称密度控制剂）、稳定剂等。最早的乳化炸药是非雷管敏感的，使用时必须借助中继起爆药来引爆。后来的乳化炸药具有雷管敏感度，且具有抗水性好、爆炸性能强、机械感度低、成本低以及安全性好等优点。乳化炸药制备的工艺流程为：溶化、乳化、冷却、混合、包装等。1968年，美国人布卢姆（Bluhm，H.F.）首次发明乳化炸药，使现代工业炸药进入崭新阶段；1969年，布卢姆首先比较全面地阐述了乳化炸药技术。1977年，克莱（Klay，B.）将粒状铵油炸药和乳胶基质混合，制成了重铵油炸药。中国在20世纪70年代研制成功乳化炸药，使我国炸药工业形成了较为完整的体系。

黎念之〔美〕发明液膜分离技术　液膜分离技术（liquid membrane permeation，简称LMP）是一种以液膜为分离介质、以浓度差为推动力的膜分离操作技术。液膜分离涉及三种液体：含有被分离组分的液体（外相）、接受被分离组分的液体（内相）、成膜的液体（膜相）。液膜分离的机理是：被分离组分从外相进入膜相，再转入内相，浓集于内相。如果工艺过程有特殊要求，也可将料液作为内相，接受液作为外相。这时被分离组分的传递方向，则从内相进入外相。1968年，美国埃克森公司的美籍华人化工分离专家黎念之（1932—　　）博士最先研究乳化液膜的形成方法和渗透机理，提出了一种新型膜分离方法——液膜分离法。1986年，奥地利格拉兹工业大学马尔（Marr）等人从黏胶废液中回收锌获得了成功，使液膜分离技术的工业化迈出了第一步，从而推动了液膜研究工作的开展。黎念之除了发明液体膜以外，还发明了润滑油脱脏新方法、原油脱盐技术、沙油提炼技术等。他在液体膜及高分子固体膜科学技术领域的杰出贡献对化学工程学科及相关学科领域的发展产生深远影响，是膜科学的主要奠基人之一。2000年，他获得了被誉为化学工业界诺贝尔奖的普金奖章（Perkin Medal），是迄今为止全球唯一获此殊荣的华人。2001年，他荣获世界化工大会授予的终身成就奖。

1969年

千畑一郎［日］首次实现固定化酶的工业应用　酶的固定化（immobilization of enzymes）是用固体材料将酶束缚或限制于一定区域内，仍能进行其特有的催化反应，并可回收及重复利用的一类技术。用物理或化学方法处理水溶性的酶使之变成不溶于水或固定于固相载体的但仍具有酶活性的酶衍生物称为固定化酶（immobilized enzyme）。固定化酶的制备方法有物理法（包括物理吸附法、包埋法等）和化学法（包括结合法、交联法）。1916年，美国科学家纳尔逊（Nelson）和格赖夫（Grifen）最先发现了酶的固定化现象。1953年，德国科学家格鲁布霍弗尔（Grubhofer）和施莱特（Schleith）首先将聚氨基苯乙烯树脂重氮化，然后将淀粉酶、胃蛋白酶、羧肽酶和核糖核酸酶等与上述载体结合制备固定化酶。1969年，日本生物化学家千畑一郎首先将固定化酶应用于生产。他将氨基酰化酶固定在DEAE（葡萄糖凝胶）上，成功地分离了DL-混旋氨基酸，获得了纯净的L-氨基酸，开创了固定化酶应用的新时代。1970年，中国科学院微生物所和上海生化所的酶学工作者同时研究固定化酶。

表2　固定化酶的工业应用

原料	固定化酶	产品	工业化年份
酰化-DL-氨基酸	酰化氨基酸水解酶	L-氨基酸	1969
反丁烯二酸	天冬氨酸酶	L-天冬氨酸	1973
青霉素G	青霉素酰化酶	L-氨基青霉烷酸	1973
葡萄糖	葡萄糖异构酶	果葡浆	1973
反丁烯二酸	延胡索酸酶	顺丁烯二酸	1974
牛乳	乳糖酶	低乳糖牛乳	1977
L-天冬氨酸	L-天冬氨酸脱羧酶	L-丙氨酸	1982
丙烯腈	腈水解酶	丙烯酰胺	1985

1970年

孟山都公司［美］建成甲醇羰基化制醋酸装置　8世纪时，波斯炼金术士哈扬（Jāber Ibn. Hayyān，Abu Mūsā）用蒸馏法制取醋酸。文艺复兴时期，人们通过干馏金属醋酸盐制备冰醋酸。1823年，德国人将醋菌属的细菌接种于稀释后的酒精溶液，并将其滴入一个塞满木屑或木炭的塔中，从其下方吹入空气，通过细菌发酵制取醋酸。1847年，德国科学家科尔贝（Kolbe，Adolph Wilhelm Mermann 1818—1884）第一次通过无机原料合成了醋酸。1910年，人们通过氢氧化钙处理煤焦油，然后将形成的乙酸钙用硫酸酸化制取冰醋酸。1925年，英国塞拉尼斯公司的德雷弗斯（Drefyus，Henry）开发出第一个甲基羰基化制乙酸的试点装置。1949年，赫罗马特卡（Hromatka，O.）和埃布纳（Ebner，Heinrich）提出通过液态的细菌培养基制备含乙酸15%的醋酸。1960年，联邦德国巴登苯胺纯碱公司开发成功甲醇在高压（20MPa）下经羰基化制醋酸的方法。1963年，德国巴斯夫化学公司用钴作催化剂，通过甲基羰基化合成醋酸。1970年，美国孟山都公司以铑络合物为催化剂（以碘化物作助催化剂）催化甲醇羰基化制醋酸。同年，该公司建成了年产13.5万吨醋酸的甲醇低压羰基化工业装置。1980年，美国塞拉尼斯公司通过加入碘化锂，提高铑催化剂的稳定性，提高了甲醇羰基化制醋酸的效率。1996年，英国石油公司采用基于铱的新催化剂体系，并使用铼、钌、锇等多种新的助催化剂催化甲醇羰基化生产醋酸。

塞拉尼斯公司［美］生产聚对苯二甲酸丁二酯　聚对苯二甲酸丁二酯（polybutylene terephthalate，简称PBT）是由1，4-丁二醇与对苯二甲酸或者对苯二甲酸酯缩合而成，并经由混炼程序制成的半透明或不透明、结晶型热塑性聚酯树脂。工业上生产PBT的方法有三种。第一种是酯交换缩聚法，对苯二甲酸二甲酯与乙二醇或1，4-丁二醇在以锌、钴、锰的醋酸盐为催化剂的作用下进行酯交换反应，生成的对苯二甲酸双羟乙酯或双羟丁酯在前缩聚釜及后缩聚釜中进行缩聚反应，并加入少量稳定剂以提高熔体的热稳定性制得PBT。第二种是直接酯化缩聚法，用高纯度对苯二甲酸与乙二醇或1，4-丁二醇直接酯化生成对苯二甲酸双羟乙酯或丁酯，然后进行缩聚反应制得PBT。

第三种是环氧乙烷法，用环氧乙烷与对苯二甲酸反应生成对苯二甲酸双羟乙酯，再进行缩聚反应制得PBT。1967年，美国塞拉尼斯公司开始研制聚对苯二甲酸丁二酯。1970年，实现工业化生产。1982年，世界上已有近10个国家20多家公司生产聚对苯二甲酸丁二酯。1984年，世界上聚对苯二甲酸丁二酯产能为12万吨/年，已跃居为五大主要工程塑料之一。

聚合反应工程学科成立　聚合反应工程学科是以工业聚合过程为主要研究对象，以聚合动力学和传递理论为基础，研究聚合反应器的设计、操作和优化诸问题的一门新的化学反应工程学的分支学科。1944年和1947年，科学家登比（Denbigh，K.G.）发表了关于连续搅拌反应器中稳态自由基聚合的两篇经典文章。20世纪60年代初，高分子聚合物产品获得了很大发展，出现了凝胶渗透色谱技术和电子计算机技术以及化学反应工程理论，这些为聚合反应工程研究提供了工具和方法，奠定了理论基础。1970年，在美国首都华盛顿召开的第一届国际化学反应工程讨论会上，把聚合反应动力学和聚合反应器的设计列为一个独立的专题进行讨论。1977年，科学家雷伊（Ray，W.H.）和劳伦茨（Laurencc，R.L.）在《化学反应器理论》一书中，撰写了题为《聚合反应工程》一章，概括了20世纪60年代以来，在聚合反应工程领域所取得的研究成果，提出了这一学科领域的主要研究内容。1983年，科学家比森贝格尔（Biesenberger，J.A.）和塞巴斯蒂安（Sebastian，D.M.）出版了《聚合工程原理》一书，全面系统地论述了聚合反应工程领域的基础，这标志着聚合反应工程学科正趋于成熟。

1971年

秩父水泥厂［日］首次用窑外分解技术生产水泥　1756年，英国工程师斯米顿（Smeaton，J.）发现用含有黏土的石灰石可烧制石灰。1796年，英国人帕克（Parker，J.）用泥灰岩烧制出了一种外观呈棕色的水泥（罗马水泥）。1813年，法国土木技师毕加发现了水泥的配方（石灰和黏土按3∶1的比例混合）。1824年，英国建筑师约瑟夫·阿斯谱丁（Aspdin，J.）将按一定比例配合的石灰石和黏土在类似于烧石灰的立窑内煅烧后，再经磨细制成水泥（波特兰水泥）。1907年，法国人比埃利用铝矿石的铁矾土混合石灰岩烧制水泥（矾土水泥）。1877年，英国人克兰普顿（Crampton，T.R.）发明了回转炉。1906年，中国在唐山成立启新洋灰公司生产水泥。1893年，日本人远藤秀行和内海三贞发明了不怕海水的硅酸盐水泥。水泥生产方法有两种。第一种是"干法"，即将原料同时烘干并粉磨，或先烘干经粉磨成生料粉后喂入干法窑内煅烧成熟料（还有"半干法"，即将生料粉加入适量水制成生料球，送入立波尔窑内煅烧成熟料）。第二种是"湿法"，即将原料加水粉磨成生料浆后，喂入湿法窑煅烧成熟料（还有"半湿法"，即将湿法制备的生料浆脱水后，制成生料块入窑煅烧成熟料）。20世纪50年代，日本、德国等开发出了新型干法水泥生产技术——窑外分解技术。它是在窑外的预热器和分解炉中，预热水泥生料粉和分解碳酸钙的技术。1971年，日本秩父水泥厂首次用窑外分解技术大规模生产水泥。1976—1981年，71个国家共新建296台大型回转窑，其中采用窑外分解技术的有42台。到1984年，世界上已投产或正在建设的采用窑外分解技术的回转窑约在150台以上，年生产能力超过100Mt。窑外分解技术是对干法回转窑煅烧水泥熟料的一项重大技术革新。

孟山都公司［美］生产除草剂草甘膦　1971年，美国科学家贝尔德（Baird，D.D.）发现草甘膦（glyphosate，化学式为$C_3H_8NO_5P$）具有除草的性质。其除草机理是：通过茎叶吸收进入植物体内，并传导至全身组织，抑制氨基酸的生物合成，干扰光合作用，使之枯死。同年，美国孟山都公司开发生产了草甘膦。其生产方法主要有加压法和常压法。但是，草甘膦的水溶性差，难以直接使用。因此，只有将草甘膦加工配制成异丙胺盐、钾盐或钠盐等草甘膦盐类才能溶解于水，故被称为农业、林业的除草剂。1997年，中国南通飞天化学实业有限公司发明了"混合直溶法"，开发制成草甘膦直接溶解于水的产品，用该公司独立开发的植物源助剂与草甘膦原药物理混合成粉剂、粒剂，即可溶于水使用。目前，各国正在全面评估草甘膦的危害，考虑限制或禁止使用它。另外，还发明了抗草甘膦转基因植物，探索新的解决问题的途径。

1972年

杜邦公司［美］生产芳香族聚酰胺纤维　芳香族聚酰胺纤维（aramid

fiber）又称芳纶，其主要品种有聚对苯二甲酰对苯二胺纤维和聚间苯二甲酰间苯二胺纤维等。1972年，美国杜邦公司生产聚对苯二甲酰对苯二胺纤维，其商品名为"凯芙拉"（Kevlar）。杜邦凯芙拉品牌纤维有三种类型，即Kevlar、Kevlar29、Kevlar49。1987年，该公司在英国北爱尔兰兴建了年产7kt的生产厂；在日本与东丽公司合资兴建了年产4kt的生产厂。聚对苯二甲酰对苯二胺纤维的生产方法是：将聚合物经洗涤和干燥后，溶于浓度为99%的浓硫酸中，将得到浓度为20%的纺丝原液送往纺丝工序；纺丝采用干喷湿纺法，纺丝速度约为200～300m/min，不需进一步拉伸，即得高强度纤维；原纤经洗涤后，于500℃的温度下进行热处理，则得高模量纤维（该纤维刚性大，不易弯曲）。如在缩聚过程中加入3，4'-二氨基二苯醚，所得聚合物可溶于N-甲基吡咯烷酮，则可进行湿法纺丝，所得纤维耐疲劳性好。聚间苯二甲酰间苯二胺纤维的生产方法是：聚合溶液直接用氢氧化钙或氨中和，并在静态混合器中加入苯胺等链终止剂（指聚合反应中加入的能使该反应中断的化合物）制得纺丝原液，然后用干法纺丝或湿法纺丝制得纤维。还可将纺丝液细流在凝固液中高速剪切搅拌，制得沉析纤维，用作绝缘纸。

1973年

阿尼克公司［意］建成甲基叔丁基醚合成装置 甲基叔丁基醚（methyl tert-butyl ether，简称MTBE）是一种优良的高辛烷值汽油添加剂和抗爆剂。1973年，意大利阿尼克公司建成了世界上第一套生产甲基叔丁基醚的工业装置（年产100kt）。1990年，美国制定的《空气清洁法修正案》（CAA-1990）要求新配方汽油添加含氧化合物（如MTBE），以减少汽车污染。中国从20世纪70年代末和80年代初开始研究甲基叔丁基醚合成技术。1983年，齐鲁石化公司橡胶厂建成了中国第一套MTBE工业试验装置。1986年，吉林化学工业公司建成了中国第一套万吨级MTBE工业装置。1999年，中国启动了"空气净化工程——清洁汽车行动"，开始鼓励使用含有MTBE的汽油。甲基叔丁基醚的生产方法是：以异丁烯和甲醇为原料，以大孔强酸性阳离子交换树脂作催化剂，在固定床反应器内进行反应；甲醇和不含丁二烯的碳四馏分经预热后进入反应器，反应温度40～70℃；用水作为热载体控制反应温度；反应后的混合物经分离精制，把未反应的甲醇除去，得到一定纯度的甲基叔丁基醚；未反应的甲醇经回收后可循环使用。

纽曼［美］创建电化学反应工程学科　电化学反应工程（electrochemical reaction engineering）研究在电场作用下进行的氧化还原反应过程的开发和电化学反应装置的设计、优化。电化学反应包括电解槽中输入电能而引起的化学反应以及电池中产生电能时的化学反应。1973年，美国化学家纽曼（Newman，J.S.）对化学反应工程做了比较系统的概括，标志着电化学反应工程学科的诞生。电化学反应工程的研究内容包括：电化学热力学，即研究电化学反应的自发性和电化学装置的开路电压；电极过程动力学，即研究电化学反应过程中各类阻力及其对反应速率的影响；电化学装置中的离子传递过程；电流分布和电位分布；过程优化；电化学装置的设计和放大。电化学反应工程的特点是：第一，电极电位决定电化学反应能否发生及其反应速率，可借助电极电位调整以实现选择性的氧化还原反应，或控制电化学反应速率；第二，氧化还原反应限于电子的传递，这类反应可直接依靠外电路中的电流通入电化学反应器来实现，不需要引进其他化学物质作氧化剂或还原剂，有利于反应物系的纯净；第三，许多反应可因采用不同材料的电极而获得不同的反应速率，这时电极起催化剂的作用。电化学反应工程是化学反应工程的重要分支。

日本首次应用固定化细胞技术　固定化细胞技术是将具有一定生理功能的生物细胞（如微生物细胞、植物细胞或动物细胞等）用一定的方法将其固定，作为固体生物催化剂而加以利用的一门技术。它与固定化酶技术一起组成了现代的固定化生物催化剂技术。19世纪初叶，人们利用微生物细胞在固体表面吸附的倾向而采用滴滤法生产醋酸。后来，又有人用类似方法进行污水处理。现代固定化细胞技术是在固定化酶技术的推动下发展起来的。1959年，服部（Hattori）和古坂（Furusaka）将大肠杆菌（escherichia coli）吸附在树脂（指作为塑料制品加工原料的高分子化合物，可分为天然树脂和合成树脂）上，首次实现细胞固定化。1966年，日本在工业规模上利用微生物菌体生产果葡糖浆（指由植物淀粉水解和异构化制成的淀粉糖晶）。1969年，日本又采用菌体热固法制成了固定化细胞，实现了生产的连续化，产量达11万吨，1978年超过100万吨，这可能是固定化细胞技术的最早尝试。1973年，日本首次运用固定化大肠杆菌菌体生产L-天门冬氨酸。接着，固定化细胞技术受到广泛重视，并很快从固定化休止细胞（又称静息细胞，是指把培养液中各种营养物质和生长因子洗去后悬浮在生理盐水中培养一段时间，以消耗内源营养物质，呈饥饿状态的细胞）发展到固定化增殖细胞。这是固定化菌体比较公认的首次工业化应用。1978年，法国运用固定化酵母菌细胞生产啤酒和酒精。固定化细胞技术的应用遍及工业、医学、制药、化学分析、环境保护、能源开发等多个领域。

1974年

拜耳股份公司［德］生产杀菌剂唑菌酮　唑菌酮又称粉锈宁，学名是1-（4-氯苯氧基）-3，3-二甲基-1-（1，2，4-三唑-1-基）-丁酮，它是高效内吸性杀菌剂，兼有保护、治疗作用。唑菌酮的制备流程是：先将对氯苯酚与氢氧化钠反应生成对氯酚钠，再与α-溴代频哪酮反应生成α-对氯苯氧基频哪酮，然后与溴反应生成α-对氯苯氧基-α-溴代频哪酮，最后与1，2，4-三唑反应生成唑菌酮。1914年，德国人里姆（Riehm，I.）首先利用有机汞化合物防治小麦黑穗病，标志着有机杀菌剂发展的开端。1934年，美国人蒂斯代尔（Tisdale，W.H.）等发现了二甲基二硫代氨基甲酸盐的杀菌性质。20世纪40—50年代，人们先后开发出了三个系列的有机硫杀菌剂：福美类、代森类和三氯甲硫基二甲羧酰亚胺类。此外还有：有机氯、有机汞、有机砷杀菌剂。20世纪60年代以来，人们开发出了内吸性杀菌剂。1965年，日本开发了有机磷杀菌剂稻瘟净。1966年，美国开发了萎锈灵（carboxin，分子式$C_{12}H_{13}NO_2S$，是一种具有内吸作用的杂环类杀菌剂）。1967年，美国开发了苯菌灵（benomyl，分子式$C_{14}H_{18}N_4O_3$，是一种内吸性杀菌剂）。1969年，日本开发硫菌灵（thiophanate）。1974年，联邦德国拜耳股份公司（Bayer Aktiengesellschaft）开发生产唑菌酮。1975年，美国开发了三环唑（tricyclazole，分子式$C_9H_7N_3S$，是一种专治稻瘟病的杀菌剂）。1977年，瑞士开发了甲霜灵（metalaxyl，分子式$C_{15}H_{21}NO_4$，是一种酰胺类杀菌农药）。1978年，法国开发了三乙磷酸铝。上述内吸性杀菌剂成为20世纪70年代杀菌剂发展的主流。中国自20世纪50年代起，发展保护性杀菌剂。20世纪70年代以来，开始发展内吸性杀菌剂和农用抗生素，并停止使用有机汞剂。

孟山都公司［美］开发制取顺酐新工艺　顺酐全称是顺丁烯二酸酐。其生产方法主要有苯催化氧化法（苯和空气或氧气在V-Mo-P系催化剂作用下，经气相催化氧化生成顺酐）、丁烷催化氧化法（丁烷和空气混合后，在V-Mo催化剂作用下，经气相催化氧化生成顺酐）、C_4烯烃催化氧化法（以混合C_4馏分中的有效成分正丁烯、丁二烯为原料，在空气或氧气的存在情况下，在V205-P205系列催化剂的作用下，气相氧化生成顺酐）等。20世纪40年代，刘易斯（Lewis）等人发明了"烃类晶格氧选择氧化"技术，即用可还原的金属氧化物的晶格氧作为烃类氧化的氧化剂，按还原–氧化（Redox）模式，先将烃分子与作为催化剂的晶格氧在反应器中发生反应生成氧化产物，失去晶格氧的催化剂被输送到再生器中，用空气氧化到初始高价态，然后再送回反应器中进行反应。该技术可避免气相和减少表面的深度氧化反应，提高反应的选择性和原料浓度，使反应产物容易分离回收，是节约资源、保护环境的绿色化工技术。1974年，美国孟山都公司开发出了丁烷晶格氧氧化制取顺酐新工艺，并建成了第一套工业装置。该工艺用催化剂的晶格氧代替气相氧作为氧源，按还原–氧化模式，将丁烷和空气分别送入循环流化床提升管反应器和再生器，使顺酐收率由50%提高到72%，未反应的丁烷可循环利用。该工艺被誉为绿色化工技术。

1975年

旭化成工业公司［日］首次用离子膜电解法制取烧碱　离子膜电解法又称膜电槽电解法，它是利用阳离子交换膜将单元电解槽分隔为阳极室和阴极室，使电解产品分开的方法。它是生产烧碱的一种工业方法（其他方法有：纯碱苛化法，即通过纯碱和石灰发生苛化反应制成烧碱；天然碱苛化法，即通过天然碱和石灰乳发生苛化反应制成烧碱；隔膜电解法，即通过电解原盐、聚丙烯酸钠、盐酸混合后的盐水制得烧碱）。其具体方法是：将原盐化盐后，先后通过微孔烧结碳素管式过滤器和螯合离子交换树脂塔对盐水进行两次精制，再将第二次精制盐水进行电解制得烧碱。离子交换膜也被称为离子选择透过性膜，它是一种含离子基团的、对溶液里的离子具有选择透过能力的高分子膜。离子交换膜分均相膜和非均相膜两类，它们可以采用高分子的加工成型方法制造。1950年，朱达（Juda，W.）首先合成了离子交换膜。1956年，离子交换膜首次成功地被用于电渗析脱盐工艺上。1966年，美国杜邦公司开发出了全氟磺酸离子交换膜。1975年，日本旭化成工业公司研制成全氟羧酸型离子交换膜，首先实现用离子膜电解法制取烧碱。同年，日本实现工业化生产。1981年，杜邦公司与日本旭硝子公司交换全氟离子交换膜专利许可证，即前者用全氟磺酸离子交换技术换取了后者的全氟羧酸离子交换膜技术，从而使杜邦公司的全氟离子交换膜真正进入大规模工业制碱时代。

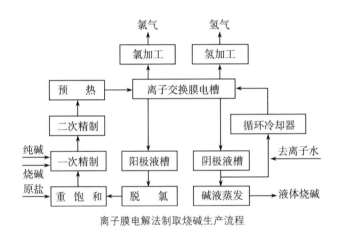

离子膜电解法制取烧碱生产流程

杜邦公司［美］生产汽车排气净化催化剂　催化剂最早是由瑞典化学家贝采里乌斯（Berzelius，Jons Jakob 1779—1848）发现的。它按状态可分为液体催化剂和固体催化剂；按反应类型分为聚合、缩聚、酯化、缩醛化、加氢、脱氢、氧化、还原、烷基化、异构化等催化剂；按反应体系的相态分为均相催化剂和多相催化剂；按作用大小可分为主催化剂和助催化剂；按工业领域分为环境保护催化剂、化工催化剂、石油炼制催化剂等。环境保护催化剂要有较高的催化活性、较强的抗毒能力、较好的化学稳定性、足够的催化剂寿命和良好的催化剂选择性。汽车排气净化催化剂是环境保护催化剂的一种，它分为氧化催化剂和还原-氧化催化剂两种：氧化催化剂以铂或铂钯为活性组分，载体为 γ-Al_2O_3 球或加有 γ-Al_2O_3 涂层的陶瓷蜂窝体，其功能是将排气中的有害物CO和HC（指碳氢化合物，像一氧化碳一样，是未燃尽的和被浪费的燃料）转化为CO_2和水；能将污染物经催化转化为无毒物；能处理含有粉尘、重金属、含硫化合物、含氯化合物、酸雾等气体。还原–氧化催化剂以铂铑为活性组分，载体为加有$\gamma-Al_2O_3$涂层的陶瓷蜂窝，其功能是将排气中的三种有害物（CO、HC和NOx）同时消除，转变为CO_2、H_2O和N_2。20世纪70年代，美国、日本等国家先后用铂、钯、铑等生产汽车排气净化催化剂。1975年，美国杜邦公司用铂生产汽车排气净化催化剂。1979年，铂的消耗量达23.33吨，占美国用铂总量的57%。1994年，西方国家汽车催化剂耗用铂59.96吨，占全部铂耗用量的41.4%；耗用钯30.54吨，占总需求量的19.7%；耗用铑12.25吨，占总需求量的90%以上。20世纪70年代大量使用的是氧化催化剂。进入80年代后，大量使用三元催化剂，到1988年，三元催化剂已占80%～90%。铂催化剂是最早用于汽车尾气净化的催化剂。

世界卫生组织药品生产和质量管理规范公布　药品生产和质量管理规范（good manufacturing practice，缩写为GMP）是为保证药品的质量，对药品生产全过程进行管理所制订的准则。现在，世界上的GMP有三类：国际的GMP（世界卫生组织制定）、国家的GMP（国家政府制定）、企业的GMP（企业制定，如美国药物制造商协会的GMP）。1967年，世界卫生组织制订了GMP。1968年，收入该组织的《国际商品贸易中药品质量签证体制》。凡参加此体制的国家，出口药品必须符合世界卫生组织的GMP规定。1975年，世界卫生大会通过并付诸实施。截至1983年，全世界共有84个国家执行GMP管理，且数量日趋增加。目前，在162个会员国中，已有108个国家参加。1988年，中国成立了国家药品监督管理局。同年，中国政府颁布了药品GMP，并于1999年起施行。1992年，中国政府对GMP进行了第一次修订。2010年，中国政府又对GMP进行了第二次修订，2011年3月1日起施行。药品生产和质量管理规范的公布使得药品治疗进一步有所保障。

1976年

沈寅初［中］发明农用抗生素井冈霉素　井冈霉素（validamycin）是由放线菌产生的一种抗生素。其作用机理是：当水稻纹枯病菌的菌丝接触到井冈霉素后，它能很快被菌体细胞吸收并在菌体内传导，干扰和抑制菌体细胞正常生长发育，从而起到治疗作用。它适用于水稻纹枯病、水稻稻曲病、玉米大小斑病以及蔬菜、棉花、豆类等作物病害的防治。1962年，沈寅初（1938—　　）毕业于复旦大学。同年，考入复旦大学遗传研究所攻读硕士学位。1964年以后，他一直在上海市农药研究所、化工部上海生物化工研究中心工作，曾任研究室主任、总工程师、所长，并担任首届中国化工学会生物化工委员会副主任。他长期从事生物化工和生物农药研究，发表论文60余篇；他在我国井冈山地区土壤中，发现防治水稻纹枯病的农用抗生素——井冈霉素，获得国家发明三等奖、上海市重大科技成果奖；研制出杀螨抗生素——浏阳霉素、农畜两用杀虫剂（阿维菌素）——灭虫丁、7051等，为我国生物农药产业的建立奠定了基础。此外，他还建立了我国第一套利用生物技术生产大宗化工原料的工业化装置，开创了生物催化在化工行业中应用的先河。1997年，他当选为中国工程院院士。1998年，他获何梁何利基金科学与技术进步奖，上海市"科技功臣"称号。2010年，他获得了2009年度科学技术奖重大贡献奖。井冈霉素是我国第一个用量最少、对环境最安全、对人畜无毒害的新农药，为我国生物农药产业的建立奠定了基础。

上海石油化工总厂［中］投入生产　1972年，上海石油化工总厂创建，并于1976年投入生产。总厂下设7个生产厂（包括化工一厂、化工二厂、腈纶厂、维纶厂、塑料厂、涤纶厂、涤纶二厂）、5个辅助厂（包括热电、供水、机修、仪修、污水处理），以及研究、设计、环保、设备等机构。1985年，总

上海石油化工总厂

厂年加工原油的能力为2800kt；化工产品的年生产能力为：乙烯115kt，对二甲苯165kt，腈纶、维纶、涤纶等合成纤维185kt，聚合物约300kt；化纤品种达70余种。同时，还生产高压聚乙烯、醋酸、纯苯等基本化工原料和石油产品。该厂的产品行销国内外，与30多个国家和地区有业务交往。上海石油化工总厂是现代中国大型石油化工联合企业。

1977年

联合碳化物公司［美］和陶氏化学公司［美］生产线型低密度聚乙烯　聚乙烯分为线型低密度聚乙烯、低密度聚乙烯、高密度聚乙烯。线型低密度聚乙烯是乙烯与少量高级 α-烯烃在催化剂的作用下，经高压或低压聚合而成的一种共聚物。1933年，英国卜内门化学工业公司在高压下将乙烯聚合生成聚乙烯，并于1939年实现了工业化生产（此法被通称为"高压法"）。1953年，联邦德国齐格勒（Ziegler, K. 1898—1973）以$TiCl_4$–Al（C_2H_5）$_3$为催化剂，在较低压力下将乙烯聚合生成聚乙烯，并于1955年由联邦德国赫斯特公司投入工业化生产（此法被通称为"低压法"）。20世纪50年代初，美国菲利普斯石油公司以氧化铬–硅铝胶为催化剂，在中压下将乙烯聚合生成高密度聚乙烯，并于1957年实现了工业化生产（此法被通称为"中压法"）。20世纪60年代，加拿大杜邦公司以乙烯和 α-烯烃为原料，用溶液法制成低密度聚乙烯。1977年，美国联合碳化物公司和陶氏化学公司用低压法制成线型低密度聚乙烯。其中，以联合碳化物公司的"气相法"（采用流化床反应器，用铬系和钛系催化剂，将气态乙烯聚合生成线型低密度聚乙烯）最为重要。

首届流体性质和相平衡国际会议召开　19世纪中叶，在蒸汽机的推动下形成了热力学。最初，热力学只涉及热能与机械能之间的转换。以后，它逐渐扩展到研究与热现象有关的各种状态变化和能量转换的规律。热力学基本定律应用于化学领域，形成了化学热力学，主要研究热化学、相平衡和化学平衡的理论以及化工生产中出现的蒸馏、吸收、萃取、结晶、蒸发、干燥等单元操作，以及各种不同类型的化学反应过程等问题。1939年，美国麻省理工学院教授韦伯（Webber, H.C.）出版《化学工程师用热力学》；1944年，美国耶鲁大学教授道奇（Dodge，B.F.）出版《化工热力学》。化工热力学由此逐步成为一门学科。1977年，世界各国化工热力学专家举行了首届流体性质和相平衡的国际会议。1980年和1983年分别举行了第二届和第三届会议，出版了期刊《流体相平衡》。

1978年

吴泾化工厂［中］和华东理工大学［中］研制的首台径向反应器获奖　反应器（reactor）是实现液相单相反应过程和液液、气液、液固、气液固等多相反应过程的设备。反应器分为固体床反应器（包括轴向绝热式固定床反应器、径向绝热式固定床反应器和列管式固定床反应器）、流动床反应器和移动床反应器。径向反应器具有气体流通路径短、压降小、可使用小颗粒催化剂等优于传统固定床反应器的技术特征，在苯乙烯、催化重整、芳烃异构和歧化等领域被广泛应用。20世纪60年代初，丹麦托普索公司提出了"径向反应流动器"的概念。当时，中国吴泾化工厂与华东理工大学合作研制径向反应器。之后，经过多次改进，研制出了首台运行15年的径向反应器。1978年，该径向反应器获得全国科学大会重大科技成果奖。21世纪初期，华东理工大学和上海工程有限公司等单位合作开发出了具有自主知识产权的、用于乙苯负压脱氢制苯乙烯和炼油工业制清洁汽油的低压催化重整装置的新型径向流反应器技术，并荣获2007年度中国教育部科技进步一等奖。

1979 年

孟山都公司［美］建成普里森（Prism）气体膜分离装置　1831年，米切尔（Mitchell，J.V.）首先提出了用膜实现气体分离的可能性。1866年，格雷厄姆（Graham，D.W.）提出了溶解-扩散机理。1950年，韦尔（Weller，S.）和施泰尔（Steier，W.A.）用乙基纤维素平板膜进行空气分离，得到氧浓度为32%～36%的富氧空气。1954年，布哈克尔（Buhaker，D.W.）和卡默迈尔（Kammermeyer，K.）发现硅橡胶膜对气体的渗透速率比乙基纤维素大。1965年，斯特思（Stern，S.A.）等采用二级膜分离方法从天然气中浓缩氦气。同年，美国杜邦（DuPont）公司首创了中空纤维膜及其分离装置，并申请了从混合气体中分离氢气和氦气的专利。1979年，美国孟山都（Monsanto）公司研制出了普里森（Prism）气体膜分离装置。该装置采用聚砜-硅橡胶复合膜，以聚砜非对称膜中空纤维作为底膜，在其中空纤维外表面真空涂覆一层致密的硅橡胶膜。聚砜底膜起分离作用，底膜的皮层厚度仅为0.2μm左右，远比均质膜薄，因此，其渗透速率大大提高；硅橡胶涂层起到修补底膜皮层上孔缺陷的作用，以保证气体分离膜的高选择性。普里森气体膜分离装置自1980年商业化应用以来，至今已有上百套装置在运行，用于合成氨释放气和石油炼厂气中氢的回收，有效节能。

中国石油学会成立　1979年4月，中国石油学会（Chinese Petroleum Society，简称CPS）在北京成立。该学会是由中国石油、石化、海洋石油广大科技工作者组成的学术性群众团体。学会的主要任务是团结石油、石化、海洋石油科技工作者，积极开展国内外学术交流活动，推动石油、天然气和石油化工科学技术的发展并将其迅速转化为生产力；普及石油、天然气和石油化工科学技术知识；出版学术期刊；开展对石油、天然气和石油化工发展战略及经济建设重大决策的咨询服务。1980年，学会编辑出版了《石油学报》等学术期刊和论文集。1986年，学会下设石油地质、石油物探、石油测井、石油工程、石油炼制、石油贮运、石油腐蚀与防护、石油经济、石油物资管理工程及天然气等10个专业委员会。此外，还有科普工作委员会、国际交流委员会、《石油学报》编辑委员会以及文献资料部。学会每年召开全国性石油学术会议，与国外有关学术组织联合召开国际学术会议。1983年至今，学会先后在我国举办了7次国际石油工程会议及国际石油工程展览会。此外，学会还举办各种技术培训班，以及全国性的青少年石油夏令营。1979年9月，学会参加了世界石油会议组织，在第十届世界石油会议上当选为大会的常务理事国。

1980年

尹光琳［中］等开发生产维生素C新工艺　1933年，瑞士化学家赖克斯坦（Reichstein，Tadeus）发明了生产维生素C"一步发酵法"：以葡萄糖为原料，经催化加氢制成D-山梨醇，再经黑醋菌发酵进行生物氧化而得L-山梨糖。L-山梨糖与丙酮缩合成双丙酮山梨糖，后者被次氯酸钠氧化，得双缩丙酮古龙酸，然后以浓盐酸使之水解并内酯化，即得维生素C。1934年，瑞士罗氏公司购买此专利，独占了维生素C的市场。1980年，中国科学院北京微生物研究所尹光琳等发明了维生素C生产"二步发酵新工艺"：先将葡萄糖还原成为山梨醇，经过第一次细菌发酵成为山梨糖，再经过第二次细菌发酵转化为2-KGA，最后异化成维生素C。该方法大幅改进了赖克斯坦的一步发酵法，省去了大量的丙酮和苯等有机溶剂，简化了生产过程，降低了维生素C的生产成本。1985年，该专利出售给瑞士罗氏公司，但是，罗氏公司并不使用该方法，仍然沿用赖克斯坦的一步发酵法。然而，这项专利在国内的使用权并没有卖给罗氏公司。上海第二制药厂采用"二步发酵新工艺"生产维生素C，实现了我国维生素工业的一大突破。到1990年初，国内已经有26家药厂用二步发酵法生产维生素C。

苏元复［中］用萃取法提取麻黄素与柠檬酸　1933年，苏元复（1910—1991）毕业于浙江大学化学工程系。1935年，他赴英国就读于曼彻斯特大学理工学院并于1937年获硕士学位。1938年，他回国主要研究溶液萃取理论及应用。从1956年起，他曾3次参与制订全国科学技术发展远景规划。20世纪80年代初，他改进提取麻黄素的传统方法和设备，发明了用萃取法提取麻黄素的新工艺，即只需在浸渍液中加烧碱以游离麻黄碱，用甲苯或二甲苯萃取，负载了麻黄素的甲苯，用草酸或盐酸的水溶液反萃，所得浓溶液经脱色、结晶、分离，即得合格产品。该成果于1985年获国家科学技术进步三等奖。1980年以后，他改进了用萃取法提取柠檬酸的工艺，解决了操作乳化、回收率低等难题，实现了萃取法提取柠檬酸的工业化。此项发明获得了美、德、英等国专利权。1986年，获国家教委科学技术进步二等奖。1987年，在南斯拉夫萨格勒布国际博览会上荣获金奖。此外，他还探索了有机酸的萃取发酵和萃淋树脂（是能使废水中金属离子脱除的物质）的应用；提出了用浸取-萃取联合法联产甲酸和碳酸氢钠；提出了水相中含少量杂质或添加表面活性剂时"滴外传质系数"的表达式；肯定了醚类-水等二元系统存在着激烈的界面湍动；提出了既考虑前混又考虑返混的萃取塔复合模型；首创了两种新型的高效萃取塔；提出了从纤维硼镁矿制取硼酸、硼砂以及从磷矿制取磷酸和磷钾复合肥料的新工艺。

汪旭光［美］生产第一代乳化炸药　乳化炸药（emulsion explosive）是含水炸药的一种。含水炸药还包括：浆状炸药，它由美国犹他大学（The University of Utah）库克（Cook）教授和加拿大铁矿公司法纳姆（Farnum）于1956年底研制；水胶炸药，它由美国杜邦公司卡特莫尔（Cattermole，G.R.）于1972年首先提出。乳化炸药是借助乳化剂的作用，使氧化剂盐类水溶液的微滴，均匀分散在含有分散气泡或空心玻璃微珠等多孔物质的油相连续介质中，形成一种油包水型的乳胶状炸药。1968年，美国科学家布卢姆（Bluhm，M.F.）首先发明了乳化炸药。1979年，我国科学家汪旭光（1939—　）等研制出了第一代油包水型乳化炸药——EL乳化炸药。1980年，我国在河北龙烟铁矿建成了第一条乳化炸药生产线，生产的乳化炸药在性能、生产工艺和原材料等方面独具特色，其成本也大大低于国外。同年，该成果获冶金部科技成果一等奖。1982年，该成果获国家发明二等奖。汪旭光也被誉为"中国的诺贝尔"。

格里科［美］等人工合成苦木素　苦木素（quassin）是从苦木科植物中提取到的一类内酯类化合物。它既可以从苦木科植物（茎皮、叶和根等）中提取，也可以通过化学合成。埃塞俄比亚人用乙醇抽提鸦胆子植物的树皮，在抽提液中即可得到鸦胆子苦素，以此治疗癌症。1973年，库汗（Kuehan，S.M.）等人从鸦胆子植物（bru-ceaantidysenter ica）中，分离出2个新的苦木素和5个新的苦木素葡糖苷，还分离出8个苦木素和19个苦木素葡糖苷。它们含有抗白血病生理活性的物质，它对小鼠的淋巴白血病、大鼠的肌肉癌肉瘤和人体鼻咽癌KB细胞都有抑制作用。随后，皮埃尔（Pierre，Alain）等人发现，从这一属植物中提出的一些苦味成分呈现出抗白血病作用。后来，格里科（Grieco，P.A.）等人对苦木素类（quassinoids）的全合成进行了研究。他们根据对化学结构与生理活性关系的研究，以及这类化合物基本骨架中A环与D环的类似性，设计了全合成B、C、D、E环型化合物的路线，以环乙酮甲酸乙酯为原始原料，经35步反应，合成了中间体2-羟基内酯。1980年，美国科学家格里科（Grieco，P.A.）等人工合成能够治疗白血病的天然化学药物——苦木素。1988年，富卡米雅（Fukamiya）从抗痢鸦胆子植物的根中提取出苦木内酯类成分。1990年，于雅男等从鸦胆子植物中提取出新的苦木内酯鸦胆子素。

1981年

切赫［美］和奥尔特曼［美］发现核酶 核酶（ribozyme）又称核酸类酶，它含有催化功能的RNA分子，是生物催化剂，可降解特异的mRNA序列。按其作用方式不同分为剪切型［把RNA前体（真核生物刚开始转录出来的RNA是不成熟的RNA，故称之为RNA前体）的多余部分切除］和剪接型（把RNA前体的内含子部分切除，并把不连续的外显子部分连接起来）；按其作用的底物不同又可分为自体催化和异体催化。1836年，德国马普生物研究所科学家施旺（Schwann，T. 1810—1882）从胃液中提取出了消化蛋白质的物质，解开了消化之谜。1926年，美国科学家萨姆纳（Sumner，J.B. 1887—1955）从刀豆种子中提取出脲酶的结晶，并通过化学实验证实脲酶是一种蛋白质。1981年，美国科学家切赫（Cech，T.R. 1947—　）和奥尔特曼（Altman，S. 1939—　）发现了核酶。他们最早发现大肠杆菌的蛋白质部分被除去后，在体外高浓度镁离子存在下，与留下的RNA部分（MIRNA）具有与全酶相同的催化活性。后来，他们又发现四膜虫（tetrahymena，一种单细胞真核生物）L19RNA在一定条件下能专一地催化寡聚核苷酸底物的切割与连接，具有核糖核酸酶和RNA聚合酶的活性。核酶的发现对于所有酶都是蛋白质的传统观念提出了挑战。1989年，切赫和奥尔特曼因对RNA催化剂研究的突出贡献而被授予诺贝尔化学奖。

赫勒［美］研制液体结太阳能电池 太阳能电池是通过光电效应或者光化学效应直接把光能转化成电能的装置。太阳能电池按照"结"分为同质结太阳能电池（由同一种半导体材料所形成的PN结或梯度结被称为同质结，由同质结构成的太阳能电池被称为同质结太阳能电池，如P-N结砷化镓太阳能电池等）、异质结太阳能电池（不同半导体在界面上构成的结，如氧化锡-硅结太阳能电池等）、肖特基结太阳能电池（由金属和半导体接触形成肖特基势垒构成的太阳能电池，简称MS电池）、复合结太阳能电池（由两种或多种结构成的太阳能电池，如MSNP复合结硅太阳能电池）和液体结太阳能电池（简称为ESC，也称电化学太阳能电池，由半导体电极和溶液间存在界面势垒构成的太阳能电池）。1839年，法国物理学家贝可勒尔（Becquerel，A.E.）首先发现半导体在电解质溶液中的光电效应。1883年，弗里茨（Fritts，Charles）研制出了第一块硒光太阳能电池。1930年，肖特基（Schottky）提出CuO_2势垒的"光伏效应"理论。同年，朗格首次提出用"光伏效应"制造太阳能电池。1932年，奥杜博特（Audubott）和斯托拉（Stra）制成第一块"硫化镉"太阳能电池。1946年，罗素·奥尔（Ohl，Russell 1898—1987）申请了现代太阳能电池的制造专利。1954年，怡宾（Yibin）和皮尔松（Pearson）在贝尔实验室制造出实用的单晶硅太阳能电池。1959年，第一个多晶硅太阳能电池问世。1975年，非晶硅太阳能电池问世。1981年，美国科学家赫勒（Heller）研制出了液体结太阳能电池。1983年，美国在加州建立了世界上最大的太阳能电厂。2012年，美国科学家研制出了由纳米晶体（半导体硒化镉）制成的新型液体结太阳能电池。

上海大中华橡胶厂［中］成立　1928年，由旅日侨商余芝卿（1874—1941）和橡胶工业专家薛福基（1894—1937）等在上海创办了大中华橡胶厂。1933年，该厂被改组为大中华橡胶厂兴业股份有限公司。1934年，公司成功研制出了中国第一条汽车轮胎——"双钱"牌汽车轮胎，成为中国轮胎工业发展史上的里程碑。1935年，"双钱"牌汽车轮胎在新加坡中华总商会国货展览会上获特等奖。1955年，公司先后研制出拖拉机轮胎和无内胎轮胎。1957年，"双钱"牌汽车轮胎出口到东南亚、中东、欧洲等地区。1958年，公司在国内首先试制出斜交钢丝帘线轮胎、棉帘线子午胎、人造丝帘线轮胎。1962年，公司在国内首家研制出尼龙帘线轮胎。1964年，公司首次试制出国产全钢丝子午线轮胎。1966年，大中华橡胶一厂改名为上海轮胎一厂。1967年，该厂首次试制成了基胶内胎。1979年，该厂率先实现内胎生产全部丁基化（以丁基胶为原料的内胎，被称为丁基内胎，它比天然胶内胎有更好的气密性、耐高温、耐老化等性能）。1981年，该厂又被定名为上海大中华橡胶厂。1988年，该厂与美国孟山都公司合作，建立美国孟山都测试仪器维修站。1989年，该厂研制开发出11R22.5无内胎全钢丝子午胎。1990年，该厂与上海正泰橡胶厂联合组建上海轮胎橡胶（集团）公司。上海大中华橡胶厂是我国早期最大规模的橡胶工业企业，也是中国最早制造轮胎和出口轮胎的企业。

1982年

抚顺石油化工公司［中］成立　1928年，日本在抚顺建立了西制油厂、东制油厂和石炭液化厂。工厂以油页岩为原料生产页岩油，并进一步炼制成汽油、煤油、柴油、润滑油和石蜡等产品。1945年，日本战败后工厂收归国有。1952年，工厂分为抚顺石油一厂、二厂、三厂。20世纪50年代，工厂成为中国页岩油生产的重要基地。1962年，工厂开始加工大庆原油。1965年，工厂建成中国第一套流化催化裂化装置并投产。1970年，在中国首创用烯烃生产合成润滑油脂新工艺。1982年，以石油一厂、二厂、三厂为主体，联合化学纤维厂和化工塑料厂，成立了抚顺石油化工公司，隶属于中国石油化工总公司。1983年，公司使用自己研制的催化剂，建成加氢裂化装置，形成了有中国特点的加氢裂化工艺技术。1985年，公司原油年加工能力为8.7Mt，实际年加工量7.86Mt，约占全国原油加工量的10%。公司可生产63种150多个牌号的石油化工产品。1998年，石油、石化两大集团重组后，该公司被划归中国石油天然气集团公司。1999年11月，该公司分为上市和未上市两部分，上市部分为中国石油抚顺石化公司，未上市部分为中国石油抚顺石油化工公司。2000年1月，两大公司正式分立运行。抚顺石油化工公司被誉为中国炼油工业的"摇篮"。

徐光宪［中］提出分子的四维分类法　1982年，在中、美、日三国金属有机化学讨论会上，北京大学徐光宪（1920—2015）教授提出了分子的四维分类法及有关的7条结构规则。他把各种分子看作是由若干分子片所组成。分子片是位于原子核分子之间的一个中间层次的概念。他把所有的分子分成4大类型，即单片分子、双片分子、多片分子（含链式、环式、多环式和原子簇化合物）和复合分子（可看作是由链、环、簇的各种组合而成的复杂原子）。组成这些分子的分子片又可以按它的价电子数的多少分为25类。对同一类分子片，还可以按其中心原子所属的周期不同进一步分类。这样，使用分子片的概念并运用四维分类法与结构规则，就可以把所有的分子进行分类。同时，还可以由分子式去估算分子的结构类型，预见新的原子簇化合物和金属有机化合物，并探讨它们的反应性能等。1980年，徐光宪当选为中国科学院院士，获得2008年度国家最高科学技术进步奖。

基因工程胰岛素上市　1902年，英国生理学家贝利斯（Bayliss，W.M.）和斯塔林（Starling，E.H.）在动物胃肠里发现了一种能刺激胰液分泌的神奇物质——胰泌素。这是人类第一次发现的多肽物质人工合成胰岛素，开创了多肽在内分泌学中的功能性研究。他们因此荣获诺贝尔生理学或医学奖。1922年，加拿大医生班廷（Banding，F.G.）第一次从牛胰脏中提取了胰岛素，班廷也由此荣获诺贝尔生理学或医学奖。但是，长期以来，人们只能从猪、牛等动物的胰腺中提取胰岛素，100kg胰腺只能提取4～5g的胰岛素，其产量之低和价格之高可想而知。1965年，中国科学家完成了结晶牛胰岛素的合成，这是世界上第一次人工合成多肽类生物活性物质。1978年，美国科学家吉尔伯特（Kilbert）研究组利用基因工程的方法成功地生产出了鼠胰岛素。随后，依塔库拉（Itacura）研究组用相同方法生产出了人的胰岛素。1981年，基因工程人胰岛素产品正式投入市场，大肠杆菌成了名副其实的生产胰岛素的"活工厂"，胰岛素供不应求的问题被彻底解决了。基因工程人胰岛素的生产为制药工厂开辟了新天地，开创了制药工业的新时代。1982年，基因工程胰岛素上市，成为第一个上市的基因工程药物。将合成的胰岛素基因导入大肠杆菌，每2000L培养液就能产生100g胰岛素，大规模工业化生产解决了这种比黄金还贵的药品的产量问题，使其价格降低了30%～50%。

1983年

伊斯曼公司［美］建成世界上第一套运用醋酐生产新工艺生产醋酐的装置　醋酐又称醋酸酐或乙酸酐。第一次世界大战期间，曾用氯化亚硫酰和氯化硫酰生产醋酐。1920年以后，人们多采用烯酮法和乙醛氧化法生产醋酐。烯酮法（也称乙酸裂解法）的具体方法是：以丙酮或乙酸为原料，先生成中间体乙烯酮，然后再将乙烯酮和乙酸进行混合、淬冷同时进行化学吸收生成乙酐。乙醛氧化法的具体方法是：以乙醛为原料，以乙酸钴-乙酸铜为催化剂，用空气或氧气进行液相催化氧化生成醋酐。1958年，中国上海化学试剂厂采用乙醛氧化法建成了国内第一套醋酐生产装置。1980年，美国伊斯曼公司和哈尔康科研开发公司开发了醋酸甲酯羰基化生产醋酐的新工艺。1983年，美国伊斯曼公司用该工艺建成世界上第一套以煤为原料，通过生产甲醇、醋酸甲酯生产醋酐的装置并投产，年产醋酐2.1Mt，使醋酐生产大型化。醋酸甲酯羰化法是以甲醇和醋酸为原料，使用铑系催化剂，以铬的化合物作助催化剂，羰基化生成醋酐。具体分两步进行：第一步是甲醇酯化为醋酸甲酯；第二步是醋酸甲酯羰化生成醋酐。反应温度175℃，压力25MPa，生成醋酐的选择性为95%。

塞拉尼斯公司［美］生产聚苯并咪唑纤维　聚苯并咪唑纤维的全称为2，2'-间亚苯基-5，5'-双苯并咪唑纤维，它是由间苯二甲酸二苯酯与3，3'，4，4'-四氨基联苯缩聚纺丝制得的一种合成纤维。其制造方法是：由3，3'，4，4'-四氨基联苯与间苯二甲酸二苯酯在高温及惰性气体的条件下，先制得泡沫状预聚体，经冷却、粉碎后在真空高温下进行固相缩聚，得到对数比黏度为0.7～0.8dl/g的聚苯并咪唑。这种聚合物加压溶于含有少量氯化锂的二甲基乙酰胺中，进行干法纺丝，丝经拉伸及磺化处理，以降低在火焰和高温中的收缩率，最后进行卷曲和切断得到该纤维；也可在乙二醇凝固浴中进行湿法纺丝，再经水洗和干燥后，在高温下拉伸、热定型得到该纤维。20世纪60年代初，美国空军材料实验室研制出聚苯并咪唑纤维。1983年，美国塞拉尼斯公司正式投入生产该纤维，年生产能力为460t。

《中国化工文摘》创刊　1983年，《中国化工文摘》（*Abstracts of Chemistry and Chemical Industry of China*）创刊。该刊为双月刊（自1986年起改为月刊），每年1卷，由化学工业部科学技术情报研究所编辑出版（还出版作者索引和主题索引）。1985年起，将文摘全部输入计算机，用计算机编辑出版文摘正文、作者索引、主题索引，还出版磁带版本。该刊重点介绍化学和化工期刊以及各高等院校和学会学报中发表的文献。此外，该刊还介绍化学与化工重大科研成果、学位论文、专利、图书以及其他文献资料。该刊每期介绍量约700～1000条。该刊是报道和积累中国化学和化工文献的一种摘录期刊，是查阅中国化学化工文献的主要检索工具。

1984年

《世界化学工业年鉴》出版 1984年，《世界化学工业年鉴》创刊。该年鉴以记叙1982年和1983年的国内外化学工业发展情况为主，同时概括30年来世界化学工业发展的历史。从第10卷起，《世界化学工业年鉴》更名为《中国化学工业年鉴》。该年鉴同时出版中文版和英文版。中文版内容包括：中国化工概况、主要化工行业、化工基建、科研、管理、教育、信息和出版、法规、对外贸易与交流、化工社会团体、化工部门机构与人事、化工大事记、中国化学工业统计和化工企业介绍。国外化学工业作为附录，国外化工概况和国外化工统计年年报道，而主要化工生产国家及主要化工行业隔年报道一次。英文版重点介绍了中国主要化工行业、化工基建、科研、产品及设备进出口、技术经济交流与合作等情况以及中国化学工业统计。该年鉴除了化学工业综述、大事记、法规及统计部分外，均采用条目形式和记叙（或说明）文体。该年鉴是化学工业部主办的专业性年鉴，是唯一逐年辑录中国化学工业发展的编年史、权威性文献和介绍世界化学工业现状及发展的重要资料性工具书。

1986年

武汉工程大学［中］用"正-反浮选法"处理胶磷矿 胶磷矿（collophanite或cellophane）是由生物和生物化学沉积而成的、以磷酸盐成分为主的含有少量硅、铝、铁等元素的集合体。胶磷矿的处理方法主要是浮选法。浮选法是利用矿物表面物理化学性质的差异来选分矿石的一种方法。浮选法在古代就被使用过。据明代宋应星（1587—约1666）《天工开物》记载，金银作坊在回收废弃器皿上和尘土中的金、银粉末时，"滴清油数点，伴落聚底"，这就是用浮选法选金的最初应用。19世纪末，出现了薄膜浮选法和全油浮选。20世纪初，人们又用泡沫浮选法选择有色金属和黄金矿。1985年，我国首次使用直接浮选法处理胶磷矿。直接浮选法是在矿物不经过预先硫化的情况下，直接用高级脂肪酸及其皂类、高级黄药、硫醇类、（异）羟（氧）肟酸（盐）等捕收剂（是改变矿物表面疏水性，使浮游的矿粒黏附于气泡上的浮选药剂）直接进行浮选的方法。该法是最早应用于浮选氧化铜矿的方法，适用于以孔雀石为主，脉石成分简单、性质不复杂、品位高的氧化铜矿石。但是，直接浮选法的工艺难度较大，回收率较低。1986年，武汉工程大学提出用"正-反浮选法"处理胶磷矿。正浮选法是将有用矿物浮入泡沫产物中，将脉石矿物留在矿浆中；反浮选法是将脉石矿物浮入泡沫产物中，将有用矿物留在非泡沫产物中。使用该方法有效提高了回收率。

中国化工信息中心成立　1958年，中国成立了化工部科技情报研究所，并以它为中心，陆续成立了31个专业情报中心站，29个省、市、自治区及部分化工发达的城市都建立了相应的情报服务机构。从1979年起，情报服务机构先后利用美国《化学文摘》（CA）和《化学工业札记》（CIN）磁带，开展CA和CIN电子计算机专题情报检索服务，并为化工系统提供国际联机检索服务。1984年，中国又成立了化工部经济信息中心，建立了中国石油化工总公司科技情报研究所及其下属的10余个专业情报中心站。上述这些机构共出版化学化工期刊330余种，年报道量在1亿字以上。1986年，化工部科技情报研究所和化工部经济信息中心合并成立了中国化工信息中心，建成中国化工文摘数据库。1993年，中国化工信息中心所属的中国化工信息网利用计算机技术为国家各部委、大型企事业单位提供信息检索服务。1997年，中国化工信息网在几十年的资源与技术积累的基础上，正式在互联网上提供服务，开拓了网络化工的先河，是全国第一个介入行业网站服务的国有机构。中国化工信息中心的成立是中国化工情报领域信息化的标志。

1987年

中国第一条高凝油长输管线竣工　高凝油是凝固点在40℃以上含蜡量高的原油。中国最大的高凝油田位于辽宁省辽河油田沈阳采油厂矿区，其原油的最高凝固点温度达到67℃。1986年，为输送开采的高凝油，中国开始修建高凝油长输管线。该管线起点为沈阳油田胜一转油站，终点是牛居油田牛一联合站，全长51.4km；管线在首站和末站之间设一座中间加热站和阴极保护站；管线设计年输油能力85万吨，日输油量2300吨，最大工作压力6.4MPa；起点油温为85℃，中间站加热一次，到末站的油温不低于56℃。1987年，管线全部建成。该管线是中国第一条高凝油长输管线，它的建成投产标志着辽河油田的原油集输技术跨入了新领域。

1988年

广濑洋一［日］发明合成金刚石薄膜的燃烧火焰沉积法 1955年，伯曼（Berman）和西蒙（Simon）提出在高温高压平衡线附近，在催化剂的作用下，过饱和的碳可能凝结为亚稳态的金刚石。同年，美国通用电气公司专门制造了高温高压静电设备，制造出了世界上第一批工业用人造金刚石小晶体，开创了工业规模生产人造金刚石磨料的先河。不久，杜邦公司发明了爆炸法，利用瞬时爆炸产生的高压和急剧升温，获得了几毫米大小的人造金刚石。1957年，塔特尔（Tuttle）和罗伊（Roy）提出用水热法合成金刚石（此法直到1996年才得到证实）。20世纪60年代，在低压下用气相传输反应制造出了不连续的金刚石。70年代中期，苏联科学家观察到原子氢能促进金刚石的形成和阻止石墨的共生。1980年，塞茨茵（Syitsyn）和杰里亚金（Deryagin）提出用卤化化学气相沉法合成金刚石薄膜。1982年，日本科学家松本（Matsumoto）和佐藤（Sato）等使用热丝化学气相沉积法合成了金刚石薄膜。1986年，日本学者北浜（Kitahama）用激光辅助化学气相沉积法合成了金刚石薄膜。1988年，日本发明家广濑洋一发明了燃烧火焰沉积法（简称"火焰法"），并首次在大气压下合成金刚石薄膜。该方法以乙炔为碳源气体，以氧气为助燃气体，相互混合燃烧生成金刚石薄膜。同年，栗原（Kurihara）用直流电弧等离子喷射化学气相沉积法合成金刚石薄膜。1989年，三津田（Mitsuda）用微波等离子体化学气相沉积法合成金刚石薄膜。同年，中国工程师郑周在常压条件下，用火焰法合成金刚石薄膜。1994年，美国阿贡（Argonne）国家实验室的格伦（Gruen）博士通过这种方法采用C_{60}也合成了金刚石薄膜。1999年，美国ASTEX公司成功研制出75kW、915MHz频率的微波等离子体装置。1993年和1997年，我国相继研制成功了800kW的天线耦合石英钟罩式和5kW的不锈钢腔体天线耦合式微波等离子体装置。

1989年

中国颁布《化工企业爆炸和火灾危险环境电力设计规程》　1983年，中国颁布了《爆炸和火灾危险场所电力装置设计规范》（GBJ58-83）。1989年3月18日，中国化学工业部颁布了《化工企业爆炸和火灾危险环境电力设计规程》（HGJ21-89）（以下简称《规程》）。本《规程》是由化学工业部电气设计技术中心站提出，中国寰球化学工程公司编制，化学工业部批准颁布施行的设计标准。其内容包括：总则、气体或蒸汽爆炸危险环境、粉尘爆炸危险环境和火灾危险环境四部分，并附有两个附录，一个参考件及一个编制说明。本《规程》的颁布进一步规范了化工企业的操作规范，规避了很多爆炸和火灾等灾难。1992年，化学工业部又颁布了《爆炸和火灾危险环境电力装置设计规范》（GB50058-92）（以下简称《规范》）。该《规范》对以往的《规范》内容进行了修订。其修订的主要内容有：爆炸性气体环境、爆炸性粉尘环境、火灾危险环境的危险区域划分，危险区域的范围，电气设备的选型等。

1990年

通用电气公司［美］合成具有特殊物理性质的宝石级钻石　人造钻石是由直径10～30nm的钻石结晶聚合而成的多结晶钻石。1796年，英国科学家坦特南（Tennant，Smithson）首次揭示钻石是由纯碳构成的宝石，从此人类开始研究合成钻石。1953年，瑞典通用电机公司利安德（Liander）等人使用压力球装置，生产出了40颗钻石小晶体，但未正式对外宣布。1955年，美国通用电气公司邦迪（Bundy，F.P.）等人采用静压熔媒法合成了钻石。1961年，南非戴比尔斯公司用外延生长技术生产合成钻石。1970年，美国通用电气公司合成了克拉级（大于5mm）的宝石级钻石。1971年，苏联研究人员也合成出了宝石级钻石。1985年，日本住友电气工业公司合成了黄色宝石级钻石。1987年，南非戴比尔斯公司在高温高压条件下采用温差法合成出了11.14克拉的宝石级钻石；1990年合成了质量很好的钻石单晶；1992年合成了38.4克拉的世界最大的工业级钻石。1990年，俄罗斯利用分裂球法（或称BARS法）合成钻石。同年，美国通用电气公司合成出了具有特殊物理性能的宝石级钻石。

这表明钻石合成技术取得了新发展。

1991年

中国"863计划"工作会议召开 国家高技术研究发展计划（以下简称"863计划"）是以政府为主导、以一些有限的技术领域（生物技术、航天技术、信息技术、激光技术、自动化技术、能源技术、新材料技术、海洋技术等）为研究目标的一个基础研究的国家性计划。1983年，美国提出的战略防御倡议（星球大战计划），欧洲提出的尤里卡计划，日本提出的科学技术振兴政策等，对世界高技术大发展产生了一定的影响。1986年，王大珩（1915—2011）、王淦昌（1907—1998）、杨嘉墀（1919—2006）、陈芳允（1916—2000）四位科学家向国家提出要跟踪世界先进水平、发展中国高技术的建议。经过邓小平批示，国务院批准了《高技术研究发展计划（"863计划"）纲要》。1991年，在"863计划"实施5周年之际，国家科委在北京召开了"863计划"工作会议，回顾了"863计划"实施5年来所取得的成绩，总结了计划实施过程中所取得的有益经验。邓小平为"863计划"实施5周年做重要题词："发展高科技，实现产业化。""863计划"的实施，为中国在世界高科技领域占有一席之地奠定了基础。

陶斯特［美］提出"原子经济性"概念 原子经济性是指在化学品合成过程中，合成方法和工艺应被设计成能把反应过程中所用的所有原材料尽可能多地转化到最终产物中，以实现化学废物的"零排放"，最大限度地利用资源。1991年，美国斯坦福大学陶斯特（Trost，B.M.）教授针对传统上仅用经济性衡量化学工艺是否可行的做法，提出了"原子经济性"概念。他主张用一种新的标准——选择性和原子经济性——评估化学工艺过程，注重化学反应中究竟有多少原料的原子进入了产品之中。理想的原子经济反应是原料分子中的原子百分之百地被转变成产物，不产生副产物或废物，实现废物的"零排放"。目前，在有机原料的生产中，有的采用了原子经济反应，如丙烯氢甲酰化制丁醛、甲醇羰化制醋酸、乙烯或丙烯的聚合、丁二烯和氢氰酸合成己二腈等；有的已由二步反应改成一步的原子经济反应，如环氧乙烷的生产，原来是通过氯醇法二步制备，但在发现银催化剂后，改为乙烯直接氧化成环氧乙烷的原子经济反应。1998年，陶斯特获得了美国"总统绿色化学挑战年度奖"学术奖。

1992年

中国第一根电路级硅单晶拉制成功 硅单晶是呈单晶体的半导体硅材料。它按工艺方法可分为直拉硅单晶（CZ-Si）、区熔硅单晶（FZ-Si）、磁拉硅单晶（MCZ-Si）；按用途可分为电路级硅单晶、探测器级硅单晶等。1918年，波兰科学家柴可拉斯基（Czochralski）发明了直拉晶体生长技术。1955—1965年，商业化硅单晶的生产促进了集成电路产业的发展。1979年，上海有色金属研究所自行设计制造了中国第一台DL-78型大容量大直径硅单晶炉。1980年，上海第二冶炼厂等单位试制成功NTD区熔硅单晶。1982年，上海第二冶炼厂引进美国的CG-2000RC型直拉硅单晶炉，拉制出了直径为125毫米的硅单晶。1992年10月24日，中国第一根直径150毫米、重32千克的电路级硅单晶在北京国家半导体工程中心拉制成功，这标志着中国超大规模集成电路用基础材料的生产取得重大突破。

日本建造第一艘超导船下水试航 1911年，荷兰物理学家卡昂内斯（Onnes, Heike Kamerlingh 1853—1926）发现将汞冷却到-268.98℃时，汞的电阻突然消失。后来，他又发现许多金属和合金都具有与汞相类似的低温下失去电阻的特性，他称之为"超导态"。他因这一发现获得了1913年诺贝尔物理学奖。1935年，德国人伦敦兄弟提出了超导电性的电动力学理论。1986年，美国国际商用机器公司的科学家柏诺兹（Bednorz, J.G. 1950— ）和缪勒（Müller, K.A. 1927— ）首先发现钡镧铜氧化物是高温超导体。1987年，北京大学成功地用液氮进行超导磁悬浮实验。同年，日本铁道综合技术研究所的"MLU002"号磁悬浮实验车开始试运行。1991年，日本住友电气工业公司展示了世界上第一个超导磁体。同年，日本原子能研究所和东芝公司共同研制成核聚变堆用的新型超导线圈。1992年，日本船舶和海洋基金会建造了第一艘超导船"大和"1号在日本神户下水试航。超导船由船上的超导磁体产生强磁场，船两侧的正负电极使水中电流从船的一侧向另一侧流动，磁场和电流之间的洛伦兹力驱动船舶高速前进。这种船舶可能引发船舶工业的一次革命。同年，美国建成了以巨型超导磁体为主的超导超级对撞机特大型设备并投入使用。2001年，清华大学研制并建成了第一条铋系高温线材生产线。同年，香港科技大学成功开发出全球最细的纳米超导线。

1993年

中国化学工业部颁发《化工装置设备布置设计规定》　1993年5月3日，中国化学工业部颁发了《化工装置设备布置设计规定》（HG20546.2-92）（以下简称《规定》）。该《规定》由化工部工艺配管设计技术中心站负责管理，化工部工艺配管设计技术中心站组织有关设计院制定，化工部工程建设标准编辑中心负责出版发行。同年7月1日，该《规定》经审查后，作为化工行业标准开始在实行国际通用设计体制和方法的工程设计项目中实施。该《规定》旨在推行国际通用设计体制和方法，从设备布置图画法、分区索引图的编制、设备安装图的编制、设备布置图图例及简化画法和设备布置图用缩写词等方面做了明确规定。该《规定》使得化工装置设备布置设计有了明确的编制规范。

1994年

苏尔寿公司［法］开发新型填料塔　填料塔是以塔内的填料作为气液两相间接触构件的传质设备。1914年，拉西环（Raschig ring）填料塔问世，标志着填料塔进入了科学发展的年代。它是一种具有内外表面的环状实壁填料塔，有较大的表面积，但由于气体通过能力低，阻力也大，液体到达环内部比较困难，因而湿润不易充分，传质效果差。1937年，斯特曼填料塔出现，使填料和填料塔进入了现代发展时期。1951年，英国人丹克沃茨（Danckwerts，P.V.）改进渗透理论提出了"表面更新理论"。1966年，用于分离水和重水的第一个苏尔寿填料塔在法国投产。1970年，我国建成了第一座金属丝网波纹填料塔。1972年，法国苏尔寿公司建造了12个CY型填料塔，并已成功运转。1980年，阶梯环填料塔试验成功。1986年，填料塔取代了浮阀塔。1987年，天津大学研究开发了"具有新型塔内件的高效填料塔"技术。1988年，将酚精制抽提塔改成新型填料塔，将转盘塔改成阶梯环填料塔。

1994年，法国苏尔寿公司开发了一种结构新颖、多通道的优流规整Optiflow填料塔。

1995年

大连化学物理研究所［中］开发SDTO工艺 SDTO（Syngas/Dimethyl to Olefins）工艺，即合成气经由二甲醚制低碳烯烃。20世纪80年代初，中国科学院大连化学物理研究所开始研究甲醇制烯烃。在"七五"期间，他们完成了300t/a装置中试，采用固定床反应器和中孔ZSM-5沸石催化剂，并于20世纪90年代初开发了SDTO工艺。SDTO工艺包括两个阶段。第一阶段是在固定床中将合成气转化为二甲醚。采用金属-酸双功能催化剂SD219-2，反应温度240℃±5℃，压力3.4~3.7MPa，气体时空速率1000h^{-1}，连续平稳操作1000h，二甲醚选择性95%，CO单程转化率75%~78%。第二阶段是将二甲醚转化为低碳烯烃。采用的催化剂是基于SAPO-34的D0123催化剂，模板剂（是指在催化剂制备过程中起成型作用的物质，它分为阳离子模板剂、阴离子模板剂和中性模板剂）用三乙胺或二乙胺。1991年，SDTO工艺被列为国家"八五"重大科技攻关项目。1995年，完成该过程的流化床反应工艺的中试试验，年底通过了国家计委委托中国科学院组织的验收和鉴定，达到了当时的国际先进水平。1996年，SDTO工艺获得中国科学院科技进步特等奖。

葛兰素-威尔康姆集团［英］成立 英国葛兰素公司和威尔康姆公司均诞生于19世纪80年代。20世纪90年代以来，世界医药工业结构调整频繁，产生了一系列的并购案。1995年，英国的葛兰素制药集团兼并威尔康姆公司，组成葛兰素-威尔康姆集团，加强了对抗病毒药物和肠胃药物的垄断地位，提高了心血管药物市场竞争力，从而使药品销售额超过德国默克公司跃居世界首位。2000年，葛兰素威康（Glaxo Wellcome）和史克必成（Smithkline）联合成立了葛兰素史克公司（GlaxoSmithKline，简称GSK），它被称为唯一的世界卫生组织确定的三大全球性疾病——疟疾、艾滋病和结核病同时研制药物和疫苗的公司。在过去70多年里，葛兰素史克公司有五位科学家获得了诺贝尔生理学或医学奖。他们分别是：1936年，威康公司的亨利·戴尔（Dale, Sir Henry Hallett 1875—1968）因在神经刺激的化学传导方面的研究而荣获诺贝尔生理学或医学奖；1892年，威康研究实验室约翰·文（Wen，John）及另两位科学家因在前列腺素及相关生物活性物质方面的发现而荣获诺贝尔生理学或医学奖；1988年，威康公司格特鲁格·埃利恩（Elion，Gertrude Belle 1918—1999）、乔治·希切斯（Hitchings，George Herbert 1905—1998）与曾在威康基金会和史克实验室任职的詹姆斯·布莱克（Black，James 1924—2010）因发现药物治疗的重要原则而共同荣获诺贝尔生理学或医学奖。

1996年

美国设立"美国总统绿色化学挑战奖"　美国总统绿色化学挑战奖（Presidential Green Chemistry Challenge Award）是美国国家级奖励，奖给学校或工业界已经或将要通过绿色化学显著提高人类健康和环境的先驱工作，得奖者可以是个人、团体和组织。该奖励集中在三个方面。一是绿色合成路径，包括使用绿色原料、新的试剂或催化剂以及利用自然界的工艺过程、原子经济过程等。二是绿色反应条件，包括低毒溶剂取代有毒溶剂、无溶剂反应条件或固态反应、新的过程方法、消除高耗能/高耗材的分离纯化、提高能量效率等。三是绿色化学品设计，包括用低毒物取代现有产品、更安全的产品、可循环或可降解的产品、对大气安全的产品等。该奖项分五项：绿色合成路径、绿色反应条件、绿色化学品设计、小企业奖、学术奖。每个奖项奖给一个项目，后两个奖项的内容可以是上面三个方面的任一方面。1996年，美国在华盛顿国家科学院颁发了第一届奖项。首届奖项由4个公司和1位教授获得，并有67项绿色化工技术列名。该奖项迄今已经颁发了16届。这是世界上首次由一个国家的政府出台的对绿色化学实行的奖励政策，其目的是通过将美国环保局与化学工业部门作为环境保护的合作伙伴的新模式来促进污染的防止和工业生态的平衡。2015年，第20届"美国总统绿色化学挑战奖"在华盛顿揭晓。该奖授予了朗泽科技公司。该公司因开发出一种微生物发酵工艺将来自钢铁厂和其他工业废气中的一氧化碳和二氧化碳转化为诸如乙醇等燃料和2，3–丁二醇等大宗化学品而赢得该奖。

邹远东［中］发明"酶法多肽"技术　酶法多肽是蛋白质工程、酶工程和生物工程三项高科技的非同一般或非一般高科技所能比拟的高科技产品。

它被服食进入循环系统和人体组织以后，能刺激机体的免疫系统发生特异性免疫反应。传统获得肽的方法有很多，如酸法（用强酸催化蛋白质获得多肽，此法具有投资多、污染大等缺点）、碱法（用强碱催化蛋白质获得多肽，此法与酸法相似）、电法（通过电解蛋白质获得多肽，此法无明显优势）、人工嫁接法（通过精细化工生产出的氨基酸有选择地进行定向嫁接获得多肽，此法需用机器操作，产量大，生产出的多肽无活性且生理功能不明显）、基因表达法（从动物的血液或组织分离提取获得多肽药物，如胸腺素、干扰素等）。酶法则是用生物酶催化蛋白质的方法，用酶法获得的多肽叫作“酶法多肽”。酶法较酸法、碱法、电法等温和、环保，生产工艺简易，投资少、见效快，适宜工业化生产。酶法获得多肽，分子量易控制，产品自身富有绿色属性。1996年，中国著名多肽科学家邹远东（1950—　　）以野生苦瓜粉为原料，运用科学配方合成复合芳香植物蛋白酶，再对复合底物进行催化，获得分子量500～175、均由2～6个氨基酸组成的苦瓜寡肽。它是天然苦瓜有效成分的精华、浓缩、高效品，是糖尿病人群的理想的口服食品，被称为“植物胰岛素”。武汉九生堂生物工程有限公司运用“酶法多肽”技术生产苦瓜寡肽。邹远东先后申报了49项“酶法多肽”系列发明专利，荣获“中国发明创业奖”。中国中央主流媒体将他的业绩作为中国自主创新的重大典型予以报道。他的酶法多肽理论和学说，正引领着世界“生物活性肽”领域的发展方向，在他的酶法多肽理论影响及推动下，酶法多肽已在世界范围内形成了一大产业，并得到蓬勃发展。他被世人称为“酶法多肽之父”。

1997年

克莱斯勒汽车公司［美］开发出从汽油中直接提取氢的技术　1766年，英国化学家卡文迪什（Cavendish，Henry 1731—1810）最先把氢气收集起来并进行认真研究。1787年，法国化学家拉瓦锡（Lavoisier，A.L. 1743—1794）正式提出氢是一种元素。氢的工业制取方法主要有水煤气法、电解法、烃裂解法、烃类蒸汽转化法等。实验室里主要通过锌与稀硫酸反应制取氢。氢气提纯方法主要有：低温吸附法、低温液化法、高压催化法、高压吸附法、金属氢化物净化法、钯膜扩散法、中空纤维膜扩散法和变压吸附法等。1997

年，美国克莱斯勒汽车公司开发出了从汽油中直接提取氢的技术。该技术能够将汽油分离成水和氢，燃料电池再利用氢与氧之间的化学反应产生电能。只要在一辆汽车上安装若干个燃料电池，其产生的电能就足够驱动汽车发动机、空调等设备。该技术使燃料电池型电动汽车有可能提前10年成为现实。

中国制定"973计划"　　1997年6月4日，国家科技领导小组第三次会议决定制订和实施国家重点基础研究发展计划（简称"973计划"）。随后，由科技部组织实施了这一计划。该计划的战略目标是：加强原始性创新，在更深的层面和更广泛的领域解决国家经济与社会发展中的重大科学问题，以提高我国自主创新能力和解决重大问题的能力，为国家未来发展提供科学支撑。该计划的主要任务包括四个方面。一是紧紧围绕农业、能源、信息、资源环境、人口与健康、材料等领域的国民经济、社会发展和科技自身发展的重大科学问题，开展多学科综合性研究，提供解决问题的理论依据和科学基础。二是部署相关的、重要的、探索性强的前沿基础研究。三是培养和造就适应21世纪发展需要的高科学素质、有创新能力的优秀人才。四是重点建设一批高水平、能承担国家重点科技任务的科学研究基地，并形成若干跨学科的综合科学研究中心。该计划的主要研究领域包括：农业、能源、信息、资源环境、人口与健康、材料、综合交叉、重要科学前沿、蛋白质研究、量子调控研究、纳米研究、发育与生殖研究、干细胞研究等。"973计划"对国家的发展和科学技术的进步起到了重要推动作用，其主要体现在：显著提升了中国基础研究水平；促进基础研究与国家目标相结合，解决国家战略需求中的关键科学问题；引领行业理论和技术的发展，促进企业创新能力的提高；凝聚和培养了一批优秀人才，形成了一批创新团队。2016年2月16日，科技部发布了国家重点研发计划首批重点研发专项指南。这标志着整合多项科技计划的国家重点研发计划正式启动实施。

1998年

中国石油天然气集团公司和中国石油化工集团公司成立　　1983年7月7日，中国石油化工总公司成立。1988年9月17日，中国石油天然气总公司成立。1998年3月16日，国务院机构改革方案提出组建成两个特大型石油石化企业集团和若干大型化肥、化工产品公司。1998年5月26日，中国石油天然气总公司和中国石油化工总公司划转企业交接协议签字仪式在国家石油和化学工业局举行。根据协议，两大公司从1998年6月1日起，正式被划入企业行使管理权。两大公司经协商确定，将中国石油化工总公司所属的大庆石油化工总厂等19家石化企业划转给中国石油天然气总公司；将中国石油天然气总公司所属的胜利石油管理局等12家石油企业划转给中国石油化工总公司。1998年7月27日，中国石油化工集团公司（Sinopec Group，简称中国石化集团）和中国石油天然气集团公司（China National Petroleum Corporation，简称中国石油集团）成立大会在北京人民大会堂隆重举行。这是新中国成立以来中国石油工业最大的一次调整，成为我国石油化工发展史上一个新的里程碑。

1999年

中国科学院金属研究所制备单壁碳纳米管　碳纳米管（carbon nanotube）又名"巴基管"，它是由碳原子形成的石墨烯片层卷成的无缝、中空的管体。它分为单壁碳纳米管和多壁碳纳米管。单壁碳纳米管由一个单层的石墨片卷积而成；多壁碳纳米管由多个单壁碳纳米管同心叠套而成。1890年，人们发现含碳气体在热的表面上能分解形成丝状碳。1953年，人们发现CO和Fe_3O_4在高温反应时，会形成类似碳纳米管的丝状结构。20世纪70年代，新西兰科学家在研究中观察到碳纳米管的形成及其结构。1985年，英国科学家克罗托（Kroto，H.W.）和美国科学家斯莫利（Smalley，R.E.）、柯尔（Karl，R.F.）因共同发现C_{60}的结构于1996年荣获诺贝尔化学奖。1991年，日本电子公司（NEC）基础研究实验室的电子显微镜专家饭岛在用高分辨透射电子显微镜观察石墨电弧设备中产生的球状碳分子时，意外地发现了由管状的同轴纳米管组成的碳分子，从而揭开了碳纳米管研究的序幕。1993年，饭岛和白求恩（Bethune，D.S.）采用电弧法，在石墨电极中添加一定的催化剂，得到单壁碳纳米管。1997年，狄龙（Dillon，A.C.）发现单壁碳纳米管可储存氢、甲烷等气体。单壁碳纳米管通常用电弧放电法、激光蒸发法和有机碳氢化合物热解法、化学气相沉积法等方法制备。1999年，中国科学院金属研究所成会明博士带领的研究小组采用与众不同的等离子体氢电弧法半连续大量制备出了纯度较高、平均直径为1.85纳米的单壁碳纳米管，经适当处理，可在室温下把较多的氢储存起来，从而解决了这一世界性需求的难题，被认为是迄今为止该领域最令人信服的结果。2006年，南开大学通过纳米技术在催化剂的设计、制备、煅烧等几个环节控制氧化剂的形态、构型、晶型及反应条件，控制单壁碳纳米管的直径和结构，其合成高纯度单壁碳纳米管的技术已具备产业化能力，可大批量生产质量稳定的单壁碳纳米管。

2000年

黑格［美］、麦克迪尔米德［美］和白川英树［日］因发现导电塑料获诺贝尔化学奖　1862年，美国化学家莱斯比（Letheby，H.）在硫酸中进行苯胺的阳极氧化时，得到一种具有部分导电性的物质。1958年，意大利化学家纳塔（Natta，Giulio 1903—1979）曾用$TiCl_4$、$TiCl_3$或$Ti(OR)_4$与AlR_3组合的催化剂使乙炔聚合首次制得聚乙炔。1970年，日本化学家白川英树（1936—　）先将催化剂$Ti(OBu)_4$/$AlEt_3$（Ti浓度约为3mmol/L，Al/Ti约为3～4mmol/L）溶于甲苯，制成膜；然后，利用乙炔气体的分压来控制它在催化剂膜上聚合速率合成聚乙炔。他被美国加利福尼亚大学圣巴巴拉分校教授艾伦·黑格（Heeger，A.）和美国宾夕法尼亚大学教授麦克迪尔米德（MacDiarmid，Alan Graham）邀请到美国进行合作研究，发现通过碘蒸气氧化方法能使样品的导电程度增加一千万倍。1977年，他们共同发表了研究论文；2000年10月10日，他们共同获得诺贝尔化学奖。导电聚合物研究开辟了基础研究与应用研究相结合的新领域，也开启了塑料电子学的新时代。

参考文献

［1］北京化工学院化工史编写组.化学工业发展简史［M］.北京：科学技术文献出版社，1985.

［2］中国大百科全书总编辑委员会《化工》编辑委员会.中国大百科全书：化工卷（第1版）［M］.北京：中国大百科全书出版社，1987.

［3］I an McNeil. An Encyclopedia of the History of Technology［M］. London：Routledge，1990.

［4］中国大百科全书出版社编辑部.中国大百科全书：化学卷［M］.北京：中国大百科全书出版社，1992.

［5］卢嘉锡，等.彩色插图中国科学技术史［M］.北京：中国科学技术出版社，1997.

［6］卢嘉锡.中国科学技术史：化学卷［M］.北京：科学出版社，1998.

［7］中国大百科全书总编辑委员会.不列颠百科全书：20卷［M］.北京：中国大百科全书出版社，1999.

［8］［英］辛格，等.技术史：7卷［M］.上海：上海科技教育出版社，2005.

［9］陈歆文.中国近代化学工业史［M］.北京：化学工业出版社，2006.

［10］中国大百科全书总编辑委员会.中国大百科全书（第2版）［M］.北京：中国大百科全书出版社，2009.

［11］夏征农，等.辞海（第6版）［M］.上海：上海辞书出版社，2009.

［12］凌永乐.化工史话［M］.北京：石油工业出版社，2011.

事项索引

1826，1863，1878，约1885，1897，1901

丁醇　1913，1936，1953，1963

丁二烯　1910，1928，1930，1931，
1933，1935，1937，1939，1943，
1954，1974，1991，1966

丁腈橡胶　1935

丁钠橡胶　1900，1910，1928，1931

杜邦公司［美］　1802，1863，约1885，
1906，1912，1928，1930，1931，
1934，1937，1939，1941，1943，
1945，1950，1951，1953，1957，
1958，1959，20世纪50年代中后期，
1960，1961，1967，1972，1975，
1977，1980，1988

对苯二甲酸　1953，1958，1970

E

俄亥俄标准石油公司［美］　1960

二甲基二硫代氨基甲酸盐类杀菌剂　1934

二氧化铬磁粉　1967

二氧化钛　1874，1923，1959

F

发酵技术　B.C.25—B.C.15世纪，1913

发烟硫酸　1875，1913，1917，1941，1943

法本拜耳公司［德］　1949，1958，1960，
1961

法本公司［德］　1863，1884，1900，
1912，1913，1914，1926，1928，
1930，1931，1934，1935，1937，
1939，1941，1943，1945，1946，
1950，1953，1960，1964

反应性染料　1924，1926，1956，1958

芳香族聚酰胺纤维　1972

防水胶布　1823，1912

房舍和神庙　约B.C.6000年

非对称性反渗透膜　1960

非离子表面活性剂　1930

菲泽公司［美］　1943

肥皂　12世纪，1788，1856，1875，1917，
1936

费尔斯通轮胎［美］　1960，1964

费托合成技术　1923，1933

分散染料　1922，1956，1958

分子的四维分类法　1982

芬斯克方程　1932

酚醛系离子交换树脂　1939

粉体技术课程　1960

蜂窝式炼焦炉　约17世纪，约1860，1925

氟利昂　1931，1945

氟橡胶　1958

福特汽车公司［美］　1952，1961

抚顺石油二厂［中］　1965

抚顺石油化工公司［中］　1970

复合肥料　1920，1980

G

甘肃油矿局［中］　1941

感光树脂　1958

干性漂白粉　1799

刚果红　1884

高纯盐酸　1625

高分子线链型学说　1920

高级脂肪酸工业化装置　1936

格雷斯公司［美］　1942

格里斯海姆电子公司［德］　1912，1940，

J

人名索引

布兰德 Brande，W.T.［英］ 1819

布卢姆 Bluhm，M.F.［美］ 1968

布特列洛夫 Butlerov，A.M.［俄］ 1873

C

查比尔 Jābir，H.［阿拉伯］ 约8世纪，13—14世纪

曹本熹［中］ 1952

陈家镛［中］ 20世纪50年代中后期

陈调甫［中］ 1928

D

达比 Darby，A.［英］ 1709

大阿尔伯图斯 Albertus，M.S.［德］ 13—14世纪，16世纪

戴维 Davy，S.H.［英］ 1807

戴维斯 Davis，G.E.［德］ 1888，1901，1915，1923

丹克沃茨 Danckwerts，P.V.［英］ 1951

德雷贝尔 Drebbel，C.［荷］ 16世纪

德雷克 Drake，E.L.［美］ 1859

邓禄普 Dunlop，J.B.［英］ 1845，1888，1948

迪奥斯科里斯 Dioscorides，P.［古希腊］ 约1世纪

蒂尔潘 Turpin，E.［法］ 1885年

蒂利 Thiele，E.W.［美］ 1925，1934

蒂斯代尔 Tisdale，W.H.［美］ 1914，1934，1974

杜长明［中］ 1931

多马克 Domagk，G.［德］ 1935

E

恩弗多尔本 Unberdorben，O.［德］ 1826

F

法尔伯格 Fahlberg，C.［美］ 1879

范旭东［中］ 1876，1914，1917，1928，1937，1941

菲利普斯 Phillips，P.［英］ 1831，1911，1913

费歇尔 Fischer，F.［德］ 1923，1933

芬斯克 Fenske，M.R.［美］ 1932

弗拉施 Frasch，H.［美］ 1887

G

格劳贝尔 Glauber，J.R.［德］ 13—14世纪，15世纪，1625，1746，1902

格里科 Grieco，P.A.［美］ 1980

格里斯 Griess，P.［德］ 1858，1911

格洛弗 Glover，J.［英］ 1859

格斯纳 Gesner，A.［加］ 1854

固特异 Goodyear，C.［美］ 1823，1839，1912

顾毓珍［中］ 1932

广濑洋一［日］ 1988

郭慕孙［中］ 20世纪50年代末

H

哈伯 Haber，F.［德］ 1902，1909，1963

哈里斯 Harries，C.D.［德］ 1900

海厄特 Hyatt，J.W.［美］ 1869，1889

海尔蒙特 Helmont，J.B.［比］ 约17世纪

汉考克 Hancock，T.［英］ 1820，1823，1839，1912，1916

赫尔茨 Herz，G.C.［德］ 1922

黑格 Heeger，A.［美］ 2000

亨利-朗根 Henry-Langen，K.R.［美］

1959

侯德榜［中］ 1902，1919，1928，1932，
1941，1953，1958，1962

华克尔 Walker, W.H.［美］ 1915，1923

华生 Walson, K.M.［美］ 1947

惠特曼 Whitman, W.G.［美］ 1923，
1935，1951

霍夫曼 Hofmann, A.W.［德］ 1826，
1849，1856，1883，1897，1900

霍根 Hougen, O.［美］ 1947

霍普金斯 Hopkins, F.G.［英］ 1901

霍伊曼 Heumann, K.［瑞］ 1897

J

基恩尔 Kienle, R.H.［美］ 1790，1855，
1927，1961

吉梅 Guimet, J.B.［法］ 1831

吉南 Guinand, P.I.［瑞］ 1798

贾思勰［中］ 约533

姜圣阶［中］ 1964

蒋祈［中］ 13—14世纪

卡罗 Caro, H.［德］ 1865，1869

卡门 Karman, T.［美］ 1930，1932

卡斯特纳 Castner, H.Y.［美］ 1894

坎拉斯 Camras, M.［美］ 1947，1953

科恩 Cohen, J.B.［英］ 1909

科菲 Coffey, A.［爱］ 1830

科克伦 Cochrane, D.A.［英］ 1781

克尔纳 Kellner, C.［奥］ 1894

克兰普顿 Crampton, T.R.［英］ 1877，
1971

克劳斯 Claus, C.F.［英］ 1883

克里舍 Krische, W.［德］ 1899

克罗斯 Cross, C.F.［英］ 1892，1905

孔达科夫 Конякове, И.Л.［俄］ 1900，
1910

L

拉齐 Rāzi, A.M.Z.［波斯］ 约9世纪

拉瓦锡 Lavoisier, A.L.［法］ 1787，
1802，1807，1997

拉西 Raschig, F.［德］ 1914

赖希施泰因 Reichstein, T.［瑞］ 1933

劳斯 Lawes, J.B.［英］ 1842

普林尼 Pliny, E.［罗马］ 约B.C.1世纪

雷德曼 Readman, J.B.［英］ 1888

雷姆森 Remsen, I.［美］ 1879

雷尼 Raney, M.［美］ 1925

雷诺 Reynolds, O.［英］ 1883，1930

雷文斯克罗夫特 Ravenscroft, G.［英］
15世纪，1673

雷佩 Reppe, W.J.［德］ 1928

黎念之［美］ 1960，1968

李比希 Liebig, J.［德］ 1799，1826，
1840，1842，1849

李润田［中］ 1929

李时珍［中］ 16世纪，1910

里姆 Riehm, I.［德］ 1914，1934，1974

利特尔 Little, A.D.［美］ 1915

林正仙［中］ 1961

林德 Linde, C.［德］ 约B.C.6000，1876

列别捷夫 Лебелев, С.В［苏］ 1899，
1910，1931，1966

刘易斯 Lewis, W.K.［美］ 1915，
1923，1935，1951，1974

龙格 Runge, F.F.［德］ 1826，1834，

1875

伦德斯特姆 Lundström, J.E.［瑞］ 1855

罗巴克 Roebuck, J.［英］ 1746, 1859, 1911, 1913

培根 Bacon, R.［英］ 约3世纪, 1267, 13—14世纪

罗斯 Rose, H.E.［英］ 1960

洛 Rowe, F.M.［英］ 1924

洛布 Loeb, S.［美］ 1960

洛威 Lowe, T.S.［美］ 1875

吕布兰 Leblanc, N.［法］ 1788

M

马多克斯 Maddox, R.L.［英］ 1871, 1958

麦金托什 Macintosh, C.［英］ 1823, 1845, 1912

麦凯勃 McCabe, W.L.［美］ 1925

麦克迪尔米德 MacDiarmid, A.G.［美］ 2000

麦塞尔 Messel, R.［德］ 1875

梅热-穆里埃 Mege-Mouries, H.［法］ 1869

米尔斯 Miles, G.W.［美］ 1905

米奇利 Midgley, T.J.［美］ 1923, 1931

米亚尔代 Millardet, P.M.A.［法］ 1882, 1914

闵恩泽［中］ 1958

莫特 Mott, S.C.［英］ 约B.C.10世纪, 1912

默多克 Murdoch, W.［英］ 1792

穆瓦桑 Moissan, F.F.H.［法］ 1892

N

纳普 Knapp, F.L.［德］ 1847—1848

纳塔 Natta, G.［意］ 1953, 1954, 1955, 1963, 2000

纽兰德 Nieuwland, J.A.［美］ 1928, 1931

纽曼 Newman, J.S.［美］ 1973

诺贝尔 Nobel, A.B.［典］ 1863, 1865, 1867, 1875, 1887, 1891

诺顿 Norton, T.［英］ 15世纪

O

欧尼尔 Onell, J.A.［德］ 1928, 1947, 1953

P

帕克 Parker, C.W.［英］ 1888

帕克斯 Parkes, A.［英］ 1790, 1846, 1855, 1927, 1961

帕拉塞尔苏斯 Paracelsus, P.A.［瑞］ 约3世纪, 16世纪

佩尔蒂埃 Pelletier, P.J.［法］ 1820

珀金 Perkin, W.H.［英］ 1856, 1868, 1869, 1956

普范 Pfann, W.G.［美］ 1952

普林尼 Pliny, E.［罗马］ 约B.C.1世纪

Q

齐德勒 Aeidler, O.［德］ 1874

齐格勒 Ziegler, K.［德］ 1939, 1953, 1954, 1955, 1977

千畑一郎［日］ 1969

切赫 Cech, T.R.［美］ 1981

1906，1961

伊文斯 Ewins，A.J.〔美〕　1938

尹光琳〔中〕　1980

Z

张克忠〔中〕　1928

赵宗燠〔中〕　1949

泽蒂尔纳 Sertürener，F.W.A.〔德〕　1806

曾公亮〔中〕　远古至17世纪，1044

邹远东〔中〕　1996

朱亚杰〔中〕　1953

编后记

　　本书收录自远古至2000年为止的化工和非金属材料的重要事项。这部分事项分为远古至1900年、1901—2000年两部分。每部分前设有概述，简要地将这一时期的社会文化与科学技术情况做一介绍，之后的事项按时间顺序排列。书后附有事项索引和人名索引，事项索引和人名索引中所编写的事项和人名仅指每个条目中的事项和人名，没有编写条目中所涉及的事项和人名；每个事项和人名后标注其出现的年代。

　　本书的编写除了参考"参考文献"中的文献以外，还参考了"百度百科""百度文库""豆丁网""互动百科""维基百科"等网站中所转载的文献资料，在此一并致谢！本书插图主要选自本部分的参考文献和谷歌、维基、百度网站。

　　本书由张明国进行全书的规划、事项的选定和统、校、定稿。侯茂鑫、王一珉、吴东霞参与了编写初稿工作。虽然我们已经尽了努力，但是由于全书涉及的内容广泛，新技术又层出不穷，加之我们专业水平有限，差错不足之处在所难免，恭请读者批评指正。

轻工纺织

概述

（远古—1900年）

　　轻工、纺织技术的发展与人们的生活生产和消费意识密切相关，它随着人们生存、发展和生活需求而变化。其过程是从低级到高级，从实用到鉴赏。一些产品的出现从仅为满足实用开始，而后发展到与艺术相结合。最典型的例子莫过于人们生活中不可或缺的日用品——陶瓷。纵观人类文明史，类似于陶瓷这种集功能和美学价值于一身，对人们生活有着深远影响的技术发明和创造，不可记数。由于涉及的时间过于绵长，轻工、纺织技术涵括的内容又过于庞杂，下面仅对远古至19世纪期间陶瓷、造纸、印刷、纺织技术的起源和发展作一些简单的回顾。

1. 陶瓷

　　陶瓷是陶器与瓷器的统称，是用陶土或瓷土经捏制成形后烧制而成的器具。"陶"与"瓷"并称，反映了这两类器物之间的联系与区别。

　　在人类早期文化发展史中，作为人类社会的重大发明，并推动文化巨大进步的，乃是以陶器的发明和出现为重要标志。然而关于陶器的起源，学术界有各种各样的见解和观点，多数人认同的观点是：陶器是随着史前人类进入新石器时代而出现的，制陶的发明与人类开始定居生活以及与火的使用有密切的关系，泥土或黏土经火焙烧后而变硬，促使原始先民有意识地用泥土制作并焙烧成所需要的器物。新石器时代早期的陶器在世界各地多有发现，说明陶器之发明是多中心的。最古老的陶器至少在16000年前就已出现，而在中国江西仙人洞文化遗址发现的陶器罐碎片，则是迄今发现的最古老的陶制容器，其烧制年代距今约有15000年。日本早期绳文人约在B.C.10500年也制造陶器罐。有迹象显示北非的陶器在距今约10000年前独立发展出来，而南美的陶器则是在距今约7000年前。

最早的陶轮在B.C.6000—B.C.4000年间，在美索不达米亚地区出现。在中国的贾湖文化（B.C.5500—B.C.3000年）时期，也发现了使用陶轮的痕迹，在同一时期，还出现了黑陶和彩陶。陶轮的发明，为陶器的生产带来革命性变化。陶器匠人可以在相同的时间内制造出更多的产品，以满足发展的需要。黑陶和彩陶的出现，说明人们已不再满足陶器单一的实用性用途，对用它点缀生活情趣也有了更高的追求。

在随后的几千年里，随着人类文明的进步，世界各地的制陶技术均有很大发展，陶器产品增加，质量也大为提高。以中国为例，陶器匠人选择含硅量较高的瓷土为原料，发明和发展了石灰釉；升焰窑技术也有了提高，发明的半倒焰式馒头窑和平焰式龙窑使窑温明显增高；泥条筑成法和拉坯造型等制作方法更为娴熟，出现了陶俑、上釉彩陶和一些大型陶塑制品。

大约3500年前，在中国开始了由陶器向瓷器的演变，出现了原始瓷。一般认为，瓷土选择技术的进步、高温釉的发明和筑窑技术的提高，是由陶向瓷转化的三个关键环节。今所见原始瓷多为青釉，只有少数黑釉。这种瓷器原料处理欠精，烧结程度稍差，不过胎体坚硬，火候高，不吸水或基本不吸水，表现出瓷的原始性和过渡性，与现在意义上的瓷器有很大的不同，所以一般称其为"原始瓷"。真正意义上的瓷器出现在2世纪晚期，在当时的中国浙江、江西、河南、河北等地都曾烧制青釉瓷器。这种青瓷表面施有青色釉，是中国古代最主要的瓷器品种。其色调的形成，主要是胎釉中含有一定量的氧化铁，在还原性气氛中焙烧所致。有些青瓷因含铁不纯，还原气氛不充足，色调便呈现黄色或黄褐色。青瓷的出现，标志着一个由量变到质变的过程，完成了从陶器到瓷器的飞跃。

7世纪时，中国的瓷器已发展成青瓷、白瓷等以单色釉为主的两大瓷系，并产生刻花、划花、印花、贴花、剔花、透雕、镂孔等瓷器花纹装饰技巧，历史上一些著名的瓷系也在这个时期开始创烧。到10—13世纪时，中国的瓷器产业迎来了发展高峰，名瓷名窑遍布大半个中国，处处可见瓷器。

2. 造纸

文字发明后，先人利用文字将他们对自然的认识记录下来，供后人学习和继承。文字需要载体，纸张出现以前，人类所选用的记事载体可谓五花八门，石头、树叶、树皮、兽皮、兽骨、纺织品等都被使用过。

早在约B.C.5100年时，埃及人就把一种喜欢生活在沼泽中的植物——纸草，作为文字的载体使用。罗马作家老普林尼（23—79）曾在其《自然史》中记叙了制作纸草纸的过程。大英博物馆现藏有埃及文字和图画的纸草纸多种，呈黑褐色，大部分具有千年以上历史，其中最久远的距今约5100年。

在B.C.14—B.C.11世纪，中国人把文字契刻在龟甲或兽骨上。在不晚于11世纪时，开始把文字契刻在竹或木片制成的简牍上。此时，一种平纹丝织品缣帛，也被用作书写文字的材料，不过因其价格昂贵，非一般人可以承受，故远不如简牍使用普遍。汉代造纸术发明后，简牍在很长一段时间内仍被使用，直到404年，东晋桓玄帝下令废简用纸后，才彻底退出历史舞台。

在B.C.300年左右，欧洲人就已开始用某些动物皮，经拉伸、修薄、干燥、整平等处理后制成的薄片状材料，即"羊皮纸"做书写材料。据说埃及托勒密王朝（B.C.305—B.C.30年）为了阻碍帕伽马在文化事业上与其竞争，严禁向帕伽马输出埃及的纸莎草纸，于是帕伽马人开始使用羊皮纸。B.C.170年左右，帕伽马国王欧迈尼斯二世率先使用羊皮纸。羊皮纸的英文名称"Parchment"就是由这个城市的名字而来的。3—13世纪时，羊皮纸是欧洲最主要的书写文件材料。14世纪起逐渐被中国的纸所取代，但仍有些国家使用羊皮纸书写重要的法律文件，以示庄重。

上述材料，虽然也能记录文字，但有的来源有限，有的笨重，有的昂贵，有的不易存放，都不是理想的载体材料。2世纪时，中国出现了纤维纸。1957年，中国陕西省西安市东郊灞桥西汉墓出土了迄今所知最早的古纸，世称灞桥纸。发掘者依据部分伴出物，认为其年代不会晚于B.C.118年。经鉴定，该纸是以大麻和少量苎麻的纤维为原料制成的。制作技术较原始，质地粗糙，不便于书写。105年，中国湖南耒阳人蔡伦，借鉴已出现的造纸方法，重新设计了造纸工艺，利用树皮、麻头、废旧的麻布和渔网等作为原料，通过精工细作，终于造出了优质且适用于书写的植物纤维纸。自此以后，纸被迅速、广泛地推广开来，成为最主要的书写材料，蔡伦的造纸方法也随之传遍各地。

在中国各地普遍用纸不久，纸便被商人出口到其他国家，外国人知道了纸这种书写材料，但在很长的一段时间里，除中国周边的少数几个国家外，其他国家都不知道纸是如何制造，特别想学习造纸技术，也想了各种办法，但都没有成功。直到751年，一场战争使阿拉伯人得到了他们一直梦寐以求的技术，并在撒马尔罕建立了造纸场。793年，造纸术经撒马尔罕西传至伊拉克的巴格达，此后又传至大马士革和开罗。欧洲人是通过阿拉伯人了解造纸术的。最早生产纸的国家是一度被阿拉伯人统治的西班牙。自1150年阿拉伯人在西班牙建立了欧洲第一个造纸场后，1276年意大利有了纸场，1348年法国有了纸场，之后德国、英国等几个国家也有了自己的纸业生产。1575年，造纸术由西班牙人传至美洲大陆的墨西哥城，1690年又传至美国的费城。到19世纪时，加拿大的魁北克、澳洲的墨尔本，也先后设立了纸场。

造纸术传入欧洲后造纸行业开始逐渐走向机械化。在备料制浆方面：18世纪初，荷兰出现了打浆机，改变了捣捶成浆的工艺，这是造纸实现机械化的重要一步。1839年德国的皮特开始用蒸煮锅蒸煮破旧棉布制浆；1843年德国的克勒尔发明剥离木材纤维的磨木法制浆，并经弗尔特尔费时十年改进而获得成功；1851年英国的伯吉斯和美国的瓦特发明烧碱法木材制浆；1866年美国的蒂尔曼发明亚硫酸盐木材制浆技术；1884年德国化学家达尔又发明硫酸盐木材制浆技术。这些发明开辟了以木材作为造纸主要原料的道路。在制纸方面：1798年，法国人罗伯特取得手摇无端网造纸机的专利；1808年，由傅立叶兄弟出资，唐金负责设计，根据罗伯特抄纸机的基本原理，制造出世界上第一台以Fourdrinier命名的工业性长网造纸机。1809年，英国人迪金森试制成功圆网造纸机。到了20世纪初期，造纸机械已成为大型高产的产业机械。

3. 印刷

在早期的图文复制术中，与印刷术在工艺形态上较为接近的约有五种。

一是约5000年以前即已在陶器生产中使用的陶器模印法；二是约B.C.11世纪即已在车马器、礼器、铜镜等上面使用的铸型模印法；三是大约在B.C.11世纪开始出现的章印文字法；四是大约在1—2世纪出现的拓印法；五是约B.C.5世纪开始出现的纺织品型版印花技术。

这些方法的长期使用无疑给印刷术提供了直接的经验性的启示。在5—6世纪时，雕版印刷术在中国出现。及至7世纪，印刷术在中国得到推广。据记载，当时的佛教徒利用这种技术刻印了大量的佛教经典、佛像和宗教画。1966年，在韩国古都庆州佛国寺释迦塔遗址出土了木刻《无垢净光大陀罗尼经》。1900年，在中国甘肃敦煌石室发现的《金刚般若波罗蜜经》卷子，则是现知世界上最早的刻印有确切日期的雕版印刷品。

雕版印刷的发明，极大地促进了书籍的生产，然而雕版印刷的缺点非常明显，一般数载方能刻成印版，高昂的工本只有很少人可以承受，以致"人皆惮其工费，不能印造，传播后世"。1041—1048年，中国湖北英山人毕昇通过长期的亲身实践，在世界上首先创造了活字印刷术。这种方法克服了雕版印刷的弊端，缩短了出书时间，既经济又方便。毕昇发明的活字印刷术，是人类印刷事业发展史上的一次重大革命，对世界文明的发展有着极其深远的影响。

13世纪初，木活字在中国被大量使用。1298年，农学家王祯用自己所制木活字试印了大德《旌德县志》。此书约6万余字，不一月而百部印齐，质量"一如刊板"。王祯以后，木活字印书一直在中国流行。1773年，清政府用枣木刻成253500多个大小活字，先后印成《武英殿聚珍版丛书》138种，计2300多卷。大约13世纪末，用锡、铜和铅制成的活字出现。不过由于锡不容易受墨，印刷常遭失败，故未能推广。15世纪后，铜活字流行于江苏的无锡、苏州、南京一带，清代印刷的《古今图书集成》是中国古代规模最大的一部铜活字印书。

大约14世纪时，中国的印刷术传入欧洲。到14世纪末时，欧洲出现了大量雕版印刷品。1436年，德国人约翰内斯·古登堡受中国活字印刷的影响，发明了金属活字印刷技术，他的发明使得印刷品变得非常便宜，印刷的速度也提高了许多，为科学文化的传播提供了方便。后经不断改进，1450年金属活字已处于实用阶段，其间用大号字出版了《三十六行圣经》，字样为手抄本哥特体粗体字。1462年，德国美因茨遭到忠于拿骚大主教的军队进攻，印刷工逃离了这座城市，使金属活字技术扩散到德国其他城市乃至欧洲各国，此后，金属活字印刷逐渐成为欧洲印刷的主流。

在19世纪，印刷技术得到了空前发展。1811年，撒克逊印刷匠凯尼格制造出了世界上第一台平压圆印刷机。这种印刷机由墨斗供墨，并能自动给印版上墨，印刷速度非常快。1820年，英国印刷机制造商科普（Cope，R.W.）推出自己研制的阿尔比恩印刷机。与其他铁质印刷机相比，这种机器重量轻，操作简便，转印压力大，很多印刷厂都愿意使用这种机器。1838年，美国人戴维·布鲁斯发明了第一架实用的手摇铸字机。在布鲁斯的机器出现以前，一名工匠日铸大约40000个字，布鲁斯的机器使活字铸造量提升数倍。1846年，第一台轮转印刷机被成功制作出来，并安装在《费城公众纪事报》印刷所内。1875年，美国人巴克利取得了白铁皮印刷法的发明专利。这种印刷方法是采用有弹性的胶皮印刷表面来取代坚硬、无弹性的印刷表面，即先把图像压印或"粘印"到胶皮表面上，再从胶皮表面把图像转印到白铁皮上，然后再印到纸上。巴克利的方法开创了胶印的先河。1878年，生于波希米亚的克利克，运用前人发现的经铬酸盐处理的明胶具有感光硬化的特性，进行了碳素纸腐蚀制版研究，并制作出第一个实用性凹印滚筒。1885年，美籍德人默根特勒研制成功莱诺铸排机样机。这是世界上第一部自动行式铸排机，每小时能检排5000～7000个字母或符号，五倍于手工检排。它的出现，在印刷史上特别是报纸印刷史上开创了一个新纪元。

4. 纺织

原始的纺织技术出现在新石器时代，当时人类蔽体使用的原料仅限于野生动植物纤维，但不同地域的人们已逐渐集中选用少数具有良好纺织特性的动植物品种，而且已广泛采用简单的工具进行纺织加工，如纺坠、引纬器、原始织机等。新石器时代以后，手工纺织技术发展很快，并在约B.C.500年开始有了重大突破，各种手工纺织技术和机具相继出现。及至17世纪时，手工纺织技术日臻成熟。以中国为例，其时，纤维培育、加工、纺、织、染等全套纺织工艺已非常完善，多种手工纺织机具配套成具有复杂传动结构的机械体系。如原料和加工方面：大麻、苎麻、葛藤、蚕丝成为主要纺织原料，植物纤维加工已普遍采用沤渍和水煮；缫丝方面：建立了煮茧、索绪、集绪和络丝、并丝、加捻等一整套缫丝工艺，并使用效率非常高的缫车；纺纱方面：既有结构简单的纺车，也有结构复杂多至几十个锭子的大纺车；织造方面：不仅具备了杼、轴、综、蹑、机架等部件及结构相对较简单的织机，也有了部件达到几百个的大型复杂的提花机；印染方面：印染技术逐渐形成完整的工艺体系，而且在官办纺织手工业中，对染料的生产、加工以及各种染色工艺都有一定的标准规范，已能满足社会对服装美化及服用性能方面明确具体的要求；织品和织纹方面：品种大增，仅丝织物品种就有绡、纱、缟、縠、纨、绨、绮、罗、绒、锦、缂丝等数十多种，有些织物不仅具有实用价值，还兼具艺术性。

到18世纪时，手工纺织开始向动力机器纺织转变。在这个转变过程中，各种完善的纺织工作机构的发明促进了近代工厂体系的形成，纺织成为工业革命的领头行业。当时最具代表性的发明有：1733年英国发明家约翰·凯发明的飞梭。这项发明影响极为深远，极大地提高了织布效率，引发了纺、织两大工艺生产效率的不平衡性，甚至导致困扰英国家庭纺织手工业和纺织手工工场业30多年的纱荒，并进而引致珍妮纺纱机、水力纺纱机、骡机、水力织布机的相继发明。1738年英国人保罗设计了动力纺纱机。尽管保罗的机器在生产中不是很成功，但它的价值体现在后来根据其原理制造出的第一台令人满意的纺织机上。1764年英国纺织工匠哈格里夫斯制成以他女儿珍妮命名的纺纱机。这种纺纱机装有8个锭子，以罗拉喂入纤维条，适用于棉、毛、麻纤维纺纱，它的发明在一定程度上缓解了困扰纺织业多年的纱荒问题。1779年英国发明家克朗普顿成功研制了一种铁木结构的走锭纺纱机。这种机器兼具珍妮纺纱机和翼锭式罗拉纺纱机的特点，一个工人可以同时看管1000个锭子。直到50年代，这种机器才逐渐被环锭纺纱机所取代。1780年苏格兰人贝尔发明辊筒印花机。1785年，第一台六套色辊筒印花机在英国纺织业中心兰开夏安装使用。这种印花机可代替40个凸版印花工人的操作，不仅使劳动生产率大幅度提高，也为机器印花开辟了新的途径。迄今辊筒印花仍属主要印花方法之一。1785年英国发明家卡特赖特制成一台能完成开口、投梭、卷布三个基本动作的动力织机。由于卡特赖特缺乏纺织的实际经验，他研制的织机存在很多缺点，后经改进才臻于完善。但是，这种织机为织机自动化奠定了基础。1793年，美国发明家、机械工程师和制造商惠特尼根据美国棉籽的特点，吸收欧洲经验发明了轧棉机，顺利地解决了美棉棉籽和棉花分离的难题。轧棉机发明之后，一个劳动力一天分离的棉花比以前几个月都多，打破了当时美国棉植业生产发展的瓶颈，使美国棉植业迅速发展壮大。今天被称作轧棉机的装置，虽可一并完成干燥、清洗、打包等工序，但惠特尼发明的方法仍是其中的一个步骤。

19世纪时，纺织业最值得称道的是各种合成染料的发明。其中，1857年英国皇家学会有机化学家帕金将其发明的一种紫色染料苯胺紫正式投入生产，标志着合成染料工业的开端。1868年德国化学家格雷贝和利伯曼第一次成功地人工合成天然染料——茜素。虽然此合成路线过于复杂，反应物溴的价格又太昂贵，不能实现工业化生产，但两位科学家的研究成果，为实现人工合成茜素指明了方向。1869年德国巴斯夫公司（BASF）改进了格雷贝和利伯曼的发明，使合成茜素得以工业化生产。1871年合成茜素在市场上出现，很快取代了天然茜素。合成茜素生产技术的发明是合成染料工业发明史上的一个里程碑，它标志着合成染料时代的到来。1878年德国化学家拜耳以靛红为起点，使用三氧化磷、磷和乙酰氯等反应物成功地实现了靛蓝的合成。虽然拜耳设计的合成路线步骤过多，合成所需要的原料市场价格也偏高，难以形成工业化生产，但这一研究成果对实现靛蓝工业化生产有极其重要的价值。1897年德国巴斯夫公司（BASF）实现了人工合成靛蓝的大规模工业化生产，这是合成染料工业史上最伟大的成就之一，它的出现给传统蓝草种植业带来了毁灭性的打击。

约16000年前

中国北京周口店山顶洞人遗址中发现骨针和赤铁矿粉末 1930年，中国北京周口店山顶洞人遗址中发现了一枚保存基本完好的骨针和一堆赤铁矿粉末，以及用赤铁矿粉末涂成红色的石珠、鱼骨、兽牙等装饰品。骨针针尖圆锐，针孔是用尖状器挖制而成，针身圆滑略弯，长82毫米，直径3.1～3.3毫米，系刮削和磨制而成。骨针的出现，证明旧石器时代晚期的人已能用兽皮缝制衣服。此外，在另一处山顶洞人遗址中还出土有呈红色的系带孔。学者据此推测，系带是被赤铁矿粉涂过颜色。既然系带能被涂色，因此不排除山顶洞人当时也有可能用它涂绘御寒遮羞的兽皮或树皮。

陶器出现 在人类早期文化发展史中，作为人类社会的重大发明并推动文化巨大进步的，乃是以陶器的发明和出现为重要标志。然而关于陶器的起源，学术界有各种各样的观点和见解，多数人认同的观点是：陶器是随着人类进入新石器时代而出现的，制陶的发明与人类开始定居生活以及与火的使用有密切的关系，泥土或黏土经火焙烧后变硬，促使原始先民有意识地用泥土制作并焙烧成他们所需要的器物。新石器时代早期的陶器在世界各地多有发现，说明陶器之发明应是多中心的。

约15000年前

中国出现陶器 中国的制陶技术发明于14000—15000年前，依其发展状况，可分为四个阶段。首先是发明期，即新石器时代早期。出土陶器较早的遗址有多处，其中江西万年仙人洞和吊桶环（距今14000—15000年）出土了很多陶片，在仙人洞还发现了一个器形完整的陶罐。其次是发展期，约相当于新石器时代中期，出土遗址包括贾湖文化、裴李岗–磁山文化、大地湾一期等。第三是成熟期，相当于新石器时代晚期，即与仰韶文化相当的诸考古学文化。第四是提高创新期，相当于铜石并用时代。早期和中期陶器的基本特点是：器形简单，均为手制，往往使用贴片法，火候较低，质地松脆，鲜见工艺性纹饰。成熟期时，器形大为增多，成型工艺上推广了泥条筑成法，并出现了快轮制陶，工艺性纹饰也大为增多。提高创新期时，许多地方推广了模制法，在山东龙山文化等许多地方推广了快轮制陶，生产出了蛋壳陶，少数地方还出现了原始青瓷。

约10000年前

西班牙拉文特崖上女性采蜜壁画　蜂蜜，是蜜蜂从植物花卉上采得的花蜜在蜂巢中酿制的蜜。它根据蜜源植物可分为单花蜜和杂花蜜两种。前者是蜜蜂以某一植物花期为主体酿制的蜜；后者是蜜蜂在多种植物同时开花时采集而酿制的蜜。人类食用蜂蜜的历史非常久远，西班牙拉文特崖上发现的距今约1万年前绘有女性从蜂巢中采取蜂蜜画像的壁画，是迄今发现的最早证据。

B.C.6000年

居住在欧洲日得兰半岛的人已使用飞棒狩猎　飞镖作为一种捕捉小型猎物的原始武器，很早就被发明出来。飞棒则是一种用木材加工出的、能在相当程度上控制其飞行轨迹的特殊形式飞镖。在约B.C.5000年前，居住在欧洲日得兰半岛的人已使用飞棒狩猎。

B.C.5500—B.C.3000年

中国出现慢轮制陶法　慢轮制陶是在一个缓慢旋转的转盘上使陶器成型的工艺。转盘的优点是可以自由转动，便于泥条盘筑；另外，可修整口沿等处，使形制更为规整。经慢轮修整后的陶器表面常留有清晰的轮纹。中国河南舞阳大岗遗址出土的泥质红陶盆，在口沿内壁和外表，以及腹部中段以上的内壁，都可见细密的慢轮修整纹。这是今见最早的慢轮修整件，它的出土表明慢轮的发明当在贾湖文化时期。

中国出现彩陶　彩陶是一种带彩的陶器。烧造前，先用某种富含色剂的

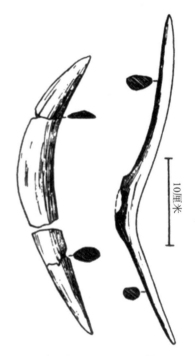

欧洲中石器时代木制飞棒

天然矿物作为颜料，陶坯上通常在器口、颈、肩和上腹部，绘制出几何纹或动物、人物纹图案后，再研光、入窑烧造。在贾湖文化、大地湾一期、河姆渡文化一期（最下层）等文化遗址，都有彩陶出土，表明彩陶技术约发明于新石器时代中期。

中国出现黑陶　黑陶是一种从里到外皆呈黑色的陶器。其生产工艺特点是：虽然也在氧化性气氛中烧成，但在烧造行将结束时，用烟熏法进行渗碳。黑陶之"黑"便是渗碳造成，具体做法是：烧造行将结束时，用泥封住窑顶和窑门，并从窑顶徐徐灌水入内，于是浓烟渐起，将陶器熏黑。渗碳时间可长可短，若时间较长，则整个胎心皆呈黑色。在中期的裴李岗文化、贾湖文化二期、河姆渡文化一期（最下层）、大汶口文化、大溪文化、马家浜文化等遗址都有出土，表明黑陶技术约发明于新石器时代中期。

B.C.5400—B.C.5100年

中国河北磁山地区使用纺轮　纺轮是纺纱工具纺专上的重要部件。纺轮呈扁圆形，中间插一短杆，称为锭杆或专杆，用以卷绕捻制纱线。纺轮和专杆合起来称为纺专，是最原始的纺纱工具。20世纪70年代，中国河北磁山文化遗址出土的陶纺轮是中国纺轮的最早发现。

B.C.5100年

埃及使用纸草作为文字载体　纸草是一种喜欢生活在沼泽中的植物，曾经广泛分布于尼罗河的两岸，但现在已经濒临灭绝。纸草独特的用途是用来制作纸张。罗马作家老普林尼（Gaius Plinius Secundus 23—79）在其《自然史》中记叙了制作过程：人们将纸草的主茎截成30～40厘米长，去掉外皮，把里面白色的木髓割成薄薄的长条。把这些长条放在平板上，铺成两层。其中第一层所有的长条平行地横向铺展；第二层铺在第一层的上面，所有的长条平行地纵向铺展。接着，对两层纸草用力进行挤压，纸草内的汁液被压出后，就成了一种天然的胶水，从而使上下两层纸草紧紧地粘在一起，晾干后，用石头或贝壳进行打磨，然后把边缘修剪整齐，就成了一张纸草纸。书写时，把多张纸草粘接在一起，便形成一个卷轴，一般是由20张纸草纸拼成，长度约为6～8米。大英博物馆藏有埃及文字和图画的纸草纸多种，呈黑褐色，大部分具有千年以上历史，其中最久远的是距今约5100年的产物。

B.C.5000年

瑞士利用亚麻纺织　亚麻植物属于天然亚麻科。亚麻纤维的特点是有很高的强度，并且很容易被分成更小的纤维。纤维与纤维之间的原纤维的互相啮合增强了麻丝的强度，这样就可制出最结实的纺织品。在很早以前亚麻就用于纺织，但仅限于在那些种植它的国家。人们在瑞士的湖上村庄文化中发现了新石器时代的几捆没有编织的亚麻，这些亚麻可能是野生的多年生窄叶亚麻。亚麻在近东从新石器时代就开始使用，约B.C.5000年前新石器时代的种子在法尤姆最小的遗址中出土。这些种子可能与拜达里的亚麻制品是同一时代的，而这些亚麻制品的经纱和纬纱都是双股的式样。

B.C.5000—B.C.4000年

中国浙江余姚河姆渡先民使用原始腰机　原始腰机是一种最简单的织造工具。其主要部件有：前后两根横木，相当于现代织机上的卷布轴和经轴，另有一把打纬刀，一个纡子，一根较粗的分经棍和一根

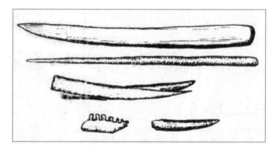

河姆渡新石器时代遗址出土的纺织部件

较细的综杆。20世纪70年代，中国浙江余姚河姆渡新石器时代遗址发掘出土了一批样式各异的木器，其中一件是硬木制作的木刀，长43厘米，厚0.8厘米，背部平直，刃部较薄，呈圆弧形。另一件是一根折断的木棍，残长17厘米，直径1.5厘米，内有一个规则的凹槽，一端削制成圆头，另一端已残。其余还有十几件硬木制圆棒，长的有40厘米，直径约1.5厘米。这些木器与我国云南、广东少数民族地区现存原始腰机上的部件非常相似，很可能是打纬刀、卷布辊和综杆之类的部件。它们的发现，表明早在新石器时代早期，我国已使用原始腰机进行纺织织造。

B.C.5000—B.C.3300年

榫卯结构　榫卯是在两个木构件上所采用的一种凹凸结合的连接方式，凸出部分叫榫（或榫头），凹进部分叫卯。这种构件连接方式，不但可以承受较大的荷载，而且允许产生一定的变形。它是我国古代建筑、家具及其他木制器械的主要结构方式。榫卯因应用范围不同有很多做法，如按构合作用来归类，大致可分为三大类型：一类主要是做面与面的接合，也可以是两条边的拼合，还可以是面与边的交接构合；一类是作为"点"的结构方法，主要用作横竖材丁字结合、成角结合、交叉结合，以及直材和弧形材的伸延接合；还有一类是将三个构件组合一起并相互联结的构造方法，这种方法除运用以上的一些榫卯联合结构外，都是一些更为复杂和特殊的做法。河姆渡新石器文化遗址发现了大量榫卯结构的木质构件，证明中国当时就已开始使用。

中国发明漆器　漆器是用漆涂在竹、木等器物的表面上所制成的日常器具或工艺品。所用漆是从漆树割取，主要由漆酚、漆酶、树胶质及水分构成的天然液汁。从现有考古资料看，此项技术发源于中国，时间是河姆渡文化时期。中国南方的大溪文化、马家浜文化、良渚文化以及北方的龙山文化，都有相关的器物出土。1978年，在浙江余姚河姆渡遗址第三文化层中发现一件朱漆木碗，木碗口径9.2～10.6厘米，高5.7厘米，底径7.2～7.6厘米。木碗由整段圆木镂挖而成，敛口，呈椭圆瓜棱形，圈足，器薄而匀，造型美观，内外有薄层朱红色涂料，剥落较甚，微有光泽。经用微量容积进行热裂收集试验，确认木碗上的涂料为生漆。朱漆碗的发现，说明早在新石器时代中国就已认识了漆的性能，并能调配颜色用以制器。这是现知最早的漆器。

中国搓合技术已达到较成熟的水平　搓合是制绳的主要方法。1978年，浙江余姚河姆渡遗址出土了一段草绳，直径约1厘米，由两股合成，纤维束均经撕分，最精细的为0.5毫米。草绳单股S捻，整体Z捻，可能是用右掌在右腿（或左掌）上先向前搓两个单股，再向后退，合股而成。这件实物的出土，说明中国早期的搓合技术在B.C.5000年左右就已达到比较成熟的水平了。

B.C.5000—B.C.3000年

中国山西西阴村留存半截蚕茧 1926年，在中国山西夏县西阴村发掘的仰韶文化遗址，出土了半颗蚕茧。这颗蚕茧长约1.36厘米，宽约1.04厘米，被锐利的刀刃切去了一部分，这是目前所知最早的蚕桑实证。

山西夏县西阴村遗址出土的半截蚕茧

中国河南荥阳留存最早的丝织物残片 20世纪80年代，在中国河南省荥阳市青台村仰韶文化遗址发现了一些丝织物残片。经分析，所用丝纤维截面积为36～38平方微米，截面呈三角形，丝线无捻度，是典型的桑蚕丝。在这些丝织品中，除发现平纹织物外，还有组织十分稀疏的罗织物，这是在中国黄河流域迄今发现最早、最确切的实物。

埃及使用卧式落地织机 约B.C.5000年，在埃及前王朝时期已使用卧式落地织机。这种织机的特点是机架为打入地下的四根木桩，经纱在固定于木桩之上的两根经轴之间绷紧。织机上经纱被分为两层，奇数纱一层，偶数纱一层，其中奇数纱穿过综杆上的综眼，提起综杆，带动奇数经纱提升，形成奇数经纱的开口；偶数经纱的开口由打纬刀形成。卧式落地机现在仍被近东的贝都因人使用。

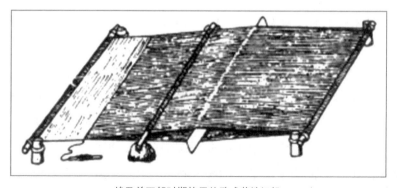

埃及前王朝时期使用的卧式落地织机

B.C.4600年

最早酿制葡萄酒的地区　B.C.4600年，美索不达米亚地区开始种植葡萄并用以酿制。发源于底格里斯河（Tigris）和幼发拉底河（Euphrates）流域之间的美索不达米亚文明为人类最古老的文化摇篮之一，是古巴比伦（Babylon）所在地，以灌溉农业为其文明发展的主要基础。

B.C.4500—B.C.2500年

中国出现快轮制陶法　快轮又叫陶车，实际上是一种转速较快的转盘。其成型特点：一是借助陶车旋转而产生的离心力和惯性，使用提拉的方式成型，故生产效率较高。一件普通小罐，成型只在片刻之间。二是器形规整，壁厚均匀，可以制出很薄的产品，如著名的龙山文化蛋壳黑陶，壁厚通常在1毫米左右。三是器表可留下3种不同的痕迹，即平行密集的螺旋式拉坯指痕；外底会留下细绳切割时形成的偏心涡纹；有时坯体内外表还可看到细密的麻花状扭转皱纹。在中国的大汶口文化中期偏晚、大溪文化晚期、崧泽文化晚期，几乎在同一个时间段都出现了快轮制陶，说明这项技术约发明于新石器时代晚期后段，其发明地亦是多元的。

B.C.4400年

埃及古墓中盘子上的卧式落地织机图案　关于这种织机的最早描画来自拜达里的一个约B.C.4400年的妇女坟墓中的盘子。在盘底红色上有一淡黄色图案，清晰地显示出一台卧式织机上的经纱在两根梁之间被绷直，两根梁架在角上的四根桩上，三根线从中央穿过，象征着保持奇数与偶数丝线交错的杆，右边的三根线无疑是三根穿过的纬线。在织机旁放了一个不能辨认的工具，或许是一个梳子。在画面上方，两个人在一个杆上悬挂纱线。在这种织机上，用来打压纬纱的工具有两件，一个是平的木制

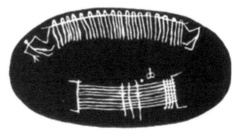

埃及古墓中盘子上出现的卧式落地织机图案

的压毛刀；另一个是尖棍或羚羊角。纬纱可以缠成一个球，或者绕在杆卷轴上。迄今为止发现的所有织物在这台简单的织机上都很容易纺出。

B.C.4300—B.C.4000年

中国江苏草鞋山地区居民使用葛织物　葛藤的茎皮纤维是古代最早采用的大宗纺织原材料之一。1972年，在中国江苏吴县（今苏州市吴中区）草鞋山遗址中出土了三块织物残片，经分析是用葛纤维织造的，印证了在距今6300—6000年，葛纤维就已大量用于纺织这一事实。这三块织物残片也是中国迄今为止发现的最早葛织物实物。

B.C.4000年

最早制作啤酒的地区　在古代苏美尔文本中曾提到8种产自大麦的啤酒、8种产自二粒小麦或amelcorn（一种小麦）的啤酒以及3种混合啤酒，表明在B.C.4000年，美索不达米亚地区已有用大麦、小麦和其他谷物制作的21种啤酒。

B.C.3000年

红花被作为染料使用　红花，学名Carthamus tinctorius L.，一年或二年生草本植物，在中国又名黄蓝、红蓝、红蓝花、草红花、刺红花及红花草。从考古发现来看，红花是人类最早利用的植物染料之一，约在距今5000年之前，埃及已开始用红花做染料了。在埃及第六王朝时代（B.C.2345—B.C.2181）的碑文中有关于红花的记述；在埃及木乃伊墓中（约B.C.2500年）发现有用红花染料染成黄色或淡红色的带状织物；在另一座埃及王墓中（约B.C.1300年）还发现了红花植物的残迹；这些材料是如此的久远而又不容置疑，因此很多人把埃及当作红花栽培的源头。不过也有其他不同的观点，如苏联学者瓦维洛夫提出了红花栽培有三个起源中心：第一个起源中心在埃及，并提出最初的野生红花种出现在那一地区，考古学的材料说明了这一点；第二个起源中心在印度，这是基于红花的变异性及古老的栽培技术；第三个起源中心在阿富汗即中亚一带，这是基于红花的变异性和野生种接近。另一位苏联学者科普佐甫通过自己的研究支持了这一结论。但是也有人把起源中心置于近东，这是基于栽培红花与当地的两个野生种有亲缘关系，即波斯红花（C.flavescens）和巴勒斯坦红花（C.palaestinusd）。日本学者星川清亲则认为埃塞俄比亚是其中心，并做了一幅以埃塞俄比亚为中心的红花传播路线图。

印度开始利用棉花　棉属植物（Gossypium），木棉科，从很早时期它就用于编织棉线，其时间可追溯到B.C.3000年的印度。在B.C.2000年的美洲大陆，棉花也为人所知，如在秘鲁出土的可能早于B.C.2000年的棉制包裹物。基于遗传学证据有这样一个理论：亚洲的棉花以某种方式来到美洲，在那里与美洲本土的植物杂交，最终形成了今天我们所知道的美洲的棉花。

约B.C.2690年

埃及使用榫眼与榫舌嵌入式接合技术制作家具　约B.C.2690年，家具制作中已很普遍采用榫眼与榫舌嵌入式接合技术，其后又相继出现了不同类型的嵌入方式。如约B.C.2500年的古埃及国王棺木就采用了相嵌结合、斜角连接、斜肩连接、双斜肩连接、斜角遮蔽连接、鸽尾斜角遮蔽连接等嵌入式接合类型。

B.C.2500年

埃及塞加拉墓葬出土的家具制作图　通过埃及约B.C.2500年的塞加拉墓葬里的一幅家具制作图中的描绘，可知当时的木工制作已普遍使用锯和钻。图中左边的人正在用拉锯锯一块绑在直立柱上的木板，旁边的人用棍状的槌凿木头；中间的一个人正在锯木板，他旁边的两个人则正在打磨已经组装好的床；最右边的人正在使用弓形钻钻木板。

埃及塞加拉墓葬出土的家具制作图

瑞士留存编篮、编席碎片　在瑞士的湖上村庄，发现了约B.C.2500年的编篮碎片。遗留物已碳化，其可辨别的地方编织材料通常是亚麻。这是在欧洲发现的最早的编篮、编席证据。从遗留物来看，在新石器时代，人们在编篮、编席和纺织方面的技艺已十分精湛，已掌握了包括无结的或仅有简单结的织网技术以及编结和一些盘绕编篮技术。

经纱砝码织机　这种织机的上经轴支撑在两根柱上，经纱在上经轴和一系列砝码块之间拉紧，砝码块由石头或陶器制成，上面钻有孔，每一个系有一股经纱。工具部件有平板拍打器（多为骨质的）和一个尖杆或梭子，并带有一个纬纱的卷筒。卧式落地织机和立式织机在今天的游牧民族中仍可看到，而经纱砝码织机尽管当初使用范围曾从巴勒斯坦扩展到希腊以致更远的北部，却已消失了许久。现发现的实物，经测定，最早年代是B.C.2500年的特洛伊时代或更早。

原始的铝鞣制革法　这是一种采用明矾、食盐、蛋黄或面粉等天然材料浸渍或涂抹在裸皮肉面上，使生皮干后仍能保持柔软而不腐烂的方法。其中起主要作用的是铝盐。此法出现在B.C.2500年左右，曾在很长一段时间里广泛流传。罗马、希腊和中国等地都使用过铝鞣法。

埃及出现玻璃　玻璃是一种较透明的固体物质，在熔融时形成连续网络结构，冷却过程中黏度逐渐增大并硬化而不结晶的硅酸盐类非金属材料。最初出现的玻璃都是由火山喷出的酸性岩凝固而自然形成。人类何时制作玻璃及其发明地，学术界往往持有不同说法，较为流行的一个观点是约在B.C.2500年，古埃及和两河流域的人已制出玻璃装饰品，约在B.C.2000年，又制作出简单的玻璃器皿。

B.C.2500—B.C.1900年

中国最早的木质家具遗存　在1978—1985年发掘的中国山西襄汾县陶寺村新石器时代遗址中，曾出土B.C.2500—B.C.1900年的木质长方平盘、案俎等木家具。虽实物已经腐烂，仅存留了彩皮和器物痕迹，但这是迄今为止在中国发现的时间最久远的木质家具遗存。

B.C.2400—B.C.1900年

中国浙江钱山漾遗址留存的丝和苎麻织物 1958年，在中国浙江省钱山漾新石器时代晚期遗址中，出土过一些纺织品。经鉴定，这些纺织品中有丝、麻两类，其中丝织品有绸片、丝线和

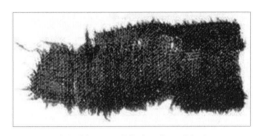

钱山漾新石器时代遗址出土的绸片

丝带，绸片尚未完全碳化，呈黄褐色，长2.4厘米，宽1厘米，属长丝制品。丝纤维截面积为40平方微米，丝素截面呈三角形，全部出于蚕蛾科的蚕。这是中国长江流域迄今发现最早、最完整的丝织品。而苎麻织物中的纤维，经观察，有脱胶痕迹，表明纤维是经过沤渍"脱胶"提取出来的。

B.C.2200年

原始瓷器出现 所谓原始瓷器，就是瓷器的原始阶段制品，是一种用含铁量在2%左右的黏土成型，经过人工施釉，在1200℃左右高温下烧成的青釉制品。这类器物在1950年前尚未被人们认识，一度曾有"釉陶""青釉器"等不同名称，现多数人已赞同用"原始瓷器"命名，但也有少数人仍沿用"釉陶"，国外亦有称之为"炻器"的。其出现时间，学术界存在不同看法，其中一种认为是在B.C.2200年左右，依据是1976年山西夏县东下冯龙山文化遗址出土的20多件器物。这批器物有罐、钵等，多为素面，有的饰蓝纹、方格纹。器表施以青绿色薄釉，胎多青灰色，质地坚硬，胎釉结合较为紧密，烧结温度较一般陶器高，烧结较好，吸水率低，击之铿锵有声，已具商周原始瓷的一般特征。不足的是釉色不纯，断口较粗，且有透孔，胎色多青灰，无透光性。

B.C.2100年

中国开始制作几案 几是古代人们坐时依凭的家具，案是人们进食、读书写字时使用的家具。人们常把几、案并称，是因为两者在形式和用途上难

以划出截然不同的界限。它们的形式早已具备，出现时间至少可追溯到有虞氏（约B.C.2128—B.C.2086年）时，当时称为"俎"。大约在战国时期，几、案的名称才出现。从迄今考古发掘情况看，自战国至汉魏的墓葬中，几乎每座都有几和案的实物出土，并有铜器、漆器、陶器等多种质地。

B.C.2000年

植物鞣革法出现 用植物鞣剂加工裸皮使之鞣制成革的方法。植物鞣剂是从含有鞣质的显花植物的茎、皮、根、叶和果实等用水浸提制而得。鞣质是一种具有多环结构的多元酚化合物，能与胶原结合，使生皮转变成革。植物鞣是最早出现的鞣制方法，其出现时间可追溯到新石器时代晚期，后又经不断改进，现在仍然是鞣制底革、轮带革等重革的基本鞣法。

陶模制作小件玻璃制品方法出现 B.C.2000年，小件玻璃制品是由陶模制作成型的，相应的釉陶甚至一些小规模的塑像也是这样制成的。一些器皿，特别是半球形或其他简单形状的小碗，也是将黏稠的玻璃压进陶模中制成的，但也有可能是将玻璃像冰糖一样敷在反模上制出的。

最早的皮凉鞋 埃及巴拉比西曾发现约B.C.2000年的白凉鞋，这个最古老的皮凉鞋，据推测是用明矾鞣制的。用明矾鞣制生皮的方法，也称作硝制，可制得一种白色的硬质皮革。古埃及制作皮凉鞋的方法，在约B.C.1450年，埃及雷克马尔墓室发现的工匠制鞋的绘图中，有如是描绘的三个步骤：依尺寸用半月形刀裁剪皮革；在鞋跟两侧的皮边上打出皮带能穿过的窄口；脚趾皮带被穿过鞋底前端的孔并打结。

B.C.17世纪

漆器生产中的镶嵌工艺出现 中国考古学家在发掘的大甸子夏家店下层文化遗址与墓地里，多次见到漆膜碎屑和红色涂料碎屑，而且还发现所见松石片皆拼摆呈平面，蚌、螺片都是修整成长条形，拼摆在松石片之间，这些都是一面磨光，另一面粗糙贴附黑色胶结物质和涂料，或漆膜，显示出这些松石、蚌、螺片可能是附着在已朽坏漆器上的镶嵌物。大甸子夏家店下层文化遗址与墓地于1974—1983年发掘，属燕山南北早期青铜时代遗存，距今约3600年，相当于中国的夏代，所以镶嵌技术的出现应不晚于这个时间。

B.C.17—B.C.11世纪

中国使用壬茧甗缫丝　缫丝是将蚕茧中的丝舒解分离出来，从而形成长丝状的束绞。在中国商代，缫丝工具已发现有壬、茧、甗一例。甗是一种蒸器，下为三足，上呈锅形，中间有带孔的隔层，使用时三足下烧火加热，足袋中盛水，带孔隔层如同蒸架，上面可以蒸物。有一商代青铜甗上有铭文"壬茧"二字。

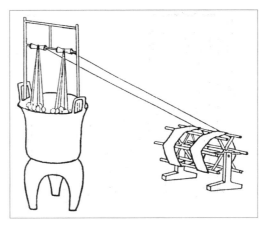

根据商代青铜甗铭文复原的商代缫丝工具

"壬"为一六角形轮，应为丝甗的象形字，而"茧"字形如一个抽丝的架，从煮茧锅里将丝抽出。这说明甗正是当时用于缫丝的锅。

中国出现绮织物　绮是中国古代出现最早的一种提花丝织物。其特点是平纹地起经浮花。根据组织结构的不同，可以分为两类：第一类是经浮花由每根经丝组成；第二类是经浮花由相隔的经丝组成，即经浮花总是起在奇数或偶数经丝上。在瑞典斯德哥尔摩远东古物博物馆和马尔莫博物馆保存的商代铜钺、铜觯上，以及中国故宫博物院保存的商代玉戈上都发现有绮织物印痕，这是绮织物的最早发现。经分析，它们均属于第一类的绮织物。

B.C.16世纪

叙利亚人用"泰尔紫"染羊毛　泰尔紫是一种从软体动物紫螺（purpurn）和骨螺（murex）中提取出的染料。在叙利亚海岸发现的一块石碑上，提到了约B.C.1500年居住在乌加里特古城的人，用这种染料把羊毛染成紫黑色和紫红色的染色工艺。这种染料的制取过程是：先将紫螺和骨螺上可用于提取染料的组织剥出，用水泡软，再将它们放在1%的盐水溶液中煮3天，待液体的体积减少到原先的1/6时便成为染料了。

中国出现雨伞　　中国是世界上最早发明雨伞的国家，有黄帝（B.C.2717—B.C.2599）创制和鲁班（B.C.507—B.C.444）创制两种说法。虽具体发明时间已很难考证，但多数人认为伞从发明之日到现在有3500多年的历史。伞在秦汉以前称之为"簦"，唐代时制伞方法传入日本，16世纪传入欧洲。18世纪30年代，巴黎出现以皮革或油布制作的防雨伞。20世纪30年代，英国加莱（Carey）发明可折拢的金属伞骨，20世纪70年代，狄更（Deacon）和汉考克（Hancock，J.G.）改进为弹性钢骨。

半倒焰窑的出现　　用于烧制陶瓷的窑种类很多，若依火焰流动方向，可分为升焰式、半倒焰窑式、平焰式。最早的窑都是升焰式，即火焰从窑底升起，流经陶坯之后，径直从窑顶逸出。半倒焰窑式则为火焰从火膛出来后分为两股，一股先上升到窑顶，之后再反扑下来；一股横向运动。两股火焰都流经坯体，再经由靠近窑底的进烟口竖直的烟道逸出。其结构上的最大特点是：烟孔位置移到了窑壁之下而不是设在窑顶。这种窑式至迟在中国商代的早期即已出现，相关的遗存多有发现，如黄坡王家嘴盘龙城二期圆窑。此窑由窑室、火膛、火眼三部分组成，窑室平面呈圆形，直径1.3米，残深0.23米，底部呈凹形。窑壁由黄土加白膏筑成，烧成温度较高。窑室周壁外侧布有10个大小相近、间距相同的火眼，孔径10～11厘米。火膛呈长方形，长0.4米，宽0.3米。其碳14测定年代为B.C.1630—B.C.1490年。

B.C.1450年

埃及雷克马尔墓中的皮革加工流程图　　人类开始使用毛皮的时间可追溯到旧石器时代，但何时、何地以及如何把僵硬的、易腐烂的生皮制成柔韧的、几乎不腐烂的皮革却不得而知。不过有证据显示，埃及人在3000多年前就会制革了。在约B.C.1450年的埃及雷克马尔墓中发现有关皮革加工的绘图，这是迄今发现的最早的皮革加工流程图。在此图中出现了5个皮革工人，他们分别从事着：在罐中整理豹皮、用半月形刀脱毛、磨光毛皮、在木架上将皮张摊开。在图中的罐旁还可见用来与毛皮摩擦使之软化的盾状物。

埃及雷克马尔墓中的皮革加工流程图

B.C.1440年

埃及底比斯墓葬出土的家具制作图　通过埃及约B.C.1440年的底比斯墓葬里的一幅家具制作图中的描绘，我们可以了解当时木工所用的工具及室内家具的制作水平。图中左边的两个人正给柜子打磨，旁边的人在锯木柱。中间下部两个人用斧子砍木头，一个工匠使用与现在相同的凿子和石工使用的木槌。背景中的一个木匠坐在椅子上钻孔，另一个人正打磨木料。在他们面前的砧板旁边是两把扁斧和一块正方形的材料。右面两个人用扁斧和凿子在加工透雕细工家具，两个蹲着的人在雕刻。

埃及底比斯墓葬中的家具制作图

B.C.15世纪

埃及使用立式框架织机 B.C.15世纪，埃及已使用立式框架织机。这种织机的特点是经纱通过固定在矩形木制架上的两根经轴绷紧，机架竖直放置，织工坐在织机底部工作。织机上配置有提综杆和打纬刀，作用与原始的卧式落地机相同。今天在巴勒斯坦、叙利亚和希腊仍保留有这种织机。

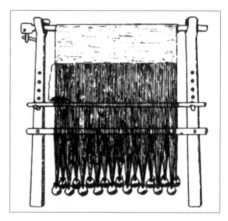

埃及使用的立式框架织机

B.C.1350年

玻璃冷加工技术已被广泛应用 所谓冷加工就是把一大块玻璃当作石头一样打磨。现今发现的一些印章图案很有可能是这样刻出来的，因为他们所用坯料很令人怀疑是模制的。大一些的器件，比如出自约B.C.1350年底比斯的图坦哈蒙墓中用大块玻璃冷雕而成的枕头以及一些容器也是这样制作的。

B.C.14世纪

平焰窑的出现 平焰窑，后世谓之龙窑，其基本特征是由窑头、窑室、窑尾三部分组成。窑身两侧依一定距离设有多个对称排列的投柴口，窑头设有单独的火膛，燃烧室都在烧成室的通道内，没有烟筒。紧靠出烟坑处有一挡火墙，以防止火焰流速过快，增加火焰与坯件的接触时间，并提高窑内温度。挡火墙下设有距离和大小皆相同的几个烟火弄，烟气由烟火弄进入出烟坑排出。火焰流动形式是：火焰流与窑体底面平行，火焰离开火膛后，流经窑坯，倾斜上升，后经窑尾向外逸出。王家嘴盘龙城三期发现的原始形态龙窑，乃今知年代最早的遗存。盘龙城三期年代，相当于中国商代早中期。

B.C.13世纪

漆器生产中的贴金工艺出现 所谓贴金，是先在木胎上髹漆，当漆似干而未干时，将金箔贴于漆上。1973—1974年，中国河北藁城台西村M14号商墓曾出土一个贴金漆盒，盒虽已残朽，但上面贴的金箔残存呈半圆形，厚不到1毫米，正面阴刻云雷纹，背面遗有朱漆痕迹。该墓时间为商代中晚期，故贴金技术的出现不会晚于这个时间。

B.C.1000年

用砂芯法制作玻璃器皿的技术出现　在B.C.1000年及以后的很长时间里，大多数玻璃器皿是这样制作的：将一个用布袋裹着的砂芯放入盛有黏稠熔融玻璃的坩埚中，然后放在平石板或滚料板上滚动成形。装饰的方法通常是在器壁饰纹或者用其他颜料进行点饰或环饰，有时还对表面附加的玻璃进行连接和装饰，偶尔也会涂上无光泽的纹饰。

B.C.11世纪

中国出现简牍　简牍是对中国古代遗存下来的写有文字的竹简与木牍的概称。用竹片写的书称"简策"，用木版（也作"板"）写的叫"版牍"。超过100字的长文，就写在简策上，不到100字的短文，便写在木版上。关于简牍的起源时间，虽然学界长期以来莫衷一是，但大多认为不会晚于B.C.11世纪。简牍的制作方法是：把竹子、木头劈成狭长的小片，再将表面刮削平滑，这种用作写字的狭长的竹片或木条叫作竹简或木简，较宽的竹片或木板叫作竹牍或木牍。简的长度不一样，有的三尺长，有的只有五寸。较长的文章或书所用的竹简较多，须按顺序编号、排齐，然后用绳子、丝线或牛皮条编串起来，叫作"策"或者"册"。用于简牍的书写工具有笔、墨、刀。简牍上的文字用笔墨书写，刀的主要用途是修改错误的文字，并非用于刻字。竹简是中国历史上使用时间最长的书籍形式，是造纸术发明之前以及纸普及之前主要的书写工具，对中国文化的传播起到了至关重要的作用。

中国用酒曲酿酒　在经过强烈蒸煮的白米中，移入曲霉的分生孢子，然后保温，米粒上即茂盛地生长出菌丝，此即酒曲。用麦类代替米者称麦曲。纵观世界各国用谷物原料酿酒的历史，可发现有两大类方式：一类是用发霉的谷物，制成酒曲，再用酒曲中所含的酶制剂将谷物原料糖化发酵成酒；另一类是以谷物发芽的方式，利用谷物发芽时产生的酶将原料本身糖化成糖分，再用酵母菌将糖分转变成酒精。从有文字记载以来，中国的酒绝大多数是用酒曲酿造的，其时间不会晚于西周早期。这种酿酒方法是中国先民的一项伟大发明，后来逐渐在整个东亚传播开来。以后利用麦曲发酵的技术经验又进一步从酿酒推展到制醋、做酱等领域，于是利用曲酿酒、制醋、做酱遂成为东亚酿造业的特征。而西方自古以来都是用麦芽糖化谷物，然后再用酵母菌使糖发酵成酒。直到19世纪50年代法国微生物学家路易斯·巴斯德（Louis Pasteur 1822—1895）揭示了发酵酿酒的原理后，人们才注意到中国酿酒的独特方法，并理解了它的科学内涵。

漆器生产中的填漆工艺出现　所谓填漆，是用填漆方式来显示花纹的工艺。填漆前需在器表做出阴纹，一般采用两种方法：其一是先堆后填，即先在漆胎上用干漆堆起阳纹轮廓，轮廓内便成了阴纹，阴纹内再填色漆，阴纹外则需用漆填平；其二是先刻后填，即用镂刻的方式在漆地上做出阴纹，阴纹内再用色漆填平。这种技术始见于中国商代晚期。

中国使用茜草染色　茜草（拉丁名Radix Rubiae），茜草科植物，多年生攀缘藤木，别名血见愁、地苏木、活血丹、土单参、红内消等。茜草的色素成分是蒽醌类衍生物，主要有茜素、茜紫素、伪茜紫素等，茜素含量最多。此物含于根中成配糖体，若用硝酸沸煮之，则在根内发酵，而成素。茜素之体，存在于新鲜之茜草根中，微溶于冷水，易溶热水、酒精及醚中，溶于碱性液内呈血红色。古代提取茜素，采用的是类似靛蓝的发酵水解法，通过微生物的作用将配糖体的甙键水解切断。然茜草素对棉纤维没有足够的亲和力，必须依靠铜、铝、铬等金属盐的媒染作用。茜草为人类最早使用的红色染料之一，《诗经》有"缟衣茹藘，聊可与娱""东门之墠，茹藘在阪"等句。在当时，红色染料用于公服、祭服、军衣的染制，茜草用量很大，可以推测，当时茜草的栽培与染茜红工艺的经验已经比较成熟了。

中国冕服制度逐渐完备　冕服是中国古代服装种类中最重要的礼服，即为古代帝王卿相在举行祭祀活动中所穿用的祭服。它在夏商时期就已初具形制，到西周时，冕服形制在前两代的基础上变化发展，最终定型，并形成具有严格等级差别的冕服制度。根据所穿用场合的不同，冕服可分为大裘冕、充冕、鷩冕、毳冕、絺冕、玄冕等六种。就典型而言，冕服的组成部分应包括冕冠、冕服和带、韨、绶、舄等配件。戴冕冠者都要与冕服配套穿用。冕服的形制为上衣下裳，颜色多为玄衣而纁裳，即青黑色上衣、黄赤色下裳，用以象征天地及其色彩。其上饰以十二纹章，以表示身份等级。周代的冕服制度是中国古代章服制度的核心，其庄重威严的服装形制，充分体现了森严的等级制度，成为后代统治者礼服定制的范本，对中国古代服装的发展产生了深远的影响。

髹漆技术应用于纺织品上　髹漆，即涂漆整理，是指在各种器物的表面髹涂漆液，以获得坚固、耐久、防水、美观的用品。1953年，在中国陕西长安县（今西安市长安区）普渡村的西周墓葬中，发现了涂有棕黑色漆的编织物残片，说明至迟在西周时期髹漆技术已经应用于纺织品上。

B.C.10世纪

埃及掌握搪瓷技术　B.C.10世纪时，埃及人以贵金属作胎料，在其表面涂上瓷釉后烧制成各种首饰和工艺品。这是最古老的金属与无机材料牢固结合的复合材料。

中国使用屏风　屏风是中国古时建筑物内部挡风用的一种家具，所谓"屏其风也"。类型一般分为立地型和多扇折叠型两种，表现形式有透明、半透明、封闭式及镂空式等。一般陈设于室内的显著位置，起到分隔、美化、挡风、协调等作用。它出现的时间，明确的文献记载是西周。今所见较早的实物是1956年湖北江陵县望山1号墓出土的漆座屏，该屏系木雕漆彩做法，高15厘米，长51.8厘米，座宽12厘米，屏宽3厘米。屏座由数条形象生动的蛇屈曲盘绕，屏框内用透雕手法雕刻有凤、雀、鹿、蛙、蛇等大小动物51只。整体做工圆滑自然，雕刻技巧和工艺水平高超，加上彩漆的装饰，甚为生动，令人惊叹。

最早的织锦实物　锦是"织彩为文"的彩色提花丝织物。《释名·释采帛》："锦，金也。作之用功重，于其价如金，故其制字帛与金也。"就是说，锦是非常豪华贵重的丝帛，其价值相当于黄金。锦是古代丝帛织造技术最高水平的代表，它见之于文献当于中国西周末或东周初，但目前最早的实物出土于辽宁朝阳魏营子西周早期墓中。从组织结构上分析，这件织物属于经二重组织，是典型的二色经线显花的经锦。这就说明至迟在西周早期织锦已经出现。根据显花方式的不同，织锦可以分为经锦、纬锦和双层锦等多种类型。其中，经线显花的平纹经锦是中国的传统织锦，目前所发现的汉代以前的织锦基本上都属于此类。

B.C.685年

紫草染色织品在中国山东流行　紫草为紫草科多年生草本植物，古代又名茈、藐、紫丹、紫荆等。紫草是典型的媒染染料，其色素主要存在于植物根部，采挖紫草根一般是在八九月间茎叶枯萎时。色素的主要化学成分是萘醌衍生物类的紫草醌和乙酰紫草醌。这两种紫草醌水溶性都不太好，染色时若不用媒染剂，丝、麻、毛纤维均不能着色，因此必须靠椿木灰、明矾等媒染剂助染，才能得到紫色或紫红色。早在中国的春秋时期，紫草染色便在山东兴盛起来。《管子·轻重丁》记载："昔莱人善染，练茈之于莱纯锱。"茈即紫草，莱即古齐国东部地方，这段话的意思是说齐人擅长于染练工艺，用紫草染"纯锱"。齐人工于染紫，是由于齐君好紫。《韩非子·外储说左上》说："齐桓公好服紫，一国尽服紫。当是时也，五素不得一紫。"紫色系五方间色，对齐君这种有悖于周礼规定的颜色嗜好，儒家深恶痛绝，其代表人物孔子有"恶紫之夺朱"，孟子也有"红紫乱朱"的言论。

B.C.7世纪

希腊出现黑彩陶器　约B.C.7世纪前半期，黑彩技术首先应用于在科林斯的希腊陶器上。在黑彩陶器中人物和装饰图案是以有光泽的黑色颜料绘画在花瓶的天然黏土坯体的表面上。B.C.7世纪末，雅典人开始采用这项技术。

B.C.560年

希腊瓶饰画上展示的纺织品制作过程　在一个约B.C.560年的希腊瓶饰画上，绘有几个女子从事纺纱和织布的工作情景。其中一个女子用纺锤纺纱；一个女子把粗纱绕成盘状放进篮筐；一个女子用秤上称纱线；两个女子折叠织好的布；一个女子将织好的布码放在一起。织机前的两个女子：一个负责捋顺经纱；另一个则负责投纬。用于织布的织机是竖立的，而且有经线吊坠。其上经轴支撑在两个立柱上，经线由许多吊坠绷直。布料从上往下编织。其结构意味着经轴是可以转动的，随着编织的进行，可以将布料卷起来，这样就保持了一个恒定的操作高度。从这幅图展示出的画面，可直观地了解当时纺织品的制作过程。

希腊花瓶上的立式织机

B.C.507年

　　鲁班　中国古代著名的发明家。姬姓、公输氏，名般。又称公输子、公输盘、班输。大约生于周敬王十三年（B.C.507年），卒于周贞定王二十五年（B.C.444年）。因他是鲁国人，而"般"和"班"同音，古时通用，故人们常称他为鲁班。据古籍记载，木工使用的很多器械都是他发明的，如曲尺，又叫鲁班尺；又如墨斗、木锯、木刨、木钻等，传说均是鲁班发明的。鲁班发明的这些工具，使当时的工匠们从原始、繁重的劳动中解放出来，劳动效率成倍提高，促进了土木技术的进步。

B.C.6世纪

巴苏斯［希］收集整理完成农学著作《农业全书》 巴苏斯（Bassus, Cassianus）在《农业全书》中记载了地中海地区种植橄榄、葡萄、农作物及家畜饲料的情况。对冬春作物播种前的整地要求，收割作物完毕后如何放牧绵羊和山羊，以及5月底、6月初如何晒制干菜的方法有详尽记述。该书在10世纪时曾重新修订。

中国用绿矾作媒染剂染色 绿矾，亦称青矾、皂矾、涅石，主要成分为七水硫酸亚铁（$FeSO_4 \cdot 7H_2O$）。绿矾在染色中可作为铁媒染剂使用。其媒染原理是：其铁离子与染液中的黄酮类、萘醌类、单宁类成分发生化学反应生成黑色色素，与所染纤维亲和在一起。这种加入铁盐染缁的工艺，不是染液与被染物上原有染料的简单结合，而是通过化学反应形成不同于原先的颜色。中国是最早使用绿矾的国家，早在春秋时期绿矾就被作为染色媒染剂使用。《论语·阳货》有"涅而不缁"之语，《淮南子》有"今以涅染缁，则黑于涅"之文，均说明染黑时染液中要加入"涅"，"涅"就是绿矾。

B.C.5世纪

漆器生产中的描金工艺出现 描金是在漆地上描绘黄金花纹的工艺，往往金银并用，故又谓之描金银。漆地子以黑色最为常见，次是朱色、紫色。此描金与金属工艺中的鎏金不同，鎏金需借助于金汞漆对金和铜器的附着，描金只借助于水胶的黏着。1978年，曾侯乙墓发掘出的内棺，其内壁有红漆地上采绘墨、金等色的复杂图案；此外，同墓发掘出的漆豆盖，以黑漆为地，再以朱、金彩绘。该墓为中国战国初期曾（随）国国君乙的墓葬，位于湖北随州市擂鼓墩，葬于B.C.433年或稍后。这些彩绘的发现，表明漆器描金技术应在这之前即已发明。

中国江西贵溪地区采用"齿耙"式牵经方法 牵经是将籰子上的丝按织物品种规格的需要，牵于经轴上，以便穿筘上浆，进行织造。20世纪70年代，在江西贵溪的春秋战国崖墓中，出土了3件"齿耙"，其中一件长234厘米，宽7.6厘米；另一件长113厘米，底板上有两个浅凹槽。"齿耙"的横断面呈"L"形，齿面为一排小竹钉，各钉之间相距2厘米，很可能是用于整经的经耙。

中国两湖地区使用织、编复合型织物　织、编复合型织物是一种采用绕纬的方法进行显花的织物。它与机织物中的纬二重组织相似，由两组纬线（地纬：花纬=1：1）与一组经线交织而成。地纬与经线交织成隔梭平纹，与之交替进行的是绕纬显花，各种色彩的花纬采用绕纬编织法，有规律地在正面每隔几根经线回绕一次，形成由等宽纬浮长组成的图案花纹。1982年，中国湖北江陵马山一号楚墓出土了几件纬线起花绦，其中的田猎纹绦、龙凤纹绦以及六边形纹绦等都属于此类织物。

中国盛行深衣　深衣创始于周代，流行于战国期间。其名称的由来是因为穿着时能拥蔽全身，将人体掩蔽严实的缘故。它不同于上衣下裳，是上下衣裳连在一起的服装，这是中国古代服装的又一形制，即上下连属制。其特点为：方形领、圆形袖、下摆不开衩，"续衽钩边"，即将右面衣襟接长，接长后的衣襟形成三角，穿时绕至背后，再以丝带系扎。上部合体，下部宽广，长至踝间。领、袖和下摆的边缘都饰有素色或绣绘绲边。深衣因其式样新颖，穿着舒适便利，

深衣示意图

且裁制简便省工，所以很快得以流行，一直到东汉，成为社会上最盛行的服饰。上自天子，下至庶人，无论男女，不分阶层都可以穿用。魏晋之后逐渐消退，但这种上下连属的整合式长衣对后代服装有极大的影响。唐代的袍下加襕，元代的质孙服和腰线袄子，明代的曳撒，现代的连衣裙、旗袍、藏袍等都可以说是深衣的遗制。

中国木匠使用墨斗画线　墨斗是中国传统木工行业中极为常见的画线工具。由墨仓、线轮、墨线（包括线锥）、墨签四部分构成。墨仓：墨斗前端的一个圆斗，早期是用竹木做成的，前后有一小孔，墨线从中穿过，墨仓内装有蓄墨的材料。线轮：一个手摇转动的轮，用来缠墨线。墨线由木轮经墨仓细孔牵出，固定于一端，使用时将木线提起弹在要画线的地方，用后转动

线轮将墨线缠回，因而古代又称墨斗为"线墨"。墨线：一般用蚕丝做成的细线，也可以用棉线，其特点是，它经过墨仓时可以保留一定数量的墨汁。墨线的末端有一个线锤，是用铁或铜制作的有尖锥"8"形，它可以插在木头表面来固定墨线的一端，也可以当铅锤使用。墨签：用竹片做成的画笔，其下端做成扫帚状，弹直线时用它压线，画短直线或记号时当笔使用。相传墨斗是由鲁班发明的。

《考工记》 《考工记》是中国先秦时期的重要科技著作。作者不详，据后人考证，它是春秋末齐国人记录手工业技术的官书。西汉河间献王（刘德）因《周官》缺冬官篇，以此书补入。刘歆校书时改《周官》为《周礼》，故亦称《周礼·冬官考工记》。主要论述有关百工之事，分攻木、攻金、攻皮、设色、刮摩、抟埴六部分。详细记录了工艺数据，可以说是中国古代的一部工艺规范或标准汇编。书中记载的"设色之工"有五种，依次为：画、缋之事、钟氏染羽、筐人（阙）、帆氏涑丝。内容涵括了中国先秦时期的练丝、练帛、染色、手绘、刺绣工艺以及织物色彩、纹样等。其中的"画"，即是在丝绸上画出图案；"缋"，则是在丝绸上绣出图案。《考工记》将两个工种（画、缋）合为一文，原因不明，一种可能是脱简所致；再一种可能是因画和缋均为在丝绸上施以图案，所以合为一文。在现存的文字中，该条记文首先介绍了五方正色：青、赤、白、黑、黄及布彩的次序，其次说明各色的搭配，以及土、大火星、山和水的象征性表示法。最后强调：施彩之后，要以白色作衬托，这是中国先秦时期在织物上制作图案纹样的标准工艺方法之一。"钟氏染羽"是负责丝绸染色，其原文是："钟氏染羽，以朱湛丹秫，三月而炽之，淳而渍之。三入为纁，五入为緅，七入为缁。"虽然文字只有寥寥几句，内容却包含了复染、套染和媒染等染色工艺。对这段有关中国早期染色工艺最具体的记载，历代学者都有一些不同的释义和解读，迄今为止，依旧莫衷一是。"筐人"条文已缺，其内容只能根据"设色之工"现存内容做些推测。"筐人"列在"设色之工"的第四位，前面列有"画、缋、钟"三种，后面列有"帆"一种，这四种均可看作丝绸生产过程中的一道独立工序。"筐人"与它们相次，又是"以其事名官"，无疑也应该是丝绸生产过程中的一道独立工序。拿"筐"之字义比对丝绸生产工艺各道工序，与之能对应上的似乎只有缫丝工序，故推测"筐人"可能是负责缫丝。"幌氏湅丝"是负责练丝和练绸。练丝，先"以涚水沤其丝"，经过适当的处理后，再进行水练。练绸，先进行较为复杂的灰练，再进行水练。练丝、练帛均是为染色做准备，因为丝纤维在缫丝过程中虽会去除一些共生物和杂质，但不是很彻底，直接用于织造和染色，丝纤维良好的纺织特性往往不能表现出来，着色牢度和色彩鲜艳度也不是很好，因此需要进一步精炼。只有经过精炼处理，生丝纤维上的丝胶和杂质被去除，生丝变成熟丝后，再经染色，丝纤维才会呈现出轻盈柔软、润泽光滑、飘逸悬垂、色彩绚丽等优雅的品质和风格。这是中国先秦时期练丝和练绸的基本工艺。

火浣布出现　火浣布即石棉布，是利用石棉纤维织成的织物，具有不燃性，燃之可去布上污垢，故中国早期史籍称为"火浣布"。《列子·汤问》中最早出现关于火浣布的记载，谓："火浣之布，浣之必投于火，布则火色，垢则布色，出火而振之，皓然疑乎雪。"列子，姓列，名御寇，生卒年不详，中国先秦时期思想家。《列子》又名《冲虚经》，约撰于B.C.450—B.C.375年，是道家重要典籍。列子对火浣布的描述，表明中国在约B.C.5世纪就已熟知石棉纤维的特性。

西班牙人已开采岩盐　据辛格主编，牛津大学出版社出版的《技术史》描述，早在B.C.5世纪，西班牙谢拉内华达山脉的山麓小丘中的岩盐矿，就已经被长期开采了。人们还用开采出的盐来保存送往希腊以及其他一些地中海国家的供应品。

B.C.325年

印度用甘蔗制糖　就世界制糖史而言，甘蔗的种植和以蔗汁制糖以印度为最早。据1959年《农业科学》杂志第10期登载的一篇译文——《甘蔗的历史》，甘蔗的种植时间是在B.C.325年。在公元初期，印度的蔗糖就已输往希腊。在老普林尼（Pliny the Elder 23—79）所编《自然史》这部巨著中也曾提到蔗糖。中国虽然在东汉末年就已独立发明出来制作蔗糖的方法，但水平远逊印度。从东汉到唐初的蔗糖只是含有大量糖蜜的赤砂糖。7世纪中期，印度制糖术传到中国后，才逐渐有了较纯的白砂糖。

B.C.307年

赵武灵王［中］推行胡服骑射 胡服是战国时期西北少数民族的服装。其主要特征是短衣、长裤、革带、革靴，与中原地区汉族的宽衣大袖服装相比，服装窄袖紧身，短小利落，便于活动。战国时期，邻国之间战事不断，位于西北的赵国经常与相邻的胡人发生军事冲突，在频繁的交战中，赵武灵王发现，汉族惯用的车战不适应崎岖的山地，必须运用灵活快捷的骑兵才能取胜，而汉人传统的上衣下裳或深衣是不能适应骑射需要的，于是下令"法度制令各顺其宜，衣服器械各便其用"，果断实行"胡服骑射"，从而大大促进了赵国的强盛。这是中国服装史上的一次重大改革，它对汉族兵服和民服都产生了巨大的影响。

B.C.300年

欧洲人用羊皮纸做书写材料 纸发明以前，不同地区的人使用了形形色色的材料作为书写载体。约B.C.300年，欧洲人开始青睐用某些动物皮，即"羊皮纸"做书写材料。羊皮纸主要用牛、山羊和绵羊等各种动物的真皮，经拉伸、修薄、干燥、整平等处理后制成的薄片状材料。在加工羊皮纸过程中，干燥温度非常关键，羊皮纸的质地即取决于它。加工时，温度一般应控制在200℃左右，并不断浇凉水冲洗，等半干半湿时，再行冲洗，直至表面呈现胶状，同时用刀刮薄。在希腊和罗马时代，用来书写的羊皮纸先被切成长方形小块，再一块块地缝合在一起做成长轴。长方形羊皮纸以纵栏格式书写，长度根据内容需要增加，书写完后卷起来保存。

B.C.4世纪

漆器生产中的堆漆工艺出现 所谓堆漆，是在漆面上堆叠出装饰性花纹。堆叠料可用漆来调制，亦可用胶或其他物质调制。以漆调成者较为坚实，颜色较深，以其他物质调成者则较为松脆，且颜色浅淡。堆叠完后可再贴金或涂彩。这个技术始见于中国战国时期。中国湖北荆门包山2号墓出土的一件彩凤双连杯，由竹木结合制成，杯内髹红漆，口部绘黄色二方连续勾连云纹，杯外髹黑漆地，用红、黄、金三色描绘，主凤之翅和足、尾，用堆漆法浮出器身。这件器物被认为是今见最早的堆漆实例。

漆器生产中的夹纻工艺出现 夹纻，即以红麻织物作胎，其器后世又谓之脱胎漆器。具体操作是：先用木或泥制成内模，后在模上裱麻、抹漆灰（或谓刮漆灰），裱一层抹一层，之后磨光、上漆，干涸后再将内模取出。这种胎的优点是可避免木胎的干裂和变形。此法始见于战国中期，秦汉时期成熟。1980年四川新都战国中期墓出土1件夹纻胎的黑漆圆形锥刀套，是今见最早的夹纻胎漆器。夹纻胎的出现是髹漆技术的一大进步，它充分发挥了天然漆这种材料的特性，使漆器从里到外，从工艺到材料都完全地展现了天然漆的品质与个性，使天然漆不仅作为装饰髹涂的材料，而且作为造型的基本材料，漆器变得更轻便、更坚实。

最早的毛笔实物 毛笔是中国传统的书写和绘画工具，是先用兽毛扎成笔头，然后黏结在管状的笔杆上。一支好的毛笔应具有"尖、齐、圆、健"的特点。相传是秦国大将蒙恬创制。1954年，中国湖南长沙左家公山一座战国古墓里曾发掘出毛笔，其制作方法是将笔毛围在笔杆的一端，以丝线束紧。笔毛采用上好的兔箭毛，相当于后世的紫毫，刚锐而富于弹性。长沙笔的出土证明在蒙恬之前就已经有毛笔了。1975年，在中国湖北省云梦睡虎地战国秦墓也出土了毛笔，它与长沙笔不同，笔毫是插入杆腔中的，与今天的制笔方法相似。中国最有名的毛笔是出自浙江的湖笔和河南的太仓毛笔以及河北的侯店毛笔。

B.C.245年

克特西维奥斯［希］发明管风琴 管风琴是一种在欧洲有着悠久历史的大型键盘乐器，属于气鸣乐器。现把它归纳为风琴的一种，不同的是风琴是通过脚踏鼓风装置吹动簧片使簧片振动来发音，而管风琴是靠铜制或木制音管来发音。B.C.245年，古希腊亚力山德里亚的克特西维奥斯（Ctesibius）制造出音乐史上第一架水压式管风琴。

B.C.200年

中国制成银朱颜料 银朱是遮盖力强的名贵红色无机颜料，用它和天然漆调制成的大红色朱漆，以色泽鲜艳、久不褪色和防虫、防蛀著称，广泛用于涂饰宫殿、庙宇等大型建筑。其制作方法是先通过金属汞与硫酸的相互作用，制得黑色硫酸汞，再进行加热升华，转化成红色硫化汞。8—9世纪这项技术传入阿拉伯，12世纪传入欧洲。

约B.C.200年

中国用山栀染色　山栀（Gardenia Jasminoides Ellis）是秦汉以来种植、应用最广的黄色染料植物。它属茜草科栀子属的常青灌木，中国南方江浙、两广、云贵、江西、四川、湘鄂、福建、台湾等广大地区都有栽培。其果实栀子中含有黄酮类栀子素、藏红花素、藏红花酸等。用于染黄的色素为藏红花酸。中国古代栽植山栀已有很长的历史，《史记·货殖列传》就有"若千亩卮茜……此其人皆与千户侯等"的话，说明汉初它已广泛被用来染黄，已有人特意栽种。梁代陶弘景的《本草经集注》谓："栀子处处有之……以七棱者为良。经霜乃取之，今皆入染用。"用栀子的浸液可以直接染丝帛得鲜艳的黄色，上染简易，上色均匀，但耐日晒的能力较差，因此自宋代以后则部分地为光色更为坚牢的槐黄染料所取代。若以胆矾为媒染剂可得嫩黄色，至于中国古代是否曾用铜媒染剂染栀黄，有待考证。

B.C.3世纪初

中国普遍使用踏板斜织机　踏板斜织机是采用脚踏板（蹑）提综开口的一种平纹素织机。这种织机的经面与水平机座成50～60度的倾角，织工坐着操作，能清楚地看到开口后经面是否平整，经纱有无断头。从出土画像石上的图像资料来看，踏板斜织机在中国的汉代已经普遍使用。经研究，汉代踏板斜织机的主要类型是中轴式双蹑单综斜织机或双中轴双蹑单综斜织机。前者由一根中轴控制整台织机的运动：其踏板连杆与短杆的连接方法相同，但踏动踏板时带动的轴的旋转方向恰好相反，最明显的实例是山东嘉祥武梁祠和江苏泗洪曹庄出土汉画像石上的织机；后者由两根中轴控制织机的运动：其两块踏板的连杆与一对同出于织机中部背后的相互成一定角度的短杆相连，两块踏板分别拉动短杆往下运动，连杆与短杆的内角方向相同。实例可见于江苏铜山洪楼、山

江苏铜山洪楼出土东汉画像石

江苏泗洪县曹庄东汉画像石

东长清孝堂山以及安徽宿州褚兰出土汉画像石上的织机。

　　中国普遍利用熨斗压烫织物　熨斗是熨烫衣料的用具。《古器评》云：汉熨斗"此器颇与今之所谓熨斗者无异，盖伸帛之器耳"。可见至迟在汉代初期，用熨斗压烫织物使之伸张平挺的方式，在中国已经广为使用。

B.C.3世纪

　　中国发明司南　司南是中国古代辨别方向用的一种仪器，它是用天然磁铁矿石琢成一个勺形的东西，放在一个光滑的盘上，盘上刻着方位，利用磁铁指南的特性，可以辨别方向，是现在所用指南针的始祖。相关的最早记载见于《韩非子·有度》："夫人臣之侵其主也，如地形焉，即渐以往，使人主失端，东西易面而不自知。故先王立司南以端朝夕。"此"端"即是"正"。"朝夕"原意为早晚，转意为东西方向。"端朝夕"，即是校正东西方向。"先王立司南"则表明司南发明时间应在韩非（B.C.280—B.C.233）之前。

中国出现大口浅井采卤技术　B.C.255—B.C.251年，中国古代著名水利专家李冰（生卒年不详）在兴建都江堰工程的同时，勘察地下盐卤分布状况，始凿盐井。《华阳国志·蜀志》记载：李冰"又识齐水脉，穿广都盐井诸陂池，蜀于是盛有养生之饶焉"。这是有关中国古代开凿盐井的最早记载。李冰开凿的广都（今成都市双流区）盐井，口径较大，井壁易崩塌，且无任何保护措施，加之深度较浅，只能汲取浅层盐卤，故称大口浅井。这种大口浅井采卤技术一直沿用了1200多年。

B.C.168年

中国长沙马王堆汉墓出土彩绘地图　由于地图表示内容的多样性，为使地图使用者便于区分地图中的内容，人们很早就采用多种颜色绘制地图。1973年中国长沙马王堆三号汉墓中曾出土三幅彩绘地图。这三幅地图皆绘在帛上，据考证为汉文帝前元十三年（B.C.167年）以前用颜料绘制，所用色彩为朱、青、黑或田青、淡棕、黑三色。

B.C.164年

中国发明豆腐　豆腐是大豆制成的中国传统食品。其制法是：用水浸泡大豆至发胀，用石磨碾碎，滤去豆渣，将豆浆烧沸，用盐卤汁或醋浆，醋淀放入锅中制成。关于豆腐的发明时间，现有三种说法：一是认为在B.C.164年，由淮南王刘安发明。相传刘安在烧药炼丹的时候，偶然以卤汁点豆浆，从而发明豆腐；二是认为五代时期才有豆腐；三是根据五代人陶谷所著《清异录》里始出"豆腐"一词，认为起源于唐朝末期。1960年，在河南密市打虎亭东汉墓发现一块描写豆腐制造过程的石刻壁画，为豆腐发明于汉代提供了有利佐证。

B.C.2世纪

中国出现绒圈锦 绒圈锦或称起绒锦、起毛锦，是中国汉代新出现的一个重要织锦品种，湖南长沙马王堆汉墓出土过。绒圈锦的表面效果虽和后世起绒织物极为相似，但其基本组织却大相径庭，仍然是平纹经重组织。经线通常以1∶1或1∶2排列织成素地或花地经重组织，在此组织基础上再用提花的方法提起其中部分经丝，织入起绒杆，织成后将起绒杆抽去，经线便自然屈曲于织物表面，形成高出锦面0.7～0.8厘米的具有浮雕效果的立体花纹。如果地部本身也织有花纹，那么锦面图案就会呈现出一上一下两个层次，具有"锦上添花"的效果。从考古发现来看，绒圈锦的流行主要集中在西汉时期，其名称可能就是汉代文献中的"织锦绣"，即织锦模仿刺绣效果的一种技法。这种创新品种的流行期似乎很短，到东汉明帝时，文献中已见"织锦绣难成"的记载，说明绒圈锦织造技术到东汉已经失传。

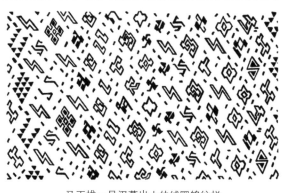

马王堆一号汉墓出土的绒圈锦纹样

中国使用煮炼法对麻纤维进行脱胶 煮炼脱胶是根据原麻中纤维素和胶质成分化学性质的差异，以碱液煮炼去除胶质的脱胶方法。从出土的实物看，湖北江陵凤凰山167号西汉初年墓葬中曾发现大量麻絮，经分析，纤维表面附有大量钙离子和镁离子，与现代化学脱胶的苎麻绒分析结果相似。与此同时，与江陵凤凰山167号墓同时期的湖南长沙马王堆1号汉墓也出土了精细程度相当于现代府绸的23升苎麻布，经分析发现纤维上残留胶质甚少，大多数纤维几乎呈单个纤维分离状态。若用沤渍脱胶法是不可能达到此程度的。只有用石灰水或草木灰液（含K_2CO_3、Na_2CO_3的混合物）进行煮炼脱胶，才能达到如此高的脱胶质量。这就说明至迟在西汉初期中国已使用煮炼法对麻纤维进行脱胶处理。

卜式［中］总结出"卜式养羊法" "卜式养羊法"是中国古代对养羊经验的最早总结。卜式，西汉人，曾总结和发展了历代的养羊方法，后人据此编出了"卜式养羊法"，可惜早已失传。仅在《史记·平准书》和《汉书·卜式传》中有所述及。其中的"以时起居"一条尤为重要，意思是指因四季寒暖不同，牧草生长的情况不同，所以放牧的时间和方式也应随之变更。这一经验一直为后代牧人所遵循。

中国出现铅釉陶 铅釉陶始创于中国关中地区，今所见最早器物属汉武帝时期，汉宣帝之后扩展到潼关以东地区，东汉时期推广到中国南北广大地区。据分析，铅釉的配料较为简单，以铅的化合物，如铅粉、含硅物质（如石英粉），以及铜、铁等色剂（如铜花、赭石、矾红料等），加水磨细、调和，用浇釉法或涂釉法施于白釉胎或已烧制过的素胎上，在700～900℃的氧化气氛中烧成。因铅釉折射指数较高、高温黏度较小、流动性较好、熔融温度区间较宽、熔蚀性较强之故，烧制后外观的主要特点是：釉面光泽较好、平整光洁、清澈透明，有如玻璃。

罗马人培育出绵羊新品种 罗马人用从希腊引进的柯尔钦公羊与意大利血统的母羊杂交，培育出塔伦丁羊，即现代美利奴羊的前身。

B.C.118—B.C.48年

中国西汉出现纤维纸 目前见于考古报道，属于西汉的早期植物纤维纸或纸状物计有7起，其中做过科学分析的计有5起，分别是：（1）灞桥纸状物。1957年陕西省西安市东郊灞桥西汉墓出土。发掘者依据部分伴出物，认为其年代不会晚于B.C.118年。（2）居延金关纸。1973—1974年，甘肃居延肩水金关遗址出土，计有2件。一件与汉宣帝甘露二年（B.C.52年）木简共存；另一件出土于汉平帝时期以前地层。（3）扶风中颜纸。1978年陕西扶风县中颜村西汉窖藏出土。窖藏年代应在汉平帝之前，纸的制造年代可能在汉宣帝时期。（4）马圈弯纸。1979年敦煌马圈弯汉代烽燧遗址出土，计5件8片，伴出物有汉宣帝元康（B.C.65—B.C.60）、甘露（B.C.53—B.C.50）纪年简等。（5）悬泉置纸。1990—1991年甘肃悬泉置遗址出土，计有几百件，延续时间从西汉到西晋。对发现的上述这些西汉时期纤维纸是否是真正意义上的纸，依立足点不同，现有不同说法，若考虑事物由低级向高级发展的过程，将纸的发明时间定在西汉也是可以的。

约B.C.40年

中国使用郁金染色　郁金为多年生宿根草本姜科植物，其块根呈椭圆形，内含姜黄素（curcumin），可用沸水浸出，既可直接染丝、毛、麻、棉等纤维，又可借矾类媒染而得到各种色调的黄色。用它染出的织物往往会散发出一种淡淡的香气，别具风格，中国在汉代时即已用它染色，西汉史游《急就篇》在描述染缯之色时有："郁金半见缃白𦈡"之句。郁金染色的色调如唐颜师古所注："郁金，染黄也。"又宋寇宗奭《本草衍义》载："郁金不香。今人将染妇人衣最鲜明，而不耐日炙，染成衣则微有郁金之气。"不耐日炙的染料使用往往不会很广泛，郁金却恰恰相反。先人在利用郁金染色时看中的是它能散发微香，因而普遍利用它染制高档的黄色纺织品。

B.C.59年

现存最早的茶学资料　一般所说的茶叶指用茶树的叶子加工而成，可以用开水直接泡饮的一种饮品。茶是中国人对世界饮食文化的一大贡献。追溯中国人饮茶的起源，其说不一，或认为起于上古神农氏，或认为起于周，或认为起于秦汉，甚至认为起于唐代的也有。现存最早较可靠的茶学资料出现在西汉，以王褒所撰《僮约》为代表。此文撰于汉宣帝神爵三年（B.C.59年）正月十五日，是王褒在渝山（今四川彭州市一带）为家仆订立的一份契券，明确规定了奴仆必须从事的若干项劳役。其文内有"筑肉臛芋，脍鱼炰鳖，烹茶尽具，脯已盖藏""牵犬贩鹅，武阳买茶"之句。可知茶已为当时日常饮食及待客以礼之物。

B.C.1世纪

砧杵捣练法应用于丝绸精炼　根据西汉班婕妤（B.C.48—2）《捣素赋》的记载，西汉时期的精炼工艺，已经结合以砧杵为工具的捣练法，槌捣丝帛。这种砧杵捣练方式，比之工艺流程较长的"㡛氏涑丝"方法，可以缩短脱胶时间，促进丝帛脱胶效能，是丝绸精炼工艺技术的一项发展。

玻璃制作史上的转折点 砂芯技术主要局限于制作闭合状小瓶子，至少在B.C.1世纪时，随着一种新的技术出现，就不再流行了。新的方法是将模压和冷雕结合在一起，并采用玻棒工艺。这是玻璃制作史上一个重要转折点。

中国利用明矾炼丹 明矾，亦称白矾，为矿物明矾石经加工提炼而成的结晶，主要化学成分为十二水合硫酸铝钾 $[KAl(SO_4)_2 \cdot 12H_2O]$。广泛用于制备铝盐、发酵粉、油漆、鞣料、澄清剂、媒染剂、造纸、防水剂以及中药等。在自然界中并无明矾，只有与黄铁矿、黏土片岩等共生的不溶性明矾石。将明矾石焙烧可得到粗制明矾，再经水溶浸后，硅、铁质沉淀，然后把浓缩的热清液澄出、冷却，便逐步析出纯净的明矾。古代的医药学家们就是利用明矾石培制明矾。中国是最早使用明矾的国家，但何时开始炼制、使用明矾尚需进一步研究。因为中国早期典籍中往往只泛言矾石，而不明确说明是白矾还是皂矾、黄矾。不过，在大约成书于西汉后期的丹经《太清金液神气经》中，在炼制"一化白辉·丹"的单方里已明确说明使用明矾。

多综多蹑织机逐渐定型 多综多蹑机是一种利用脚踏提综技术来控制综片提升的多综式提花机。这种织机的综片数和脚踏板数相等，故被称为多综多蹑机。关于多综多蹑织机的最早记载见于汉代，据《西京杂记》记载，在汉宣帝时，"霍光妻遗淳于衍蒲桃锦二十四匹，散花绫二十五匹，绫出巨鹿陈宝光家。宝光妻传其法，霍显召入其第，使作之。机用一百二十镊，六十日成一匹，匹值万钱"。

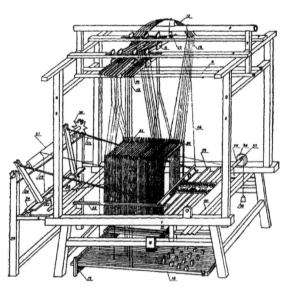

多综多蹑织机示意图

从这段史料可看出，宝光妻用作织散花绫的织机是属于多综多蹑花机的机型，而且综蹑数量已发展到了120片综、120根蹑。从民间遗存的多综多蹑织机来看，这种织机的织造特点是所制得的织物在经向图案循环不能太大，而在纬向则无妨，可以通幅。这与中国战国秦汉时期的织锦特点完全相符，说明多综式提花机在战国时期已经出现，至汉代逐渐完成了其到多综多蹑机的发展。

1世纪

庞培壁画上出现螺旋压平机图形　压平可以使布料表面平滑有光泽。从罗马时期开始，螺旋压平机就已经用于压平。老普林尼（Gaius Plinius Secundus 23—79），认为螺旋压平机是在他那个时代发明的。庞培壁画有这种形式的压平机绘画。使用时用手杆转动两个竖立的螺杆，压平机顶板被推向下面的基板上，布料应该仔细地前后折叠，并放在顶板和基板之间。竖立的螺杆的左、右螺纹方便均匀施加拧紧压力。

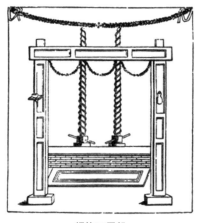

螺旋压平机

按品质划分羊毛等级　在古希腊和罗马，人们欣赏羊毛纤维的精细度、密度、长度和颜色，因而羊毛被广泛使用。人们依靠选择品种以及从米利都、阿提卡、麦加利斯和塔伦特姆进口高质量的品种，改进羊毛质量。老普林尼（Gaius Plinius Secundus 23—79）将羊毛划分为三种：软羊毛、粗长羊毛以及粗羊毛。白色羊毛是最贵重的，其次是来自阿普利亚的褐色羊毛，再次是来自小亚细亚地区的略带红色的羊毛。

玻璃吹制法出现　1世纪时，罗马人发明了吹管，创造了玻璃吹制法，制造出薄壁的玻璃制品。不过也有学者认为玻璃吹管是B.C.40年在叙利亚产生的，后由罗马人推广应用开的。实际上它出现在什么时间并不重要，重要的是它的出现使吹制法成为玻璃的主要成形方法，降低了玻璃的生产成本，并由此使玻璃生产从装饰品转变为瓶、罐、器皿等生活用品。这是玻璃制造史上一个里程碑式的重大发明。

约1世纪

脚踏纺车出现 脚踏纺车是在手摇纺车的基础上发展起来的。从现有资料来看，中国最早的脚踏纺车图像发现于1974年江苏省泗洪曹庄出土的东汉画像石上，在低矮四脚平台框架上，架着一台纺车，轮辐十分逼真。这就说明至迟在东汉时期，脚踏纺车已经出现。据研究，脚踏纺车是中国历史上最早使用连杆和曲柄机构的机械，它的出现很可能是受到了踏板斜织机的启发，在纺车上也用脚踏代替手摇，使纺妇与织妇相似，能空出双手同时进行纺纱操作。脚踏纺车是中国古代的一项重大发明。

中国山东滕州地区使用丝籰络丝 丝籰是络丝用的一种工具。在汉代称为辕，扬雄《方言》有"兖、豫、河、济之间谓之辕"之说，《说文》称"籰，收丝者也"。其结构是用四根木条（竹条）、两组"十"字形的支架（辐）固定，两组支架（辐）的中央开有圆孔，中间穿一根轴，支架可绕轴回转，丝就络在支架上。中国山东滕州龙阳店出土的东汉画像石上的调丝图中，可见到一人用手指拨转籰子，丝从柷（络垛）上通过悬钩，绕至丝籰上，说明东汉时期今山东滕州地区已使用丝籰络丝。

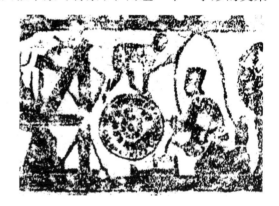

山东滕州龙阳店出土的汉画像石

105年

蔡伦［中］造纸 蔡伦，字敬仲，湖南耒阳人，约出生于61年，卒于121年。著名的古代造纸技术专家。东汉以前，重要典籍都是用简牍或缣帛作书写材料。简牍体大笨重，缣帛价格昂贵，读书人深感不便。蔡伦本身也是一个喜欢读书的人，与读书人有着同样的感受。当时民间已有一些麻纸在流传，但由于造纸术尚停留在初创阶段，工艺不成熟，产量非常低，纸还是个稀罕物。不过其低廉的造价，使蔡伦看到了纸张取代简牍、缣帛的前景，于是开始潜心研究造纸术。他借鉴已出现的造纸方法，重新设计了造纸工艺，利用树皮、麻头、废旧的麻布和渔网等作为原料，通过精工细作，终于造出了优质且适用于书写的植物纤维纸。东汉元兴元年（105年），蔡伦将他创造的纸敬献给皇帝，皇帝用后非常喜欢，通令天下采用。东汉元初元年（114年），蔡伦被封为龙亭侯，民间便把他创造的纸称为"蔡侯纸"。虽然造纸术不是蔡伦首先发明的，但蔡伦改进的造纸技术是一种划时代的创新，它使纸进入了真正的实用阶段，并迅速、广泛地推广开来成为最主要的书写材料，大大地促进了世界文化的交流和传播，对人类的文明进步具有不可估量的作用。

143年

现存最早带有纪年款的最早青瓷片　青瓷是表面施有青色釉的瓷器，是中国古代最主要的瓷器品种，被称之为缥瓷、千峰翠色、艾青、翠青、粉青等。其色调的形成，主要是胎釉中含有一定量的氧化铁，在还原性气氛中焙烧所致。有些青瓷因含铁不纯，还原气氛不充足，色调便呈现黄色或黄褐色。青瓷发明于东汉时期，考古发掘曾出土过一些东汉青瓷，其中不少瓷器都出于纪年墓葬，有的上面还有年款，如1998年湖南省湘阴发掘的青竹寺窑址，出土有青瓷坛、双口坛、罐、钵、盆、壶、瓶等，同时还出土了刻有"汉安二年×月廿五日"（143年）的铭瓷片。这是迄今所见带有纪年款的最早瓷片和最早窑址，为青瓷的发明时间提供了有力证据。

165年

"千金"绦手套　1972年，中国湖南长沙马王堆西汉墓出土。手套长为26.5厘米，上宽8厘米，下宽8.8厘米。因其上下饰以编织篆字"千金"绦一周，故名。手套的制作时间不晚于165年，是中国发现的大拇指分开四指筒状的最早的手套实物。

166年

酱油出现　目前世界上普遍使用的酱油大致有三种：一种是欧美人所称的Sauce或Soybean型调料；一种是亚洲一些国家或地区人们所喜爱的，用杂鱼为原料而生产的鱼露；一种是用大豆和面粉为原料而生产的豆酱油。中国是豆酱油发源地，根据目前所知，有关酱油的最初记载始见于东汉崔寔所著《四民月令》，谓："可作诸酱。……可以作鱼酱、肉酱、清酱。"其中"清酱"，即是酱油。《四民月令》大约在汉桓帝延熹时期（166年）写于洛阳。原书虽然在宋、元时期佚失，但其部分内容被北魏贾思勰《齐民要术》辑录得以保存下来。

185年

左伯［中］首创纸面加工技术　左伯，字子邑，山东东莱（今莱州）人。汉中平二年（185年），左伯造出"左伯纸"，史称"子邑之纸，妍妙辉光"。有纸史研究者认为：所谓"妍妙辉光"，是指纸的表面具有光泽，亦说明纸面经过研光而紧密，以致墨汁不易渗透纸内层，反光良好，故以辉光形容之。在2—5世纪，左伯纸、张芝笔和韦诞墨是中国文人墨士喜爱的文房用品。

2世纪

黑瓷创烧　黑瓷为施黑色高温釉的瓷器，是在青瓷的基础上发展的品种，也用氧化铁作釉的呈色剂，增加铁的含量就成了黑瓷，其釉料中三氧化二铁的含量在5%以上。黑瓷虽冠之以"黑"，实际上多呈棕褐、棕黄、绿褐色，纯黑的很少。黑瓷创烧于东汉，今见于考古发掘年代较早的器物是安徽亳县"汉建宁三年（170年）"墓出土的黑釉器。

罗马有了原始肥皂生产　考古学家在意大利的庞贝古城遗址中发现了制肥皂的作坊。说明罗马人在2世纪时已经开始批量生产原始的肥皂。这种原始肥皂系以草木灰皂化油脂而成，其中以山羊的油脂肪和榉木灰所制为上品。1791年，法国化学家卢布兰用电解食盐方法制取火碱成功，从此结束了从草木灰中制取碱的古老方法。1823年，德国化学家契弗尔发现脂肪酸的结构和特性，肥皂即是脂肪酸的一种。19世纪末，制皂由手工作坊转化为工业化生产。

中国广泛使用手摇缫车　手摇缫车是一种由辘轳式的缫丝軒发展而来的

缫丝机械。它通过手摇曲柄带动丝軖（缫丝车上的轮），使缫丝盆内的茧丝通过架在缫车上的集绪器和鼓轮并在一起绕于丝軖之上。使用时，必须两人合作，一人投茧索绪填绪，另一人手摇曲柄转动丝軖。从1952年山东滕州龙阳店出土东汉画像石上的调丝图中的丝绞大小来看，缫时绕丝工具很大，说明2世纪手摇缫车已逐步推广。

羊皮纸书出现 2世纪，人们发明了把羊皮纸做成书的新方法。这种发明物叫抄本，就是我们现在所说的书。这种新方法也是把羊皮纸裁成长方形，每张纸折叠一次即成对开，折叠两次成四开，再折叠一次则成八开，依次类推，把这些折叠纸收集起来，即可装订成书的形式。

2世纪末

漆器生产中的犀皮工艺出现 犀皮又称"剔皮"或"犀毗"，做法是先用石黄加入生漆调成黏稠的漆，然后涂抹到器胎上，做成一个高低不平的表面，再用右手拇指轻轻将漆推出一个个突起的小尖。稠漆在阴凉处干透后，上面再涂上多层不同颜色的漆，各种颜色相间，并无一定规律，最后通体磨平。犀皮漆外观特点是：漆层的不同颜色呈现出某种规律性差异，并富于变化，色泽灿烂，美观耐看。1984年安徽马鞍山市三国东吴朱然（182—249）墓曾出土一对犀皮黄口羽觞，表明这项工艺的出现时间很可能是东汉末年。

3世纪初

中国出现天灯 天灯，亦称孔明灯，现在被公认为热气球的始祖。起初是为了传递讯息之用，目前通常被当成节日祈福许愿的工具。相传当年诸葛亮被司马懿围困于平阳，无法派兵出城求救。诸葛亮为此发明出会飘浮的纸灯笼，系上求救的讯息告知救援部队，于是后世就称这种灯笼为孔明灯。其结构可分为主体与支架两部分，主体大都以竹篾编成，次用棉纸或纸糊成灯罩，底部的支架则以竹削成的篾组成。飘飞孔明灯时，点燃放在底部横架上浸满油的布团，灯笼内空气受热膨胀变轻，从而漂浮起来。

3世纪

釉下彩技术出现　釉下彩是瓷器釉彩装饰的一种，又称"窑彩"。其基本工艺是：先用色料在已成型晾干的素坯（即半成品）上绘制各种纹饰，然后罩以白色透明釉或者其他浅色面釉，再入窑一次烧成。烧成后的图案被一层透明的釉膜覆盖在下边，表面光亮柔和、平滑不凸出，显得晶莹透亮。此项技术出现在三国西晋时期，不过当时只是以赤色颜料简单地点彩来装饰瓷器。唐以后釉下彩瓷得到迅猛发展。著名的青花、釉里红、釉下三彩、釉下五彩、釉下褐彩、褐绿彩等瓷，皆为釉下彩。

马钧［中］改革旧绫机　马钧，字德衡，三国时陕西扶风（今陕西兴平市）人，中国古代的机械发明家之一。所谓旧绫机，是指一种多综多蹑机的形式的汉代绫机。这种绫机上的综、蹑数可以达到50～60，但织造颇费功日，因此马钧思其变，将蹑数皆易为12蹑，有效地提高了织造生产率。文献记载见于《三国志·魏志》中的裴松之注："马先生钧，字德衡天下之名巧也。……为博士，居贫，乃思绫机之变，不言而世人知其巧矣。旧绫机五十综者五十蹑，六十综者六十蹑，先生患其丧功费日，乃皆易以十二蹑。"马钧改革绫机在织机发展史上是一个非常重要的事件。

约295—300年

中国出现关于红花染料制备的记载　红花中含有红黄两种色素，其中红色素即红花素，含量极少，仅0.5%左右；另一为黄色素，含量在30%左右。红花素能溶于碱性溶液而不溶于酸和水，黄色素能溶于水和酸而不溶于碱。红花染料的制备、提取及染色等一系列应用技术均是建立在这一原理的基础上的。制备红花染料时为了减少红花色素的损失，摘花后应马上对红花进行处理，加工成一定形式的染料产品，这样既便于保存色素，也便于买卖、携带。一般有红花饼和干红花两种。在中国，红花饼的制作方法见于《太平御览》卷七一九引西晋张华《博物志》"作燕支法"中："取蓝花捣，以水洮（同淘）去黄汁，作十（应作小）饼如手掌，着湿草卧一宿。便阴干。"更为详细的记载则见于明代宋应星《天工开物》："造红花饼法：带露摘红花，捣熟以水淘，布袋绞去黄汁；又捣以酸粟或米泔清。又淘，又绞袋去汁。以青蒿覆一宿，捏成薄饼，阴干收贮。"

约4世纪初

中国出现竹纸　宋赵希鹄《洞天清禄集·古翰墨真迹辨》有如是记载："南纸用竖帘，纹必竖。若二王真迹，多是会稽竖纹竹纸，盖东晋南渡后难得北纸，又右军父子多在会稽故也。其纸止高一尺许，而长尺有半，盖晋人所用，大率如此，验之〈兰亭〉押缝可见。"二王，即王羲之（303—361）、王献之（344—386）。这段记载表明竹纸至迟在东晋时期即已出现。

4世纪初

漆器生产中的雕漆工艺出现　雕漆工艺，是把天然漆料在胎上涂抹出一定厚度，再用刀在堆起的平面漆胎上雕刻花纹的技法。由于色彩的不同，亦有"剔红""剔黑""剔彩"等不同的名目。从晋陆翙《邺中记》所记："石虎御坐几，悉漆雕画，皆为五色花也。"可知这项工艺应出现在4世纪前期，这个名称也是从那个时期沿用下来的。

324年

中国广州地区使用经过薯莨加工整理过的纺织品　薯莨整理是一种历史悠久的纺织品整理技术。薯莨又称赭魁，块茎含有红色的儿茶酚类鞣质，遇铁媒能生成黑色沉淀。薯莨整理就是利用薯莨的汁液，在织物上做特殊的浴法染色整理。1931年，中国广州西郊大刀山古墓中，出土了一块东晋太宁二年（324年）的麻织物，正反面颜色各异，一面为黑褐色，一面为红色，是目前所见最早的薯莨加工整理产品。

348年

造纸技术之涂布术的发明　表面涂布是古纸表面处理的一个较为重要措施。操作要点是在纸的表面涂布一些白色的矿物粉，粉料主要是石膏，此外可能还有白垩、滑石粉、石灰等。做法是先将这些物料碾细，并制成悬浮液，再将之与淀粉共煮，经充分混合后，用排笔涂于纸上，再经干燥和研光。这样，纸的白度、致密度、平滑度、吸水性都能得到提高，透明度明显下降。现今所见最早的涂布纸实物是新疆前凉建兴（沿用西晋愍帝年号）三十六年（348年）文书残件，其表面所涂粉料为石膏粉末。自然，涂布术应出现在这之前。

353年

王羲之《兰亭序》与蚕茧纸　《兰亭序》是东晋右军将军王羲之51岁（353年）时的得意之笔，记述了他与当朝众多达官显贵、文人墨客雅集兰亭、修禊事也的壮观景象，抒发了他对人之生死、修短随化的感叹。文章清新优美，书法遒健飘逸，被历代书界奉为极品。宋代书法大家米芾称其为"中国行书第一帖"，王羲之因此也被后世尊为"书圣"。在中国书法史上，一提起王羲之《兰亭序》，便与蚕茧纸联系在一起。这皆缘于几则古文献的记录，一是南朝宋刘义庆《世说新语》所载："王羲之书《兰亭序》，用蚕茧纸，鼠须笔。遒媚劲健，绝代更无。"二是唐张彦远《书法要录》所载："王羲之用蚕茧纸、鼠须笔书《兰亭集序》。"三是宋苏易简《文房四谱》所载："羲之永和九年制《兰亭序》，乘乐兴而书，用蚕茧纸。"蚕茧纸从其名称来理解，似乎应是蚕茧为原料制成的纸，但今纸史专家陈志蔚、谢崇恺研究，确认王羲之写《兰亭序》所用蚕茧纸"是继承和发展了蔡伦造纸用的'树肤'，用楮皮做的加工纸"。

384年

造纸技术之施胶术出现　古纸的结构一般都十分疏松，纤维间充满了无数缝隙，下笔书写时往往会走墨渲染。为堵塞纸的部分毛细管和间隙，改善纸的书写效果，人们发明了施胶术，早期所用胶剂多为糨糊。其法有几种操作方式，一般多用表面施胶和内部施胶。表面施胶时，通常只在正面进行，背面不做任何处理。此法的优点是操作便捷，效果明显；缺点是淀粉层易于隆起以致脱落。内部施胶则是将胶剂添加到纸浆中搅匀。1973年，有学者在检查后秦白雀元年（384年）衣物卷用纸时，发现其表面施了一层淀粉糊剂，且曾以细石研光过。向纸施胶既可增加纸的强度，又可增强纸的不透水能力，是古纸加工技术的一项重要改进。从上述分析的卷用纸，此技术应出现在后秦白雀元年（384）之前。

4世纪

床架式抄纸帘出现　在床架式抄纸帘发明以前，使用的是固定式的浇造工具，即往带方框的布帘或席帘上均匀地浇泼纸浆而成纸。纸张不能马上揭下，须晒干后才能揭下，费事费工很不方便。大约在东晋中期（360—390），由帘床、竹帘和捏尺三部分组成的床架式抄纸帘被发明出来。这三部分可以自由组合和分离，操作起来极为方便，故又称为"活动抄纸帘"。大体操作方法是：每次抄捞纸浆后，将床架和帘子斜置浆槽上，取下捏尺，用手捏住竹帘，然后提起竹帘，纸面朝下，使湿纸脱离竹帘覆于抄案上。床架式抄纸帘克服了固定式浇造的弊端，大大提高了功效，直至今天，民间手工造纸所用纸帘仍是此种构造。

中国利用鸟羽进行纺织　东晋谢万和谢安晋见简文帝时，曾着白纶巾、鹄氅，此鹄氅即是燕羽织物。这就说明早在4世纪，中国已经利用燕羽等鸟羽进行纺织。之后到明清，中国历代都有利用鸟羽进行纺织的文献记载或实物证据。

加工染色纸出现　最早的加工染色纸出现在东晋时期（317—420年），是一种用黄檗染色的纸，名潢纸，又称黄纸、染黄纸、黄麻纸，相传是葛洪（284—363）所创。葛洪，字稚川，号抱朴子，人称葛仙翁，丹阳句容（今属江苏）人，晋代的医学家、博物学家和炼丹术家。据北魏贾思勰《齐民要术》记载："凡潢纸，灭白便是，不宜太深，深色年久色暗也。"又记其制法云："黄檗熟后漉滓捣而煮之，布囊压讫，复捣煮之。凡三捣三煮，添和纯汁者，其省四倍，又弥明净。写书经夏，然后入潢，缝不淀解。其新写者，须以熨斗缝，缝熨而潢之。不尔，入则零落矣。"黄檗亦称黄柏，芸香科，落叶乔木，树皮厚，皮中有生物碱，可作染料或杀虫防蛀剂。加入纸中能延长纸张的寿命，同时还有一种清香气味。在古代，潢纸不仅为士人写字著书所用，也为官府用以书写文书。民间宗教用纸也多用潢纸，尤其佛经、道经写本用纸，不少都经染潢。

404年

东晋桓玄帝下令废简用纸　404年，东晋桓玄帝下令废简用纸，使简、帛彻底退出了作为文字载体的历史舞台，亦使纸的应用日益普及。自105年蔡伦发明造纸，至以纸代简、帛经历了约300年之久。古人废简用纸何以经历如此漫长历程？其中的一个重要原因是认识和习惯使然，因为长期以来简、帛一直用来书写朝廷的文件、诏令及一些重要的事情。《三国志》中的一段记载颇能说明这点："功名著于钟鼎，名垂于竹帛。"此外，1996年长沙走马楼出土的大批作为档案文书封存的吴简，亦说明当时的人认为纸不适于长期保存。

约420—480年

中国使用冻绿染色　自然界的植物虽然大多含有绿色素，但由于它们在高温染液中往往被破坏而呈黄色，因此，无论是东方还是西方，古代染绿多用蓝和黄两种色素复染，而可以单独用于染绿的染料植物并不丰富，冻绿即其中之一。冻绿，学名鼠李，在植物分类中属鼠李科鼠李属。被称作"中国绿"。冻绿自何时开始用于染色，至今尚无定论。有学者认为，大概在B.C.2000年可能已经出现冻绿染色的技术。关于冻绿染色的最早记载见于郭义恭《广志》，云："鼠李，朱李，可以染""车下李，车上李（原注：'亦春熟可染也'）"。鼠李与朱李是同一种植物，车上李和车下李尚不明确。由此文来看，在《广志》成书之时，即约420—480年，鼠李属植物已被用于染色是没有问题的。

5世纪

中国开始使用"盐腌法"贮茧　"盐腌法"是中国南北朝时期出现的一种蚕茧贮藏加工方法。其要领是用盐来杀茧蛹，以防止蚕蛹破茧出蛾，从而延长缫丝时间，这是保证蚕丝质量的重要措施。《齐民要术》中有用盐来杀茧蛹的详细记载："用盐杀茧（蛹），易缫而丝肕；日曝死者，虽白而薄脆。缫练长衣着，几将倍矣，甚者虚（实）失岁功，坚脆县绝。"意思是用盐腌法，容易缫，丝也坚韧；用日晒法，茧色虽白，而丝质脆弱，做成的丝绸衣服，耐穿的时间与盐腌法相差很多。齐梁时著名医药、生物学家陶弘景（452—536），在他所著《药总诀》中也有记载："凡藏茧，必用盐官盐。"这就说明南北朝时期，中国已普及了盐腌贮茧法，这是蚕丝业发展史上的一项重大成就。

约5世纪

花楼束综提花机出现 大约在南北朝时期，中国出现了花楼束综提花机。其依据一是南梁刘孝威在《郗县遇见人织率尔寄妇》中的描写："妖姬含怨情，织素起秋声。度梭环玉动，踏蹑珮珠鸣。经稀疑杼涩，纬断恨丝轻……机顶挂流苏，机旁垂结珠。青丝引伏兔，黄金绕鹿卢。"这里描述的很可能是一台束综提花机，又称花楼机。二是从新疆吐鲁番阿斯塔那出土的一件北朝时期的吉字对羊灯树锦来看，图案在经纬向均有循环，应该是花楼机应用的一个最早实例。这就说明，大约在南北朝时期，束综提花机已经定型。这种提花机需要两人合作织造，专有一名拉花工坐在花楼上，按花本逐一提花，而织工在下面负责投梭打纬织造。织机上除地综片由织工直接脚踏控制外，整个束综均由拉花工控制。束综束的是综丝，上端是花本，中段是衢盘，下端是衢脚。若织物图案通幅循环，则花本中的一根脚子线对应一根衢线；若织物图案在纬向有几个循环，则一根脚子线牵动几根衢线，即用多把吊形式来控制提花的纬向循环。到唐代初期，花楼束综提花机已广泛用于绫、锦的织造。

533—534年

中国用地黄染色始见记载 地黄是黄色染料中比较重要的一种染材，较早的记载见于《尔雅·释草》，谓："苄，地黄。"注："一名地髓，江东呼苄。苄音户。"此外又名芐、地脉（《名医别录》），属多年草本植物，根茎肥厚肉质，9—11月采集，其中所含地黄苷可以染黄。地黄最初多入药用，《神农本草经》将它列为上品药。东汉崔寔所撰《四民月令》谓："八月……

干地黄做末都。"末都"是酱类，用地黄做酱，仍属药用。直至北朝时，出现染色用，《齐民要术》（卷三）中"杂说第三十"中的"河东染御黄法"就是以地黄染熟绢，叙述甚详。

533—544年

贾思勰［中］撰《齐民要术》 贾思勰，北魏时人，益都（今山东省寿光）人，生活于北魏末期和东魏（6世纪），曾做过高阳郡（今山东临淄）太守，中国古代杰出的农学家。其所著《齐民要术》成书于533—544年间，是中国现存最早、最完整、最全面的综合性农学著作。全书正文10卷，92篇，共11万多字，包括农、林、牧、副、渔等几个方面，其中有关纺织的内容以纺织原料，特别是蚕桑生产技术为主。在卷五中专列"种桑柘第四十五（养蚕附）"，讲到桑柘的种植技术和桑的品种，第一次提到了荆桑、地桑、黑鲁桑和黄鲁桑之分。书中还记载了关于蚕种的选择，首次提出从化性和眠性上分类，指出："今世有三卧一生蚕，四卧再生蚕。"并引证《俞益期笺》的"日南蚕八熟……"和《永嘉记》的"永嘉有八辈蚕"的记载，保存了中国古代南方和东南炎热地区利用冷水低温控制蚕卵孵化时间，从而达到按季节分批饲养8次蚕的科学记录。卷二种麻第八和麻子第九，分别记述了种植枲和苴的技术。卷十中"木棉"条，引述了关于木棉树即灌木状棉花的记载。

中国出现红花饼制作方法的记载 植物染料红花中含有黄色素和红色素，其中只有红色素具有染色价值。红色素在红花中是以红花甙的形态存在的。近代染色学中提取红花素的方法是利用红色素和黄色素皆溶于碱性溶液，红色素不溶于酸性溶液，黄色素溶于酸性溶液的特性，先用碱性溶液将两种色素从红花里浸出，再加酸中和，使只带有荧光的红花素析出。我国自汉以来的各个时期，一直就是利用红花的这种特性来提纯和染红的。《齐民要术》卷五"种红花蓝花栀子"条曾对当时民间炮制红花染料的工艺做过详细描述，云："摘取即碓捣使熟，以水淘，布袋绞去黄汁，更捣，以粟饭浆清而醋者淘之，又以布袋绞去汁，即收取染红勿弃也。绞讫，著瓷器中，以布盖上，鸡鸣更捣令均于席上，摊而曝干，胜作饼。作饼者，不得干，令花浥郁也。"发酵的粟饭浆呈酸性，以其淘洗并绞去黄汁的红花渣滓，便是基本除去黄色素的红花染料。值得注意的是文中提到"作饼"，表明红花饼的制作技术在南北朝时就已出现。

中国出现造靛技术的记载　中国制造靛蓝的技术，起始于何时，不见记载，但从秦汉时期人工大规模种植蓝草的情况推测，估计不会晚于这个时期。待至三国时期以后，已基本成熟。北魏贾思勰在其著作《齐民要术》卷五"种蓝"条中详细记载了当时用蓝草制靛的方法，云："刈蓝倒竖于坑中，下水，以木石镇压，令没。热时一宿，冷时再宿。漉去荄，内汁于瓮中，率十升瓮，著石灰一斗五升。急抒之，一食顷止。澄清，泻去水。别作小坑，贮蓝淀著坑中。候如强粥，还出瓮中盛之，蓝靛成矣。"其工艺原理是：放入水中的蓝草茎叶，经一定时间会发酵水解出蓝酐，加石灰后游离出吲哚，然后又经空气氧化，双分子缩合成靛蓝。蓝草发酵时还会产生酸及二氧化碳气体。加入的石灰有三个作用：一是破坏植物细胞加速吲哚游离外；二是用以中和发酵时所产生的酸质；三是与二氧化碳气体反应产生的碳酸钙，能吸附悬浮性的靛质，加速沉淀速度。另需要说明的是：蓝靛是不溶于水、弱酸和弱碱的，欲用它制成染液上染纤维，须将其还原成溶于碱性水的靛白。纤维在靛白染液浸泡后，靛白着附在纤维上，经空气氧化，靛白复又氧化成蓝靛，并与纤维牢固地结合在一起，从而实现染蓝之目的。《齐民要术》中没有谈到蓝靛还原成靛白染色的方法，同时期的其他文献也没有记载，但这一过程是利用蓝靛染色必不可少的。既然当时能够制造蓝靛，肯定应具备蓝靛还原成靛白的技术，这是不容置疑的。

中国发明的"出水干"缫丝技术始见记载　"出水干"是提升缫丝品质的做法，就是以炭火烘干出水的生丝，让缫出的丝能快速干燥，这样一方面绕在丝架上成绞后，丝缕不会黏在一起，另一方面提升了丝的质量，丝的光泽更好。火烘的炭火要选用干燥不会生烟的木柴，才不会影响丝的光泽。用盆盛四五两的炭火，放在距离丝架即称为"大关车"五寸远的地方，丝架转动生风，同时烘干丝缕并卷绕在架上。这是明代缫丝技术上的新突破，与之相并称的还有"出口干"技术，即让蚕吐出的丝液立即干燥固化，这样可以保证蚕丝的强度与耐水洗性。这两项技术的原理基本相近，都使用火盆以适量的火加速烘干蚕丝，以提升蚕丝的品质。这类相关的操作方法在《齐民要术》中早有记载，到明代已上升到理论的高度。宋应星在《天工开物》中总结出丝美之法的六字诀："出口干，出水干。"

6世纪

日本生产备前陶器 这种陶器产自日本内海岗山县，与中国宜兴生产的陶器相仿。其特点：一是坯体为深灰色砾石，表面有上釉的，也有没上釉的，一般烧成砖红色、褐色或深青铜色；二是制品老化后表面往往会出现青铜似的绿锈；三是制成的容器嘴部从开口处呈弧形向外卷起，叫作荷叶口或圆口。

7世纪初

澄泥砚始有生产 澄泥砚与端砚、歙砚、洮砚齐名，是中国四大名砚之一。因其是泥烧制而得，而端砚、歙砚、洮砚皆为石材加工而得，故在砚史中又有"三石一陶"的说法。它的制作时间始于唐代，其时，端砚、歙砚尚处初创阶段，人们视虢州所产澄泥砚为"砚中第一"。制作过程是：将绢袋置于汾水中，一年后取澄泥，结实、风干，再将泥制成砚形烧炼。澄泥砚具有细腻的质地，而且具有贮水不涸，历寒不冰，发墨而不损毫，滋润胜水可与石质佳砚相媲美的特点。

约600年

柘黄成为中国皇服专用色 柘木是桑科植物柘树的材质，用其所染之黄色名为柘黄或赭黄。此色有别于其他染料所染之黄色，呈黄赤色。从东汉崔寔《四民月令》所载："柘，染色黄赤，人君所服"，表明当时柘（赭）黄已是皇帝服色之一。从隋唐开始，柘（赭）黄成为皇帝的常服颜色，《唐六典》载："隋文帝著柘黄袍、巾带听朝。"《宋史·舆服志》载："衫袍，唐因隋制，天子常服赤黄、浅黄袍衫、折上巾、九还带、六合靴。宋因之，有赭黄、淡黄袍衫、玉装红束带、皂文靴，大宴则服之。又有赭黄、淡黄实裰袍、红衫袍，常朝则服之。"民间禁用黄色则始于唐高宗总章年间（668—670年），《新唐书·车服志》载："唐高祖以赭黄袍、巾带为常服。……既而天子袍衫稍用赤黄，遂禁臣民服。"从此各代袭承。元代曾明令"庶人惟许服暗花纻丝、丝绸绫罗、毛毳，不许用赭黄"。明代弘治十七年（1504年）禁臣民用黄，明申"玄、黄、紫、皂乃属正禁，即柳黄、明黄、姜黄诸色亦应禁之"。

610年

造纸术传入日本　据《日本书纪》卷二二载：推古天皇十八年，"春三月，高丽王贡上僧昙征、法定，昙征知《五经》，且能作彩色纸及墨，兼造碾硙，盖造碾硙始于是时欤？"另《旧事本纪》载："（圣德）太子与昙征造纸，召三韩纸用之。今昙征所制纸……不甚经久，乃太子制楮纸……又植楮于诸邑，以造纸法教国县人。"圣德太子因提倡造纸，故在日本被尊为"纸圣""纸祖"。推古天王十八年，即隋大业六年（610年），造纸技术便由朝鲜传到了日本，故其传至朝鲜的时间当在此之前。

约605—618年

中国出现最早的印刷品　在658—663年，玄奘印出了近百万枚上图下文的《普贤菩萨像》。这是现今所知世界上最早的大规模印刷活动。这说明中国印刷起源时间不迟于隋大业年间（605—618年）。

618年

窦师伦［中］创新绫锦纹样　窦师伦，字希言，生卒不详，主要活跃于唐高祖李渊、唐太宗李世民时期。他善绘事，尤工鸟兽，曾在中国传统丝绸纹样基础上，结合中亚、西亚的题材和表现方法，创造出许多新颖的绫锦纹样，如对雉、斗羊、翔凤、游麟之状的纹样。这些纹样寓意祥瑞，章彩奇丽，世人称奇，谓之"陵阳公锦样"。

624年

中国唐朝颁布"武德衣服令"　621年，唐朝颁布衣服之令，初步拟定了冠服制度。624年，又对原有的服制作了修订，重新颁布了新的律令——"武德衣服令"，自此唐朝服饰有章可循。按新令规定，皇帝之服有大裘冕、衮冕等十四种，皇后之服有袆衣、鞠衣及钿钗禕衣三种，皇太子之服有衮冕、公服等六种，太子妃之服有褕翟、鞠衣等五种，群臣之服有衮冕、毳冕等二十二种，命妇之服有翟衣、钿钗礼衣等六种。这套服制被后世沿袭，各朝虽然都做过修订，但总体上变化不大。

约660年

现存最早的单页本形式的印刷品　1974年，中国西安唐墓中发现的梵文陀罗尼经咒印本，刊刻于650—670年，刻印地点为唐长安城。经咒呈方形，印以麻纸，直高27厘米，横长26厘米。此印页中央有个7厘米×6厘米的空白方框，其右上有竖行墨书"吴德□福"四字，从书法风格观之，为唐初流行的王羲之（321—379）体行草，所残缺的一字估计是"冥"，表明此经咒是为墓主吴德安放于墓中的。空白方框外四周印以咒文，皆13行。印文四边围以三重双线框边，内外边框间距3厘米，其间绘有莲花、花蕾、法器和星座等图案。这是现存世界最早的单页本形式的印刷品。

约697年

最早的有年代特征可辨的卷子本木版印刷品　1906年，中国新疆吐鲁番发现武周中期（695—699年）刻本《妙法莲华经》。此经印以黄麻纸作卷轴装，由若干张印纸粘连起来。一纸印一版，每行19字，每字径7～9毫米，经文中有武周制字。这是迄今世界最早的有年代特征可辨的卷子本木版印刷品。

约7世纪

中国利用兔毛纺织　《唐书·地理志》记载，"扬州广陵郡土贡兔丝"，"常州晋陵郡土贡兔褐"，"宣州宣城郡土贡兔褐"。"兔褐""兔丝"都是兔毛织品，扬州广陵郡即今江苏扬州市一带，常州晋陵郡即今江苏常州市一带，宣州宣城郡即今安徽宣城市一带。《唐国史补》中记载："宣州以兔毛为褐，亚于锦绮，复有染丝织者尤妙。故时人以为兔褐真不如假也。"这说明中国安徽、江苏一带在唐代已经利用兔毛进行纺织，并且在当时还有人利用蚕丝染织成仿兔褐的产品，其仿制品甚至比真的更妙。

中国出现缂丝产品　缂丝以通经回纬的方法织成。织制时，以本色丝作经，彩色丝作纬，用小梭将各色纬线依画稿以平纹组织缂织。其特点是纬丝不像一般织物那样贯穿整个幅面，而只织入需要这一颜色的一段。这种通经回纬的方法最早用于毛织物上，称为缂毛。至迟到唐代，开始应用于丝织物上，这种织物就是缂丝。在中国新疆吐鲁番、甘肃敦煌、青海都兰等地都出土过唐代缂丝。其中，吐鲁番阿斯塔那206号墓出土的缂丝带，因伴随有垂拱元年（685年）的纪年物同出，具有很高的价值。这件织物说明至迟在7世纪，缂丝已经出现。

7世纪

唐三彩创烧　"唐三彩"是唐代三彩陶器的简称，是一种低温铅釉陶器。其以白色黏土作胎，先素烧一次，再施色釉，二次烧成。色釉中加入不同的金属氧化物，经过焙烧，色釉发生化学变化，便形成浅黄、赭黄、浅绿、深绿、天蓝、褐红、茄紫等多种色彩，但多以黄、赭、绿三色为主。唐三彩约创烧于唐高宗时期（650—683年），唐玄宗开元年间达到鼎盛阶段，唐天宝年间数量渐减。主要用于明器，也有少量实用器和建筑材料等。

白瓷烧制技术逐渐成熟　白瓷是中国传统瓷器的基本品种之一，它以含铁量低的瓷坯，施以纯净的透明釉烧制而成。虽然在东汉和南北朝时期的墓葬中发现过类似白瓷的器物，但直到隋代白瓷技术才逐渐成熟起来。陕西西安郊区隋大业四年（608年）李静训墓出土的白瓷，胎质洁白，釉面光润，胎釉已不见白中闪黄或泛青的现象。唐、五代时，白瓷成为北方瓷器生产的主流，南方也开始烧造。陆羽（733—804）在《茶经》中曾推崇唐代邢窑白瓷为上品，并形容它的胎釉像雪一样洁白。

百鸟毛裙　《新唐书·五行传》载：唐安乐公主（685—710）"使尚方合百鸟毛织两裙，正视为一色，旁视为一色，日中为一色，影中为一色，而百鸟之状皆见"，"又以百兽毛为鞯面，韦后则集鸟毛为之，皆具其鸟兽状，工费臣万"。贵臣富室见后争相仿效，以致使"江、岭奇禽异兽毛羽采之殆尽"。安乐公主使人制织的这种百鸟毛裙，其织作工艺颇值得注意，很可能是利用不同纱线捻向以及不同颜色羽毛，在不同光强照射下，形成不同视觉反映的原理制成的。

磁州窑创烧　磁州窑是中国古代北方最大的一个民窑体系，窑址在今河南观台镇与彭城镇一带，因生产地在宋代属磁州，故名。创烧于唐代，北宋中期达到鼎盛，明代以后渐衰。磁州窑以生产白釉黑彩瓷器著称，常见的器型有盘、碗、碟、盏、瓶、壶、罐、钵、洗、盆、缸、笔洗、砚滴、镇纸、炉、灯、盖盒等，尤以多种多样的瓷枕最具代表性。

耀州窑创烧　耀州窑创烧于唐代，窑址在今陕西省铜川市的黄堡镇，因其地唐宋时属耀州治，故名。北宋时期是其鼎盛阶段，以烧造青瓷为主，其时曾为朝廷烧造"贡瓷"。该窑在金、元时开始衰落，终于元代。器形有香炉、香薰、盏托、盘、碗、罐、碟、盏、瓶、壶、罐、钵等。

定窑创烧　定窑，窑址在今河北省曲阳涧滋村及东西燕川村一带，宋代属定州，故名。创烧于唐，极盛于北宋及金朝，衰于元代。主要烧造白瓷，兼烧黑釉、酱釉和釉瓷。定窑瓷风格典雅，上面有毛口和泪痕等特征。毛口是复烧，口部不上釉；泪痕多见于盘碗外部，因釉的薄厚不匀，有的下垂形如泪迹。装饰有刻花、划花、印花诸种。苏东坡对定窑瓷有这样的赞誉："定州花瓷琢红玉"。

钧窑创烧　钧窑，窑址在今河南省禹州市，因其地古属钧州，故名。创烧始于唐代，兴盛于北宋时期，元代后渐衰。钧窑以烧造青瓷为主，其所出胎质细腻，釉色华丽夺目，器型以碗盘为多，但以花盆最为出色。北宋末年，钧窑曾一度被宫廷收为官窑，为宫廷烧制的御用品。钧窑所出精品有两个重要特征：一是独特的窑变釉色，其釉色往往呈荧光或乳光似的光泽；二是釉中呈现一条条不规则的流釉痕。其产生的原因是由于瓷胎在上釉前先经素烧，上釉又特别厚，釉层在干燥时或烧成初期发生干裂，后来在高温阶段又被黏度较低的釉流入空隙所造成。

青花瓷出现　青花瓷，又称白地青花瓷，常简称青花，是中国瓷器的主流品种之一，属釉下彩瓷。青花瓷是用含氧化钴的钴矿为原料，在陶瓷坯体上描绘纹饰，再罩上一层透明釉，经高温还原焰一次烧成。钴料烧成后呈蓝色，具有着色力强、发色鲜艳、呈色稳定的特点。白地蓝彩的青花瓷，往往给人色泽简洁明静、清新典雅之感，具有中国传统水墨画的效果。青花瓷出现在唐代，但直到元代才日臻成熟，明代成为瓷器的主流，清康熙时发展到了顶峰。

端砚始有生产　端砚是广东肇庆一带所产石砚。文房四宝，砚为其一，在中国四大名砚中端砚最为称著。大约自唐朝初年端砚开始生产，从唐中叶开始声名鹊起，宋代时，端砚已兼具实用和欣赏两个属性，并被列为贡品。端砚的特点是石质坚实、润滑、细腻、娇嫩，用端砚研墨不滞，发墨快，研出之墨汁细滑，书写流畅不损毫，字迹颜色经久不变。其制作过程较为繁复，主要有采石、维料、制璞、雕刻、磨光、配盒等。石眼细润有神，犹如鸟兽的眼睛，别致可爱，是鉴别端砚石品高低的重要标志之一。

歙砚始有生产　歙砚，中国四大名砚之一。因产于安徽歙州（今黄山市歙县）而得名，又因砚石产于江西婺源县（古属歙州）龙尾山，故又名"龙尾砚"，也称"婺源砚"。其制作始于唐开元中，到南唐时，设置砚务，专门为朝廷督制石砚。这时龙尾的制砚达全盛时期。歙砚的特点是石质坚韧、润密、纹理美丽、敲击时有清越金属声、贮水不耗、历寒不冰、呵气可研、发墨如油、不伤毫，且雕刻精细，浑朴大方。1976年安徽合肥出土的唐开成五年（840年）箕形歙砚，石质细润，色泽清纯，是早期歙砚的珍贵遗存。

702年

雕版印刷品《无垢净光大陀罗尼经》　1966年，韩国庆州佛国寺佛塔内发现一件雕版印刷品《无垢净光大陀罗尼经》，该印品使用了武则天所创制字几处，经中外学者考证，此经为武周后期洛阳或长安的印刷品，具体刻印年代约为702年。

741年

中国使用黄栌染色　黄栌为漆树科黄栌属植物，灌木或小乔木，高3～5米。黄栌干茎中含硫黄菊素，又名嫩黄木素，可以染黄，用铝、铁矾媒染，可得橙黄、淡黄诸色，但色彩不够坚牢。其用于染色的历史或许可追溯到周代，郑玄注《周礼·天官·掌染草》提到"橐芦"，有人认为就是黄栌。不过明确其用于染色的记载见于唐陈藏器《本草拾遗》，云："黄栌生商洛山谷，四川界甚有之，叶圆木黄，可染黄色。"《本草拾遗》问世于唐开元二十九年（741年）。

743年

宣纸名声远播　宣纸原产于安徽泾县（原属宁国府），产纸因以府治宣城为名，故称"宣纸"，是一种以青檀皮和沙田稻草为主要原料，按适当比例制成的手工纸。因其具有韧而能润、光而不滑、洁白稠密、纹理纯净、搓折无损、润墨性强等特点，能充分表达中国书法绘画技术效果，而成为书画专用的高级手工纸，享有"纸寿千年"的美誉。宣纸的闻名始于唐代，唐书画评论家张彦远《历代名画记》云："好事家宜置宣纸百幅，用法蜡之，以备摹写。"表明唐代宣纸已广泛用于书画了。另据《旧唐书》记载，天宝二年（743年），江西、四川、皖南、浙江都产纸进贡，而宣城郡纸尤为精美。可见宣纸在当时已冠于各地。

751年

造纸术传入阿拉伯世界　8世纪中期，造纸术又传到了阿拉伯世界。据《新唐书·玄宗纪》载：天宝十年（751年）七月，"高仙芝及大食，战于怛逻斯城（今吉尔吉斯境内），败绩"。大食是中国唐、宋时期对阿拉伯人的泛称。在这次战争中，唐朝许多士兵被俘，其中便包括了造纸等手工业工人。当时一个叫杜环的人在这次战争中被俘到了大食，回国后写了一本名为《经行纪》的书。书中云：大食的"绫绢机杼、金银匠、画匠、（皆）投匠起作。画者京兆人樊淑、刘泚，织络者河东人乐环、吕礼"。文中虽未明确提到造纸术，但各种工匠中应包括掌握造纸技术的人。最早明确提到中国造纸术及其西传的人是10世纪的阿拉伯学者比鲁尼（Biruni 973—1048），其云："初次造纸是在中国"，"中国的战俘把造纸法输入撒马尔罕。从那以后，许多地方都造起纸来，以满足当时存在者的需要"。撒马尔汗在唐时称为康国，751年为大食占领。

约780年

陆羽［中］撰《茶经》　陆羽（733—804），名疾，字鸿渐、季疵，号桑苎翁、竟陵子，中国唐代复州竟陵人（今湖北天门）。约780年，陆羽完成《茶经》的著述。此书共三卷十篇，分别是：《一之源》，考证茶的起源及性状；《二之具》，记载采茶制茶工具；《三之造》，记述茶叶种类和采制方法；《四之器》，记载煮茶、饮茶的器皿；《五之煮》，记载烹茶法及水质品位；《六之饮》记载饮茶风俗和品茶法；《七之事》，汇辑有关茶叶的掌故及药效；《八之出》列举茶叶产地及所产茶叶的优劣；《九之略》，指茶器的使用可因条件而异，不必拘泥；《十之图》，指将采茶、加工、饮茶的全过程绘在绢素上，悬于茶室，使得品茶时可以亲眼领略茶经之始终。这是一本关于茶叶生产的历史、源流、现状、生产技术以及饮茶技艺、茶道原理的综合性论著，也是中国乃至世界现存最早、最完整、最全面介绍茶的第一部专著，被誉为"茶叶百科全书"。它的问世将普通茶事升格为一种美妙的文化艺能，推动了茶文化的发展。

约7—8世纪

中国盛行胡服　唐代丝绸之路上中外贸易文化交流的发达，带来的不仅是"胡商"会集，也带来了异国的礼俗、服装、音乐和美术等。武则天时期波斯诸国的服饰已影响唐女子，到唐中期，胡服、胡妆更是大幅度流行。《唐书·五行志》中记载："天宝初，贵族及士民好为胡服胡帽。"沈从文先生认为此风气可分为两个时期，前期受高昌、回鹘文化影响，女子多戴尖锥形浑脱帽，穿翻领小袖长袍，领袖间用锦绣缘饰，钿镂带，条纹毛织物小口袴，软锦透空靴。中唐以后，"胡服"风降温，女子装束受吐蕃影响较大，重点在于头部发式和面部化妆，蛮鬟椎髻，八字低颦，赭黄涂脸，乌膏注唇的"囚装""啼装""泪装"皆属此类，衣着方面因尚宽博反而体现不出鲜明的胡服特征。"胡服"在初唐、盛唐的广泛流行，说明汉族服饰文化同样不断吸收其他民族的精华。这是中国服装史上的一次重大变革，它对丰富和发展民族服饰文化产生了重要影响。

8世纪

德国开始酿造啤酒 8世纪时德国开始酿造啤酒。其制作过程是先在大麦上洒水，浸渍几日，待大麦膨胀、裂开、发芽后，将其晾放在地上。为防止腐烂或发霉，晾放时一天至少翻2次。然后将晾好的大麦放入水中煮沸3～4小时捞出，除去麦壳后，添加啤酒花和酵母放置发酵。由于加入啤酒花，酒有一种特殊的味道，深受人们欢迎。

科尔多瓦皮革 科尔多瓦皮革是8世纪西班牙被摩尔人征服之后出现的著名皮革产品。这种皮革的原料取自摩弗伦羊皮，是采用不同的预处理方法，其中包括漆叶鞣制和明矾硝制，其最获好评的是一种夺目的猩红色皮革，据传是先用明矾硝制，然后用胭脂染色制得。起初，科尔多瓦皮革被制成各种各样的器皿，但随着皮制鞋类在贸易中比重的增加，科尔多瓦皮革慢慢地不大用于制造其他物品而专门用于制鞋。今天，科尔多瓦皮革已成为顶级皮的代称，原料也多采自剖开的马皮。

约8世纪

中国发明指南针 指南针是一种判别方位的简单仪器，主要组成部分是一根装在轴上可以自由转动的磁针，磁针在地磁场作用下能保持在磁子午线的切线方向上，磁针的北极指向地理的北极，利用这一性能可以辨别方向。由于天然磁石的机械强度较低，制作司南尚可，琢磨指极针状物则十分困难了，而且其磁向中心也不易找到。指南针的发明者摒弃了天然磁石，所用制作材料是淬火碳素钢，经人工磁化处理而成。司南与指南针的主要区别有以下三点：一是形态大小不同，一个呈勺状、瓢状，体型较大，一个呈针状，体型较小；二是材质和加工方法不同，一个用天然磁石琢磨而成，一个由淬火钢针人工磁化而成；三是装置方法不同，司南的磁勺是直接放在栻站式地盘上，而指南针则有多种装置法。关于指南针的发明时间，有汉代和唐代中期两种说法。因汉代说依据尚嫌不足，今采用唐代中期说。

868年

现知世界上最早的刻印有确切日期的雕版印刷品 中国甘肃敦煌石室发现的《金刚般若波罗蜜经》，是现知世界上最早的刻印有确切日期的雕版印刷品。此印刷品是一个长约16尺的卷子，由6个印张黏缀而成。前面有一幅题为《祇树给孤独园》的图，内容是释迦牟尼佛在祇园精舍向长老须菩提说法的故事。画面人物衣褶简劲，面容意态生动逼真，绘刻十分精美。卷末题刻有"咸通九年四月十五日王阶为二亲敬造普施"字样。从经卷展示出的文图面貌可知，咸通九年四月十五日（868年5月11日），王阶（829—890）为二亲所印《金刚经》，雕版刀法纯熟，墨色匀称，印刷清晰，表明其时印刷术发明已久，技术已臻熟练，该印品绝不是雕版印刷发明初期的产品，雕版印刷术发明时间要远远早于868年。咸通九年《金刚经》原藏敦煌第17窟藏经洞中，1907年被英国人斯坦因带至英国，曾藏于英国伦敦大英博物馆，现藏大英图书馆。

约9世纪

中国出现立机 立机又称竖机，主要根据机身的方向进行命名。在中国敦煌莫高窟K98北壁的《华严经变》图中绘有一架织机，可清楚地看出其型制是一种踏板式立机。这台织机的机身由两根竖木支起，下有两片很长而且翘得很高的脚踏板。与织机的经面相关的有三个部分：最顶端是经轴，乃经线之所在；中间有一横木状物，应是豁丝木和单片综的简略形式；下面是织好的布和卷布的布轴。织机上的开口机构画得特别简单，可能是因为

山西高平开化寺北宋壁画中的立机

开口机构较为复杂并有经线遮挡的缘故。除上述图像外，"立机"的名称在晚唐和五代的敦煌文书中多次出现，尽管多指用立机织得的棉织品叠布，但还

是可以说明至迟在晚唐时期，立机在中国的敦煌地区已经出现。西方也有立机，但与上述织机不同，敦煌出现的立机是以中国传统的踏板式织机为主线发展起来的，有脚踏板，而西方的没有，需要依赖于手提综片织制。

约9世纪末

中国制造出红曲　红曲又名丹曲，是一种经过发酵作用而得到的透心红的大米。它不仅可用于酿酒，充当烹饪食物的调味品，还是天然的食品染色剂，而且还有很好的药用价值。红曲的制作工艺出现不晚于唐代末年，是当时制曲技术中的一项重大发明。明代李时珍在《本草纲目》中评价它说："此乃人窥造化之巧者也""奇药也"。现代科学证明：红曲的功效不仅在于含有抗菌物质，帮助消化养胃的各种酶类和多种氨基酸，更重要的是能产生多种降脂降压活性物质，如 γ-氨基丁酸，N-乙酰葡糖胺和麦角固醇，尤其能产生对合成胆固醇的限速酶HMG-CoA具有特异的抑制作用物质——洛伐他汀（lovastatin）。

959年

中国使用植毛牙刷　1953年，在中国热河省赤峰县（今内蒙古自治区赤峰市）大营子村辽驸马卫国王墓（959年入葬）出土的陪葬品中，发现了两把象牙制的牙刷柄，其形制与现代牙刷相似。头部的植毛部有八个植毛孔，分两排，每排四孔。这是中国现存最早的牙刷实物。

10世纪

中国流行红木小件　小件是中国家具的一类。其形制较小，大多属安放、陈设于桌案之上的小型木器，故称之为"小件"。一般可将小件分为几座、屏架、灯罩、盘盒、日用小商品等五类，产品有上百种。因以紫檀木、乌木、鸡翅木、花梨木为主要材料，故又有"红木小件"之称。制作红木小件需有广博的知识和坚实的手工技艺，学艺者8~10年后，才能制作出形、神、韵完备的器物。中国制造"小件"的历史悠久，但专事精雕细刻及摆设文玩木匠的大量涌现应不迟于宋代。

最原始的火柴 陶谷《清异录·器具》篇载："夜中有急，苦于作灯之缓，有智者批杉条，染硫黄，置之待用，一与火遇，得焰穗然，既神之，呼'引光奴'，今遂有货者，易名'火寸'。"陶谷（903—970）五代至北宋人，字秀实，邠州新平（今陕西彬县）人，他所言及的"火寸"，便是借助于火种或火刀、火石，将沾在小木棒上的硫黄引发为阳火。这可视为最原始的火柴。

约10世纪

釉上彩技术出现 釉上加彩是陶瓷的主要装饰技法之一。严格来说，釉上彩可区分为高温型和低温型两种。高温釉上彩是一次烧成的，东晋、唐代都有使用。但人们常说的釉上彩却主要指低温型，它是在已经烧成的瓷器釉面上，用彩料绘画作装饰的瓷器。其属两次烧成，先在高温下烧成瓷器，后作彩绘，然后在稍低的温度下烘烤，谓之彩烧。它是在传统低温釉基础上发展起来的，始见于中国宋代北方诸窑，尤其是磁州窑。磁州窑低温釉上彩有两种类型：一是低温三彩釉陶，这是唐三彩的继续；二是白釉釉上红绿彩瓷。两者之中以后者最为珍贵。

龙泉窑始烧 龙泉窑是中国古代一个重要的窑系，以烧造青瓷闻名于世，因其主要产区在浙江龙泉市而得名。它约始烧于五代，兴起于北宋，南宋时达到鼎盛，明代逐渐衰落，不过清代仍有烧造，是中国制瓷历史上最长的一个瓷窑系。北宋早期以前的产品胎质较粗，胎体较厚，釉色淡青，釉层稍薄。北宋中晚期的产品，多以生活用具为主，有碗、盘、杯、壶、瓶、罐等。虽然胎体仍较为厚重，但造型规整，釉色由淡青转为青黄。南宋时期，龙泉青瓷质量显著提高，把青瓷釉色之美推到顶峰的粉青、梅子青釉瓷器就是这个时期烧制成功的。

1041年

毕昇［中］发明活字印刷术 北宋庆历年间（1041—1048），雕印工匠毕昇发明了世界上最早的胶泥活字印刷术。毕昇发明的活字印刷术原理和方法，在当时著名科学家沈括所著《梦溪笔谈》卷十八有如是描述："庆历中，有布衣毕昇，又为活版。其法：用胶泥刻字，薄如钱唇，每字为一印，火烧令坚。先设一铁板，其上以松脂、蜡和纸灰之类冒之。欲印，则以一铁范置铁板上，乃密布字印，满铁范为一板，持就火炀之，药稍镕，则以一平板按其面，则字平如砥。若止印三二本，未为简易；若印数十百千本，则极为神速。常作二铁板，一板印刷，一板已自布字，此印者才毕，则第二板已具。更互用之，瞬息可就。每一字皆有数印，如'之''也'等字，每字有二十余印，以备一板内有重复者。不用，则以纸贴之，每韵为一贴，木格贮之。有奇字素无备者，旋刻之，以草火烧，瞬息可成。不以木为之者，木理有疏密，沾水则高下不平，兼与药相粘，不可取；不若燔土，用讫再火令药镕，以手拂之，其印自落，殊不沾污。昇死后，其印为群从所得，至宝藏之。"活字印刷术的发明，是人类印刷事业发展史上的一次重大革命，对世界文明的发展有着极其深远的影响。

11世纪

中国发绣已非常精美　发绣是运用人的头发绣制的绣品。发绣以发代线，利用头发黑、白、灰、黄和棕的自然色泽，以及细、柔、光、滑的特性，用接针、切针、缠针和滚针等不同针法刺绣。相传在唐代就有佛教信女剃下自己的头发绣成菩萨像，到宋代时发绣已非常精美。据《女红传征略》记载，其时的发绣《妙法莲华经》，世人称奇。

秦观［中］撰《蚕书》　秦观（1049—1100），字少游，中国江苏高邮人。《蚕书》主要总结了宋代以前兖州地区的养蚕和缫丝经验，尤其是缫丝工艺技术和缫车的结构型制。全书分种变、时食、制居、化治、钱眼、锁星、添梯、缫车、祷神和戎治等10个部分。"种变"是蚕卵经浴种发蚁的过程；"时食"是蚁蚕吃桑叶后结茧的育蚕过程；"制居"是蚕按质上蔟结茧；"化治"是掌握煮茧的温度和索绪、添绪的操作工艺过程；"钱眼"是丝绪经过的集绪器（导丝孔）；"缫车"是脚踏式的北缫车，书中描述了这种缫车的具体结构和传动……全书共802字，是中国最有价值的古蚕书之一，但行文以农家方言为主，艰涩难懂，全文无图。

皮革加工技术的三种方法　制作皮革的三种基本方法：一是用油处理

（油鞣）；二是矿物（明矾）处理（硝皮）；三是植物处理或鞣革。这三种方法无论是单独使用，还是几种方法结合起来使用，都能达到保护毛皮纤维结构免受破坏，保持毛皮主要特性的目的。虽然这三种方法出现的最初时间，现已无法说清，但可以肯定的是在11世纪时，有关这三种皮革制造的发明和实践已经发展成一套相当完善的技术，一直到19世纪时都没有大的改变。

中国出现卓筒井采卤技术 卓筒井是小口深井，一般深约130米，井口大约15～20厘米（直径），发明于北宋庆历年间（1041—1048年）的四川省大英县。凿井时，使用"一字型"钻头，采用冲击方式舂碎岩石，注水或利用地下水，以竹筒将岩屑和水汲出。其过程大致分成两个阶段：一是打大眼；二是打小眼。卓筒井的井径构成是上大下小。上层即大眼，深约50米。大眼的作用是下放相衔接的楠竹筒（即套管）以隔绝洞壁上渗透出来的淡水。竹筒能否隔绝淡水，是井钻成功的关键。一般大眼钻至50米深，竹筒就相应下放50米。不能隔绝洞壁渗透的淡水的，称为漏井，不能再钻，只有报废；隔绝了淡水就打（钻）小眼，直钻至100米深左右。如果每天能产500～3000斤、浓度7～10度的卤水就成了井。如果无卤就是选址不准，叫干窟窿。井址的选择是有经验的老盐工根据山势决定，故选择井址也称为"度脉"。

11世纪末

洮砚始有生产 洮砚全称为"洮河石砚"或"洮河绿石"，中国四大名砚之一。因砚材产自洮河，故名"洮河石砚"，简称"洮砚"。其制作始于北宋，很快就以其石色碧绿、雅丽珍奇、质坚而细、晶莹如玉、扣之无声、呵之可出水珠、发墨快而不损毫、储墨久而不干涸之特点，声名远播。宋赵希鹄称："除端、歙二石外，惟洮河绿石，北方最贵重。绿如蓝，润如玉，发墨不减端溪下岩，然石在临洮大河深水之底，非人力所致，得之为无价之宝。"制作洮砚的洮石有数种，尤以绿洮和红洮两种最具特色：绿洮色泽青监，旧称"鸭头绿""鹦哥绿"等，优者有天然黑色水纹；红洮色为土红，纯净甘润，极为罕见。

12世纪初

中国出现走马灯 走马灯，外形多为宫灯状，中国传统玩具之一。灯内有带轴的扇叶，轴上贴有剪纸，扇叶在轴的上方。因剪纸多为古代武将骑马的形象，故当点上蜡烛后，烛产生的热力造成上升气流，令轮轴转动，灯屏上即出现人马追逐、物换景移的影像。据文献记载，北宋末年已有走马灯，当时称之为"马骑灯"。

中国使用弹弓弹棉 南宋方勺在《泊宅编》中记载：棉花"以小弓弹令纷起"，说明至迟在南宋时期，中国已使用弹弓弹棉。弹棉的目的有两个：一是将皮棉纤维弹开，使其松散，便于纺纱；二是在弹开纤维过程中，清除混杂在棉花中的杂质泥沙，使棉纤维更加洁白匀净。这是棉花经轧车去籽后必须经过的工序。元代王祯的《农书》、明代宋应星的《天工开物》、徐光启的《农政全书》等著作中都有关于弹弓弹棉的记载，可见其应用之广泛。这种弹棉方法一直延续到现在仍有使用。

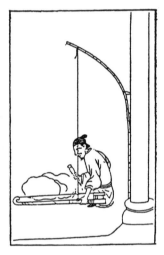

《天工开物》中的弹棉图

1103年

现存最早泥活字印刷品 1965年，中国浙江省温州市郊白象塔内发现《佛说观无量寿佛经》残页。此经残宽13厘米、残高8.5～10.5厘米，经文为宋体，回旋排列成12行，可辨者计166字，占该经第四至九观的十分之一。其字迹特征是：字体较小；字体长短大小不一，笔画粗细不均；字距极小，紧密无间；排列不规则，在回旋转折处出现字形颠倒现象；漏字；纸面可见到字迹有轻微凹陷，墨色亦浓淡不一。经学者鉴定为北宋活字印刷本。对照同处发现的崇宁二年（1103年）墨书《写经缘起》残页，认定此经本是同年或相近年代刊印。这是当今尚存的最早泥活字印刷本，是沈括关于毕昇活字印刷术的难得实证。

1116年

　　中国使用槐花染色　槐花系国槐树上所结花实。国槐树系中国原产，是豆目蝶形花科槐属的落叶乔木，有槐树、槐蕊、豆槐、白槐、细叶槐、金药材、护房树、家槐之别称。其花朵或花蕾内含有黄色槐花素及芦丁，花蕾中含量较多，开放后便减少。因槐花蕾形似米粒，所以又称槐米。槐米属于媒染染料，可适用于染棉、毛等纤维。用明矾媒染可得草黄色，如再以靛蓝套染可得官绿；以绿矾媒染则得灰黄。因为槐黄染色色光鲜明，牢度良好，是一种较好的黄色植物染料。关于槐花染黄的记载，最早大约见于北宋寇宗奭的《本草衍义》，云："槐花，今染家亦用，收时折其未开花，煮一沸出之。釜中有所澄下稠黄滓，渗漉为饼，染色更鲜明。"《本草衍义》初刊于宋政和六年（1116年），估计槐花在宋代时才步入中国染料行列。明代时槐花染料的加工开始分档使用花蕾和花朵，并制作槐花饼以便于贮存，供常年染用之需。从《天工开物》的记载看，槐花是明代黄色染料中用量非常大的一种植物染料。

1150年

　　欧洲第一家造纸场建立　造纸术在传到欧洲之前，欧洲人所用书写材料是某些动物皮制成的"羊皮纸"，他们对纸的认识源于阿拉伯人。1150年，阿拉伯人在其统治的西班牙建立了欧洲第一家造纸场。其后欧洲各国才陆续掌握这项技术并建场生产。大体时间是：1276年意大利的第一家造纸场在蒙地法罗建成，生产麻纸；1348年法国在巴黎东南的特鲁瓦附近建立了第一家造纸场，此后又建立几家造纸场，这样法国不仅国内纸张供应充分，还向德国出口；德国是14世纪才有自己的造纸场；英国因为与欧洲大陆有一海之隔，造纸技术传入比较晚，15世纪才有了自己的造纸场；1573年瑞典有了自己的造纸场；1635年丹麦开始造纸，1690年挪威也建立了造纸场。到17世纪时，欧洲各主要国家都有了自己的造纸业。

1155年

现今所藏最早的雕版印刷地图　中国南宋杨甲所编《六经图》中的《十五国风地理之图》，是现今所藏最早的雕版印刷地图。该书刊于南宋绍兴二十五年（1155年），现藏于北京图书馆。该地图为黑色线条图，以单线表示河流，以三角形表示山，地名用阳文表示，系用木版雕刻印刷。它较德国奥格斯堡发行最早的木版印刷地图要早317年。

1180年

现知世界上最早的木活字版印本　1991年，中国宁夏贺兰县拜寺沟方塔出土了西夏文佛经《吉祥遍至口和本续》。此经书共九册，有封皮、扉页，印制时间在1180年以前。封皮左上侧贴有刻印的长条书签，书名外环以边框；封皮纸略厚，呈土黄色，封皮里侧另背一纸，有的纸为佛经废页，背时字面向内。全页版框纵30.7厘米，横38.0厘米，四界有子母栏，栏距上下23.5厘米，无界格，半面左右15.2厘米。版心宽1.2厘米，无象鼻、鱼尾。上半为书名简称，下半为页码。页码有汉文、西夏文、汉夏合文三种形式。每半面10行，每行22字，每字大小1厘米左右。通篇字体繁复、周正、秀美，印制精良，某些字行间有长短不一的线条，为木活字特有的隔行加条痕迹。1996年11月6日，经中国文化部组织鉴定委员会鉴定，此佛经被认为是迄今世界上发现的最早的木活字版印本。

12世纪

轴架式整经方法出现　轴架式整经方法首见于南宋楼璹的《耕织图》中。图中有三个织妇在操作。两人在前，将经丝卷绕于圆框上，一人在后，排经丝和理丝籰。这就表明至迟在南宋时已使用轴架

王祯《农书》中的经架图

式整经方法了。由于《耕织图》诗文简单，很难得知当时轴架式整经的操作方法。但元代王祯在《农书》中记载了这种整经方法："先排丝籰于下，上架横竹。列环以引众绪，总于架前经牌，一人往来挽而归之纼轴，然后授之机杼。"明代的《农政全书》、清代的《豳风广义》等也都有这种整经工具的相关记载。轴架式整经法对丝、毛、麻、棉等织物均可通用。它比齿耙式整经法的产量要高，质量也能保证，故近代的土布织造仍大量采用。这种轴架式整经法的工艺原理，逐步发展为近代大圆框式的自动整经机。

中国使用醋浸法抽引野蚕丝　中国南宋时，野蚕除了缫丝外，还使用醋浸来引丝。《岭外代答》中记载中国广西有一种名为"丝虫"的野蚕，当枫叶初生时，上面有很多食枫叶的虫，像蚕而颜色呈赤黑。一到五月，虫的腹部就透明像成熟的家蚕。当地人把它采摘回来后，用酽醋浸而擘取其丝，就醋中引出丝来，大约一条蚕可得丝六到七尺。这种抽引野蚕丝的方法，与现代人造纤维的制取有异曲同工之妙。

中国出现罗盘　罗盘，又叫罗经、罗经盘。罗者，广布也，遍布也。一种具有分辨细微方位的磁针指极仪器，其磁针是置放在带有方位刻度的圆形承受器中间，有水针和旱针两种制式。前者是把磁针放在圆形承受器中间盛有水的凹陷处，磁针浮在水上能够自由地旋转，静止时两端分别指向南北。后者的磁针也是置放在圆形承受器中间，通常是在磁针重心处开一个小孔作为支撑点，下面用轴支撑。1985年，江西临川县温泉乡莫源李村南宋庆元四年（1198年）朱济南墓出土了一大批陶俑，其中一件题名"张仙人"的俑，高22.2厘米，右手捧一罗盘，此罗盘菱形针的中央有一明显的圆孔，形象地表现出采用轴支承的结构。它的出土，证明12世纪末，旱罗盘就已发明出来。一般而言，水罗盘应早于旱罗盘，故水罗盘的发明时间至少可上推至12世纪中、早期。

楼璹［中］撰《耕织图》　楼璹（1090—1162），字寿玉、国器，浙江鄞县（今浙江宁波）人。中国南宋绍兴年间（1131—1162年），楼璹完成这部以诗配画形式介绍耕织技术的《耕织图》。据楼钥《攻媿集》卷七六中记述："伯父时为临安於潜令。笃意民事，慨念农夫蚕妇之作苦；究访始末，为耕织二图。耕自浸种，以至入仓，凡二十一事。织自浴蚕以至剪帛，凡二十四事，事为之图。系以五言诗一章，章八句，农桑之务，曲尽情状。"当时宋朝官府遣使持《耕织图》巡行各郡邑，以推广耕织技术。嘉定三年（1210年），楼璹之孙刻石传世。这部著作对推动南宋蚕桑丝织业的发展起了很大作用。

意大利成为欧洲丝绸生产的主要地区　530年，在拜占庭皇帝查士丁尼（Emperor Justinian）授权下，欧洲开始尝试生产蚕丝。然而，在其后的很长时间内，欧洲的丝织品及原料大多仍然是从路上或海上"丝绸之路"传入的。直到10世纪，西班牙养蚕业逐渐兴盛后，这种情况才得到改变。12世纪时，以意大利卢卡为中心的区域成为欧洲丝绸生产的主要地区。

脚踏缫车在中国基本定型　在手摇缫车的基础上加装踏板和连杆，就变成了脚踏缫车。脚踏缫车大约在北宋时已经出现，秦观的《蚕书》中用了大量篇幅描述了当时的缫车，但未具体写明脚踏机构。到南宋时，吴皇后题注本的《蚕织图》和传为梁楷本的《蚕织图》中十分清楚地描绘了缫车的具体形象，其传动装置由一脚踏板与一曲柄连杆机构相连而成。这就说明在12世纪左右，中国古代的脚踏

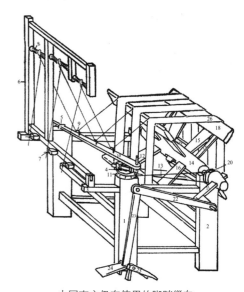

中国南方仍在使用的脚踏缫车

缫车已基本定型。这种缫车用脚踏动踏板做上下往复运动，通过连杆使丝轩曲柄作回转运动。利用丝轩回转时的惯性，使其能连续回转，带动整台缫车运动。这样索绪、添绪、回转丝轩就可以由同一个人用手和脚同时进行，从而使劳动生产率大大提高。脚踏缫车是手工缫丝机器改革的重大成就。

1261年

薛景石［中］撰《梓人遗制》　薛景石，字叔矩，金末元初河中万泉（今山西万荣县）人，生卒年不详。他自幼习木匠，制作不失古法，又有自己的创造，是中国古代杰出的机械设计师兼制造家。《梓人遗制》是薛景石长

期实践经验的记录，元中统二年（1261年）刊印出版，后被收录在明《永乐大典》卷18245《十八漾匠字诸书十四》（新印本第172册）内。书中除车辆等的设计图说之外，主要记述了华机子（提花织机）、立机子（立织机）、小布卧机子（织造麻布、棉布的平织机）和罗机子（专织绞经织物的木织机）等四大类木织机以及整经、浆纱等工具的型制。绘有零件图和总体装配图，全书共有图110幅。每图都注明机件名称、尺寸和安装位置、制作方法和工时估算。

1265年

中国现存最早的传世玉器　北京北海团城承光殿前陈列的一尊名为"渎山大玉海"的玉瓮，是中国现存最早的传世玉器。该玉瓮的玉料为青灰夹生黑斑色，产于河南南阳独山。器型呈椭圆形，高0.7米，口径1.35～1.82米，最大周围4.93米，约重3500公斤。玉瓮周身浮雕波涛汹涌的大海和游弋沉浮的海龙、海马、猿、鹿、犀、螺等动物的图案。它是元世祖忽必烈在至元二年（1265年）下令制作，由大都皇家玉作完成。制作意图是为了反映元代国势的强盛。

1266年

英格兰颁布《面包和麦酒法令》　1266年，英格兰国王亨利三世（Henry Ⅲ 1207—1272）颁布了《面包和麦酒法令》（*Assize of Bread and Ale*），对面包的等级、重量、价格、成分等进行规范，要求面包师必须用固定重量的面粉做出固定数量的面包，面包师不可以心血来潮乱改配方。《面包和麦酒法令》自颁布起保留了近八个世纪才被废止。

1273年

中国元朝司农司编《农桑辑要》　该书是中国古代记述农桑技术的科学著作。初稿完成于至元十年（1273年），主要叙述中国北方的农桑技术。至元二十三年（1286年）和延祐五年（1318年）畅师文和苗好谦先后修订和重刻，增加了中国南方的栽桑育蚕技术的内容。全书共7卷，卷三、卷四转论栽桑、育蚕。其中大都辑自《务本新书》《士农必用》和《韩氏直说》等书，也有相当部分是著者新添加的内容。卷三栽桑中有13篇，其中12篇论桑，1篇论柘。卷四养蚕共40篇。在缫丝篇中有："生蚕缫为上，如人手不及，杀过茧，慢慢缫。杀茧法有三：一曰晒；二盐浥；三蒸，蒸最好。"蒸茧杀蛹比日晒、盐浥为好，这是见之文字的最早记载。在讲到缫车机构时，指出軖"六角不如四角，軖角少，则丝易解"，这是对蚕丝生产经验的科学总结。卷二中有胡麻、麻子、麻、苎麻、木棉和论苎麻木棉等篇。宋代以来，棉花种植者渐多，此书中新添栽木棉法一篇，可能是在元朝统一全国后修订重刻时与论苎麻、木棉篇一起新增加的。

1276年

元代青花观音童子像瓷器　虽然青花瓷在唐代已出现，但真正成熟的青花瓷直到宋末元初才在景德镇烧成。元青花的胎体采用瓷石和高岭土混配的二元配方，烧成温度1280℃左右，多数器物的胎体厚重，造型饱满，胎色略带灰、黄，胎质疏松。底釉分青白和卵白两种，乳浊感强。其纹饰最大特点是：构图丰满，层次多而不乱；笔法流畅有力，以一笔点划多见；勾勒渲染粗壮沉着；主题纹饰有人物、动物、植物、诗文等。1978年，杭州元代至元十三年（1276年）郑氏墓出土的3件青花观音童子像，是今不多见的早期元青花器物之一。

约1286年

意大利人发明眼镜　眼镜发明者的名字现已无从查考，但眼镜的出现时间和地点仍有迹可寻。1306年，比萨的一个修道士在佛罗伦萨的一次布道中如是说："从能让人看得更清楚的眼镜制造技术的确立到现在还不到20年的时间。这种技术是世界上已有的最好也是最必要的技术之一。这项前所未有的技术是在如此之短的时间里发明的。我曾亲眼见过发明并创立这项技术的人，而且和他交谈过。"从中可知眼镜的发明时间应该是在1286年前后，而且几乎能肯定眼镜不是在威尼斯发明的，不过眼镜很快就在这个当时欧洲玻璃制造工业的中心被大量生产出来。

1298年

王祯《农书》所载木活字印书法　王祯《农书》卷二十二《造活字印书法》记载了木活字印刷的基本过程，云："今又有巧便之法。造板木作印盔，削竹片为行，雕板木为字。用小细锯锼开，各作一字，用小刀四面修之，比试大小高低一同；然后排字作行，削成竹片夹之。盔字既满，用木楔楔之，使坚牢，字皆不动，然后用墨刷印之。"同时还记载了相关的6个辅助工序，即写韵刻字法、锼字修字法、作盔嵌字法、造轮法、取字法、作盔安字刷印法。从中可知王祯是将所制木活字依韵排列在旋转式贮字盘里。这样做既提高了找字和排字速度，又减轻了劳动强度，是一项不错的发明。王祯，字善伯，山东东平人。1298年，他曾用自己所制木活字试印了大德《旌德县志》。此书约6万余字，不一月而百部印齐，质量"一如刊板"。

13世纪

奶粉出现　奶粉是将牛奶除去水分后制成的粉末，它的出现解决了鲜奶不宜保存的难题。据意大利人马可·波罗（Marco Polo 1254—1324）在其《马可·波罗游记》中的记述，中国元朝的蒙古骑兵曾携带过一种奶粉食品作为军需物资。这是现知世界上人类最早使用奶粉的文字记录。

中国出现笼蒸法贮茧工艺　笼蒸法贮茧工艺出现在中国元代。当时对鲜茧的处理方法有三种，即日晒、盐浥、笼蒸。《韩氏直说》认为"笼蒸最好"。《农桑辑要》和《农书》对笼蒸法作了介绍和推广，基本方法为："用笼三扇，以软草扎圈，加于釜口，以笼两扇，坐于其上，笼内匀铺茧，厚三指许。频于茧上以手试之，如手不禁热，可取去底扇，却续添一扇在上，如此登倒上下，故必用笼也。不要蒸得过了，过则软了丝头，亦不要蒸得不及，不及则蚕必钻了。如手不禁热，恰得合宜。"在蒸完之后，"于蚕房槌箔上，从头合笼内茧在上，用手拨动。如箔上茧满，打起更摊一箔，候冷定，上用细柳稍微覆了，只于当日都要蒸尽，如蒸不尽，来日必定蛾出"。蒸茧时还要注意蒸茧工艺与茧质的关系："蚕成茧硬、纹理粗者，必缲快，此等茧可以蒸馏，缲冷盆丝；其茧薄、纹理细者，必缲不快，不宜蒸馏，此止宜缲热盆丝也。"另外，还要在蒸汤中加入适量的助剂："釜汤内用盐二两、油一两，所蒸茧不致干了丝头。"说明当时对蒸茧与缫丝的关系已经考虑得非常具体。

中国盛行织金锦　织金锦是以织入的金线显花的丝织物，最早发现于唐代墓葬中，但到元代开始盛行，是当时最重要的丝绸品种。织金锦是现代的称谓，它在元代的同义词是金段匹。金段匹可分为两大类，一类是纳石失，一类是金段子。其中，纳石失的数量较少，但品格更高，声名更大。从出土实物分析，元代加金织物的组织结构一般可分为两类：中国传统的地络类织物和新出现的特结类织锦。前者是在平纹地或斜纹地上用地经进行固结的加金织物，其所用金线常为片金；后者用两组经丝，一组与地纬交织，起地组织，一组用以固结起花的金线，这种金线可以是片金，也可以是捻金。典型的金段子属于前者，典型的纳石失属于后者。除组织结构外，典型的金段子和纳石失的明显区别还表现在图案上，一般来说，纳石失具有浓郁的西域风情，这不仅表现在图案题材上，而且还有波斯文字织纹，而金段子的图案保留了更多的中国传统特色。据研究，织造纳石失的织工可能是以西域人士为主，穆斯林是其骨干，故其形式保留了一定的伊斯兰传统。

"冷盆"法控制缫丝水温工艺　中国元代的缫丝工艺已采用"冷盆"法来控制水温。《农桑辑要》中载："冷盆可缫全缴细丝。中等茧可缫双缴，比热釜者有精神，而又坚韧。"又"热釜可缫粗丝单缴者，双缴亦可。但不如冷盆所缫者洁净光莹也"。可见，用冷盆法缫丝比热釜所缫的丝坚韧，并且洁净光莹。这是缫丝工艺上的一大进步。

黄道婆［中］传播和改革棉纺织技术　黄道婆，宋末元初松江乌泥泾（今上海华泾镇）人，中国元代棉纺织技术革新家。她早年流落崖州（今海南省）近三十年，在崖州随黎族人学习纺织。元代元贞年间（1295—1297年）返回故里从事纺织，并教当地妇女棉纺织技术。她把在崖州学到的纺织技术进行革新创造，制成一套扦、弹、纺、织工具，如去籽用搅车、弹棉用椎弓、纺纱用三锭脚踏纺车，大大提高了纺纱效率。在织造方面，她用错纱、配色、综线、絜花等工艺技术，织制出著名的乌泥泾被。从此，松江的纺织业发达起来，松江一度成为全国棉纺织业中心。

1313年

中国元代使用木棉搅车　去除棉籽
最初没有任何工具，都是用手剥除，后
改为借助铁棍赶压。铁棍，宋代文献中
称为铁铤或铁杖、铁筋。元代中期，出
现了专门用于轧棉的搅车。其形制据王
祯《农书》卷二一记载："木棉，……
用之则治出其核，昔用辗轴，今用搅车
尤便。夫搅车四木作框，上立二小柱，

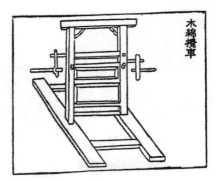

王祯《农书》中的搅车

高约尺五，上以方木管之。立柱各通一轴，轴端俱作掉拐，轴末柱窍不透。
二人掉轴，一人喂上棉英。二轴相轧，则子落于内，棉出于外。比用辗轴，
工利数倍。"利用两根反向的轴作机械转动来轧棉，比用铁杖赶搓去籽，既节
省力气，又提高工效，故王祯《农书》又有"凡木棉虽多，今用此法，即去
子得棉，不致积滞"的评述。"不致积滞"表明搅车出现前，轧棉的低效率，
常常影响后道工序的正常进行。而搅车的出现，使已具备纺车、织机的棉纺
织手工机具配套起来，解决了阻碍棉纺织得以进一步发展的难题。王祯《农
书》写于1313年，从书中所云"今特图谱，
使民易效"以及前此文献未见搅车记载，其
时搅车可能出现未久，还没有推广。

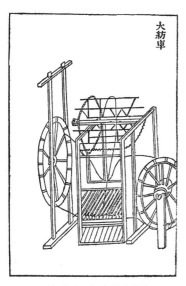

王祯《农书》中的大纺车

中国元代使用多锭大纺车　大纺车系
一种有几十个锭子的丝、麻纤维并捻机具。
由于它比其他纺车锭子多，车体大，故称为
"大纺车"。从王祯书中阐述的器物和耕织
方法大多为汉唐间使用的成法以及所云"中
原麻苎之乡，凡临流处多置之"水利大纺车
这一情况推论，大纺车的出现时间当在王祯
编写《农书》之前，应是南宋或更早一些的
产物。另外，这种纺车本有大小两种规格。

最先出现的是规格较大的一种，较小的一种则是根据较大者仿制出的。王祯也曾明确谈到这一点："又新置丝绵纺车，一如上（大纺车），但差小耳。"这种纺纱机是宋元中国机械制作技术成就之集大成者，在构造上非常卓越，可使用畜力和水力驱动，特别适宜规模化生产，因此博得了著名科学史学家李约瑟的高度赞扬，认为它"足以使任何经济史家叹为观止"。

王祯［中］撰《农书》　王祯，字伯善，元代农学家和活字印刷术的改革家。山东东平人，生卒年不详。1295—1300年，王祯先后任旌德（安徽省）、永丰（江西省）县尹，积极倡导蚕桑、棉、麻。后于皇庆二年（1313年）在收辑旧闻的基础上编成《农书》。书中汇编了许多古农业著作，包括西汉《氾胜之书》、北魏贾思勰《齐民要术》、北宋秦观《蚕书》、曾安止《禾谱》和历代史书中《食货志》的有关资料等。他还按南宋曾之谨的《农器谱》编绘了"农器图谱"。《农书》共22卷：农桑通诀6卷，谷谱4卷，农器图谱12卷。其中"农器图谱"有蚕缫门、织纴门、纩絮门（附木棉，即棉花）、麻苎门等各篇，绘图介绍当时中国南北各地缫丝、织绸、绢纺、棉纺、织布、拈麻等工具和手工机械，并做了评价。在"利用门"中绘图介绍了8锭手工摇纱机（軠床）和使用各种动力的32锭木制麻、丝拈线机（大纺车）。在所转引唐云卿的"造布之法"一节中，叙述了加工不脱胶苎麻时用加乳剂调节湿度和用灰水日晒法脱胶的技术，这在当时具有重大意义。

约1330年

鲱鱼贮藏方法得到改进　古老的贮藏方法有三种，即盐渍、晒干和烟熏。像贮藏其他种类的鱼一样，鲱鱼长期以来是采用盐渍的方法贮藏的，但用这种方法贮藏鱼的时间不能很长。约在1330年时，伯克尔松（Beukelszoon，William？—1396），一个居住在佛兰德地区的鱼类批发商将鲱鱼的贮藏方法进行了改进。其步骤是：鱼捕捞上来以后，立即在鱼的鳃附近剖一切口，去除内脏器官，再把去除内脏的鱼用盐腌起来放置桶中，并密封之。这一技术是鲱鱼捕捞业的基础，曾一度被荷兰垄断，它使得渔民不用返回港口在船上就可以清洗和包装捕捞物，并使得这种廉价食物的远距离运输成为可能。

1350年

德国制成炉用陶器　德国于1350年开始制造施釉陶器，最初为浮雕炉面砖。最早的炉面砖使用绿色铅釉，至1500年开始采用锡釉。16世纪中叶，尼恩堡陶工引进了多色彩饰法，并用这些炉面砖砌成火炉。这种火炉既是实用品，又是漂亮的艺术品。

1376年

朝鲜用木活字印制《通鉴纲目》　中国的活字印刷术传入朝鲜被称为陶活字，后朝鲜自创木活字、瓢活字，15世纪初又创制出铜活字。1376年，朝鲜出现木活字《通鉴纲目》，1436年朝鲜用铅活字刊印《通鉴纲目》。

1391年

中国官服上开始使用补子　补子是缝缀于胸前和背后的方形（或圆形）装饰。明洪武二十四年（1391年），朝廷规定职官常服用补子，以区分等级。明代补子以动物为标志，文官绣禽，表示文明；武官绣兽，表示威武。补子所用纹饰视身份而异：公、侯、驸马、伯用麒麟、白泽，文官一品用仙鹤，二品用锦鸡，三品用孔雀，四品用云雁，五品用白鹇，六品用鹭鸶，七品用溪鶒，八品用黄鹂，九品用鹌鹑，杂职用练鹊；武官一品用麒麟，二品用狮子，三品用豹，四品用虎，五品用熊罴，六品、七品用彪，八品用犀牛，九品用海马。盘

一品 仙鹤　二品 锦鸡　三品 孔雀
四品 云雁　五品 白鹇　六品 鹭鸶
七品 溪鶒　八品 黄鹂　九品 鹌鹑

杂职 练鹊

法官 獬豸

明代文官补子图案

领右衽，袖宽三尺之袍上缀补子，再与乌纱帽、皂靴相配套，成为典型的明代官员服饰。

14世纪

俄国出现伏特加酒　伏特加来自俄语Votka（水），该饮料流行于俄国、波兰及巴尔干国家。伏特加是一种无色透明的蒸馏酒，用廉价发酵原料（马铃薯、谷物等）制成，酒精浓度33%～45%。由于加工时除去了香味成分，没有独特的香气和风味，因此质地非常纯净。

欧洲14世纪的纺车　欧洲直到13世纪才知道纺车。最早直接提到这种设备的，是1298年施派尔的纺织品商人同业行会规章，它禁止机纺纱线用于经纱。现知欧洲最早的纺车插图，出现在14世纪早期，稍后在约1340年的彩

欧洲14世纪的纺车

饰画中描述了一个类似的轮子，它带有安装在水平放置的纱锭上的滑轮，驱动绳交叉横跨在上面，在轮子以顺时针方向转动时产生一个S形捻动纱线的动作。用纺车纺纱时，右手保持轮子转动，同时左手拿着备好的纤维，未纺过的纱线从纤维延伸到锭尖，锭尖同它的轴成一个约45度的角度。锭子每转动一圈，纱线的最后那圈就从锭尖端头上滑落下来，加捻一次。随着这种加捻的操作，纤维被抽出来，直到左手臂完全伸展开为止。然后将锭子转到成直角的位置，锭子反方向开始新的转动。在将纺过的纱线卷绕在锭子上之前，把纱线从锭子末端拿到卷线的位置处。整个操作包含两个完全不同的动作——纺纱和卷纱，整个过程也是断断续续的。

攒边做法　中国明清家具工艺术语。其法是把"心板"装入采用45度格角榫构合的带有通槽的边框内。这种做法的优点：一是使家具的形体结构始终保持以框架为主体，发扬了框架形式的独立作用，并使整体式阵与结构方式完全统一；二是"心板"装入框内，使薄板能当厚板使用，既节约材料，又不影响坚固；三是当"心板"因干湿发生伸缩时，通槽留有充分余地，既减少了发生涨裂变形或吸缩透缝等现象，又能避免整体结构的松动和走形；四是"心板"装入通槽后可以隐藏木材粗糙的断面，使家具各部分都显露出

光洁平滑的天然纹理和色泽。此法是中国工匠在家具形体结构中的一项发明。

攒斗做法　中国明清家具工艺术语。"攒"指把纵横的短材用榫卯接合成纹样，"斗"指搜镂小料簇合构成花纹。攒与斗有时结合使用，故将这种装饰加工的手法简称为"攒斗"。多用于架格的栏杆、各种围子等的制作。

中国制瓷技术外传　从现有资料看，虽然至迟在唐代，中国的青瓷、白瓷器便传到了亚洲和非洲的许多地方，但中国的制瓷技术传出的时间却很晚。具体什么时间传出去的，无定论，不过可以肯定的是不会晚于14世纪末。大约15世纪，朝鲜烧出了青花瓷，越南则聘请中国工人，也在此时烧出了青花器。15—16世纪，日本开始大规模烧造青花器。大约15世纪，埃及也利用本地瓷土仿制了中国青花器。16世纪初，中国技师已在波斯的伊斯伯罕烧造瓷器，之后并向叙利亚等地辐射传播。大约1470年，意大利人从阿拉伯人处学到了中国的制瓷术，之后逐渐传到了欧洲其他地方。

哥特式家具开始流行　14世纪时承袭哥特建筑风格的哥特式家具开始流行。这种家具模仿哥特建筑上的某些特征，如尖顶、尖拱、细柱、垂饰罩、连环拱廊、线雕或透雕的镶板装饰等，给人刚直、挺拔、向上的感觉。其在制作时采用直线箱形框架嵌板方式。嵌板是木板拼合制作，上面布满豪华精致的雕刻装饰。几乎家具每一处平面空间都被有规律地划分成矩形，矩形内或是火焰形窗花格纹样，或是布满了藤蔓花叶根茎和几何图案的浮雕。这些纹样大多具有基督教的象征意义，如由三片尖状叶构成的三叶饰图案象征着圣父、圣子和圣灵的三位一体；四叶饰图案象征

哥特式家具

着四部福音；鸽子与百合花分别代表圣灵和圣洁；橡树叶则表现神的强大与永恒的力量等。

约14世纪

中国使用猪胰精炼布帛　用猪胰精炼布帛，见之于明初《多能鄙事》中

的"洗练法"，其内容分为三类：练绢法、练白法和用胰法。用胰法中，猪胰一具，用灰捣成饼状、阴干，用量按帛的多少而定。剪稻草一条，折成四指长度，用作搅动灰汤而练帛。如无猪胰，可用瓜蒌，去皮取瓤剁碎，入汤化开后，浸入帛类，精炼效果也相当良好。《多能鄙事》所记载的练白方法，证明至迟在明代，已发现并应用了胰酶脱胶的生物化学技术，这是中国丝绸精炼工艺技术的一项重大发明创造。用猪胰酶脱胶精炼的丝绸，外观色泽柔和明亮，手感柔软，为单纯用碱液精炼脱胶的所不及，因此猪胰练白法为后代长期沿用。

1426年

现存最早的景泰蓝　景泰蓝，亦称铜胎掐丝珐琅。它集造型、装饰、色泽为一体，是北京著名工艺品之一。现存最早的实物系明宣德年间（1426—1435年）制作。景泰蓝的制作工序分打胎、掐丝、点蓝、烧蓝、磨光、镀金等过程。

1436年

古登堡发明西式活字印刷术　德国人约翰内斯·古登堡（Gutenberg, Johannes Gensfleisch zur Laden zum 1398—1468）在1436年发明了金属活字印刷技术。1455年，他用小号字出版了《四十二行圣经》精装本。这本书是双面印刷，共1286页，分两册装订。古登堡的发明使得印刷品变得非常便宜，印刷的速度也提高了许多，为科学文化的传播提供了方便。其后经不断改进，1450年金属活字已处于实用阶段，其间用大号字出版了《三十六行圣经》，字样为手抄本哥特体粗体字。1454年出版了教皇尼古拉五世颁发的《赎罪券》。

1446年

第一块用于印刷的凹版问世　凹印最初叫intaglio，原是意大利文，意思是雕刻出来的。把欲复制的图文刻在版上形成凹下去的线条或网点，然后对这些凹下去的线条或网点敷入墨汁进行转印。1446年，第一块用于印刷的凹版问世，是刻在金属上的，是宗教性知识。

1450年

最早的印刷机　在1450年前后，德国美因茨的印刷作坊第一次印刷书籍时，采用的是螺旋下压式亚麻压榨机改装成的印刷机。这种机器有一很重的基座，边上具有两个立柱，上面架有横梁，穿过横梁有一个可旋转的螺栓，可把能在两立柱之间滑动的压盘或顶板往下压，要印刷的纸可以固定在底板上，从而使纸张不会剥落或沾上油墨。

1454年

英国按出产地划分羊毛等级　英国在1454年将羊毛列出了约51个等级。其中价格最高的来自什罗普郡、赫里福德郡和科茨沃尔德；中等水平的来自林肯郡、汉普郡、肯特、埃塞克斯、萨里和萨塞克斯；而最便宜的则来自坎伯兰、威斯特摩兰和达勒姆。虽然英国人对羊毛等级的划分，仍然是按所产的地区，没有以羊的品种，但不可否认，这种划分对15世纪末以来欧洲大陆羊毛质量的改进有着巨大的影响和促进作用。

1462年

金属活字印刷技术在欧洲的传播　1462年，德国美因茨遭到忠于拿骚大主教的军队进攻，印刷工逃离了这座城市，使金属活字技术扩散到德国其他城市乃至欧洲各国。金属活字印刷此后逐渐成为欧洲印刷的主流。古登堡（Gutenberg, Johannes Gensfleisch zur Laden zum 1398—1468）在目睹了其技术成果传遍欧洲后，于1468年辞世。

约1490年

达·芬奇纺车　达·芬奇（Da Vinci, Leonardo 1452—1519）在纺车上设计了一个锭翼装置。这个装置可以自动地分配筒管上的纱线，从而消除了纱线从一个吊钩移到另一个吊钩时的停顿。其原理是利用一系列的排钉和笼形轮使一个杠杆慢慢摆动，杠杆叉形端头同飞轮锭杆相接触，这样随着纱线绕在筒上，锭翼便自动地横越筒管。其特点是锭翼轮子将纺纱和卷纱转变成一个简单的连续动作，也使得纺纱工可以坐着操作，而且可以用脚踏板驱动轮子。这种设计是在15世纪末第一次出现，但直到18世纪才被独立地制作出来。

1492年

欧洲开始种植烟草 哥伦布（Columbus, Christopher 1451—1506）是欧洲第一个接触到烟草的人，他在1492年10月11日发现新大陆美洲时得到了印第安人的干烟草，并带回欧洲。不过第一个在欧洲种植烟草的是法国驻葡萄牙首都里斯本的大

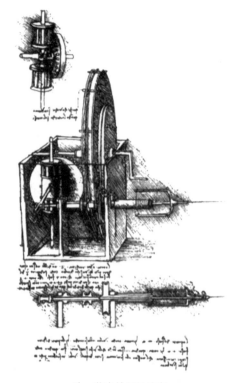

达·芬奇绘制的纺车

使尼考（Jean Nicot），他是欧洲第一位种植烟草的人，他种植烟草最重要的理由是想将这种植物引进法国皇室。1585年，一位公爵决定以这位大使的名字命名烟草，即nicotiana。虽然现在这个名词远不如烟草的另一个名词tabacco被人熟知，但在学术上继续使用。

约1500年

亨莱恩［德］制成怀表 德国纽伦堡锁匠亨莱恩（Henlein, Peter 1485—1542）设计用发条代替砝码，他将细长的带状金属发条团团地缠住放在箱中，固定其中心，再将另一端安装在箱子上。转动这个小箱，发条就卷紧，放开使小箱转动的把手，小箱就因发条松开的力而向与卷紧方向的相反方向转动。每上紧一次发条，可走40小时。由于不使用较大的圆筒和砝码，就能将发条结构的钟制成小型的，由此制成怀表。最初的这种表是椭圆形的，人们又把这种怀表称作"纽伦堡蛋"。当时的有钱人因将怀表挂在脖子上，故又

被称为"颈上表"。

15世纪

成化斗彩创烧 斗彩又称逗彩，创烧于明代成化时期（1465—1487年），是釉下彩（青花）与釉上彩相结合的品种。其基本工艺是预先在高温（1300℃）下烧成的釉下青花瓷器上，用矿物颜料进行二次施彩，填补青花图案留下的空白和涂染青花轮廓线内的空间，然后再次入小窑经过低温（800℃）烘烤而成。成化斗彩的技术意义是开创了釉下彩（青花）与釉上彩相结合的工艺，主要特点是用色极为鲜明：鲜红则色艳如血；油红则色艳而有光；鸡冠红则与鸡冠色一般模样；其鹅黄之色则娇嫩透明且微闪绿光。成化斗彩的出现为嘉靖、万历五彩的发展奠定了良好基础。

中国明式家具 中国明式家具一般是指明代至清代早期（约15—17世纪）所生产的，以花梨木、紫檀木、红木、铁力木、杞梓木等为主要用材的优质硬木家具，是中国家具民族形式的典范和代表。

明式家具

由于制作年代主要在明代，故称明式家具。其主要特点：一是文人参与设计，极具意匠美。设计者往往会将自己的奇思妙想融于设计之中，使家具的造型优美、稳重、简朴。二是采用木架构造的形式，造型大方，比例适度，轮廓简练、舒展，连接牢固，极具工巧美。家具的结构源于建筑学的梁架结构，横者为梁，竖者为架，结构严谨，用材合理，绝无多余与浪费，各部件间采用榫卯连接，胶粘辅助牢固。三是精于选料配料，重视木材本身的自然纹理和色泽。选材时追求天然美，凡纹理清晰、美观的"美材"，总是被放在家具的显著部位，并常呈对称状，巧妙地运用木材天生的色泽和纹理之美，而不做过多的雕琢。四是雕刻红脚处理得当，在不影响整体效果的前提下，只在局部作小面积的雕饰。五是装饰式样玲珑，色泽柔和，讲究少而精、淡而雅。

最早的透明玻璃　15世纪，威尼斯人用杂质较少的石英砂、结晶纯碱及其他较纯原料制成了玻璃，其透明度和白度较过去钠钙玻璃高，一改过去玻璃半透明、模糊不清的表象，类似水晶，故称为Cristllo，有水晶之意。为人类最早得到的透明玻璃。

欧洲出现多锭蚕丝捻线车　据辛格《技术史》介绍，这种捻线车有12个卷轴，每个卷轴带有10个锭杆，总共有1000个线轴、240个锭杆和数量相近的碗形帽，以及用于插锭杆的玻璃插座。其运转方式是：外圆框摩擦锭杆和卷轴机构使它们转动。在每个安装在锭杆上的线轴上方，线成S形转动在碗形帽上面。未加捻的丝线从线轴通过，经过S形线翼端头的孔眼，延伸

欧洲多锭蚕丝捻线车

到卷轴上。当锭杆转动时，线轴随着转动，丝线被加捻，并随着丝线被卷轴拉上去，线翼自动地转动并引导丝线。

约15世纪

中国明代的绒织物　绒织物是以细金属杆当作假纬织入，将经纱形成挂在杆上的绒圈，织过数杆之后以刀片划开绒圈，成为绒毛。其组织包括一组绒地组织与一组绒圈组织。经纱由不同经轴的一组地经和一组较粗的起绒经以2∶1或3∶1排列；纬纱由一根地纬和一组起绒纬排列。明代的绒织物以漳绒、漳缎最负盛名。前者是素绒或素剪绒，后者是提花绒。关于明代绒织物的起源，一说是源自中国古代的绒圈锦技术，一说是明代外来引进的技术，至今仍有争议。另外，也有研究者推测，素绒或素剪绒织物在明代应属于本土技术，而属于提花绒的漳缎有可能是从海外传入的技术。

16世纪初

化学腐蚀制版出现　化学腐蚀制版是在铜版表面上"画"上一层软的

耐蚀剂，把图文部分露出，然后以酸进行腐蚀，铜版暴露部分受蚀后就成凹版。此种腐蚀方法后来扩大至锌、铝，甚至钢铁。此法出现在16世纪初，但因其是凹版，无法应用于当时已较为发达的凸版印刷机上，在很长时间中仅被用来印画页，然后再贴至凸版印刷的书册，如从1751年到1765年才出齐的全套法国百科全书的插图均采用凹版印刷。

1502年

《便民图纂》记载"方格蔟"　蚕蔟是蚕作茧的工具。在刊于1502年的《便民图纂》中，有采用方格蔟的插图。将蚕蔟做成方格，使每格大小均等。蚕作茧时就只能占用一格的空间。这样，所有的茧子就基本上大小相仿，提高了茧的质量。这是中国明代养蚕技术上的一大成就。

1540年

德国发明制造钴蓝色玻璃的方法　1540年，一家德国玻璃制造商将玻璃与提炼铋剩下的主要成分为铝酸钴的矿渣相熔融，制成一种呈现蓝色的特种玻璃。这种蓝色钴玻璃因为有钴离子的缘故，可以滤黄光，多用于化学实验室钾的焰色反应观火，在工业上也有许多地方用它，如水泥厂、钢铁厂、工业窑炉等。

1568年

朔佩尔［德］著《大众全书》详解活字印刷术和车床　1568年，朔佩尔（Schopper）的《大众全书》在法兰克福出版。该书图文并茂，介绍了印刷工人在螺杆印刷机上用活字进行印刷；当时的造纸厂已装备了由水轮轴上的随动杆驱动的纸浆机；车工在一个车床上车削金属单柄大酒杯，其动力由套在一个大皮带轮上的环形皮带供给，一位助手摇动皮带轮的曲柄；车工在用车床加工一个球，车床的心轴显然是由绳子或皮带带动，后者的两端分别附着于一块踏板和一根弹性跨杆上。

1570年

咖啡传入欧洲　咖啡是采用经过烘焙的咖啡豆制作的饮料，通常为热饮，但也有作为冷饮的冰咖啡。咖啡有提神、醒脑之功效，是当今社会流行范围最为广泛的饮料之一。最早饮用咖啡的是阿拉伯人，但他们是当作胃药来喝。1570年，欧洲人从土耳其人那里得到咖啡，第一家咖啡店在维也纳开张。其后咖啡被冠以"伊斯兰酒"的名称，通过意大利开始大规模传入欧洲。17世纪欧洲上层人物开始流行饮用咖啡，但因咖啡的种植和生产一直为阿拉伯人所垄断，所以在欧洲价值不菲。18世纪初，南美洲引种咖啡成功，导致咖啡产量激增，价格下降，咖啡逐渐成为欧洲人的重要饮料。

1589年

李［英］发明手工纬编针织机　李（Lee, William 1550—1610），英国诺丁汉郡人，剑桥圣约翰学院神学硕士。1589年，他发明了世界上第一台手工针织机，用以织制粗毛袜，从此，针织生产开始由手工逐渐向半机械化转化。1598年，他又改制成一台可以生产较为精细丝袜的针织机。针织机上用手工磨制的钩针排列成行，每推动机器一次可织16个线圈，生产速度比手工针织匠人高出许多。这种钩针一直沿用了200余年。

1590年

李时珍《本草纲目》刊行　1590年，李时珍（1518—1593）所著《本草纲目》刊行。全书共190多万字，载有药物1892种，收集医方11096个，绘制精美插图1160幅，分为16部、60类。其中收录植物药有881种，附录61种，共942种，再加上具名未用植物153种，共计1095种，占全部药物总数的58%。书中囊括的知识范围，远远超出了医药学的范畴，其中植物学、动物学、化学等知识亦相当丰富。书中收录的有关织染方面的内容，是我国古代染家所用的染料和助剂，有一百余种。如所载矿物颜料有丹砂、石黄、赭石、银朱等；植物染料有蓝草、红花、栀子、苏枋、姜黄、山矾、鼠李等；整理剂及助剂有赭魁、白垩土、楮树浆等。此外，对桑树品种的分类、从草木灰中提取碱的方法以及蚕丝副产物的医学用途也有一些叙述。李时珍在《释名》和《集解》中，对收录的染料和助剂的异名、产地、种类、性能的概括和比较，内容之翔实，远超以前的文献所述。

1597年

哈灵顿［英］发明抽水马桶　1597年，英国一位名叫约翰·哈灵顿（Harington，Sir John 1561—1612）的教士，在凯尔斯顿的居所中设计出了世界上第一只抽水马桶。马桶与储水池相连，装置在居所里。他对这项发明颇为自豪，特地以《荷马史诗》中一位英雄埃杰克斯的名字为它命名，并将这种新发明安装在了伊丽莎白女王的宫廷里。1775年，英国发明家约瑟夫·布拉马（Bramah，Joseph 1749—1814）改进了抽水马桶的设计，发明了防止污水管逸出臭味的U形弯管等，并在1778年取得了这种新型抽水马桶的专利。1889年，英国水管工人博斯特尔发明了冲洗式抽水马桶。这种马桶采用储水箱和浮球，结构简单，使用方便。从此，抽水马桶的结构形式基本上定了下来。

1600年

不列颠东印度公司成立　不列颠东印度公司（或作"英国东印度公司"，British East India Company，简称BEIC），有时也被称为约翰公司（John Company），成立于1600年12月31日，1874年1月1日解散。该公司与荷兰东印度公司一样，也是一个具有国家职能向东方进行殖民掠夺和垄断东方贸易的商业公司。它贸易的物品无所不包，主要有矿产、金属、药材、香料、胡椒、琥珀、麻布、棉花、鸦片、锡、铅以及中国的丝织品、茶叶、陶器、黄金等。

16世纪

中国形成一套完整的丝织品定名体系　《天水冰山录》是明代权臣严嵩（1480—1567）被抄家时，其江西老家庞大财产被没收的资产清册，其中近千条丝绸名目，有系统的分类条例，是认识和了解明代丝绸的重要参考文献。从这一记载中可以看到，16世纪中国的丝织品分类已有极为明确的方法，丝织品的定名也有了一套完整的体系，这一方法成为现代丝织品分类和命名的基础。

中国使用脚踏轧车轧棉　棉花去籽核的过程在工艺上称作轧棉，古籍中有称赶或捍。大约在南宋之前北方皆用辗轴，元代时始用手摇搅车轧棉，而到明代时轧棉已普遍使用脚踏轧车。《太仓州志》载："轧车制高二尺五三，足上加平木板厚七八寸，横尺五。直于之板上，立二小柱，柱中横铁轴一，粗如指，木轴一，径一寸。铁轴透右柱，置曲柄。木轴透左柱，置圆木约二尺，轴端络以绳，下连一小板，设机车足。用时，右手执曲柄，左脚踏小板，则圆木作势（即利用惯性），两轴自轧，左手喂干花轴罅。……他处用辗轴或搅车，惟太仓或

《天工开物》中的脚踏轧车

一当四人。"此外，明代《天工开物》中还记载有另外一种脚踏轧车，踏绳是通过上轴和踏板相连，加大二轴间挤轧力。操作时左手转动曲柄使下轴回转，右足踏动踏板，带动上轴反向旋转，左手喂添棉英，整个结构很紧凑。

法国生产科涅克酒　法国滨海夏朗德省生产的一种白兰地酒。因当地的葡萄酒都经过了蒸馏，尤以科涅克城所产的白兰地被公认是最好的，故以科涅克城的名字命名。夏朗德地区法律规定：只有在限定的区域内，用指定的特殊葡萄品种，在特殊的蒸馏锅内经过两次蒸馏，并在利穆赞橡木桶内按规定时间陈酿而制成的白兰地酒才能使用这一名称。

17世纪初

中国广东地区生产渔冻布　在中国明代，苎麻布织造工艺中广泛采用了不同纤维纱线的交织技术。苎麻纱有与蚕丝交织的，也有与棉纱交织的。渔冻布是其中的一种，由苎麻纱与蚕丝交织而成。因其"色白若渔冻"，故而得名。明代屈大钧《广东新语》中有：丝织物纱罗"多浣则黄"，而渔冻布"愈浣则愈白"。其原因主要是苎麻纱保留了一些未脱净的胶质，洗时逐步脱胶，

所以"愈浣则愈白"。渔冻布出产于广东东莞一带。由于蚕丝柔软，苎麻纱又经过漂白，且坚韧挺直，所以交织过程中经纬纱易于密合，织物显得既柔软又光滑，可作夏服用料。

1601年

中国苏州爆发织工骚动 中国明万历二十九年（1601年），织造太监孙隆驻苏州督税，强制机户、织工按机台和产品数量交税，激起织工骚动。同年6月，以葛成为首的2000余名织工包围税监司衙门，以乱石击毙孙隆的爪牙黄建节，火烧汤莘、丁元复等协助征税的豪绅家宅。骚动发生后，官府被迫取消派税。这是中国古代纺织行业为争取自身权益比较典型的一次与官府争斗。

1602年

荷兰东印度公司成立 荷兰东印度公司（Dutch East India Company）成立于1602年3月20日，1799年解散。荷文原文为Vereenigde Oostindische Compagnie，简称VOC。其公司的标志以V串联O和C，上方的A为阿姆斯特丹的缩写。该公司是一个具有国家职能向东方进行殖民掠夺和垄断东方贸易的商业公司。在公司正常运作的近两百年内，总共向海外派出1772艘船，将大量的东方器皿运到欧洲。这些进口的东方器皿对欧洲来说，无论是在技术上还是在美学方面都产生了深远了影响。

1604年

最早的禁烟活动 烟草自哥伦布（Columbus，Christopher 1451—1506）带入欧洲后的短短100年内，已作为一种经济作物遍布欧洲各地，很多人染上了吸烟的恶习。1604年，英格兰詹姆斯一世（James I）领导的"禁烟运动"对吸烟进行了坚决抵制。这场禁烟斗争直到1650年势头还很强劲，后来还波及其他国家。但是无论哪个地方的统治者都无法杜绝人们对烟草的喜好，而且有的国家为增加税收，甚至还为吸烟行为正名。直到20世纪后期，随着人们对烟草危害认识的提高，禁烟活动才深入人心，烟民数量呈大幅减少趋势。

1615年

代尔夫特器皿 荷兰东印度公司的创建以及荷兰与东方贸易的发展，不仅带来了欧洲陶器风格上的变化，还为欧洲陶器的制造者奠定了未来许多年追赶的目标。进口的东方瓷器所具有的特点是当时欧洲技术不可及的，但在1615年，荷兰代尔夫特的陶器工匠对其进行了仿造，生产出了一种锡搪瓷陶器。这种在软质黏土坯体上敷以锡搪瓷的代尔夫特器皿，构成了中世纪意大利、西班牙与欧洲精美陶瓷制品的一个中间环节。

燃煤坩埚窑在玻璃生产中得到推广 玻璃的熔化在很长一段时间都是用木材为燃料，为此砍伐了大量森林。1615年，英国为保护环境，下令禁用木材为燃料，燃煤坩埚窑由此得到迅速推广。17世纪初，英国玻璃工厂已罕有柴炉，皆为用煤为燃料的坩埚窑。此举不仅保护了森林，而且窑炉温度升高，玻璃熔化情况改善，玻璃质量提高，成本降低。

17世纪20年代

巴洛克家具风格形成 巴洛克是17世纪风行欧洲的一种艺术风格，发源地是意大利的罗马。它以浪漫主义作为形式设计的出发点，运用多变的曲面及线型，追求宏伟、生动、热情、奔放的艺术效果，而摒弃了古典主义造型艺术上的刚劲、挺拔、肃穆、古板的遗风。1620年，荷兰的安特卫普首先将这种艺术风格运用到家具设计中，之后数十年间巴洛克风格成为法、英、德等国家具的主流，其中以法国路易十四时期的巴洛克家具最负盛名，享誉欧洲各国，成为巴洛克家具风格的典范，所以很多人把巴洛克家具风格又称为"路易十四时期家具风格"。巴洛克家具的主要

巴洛克家具

特征是：将富于表现力的装饰细部相对集中，简化不必要的部分而强调整体结构，在家具的总体造型与装饰风格上与巴洛克建筑、室内的陈设、墙壁、门窗严格统一，创造了一种建筑与家具和谐一致的总体效果。

1621年

最早的缩绒机图形资料　1621年，意大利工程技术专家宗卡（Zonca Vittorio 1568—1603），逝世18年后，其遗作《机器新舞台和启发》出版。宗卡在这本书中，记录了现存最早的一幅缩绒机图画。它是由一个水车驱动一根轴，轴上装有凸轮，以提起两个沉重的木槌，凸轮运动带动木槌打击槽里的布。这种缩绒机整体结构虽然不是很复杂，但可以节省大量劳动力，促进了机织布缩绒后处理工序的改良。

1625年

黄成［中］撰《髹饰录》　黄成，号大成，中国安徽新安平沙人，明代著名漆工，约生活在隆庆（1567—1572年）前后。其所著《髹饰录》一书，是中国古代髹漆工艺技术的汇集，也是黄成毕生经验的总结。全书分乾、坤两集，共18章、186条。乾集讲漆器制造的原理、工具、方法，列举了各种漆器可能产生的毛病和原因；坤集叙述漆器分类和各种漆器的几十种装饰手法。它既是一部现存最早的漆器工艺专著，也是一部对古代漆器定名和分类提供可靠依据的专业性很强的工具书。此书在明清时期是否曾经付梓，现无确凿资料，只知其著成后，曾于天启五年（1625年）由杨明逐条加注过，后来在中国失传，1927年由朱启钤根据日本抄本刊刻行世。

1627年

饾版印刷技术　饾版印刷是一种特殊的雕版彩色套印工艺，也是传统雕版彩色印刷的最高形式。其主要技术特点是复制彩色绘画，而不是套印一般色块或一般色线，其印刷成品要忠于绘画原作。这也是它与一般套色印刷的主要区别。其操作要点是：把每种颜色各刻一块木板，印刷时依次逐色套印上去。因为它先要雕成一块块的小板，堆砌拼凑，有如饾饤，故又称为"饾板"。饾板是很细致复杂的工作，先勾描全画，然后依画的本身，分成几部，称为"摘套"。一幅画往往要刻三四十块板子，先后轻重印六七十次。所用色料多为水溶性颜料，故又有"木版水印"之称。这项技术约始创于明代中后期，明末书画家胡正言主持刊印的《十竹斋书画谱》（1627年），便使用了饾版技术，其画由五色饾版套印而成。

1637年

宋应星［中］撰《天工开物》刊行 1637年，明代宋应星（1587—约1666）所著《天工开物》刊行。全书按照"贵五谷而贱金玉"的原则列为十八个类目，共三卷十八章，依次是：《乃粒》，讲粮食作物的栽培技术；《乃服》，讲服饰原料的生产；《彰施》，讲植物染料的染色方法；《粹精》，讲谷物的加工；《作咸》，讲食盐的生产；《甘嗜》，讲糖的制取；《陶埏》，讲砖、瓦、陶、瓷器的制造；《冶铸》，讲金属器物的铸造；《舟车》，讲各种车辆、船只的类型、结构及功用；《锤锻》，讲金属器物的锻造；《燔石》，讲各种矿石的烧炼；《膏液》，讲油料的榨取方法；《杀青》，讲造纸技术；《五金》，讲各种金属的冶炼；《佳兵》，讲兵器、火药之制造及使用；《丹青》，讲墨和颜料的制作；《曲蘖》，讲造酒的方法；《珠玉》，讲珠宝玉料的开采和雕琢。书中更有附图一百余幅，所述涉及农业及工业近30个部门的生产、制造技术，内容广泛而又翔实，反映了明代农业、手工业生产技术所达到的水平。而就纺织、染整来说，此书并未大量转引前人著作，而是直接描述当时的生产，而且具体记录了工艺参数和尺寸，所以比《农政全书》更加接近于生产实际。曾先后被译成日、法、英文，流传国外，在日本尤受重视。

琢玉砣机始见记载 根据考古资料分析，古代琢玉砣机的出现时间约可上推至新石器时代，但那时砣机的结构形制很难考证，其后历代的砣机形制也因缺乏记载，只能做些推测。直到明代宋应星《天工开物》中才出现有关砣机的记载和示图。其工作机件主要是解玉盘，此盘贯于横轴上，横轴的两端支在轴承上。备绳索（或皮条）两条，每条的一端皆钉于解玉盘两侧的横轴上，并逆向绕轴数周，另一端皆固定在踏板上。当匠师用两脚轮流不断地驱动两块踏板时，便带动解玉盘往复转动。匠师手执玉璞，再在解玉盘上分解、琢磨。皮条在琢玉床中起牵引和驱动两重作用。《天工开物》初刊于明崇祯十年（1637年），所载砣机很可能是唐以后一直通用的形制。

中国轧糖机具已普遍使用齿轮 明代宋应星《天工开物》记载并图示了

一种轧糖车："凡造糖车，制用横板二片，长五尺，厚五寸，阔二尺，两头凿眼安柱，上笋（榫）出少许，下笋（榫）出版（板）二三尺，埋筑土内，使安稳不摇。上板中凿二眼，并列巨轴两根（原注：木用至坚重者），轴木大七尺围方妙。两轴一长三尺，一长四尺五寸，其长者出笋（榫）安犁担。担用屈木，长一丈五尺，以便架牛团转走。轴上凿齿分配雌雄，其合缝处须直而圆，圆而缝合。夹蔗于中，一轧而过，与棉花赶车同义。"从文中"凿齿分配雌雄"一语及示图，该轧糖车显然使用了齿轮，而且是圆柱齿轮。《天工开物》初刊于明崇祯十年（1637年），所载带齿轮的轧糖车，说明当时的榨糖技术有了很大进步。

油料加工方法始见记载　《天工开物》记载了水代和压榨两种油料的加工方法。水代法是用石磨将油料磨碎成浆，然后兑水震荡，把油代出。压榨法是用杠杆或撞击方式把油压出。这是有关油料加工的最早记载。

中国使用轴经浆纱法上浆　浆纱又称过糊，是织造准备工序中的重要工艺之一。目的是改善经线的织造性能，如增大强力、减磨和保持伸长等。轴经浆纱法一般用于丝织上浆，其记载首见于明代《天工开物》："凡糊用面筋内小粉为质。纱罗所必用，绫绸或用或不用。其染纱不存素质者，用牛胶水为之，名曰清胶纱。"也就是说，浆纱所用的糊（浆）料，对于纱罗等轻薄丝织物，经丝本身含有丝胶，则用小粉为糊。而经丝染色后，因表面丝胶脱落或部分脱落，就要用牛胶水浆经了。轴经浆纱所用工具和具体方法，首见于《天工开物》中的印架过糊图：将整经后的经軖（圆框）放于印架上，用重物压住，经丝展开成片状，约五七丈距离，并和经轴连接起来，用筘疏通，使经纱片排列均匀整齐，经丝在张紧状态下，用"糊浆承于筘上，推移染透，推移就干。天气晴明，顷刻而燥，阴天必借风力之吹也"。一般经丝过糊干燥后，卸去印架上重物，转动的杠卷经，印架上的经軖逐渐退出经丝五七丈的长度，再于架

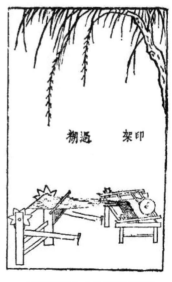

《天工开物》中的印架过糊图

上压上重物，以保持经丝片的张力，依此反复上浆，直至上浆完毕，卷好织轴为止。

中国利用杂种优势培育新蚕种　利用杂种优势来培育新蚕种是中国明代在养蚕技术上的重要成就。宋应星《天工开物》记载："今寒家有将早雄配晚雌者，幻出嘉种，一异也。"所谓早雄配晚雌者，就是用一化性的雄蚕和二化性的雌蚕杂交，以此培育出新的优良品种。同时还记载有另一种杂交方式："若将白雄配黄雌，则其嗣变成褐茧。"上述关于利用杂种优势培育新蚕种的方法，是世界上最早的文字记载，是中国蚕农在长期培育蚕种的生产实践中的一大创造。

1639年

徐光启［中］《农政全书》刊行　徐光启（1562—1633），字子先，上海人，对许多学科都有研究，天文学和农学造诣尤深，与罗马传教士利玛窦过从甚密，接触到当时西方科学技术并介绍到中国。《农政全书》是徐光启在明天启二年（1622年）开始编写的，明崇祯元年（1628年）时该书写作已基本完成，但由于他政务繁忙，无暇再进行修订，直到病逝也未最后定稿。后由陈子龙等人整理遗稿，于明崇祯十二年（1639年），亦即徐光启死后的6年，刻版付印，并定名为《农政全书》。该书是中国明代农副业科学技术著作，其中《蚕事图谱》中有缫车图说；《桑事图谱（附织纴）》中有丝织准备和提花机及绢纺图说；《蚕桑广类》中专辟《木棉》篇，除了转引王祯《农书》和以前各家的历史文献外，还论述了王祯之后300年的发展。

1657年

惠更斯［荷］发明摆钟　摆钟是利用摆锤控制其他机件，使钟走的快慢均匀。它是根据单摆定律制造的，其实质是利用单摆的等时性。单摆的周期公式是：时间=圆周率的2倍乘以（根号下摆长除以重力加速度）。摆动的周期仅仅取决于绳子的摆长和重力加速度。重力加速度固定，控制摆长可以调整周期来计时。摆的等时性最早由意大利物理学家、天文学家伽利略（Galilei, Galileo 1564—1642）发现。1657年，荷兰物理学家、天文学家惠更斯（Huygens，Christiaan 1629—1695）利用摆的等时性原理发明了摆钟，后经不断改进，沿用至今。摆钟可根据用途和要求制成座钟、挂钟、落地钟、子母钟等形式，报时方式通常为机械打点报时，也有另附加一套机械传动机构，以精工制作的人物、山水、飞禽、走兽等活动形象进行报时的。

1662年

伯克勒尔［德］设计面粉滚压机 1662年伯克勒尔（Bockler，G.A. 1617—1678）设计的面粉滚压机较为先进。它由放料斗、动力驱动的筛子、滚轴、调整螺旋、固定的凹面铁块等部件组成。特点是滚轴与其边上的凹面铁块不在同一圆心，切磨是沿直线进行，而不是如磨石一般在整个平面上。旋转滚轴一端有一连接筛子的曲柄，摇动曲柄旋转滚轴和筛子可同时运动。伯克勒尔的方法与现代磨坊使用的方法是一致的，只不过现代的是用第二个滚轴取代了他的凹面铁块。

1665年

孙廷铨［中］著《琉璃志》 《琉璃志》是中国古代有关琉璃工艺的专著，作者孙廷铨（1613—1674）。《琉璃》全文最初载入其成书于清康熙四年（1665年）的《颜山杂记》中。清乾隆十年（1745年），杨复吉辑《昭代丛书续集》，将《琉璃》全文从《颜山杂记》中抽出，收入该集，并题名《琉璃志》。全志计17段，包括烧造美术琉璃的原料、呈色、火候、配色、产品、做工、工具、吹制及历史考证等内容。全面、系统地记述了当时中国北方琉璃生产中心——山东益都颜神镇（今淄博市博山区）的琉璃生产工艺。所记琉璃技艺多来自有实践经验的匠师，所用术语也直接取自工匠的行业术语。其中有些术语和技艺一直沿用至今。

胡克［英］提出人工制丝的设想 英国物理学家胡克（Hooke，Rohert 1635—1703）在研究了吐丝的蝶蛾类昆虫后，发现这类昆虫体内有许多黏稠的液体，这些液体通过它们的小口吐出后，遇到空气就凝固成丝。1665年，他在《显微图谱》一书中，首次提出人类可以模仿这类昆虫，采用人工方法生产纺织纤维。胡克的这一设想曾引起科学界极大关注，为人造纤维的发明指明了方向。

1666年

牛顿［英］建立色环学说　色环是将显露色光三原色（或色料三原色）混合生成新色光（或新颜色）的圆形图。1666年，英国科学家牛顿（Newton, Sir Isaac 1643—1727）发现太阳光经三棱镜折射后会显出一条依次是红、橙、黄、绿、青、蓝、紫七色的光谱而提出的学说。在牛顿色环上，表示着色相的序列以及色相间的相互关系，如果将圆环进行六等分，每一份里分别填入红、橙、黄、绿、青、紫六个色相，那么他们之间表示着三原色、三间色、邻近色、对比色、互补色等相互关系。牛顿色环为后来的表色体系的建立奠定了一定的理论基础。1921年，德国化学家奥斯特瓦尔德（Ostwald, Friedrich Wilhelm 1853—1932）在牛顿的理论基础上提出以黄、橙、红、紫、蓝、绿、蓝绿、黄绿为8个主色，再将各主色3等分为24个色相环，以表达各种色彩的关系。

欧洲出现套服　套服是由两部分或更多部分组成的服装，并且在料子和颜色上相配。从1666年法国国王路易十四开始，西方男子由紧身上衣转向现代的套装。改良后的款式为一件长上衣和一件背心，配上紧身马裤和用袜带吊在膝下的长筒袜。这种配套形式遂成为男子服装的固定样板。

1675年

雷文斯克罗夫特［英］发明铅晶质玻璃　铅晶质玻璃是在玻璃制作过程中加入氧化铅，其产品光洁晶莹，具有很高的透明度，如天然水晶，并有比一般玻璃大得多的透光度、折射率和比重，敲击时制品能发出清脆悦耳的金属声。乔治·雷文斯克罗夫特（Ravenscroft, George 1632—1683）被普遍认为是铅晶质玻璃的发明者。从1673年开始，他首次制造出了一种"像无色水晶一样的水晶玻璃"，不过这种产品有缺陷，可发现若隐若现的微细裂纹，这些裂纹可能是由于加入了过量的盐引起的。1675年，雷文斯克罗夫特似乎已经开始使用氧化铅了，因为减少了盐的比例，使玻璃更加稳定。17世纪末，该工艺已被英国玻璃制造者普遍采用。在接近18世纪的时候，把越来越多的铅添加到配料中日益成为一种趋势，结果产生了一种色泽深而油亮的很重的玻璃料。

1679年

巴本［法］发明压力锅 压力锅又叫高压锅，以独特的高温高压功能，大大缩短了做饭的时间，节约了能源。1679年，法国物理学家巴本（Papin，Denis 1647—1712）发现将锅盖密封可使食物更快煮熟，从而发明了压力锅。虽然巴本的压力锅也安装有安全阀，但不是很完善。成型的压力锅是经罐头食品开创者阿佩特（Appert，Nicolas 1749—1841）及一位美国制图师重新设计，在锅体与顶盖连接部用横斜沟槽的旋固结构锁牢，改进密封圈和安全阀，于19世纪末才获广泛应用的。

1688年

法国制成厚玻璃板 1688年，法国的玻璃匠人通过铸、轧等复杂的工序，长时间地磨制和抛光，成功制成厚玻璃板。几个世纪以来，吹制术是生产玻璃制品的唯一有效方法，由于这种生产技术的限制，使得玻璃成为奢侈品。法国人的技术与吹制术相比，既省时，又物美价廉。它可以成功地生产出面积足够用作窗玻璃的大玻璃板。此后不久，玻璃就成为欧洲人窗玻璃和镜子的常用品。

1700年

波希米亚水晶玻璃 水晶玻璃是由威尼斯人在15世纪创制出的。1700年，波希米亚人改进了威尼斯人制作水晶玻璃的方法，用含钾的草木灰和较纯的石英原料制造出了透明的钾钙硅酸盐玻璃。此水晶玻璃的折射率和透光率均超过以前的产品，被称为波希米亚水晶玻璃（Crystalex）。

17世纪

餐叉开始使用 叉子在中世纪时是用来分发食物的，而到17世纪时，用叉子把食物送入口中，这种由来已久的意大利风俗传播开来。1608年，一位英格兰人在意大利看到这种风俗，并试着把这种风俗引入国内。早期的叉子通常为两齿，现在普遍使用的是三齿和四齿餐叉，便是因17世纪时叉子在吃饭中作用的改变，才得以问世。

阶调版出现 初期的凹版仅限于线条，而不能复制出阶调版，至多是用平行或交叉线条或点子，来表示阶调。17世纪时，德国人赛根（von Siegen，Ludwig 1609—1680）发明了网线版技术。自此以后，铜版雕刻才开始能复制出灰阶调。其方法是：由雕刻者持一个带有金属点针的小轮用力在铜版面上滚动。点针就在铜版上刻（压）出许多小的凹点，凹点少的就"亮"，凹点密的地方就代表暗调。此种工艺虽然基本上仍未能脱离美术师及雕刻师的手工操作，但已成为复制图画的一种重要方法，因此很快成为复制艺术品或精美绘画的一种优选手段。

南京云锦织造技术成熟 云锦是南京生产的特色织锦，它始于元代，成熟于明代，发展于清代。云锦最初只在南京官办织造局中生产，其产品也仅用于宫廷的服饰或赏赐，并没有"云锦"这个名称。晚清后始有商品生产以来，行业中才根据其用料考究、花纹绚丽多彩尤似天空云雾等特点，称其为"云锦"或"南京云锦"。云锦有妆花、库锦、库缎、织金四大类产品，其中的妆花，是云锦中织造工艺最为复杂的品种，也是云锦中最具代表性的产品。

17世纪末

荷兰式打浆机 这种打浆机的特点是：一个用来盛放水和准备分解原料的桶；带刀片的滚筒，以水轮驱动，可以使刀刃贴近桶底曲面扫过；通过齿条升降旁边的滚筒轴承；桶的一侧有浆板，搅拌原料使之流出。其工作过程是：通过旋转滚筒，混合里面的物料，桶里的混合料都会在刀片下经过。荷兰式打浆机1天生产的纸浆，比以前8台捣碎机1周生产的纸浆还要多，大大提高了功效。

1704—1710年

狄斯巴赫［德］制作出普鲁士蓝 一种蓝色矿物颜料。1704—1710年，德国人狄斯巴赫（Diesbach，Heinrich）将草木灰和牛血混合在一起进行焙烧，得到黄色晶体，将其放进氯化铁的溶液中，便产生亚铁氰化物的蓝色颜料。其原理是：草木灰中含有碳酸钾，牛血中含有碳和氮两种元素，这两种物质发生反应，便可得到亚铁氰化钾，它与氯化铁反应后，得到亚铁氰化铁，也就是普鲁士蓝。这种染料出现后，德国人为独占市场一直保密配方。后来，英国化学家发现了这种蓝颜料的制造方法，并公布于世。1749年，法国化学家马凯（Macquer, Pierre Joseph 1718—1784）用普鲁士蓝来印染织物。

1713年

欧洲生产的硬质瓷器上市 德国人伯特格尔（Bottger, Johann Friedrich 1682—1719）是欧洲第一个发现硬质瓷器制造秘密的人。1708年，他成功研究了瓷器的实用配方，1709年，开始在实验室生产瓷器。1713年，伯特格尔研制的瓷器在奥古斯都二世（Augustus Ⅱ，波兰国王）成立的一家迈森瓷器工厂生产出来，同年在莱比锡复活节集市上出售了第一批产品。在伯特格尔的方法中，最初瓷土是与石灰质助熔剂一起在改良的窑中以1300～1400℃的温度烧成。后来又采用含长石质助熔剂的瓷土或瓷石替代了石灰质助熔剂。

1725年

布乔［法］发明纸纹版织机 1725年，法国人布乔（Bouchon, Basile）用一排编织针控制所有经线运动，然后在一卷纸带上，根据纹样中的经纱是否需要提升进行轧孔，并把它压在编织机上。启动机器后，正对着小孔的编织针能穿过去勾起经线，其他的则被纸带挡住不动。纹版上的孔眼作用是控制经纱提沉的信息，编织机按照这些信息自动挑选经线。

1730年

德・维克［德］制出实用的齿轮时钟 德国钟表匠德・维克（De Vick, Henry）耗费8年时间制成，在1730年制出实用的齿轮时钟。该钟将绳子绕在绕盘上，靠重锤的下降，通过齿轮装置使擒纵轮转动，擒纵轮与安装在立轴上的耳相啮合，使安装在该轴上的转动横杆转动。横杆的两端分别附有小砝码，当其缓慢旋转时，绕盘大体上按固定的速度缓慢转动。这种结构可以使表示时刻的针缓慢转动，准确度有所提高。

1733年

凯［英］发明飞梭机构 约翰·凯（John Kay 1704—1780），著名英国发明家。出生于兰开夏郡，曾在国外受教育，年轻时就开始经营其父开办的一家毛纺织厂，1733年发明飞梭。此装置是将一个皮革驱动器或击梭器沿着一根金属杆在筘座的两头滑动，中间有木把手的一松弛细绳把两个击梭器连接在一起。当从一个方向急拉细绳，击梭器会将梭子射过经纱并被对面的击梭器挡住，再向相反方向急拉将它射回来。采用这种方式一个人可以织任意宽度的布，织造的速度也显著提高。飞梭是18世纪英国棉纺织工业的三大发明之一，对纺织业有历史性的重大贡献。

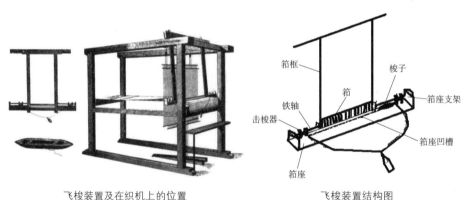

飞梭装置及在织机上的位置　　　　　　飞梭装置结构图

1738年

保罗［英］发明动力纺纱机 1738年，英国人保罗（Paul，Lewis ？—1759）设计出动力纺纱机。1758年，保罗将其设计的纺纱机申请了专利。这台机器特点是：围绕中轴的环上安装有多对辊子和纺锭，中轴用来驱动下面的辊子和纺锭，动力则来自畜力或水利。其工作过程是将梳理好的纤维接成长条，在两个辊子之间传递、压缩，然后用快速旋转的纺锭和锭翼将其抽出。尽管保罗设计的机器用于生产不是很成功，但后来人们根据它的原理制造出了第一台令人满意的纺织机。

18世纪30年代

洛可可风格家具兴起 18
世纪30年代，洛可可风格家具开
始兴起，并逐渐代替了巴洛克风
格。由于这种新兴风格成长于法
王"路易十五"统治的时代，故
又可称为"路易十五风格"。洛
可可（rococo）是法文"岩石"

洛可可风格家具

（rocaille）和"蚌壳"（coquille）的复合文字，意思是表达这种风格多以岩
石和蚌壳装饰的特征。从家具发展的角度来看，洛可可风格的形成乃是着意
修饰巴洛克风格的自然结果。同时，它亦受到法国和东方艺术的浸染，以及
自然主义色彩的影响，因而形成一种极端纯粹的浪漫主义形式。其风格的最
大特点是通常以优美的曲线框架，配以织锦缎，并用珍木贴片、表面镀金装
饰，将优美的艺术造型与舒适的功能巧妙结合起来，形成了既可鉴赏又可实
用的家具。

1742年

杨屾［中］《豳风广义》刊行 《豳风广义》是中国18世纪以蚕桑丝
绸为主要内容，介绍北方地区的农副业生产的技术专著。成书于清乾隆年间
（1736—1796年），作者杨屾（1687—1785），字双山，清代杰出的农学家，
陕西兴平桑家镇人，多年从事蚕业生产，对栽桑养蚕有深入的研究。全书分
三卷，第一卷讲桑的种植和栽培，第二卷讲蚕的饲养和缫丝，第三卷讲织纴
和纺丝棉。书末附带介绍了养柞蚕和缫柞蚕茧的方法。此书对中国古代栽桑
养蚕和养羊等方面的许多宝贵经验和创造发明，都做了比较全面的总结，关
于剪毛也总结出一套提高羊毛质量的办法，保存了中国清代纺织原料的生产
技术资料。此书于1742年刊行后，陕西、河南、山东省份都重刻过，在中国
北方流传较广。

1745年

沃康松［法］制造纹织机 1745年，经营时钟和自动装置的法国机械工匠沃康松（de Vaucanson，Jacques 1709—1782）制成织布机模型，并于这一年制造出最早不用辅助工的纹织机械装置的雏形。虽然用开孔的圆筒选择纬线的做法并没有改变不完备的纹织装置，但是经针通过与丝端相连的皮绳而上下运动的构造，则是他的发明。其后的提花织机原封不动地使用了这种构造。

1747年

马格拉夫［德］从甜菜里提取出糖 1747年，德国人马格拉夫（Marggraf Andreas Sigismund 1709—1782）首次从甜菜里分离出糖晶体，从而证明这种植物是一种糖源。他的发现使甜菜成为除甘蔗外的另一种主要制糖原料，并推动了欧洲制糖工业的发展。

1748年

波恩粗梳机 1748年，英国人波恩（Bourn，Daniel）将其设计的用于羊毛粗梳的机器申请了专利。波恩的粗梳机带有4个有梳齿的圆筒，可以通过手或水轮驱动，使其彼此反向转动。圆筒之间的距离不仅可以调节，其中的两个还可以自动地沿轴向反复运动，使纤维均匀地覆盖在表面。尽管这台机器没有获得成功，但却是后来滚筒粗梳机的原型。

18世纪40年代

齐宾代尔风格家具开始流行 英国人齐宾代尔（Thomas Chippendale 1718—1779）出生于约克郡的奥特勒，是英国家具界最有权威和成就的家具师。1729年，齐宾代尔到奥特勒附近的法伦霍尔学习木器制作，在学徒期结束之后到伦敦成为

齐宾代尔风格家具

一名独立的家具制作师。他制作的家具，把家具的优雅轮廓、细腻的哥特式及洛可可式花纹雕刻与中国装饰完美结合，将家具的豪华及经典演绎到了极致，形成了独具特色的家具风格。齐宾代尔风格家具的精美华贵，迎合了注重生活品质的人士的需求。

1754年

齐宾代尔［英］撰《绅士与家具师指南》　1754年，齐宾代尔（Thomas Chippendale 1718—1779）撰写的《绅士与家具师指南》（*The Gentleman and Cabinet-Maker's Director*）出版。书中收录了当时伦敦主要的家具设计，包含设计图与文字说明。虽然此书并非介绍洛可可风格的第一本书，但是却较完整地反映了乔治时期家具形态的基本特征，它以图解的方式切合实际地分析了家具风格，使人们清晰地了解到自早期乔治式以来有关家具的发展状况。这本书受众非常广泛，读者包括哲学家、历史学家、建筑师、雕刻家、家具师及贵族阶级等。

1755年

维森塔尔［英］获得一种双尖缝纫针的专利　18世纪中叶，英国人维森塔尔（Wiesenthal，Charles Fredrick）发明了一种针眼在中间的双尖缝纫针，并于1755年获得了专利权。

1761年

马凯［法］等发明橡胶溶解法　1761年，法国化学家马凯（Macquer，Pierre Joseph 1718—1784）发现，凝固后的固体生橡胶可以溶于松节油和乙醚，并变成黏稠的胶浆。把这种胶浆涂在织物上或其他模型上，待溶剂挥发后就可以得到防水布或橡胶制品。溶解法的发明使橡胶制品的生产成为可能，这是橡胶加工工艺发展的开始。

1764年

哈格里夫斯［英］发明珍妮纺纱机　珍妮纺纱机是最早的多锭手工纺

纱机。1764年，英国纺织工匠哈格里夫斯（James Hargreaves 1720—1778）制成以他女儿珍妮命名的纺纱机。这种纺纱机装有8个锭子，以罗拉喂入纤维条，适用于棉、毛、麻纤维纺纱。这种纺纱机生产的纱线强度较低，只能用作纬纱。珍妮纺纱机的出现曾引起很多手工纺纱者的恐慌，他们冲进哈格里夫斯的家里捣毁机器。1768年，哈格里夫斯在诺丁汉与别人合资开办了一家纺纱作坊，用珍妮纺纱机生产针织用纱。

珍妮纺纱机

1765年

方观承［中］撰《棉花图》　《棉花图》是18世纪中国推广和提倡植棉和棉纺织技术的科普读物。该书由清代方观承（1698—1768）撰于1765年，共有16幅图，每幅图附有简要说明和清乾隆帝题诗，故又名《御题棉花图》。16幅图包括了从棉花种植、初加工，到纺、织、练染等有关农艺和工艺的主要过程，依次为：布种、灌溉、耘畦、摘尖、采棉、拣晒、收贩、轧核、弹花、拘节、纺线、挽经、布浆、上机、织布、练染。图和文字说明生动地描绘了当时植棉和纺织生产的状况以及达到的技术水平，其中有些内容对于研究中国的植棉业和手工棉纺织业的发展具有重要的参考价值。

1768年

英国第一份真瓷制造专利　1768年，英国化学家库克沃西（William Cookworthy 1705—1780）获得制造真瓷（硬瓷）的英国专利（第898号）。他的专利包括用细碎花岗岩或黏土制造陶瓷坯，用添加了石灰或者轻质碳酸镁的瓷石制造釉。同年，他在普利茅斯的科克斯塞德建立了一家工厂，以开发他所发现的成果。库克沃西的专利是英国第一份制瓷专利，他为此建立的工厂也是英国第一家此类工厂。

吉南［瑞］制出光学玻璃　1768年，瑞士人吉南（Guinand，Pierre Louis

1748—1824）在黏土坩埚中采用搅拌器连续搅拌，严格控制温度和搅拌速度，使玻璃达到高度均匀，成型后进行精密退火，制出具有高透明性的光学玻璃。这种玻璃被广泛用于制造光学仪器或机械系统的透镜、棱镜、反射镜、窗口等。

1769年

阿克莱特［英］发明翼锭式罗拉纺纱机 英国纺织企业家和发明家阿克莱特（Arkwright，Richard 1732—1792）经过几年的研究，于1769年发明了翼锭式罗拉纺纱机。这种机器是木质构架，在其顶部有4只筒管，水平横向放置，上面绕着粗纱。从每只筒管拉出的粗纱，通过两对罗拉按照不同的筒管被分成4部分。第二对罗拉运动得比第一对要快，这就可以把粗纱拉长，然后向下通入与位于机器底部的锭子相连的锭翼臂，缠绕在靠锭子带动的筒管上。该筒管的速度放慢与锭子的速度有关，是由一个制动器的底部周围绞合的绒线的形式进行。这种卷绕方式，使纺纱工能够导引纱线均匀地绕在筒管上。在阿克莱特的专利说明书中，机器是被设计成用一匹马来拉动的，不过

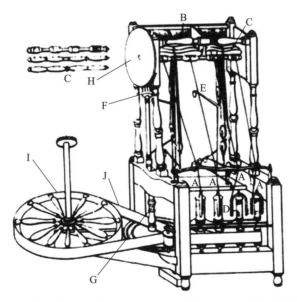

A. 纱线　B. 粗纱筒管　C. 罗拉　D. 锭翼　E. 导纱钩　F. 轴垂直水平面的锥齿轮
G. 齿轮杆　H. 罗拉动力轮　I. 纺轮　J. 皮带
阿克莱特水力纺纱机

在最初通常采用的原动力是水，因而取名为"水力纺纱机"。1769—1775年间，这种机器又经过几次改进，但这方面的资料很少保留下来。1772年由阿克莱特的一个名叫伍德（Coniah Wood）的工人进行了改进，引进了移动式锭轨代替销钉来导引卷绕纱线，其运动后来是通过一个心形轮或凸轮实现了自动化，另外又增加了一对罗拉。与1764年问世的珍妮纺纱机相比，该纺纱机纺制的纱线强度有所提高，不仅可以用作纬纱，还可用作经纱。

1771年

波美［法］设计出液体比重计 1768年，法国人波美（Baumé, Antoine 1728—1804）设计了一种液体比重计——波美比重计。波美比重计有两种：一种叫重表，用于测量比水重的液体；另一种叫轻表，用于测量比水轻的液体。

1772年

碳酸饮料出现 碳酸饮料是指在一定条件下充入二氧化碳气的饮料，主要成分为糖、色素、甜味剂、酸味剂香料及碳酸水等，一般不含维生素，也不含矿物质。类型可分为果汁型、果味型、可乐型、低热量型及其他型，其中果汁型碳酸饮料指含有2.5%及以上的天然果汁；果味型碳酸饮料指以香料为主要赋香剂，果汁含量低于2.5%；可乐型碳酸饮料指含有可乐果、白柠檬、月桂、焦糖色素；其他型碳酸饮料：乳蛋白碳酸饮料、冰淇淋汽水等。碳酸饮料成品中二氧化碳的含量（20℃时体积倍数）不低于2.0倍。碳酸饮料可追溯到1772年英国人约瑟夫·普里斯特利（Priestly, Joseph 1733—1804）发明了制造碳酸饱和水的设备。1807年，美国推出的果汁碳酸水受到极大欢迎，以此为开端开始工业化生产。

1775年

克雷恩［英］研制出针织经编机 针织经编机指的是把平行排列的经纱编织成为经编针织物的针织机。1775年，英国人克雷恩（Crane, J.）发明了第一台单梳栉钩针经编机。

1779年

克朗普顿［英］发明走锭纺纱机　1779年，英国发明家克朗普顿（Crompton，Samuel 1753—1827）成功研制了一种铁木结构的走锭纺纱机。这种机器兼具珍妮纺纱机和翼锭式罗拉纺纱机的特点，所以又被称作"骡子"纺纱机。使用这种机器，一个工人可以同时看管1000个锭子。这种机器能纺制优质细纱，英国人用它在本国生产当时市场上需求量很大的印度薄纱。走锭纺纱机问世后很快得到推广，这种机器一直沿用到20世纪50年代，才逐渐被环锭纺纱机所取代。

舍勒［典］发现甘油　甘油，又名丙三醇，在纺织和印染工业中用以制取润滑剂、吸湿剂、织物防皱缩处理剂、扩散剂和渗透剂；在食品工业中用作甜味剂、烟草剂的吸湿剂和溶剂。此外，在造纸、化妆品、制革、照相、印刷、金属加工、电工材料和橡胶等工业中也都有着广泛的用途。1779年，瑞典化学家舍勒（Scheele，Carl Wilhelm 1742—1786）从橄榄油水解产物中首次发现甘油。1783年，舍勒研究了甘油的特性。1823年前后，法国化学家谢弗瑞（Cherreul，M.E.）予以研究并命名为甘油。1885年，甘油结构式被确定。1948年，美国壳牌化学公司人工合成甘油成功，在此之前，甘油是动植物油脂水解生产肥皂时的副产物。

1780年

贝尔［英］发明辊筒印花机　辊筒印花机，又称铜辊印花机，是用刻有凹形或凸形花纹的铜制滚筒进行织物印花的机器。印花时，先使花筒表面沾上色浆，再用刮刀将花筒未刻花部分的表面色浆刮除，使凹形花纹内留有色浆。当花筒压印于织物时，色浆即转移到织物上而印得花纹。每只花筒印一种色浆，如在印花设备上同时装有多只花筒，就可连续印制彩色图案。它适合印制精细花纹，适用于大型条幅、旗帜、无纺布、服装布料、毛巾、被单、鼠标垫等产品的转印，特别是成匹布料的连续转印，但花样、套色、大小受花筒数和圆周大小的限制。1780年，苏格兰人贝尔（Bell，James）发明辊筒印花机，1783年获得专利。1785年，第一台六套色印花机在英国纺织业中心兰开夏郡安装使用，可代替40个凸版印花工人的操作。辊筒印花机的发明，不仅大幅度提高了劳动生产率，也为机器印花开辟了新的途径。迄今辊筒印花仍属主要印花方法之一。

1782年

韦奇伍德［英］将蒸汽机用于制瓷生产　乔赛亚·韦奇伍德（Josiah Wedgwood 1730—1795），英国陶艺家，出生于英国特伦特河畔斯托克（Stoke-on-Trent，著名的陶瓷镇）。他的主要贡献是创立韦奇伍德陶瓷厂，建立工业化的陶瓷生产方式。1782年，韦奇伍德将蒸汽机引进自己的工厂，用来为碾磨燧石和搪瓷彩料提供动力，还用于驱动匣体破碎机以及搅拌混合黏土等，大大提高了功效。在韦奇伍德的带动下，周边制瓷工厂纷纷效仿，机械动力很快得到普及。蒸汽机的使用改变了陶瓷制造的整套制作模式，推动了现代型工厂的发展。

1785年

伊文思［美］自动化面粉加工厂问世　美国人伊文思（Evans，Oliver 1755—1819）采用皮带运输机、斗式提升机、装料秤、螺旋运输机等五种机械，建造了一座自动化面粉加工厂。小麦通过运输机被送到建筑物的顶层，然后下落到转动着的石磨中磨成粉，经过筛后落到底层，再提升到楼层的最高处晾晒，并用螺旋运输机翻动。

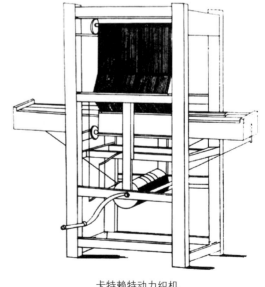

卡特赖特动力织机

卡特赖特［英］发明动力织机　卡特赖特（Cartwright，Edmund 1743—1823），英国发明家。受阿克莱特（Arkwright，Richard 1732—

1792）的启发，卡特赖特1784年开始研制纺织机械。1785年制成一台能完成开口、投梭、卷布三个基本动作的动力织机。由于卡特赖特缺乏纺织的实际经验，他研制的织机存在很多缺点，后经别人改进才臻于完善。卡特莱特研制的动力织机为织机自动化奠定了最初的基础。

1789年

法国出现独立钻石游戏　1789年，一位法国贵族发明了这种游戏，不久传至英国，及后又渐渐流行于世界各地。这种游戏棋盘和棋子与跳棋很相似。该棋盘由三行平行的小孔和另外三行平行的小孔相交织成十字形。每行有7个孔，一共有33个小孔。玩法是在棋盘33个孔中，每孔都放下一棋子，但是中心的1孔是空着的。玩的时候，一棋子依直线在平行或垂直（不能依斜线）的方向跳过一棋子，放在此棋子之后的一个空格内，每次棋子跳去一个空孔，被跳过的棋子便移离棋盘。这时棋盘上便少了一只棋子。如此一直玩下去，剩下的棋子越少越好。如果最后剩一子，而且正好位于棋盘正中心的洞孔上，那就是最好的结果，被称为"独立（粒）钻石"。经计算机验证，完成这个游戏最少要用18步，且只有2种方法可以实现，其中一种方法是1912年创下的，另一种方法是1986年中国女工万萍萍创下的。"独立钻石""华容道"、魔方，一同被称为智力游戏界的三大不可思议。

1790年

尼科尔森［英］获得印刷机专利　1790年，英国工程师尼科尔森（Nicholson，William 1753—1815）获得印刷机专利。他发明的印刷方法是用墨辊上墨、由圆筒卷带纸张在卷墨印版上转印。他还进一步阐述了让纸张从两个滚筒之间通过的方法，其中一个滚筒的表面装有印版，而另一个滚筒则将纸张对着印版施压，印版的上墨则由第三个滚筒完成。

富兰克林［美］发明双光眼镜　双焦点眼镜片俗称双光眼镜，是两种折射率的玻璃黏合或熔合而成的，分有形双光和无形双光眼镜。1790年，美国人富兰克林（Franklin，Benjamin 1706—1790）为方便将两副不同焦点的镜片合在一起佩戴，从而发明出来。后经眼镜制造商改进，制成两副镜片胶合在一起的双光眼镜。1810年又磨制成单片双光眼镜。一般是凸透镜片放在下方，供阅读、写作；凹透镜片置于上方，供远视。

1793年

惠特尼［美］发明锯齿轧棉机　1793年，美国发明家、机械工程师和制造商惠特尼（Whitney，Eli 1765—1825）根据美国棉籽的特点，吸收欧洲经验发明了锯齿轧棉机，顺利地解决了美棉棉籽和棉花分离的难题。这个机器的主体为一圆筒，筒壁上安装大量铁齿，在圆筒旋转时强行将棉绒从棉籽上撕扯下来，并运用离心力把棉籽滤除而将棉花纤维抛出。1794年3月14日，惠特尼获轧棉机专利。轧棉机发明之后，一个劳动力一天分离的棉花比以前几个月都多，打破了当时美国棉植业生产发展的瓶颈。今天被称作轧棉机的装置，虽可一并完成干燥、清洗、打包等工序，但惠特尼发明的方法仍是其中的一个步骤。

惠特尼锯齿轧棉机

多对滚筒扯松除杂机出现　18世纪后期，机器纺纱的发展推动了开清机械的发展。1793年，多对滚筒扯松除杂机首次出现。在此基础上，几年后具有回转滚筒的打松机械得以问世，这是现代开松机械的雏形。19世纪初，棉纺开清机械迅速发展，其中威罗机较早应用于原棉的开松除杂。1861年，克赖顿发明具有直立回转打手的立式开棉机。1876年，洛德创造出有成卷机构的清棉机，为后来开清机械的发展奠定了基础。

1795年

铅笔出现　铅笔是一种用来书写以及绘画素描专用的笔类，距今已有四百多年的历史。1795年，法国工程师康特（Nicholas Jacque Conté 1755—1805）首次采用水洗石墨的方法，提高石墨的纯度，并发明出用黏土将石墨黏结制成笔芯、外用松木制杆的"康特铅笔"，使铅笔初具现代形状。

1796年

塞内费尔德［德］发明石版印刷 石版印刷是一种在表面密布细孔的石灰石板上绘制图文的印刷方法。这种方法是德国人塞内费尔德（Senefelder, Alois 1771—1834）发明的。与用机械方法制作的木刻凸版和照相版不同，石印是一种利用化学性质的平版印刷方法。制作石印版的方法有两种：一种是画家用石印油墨或蜡笔直接在石头上反向图画，石印油墨和蜡笔是多种原料的混合物，其中含有牛脂、蜂蜡、肥皂和足够的颜料，颜料的含量应以画家能看清画面为准；另一种方法是在一种经过特别处理的纸上作画，然后转印到石头上。1868年开始用金属薄板代替印石，可以包卷在圆筒上，用卷筒方式进行印刷。

1798年

斯坦霍普伯爵［英］发明第一台全铁印刷机 最初的印刷机主要部件是木质的，而木质印刷机最大缺陷是在印刷大型文字时一次压印难以具有所需的压力，这种局限性严重影响了压印效果。1798年，第三代斯坦厄普伯爵查尔斯·斯坦厄普（Charles Stanhope, 3rd Earl Stanhope 1753—1816）发明了第一台全铁印刷机。斯坦霍普的机器首次采用铁质压印板，印刷时可以承受巨大的压力。当时的一些印刷商曾对这种机器进行测试，结果证明，动力性、稳定性以及印刷质量都比木质机器优越。在泰晤士报社首先安装了许多铁质印刷机后，其他报社和印刷商也用这种机器替代了原来的木质印刷机。

世界上第一台造纸机问世 1798年，法国人路易斯·罗伯特（Louis Robert）发明了世界上第一台造纸机，并于次年获得法国专利。这台造纸机甚为简单，用木料做浆桶和机架，使用了由两个辊子拉伸转动的环形无端铜网。造纸时纸浆从浆桶中被带到旋转的铜网上，纸浆中的水通过

世界上第一台造纸机

铜网流回浆桶中，湿纸页经过小辊压水成为半干的纸页，从机后卷取下来。铜网长27英尺，宽48英寸，一分钟能造约9米长的纸，一天可做约270千克纸。在造纸机的历史上有三件大事，发明造纸机是其中之一。

1799年

漂白粉出现　漂白粉是氢氧化钙、氯化钙和次氯酸钙的混合物，主要成分是次氯酸钙，有效氯含量为30%～38%，呈白色或灰白色粉末或颗粒状，有明显的氯臭味，很不稳定，吸湿性强，易受光、热、水和乙醇等作用而分解，主要用于纺织品漂白和消毒。1799年，英国人泰南特（Charles Tennant 1768—1838）发明了用氯气与氢氧化钙反应制取漂白粉，并获得了专利。翌年，英国格拉斯哥的劳来斯工厂生产出漂白粉。1907年，德国格里斯海姆电力公司在浓石灰乳中通以氯气，制得次氯酸钙结晶，称之为"漂粉精"。

贾卡［法］研制出纹板提花机　18世纪初，法国工匠布雄根据中国古代挑花结本手工提花机的原理创制纸孔提花机，用纸带凿孔控制顶针穿入，代替"花本"上的经线组织点。后经法尔孔于1728年、沃康松于1745年的改进，能织制600针的大花纹织物。1799年，法国人贾卡（Jacquard, Joseph Marie 1752—1834）综合前人的革新成果，制成了整套的纹板传动机构，配置出更为合理的脚踏式提花机，只需一人操作就能织出600针以上的大型花纹。这种提花机在1801年巴黎展览会上获青铜奖章。它的机构特点是用提花纹板，即穿孔卡片代替纸带，通过传动机件带动一定顺序的顶针拉钩，根据花纹组织协调动作提升经线织出花纹。1860年以后改用蒸汽动力代替脚踏传动，遂成为自动提花机。后广泛传播于世界各国，并改用电动机发动。为了纪念贾卡的贡献，这种提花机被称为"贾卡提花机"。

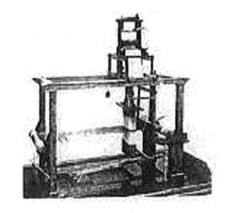

贾卡织机

1800年

伏打［意］发明伏打电堆　电池的发明得益于医生对青蛙的解剖。1786年，意大利波罗尼亚大学解剖学教授伽伐尼（Galvani, Luigi Aloisio 1737—1798）做青蛙腿肌肉运动的解剖学研究时意外地发现，若用两种金属分别接触蛙腿的筋腱和肌肉，蛙腿肌肉收缩。伽伐尼的朋友物理学家伏打（Volta, Alessandro 1745—1827）对伽伐尼的发现做了研究，发现电流的产生并不需要动物组织，而是产生于两种不同金属的接触。伏打用铜片、浸盐水的纸片、锌片依次重叠起来，创制了最早的能获得连续电流的伏打电堆。1800年，他宣布发明伏打电堆。1801年，他为拿破仑一世演示了伏打电堆，拿破仑惊叹得瞠目结舌，授予他金质奖章并封为伯爵。伏打电堆是世界上最早的化学电池。

18世纪

中国清代使用元宝石对织物进行砑光整理　砑光为中国古代整理织物的方式之一，是利用石块的光滑面，在织物上进行碾压加工，从而增进织物的外观效果。砑光工艺历史悠久，早在汉代以前就已经出现，汉代以后继续发展，到清代，砑光整理主要使用元宝石。据《木棉谱》记载砑光整理的工艺方式是：将织物卷于木轴上，以磨光石板为承，上压光滑凹形大石，重可千斤，双足踏于凹口两端，在摩擦及压重下，分段重复往返，使布质紧薄而带有光泽。碾石状如元宝，故俗称"元宝石"。这种整理方法广泛用于棉布和绫绢生产中。

踹布图

任大椿［中］撰《释缯》　任大椿（1738—1789），字幼植，江苏兴化人，著名学者，善文辞，攻经史传注，曾任《四库全书》纂修官。《释缯》成书于清乾隆年间（1736—1796），被收入《燕禧堂五种》和《皇清经解》。该书是中国第一部研究古代丝织物品种、分类和名称的著作。书中内容是根据中国历代文献（以先秦至唐代的文献为主），对丝织物品种、名称进行了分析、整理、总结和考证。书中提出，中国古代丝织物的分类方法主要有三种：以生、熟分；以粗、细或厚重、轻薄分；以纹样的有无分。所涉及的丝织物品种有练、缟、素、绡、缣、绢、纤、阿、织、绫、绨、锦、大帛、大练、绮、绣、缎、纨、缦、纱、细、縠、鲜支、纺、罗等数十种。此外，书中还记述了锦的变迁、缎的起源、绮与绫以及绫与缎的关系等丝绸发展史方面的问题。

褚华［中］撰《木棉谱》　褚华（1758—1804），字秋萼，号文洲，上海人，生平留意经济名物和海隅轶事。《木棉谱》不仅讲述了中国清朝乾隆年间（1736—1796）上海的棉纺织业，同时对中国植棉的历史文献做了汇总。书中详述了从棉种播种到施肥、锄草、套种、捉花（采棉花）的整套栽培技术，对纺纱成布、染色印花、轧光整理做了简单介绍。此外，对各地来沪棉花、棉布的买卖亦多叙述，可从中了解当时棉花、棉布的贸易状况。但此书多是根据传说汇编，故有些内容尚需考证。1935年，《上海掌故丛书》将其收入。

法兰绒出现　法兰绒是用粗梳毛纱织制的一种柔软而有绒面的毛织物。18世纪创制于英国威尔士，名称来源于英文"flannel"一词。法兰绒适用于制作西裤、上衣、童装等，薄型的也可用于制作衬衫和裙子。原料常采用品质支数为64支的细羊毛，经纬通常用12公支以上粗梳毛纱，织物组织有平纹、1/2斜纹、2/2斜纹等，经缩绒、起毛整理，手感丰满，绒面细腻。法兰绒多采用散纤维染色，主要是黑白混色配成不同深浅的灰色、奶白色、浅咖啡色等，也有匹染素色、条子、格子等花式。另外，法兰绒也有用精梳毛纱或棉纱作经、粗梳毛纱作纬的，粗梳毛纱有时还掺用少量棉花或黏胶纺成。

欧洲18世纪制革工艺流程　在法国人狄德罗（Denis Diderot 1713—1784）编著的《百科全书》中有一幅欧洲18世纪制革工厂的图片，从中可知当时皮革加工要经过的工艺流程是：（1）用半圆搓板搓软或拉平毛皮；（2）用刀刮削毛皮；（3）在篱笆上踩踏毛皮，并用双面回头锤敲打；（4）将湿毛皮平摊开并用刮子拉直；（5）用剑柄的圆头拍打软化毛皮。

中国清式家具　中国在清代中叶以后，造型厚重、形体庞大、装饰烦琐的家具开始流行。这种家具在形式和格调上与中国明式家具风格成强烈对照，故在中国家具史上称之为清式家具。其主要特点有五

清式家具

个方面。一是用材推崇色泽深、质地密、纹理细的珍贵硬木，尤以紫檀为首选。二是品种繁多，造型变化多端。迄今发现很多清式家具的奇特品种，有些家具竟难猜测其为何物。三是用料甚为浪费。为了保证外观的色泽和纹理的一致，也为了坚固牢靠，往往采用一木连做的方式，而不用小材料拼接。四是注意装饰。为了追求华贵堂皇的效果，设计者和制作者几乎使用了当时一切可以利用的装饰材料，尝试了一切可以采用的装饰手法。其中采用最多的装饰手法当属雕饰和镶嵌。五是风格上融汇中西。清式家具不仅继承了明式家具的优点，而且大胆运用西方式样。从其遗存来看，采用西洋装饰图案或装饰手法者占有相当的比重。

18世纪的温度计　最早的温度计是在1593年由意大利科学家伽利略（1564—1642）发明的。1702年，法国物理学家阿蒙顿（Amontons，Guillaume 1663—1705）改进了伽利略的空气温度计，用U形管与玻璃球相连，用水银作测温物质，用水银柱的高度表示温度，并取水的沸点为固定点。1709年和1714年，德国人华伦海特（Fahrenheit，Daniel Gabriel 1686—1736）相继发明出酒精温度计和水银温度计，并于1724年提出华氏温标。1731年，法国物理学家列奥米尔（de Reaumur，Rene Antoine Ferchault 1683—1757）设计出一种在水的冰点和沸点之间划分80个单位的温度计，亦即列氏温标。1742年，瑞典天文学家摄尔修斯（Celsius，Anders 1701—1744）拟定了摄氏温标，设定水的冰点为100度，沸点为0度。1747年，荷兰人马森布洛克（van Musschenbrock，Pieter 1692—1761）利用金属杆的热胀冷缩性质制造

了一种金属温度计，用以测量高温。1750年，林耐（von Linné，Carl 1707—1778）等人将水的冰点改为0度，沸点改为100度，奠定了百分温标的基础。1782年，荷兰人韦奇伍德（Wedgwood，Josiah 1730—1795）用耐火土块的线度变化制成一种量度极高炉温的高温温度计。1794年，卢瑟福（Rutherford，Daniel 1749—1819）制成最高与最低温度计。

圆形纬编针织机问世　圆形纬编针织机指的是织针配置在圆形针筒上、用以生产圆筒形纬编织物的针织机，简称圆纬机。18世纪末，第一台钩针单针筒圆纬机问世，19世纪后期出现了舌针双针筒圆纬机，20世纪初又出现了双头舌针的双针筒圆纬机。圆纬机对加工纱线有较大适应性，能织制的花色品种广泛，还可编织出单件的部分成形衣片。机器结构简单，易于操作，产量较高，占地面积较小，在针织机器中占有很大的比重。

1801年

扬［英］提出色料减法混合律　1801年，英国物理学家扬（Young，Thomas 1773—1829）根据色相与物体反射原理首次提出色料减法混合律，即将两种（或多种）色料混合成新的色彩，其色比各原色的色泽暗淡的规律。其核心内容是任何两种色料相混合，都要减去二色的补色成分，这个定律尤为适宜印染色料的混合。因为印染色料的混合与色光的混合是有区别的，如将蓝色与黄色染料混在一起，就相当于白光先后通过蓝色（吸收红、黄部分）和黄色（吸收蓝紫部分）的滤光片，从而把红、黄、蓝、紫等色光都吸收了，剩下的就是绿色。所以色料中的品红、黄、青（湖蓝）三原色的混合是适合于减法混合律的，它与色光三原色（红、绿、蓝）互为补色，即品红与绿、黄与蓝、青与红互补。

扬［英］建立三原色学说　三原色学说亦被称为杨-赫尔姆霍兹学说。1801年，英国物理学家扬（Young，Thomas 1773—1829）在一篇论文中首先提出三原色学说。他认为视网膜上含有三种基质，能分别感受三种原色，即红、绿、紫，进而产生不同色觉。1856—1866年，德国生理学家、物理学家赫尔姆霍兹（von Helm holtz，Hermann Ludwig Ferdinand 1821—1894）在研究视觉生理问题过程中，证实了三原色学说，但将三原色改为红、绿、蓝。

　　阿查德［德］建立世界上第一家甜菜制糖厂　甜菜制糖始于欧洲。1747
年，德国化学家马格拉夫（Marggraf, Andreas Sigismund 1709—1782）发现
甜菜块根中含有丰富的糖分。1786年，他的德籍法裔学生阿查德（Achard,
Franz Karl 1753—1821）发明甜菜制糖方法。1801年，阿查德在西里西亚建立
了第一座甜菜制糖厂。1822年，法国佩恩（Payen, Anselme 1795—1878）发
明用木炭作脱色吸附剂精制甜菜糖的方法。

1802年

　　杜邦公司成立　杜邦公司（DuPont Company），简称DuPont，1802年由
法国移民杜邦（Éleuthere Irenee Clu Pont）在美国特拉华州威尔明顿附近建
立，最初以制造火药为主。20世纪，公司开始转向产品和投资多样化，经营
范围涉及军工、农业、化工、石油、煤炭、电子、食品、家具、纺织和冷冻
等20多个行业，在美国本土和世界90多个国家与地区设有200多个子公司和经
营机构。杜邦公司历来重视研究开发，仅在轻工、纺织方面便拥有多项专利
和重大发明，如1904年将硝酸纤维素应用于涂料和皮革抛光剂，1915年生产
赛璐珞（硝酸纤维素塑料），1917年后开始生产颜料、涂料以及其他大宗化
工产品，1931年首创氯丁橡胶，1937年发明第一个合成纤维——聚酰胺纤维，
1945年为聚四氟乙烯注册Teflon商标。

1803年

　　德国生产液体栲胶　栲胶在制革生产中作为鞣皮剂使用，是利用栎树皮
为原料经浓缩制成。1803年，德国创制出生产液体栲胶的技术。此项技术很
快就传到法国、奥地利等欧洲各国。

1804年

　　罐头食品出现　1804年，法国人尼古拉·阿佩尔（Appert, Nicolas
1749—1841）发明了玻璃罐头。其方法是把要保存的食品放入玻璃瓶或玻璃
罐中后，轻轻塞住瓶口，然后将瓶放入热水中浸泡，经一定时间后，再把瓶
口塞紧密封。1810年，英国人彼得·杜兰特（Peter Durand）利用阿佩尔的

方法制成马口铁罐头，并在英国获得了专利权。19世纪初，罐头技术传到美国，波士顿、纽约等地出现了罐头工厂。1849年，美国人亨利·埃文斯（Henry Evans）开了一家规模空前的罐头厂。1862年，法国生物学家路易斯·巴斯德（Pasteur，Louis）发表论文，阐明食品腐败主要原因是微生物的生长和繁殖所致。于是，罐头工厂采用蒸汽杀菌技术，使罐头食品达到商业无菌的标准。

1805年

吉南［瑞］发明玻璃液搅拌器　1805年，瑞士人吉南（Guimand，Pierre Louis 1748—1824）发明了在光学玻璃制造业中普遍使用的玻璃液搅拌器。这是一种用火泥烧制的中空的圆筒，通过一根带钩的铁棒可使其在熔融的玻璃液中移动。这项发明的价值在于能够解决在制造光学玻璃中的许多疑难问题，如极大地提高了玻璃的均匀度，保障玻璃的折射率；再者玻璃液经过充分搅拌，可最大限度地去除在制造过程中产生的气泡，提高透光率。

奶粉开始工业化生产　1805年，法国建立了一个奶粉工厂，开始正式生产奶粉。1855年，英国批准了第一项关于奶粉加工技术的专利。其加工过程是先往鲜奶里放入一些纯碱，然后用敞开的蒸汽罐将牛奶蒸发到类似干面的程度后，加入蔗糖，再把它们放入滚轴间压成条状，经进一步干燥后磨成粉状。碱起加速酪蛋白乳化的作用，糖则使奶粉形成颗粒状。

1806年

法国制造出Slab起毛机　起毛机，又称起绒机，一种将纤维末端从纱线中拉起，使机织物和针织物表面有密集毛茸和柔软手感的机器。1806年，法国人在表面有针刺的起毛板基础上发明出装置钢丝针起毛辊、张力制动辊、导辊等机构的Slab起毛机。1855年，在巴黎万国博览会上，法国两家公司（Gessener & Grossly）展出了多根金属针辊起毛机，英国公司（Mosser）则展出了14根针辊的复式起毛机。1920年，英国公司（Kettling & Braun）首先在起毛机上装了传动机构，并采用无级变速的调速器，以减少织物因起毛而影响强力。

1807年

铅活字版印刷术传入中国　1805年，英国伦敦布道会选派基督教新教传教士马礼逊（Morrison，Robert 1782—1834）来中国传教，1807年9月8日到达广州。这是西方殖民国家首次派遣新教传教士来华。因在中国传教，马礼逊不仅致力于学习汉语，还仿效中国人的生活方式，把自己的汉名译成"马礼逊"，并在广州秘密雇人刻制中文字模，制作中文铅活字，印刷急需的中文圣经。马礼逊的行为后为官府得知，刻字工人害怕招来灾祸，将所刻字模付之一炬，以求灭迹。马礼逊雇人制作中文铅活字乃是在中国本土采用西方铅活字印刷术制作中文字模、浇铸中文铅活字之始，故史学界将其作为西方近代印刷术传入中国之始。

1808年

第一台实用型长网造纸机问世　1798年，法国人罗伯特（Robert，Louis-Nicolas 1761—1828）取得手摇无端网造纸机的专利，发明了世界上第一台长网造纸机。1801年，罗伯特的雇主迪多特（Didot，Saint-Léger）取得专利并将这一专利带到英国，并与约翰（Famble John）和唐金（Donkin，Bryan 1768—1855）等人合作，对此设计进行改进。伦敦商人傅立叶兄弟（Henry Fourdrinier和Sealy Fourdrinier）购买了三分之一的专利权。1808年，由傅立叶兄弟出资，唐金负责设计，根据罗伯特抄纸器的基本原理，制造出世界上第一台以"Fourdrinier"命名的工业性长网造纸机。

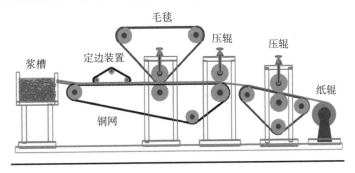

唐金改进的造纸机

1809年

圆网造纸机问世 圆网造纸机是一种主要用来生产纸板的机器，其工作原理与长网造纸机并无实质性的改变。1809年，由英国人迪金森（Dickinson, John 1782—1869）研制成功。在这种造纸机的加工系统中，有一个内装旋转滚筒的大槽。稀薄的含水纸浆由泵抽

陈列在英国科学博物馆的圆网造纸机（1∶6模型）

吸到槽中，纤维便黏附在覆盖于滚筒表面的丝网上，结果在上面形成一个纸筒。用一根压辊把纸板中多余的水分挤干，纸网立即同压辊下的一块湿毡垫相接触，并与覆盖在模具表面的丝网相脱离，置放在毡垫上，然后由压辊送入烘箱。由于制作纸板的滚筒直径大小以及丝网表面的尺寸是有限的，所以在这种机器上不可能制出厚纸板。但是，假若能同时从两个或多个滚筒外的湿毡垫上取出纸网，重叠起来压制烘干，便可以得到坚固的厚纸板。

1810年

格勒尼埃［法］发明风琴 风琴是流传世界各国的一种乐器，属于自由簧鸣乐器，靠空气压力使一组自由簧片振动而产生声音，音质与管风琴相似。风源来自某种动力（有机器、人力等）操纵的鼓动风箱。1810年，法国乐器师格勒尼埃（Grenié, Gabriel Joseph 1756—1837）制造出最早的簧风琴，19世纪40年代法国乐器师德班（Debain, Alexandre-François 1809—1877）对乐器本身进行了改进，主要是通过增加音栓，使其具有管风琴所具备的音域，以获得不同音色的变化，并定名为"风琴"。

1811年

第一台蒸汽驱动的平压圆印刷机投入使用 1811年，德国人凯尼格（Koening, Fredrich 1774—1833）制造的世界上第一台平压圆印刷机正式投

入使用。这种印刷机的大滚筒下面装有可前后驱动的版台，大滚筒转一圈要停三次。当滚筒处于静止状态时，将纸张从滚筒的顶部放入，随即被夹纸框夹住；然后滚筒转动三分之一，将第二压印面带到顶端；待第二张纸放上之后，滚筒再转动三分之一，印出第一张纸，这时可用手将它从机器上取出；随后将第三张纸放到第三个压印面上，滚筒转完一圈，将第一压印面转到顶部，如此循环往复。该机的输墨装置是包着皮革的墨辊，由墨斗供墨，并能自动给印版上墨。1914年，《泰晤士报》的印刷厂安装了两台平压圆印刷机，并在11月29日出版的《泰晤士报》上告诉读者，当天报纸是第一次由蒸汽印刷机印制的，印刷速度为每小时1100份。凯尼格的发明为后来印刷机的发展奠定了基础，是印刷技术发展史上的重要里程碑。

1812年

世界上第一只腕表　1810年，瑞士制表大师阿伯拉罕-路易·宝玑（Abraham-Louis Breguet 1747—1823）受那不勒斯（Naples）女皇凯洛琳（Caroline Murat）委托制造腕表，1812年完成。这是世界上第一只腕表，虽然也有其他品牌创造了第一只腕表的说法，但是宝玑制作的腕表是最早有记录的。

1813年

美国第一架全铁印刷机问世　美国第一架全铁印刷机出现在1813年，名为哥伦比亚印刷机，发明人是费城的克莱默（Clymer，George 1754—1834）。这是世界上第一架不用螺杆的手动印刷机，它通过作用良好的杠杆平衡和配重系统，将动力传递到竖直的活塞把压印板压下去。这个动作很平稳，不需要用很大的劲就可以获得良好的压印效果。在美国取得良好市场后，1817年克莱默将哥伦比亚印刷机带到英国，安排印刷机制造商科普（Cope，R.W.）生产。这种机器在英国市场很快得到认可，尤其受到专业从事木板印刷的印刷商欢迎。

1816年

曼比［英］发明手提式压缩气体灭火器　灭火器的种类有很多，按充装的灭火剂分为水基型灭火器、干粉灭火器、二氧化碳灭火器、洁净气体灭火器；按驱动灭火器的压力方式分为贮气瓶式灭火器和贮压式灭火器；按移动方式可分为手提式和推车式。1816年，英国诺福克郡人乔治·威廉·曼比（Manby，George William 1765—1854）发明了第一个手提式压缩气体灭火器。这种灭火器是一个长2英尺，直径8英寸，容量为4加仑的铜制圆筒。他把灭火器放在特制的手推车里，他希望配备这种灭火器的巡逻队，在起火地点立刻扑灭初起的小火，从而减少爆发重大火灾的次数。1820年，曼比发表了《毁灭性火灾之消防》一文，文中写道："由于没有有效的事先准备，也就是说，没有一个有组织的火警系统，人们不能扑灭初起的小火，让它烧毁了一切宝贵的神圣的东西。"曼比还设计了英国消防队员的制服和授予立功队员的勋章的式样。

1820年

阿库姆［英］发表《论食品掺假和厨房毒物》　　1820年，生活在伦敦的德裔英国化学家阿库姆（Friedrich Accum 1769—1838）发表《论食品掺假和厨房毒物》（*Adulteration of Food and Culinary Poisons*）。文中揭露了用黑刺李的叶子冒充茶叶，用白黏土制成含片，在胡椒中掺入灰尘垃圾，泡菜用铜染绿，糖果用铅上色等多种掺假手法。他让人们认清一个事实：市场中出售的食品和饮品都不如看上去那么美味，其制作方法也和我们的想象不同，而且，食物是可以杀人的。这是有关食品安全的最早论述。

盖-吕萨克［法］研究麻织物的阻燃整理技术　　纺织物经过某些化学品处理后可遇火不易燃烧，或一燃即熄，这种处理过程称为阻燃整理，也称防火整理。17世纪就已有关于纺织物阻燃整理的记载。19世纪20年代法国化学家盖-吕萨克（Gay-Lussac，Joseph Louis 1778—1850）研究了磷酸盐等对麻织物的阻燃作用。他指出，一些低熔点的化学品熔融后能覆盖在织物上，或受热能生成不燃性气体，有一定的阻燃作用。1913年，锡酸钠被用作纤维素纤维的阻燃整理剂。第二次世界大战期间曾用氧化锑作阻燃剂。此后，化学家对纺织物的阻燃问题做了进一步的研究，并生产出一些效果较好的阻燃剂。

英国印刷机制造商推出阿尔比恩印刷机　1820年，英国印刷机制造商科普（Cope，R.W.）推出自己研制的阿尔比恩印刷机。这种机器的最大特点是机上钢制横杆下压到垂直位置时，压印板向下运动，横杆的低端从压印板的顶部上面滑过。当横杆竖直时，压印板可获得最大压力。与其他铁质印刷机相比，这种机器重量轻，操作简便，转印压力大，很多印刷厂愿意使用这种机器。直到今天，许多热衷于印刷的业余爱好者在选择手动印刷机时，仍将阿尔比恩印刷机作为首选。

1821年

丁佩［中］撰《绣谱》　《绣谱》是中国流传至今最早的一部刺绣专著。撰者丁佩，字步珊，上海松江人，著名苏绣艺人。《绣谱》成书于清道光元年（1821年），共分六个部分：一是"择地"，讲述刺绣的环境必须闲、静、明、洁；二是"选样"，讲述选定绣稿时要注意审理、度势、剪裁、点缀、崇雅、传神的要求，并避免失之巧庸和过于繁简；三是"取材"，讲述丝线、绫缎、纱罗、绣针、剪刀、绷架等材料、工具的重要性；四是"辨色"，讲述18种色彩的特点及用法；五是"程工"，讲述刺绣工艺技法以及齐、光、直、匀、薄、顺、密等标准；六是"论品"，讲述以文品之高下、画理之浅深来品评刺绣的能、巧、妙、神、逸5个等级，以及精工、富丽、清秀、高超4个品格。丁佩在《绣谱》中并非以绣论绣，而是将绘画、书法、刺绣三者巧妙结合，通过条分缕析的精详议论，阐释和彰显刺绣工艺的技法及其美学特点。

1823年

德贝莱纳［德］发明打火机　德国化学家德贝莱纳（Döbereiner，Johann Wolfgang 1780—1849）在实验中发现，氢气遇到铂棉会起火。他根据这个发现，经过多次实验，终于试制出世界上第一支由喷头、铂棉、内管、锌片和开关组成的顶盖结构打火机。

钟表设计和制作大师阿伯拉罕–路易·宝玑［瑞］逝世　阿伯拉罕–路易士·宝玑（Abraham–Louis Breguet 1747—1823）生于瑞士纳沙泰尔，自幼就显示了对复杂机械的非凡天赋。1775年，宝玑在巴黎创立了Quaide Phorloge（宝玑表的前身）。由于他具备渊博的机械知识，对钟表的特点及技术又独具过人天分，使他一生在钟表方面有许多重要的发明和卓越的设计，其中飞轮擒纵结构、摆轮双层游丝、自鸣钟、定速擒纵结构、自动手表以及三问表的盘旋式打簧系统等，均为钟表界带来深远的影响。

1826年

古尔丁［美］改进搓条机　搓条机是装在梳毛机上的附属机器。1826年，美国马萨诸塞州的古尔丁（Goulding, J.）对搓条机进行改进，将最后一台梳毛机传递过来的毛网切割成30～40个窄条带，然后把这些窄带黏结在一起并加以揉搓。这个过程最初在两个橡胶包裹的罗拉之间完成，19世纪70年代开始在两个旋转并作横向运动的宽皮带之间完成。经过揉搓处理的粗纱较之原来的条带更为牢固、结实。这种粗纱被缠绕到长形粗纱轴上后即被送到走锭机上纺成毛纱，无须并条机处理，而且这样纺出的毛纱较之用搓捻毛粗纱机及其附属设备"接头器"或"机枪手"纺出的毛纱更好更快。

1828年

索普［美］发明环锭纺纱机　环锭纺纱机是由锭子、钢领和钢丝圈组成加捻、卷绕机构的纺纱机器，1828年，美国发明家索普（Thorp, John 1784—1848）发明。其工作过程是：纤维条通过环锭钢丝圈旋转引入，钢丝圈由筒管通过纱条带动钢领回转进行加捻；同时，钢领的摩擦使其转速略小于筒管而得到卷绕。因加捻与卷绕几乎同时完成，生产效率大为提高。到20世纪50年代起逐步取代了走锭纺纱机。

法国出现动力共拈式直缫机　1828年，法国开始煮、缫分业，并发明了利用蒸汽为动力的共拈式直缫机，代替原来的简易缫丝机。所谓共拈式直缫机，就是把丝直接缫在周长1.5米的大籰上，每台有2～4绪。共拈式直缫机的出现，使制丝业从农村副业中分化出来，有了专业性的制丝工厂。20世纪50年代中期，意大利在共拈式直缫机的基础上进行改进，制成单拈式直缫机。之后日本又将当时的直缫机改进为再缫座缫机，即先将生丝卷绕在小籰上，然后再复摇到大篗上。

1829年

第一架获得美国专利的打字机　1829年，美国底特律的伯特（Burt, William Austin 1792—1858）将自己发明的、被称为"排印工"的打字机申请了专利。这是第一架获得美国专利的打字机，该打字机的字头装在一个小型的半圆金属带上，移动这个半圆金属带，可以将所需要的任何字母送到打印位置。在后来发明的打字机中，这条半圆金属带常常被边缘装有字头的转轮所代替，或为直径较小、表面装有数排字头的套筒所代替。

德米安［奥］改进手风琴　手风琴是一种既能够独奏，又能伴奏的簧片乐器。从结构、形态上看，大致可分为四类，即全音阶手风琴、半音阶手风琴、键钮式手风琴和键盘式手风琴。手风琴将手指控制的键盘和风箱巧妙地结合，能够演奏出声音宏大、音色变化丰富、单声部与多声部不同风格的乐曲。它的出现时间可追溯到18世纪后期，当时欧洲开始出现了一些手风琴的前身乐器，但大都未能成形便被淘汰了。1821年，德国人德里克·布斯曼（Friedrdch Buschman 1805—1864）制造出了用口吹的奥拉琴。1829年，奥地利人西里勒斯·德米安（Cyrillus Demian 1772—1847）在奥拉琴的基础上，集当时手风琴的各种前身乐器之大成，在低音贝斯的基础上加上了和声，成功地改良创制出世界上第一架被定名为"Accordion"的手风琴。直到今天，世界各地仍然沿用Accordion这个名称。

1830年

詹克斯［美］制作环锭精纺机　美国纺纱业技师詹克斯（Jenks, Alvin）把以前连续式精纺作业的锭翼变小，把绕线管安在包着金属的环锭上而成为导线架。由于詹克斯设计的运动部分结构简单，且重量轻，锭子每分钟可达到1万转，特别适宜于棉纱、绢纱和毛纱的精纺。

1832年

英国用亚麻纺纱机械试纺黄麻成功　19世纪以前，人们用手工或纺车纺制黄麻纱线来制作绳索和粗布。1825年，在英国丹迪开始用亚麻纺纱机械试纺黄麻，至1832年获得成功，在这一基础上发展并形成了黄麻纺纱的工业生产。19世纪后期开始有了比较完善的黄麻纺纱机器设备。

圆筒制板法出现　圆筒制板法是19世纪初出现的一种制造平板玻璃的方法。该方法是先吹制一玻璃大圆筒，沿着与中心线平行的一条直线将圆筒切开并展开，然后在工作台上整平。1832年，伯明翰的钱斯兄弟（Chance Brothers）公司着手用圆筒法生产平板玻璃，他们对生产工艺进行改进，吹制的大圆筒长6英尺，直径16英寸，比欧洲大陆一般采用的尺寸大。而且在切割圆筒之前使它变冷，并在冷却的状态下用金刚石把玻璃整齐地切割，随后再放在专门的加热窑中进行整平处理。1851年，钱斯兄弟公司曾为水晶宫提供了用展宽制板法生产的平板玻璃。

1833年

黄麻的"软麻"工艺试验成功　黄麻的"软麻"工艺于1833年首先在英国的邓迪试验成功，最初为手工操作，后来改为机器操作。该工艺方法是麻和羊毛两种原料处理技术的改良，一般用油和水处理使之变得柔和滑润，从而更易于纺织。

铅字条打字机的原型　1833年，一个叫普罗然（Xavier Progin）的马赛印刷匠发明了一种打字机，在这种打字机上的每根彼此独立的连杆上都镶有一个字母，每根连杆都可以单独到达所需打印的位置。普罗然把这种打字机称为密码机，并断言这台机器打字速度几乎与手写速度一样快。现在普遍认为普罗然发明的机器就是后来通用打字机的原型。

1834年

汉托［美］发明缝纫机针　在美国发明家汉托（Hunt, Walter 1796—1859）发明缝纫机针之前，用于缝纫的针的针孔都位于针体后部。汉托是第一个将穿线用的针孔设计在针尖部位的人。别小看这个不起眼的发明，它在缝纫机发展史上具有划时代的意义，正是由于这种针的出现，才有可能制造出今天的缝纫机。

1835年

中国建成燊海井　燊海井坐落在四川自贡大安区阮家坝山下，占地面积3亩，井位海拔341.4米，是一眼卤、气同采的高产井。该井开钻于清代道光十五年（1835年），历时3年，方始凿成。其井深1001.42米，见功之初，日喷黑卤万余担，日产天然气8500立方米，可烧盐锅80余口，日产盐14吨左右。燊海井是人类钻井史上第一口超千米深井。

阿萨姆红茶　阿萨姆红茶产于印度东北阿萨姆喜马拉雅山麓的阿萨姆溪谷一带，以浓烈的麦芽香和茶色清透鲜亮而闻名。1823年，一名英国军官在印度阿萨姆发现了一种完全不同于中国茶的野生茶树。1835年，阿萨姆开始产茶，成为继中国之后第二个商业茶叶生产地区。

1836年

搏纳尔［法］发明石英纤维　石英纤维亦称石英玻璃纤维，由高纯二氧化硅和天然石英晶体制成，是无机纤维的一个品种。1836年，法国巴黎手工业者搏纳尔（Bonnel，D.）发明石英纤维，同年11月14日取得用于纺织的专利。石英纤维具有柔软、耐热、耐腐蚀、电绝缘性、尺寸稳定、抗热震性以及化学稳定性、透光性、高温下强度保持率高等特点，在工业上被广泛应用于隔热、阻燃、防腐、光导纤维通信等方面。

1838年

布鲁斯［美］研制成功机械铸字机　美国人戴维·布鲁斯（David Bruce 1802—1892）在纽约发明了第一架实用的手摇铸字机，并于1838年在美国获得专利。该机在工作时，回转架以摇动的方式，使铸模朝着融化锅的喷嘴来回移动。同摇动相配合，铸字机还作一连串组合运动，如适时开启和关闭铸模，并使字模倾斜着脱离新铸字的表面，使新铸字完全出坯。这种机器可以用人力驱动，也可以用蒸汽作动力。在布鲁斯的机器出现以前，一名工匠日铸约40000个字，布鲁斯的机器使活字铸造量提升数倍。

中国采用低压火花圆锅制盐　这种制盐工艺是随着中国四川燊海井的凿

成而成熟的。制盐的主要原料为卤、黑卤、盐岩卤三种。燃料为燊海井自产的低天然气。制盐的锅灶型采用圆锅灶，亦称瓮笼灶。主要制盐工具有：灶笼子、铁铲、烟子扁、磨盐扁等。整个制盐工艺分为四个流程：一是提清化净，将卤水排放入圆锅中烧热，随后把准备好的黄豆豆浆按一定比例下锅，分离出杂质，以提高盐质；二是提取杂质；三是下渣盐、铲盐；最后是淋盐、验盐。

1839年

古德伊尔［美］发明橡胶硫化方法　不经加工的天然橡胶有遇热发黏、遇冷发硬的缺陷，难以广泛应用。1839年，美国人古德伊尔（Goodyear, Charles 1800—1860）发现天然橡胶和硫黄粉混合加热后可以使橡胶转化为遇热不黏、遇冷不硬的高弹性材料。硫化过程一般在摄氏140～150℃的温度下进行，其作用是使橡胶分子结构中的分子链之间形成交联。古德伊尔最先打开了大规模开发和使用弹性高分子材料的大门，其贡献被公认为橡胶工业乃至高分子材料划时代的里程碑。美国化学学会建立古德伊尔奖章，每年授予国际上对橡胶科学技术做出重大贡献的科技工作者。

1840年

扬［法］和德尔康布尔［法］获得钢琴式排字机专利　1840年，来自法国里尔的扬（Young, J. H.）和德尔康布尔（Delcambre, A.）获得了以这两位专利获得者名字命名的自动排字机专利。这种机器需由一个人操作键盘，另一个人则在铅字滑道的终端收集铅字，并按照给定的尺寸调整铅字间隔使全行排满。因其操作方式的缘故，它也被称为钢琴式排字机。1842年12月7日出版的《家庭先驱报》所用的铅字，就是在这架机器上以每小时6000个字母和衬铅的速度排出来的。

匈牙利采用滚轴式磨面法　为使磨出的面粉更细、更白、更劲道，大约在1840年，匈牙利人开始采用滚轴式磨面法，用以代替以前平面磨石碾磨谷物的方式。滚轴式磨面法就是让谷物在几对连续排列的带有特殊螺旋沟槽的滚轴之间通过，紧接着再让谷物在几对普通滚轴之间通过进行磨面的方法。

这种磨面法是分级进行的，在每级磨完后都要将磨过的谷物进行过筛。它能用同一种小麦生产出5~6种不同质量的面粉。

1846年

豪［美］在美国申请了实用缝纫机专利　1846年，美国马萨诸塞州的机械师豪（Howe，Elias 1819—1867）第一个在美国申请了实用缝纫机专利。这种缝纫机被称为"豪式缝纫机"。它使用一种带凹槽的弧形针眼的缝衣针，同时还在织物背面用一个运行梭将第二根线穿过上面针眼引线形成的线环，从而形成一种连锁针迹。这种针迹只有缝纫机才能完成。豪式缝纫机的缺点是被缝的织物的进给不连续，缝合线迹的直线长度受缝纫板长度的限制。

第一台轮转印刷机问世　这种机器的最大特点是印版和纸张分别放在不同的滚筒上连续不断地旋转。1846年，第一台轮转印刷机被成功制作出来，并安装在《费城公众纪事报》印刷所内。在这种机器上，印版固定在水平滚筒周围的铸铁版台上，一个版台印一页。铅字的栏与栏之间用楔形金属条卡住，以防铅字由于离心力的作用而飞出去。在中心滚筒的周围安装四个小压印筒。当纸张送入机器时，由自动叼纸牙传递到四个压印筒和旋转的中央印版之间印刷。一般来说，有10个续输纸装置的单张轮转印刷机，每小时可印20000印张。

英国发明剑杆引纬机构　剑杆引纬机构是剑杆织机的五大核心机构之一，它将纬纱引入梭口，形成织物所需的纹理。它与有梭引纬机构不同之处，主要是引纬采用安装在打纬机构箔座腿上的左右连杆传动剑杆，使一侧剑杆的剑头带着纬纱送到织机中央，另一侧剑杆上的剑头接过纬纱，两侧剑杆同时退出，通过打纬机构形成织物。1846年，英国最早发明剑杆引纬机构。1927年，德国人加布勒发明叉入式剑杆引纬。1960年，英国人杜厄斯发明夹持式剑杆引纬。此后各种剑杆织机相继投入商业生产，并成为目前应用最为广泛的无梭织机。与有梭织机相比，剑杆织机具有结构简单、振动小、车速快、噪音小、织物产量高、质量好、劳动强度低等优点。

1848年

耶尔［美］制造出耶尔锁　美国机械工程师耶尔（Linus Yale Jr. 1821—1868）将早期埃及流行的销钉栓锁进行了改进。他将锁设计为圆柱形，钥匙上有暗槽和细齿。钥匙插入锁内，细齿推动销钉，使销钉抬到合适的高度，钥匙便能转动圆柱体，完成开锁过程。由于销钉长度、钥匙边齿变化及锁孔的榫槽之间的组合可千变万化，锁的安全性较之以前的锁有了明显提高。1848年，耶尔将改进后的锁进行大规模生产，很快成为世界上最流行的锁。

1850年

鲍勒尔公司［英］推出硬礼帽　1850年，英国帽子制作商鲍勒尔公司推出的以硬毛毡制成的黑色圆顶硬礼帽，深受男士欢迎，并被用于正式社交场合。硬礼帽有大小两种类型，帽冠较高的称为大礼帽，较低的则称为小礼帽。在德国，小礼帽最初为男用帽，又称汉堡帽。

1851年

上海"荣记"湖丝在第一次世界博览会上获金奖　1851年，第一次世界博览会在英国伦敦海德公园举行。当时，上海丝商徐荣久正在伦敦经商，遂以个人名义送展了"荣记"湖丝12包，获金、银大奖各一项，英国维多利亚女王亲自颁发了奖牌和奖状，这是中国蚕丝首次登上国际展台。此后，中国的生丝、绸缎又分别参加了1876年的美国费城世界博览会、1904年的美国圣路易斯世界博览会、1905年的比利时列日世界博览会和1911年的意大利都灵世界博览会。在都灵世界博览会上，南浔送展的丝经和盛泽送展的绸样分别获奖。

威尔逊［美］的旋转钩圈和线轴联体装置获得专利　1851年，美国密歇根橱柜制造工威尔逊（Wilson, Allen Benjamin 1824—1888）发明的一种旋转钩圈和线轴的连体装置获得了专利。这种旋转钩圈能抓取针上的线，形成的线环被抛越圆形的线轴。这种装置提供了除豪（Howe, Elias 1819—1867）和胜家（Singer, Isaac Merrit 1811—1875）的鱼雷形梭子以外的另一种选择。后来旋转钩圈成为德国人格里茨纳（Max Gritzner）发明的摆动梭（1879年）的基础。它与后者因具有高速、耐用的性能而在工业缝纫机领域占据了垄断地位，而简单型的往复式或振动式梭子则被大量地用来装备家用缝纫机。

世界上首台冷冻机问世 1851年，从苏格兰移居到澳大利亚生活的詹姆斯·哈里森（Harrison，James 1816—1893）为一家酿酒厂安装了一台冷冻机，这是世界上冷冻机的原型。其工作原理是利用压缩空气的膨胀或挥发性液体的蒸发来制冷。虽然早在1834年，一个在英格兰工作的美国人雅可比·帕金斯（Perkins，Jacob 1766—1849）就取得了一项利用挥发性流体的蒸发制冷的英国专利，但他的发明并未投入市场。哈里森改进了帕金斯的冷冻机，并将其推向市场。

胜家缝纫机 缝纫机的雏形出现在英国，1790年，一种先打孔、再模仿钩针穿线动作的手摇制鞋缝纫机在英国获得专利。19世纪后，随着纺织工业的发展，缝纫机进入了快速发展阶段。1804年，一种双线互锁的钳形缝纫机在法国获得专利。1829年，法国裁缝蒂奠尼耶（Thimonnier，Barthélemy 1793—1857）发明链状针迹缝纫机，1830年获法国专利。1834年，安全别针发明人美国人亨特（Hunt，Walter 1796—1859）设计了一种在针端开孔穿线的缝纫机，为后来缝纫机的发展开拓了新思路。1846年，美国豪（Howe，Elias）循此方向，发明了手摇操作，在布料下方做水平摆动构成双线缝合的梭机。1851年，美国人胜家（Singer，Isaac Merrit 1811—1875）发明出性能更好的旋转梭机，并在两年后的法国巴黎世界展销会上取得第一个奖项。

胜家的这个革命性发明被英国科技史家李约瑟博士称之为"改变人类生活的四大发明"之一，胜家也被尊称为"缝纫机之父"。1853年，首批缝纫机于胜家创建的纽约市工厂开始生产。1859年美国胜家公司发明了脚踏式缝纫机，1889年又发明了电动机驱动缝纫机，从此开创了缝纫机工业的新纪元。

1852年

光致耐腐蚀剂的发现 19世纪中期，英国人塔尔博特（Talbot，William Henry Fox 1800—1877）将加有重铬酸盐的明胶涂在铜板上，然后将树叶或花草之类的东西放在上面，暴露于日光下，见光部分的明胶即硬化，以冷水洗后待干，感光硬化的明胶被保留下来即成为耐腐蚀剂，露出的铜面因受腐蚀而下凹。1852年，塔尔博特获发现含铬胶体带感光性的英国专利。不久这项发现就被应用于印刷制版，被称为"照相雕刻法"。

1853年

博登［美］获得真空制作炼乳的专利 尽管在1850年以前出现了关于炼乳制作的专利，但美国人博登（Borden，Gail 1801—1874）在1853年申请的一项制作炼乳专利，不同于以往，首创了真空制作炼乳的方法。这项专利在1856年得到批准，用这种工艺制作炼乳时，自始至终都将空气排除在外，所制炼乳几乎是"完全脱水和没有任何添加物的新鲜乡间牛奶"。在1856年，博登还制作了灌装甜炼乳，这种炼乳虽然在生物学意义上没有消毒，但里面含有足够的糖用以保存。在19世纪80年代以前，博登的灌装甜炼乳是唯一的一种用密封罐包装的炼乳食品。

世界上第一台可供使用的卷烟机 1853年，古巴人发明了世界上第一台可供使用的卷烟机。该设备是一种充填式的卷烟机，其使用方法：先将烟纸制成空管，然后充填烟丝。这种卷烟机效率不高，每小时只可生产卷烟3600支。1867年，古巴人将这种机器拿到巴黎博览会展出。

带活动巢板的巢箱发明 1853年，美国人朗瑞斯（Langstroth，Lorenzo Lorraine 1810—1895）发明了具有活动巢板的巢箱，并在《巢与蜂蜜》（*The Hive and the Honey Bee*）一书中阐述了人工饲养蜜蜂及取得蜂蜜的技术。这个巢箱呈立方体，箱子中并排放入8～10块称为"蜂框"的厚板。蜂框的形状是纵横比为1∶2的长方形中空木框。壁面的一边以蜂蜡与石蜡制成厚纸状的平台，上面刻有六角形，作为蜜蜂制作蜂巢的基础。像自然形成的蜂巢一样，蜂框也以垂直平行方式排列。直到现在，养蜂的基本方法还是延续朗瑞斯的方法。

1854年

威尔逊［美］获得缝纫机"四动式进给"装置的专利 1854年，美国密歇根橱柜制造工威尔逊（Wilson，Allen Benjamin 1824—1888）获得缝纫机

"四动式进给"装置的专利，又称"坠落式进给"。这种装置使用一个水平往复式齿面，齿向前突出并沿矩形轨迹运动，有点类似于四角形运行梳和螺杆式针板的运动。它不仅能使布料在每缝一针后自动连续前移，而且还能让布料转弯，产生弧形针迹。这是缝纫机进给装置的标志性发展。

烧碱法纸浆出现　烧碱法纸浆是用苛性碱蒸煮液在一定温度压力下对植物纤维原料进行蒸煮所制得。自1854年瓦特（Watts）和伯吉斯（Burgess）在存在蒸汽压力的情况下直接加入苛性碱蒸煮制造木浆的方法取得了专利后，这种可以生产出质量较好纸浆的技术获得广泛应用，并且至今仍然是世界上生产化学纸浆的主要方法。

1855年

安全火柴出现　1827年，英国人沃克（Walker，John 1781—1859）发明了摩擦火柴。沃克的火柴头是用硫化锑、氯酸钾与树脂混合制成，如果把它夹在砂纸中拉动便会着火。1831年，法国人夏尔·索里亚（Sauria，Charles 1812—1895）用磷来代替沃克火柴中的锑，发明出磷火柴。1832年，磷火柴开始在德国进行工业化生产。1855年，瑞典人伦德斯特姆（Lundström，J.E. 1815—1888）用非晶红磷代替了白磷，解决了磷火柴一经轻微碰撞或摩擦就着火的缺陷，制成了"安全火柴"，并沿用至今。

奥德马尔［瑞］制成人造丝　1855年，瑞士化学家奥德马尔（Audemars，Graves 1811—1861）依循17世纪英国人胡克的"人工制丝"设想，将纤维素硝酸酯溶解在乙醚–乙醇混合液后，得到一种胶状溶剂，再将此溶剂通过毛细针管挤到空气中，待溶剂蒸发凝固成柔韧的丝，从而得到了人造丝。

1856年

帕金［英］获苯胺紫专利　1856年，英国皇家学会有机化学家帕金（Perkin，William Henry 1838—1907）在实验室制取奎宁的试验中意外地发现一种紫色染料——苯胺紫。这种染料能直接染丝和毛，与鞣酸合用，又可媒染棉织品。帕金为这一成果申请了专利，并亲自制定了一系列的生产程序，在1857年将其正式投入生产。

1857年

西班牙人发明割绒织机 1857年，西班牙人发明割绒织机，这种织机可以不用起绒杆织制两层起绒织物。之后又出现了双梭口起绒织机，1970年代又采用了双剑杆引纬，适宜织制各种起绒织物。

合成染料的开端 合成染料又称人造染料，主要从煤焦油分馏出来（或石油加工）经化学加工而成，习称"煤焦油染料"。又因合成染料在发展初期主要以苯胺为原料，故又称"苯胺染料"。1857年，英国皇家学会有机化学家帕金（Perkin，William Henry 1838—1907）将其发现的紫色染料——苯胺紫正式投入生产，标志着合成染料工业的开端。不久，随着茜素、靛蓝和阴丹士林相继成功合成，出现了一场化工技术革命，并成为有机合成工业的一个重要方面。到了20世纪，合成染料迅速发展，生产品种增多，产量剧增，基本取代了天然染料。

1858年

霍夫曼［德］发明碱性品红染料 1858年，德国化学家霍夫曼（von Hofmann，August Wilhelm 1818—1892）用四氯化碳处理粗苯胺，得到了一种称为碱性品红的染料。这种染料不是由纯苯胺形成，而是由苯胺、对甲苯胺和邻甲苯胺形成。

机器洗衣的开端 1858年，美国人汉密尔顿·史密斯（Smith，Hamilton）在匹茨堡制成了世界上第一台洗衣机。该洗衣机的主件是一只圆桶，桶内装有一根带有桨状叶子的直轴。轴是通过摇动和它相连的曲柄转动的。同年，史密斯取得了这台洗衣机的专利权。但这台洗衣机使用费力，且损伤衣服，因而没被广泛使用，但这却标志了用机器洗衣的开端。

克那浦［德］提出铬鞣法理论 铬鞣法是一种用铬的化合物加工裸皮使之转变成革的鞣革方法，有一浴法和二浴法两种方式。常用的铬化合物有重铬酸盐（红矾）、铬明矾和碱式硫酸铬，主要用以鞣制轻革。此法生产周期短，容易控制。1858年，德国化学家克那浦（Knapp，Fredrich）发现了铝、铁、铬的盐类能用于鞣革，并在其著作中探讨制革和革的性质时，写出了铬鞣及铁鞣的基本理论。

1859年

索尔维［比］取得生产碳酸钠（洗涤碱）廉价方法专利 1859年，比利时化学家索尔维（Solvay，Emest 1838—1922）取得了用氯化钠、氨基酸和二氧化碳生产碳酸钠（洗涤碱）的廉价方法专利。这项专利是工业革命中最重要的发明之一，不仅被广泛用于制造纸、玻璃和漂白剂的生产，也被用于处理水和提炼石油。

19世纪50年代

中国开始生产自动毛巾织机 毛巾织机是用于织制毛巾织物的织机。它用两只织轴分别送出地经纱和起毛经纱，借筘的特定规律运动将一组组纬纱推向织口，使起毛经纱在织物表面形成毛圈，织成毛巾织物。19世纪初，毛巾织机首先出现于英国。19世纪50年代，中国开始生产自动毛巾织机。毛巾织机的送经和打纬机构与普通织机有所不同。毛经织轴送经机构的送经量可根据毛圈所需高度进行调节。地经织轴送经机构的送经量保持恒定。在通常情况下，地经纱张力比起毛经纱大，起毛经纱放出长度比地经纱长。打纬机构中的筘一般装在活动筘座上，完成起毛圈的规律动作。毛巾织机上如加装多臂、提花和多梭箱装置则可织制多种花色的毛巾类织物。

1860年

塔尔博特［法］发明网屏加网法 塔尔博特（Talbot，William Henry Fox 1800—1877）在1852年发现照相腐蚀法后，为提高此方法的功效，于1860年又发明了网屏加网法。他把一块黑布放在涂有感光剂的金属板上，通过曝光，发现在板面上留下大小不同的点子，于是他又把一块网格放在投影镜头和感光材料之间，发现连续调的稿子被分隔成为不同大小的点子，眼睛看上去似乎完全再现了原稿的全部阶调。这一发现打开了照相加网制版法的大门，19世纪80年代，性能可靠的玻璃网屏问世，使加网制版工艺实用化，尤其在平印和凸印方面。

高德肖［法］获卷筒纸双面印刷机专利 1860年，法国人高德肖

（Godchux，Auguste）取得卷筒纸双面印刷机的专利。1871年8月7日，英国印刷行业报*Lithographer*对这台机器有如是介绍：图像雕刻在直径6英寸、宽度24英寸的铜滚筒上，滚筒上的网穴很细，肉眼几乎不易察觉。另据研究，法国人的机器已采用刮墨刀把凹版上的浮墨刮清，机型与现在的轮转凹印机相似。

1861年

马肖［法］发明大前轮小后轮自行车　早在1791年，自行车的雏形便已出现。法国人西弗拉克在他的玩具木马上加装了两个木轮，用自己的两只脚踩在地上，借脚踩地之力使轮子滚动，木马前进。1817年，德国人德莱斯制成能转向的木马轮，并于次年获得专利。1839—1840年，苏格兰人麦克米伦将能转向的木马轮改进为后轮大、前轮小的钢结构两轮车。该车具有脚踏板，并通过曲柄连杆机构驱动后轮，使车前进。1861年，法国人皮埃尔·马肖制成前轮大、后轮小的自行车，其脚踏曲柄装在前轮轴上，以驱动前轮向前行驶。马肖的发明被普遍认为是世界上最早的现代自行车。

怡和洋行纺丝局正式开工　怡和洋行纺丝局是中国第一家机器缫丝厂，由英商怡和洋行开办，筹建于1860年。纺丝局于1861年5月正式开工，初设丝车100部，1863年后增至200部。当时，正值意大利、法兰西等欧洲主要产丝国微粒子病蔓延，养蚕业受到毁灭性打击，以致缫丝工厂关闭，丝织原料紧缺而引起恐慌。于是洋商除在中国大量搜刮、掠夺蚕丝输出外，还在中国沿太湖的狭长地带兴办缫丝企业，凭借当地丰富的蚕茧资源和廉价劳动力进行生产，以缓解国内的原料危机。怡和洋行纺丝局的开办正好适应了欧洲国家当时的需要。但是，怡和洋行纺丝局的发展并不顺畅，由于当年蚕茧市场尚未发育完善，收购渠道不畅，加之产区土丝行商的掣肘，以及蚕茧在运输途中霉烂变质，纺丝局终因原料不济，于1870年5月停办。

1862年

木浆纤维造纸方法出现　1862年，英国工程师伯吉斯（Burges，Hugo）和瓦特（Watt，Charles）发明了木浆纤维造纸方法，为满足大量的纸张印刷需要做出了贡献。

1864年

平型纬编针织机　平型纬编针织机的织针依次平列配置在平板型针床上，用以生产纬成形衣片、成形衣坯和平幅坯布。平型针织最早出现于19世纪，1863年，美国拉勃（Lanb，W.）发明舌针平型纹针织机，用来生产成形毛衫。1864年，科顿（Cotton，William）发明钩针平型纬编机。这种机器可在平幅针床工作宽度内，用移圈或推针法收放针，增加或缩小门幅，既能编织具有一定外形的成形衣片织物，亦可编织花色组织，或用转移线圈法生产罗纹针织物。19世纪末，伦特林根发明双头舌针的平型双反面机。

1865年

巴斯德［法］发明巴氏灭菌法（Pasteurization）　巴氏灭菌法，亦称低温消毒法、冷杀菌法，是一种利用较低温度既可杀死病菌又能保持物品中营养物质且风味不变的消毒法，现在常被广义用于定义需要杀死各种病原菌的热处理方法。1865年，法国人路易斯·巴斯德（Pasteur，Louis 1822—1895）发明此方法，其产生是源于巴斯德解决啤酒变酸的问题。当时，法国酿酒业受啤酒在酿出后经常会变酸导致无法饮用的困扰，巴斯德受邀解决这个问题。经研究，他发现导致啤酒变酸的主要原因是啤酒中滋生的乳酸杆菌。采取简单的煮沸的方法是可以杀死乳酸杆菌的，但是，这样一来啤酒也就被煮坏了。巴斯德尝试使用不同的温度来杀死乳酸杆菌，而又不会破坏啤酒本身。最后，巴斯德的研究结果是：以50～60℃的温度加热啤酒半小时，就可以杀死啤酒里的乳酸杆菌，而不必煮沸。这一方法挽救了法国的酿酒业。这种灭菌法也就被称为"巴氏灭菌法"。

1866年

里坦森［德］首次分离出谷氨酸　1866年，德国人里坦森（Ritthausen，Heinrich）用硫酸分解小麦中的面筋，首次分离出谷氨酸。1872年，赫拉西非茨等人用酪蛋白也制得谷氨酸。1890年，沃尔夫利用a–酮戊酸经溴化后合成DL–谷氨酸。

蒂尔曼［美］发明亚硫酸盐法制造纸浆 1866年，费城的蒂尔曼（Tilghmann, Benjamin Chew 1821—1901）发明用亚硫酸盐蒸煮液在一定温度压力下对植物纤维原料进行蒸煮制取纸浆的方法，并建立了一家生产亚硫酸纸浆的工厂。由于当时还没有必需的耐酸设备，这一大胆的计划未获成功。随后，埃克曼（Ekman, C.D.）继续了他的事业，克服重重困难，1872年终于在瑞典建成了一座亚硫酸纸浆厂。直到今天，亚硫酸纸浆仍然是造纸工业使用的一种主要的原材料。

1867年

西门子［英］发明熔制玻璃的池窑 1867年，英国人西门子（Siemens, Friedrich）建造了第一座连续熔制玻璃的池窑。它由供热、熔池、传送物料设备等组成。原料从池的一端加入，经熔化、澄清、冷却后从另一端引出，再进行成形。该池窑最大特点是烧熔温度高、产量大、能连续生产、产品质量好。

1868年

人工合成茜素成功 1868年，德国化学家格雷贝（Gräbe, Carl 1841—1927）和利伯曼（Liebermann, Carl Theodor 1842—1914）第一次研制成功人工合成天然染料——茜素。其合成路线是：以煤焦油里提取出来的蒽为原料，先将蒽氧化成蒽醌，再在蒽醌中引入两个溴原子，生成二溴蒽醌，再与强碱共浴，熔融后的产物与天然茜素完全相同。虽然此合成路线过于复杂，反应物溴的价格又太昂贵，不能实现工业化生产，但无论如何，两位科学家的研究为实现人工合成茜素指明了方向。

1869年

合成茜素技术在英国获得专利 德国巴斯夫公司（BASF）在得知合成茜素发明以后，联系了两位发明者格雷贝（Gräbe, Carl 1841—1927）和利伯曼（Liebermann, Carl Theodor 1842—1914），并与他们一起改进了合成路线，摒弃了昂贵的反应物溴，直接把蒽醌在足够高的温度下与浓硫酸共热，得到磺酸衍生物，再与强碱熔融，得到合成茜素，产率高达97%。1869年6月25

日，这项合成茜素技术在英国获得专利。1871年，合成茜素在市场上出现，并很快取代了天然茜素。合成茜素生产技术的发明是合成染料工业发明史上的一个里程碑，它宣告了合成染料时代的到来。

1870年

英国人发明地毯织机 1870年，英国人发明地毯织机。这种织机与一般织机有许多类似之处，不同的地方是装有成绒机构，使地毯表面形成特定形状的绒毛。现今地毯织机生产的地毯，其绒毛多数呈簇绒状，少数呈毛圈状。20世纪60年代以来，由于人造纤维的大量应用，各种新型簇绒地毯不断出现。但是就艺术效果和使用价值来说，由一般地毯织机织制的簇绒地毯比手工簇绒地毯逊色。

1871年

斯塔利［英］制造出爱丽尔自行车 1871年，英国发明家斯塔利（Starley，James）制造出爱丽尔自行车。该车的最大特点：一是可通过轮轴操纵行驶方向；二是将辐条沿切线方向接到轮毂上的切线辐条轮；三是前后轮大小相同并配有菱形车架。1877年，斯塔利又制造出用链条传动的自行车。经过斯塔利的一系列改进，自行车的性能更好，结构更合理，更接近现代自行车。

1873年

陈启沅［中］创办继昌隆缫丝厂 1873年，南洋华侨陈启沅（1834—1903）在广东省南海县（今佛山市南海区）创办继昌隆缫丝厂。该厂是中国近代民族资本的第一家机器缫丝厂。陈启沅采用自己设计制造的蒸汽缫丝机缫丝，出丝精美，获利甚丰，成为近代中国第一家民族资本创办的真正意义上的工厂。在陈启沅的影响下，广州、顺德、南海地区相继创办缫丝厂十余家，从而奠定了广东新式缫丝业的基础。其产品行销欧美各国，为中国生丝的出口赢得了声誉。1881年该厂因同业竞争，被视为异端，南海知县下令停产。陈启沅遂将丝厂迁往澳门，改名"复和隆"。1884年迁回南海简村，改名"世昌纶"，继续经营。

蓄热室池窑正式用于玻璃生产　早在1816年，即出现了蓄热室玻璃熔窑的专利，可惜未被应用。1841年，这项专利得到改进。1867年，德国成功建立起第一座蓄热室池窑。1873年，此类型池窑在比利时正式用于玻璃生产。这种窑因是以焦炉煤气和发生炉煤气为燃料，采用蓄热室回收废气热量，故其热效率比坩埚窑明显提高，熔化温度也比坩埚窑上升。它的出现改善了玻璃熔化质量，增加了产量，并可与机械成型机组成连续生产线，为玻璃的机械化、自动化生产创造了条件。

牛仔裤问世　牛仔裤是一种男女穿用的紧身便裤。其前身裤片无裥，后身裤片无省，门里襟装拉链，前身裤片左右各设有一只斜袋，后片有尖形贴腰的两个贴袋，袋口接缝处钉有金属铆钉并压有明线装饰。其具有耐磨、耐脏，穿着贴身、舒适等特点。1873年，德国移民利维·斯特劳斯（Strauss, Levi 1829—1902）来到旧金山，利用仓库里大批积压的帆布，根据"得州牛仔"的裤子式样设计制作而成，并把原来染成的蓝色变成了像砂石磨成的不规则的蓝里泛白的色泽，颇似染色不均匀的疵品。1850年，斯特劳斯创立的利维（Levi's）公司生产出的501牛仔裤风靡一时。

1874年

古特异［美］发明皮革接缝机　1874年，美国人古特异（Charles Goodyear Jr. 1833—1896）发明皮革接缝机。他的这项发明除皮鞋的底部仍需由手工完成外，其他部分皆可由机器完成，使制鞋业实现了机械化。

1875年

巧克力　巧克力，亦称朱古力，乃chocolate的译音，是一种以可可浆和可可脂为主要原料制成的甜食。巧克力口感细腻甜美，具有一股浓郁的香气。巧克力的前身是墨西哥人制作的一种饮料，1582年，西班牙探险家荷南多·科尔特斯（Cortés, Hernándo 1485—1547）将这种饮料带回西班牙后，西班牙人虽对其制作方法加以改进，但仍是以饮料形式出现。直到1847年，巧克力饮料中被加入可可脂，才制成如今人们熟知的可咀嚼的巧克力块。1875年，瑞士人发明了制造牛奶巧克力的方法，从而有了现在所看到的巧克力。

巴克利［美］发明白铁皮印刷法 1875年，美国人巴克利（Robert Barclay）取得了白铁皮印刷法的发明专利。这种印刷方法是采用有弹性的胶皮印刷表面来取代坚硬、无弹性的印刷表面，即先把图像压印或"粘印"到胶皮表面上，再从胶皮表面把图像转印到白铁皮上，然后再印到纸上。巴克利的方法开创了胶印的先河。

1876年

贝尔［美］发明电话 1875年，贝尔（Bell，Alexander Graham 1847—1922）在工作中看到电报机中应用了能够把电信号和机械运动互相转换的电磁铁，贝尔由此受到了启发，开始设计电磁式电话。他最初把音叉放在带铁芯的线圈前，音叉振动引起铁芯相应运动，产生感应电流，电流信号传到导线另一头经过转换变成声信号。随后，贝尔又把音叉换成能够随着声音振动的金属片，把铁芯改为磁棒，经过反复实验，制成了实用的电话装置。1876年，贝尔发明的电话获得了美国专利，随后建起了世界上第一家电话公司。

布拉姆韦尔［美］发明自动喂毛机 1876年，布拉姆韦尔（Bramwell，W.C.）发明自动喂毛机，替代了以前在羊毛初加工和供料过程中必不可少的手工操作。这种机器出现之后相继在美国、英国投入使用。除初始供料过程之外，从19世纪50年代起，各种中间供料过程也得到改进，从而保证羊毛在两台相连的梳毛机之间能够均匀地混合。

铅字条打字机投放市场 铅字条打字机主要构件是：一个键盘、一些铅字连动杆和一条油墨着色丝带。发明这种打字机的是美国人肖尔斯（Sholes，Christopher Latham 1819—1890）。1867年，肖尔斯完成了铅字条打字机的最初样机。在随后的5年里，肖尔斯研制了大约30架不同的样机，最终制造了1台能快速键入的打字机。该打字机的键盘排列方式是将一些常一起出现的字母被安排得尽可能远，避免了快速键入时字杆相互碰撞的机会。肖尔斯的键盘排列创意，几乎为后来所有的打字机所采用，被称为"通用打字机"。1876年，肖尔斯设计的打字机投放市场，因该型机打字打得又快又好，在商业上大获成功。

1877年

拉瓦尔［典］发明离心式乳脂分离器　在黄油制作机械发明以前，分离乳脂的方法是把牛奶倒进一些用瓷、马口铁或搪瓷铁皮制成的大铁盘里放一段时间，直至所有的乳脂浮上来。然后将乳脂通过一个穿孔的碟子或者漏勺，倒入乳脂坛里保存1～3天使之熟化，再搅制成黄油。1877年，瑞典拉瓦尔（de Laval，Garl Gustaf Patrik 1845—1913）为提高黄油的生产效率，发明离心式乳脂分离器。大约在1880年这种离心式的机器投入使用，较大的乳品厂都采用该机器。除此以外，人们普遍认为，采用离心式乳脂分离器能改进黄油的粒度特性。

爱迪生［美］发明留声机　留声机又叫电唱机，是一种放音装置，其声音储存在以声学方法在唱片（圆盘）平面上刻出的弧形刻槽内。这个神奇的机器是美国发明家爱迪生（Edison，Thomas Alva 1847—1931）发明的。一次，爱迪生试验电话时，发现传话筒里的膜板随话声而震动。他找了一根针，竖立在膜板上，用手轻轻按着上端，然后对膜板讲话。实验证明，声音愈高，颤动愈快；声音低，颤动就慢。这个偶然的发现，启发了爱迪生的灵感。不久爱迪生就和助手制出一台由金属圆筒、曲柄、两根金属小管和膜板组成留声机。金属圆筒边上刻有螺旋槽纹，它装在一根长轴上，长轴一头装着曲柄，摇动曲柄，圆筒就会相应转动。两根金属小管的一头装一块中心有钝头针尖的膜板。后又经爱迪生无数次的改进，1877年8月15日世界上第一台留声机诞生了。留声机诞生之始，连发明者爱迪生都为之惊叹。爱迪生曾说："我大声说完一句话，机器就回放我的声音。我一生从未这样惊奇过。"1877年12月，爱迪生公开表演了留声机，外界舆论把他誉为"科学界之拿破仑·波拿巴"。

爱迪生［美］发明油印机　1877年，美国著名发明家爱迪生（Edison Thomas Alva 1847—1931）发明了第一台油印机。这种油印机使用的特制蜡纸，是由一种能透过油墨的纸再涂覆一层拒油墨的蜡膜而制成。使用方法是：先用铁笔在蜡纸上面书写，或用不带色带的打字机打印，字迹会留在蜡纸上，并使油墨可在该处透过。然后把该蜡纸放入油印机内，用油墨滚子在蜡纸上滚过。这样，墨迹就会留在蜡纸另一侧的白纸上。1880年，爱迪生为油印机申请了专利，但并未投入生产。后来，芝加哥的一位商人迪克（Dick，Albert Blake 1856—1934）买下了这项专利，并将其改为办公室油印机，于1887年投入市场，成为办公机构特别是学校工作中的重要工具。

1878年

拜耳［德］人工合成靛蓝成功　靛蓝是从木蓝和松蓝植物中提取出的一种天然染料，很早就被用于染色，在天然染料中占据重要地位。1865年，德国化学家拜耳（von Baeyer，Adolf 1835—1917）开始研究靛蓝。1878年，他以靛红为起点，使用三氧化磷、磷和乙酰氯等反应物实现了靛蓝的合成。此后，拜耳又提出了几种人工合成靛蓝的方法，并于1880年将合成靛蓝注册了专利。虽然拜耳设计的合成路线步骤过多，合成所需要的原料市场价格也偏高，难以形成工业化生产，但这一研究成果对实现靛蓝工业化生产有重要价值。

凹印制版法出现　1878年，生于波希米亚的克利克（Karel Klíč），运用前人发现的经铬酸盐处理的明胶具有感光硬化的特性，进行了碳素纸腐蚀制版研究，并制作出第一个实用性凹印滚筒。其原理是把含重铬酸钾的明胶涂在纸基上，曝光后，将其转移到另一纸基上或另一种材料上，将纸基剥离，然后用热水把可溶性胶层洗去，这样就可通过一次腐蚀获得深浅不同的滚筒。此种方法制作出的版面，图文的着墨部分为有规则排列的细小孔穴（网穴），一般呈正方形，大小相同，但深浅不一，容墨量不同。其印刷品墨色厚实，并能取得与原稿图像色调层次完整一致的印刷效果，是最普遍的凹版印刷方法之一。

1879年

邦萨克［美］设计出高效卷烟机　1879年，美国人邦萨克（Bonsack，James 1859—1924）成功设计出一台高效卷烟机，并在1880年获得了专利权。它可以连续成条并分切成支，每小时可生产卷烟15000支。据美国烟草专家茄纳（Garner，W.W.）所著《烟草生产》（*The Production of Tobacco*）一书中说："在1875年，美国的卷烟年产量不过5000万支，但到1890年，其年产量就达到25亿支。"

法利德别尔格发明［美］糖精 糖精为白色结晶性粉末，学名为邻苯甲酰磺酰亚胺，是一种不含有热量的甜味剂，难溶于水，其甜度为蔗糖的300~500倍，不含卡路里，在各种食品生产过程中都很稳定，但吃起来会有轻微的苦味和金属味残留在舌头上。1879年，俄裔美国化学家康斯坦丁·法利德别尔格（Fahlberg，Constantin 1850—1910）在美国霍普金斯大学实验室里做芳香族磺酸化合物合成实验时偶然发现糖精，并很快申请了美国专利。1886年，法利德别尔格迁居德国，并在那里建立了世界上第一个从煤焦油中提炼糖精的工厂，糖精就此开始进入了人们的生活。因糖精是煤焦油中提取出来的物质，其安全性近几十年来争议不断。1977年，加拿大的一项多代大鼠喂养实验发现，大量的糖精可导致雄性大鼠膀胱癌。为此，美国食品药品监督管理局（FDA）提议禁止使用糖精，但这项决定遭到国会反对，并通过一项议案延缓禁用。

爱迪生［美］改进电灯 早在17世纪初，科学家对创制人工光源的研究就已开始，1801年，英国化学家汉弗莱·戴维（Davy，Humphry 1778—1829）发现铂丝通电后会发光，1810年他发明了电烛，利用两根碳棒之间的电弧照明。1845年，一个美国人申请了在真空泡内使用碳丝的专利。1874年，加拿大的两名电气技师申请了一项电灯专利。他们在玻璃泡内充入氮气，以通电的碳杆发光。但是他俩无足够财力继续研究这项发明，于是在1875年把专利卖给美国发明家爱迪生（Edison，Thomas Alva 1847—1931）。爱迪生购买专利后，经过不懈的尝试，1879年他改用碳丝造灯泡，碳化棉线作灯丝，把它放入玻璃球内，再启动气机将球内抽成真空。结果，碳化棉灯丝发出的光明亮而稳定，足足亮了10多个小时。就这样，碳化棉丝白炽灯诞生了，爱迪生为此获得了专利。1880年，爱迪生又研制出碳化竹丝灯，使灯丝寿命大大提高，同年10月，爱迪生在新泽西州设厂，开始进行批量生产，这是世界上最早的商品化白炽灯。关于爱迪生是否是发明电灯的第一人，现在存在争议。因为在1878年英国人斯旺（Swan，Joseph Wilson 1828—1914）就以真空下用碳丝通电的灯泡得到英国的专利，所以英国人将电灯的发明归功于斯旺。1978年10月，在英国举行了电灯发明百周年纪念活动。而美国则于一年后的11月又举行了一次。

爱迪生［美］制成碳纤维 碳纤维是一种具有很高强度和模量的耐高温纤维，一般用聚丙烯腈、黏胶纤维等原料，先在200～300℃的空气中进行预氧化，继在惰性气体保护下用1000℃左右的高温完成碳化，最后加热到1500～3000℃形成碳纤维。1879年，最早的碳纤维由美国发明家爱迪生制成。1960年，英国发展研究公司申请了聚丙烯腈制作碳纤维的专利。碳纤维和树脂形成的碳复合材料重量轻，其强度和模量比铝合金高3倍，可用作飞机结构材料、电磁屏蔽除电材料、人工韧带等身体代用材料，以及用于制造火箭外壳、机动船、工业机器人、汽车板簧和驱动轴等。

1880年

中国甘肃织呢局开工 19世纪70年代，陕甘总督左宗棠进入兰州后，率部将赖长创办了甘肃织呢局，投入白银20万两，从德国购进一批粗纺及其配套机器。1880年9月建成开工，工人约100人，其中德国技职人员13人。这是中国除缫丝以外第一家采用全套动力机器的纺织工厂。其规模在当时亚洲并不算小，但由于机器经长途运输，损坏严重，实际开出的织机只有6台，每天只产呢绒145米左右，而且销路不佳。1882年冬，德国技师合同期满回国，次年因发生锅炉爆炸而停工。1905年以后，国内市场受日俄战争刺激，有所好转，加上国人风气大开，穿用毛料服装的渐多，呢绒开始行销，于是甘肃织呢局筹备复工。1908年由兰州道台彭英甲任总办，聘用比利时技师，修配机器，并改名为兰州织呢厂，但开工后营业情况并不理想。1910年改由商人租赁接办，并给出税收优惠条件，但亏损局面仍未扭转，1915年第二次停闭。尽管甘肃织呢局只运营了几年时间，但它开辟了中国机器毛纺织业的先河。

日本在中国建立1200锭绢纺试验工厂 19世纪后期，日本近代绢纺技术传入中国，为中国绢纺工业的发展奠定了基础。1880年，日本在中国建立1200锭绢纺试验工厂。此后，外资和华资绢纺厂陆续建立，到1937年，中国已有绢纺厂6家。至1949年，中国绢纺行业共有绢纺锭3.2万枚，绸纺锭3890枚，尽管基础尚较薄弱，但其工业体系已基本确立。

托马斯［英］发明冰染染料 1880年，英国化学家托马斯（Thomas，

Sidney Gilchrist 1850—1885）将乙萘酚钠盐溶液浸在棉布上，然后用乙萘胺重氮盐显色，在棉纤维上得到红色。由于在染色过程中需用冰维持低温，故名冰染染料。其显色原理是：先用耦合组分溶液打底，再通过冰冷却重氮组分溶液，在纤维上直接发生耦合反应，生成固着的偶氮染料，从而达到印染目的。冰染染料色泽鲜艳，水洗及日晒坚牢度均较好，色谱齐全，合成路线简单，价格低廉。主要用于棉织物的染色和印花，也可用于制备有机颜料。

1884年

舒尔兹［德］获铬盐二浴鞣制法专利　1884年，在美国的德国侨民舒尔兹（Schultz，Augustus 1823—1906）发表了铬盐二浴鞣制法的原理，并在美国获得专利。"二浴"的过程是：第一浴用重铬酸处理裸皮，第二浴用硫代硫酸钠还原重铬酸。舒尔兹是第一个以碳酸氢钠及硫代硫酸钠为还原剂铬鞣成功的人。

沃特曼［美］申请自来水笔专利　在自来水笔（钢笔）发明以前，欧洲人千余年使用的一直是用鸟类翅羽毛制作的翎管笔。1809年，一个英国人发明了笔杆中可以灌注墨水的笔。同年，英国颁发了第一批关于贮水笔的专利证书，这标志着钢笔的正式诞生。1829年，英国人又成功地研制出钢笔尖。它经过特殊加工，圆滑而有弹性，书写起来相当流畅，深受人们的欢迎。1884年，美国人沃特曼（Waterman，Lewis Edison 1837—1901）申请了自来水笔的专利，他应用毛细原理设计成具有毛细管作用的笔舌，笔舌与钢笔尖紧密互配，然后用滴管将墨水注入空心的笔杆，依靠毛细引力作用，让墨水自动流向笔尖，使钢笔初具今天水笔的结构。沃特曼的发明，开创了人类普遍使用钢笔作为书写工具的新局面。

电视史上的第一个专利　1884年，俄裔德国人尼普可夫（Paul Niphow 1860—1940）申请并获得了一个称为"电子望远镜"的德国DE30105号专利。这个电子望远镜包括两个相同的旋转盘，一个设于发送机上，另一个设于接收机上，上面有24个方孔和传输图像光电管的旋转盘，故也被称为"尼普可夫圆盘"。此仪器的用途如专利申请书所述：能使处于A地的物体，在任何一个B地看到。其运动图像的构思是：一是把图像分解成像素，逐个传输；二是像素的传输逐行进行；三是用画面传送运动过程时，许多画面快速逐一出现，使人的视觉产生活动画面的效果。虽然由于技术原因，尼普可夫的发明并未得以实施，但这是电视史上的第一个专利，为其后电视的发展奠定了基础。

1885年

默根特勒［美］发明莱诺铸排机　莱诺铸排机由德裔美国人默根特勒（Mergenthaler，Ottmar 1854—1899）发明，样机于1885年完工，并于1886年首次在《纽约论坛报》印刷所投入使用。这是世界上第一部自动行式铸排机，它利用键盘像打字一样使检排作业进入完全的自动化。这种铸排机是在一个主控台上有90个字键，分别与90个不同的铜模箱相接，总共能装1500～1800个铜模。当打入文句时，适当的铜模便正确依序顺着轨道掉在架上并排列整齐，再将整行一次铸成铅字条，之后铜模又会自动归到各模原来的箱内，这是工业用全自动一行一行铸字排版的实用机器，用这种自动铸排机，每小时能检排5000～7000个字母或符号，是手工检排的五倍。在莱诺铸排机出现以前，印刷行业已有各种各样的排字机可供使用，但莱诺铸排机使所有的排字机都黯然失色。莱诺铸排机的发明在印刷史上，特别是报纸印刷史上开创了一个新纪元。

可口可乐问世　可口可乐是美国可口可乐公司（Coca-Cola Company）生产的一类含有咖啡因的碳酸饮料。1885年，由美国佐治亚州的潘伯顿医生（Pemberton，John Stith 1831—1888）发明。其名称是他的合伙人罗宾逊（Robinson，Frank Mason 1845—1923）从原料所含的两种成分，即古柯（coca）的叶子和可拉（kola）的果实，得到灵感而命名。1886年，在亚特兰大的一家药房，第一瓶可口可乐被卖出。1892年，可口可乐有限公司（The Coca-Cola Company）成立。今天，可口可乐不仅是全球销量排名第一的碳酸饮料，而且也是全球最著名的软饮料品牌，在全球拥有48%的市场占有率。

阿什利［英］研制的半自动制瓶机问世　1885年，英国人阿什利（Ashley）研制出制瓶成型采用"吹-吹"法的半自动制瓶机。该制瓶机上，熔融玻璃料块从铁管滴入型坯铸模中，用一凸模向上压入铸模内玻璃中形成瓶颈。拔出凸模后，用一股压缩空气把玻璃液往上吹，使之充满模子。然后用手打开型坯铸模，移去铸模。将瓶颈支撑的型坯倒置，并安上吹制模。调好位置后，用压缩空气吹制型坯，制成玻璃瓶成品。机器上安装能形成瓶颈的环形模、型坯模和吹制模，这是该机器设计最成功的地方，它确立了制作瓶口和瓶颈的基本原理，以后的各种制瓶机都沿用了这种工艺规程。1887年，阿什利半自动制瓶机在约克郡得到应用，成为第一个获得商业成功的制瓶机。

1887年

莫诺铸排机问世　莫诺铸排机是一种单字铸排机，由一条穿孔带控制装备有字模盒的铸字机，使之把字模盒移动到与穿孔相一致的位置，将液态的铅合金注入相应的字模中，然后再把铸成的铅字逐个从字模中倒出来，装配在一个槽中，直到排满一行为止。穿孔带则是靠键盘动作来进行穿孔。莫诺铸排机是印刷史上较有影响的一种机器，虽在1887年就由兰斯顿（Lanston, Tolbert 1844—1914）发明出来，但直到1894年才被英国莫诺铸排机公司投放市场。

隐形眼镜出现　1508年，达·芬奇（Da Vinci, Leonardo 1452—1519）首先描述出将玻璃罐盛满水置于角膜前，以玻璃的表面替代角膜光学功能的设想。1887年，德国医生菲克（Fick, Adolf Eugen 1852—1937）成功制造出第一只隐形眼镜。1938年，美国眼科医生奥伯里格（Obrig, Theodore 1896—1967）和米勒（Müller, August 1864—1949）使用PMMA材料制作出第一副全塑胶隐形眼镜片。1947年，美国眼镜商托希（Tuohy, Kevin 1919—1968）发明可经常配戴的薄型隐形眼镜。1960年，捷克科学家威特勒（Wichterle, Otto 1913—1998）研制出一种吸水后会变软，又适合人体使用的HEMMA材料，制作出第一副软性隐形眼镜。1971年，美国博士伦公司首先获得美国食品药品监督管理局（FDA）核准，在美国生产和销售软性隐形眼镜。

1888年

裁剪机研制成功　1888年，以直流电源作动力的便携式圆刀裁剪机出现。这种圆刀裁剪机需要把布料提起来才便于使裁剪部分抵达圆刀片的最前沿部位，否则辅料的底层就会裁得与顶层走样，这就导致裁剪曲线速度很慢。于是同年又出现了一种垂直往复运动的手提式直刀裁剪机。1938年，这种机器又有了重大改进，配上机械磨刀装置，取代了过去的手工操作。

赫兹[德]发明光电池　1873年，爱尔兰巴伦提亚的一个报务员发现了硒的光电性质。这一发现后被英国人史密斯（Smith，Willoughby 1828—1891）和亚当斯（Adams，William Grylls 1836—1915）证实。1887年，德国物理学家赫兹（Hertz，Heinrich Rudolf 1857—1894）对光电效应进行了实验。1888年，赫兹制成第一个硒光电池。不过直到1925年，在西屋电气与机械制造公司举办的一个展览会上，赫兹的这个发明才有机会首次公开演示。

1889年

硝酸人造丝产品首次在法国世界博览会上展出　1884年，被西方誉为人造丝工业之父的法国化学家和工业家夏尔多内（Chardonnet，Hilaire Bernigaud 1839—1924）取得制造硝酸纤维素专利。他把硝酸纤维素溶液从微孔中压出并使之在热空气中凝固，然后用化学方法处理使之转变为纤维素。后来，他又用了数年时间解决这种新纤维的防火问题。1889年，他在巴黎世界博览会上首次展出了这种硝酸人造丝制品。1891年，他在贝桑松建立了一家工厂，开始了人造丝的工业化生产。

上海机器织布局开工　上海机器织布局是中国第一家机器棉纺织工厂。1878年，李鸿章主持筹建，候补道彭汝琮任总办。1880年，机器织布局进行了改组，由龚寿图专管"官务"，郑观应专管"商务"，重新制定了织布局章程。该章程指出："事虽由官发端，一切实由商办，官场浮华习气，一概芟除。"同时准备招募股金40万两。股金召集到之后，便开始向英、美两国购买机器，但由于外国资本的干涉和织布局内部的问题，一直没有开工。1883年，上海出现金融倒账风潮，存有大量股票的织布局出现了危机。1884年，中法战争爆发以后，局务几次易手，一直到1889年12月，织布局才建成厂房正式开工。织布机开工以后得到了减税和10年专利的优惠条件，因此获利丰厚。1893年10月19日，一场大火将整个工厂烧毁，损失惨重。同年11月，李鸿章命令盛宣怀负责重建事宜。在盛宣怀的主持下很快招募到资金100万两，在织布局的旧址上重新建立机器纺织厂，取名华盛机器织布总厂，并于1894年9月开始部分投产。上海机器织布局在中国棉纺织史上具有划时代的意义，是洋务运动的重要成果之一。

电风扇　应用小型电动机驱动风扇，开创了小型家用电器使用电动机的先例。1889年，美国威斯汀豪斯公司将美籍塞尔维亚裔发明家特斯拉（Tesla，Nikola 1856—1943）研制的小型电动机装配到一个小型旋转风扇中，并于1891年开始出售这种风扇，供办公室和家庭使用。

卷筒送纸平台印刷机问世　在20世纪上半叶，中小规模的报纸印刷企业已意识到若干个印版一起印刷的益处，也意识到了卷筒送纸的好处。1889年，在密歇根州出现的卷筒送纸平台印刷机，恰好能满足小规模报纸印刷企业的需求。在英国，最著名的同类型印刷机是1900年研制成功的Cossar印刷机。这种印刷机即使到20世纪下半叶，仍然有它的用途。

1890年

离心式乳脂分离器得到改进　1890年，离心式乳脂分离器得到改进。这种分离器是1887年瑞典人拉瓦尔（de Laval，Garl Gustav Patiaik 1845—1913）发明的。改进方法是加设了一些所谓的阿尔法圆盘，这些圆盘在机器滚筒中是从上到下一层层放置的，从而把滚筒的内部分成若干个薄层，因此能更好地分离乳脂。

1891年

绷缝线迹缝纫机研制成功　1891年，美国联合特种公司研制出第一台绷缝线迹缝纫机（601线迹型）。这种缝纫机采用双针、一个叉针和一个弯针。同年，采用双针、两个机上叉针和一个机下弯针的603线迹型问世。后来增加了一个附加针，发展成604线迹型。1906年，威尔科克斯和吉布斯缝纫机公司获得四针绷缝线迹缝纫机专利，它使用四个弯针和一个叉针。1912年这一发明得以商品化，商标名为"Flatlock"。这种复杂线迹型有两个好处：第一，适合于针织物结构；第二，两块布料复叠的形式不像通常那样面对面地将布边缝成接缝，而是将两个毛边包覆起来。Flatlock缝纫机最初的车速是每分钟

2800针，后来的自动润滑车则达到了每分钟3800针。

克罗斯［英］等研制出黏胶纤维 黏胶纤维是指从木材和植物藁杆等纤维素原料中提取的α-纤维素，或以棉短绒为原料，经加工成纺丝原液，再经湿法纺丝制成的人造纤维。1891年，英国化学家克劳斯（Cross，Charles Frederick 1855—1935）等人以棉为原料制成了纤维素磺酸钠溶液，由于这种溶液的黏度很大，因而命名为"黏胶"，并申请了第一个专利。1894年，克劳斯与贝汶（Beran，E.）合作研究，设计出黏胶纤维的制作流程，即将纤维素浸渍于苛性钠中，转化成碱化纤维素；再与二硫化碳反应生成黄酸酯纤维胶液，通过喷丝孔形成细流进入含酸凝固浴，黏胶中碱被中和，细流凝固成丝条。这也是黏胶纤维目前广泛采用的制造方法。1905年，随着一种用稀硫酸和硫酸盐组成的凝固浴方法问世，实现了黏胶纤维的工业化生产。1936年，黏胶纤维称再生纤维。以后，经过加工制成的黏胶长丝，又称"人造丝"，切断成短纤，亦称"人造棉"。

1892年

杜瓦爵士［英］发明热水瓶 热水瓶的结构是双层镀银玻璃瓶，为防止辐射传热和传导散热，夹层被抽为真空。1892年，由于实验室工作的需要，英国科学家詹姆斯·杜瓦（Dewar，James 1841—1923）发明了这种绝热容器，用它来存放低温液化气体。1904年，一个德国人看到了它在家用方面的价值，并悬赏征求这种用品的最佳名称。结果有人用了一个希腊词"Thermos"（热）为其定名而获奖。

1893年

铬盐-浴鞣制法 1893年，美国人邓尼斯（Dennis，M.）依据克那浦（Knapp，Fredrich）建议的技术路线，用碱式氯化铬制成第一个铬鞣剂（商品名Tanolin），并直接用于鞣革，从而获得浴鞣法专利。后来经过改进，以碱性硫酸铬代替氯化铬，从而大大改善了鞣制效果。

贾德森［美］获拉链专利 拉链是依靠连续排列的链牙，使物品并合或分离的连接件。1893年8月29日，美国机械工程师威特康·贾德森（Judson，

W.L. 1846—1909）申请了美国专利，并在芝加哥世界博览会上展示了其新发明。这项发明是拉链的雏形，当时被称为"滑动系牢物"，又名"可移动的扣子"。1913年，在美国工作的瑞典人森贝克（Sundback，Gideon 1880—1954）改进了这种粗糙的锁紧装置，使其变成了一种可靠的商品，并重新申请了专利。他采用的办法是把金属锁齿附在一个灵活的轴上，每一个齿都是一个小型的钩，能与挨着而相对的另一条带子上的一个小齿下面的孔眼匹配，只有滑动器滑动使齿张开时才能拉开。当年的《美国科学》曾以森贝克的专利作为封面故事。1924年，美国古德里奇公司买进专利并投入生产，还根据它开合时发出的摩擦声为它起了一个形象的名字"Zipper"，即拉链，并设计出"ZIPPER"的拉链商标，使该产品受到了法律保护。

1894年

卫杰［中］撰《蚕桑萃编》　卫杰，字鹏秋，生卒年不详，中国清代剑州修睦团（今四川省剑阁县元山镇）人。1894年，他在直隶（今河北省）蚕桑局主管蚕桑生产时编著完成《蚕桑萃编》一书，在光绪二十五年（1899年）"进呈御览、奉旨颁行"，《蚕桑萃编》遂开始流传。该书是中国古代篇幅最大的一部蚕书，共15卷。其中叙述栽桑、养蚕、缫丝、拉丝绵、纺丝线、织绸、炼染共10卷；蚕桑缫织图3卷；外记2卷。此书内容详尽，通俗易懂。书中除了对中国古蚕书的介绍和评价外，重点叙述了当时中国蚕桑和手工缫丝织染所达到的技术水平，尤其是在3卷图谱中绘有当时使用的生产器具，并附有文字说明。有些内容，如江浙水纺图和四川旱纺图中所绘的多锭大纺车，反映了当时中国手工缫丝织绸技术的最高成就。在外记第14卷中介绍了英国和法国的蚕桑技术和生产情况；在第15卷中介绍了日本的蚕务。《蚕桑萃编》是研究中国近代蚕桑技术发展的珍贵参考资料。

改良型巴门织机获得专利　巴门织机是在法国人马赫（Malhère）的发明基础上制成的。1894年，其改良型获得专利。这种织机能再现手工梭结花边织工的动作。它在形式上属于圆形织机，筒管围绕着中心齿冠排列。花边以管状的形式从这个齿冠中出来，花边是单幅的，也可以是双幅的。巴门织机相对较小且操作简单，除了能够生产平织花边之外，还能生产多种窄幅的织物，但是它的生产速度很慢。巴门织机曾在德国和法国得到过广泛使用，但在英国却从未流行过。

电熨斗　电熨斗是属于第一批使用电力的家庭用具之一。1894年，它同电水壶、食物保温器、电炉和烫发钳一起，被列入克朗普顿公司的商品目录。自其问世后，人们只是在20世纪的头30年里对它稍微进行了改进，如在电熨斗上涂了搪瓷，安装了恒温器，以及后来研制出的从底部的小孔里将细小的蒸汽流喷到衣服上的"蒸汽熨斗"。除了这些革新，设计方面几乎没有发生变化。

照相凹版印刷　1894年，捷克摄影家克利克（Klíč，Karel 1841—1926）发明照相凹版技术。早期的工艺是照相腐蚀凹版制版，它要求复制图像和用碳素纸制成网版，再把网版转移到滚筒表面上，并通过网版涂层在滚筒表面进行蚀刻，然后在滚筒的表面薄薄地涂上一层流动的液态油墨，用刮墨刀把多余的油墨刮干净，再进行轮转印刷。1895年，根据克利克的提议，从事花布印刷的兰开斯特市斯托里兄弟公司组建了伦勃朗（Rembrandt）凹印公司，开始以照相凹版印刷名画，产品盛行一时。

1895年

诺斯勒普［美］发明自动换纡织机　诺斯勒普（Northrop，James Henry 1856—1940），原为英国机械工人，19世纪80年代迁居美国马萨诸塞州，曾在德雷珀父子公司工作。当时德雷珀父子公司进行自动换梭织机的研究，于1889年由罗兹制成一台样机。诺斯勒普受此启发开始从事织机补纬装置的研究。同年5月，他在自己的农场制成一架木制的自动换纡装置，10月在一家工厂试用。他发现这种装置与普通织机动作配合不协调。经进一步研究，于1895年终于研制成功自动换纡织机，并配以断经自停装置。最初的自动换纡织机储纡盘可贮14只纡子，1911年扩大为28只，以后储纡装置改进为大纡库，纡子容量可达200只。1947年，美国在自动换纡织机上加装车头卷纬装置，成为车头卷纬织机，使自动换纡织机的自动化程度、工艺性能和织坯的品质有了进一步提高。

1896年

景纶衫袜厂在上海建立　1896年，景纶衫袜厂在上海建立。该厂是中国开设的第一家内衣厂，专门生产桂地衫、棉毛衫和汗衫等。以后在各大城市相继创办和开设了针织工厂和织袜工厂。从1896—1949年的50余年间，全国的针织机械设备（主要生产内衣）总数不到1000台，所生产的织物仅限于棉、毛、丝为原料的少数简单品种，如汗衫、纱袜、卫生衫裤、棉毛衫裤和围巾等。

薛南溟［中］和周舜卿［中］创办永泰丝厂　永泰丝厂是一家由民营资本投资建立的机器缫丝厂。1896年由无锡人薛南溟和周舜卿在上海租界合办，初期生产"月兔""地球"和"天坛"牌厂丝，质量一般。不久，周舜卿退伙，改由薛南溟独资经营。创建初期，丝厂连年亏损，直至1905年改聘原纶华丝厂的总管徐锦荣任经理后，情况才得以扭转。在徐锦荣的带领下，创制出了"金双鹿""银双鹿"两种名牌外销产品。从此，丝厂年年有盈余，规模逐渐扩大。1926年，永泰丝厂由上海迁至无锡。1929年，薛南溟的三子薛寿萱接管丝厂后，将意式直缫车全部改为日式厂扬返（复摇）坐缫车，并将西方工业国家的企业管理方式结合实际应用于生产。1936年，薛南溟联合无锡同业组建兴业制丝股份有限公司，租下30余家丝厂，自任该公司董事长，自此，永泰丝厂几乎垄断了无锡的蚕丝生产和销售，并集农、工、贸于一体，成为"无锡生丝大王"。

1897年

丰田佐吉［日］研制出丰田织机　丰田佐吉（1867—1931），日本织机改革家。13岁开始从父学习木工。23岁时改制成一台手工木织机，比传统织机提高生产能力40%～50%。1897年研制成功柴油机带动的狭幅动力木织机，后称丰田织机。同年，他与别人一起成立乙川棉布合资公司，用丰田织机生产棉织物。此后，在三井物产公司的资助下，丰田织机在日本被迅速推广，并于1906年成立丰田织机公司。当时丰田织机生产的棉布曾倾销到中国市场。

林启［中］创办杭州蚕学馆　杭州蚕学馆是中国创办的第一所蚕丝学

校。林启（1839—1900），字迪臣，福建侯官人（今福州和闽侯县一带），中国清末的纺织教育家。1896—1900年，任杭州知府。1897年，他在西湖金沙港创办公立杭州蚕学馆（今浙江理工大学的前身），招收学员授以栽桑、养蚕、制丝等课程，开创了中国的纺织教育事业。蚕学馆的历届毕业生应各省聘请，在全国各地兴办起一批蚕丝学校。

合成靛蓝生产技术出现　德国化学家霍依曼（Heumann，Karl 1850—1893）在1890年发展了以苯胺为原料的合成靛蓝的方法。他使苯胺与氯乙酸缩合，再进行碱熔，并将得到的二氢吲哚酮的水溶液氧化，就得到了靛蓝。根据霍依曼设计的合成工艺路线，1897年，德国巴斯夫公司（BASF）实现了人工合成靛蓝的大规模工业化生产。合成靛蓝是合成染料工业史上最伟大的成就之一，它的出现对传统蓝草种植业的打击是毁灭性的，如1896年印度出口天然靛蓝350万磅，到1913年骤降到6万磅，而德国1913年合成靛蓝的出口额却达到200万磅。

国际皮革工艺师及化学家协会联合会（IULTCS）成立　国际皮革工艺师及化学家协会联合会（The International Union of Leather Technologist and Chemists Societies），简称IULTCS，成立于1897年。其宗旨是：在会员间加强技术交流与合作；建立与皮革有关的国际皮革检测标准和方法；举办国际皮革科学技术大会，通报各国在皮革和皮革化工领域开展的科研培训活动及取得的成果等。IULTCS下设环境、标准、化工、教育、科研和公共关系等分委员会，负责处理各自领域的相关事务。其中，标准化委员会制定的制革检测等标准为ISO认可的国际标准。截至2010年，有17家国家级行业协会或组织为正式会员，4家组织为协议会员。

1898年

中国育成改良蚕种——青桂　1897年杭州蚕学馆创办后，中国便开始了正式的蚕种改良。蚕学馆开办当年即采取新法制种，夏蚕饲养五化、余杭、玉稀等品种。这些经繁殖的品种一化性有诸桂、大圆、新圆、新长、龙角、余杭等，二化性有诸夏、桂夏、筧夏、余夏等，但蚕的体质不甚强壮。1898年，杭州蚕学馆用杂交方法育成中国最早的改良种——青桂。这种杂交的改良蚕种在适应能力、产茧量、产丝量等各方面都比过去的纯种蚕为优，推出后颇受蚕农欢迎。到1908年，经整理的选育蚕种已有青桂、新圆、轰青、龙角、诸桂、大圆、绯红、泥蚕、金蚕、姚种、诸夏、四化，共12种。

欧文斯［美］制成全自动制瓶机　1898年，欧文斯（Owens, Michael Joseph 1859—1923）在美国建造了第一台试验性的、成型采用"吸-吹"法的全自动制瓶机。该机器的最大特点是在装置中安装了一些操作杆来推进模具，能够从安装在炉口的旋转罐中不断地吸出适量的熔融玻璃。模具操作杆在旋转罐的某一个点处移动，这个点正好对着炉口，熔料便从炉中源源不断地流进模具中。这种机器的直径大约是4.5~5.5米，其外部每分钟旋转2~7转。熔融玻璃被吸到形成"毛坯"的模具中以后，首先形成了初型，即待制物件的大致形状，然后再把毛坯移入吹模中吹制成预定的形状。两台后期的阿什利制瓶机每小时能制造200个玻璃瓶，而欧文斯10头制瓶机每小时能生产2500个玻璃瓶。

手电筒　手电筒一般都有一个经由电池供电的灯泡和聚焦反射镜，并有供手持用的手把式外壳。虽然是相当简单的设计，但它一直到19世纪末期才被发明。说来有趣，它的发明源于一个叫柯万（Cowen, Joshua Lionel 1880—1965）的人设计的一个自娱装置。这个装置由一根金属管和一个灯泡组成，将电池装入金属管内，一端安灯泡，另一端设开关，合上开关灯泡就发光。当时柯万并未考虑其实用价值，只是用此照亮花盆。1898年，美国新奇电器制造公司（American Electrical Novelty and Manufacturing Company）获得手电筒专利后投入市场，同年在纽约曼哈顿麦迪逊广场举办的首届电器展览中展出。

1899年

铜氨纤维开始工业化生产　把纤维素溶解于铜氨溶液中制成黏稠溶液，然后以水为凝固浴纺成的纤维称为铜氨纤维。它是一种再生纤维素纤维，1899年开始工业化生产。其性质在许多方面与黏胶纤维相似，富有光泽，制成的面料手感柔软；用作高级织物原料，或与羊毛、蚕丝、合成纤维等混纺或纯纺，制成各种高档针织和机织内衣、绸缎等。

1900年

古登堡博物馆建立　1900年，德国美茵茨市为纪念古登堡（Gutenberg，J.G. 1398—1468）对活字印刷技术做出的杰出贡献，建立了一个印刷博物馆。这个博物馆以古登堡命名，有一座办公楼和一座展览楼，面积2000多平方米。该馆不仅因其展品集中了欧洲和世界各地不同时期的印刷机械和印刷精品，对观众产生强大吸引力；还因其经常举办各种行业交流活动，引起社会的广泛关注。现已是欧洲乃至全世界最著名的博物馆之一。

镍–铁蓄电池　镍–铁蓄电池正极使用氢氧化镍，负极使用铁粉，用添加了氢氧化锂的苛性钾溶液作为电解液。1900年，美国发明家爱迪生（Edison，Thomas Alva 1847—1931）发明，1901年美、德两国分别授予专利权。

19世纪

粗纱机问世　18世纪末，翼锭细纱机问世后，由于细纱机牵伸倍数有限，要先纺成粗纱才能纺细纱，因而在19世纪初出现了粗纱机。这种粗纱机类似于翼锭细纱机，用回转锭翼加拈，并逐渐采用锥形轮（俗称铁砲）和手动调速等变速机构来控制粗纱的卷绕变速运动。19世纪末，牵伸机构还很粗陋，牵伸能力很小，粗纱工序长期采用2～4道，直到细纱机扩大牵伸和粗纱机牵伸机构改进后，粗纱机的道数才开始减少。

珂罗版印刷出现　珂罗版印刷是最早的照相平版印刷方法之一，多用厚磨砂玻璃作为版基，涂布明胶和重铬酸盐溶液制成感光膜，用阴图底片敷在胶膜上曝光，制成印版。其工艺流程为：研磨玻璃→涂布感光液→接触曝光→显影、润湿处理→印刷。它最初出现在德国和法国，后在英国实现了商业化。不过其具体发明时间现有多种说法，可以确定的是最迟不晚于19世纪70年代。

19世纪光学玻璃的制造　光学玻璃是一种能改变光的传播方向，并能改变紫外、可见或红外光的相对光谱分布的玻璃。在19世纪，这种玻璃的制作有非常显著的进步和发展。大致情况如下：自瑞士人吉南（Giunand，Pierre Louis 1748—1824）率先制造出大块均匀的光学玻璃后，1871年，英国人在玻璃成分中引入了20种化学元素，发现了硼酸盐和磷酸盐有形成玻璃的特性，并且将光学玻璃磨成棱镜。1881年，德国人对玻璃成分和性质关系进行了系统研究。1884年，德国肖特（Schött）玻璃厂研制出对发展高质量的显微镜、望远镜及照相机镜头具有重大意义的新型硼硅酸盐玻璃。

19世纪末

针梳机问世　针梳机是一种依靠针排牵伸机构梳理、顺直纤维，并制成纤维条的纺纱机器。其作用是改善纤维的松解平直状态和纤维条结构的均匀程度。19世纪末，针梳机问世。最初为开式，针排击落次数在每分钟100次以下，在毛、麻纺纱中应用。20世纪初，交叉式针梳机由于分梳和控制纤维条的性能优于开式针梳机而逐渐被广泛采用，机械速度也成倍提高。20世纪40年代以后，针梳机普遍采用了自动落球或自动换筒、牵伸自调匀整、喂入与输出断头自停、梳箱与罗拉自动清洁、吸尘和罗拉自动加压卸压等装置，提高了生产率，改善了劳动条件。20世纪50年代以后，用链条带动针排的链式针梳机和用凸轮带动针排的回转头针梳机相继出现，大大提高了针排运动速度和前罗拉速度，使产量提高、噪声降低、梳箱结构简化，适宜加工羊毛、化纤、麻类中较长的纤维。

概述

（1901—2000年）

　　轻工产品直接服务于人类的日常工作和生活。1998年12月7日，美国权威杂志《时代周刊》（*TIME*）曾评选出20世纪最伟大的100件发明，其中有93件是属于轻工产品。分别是：回形针、便利贴、电视、电视遥控器、功能椅、冷冻快餐、布朗尼盒式相机、安全剃须刀、全功能自动计算器、金属网球拍、手机、洗衣机、洗涤剂、一次性尿布、尼龙长筒袜、合成毛织物、拉链、滑板、创可贴、隐形眼镜、运动鞋、保鲜膜、切片面包、弹出式烤面包机、甜筒、易拉罐、冰箱、花生酱、香火腿、霓虹灯、烤肉架、人造树胶、玩具熊、羊角面包、T型台、电炉、维生素、胸罩、舒洁面巾纸、婴儿食品、家用空调、透明胶带、闪光灯、苏打水、染发剂、电动剃须刀、音响、卫生巾、磁带录音机、柯达彩色胶片电影、垃圾粉碎机、搅拌机、滑雪缚靴带、荧光照明、圆珠笔、聚四氟乙烯、尼龙、电热水壶、免烫面料、魔术贴、蛋糕粉、折叠式容器、全自动洗衣机、黑胶唱片、拍立得、电吉他、复印机、彩色电视、雷蒂制品、便携式洗碗机、晶体管收音机、3.5英寸软盘、乐高玩具、呼啦圈、雪地汽车、连裤袜、录音机、按键式电话机、微波炉、石英表、手提式电子计算器、食品加工机、滑雪板、随身听、修正液。细看这些伟大的发明，很多都是我们工作和生活中经常使用的。它们推动了生产力的发展，让工作变得轻松，还改变了人们的作息方式、交往方式、学习方式、消费方式、娱乐方式，让生活变得舒适。无法想象，如果没有这些发明我们今天的生活将会是什么样子。

　　这些改变人类工作和生活的轻工产品，无一不是得益于20世纪科学技术的蓬勃发展。下面仅以印刷和纺织技术为例进行简单的回顾，期望能以点带面反映出轻工纺织技术在20世纪的发展情况。

印刷技术方面。20世纪印刷业最重大的成果毫无疑问是照相排版和数字印刷技术的发明。20世纪初，有许多关于照相排字的装置取得了发明专利，但这些照相排字的装置都未能解决齐行、分音节等基本技术问题，没有一个装置是完全成功的，均未应用于实际生产。直到1946年，美国英特泰普公司的照排机问世，能自动齐行并正确地使用连字符号，才使拉丁语系的照相排字开始逐渐走向实用的道路。此外，这个时期印刷机械代表性的技术发明则有：1904年美国平版印刷家鲁贝尔发明的胶印机，印刷效果之好远非平面石板可比拟；1912年莱比锡的VOMAG公司制作出的世界上第一台卷筒纸轮胶印机，因其每小时7500印次，很快使石印走向了衰亡；1920年美国人切希尔发明立式印刷机，实现了水平方向的送纸和传纸，对后来印刷技术的发展产生了较大影响；1923年德国人制作的简化形式的胶印平版机，不仅能与办公室的复印机相匹敌，还最终促进了预涂感光版的推广；1949年美国人卡尔森发明的复印机，为办公室工作带来了一场革命性的变化。到了20世纪后半叶，随着计算机技术的进步，数字印刷技术兴起，排字的手段、印刷机的尺寸和速度都发生了显著变化。尤其是20世纪后期，得益于高速大容量计算机的普及和色度学理论研究及技术的应用，印刷业真正进入了高保真全彩色图像的印刷复制数字化时代。1993年，以色列英迪哥（Indigo）公司推出E-print1000彩色数字印刷机。1994年，比利时赛康（Xeikon）公司推出DCP-1彩色数字印刷机。1995年，德国海德堡公司首次推出引起印刷界极大关注的DI（Direct Imaging）类型数字直接成像印刷机。这种印刷机不使用胶片，数字直接成像，将制版与印刷融为一体，既节省了操作时间，又良好地解决了套印问题。随后几年，世界上一些著名的印刷机制造商陆续推出了不同类型的数字印刷产品，数字印刷在全世界掀起了热潮。

纺织技术方面。20世纪期间，纺织原料生产的发展表现为各种合成纤维的问世及它们的工业化生产。1905年，英国人查尔斯·克劳斯发明的具有光滑凉爽、透气、抗静电、染色绚丽等特性的黏胶纤维素开始工业化生产。1921年，英国人德赖弗斯试制成功具有较好强度和耐光性的二型醋酯纤维并投入工业化生产。1924年，德国人赫尔爱和黑内尔合成遇到水后能够融化的聚乙烯醇纤维。1935年，美国化学家卡罗瑟斯发明了聚酰胺66，两年后他又发明用熔融法制造聚酰胺66纤维的技术，产品称作尼龙或尼龙66。1938年尼龙开始工业化生产，奠定了合成纤维工业的基础。1941—1942年，美国杜邦公司化学家和德国拜耳公司化学家分别发明了丙烯腈溶剂。数年之后，他们又解决了丙烯腈的纺丝工艺问题。第二次世界大战后，具有良好纺织性能和抗虫蚀性能的丙烯腈成为有机化学用量最大的中间产品，它的出现使丙烯酸树脂和聚丙烯酸合成纤维这两类产品的工业化生产得到了飞速的发展。1957年，日本钟渊公司开发成功阻燃纤维"卡耐卡纶"，这是一种聚丙烯腈系纤维，属于改性聚丙烯腈纤维，无须阻燃后处理，即符合现行的各种防燃标准，且具有耐洗的性能。1963年，日本维尼纶有限公司将其研制成功的水溶性纤维"索尔夫隆"投放市场。1972年，日本帝人公司发明了阻燃聚酯纤维"艾克斯达"，它是通过在聚合时加入少量的特种磷脂系阻燃剂而制得的一种促使熔滴的阻燃纤维。1980年，日本聚合物和纺织研究院与一个专门生产合成纤维的公司，共同研究成功一种高离子交换纤维。这种产品可用于生产核动力反应堆所需的软水以及从海水中回收铀和锂。及至20世纪末，全世界的化纤产量已经超过天然纤维的产量。纺纱和织造技术的发展表现为各种高产、优质、自动化纺纱机和织布机的问世及普遍应用。1926年，日本丰田佐吉在前人的基础上研制出以自动换梭方式补充纬纱的自动换梭织机。这种织机已经具有现代织机的形制，可节约人工换梭时间，减轻操作者劳动强度和增加挡车工看台能力，从而使织机生产率和劳动生产力都得到提高。1934年，瑞士苏尔寿·鲁蒂公司发明片梭织机，并在1953年开始成批生产。这种织机的速度相当于有梭织机的2~3倍，不仅生产效率高，还特别适于织造阔幅织物。1937年，丹麦人贝特尔森提出转杯纺纱原理，70年代以来，转杯纺纱的工艺技术和机械设备发展迅速，应用越来越广，成为迄今最成熟、最成功的新型纺纱技术。20世纪40年代，瑞士乌斯特（Uster）公司研制成功条干均匀度仪，用以测定棉条、粗纱和细纱的条干均匀度。这种仪器根据纱条通过电容极板间时电容量随纱条线密度变化而改变的原理设计而成。1951年，英国人史密斯创制电子清纱器，由于清纱效果好，对纱线无损伤，调整方便，自面世后很快得到推广，并广泛用于络纱机、并线机和自由端纺纱机。20世纪50年代，国际纺织业最引人注目的变化是出现了各种实用的无梭织机。20世纪70年代，随着电子信息技术在纺织生产中的应用愈加广泛，机电一体化技术使无梭织机生产自动化达到很高水平。剑杆、喷气、喷水和片梭四种无梭织机的五大运动和各种辅助运动都在不同程度上实现了电子化，如电子送经、电子卷取、电子多臂、电子提花、电子储纬器、电子纬纱张力器、电子选纬、自动寻纬、纬纱自动处理等。染整技术的发展则表现为染色新技术和各种染整设备不断涌现。20世纪上半叶，染整加工的对象以天然纤维制品为主，其中棉纺织物的加工数量最大，其次是毛纺织物，再次是麻和丝纺织物，所用材料多以天然产品加工而成，使用的设备自动化程度非常低。20世纪下半叶，随着科学技术的大发展，染整业发生了翻天覆地的变化。其中：各种合成染料的问世，使人们摆脱了对天然染料的依赖，为染色和印花提供了为数众多、色泽鲜艳、不易褪色的适合于不同纤维染色的染料品种；超声波染色、贵金属超微粒子染色、微波染色、超临界二氧化碳流体染色、磁性染色等染色新技术的问世，不仅节约了能源，降低了助剂和染料的消耗，缩短了加工时间，而且由于染化料用量减少后，污水中的染化料浓度也随之降低，从而减轻了污水处理负担；能对各种工艺条件进行自动控制的平网印花机、滚筒印花机、转移印花机、喷墨印花机等全自动印花设备的问世，不仅提高了生产加工效率，还增加了染整产品的花色品种，极大地提高了产品质量。

总之，20世纪以来世界轻工纺织工业的生产技术在各个方面都发生了很大变化，特别是后50年，由于电子计算机技术、传感技术及变频调速技术等高科技与生产工艺技术的完美结合，使轻工纺织技术取得了突飞猛进的发展，生产呈现高速度、高自动化、高产量、高质量及新技术不断涌现的特征，大大改变了人类的生产方式。开发和生产出的众多轻工产品，极大地提高了人们的生活质量，为人类的物质生活开创了新局面。

1901年

博恩［德］发明蒽醌还原染料　蒽醌还原染料又称阴丹士林染料。1901年，德国化学家博恩（Bohn，René 1862—1922）企图制取一种蒽醌的靛衍生物，他以阻氨基蒽醌为原料，使之与氯乙酸缩合，然后用苛性钠处理，结果得到了俗称为阴丹士林蓝的染料。他进一步研究才发现，这种染料不是所期待的靛蓝染料，而是蒽醌还原染料。此后，科学家陆续合成色谱较全的这类染料。这类染料具有色泽鲜艳、坚牢度较高、耐洗、耐磨、耐漂、耐烫的性能，特别适合于棉纤维染色。

布斯［英］发明真空吸尘器　1901年，英国土木工程师布斯（Booth，Hubert Cecil 1871—1955）应朋友之邀到伦敦一家宾馆参观美国一种车厢除尘器示范表演。这种除尘器用压缩空气把尘埃吹入容器内。布斯认为此法并不高明，因为许多尘埃未能吹入容器。如果有吸尘的结构，它将更为有效。布斯在自己的办公室做了一个很简单的试验：他把一块手帕蒙在落满尘土的家具上，用口对着手帕吸尘，结果正像他期望的那样，手帕下面附上了一层灰尘。该原理就是此项发明的实质。于是，他成功设计出世界上第一台真空吸尘器，用强力电泵把空气吸入软管，通过布袋将灰尘过滤。1901年8月，布斯取得此项专利，但他并没有将制成的吸尘器出售，而是成立了真空吸尘公司，在伦敦开展了对物品的清扫业务。1902年，布斯的服务公司奉召到威斯敏斯特教堂，把爱德华七世加冕典礼所用的地毯清理干净。此项业务使吸尘器名扬天下。

富尔科［比］获制玻璃板法专利　1857年，圣海伦斯的克拉克（Clark，William）取得了从熔炉里直接拉制平板玻璃的首个专利，但直到1901年富尔科（Fourcault，Émile 1862—1919）制玻璃板法获得专利两年后，商业化生产才成功。富尔科专利的核心就是把一块金属板制成的"拍子"浸到熔融玻璃中，玻璃熔液便黏附在拍子上，当往上拉拍子时，便拉制成了板状的玻璃。为克服正在流动中形成的玻璃板会逐渐变窄现象，富尔科采取的方法是：利用流体静压力使玻璃熔液通过火泥浮体（称作槽子砖）上的一条狭缝，槽子砖浮在玻璃熔液的表面，并被压低到狭缝浸入玻璃熔液液面，从而使玻璃熔液透过狭缝，形成板状。如果玻璃板形成后即被拉起的话，则所需的牵引力小，由于热玻璃板几乎无伸展力，这样"变窄"现象就会大为减少。此外，在紧靠狭缝的上端还放有钢制的循环水箱，用以冷却玻璃板，使之尽快凝固。

吉列［美］发明安全剃须刀 世界上第一把安全剃须刀由美国人吉列（Gillette，King Camp 1855—1931）发明。在吉列之前，剃须刀即已出现。1762年，法国人制作出一种带防护片的剃须刀。1847年，英国人又制作出一种带梳齿状保护装置的耙形安全剃须刀。1901年，在已有剃须刀的基础上，经改进耙齿形刀架，发明出配用可更换双面薄刀片的"T"字形安全剃须刀。这种剃须刀的刀刃很薄、很锋利，但因能随着接触面变换角度，所以在刮胡须时不会伤人。

1902年

王元綖［中］撰《野蚕录》 《野蚕录》是记述中国野蚕业发展史的重要著作，由清代山东宁海人王元綖著，初刊于1902年，全书有正文4卷和1篇外纪。书中对中国野蚕的种类、野蚕所食树叶的种类、野蚕（特别是柞蚕）的发展、柞树的种植、柞蚕饲养、缫丝和织绸的方法以及所用的工具都做了较为详细的叙述。比如"缫丝"一节指出，柞蚕茧在缫丝之前要经过剥茧、炼茧、蒸茧；"缫具"一节对缫车的构造和主要零件的尺寸、形制一一做了说明和比较；卷四"图说"对柞蚕蛾、柞蚕和柞蚕所食树叶都绘有插图，并配以简要的文字说明。此外，书中还列有野蚕出口表和茧绸出口表，介绍了清光绪年间中国出口柞丝和茧绸的情况。《野蚕录》对研究中国的蚕业发展具有重要参考价值。

1903年

圆筒制板法得到重大改进 1903年之前，用圆筒制玻璃板的工艺基本没有变化。1903年，美国人柳伯斯（Lubbers）成功制造出机器控制的圆筒。其方法是从熔炉中舀出玻璃熔液，倒入窑顶上的一双向坩埚中。坩埚用煤气加热，直径约42英寸，每个约能容纳500磅玻璃熔液。拉制管经机器放低，伸入玻璃熔液内，玻璃熔液不会粘住拉制管，但会使管内边缘变硬。然后将管子上提，同时沿着管子吹入空气，把玻璃熔液吹成所需要的直径。通过控制空气压力和提拉管子的速度就可以制成高40英尺、直径40英寸的圆筒。然后，把从中已拉制出圆筒的坩埚转过来，使下面的坩埚朝上，准备接收下一炉熔融玻璃料。单冷的坩埚连同玻璃圆筒拉成后，剩余的玻璃料下翻后位于已加热的窑上，熔化掉剩余玻璃，并重新给坩埚加热，以备拉制下一个圆筒。

1904年

科尔曼［美］发明自动接经机　把织完的织轴纱头与新织轴上的经纱连接起来，称为接经。1904年，美国人科尔曼（Coleman，H.D.）根据手工接经原理发明了自动接经机。从此，接经工作开始机械化。

日本发明立缫机　1904年，日本发明立缫机。由于机器前台的上部为簜台，缫丝工站立操作，故被称为立缫机或立缫车。20世纪20年代发展为多绪缫丝机。这种机器主要由缫丝台面、索绪装置、接绪装置、鞘丝装置、络交机构、卷绕装置、停簜装置、干燥装置和传动机构组成，一般每台为20绪。立缫机实现了煮茧和缫丝的分工，解舒率有所提高，降低了原料消耗及成本，生产效率显著提高。使用立缫机缫丝，可以一人看一台，无须打盆工，产品质量亦佳。

自动清晨沏茶器　1904年，英国伯明翰的一个军械工人制造出一种可供市场销售的机械沏茶器并获得专利。自动清晨沏茶器借助一个普通闹钟，运转大致分为三个步骤：在指定的时刻，闹钟启动一个机械装置划燃一根火柴；火柴点燃水壶下面的酒精炉；当水烧开时，翻滚的水松开搭扣，让水壶倾斜，使水注满固定在一旁的茶壶，同时闹钟的铃被敲响，唤醒睡眠者。这个精巧的沏晨茶的机械装置，在20世纪初的售价为1.5～3.1英镑。1932年，具有同样功能的电动沏茶装置开始在市场上销售。它与机械式的区别是电动钟表接到水壶里的浸没式热水器上，而不是安置在水壶外。

鲁贝尔［美］发明胶印机　胶印机是借助于胶皮（橡皮布）将印版上的图文传递到承印物上的一种间接印刷方式。橡皮布在印刷中起到了不可替代的作用，例如它可以解决承印物表面不平整的问题，使油墨充分转移，还可以减少印版上的水向承印物上的传递。1904年，美国平版印刷家鲁贝尔（Rubel，I.W. 1860—1908）在改造平版印刷工艺的过程中，发现将金属印版图文上的油墨，经由橡胶滚筒转印到纸张上，效果之好远非平面石板可比拟，从而发明了胶印机。

1905年

霍夫曼［英］发明蒸汽熨烫　1898—1905年，英国人霍夫曼（Hoffman，A.J.）发明了蒸汽熨烫。该机器有一个铸铁盒或铸铁斗，由脚踏板操纵它在木制工作台上上抬下压，工作台后方有一个小型蒸汽锅，蒸汽通过熨斗喷到服装上。1909年，当蒸汽熨烫传到英国后，该机又附加了一个加热托架，或称为熨衣板。到了1919年，所有的蒸汽熨烫机都带有熨头和熨衣板，两者将衣服夹住，蒸汽从熨头喷出。这个时期在机器上增添了关键部件——真空装置，它通过熨衣板抽气，将热和湿气从衣服上除去，以消除早期熨烫作业中常出现的鼓泡现象。此外，还改进了熨头和踏板之间的连接方式，使其更易于锁定，增加了熨头和熨衣板之间的压力。这些改进能够影响服装设计，它们可以在裤子上做出笔挺的裤缝，这是蒸汽熨烫的优点。

1906年

阴丹士林商标　1906年，鉴于市场充斥着多种商标的蒽醌染料，顾客常常无所适从，不知买哪种品牌好，由巴斯夫公司牵头，与拜耳公司、赫希司特公司达成协议，决定所有公司生产的蒽醌还原染料统一用"阴丹士林"商标出售。之所以用"阴丹士林"做统一商标，主要原因：一是为了纪念拜恩在蒽醌还原染料方面做出的开创性工作；二是拜恩曾将这种染料称为"阴丹士林"。该商标的图案是一个椭圆，中间是红色大写字母"I"，表示"阴丹士林"，左右两边分别是太阳和云雨的图案，象征耐日晒、抗风雨。

1907年

贝克兰［美］发明酚醛塑料　早在1872年，德国化学家拜耳（von Baeyer，Adolf 1835—1917）就发现苯酚和甲醛反应能产生一些黏糊糊的物质，但因拜耳的兴趣在合成染料上，对这种物质不感兴趣而放弃了继续深入研究。后来的科学家也曾对这个反应进行过研究，皆因无法精确控制化学反应没找到反应物的利用价值。美籍比利时人列奥·贝克兰（Baekeland，Leo Hendrik 1863—1944）设计了一个可以精确调节加热温度、压力和有效控制化学反应的装置，成功地解决了这个问题，并得到了半透明的酚醛树脂。他命名这种新材料为"贝克利特"，并于1907年7月14日注册了专利。酚醛树脂以煤焦油为原料合成，是世界上第一个人工合成的树脂，它的诞生标志着人类社会正式进入了塑料时代。1924年，贝克兰当选美国化学学会会长，1940年5月20日发行的《时代周刊》称其为"塑料之父"。

1908年

人造软化酶制剂 在人造软化酶制剂发明以前，软化皮子的方法是使用经温水浸泡而发酵的动物粪便。这实际上是利用微生物酶的作用，不过用这种方法极易损坏生皮。1898年，英国人伍德在研究了软化机理后，指出传统使用的禽粪等是多种酶的混合物，并尝试用人工培养法制造代用品，可惜未取得实质性进展。此后，德国人勒姆以胰腺萃取物中得到的胰酶为主体，添加起缓冲作用的盐类和惰性物质，终于获得成功。1908年，他在德国获得生物软化法专利，并以"Oropon"为名，制成了人造软化酶制剂。

1909年

中国举办国内首届物产博览会 1909年，中国在南京举办了国内首届物产博览会——南洋劝业会。该届博览会展品号称百万件，按《南洋劝业会出品分类大纲》以部、门、类三级分类，共24个部、440类。其中，第14部定为丝业与蚕桑，其中第一门为丝业，分4类；第二门为制丝，分4类；第三门为出口检查，设2类；第四门为春蚕，设2类；第五门为树桑，设2类。展出的丝绸和丝线、丝绒制品来自直、奉、苏、皖、鲁、豫、闽、浙、赣、湘、鄂、川、陕、粤、黔、滇等16个行省。该次博览会在某种程度上是一次产品鉴定会和技术研讨会，重在鼓励，因而给奖面偏宽。同时也对业内出现的危机敲响了警钟，如南京贡缎、宁绸业之衰落，辑里丝和丝经的质量不能适应国外机织工艺的要求等。

1910年

克劳德［法］发明日光灯 1910年，法国化学家克劳德（Claude，Georges 1870—1960）在探索霓虹灯色彩调制时，将荧光粉涂于灯管内壁，制成辐射白光的荧光灯管，这是最早的日光灯。此后，美国通用电气公司和西屋公司研制出以热阴极放电，用钨酸锌、钨酸镁作发光材料的荧光灯，使照明效果大大改善，开始成为普遍使用的照明灯种。

赖特［英］发明经停装置 1910年，英国人赖特（Wright，J. H.）发明了经纱断头后能发出讯号使织机自动停止的装置，并获得专利。经停装置的原理是利用穿于经纱上的停经片下落，使摆动齿杆不能摆动，通过传动连杆的作用，拉动开关柄，织机运转停止。因赖特的发明可减少织布机上的经向疵品，大大提高坯布质量，经改进的经停装置被广泛应用于织布机上。

1912年

张謇［中］创办南通纺织染传习所 1912年4月，中国近代著名民族实业家、教育家张謇（1853—1926）创办南通纺织染传习所，次年定名为南通纺织专门学校。南通纺织染传习所是南通工学院的前身，是中国最早独立设置的纺织高等学府。1927年改为南通纺织大学，1928年与医科、农科合并为私立南通大学，1930年改为南通学院纺织科。1937年，学校迁至上海，1947年迁回南通。1952年全国高等院校院系调整，南通学院纺织科迁至上海并入华东纺织工学院。1977年复建，成立南京工学院南通分院。其后，学校经历了南通工业专科学校、南通纺织专科学校、南通纺织工学院、南通工学院等几个发展时期，培养了大量的技术人才。现已并入南通大学。

江苏省立女子蚕业学校创立 江苏省立女子蚕业学校是民国时期影响较大的蚕丝教育代表性学校。其前身为创立于1903年的私立上海女子蚕业学堂，1912年春迁至吴县浒墅关（现苏州高新区），改名为江苏省立女子蚕业学校。初时仅设养蚕科，修业期4年（预科1年，本科3年），属初级职业学校性质。另设短期培训性质的甲、乙两种传习科，甲种传习科修业期为1年半，乙种传习科修业期为1年。1924年，改名为江苏省高级蚕丝科职业学校，设高级养蚕科和中级养蚕科，前者招收初中毕业生，学制3年，后者招收小学毕业生，学制2年（1927年起延长为3年）。1930年，增设高级制丝科。1935年8月，又特设制丝科。同年年底，制丝科改设为江苏省立制丝专科学校，1937年更名为江苏省立蚕丝专科学校。两校校长由郑辟疆兼任。

第一台卷筒纸轮转胶印机问世　1912年，德国莱比锡的VOMAG公司制造出第一台卷筒纸轮转胶印机。这种机器的工作原理是：印版通过胶皮布转印滚筒将图文转印在承印物上进行印刷。该机器生产速度快，达到每小时7500印次，一经问世，很快就使石印走向了衰亡。

第一种合成鞣剂商品　进入20世纪后，天然材料日趋短缺，合成鞣剂应运而生。1907年，法国人卡萨布利发现硝酸锆和硝酸钍的混合物对皮粉具有一定的亲和力，但未做深入研究。1911年，斯提阿斯尼用苯酚、酚磺酸和甲醛缩合的方法制成鞣剂，并获得专利。1912年，巴斯夫公司生产出第一种合成鞣剂商品。

1913年

国际照明委员会（CIE）成立　国际照明委员会（International Commission on Illumination），简称CIE，总部设在奥地利维也纳。其前身是1900年成立的国际光度委员会（International Photometric Commission，IPC），1913年改为现名。国际照明委员会是一个由国际照明工程领域中光源制造、照明设计和光辐射计量测试机构组成的非政府间多学科的世界性非营利性学术组织。其宗旨是：制订照明领域的基础标准和度量程序等；提供制订照明领域国际标准与国家标准的原则与程序指南；制订并出版照明领域科技标准、技术报告以及其他相关出版物；提供国家间进行照明领域有关论题讨论的论坛；与其他国际标准化组织就照明领域有关问题保持联系与技术上的合作。CIE现下设7个部门：视觉与色彩、光与辐射的测量、内部环境与照明设计、交通照明与标志、外部照明与其他设备、光生物学与光化学、图像技术。

1914年

小记录器相机问世 1914年,德国人罗思(Roth,Levy)制造出小记录器相机。此机可一次拍摄18毫米×24毫米照片50张,镜头光圈f3.5,外形尺寸与后来的莱卡相同,为5厘米×6厘米×13厘米。

京师高等实业学堂设立纺织系 1903年,清政府在北京创办京师高等实业学堂。1914年设立纺织系,重点为毛纺织,后改名为北平大学纺织系。1939年迁往陕西,在西北工学院内设纺织系,后并入西安交通大学,成为西安工程大学的前身。

金属陶瓷问世 金属陶瓷是由陶瓷硬质相与金属或合金黏结相组成的结构材料,既保持了陶瓷的高强度、高硬度、耐磨损、耐高温、抗氧化和化学稳定性等特性,又具有较好的金属韧性和可塑性。19世纪末,法国人穆瓦桑(Moissan,J.)最先研制出多种难熔化合物。1914年,德国洛曼(Lohmann,H.)等人首次将80%~95%的难熔化合物与金属粉末混合制得了烧结金属陶瓷。1917年,美国人利布曼(Liebmann,A.J.)等用氧化物、钨、铁、碳等制造了高硬表面的拉丝模。1923年,德国人施勒特尔(Schröter,K.)首次制成性能良好的烧结WC-Co硬质合金。

1915年

沈寿[中]创制的仿真绣品获得巴拿马世界博览会大奖 沈寿(1874—1921),初名云芝,字雪君,号雪宧,江苏吴县(今苏州)人,从小随父亲识字读书。十六七岁时成为苏州有名的刺绣能手。光绪三十年(1904年)其绣品作为慈禧七十大寿寿礼上贡,慈禧大加赞赏,亲笔书写了"福""寿"两字,分赠余觉夫妇,沈云芝从此更名"沈寿"。1905年,沈寿到日本考察后,接受了西方绘画和摄影艺术中处理光线的方法,并借鉴日本的"美术绣",将中国传统刺绣艺术加以改进,创造出了表现明暗光影效果的"仿真绣"。1915年,在美国旧金山举办的巴拿马世界博览会上,其作品《耶稣像》获一等奖。在这幅作品里,沈寿充分采用了光线明暗、色光变化的效果,融西洋画的透视原理于苏绣作品之中,并运用刺绣这种独特的语言,把耶稣为大众殉难时弥留之际的面部表情刻画得生动感人、震撼人心。

茅台酒获巴拿马万国博览会金奖　贵州茅台酒产于中国贵州茅台镇，以当地优质糯高粱、小麦、水为原料，利用得天独厚的自然环境，采用独特的传统工艺精心酿制而成，是与苏格兰威士忌、法国科涅克白兰地齐名的三大蒸馏名酒之一。茅台酒具有色清透明、醇香馥郁、入口柔绵、清冽甘爽、回香持久的特点，其独有的香味是中国酱香型风格最完美的典型。1915年，茅台酒夺得巴拿马万国博览会金奖，从此跻身世界名酒之列。

1918年

都锦生［中］创作出中国第一幅像景织物　像景织物曾被叫作"照相织物"，是丝织人像和风景织物的总称。它以人物、风景、名人字画等作为纹样，一般均由桑蚕丝与人造丝交织而成，经过设计、意匠、轧花、串花、选料、络筒、整经、并丝、保燥、卷纬、织造、检验等工序制成成品。1918年，都锦生（号鲁滨，浙江杭州人，1897—1943）受欧洲像景织物的影响，创作出了中国的第一幅黑白像景织物——5英寸×7英寸的《九溪十八涧》。这种黑白像景织物是用一组白色经线与黑、白两组纬线交织而成的纬二重织物，它以八枚、十二枚、十六枚等纬面缎纹为基础，用白经与白纬交织成白色组织，黑纬沉在背面与经线形成稀疏接结，白经与黑纬交织成缎纹阴影组织，再通过不同类型的色阶组织表达出风景的层次、远近、阴面和阳面。之后，都锦生在此基础上又开发出了五彩像景织物。1926年，他织造的唐伯虎《宫妃夜游图》五彩像景在美国费城国际博览会上获得金质奖章。

1919年

沈寿《雪宧绣谱》出版　《雪宧绣谱》是一部刺绣技法论著，由刺绣名家沈寿（1874—1921）口述、实业家张謇（1853—1926）记录整理而成，1919年由南通翰墨林书局出版，之后又译成英文版，书名为*Principles and Stitchings of Chinese Embroidery*。全书分绣备、绣引、针法、绣要、绣品、绣德、绣节、透通，共八节。该书重点总结了一些以前就已出现的刺绣技法，如齐外、套针、扎针、长短针、打子针等18种针法的组织结构以及针法运用中的注意事项；记录了沈寿借鉴西方素描、油画、摄影的表现方式，表现物体的明暗虚实的散针、旋针等自创针法。该书是沈寿毕生刺绣艺术实践的结晶，对刺绣的发展有着重要影响。

20世纪20年代

杨守玉［中］创制乱针绣　杨守玉（1896—1981），名杨韫，字瘦玉、瘦冰，后改名守玉，字冰若，江苏常州人，现代刺绣艺术家。20世纪20年代，她在中国传统刺绣的基础上，结合西洋画的原理，以针为笔，以线代色，创制了运针纵横交叉、长短不一的乱针绣法，开始试绣以水彩画为绣稿的老头像、小孩像等作品，并将这种创新的刺绣工艺称为"杨绣"，后来改称"正则绣"。乱针绣的针法豪放活泼、风韵生动，看似针法紊乱，毫无规则，但在错综复杂之中，一针一线皆含有精细理法。它的基本原理是：采用疏密重叠和灵活多变的针法，通过不同形状的彩色线条展现物态的"形"和"色"，从而达到西洋油画般的光色透视效果。乱针绣作品具有强烈的立体感和独到的艺术特色，在刺绣艺术中独树一帜，为中国刺绣发展树立了新的里程碑。

条形码技术出现　条形码（barcode）是将宽度不等的多个黑条和空白，按照一定的编码规则排列，用以表达一组信息的图形标识符。20世纪20年代，在威斯汀豪斯（Westinghouse）的一间实验室里，约翰·科芒德（John Kermode）发明了条形码，其初衷是实现邮政单据自动分拣。为此，他发明了最早的条码标识和识别设备。其条码设计方案大致是用一个"条"表示数字1，两个"条"表示数字2，以此类推。条码识别设备是利用当时新发明的光电池来收集反射光。"空"反射回来的是强信号，"条"反射回来的是弱信号。具体做法是：用一个带铁芯的线圈在接收到"空"的信号时吸引一个开关；在接收到"条"的信号时，释放开关并接通电路。"开"和"关"由打印在信封上"条"的数量决定。当时的零售商没有认识到这项新技术的价值，致使科芒德的发明没有得到推广。

1920年

电驱动的木桶式洗衣机　电驱动的木桶式洗衣机出现在20世纪初的北美。1920年，加拿大比蒂兄弟（Beatty Bros.）公司生产的这种洗衣机，电动机是用螺栓固定在木桶的下面，由它带动搅拌棒。木制的搅拌棒是装在垂直的轴上，通过啮合齿轮传动。此外，木桶上面还安装了一个用来弄干衣服的轧液机。

连晒机得到应用　连晒机是一种用于对一个胶印版进行多次局部晒版的机械。这种机器于1920年首先在纽约得到应用，既推动了商标印刷的发展，也推动了与商标相似的面积较小的包装纸印刷的发展。连晒机的出现取代了手工拼版，是胶印平版印刷技术的一项进步。

米列立式印刷机　立式印刷机是立着放置的凸版平台印刷机，这样有利于实现水平方向的送纸和传纸。它出现在1920年，由美国密尔沃基市的切希尔（Cheshire，Edward）发明，由芝加哥的米列公司制造。1940年，米列立式印刷机能以每小时5000印张的速度进行生产。立式印刷机是20世纪凸版平台印刷机领域中的一项非常有影响力的发明。

1921年

二型醋酯纤维研制成功　醋酯纤维是人造纤维的一大品种，包括二醋酯纤维和三醋酯纤维两类。前者的醋酯化程度较低，溶解于丙酮；后者的醋酯化程度较高，不溶于丙酮。早在1869年纤维素三醋酸酯已被发现，1903年制得了可溶于丙酮的纤维素二醋酸酯；1921年，德赖弗斯（Dreyfus，H.）在英国首先试制成功二醋酯纤维，并投入工业化生产。三醋酯纤维在1914年以三氯甲烷为溶剂已有小量生产，但直到1950年以后才以二氯甲烷为溶剂得到较大的发展。二醋酯纤维具有良好的服用性能，长丝适于制浴衣、妇女服装和室内装饰织物等；短纤维用于同棉、毛或其他合成纤维混纺。

1922年

法国创制出金属针布　针布是表面为针或齿的梳理机件包覆物，是纺纱的重要机件之一。早在18世纪以前，人们就用两块平整的、有针齿的条状木板梳理各种纤维。之后，简单的梳理工具逐渐发展为梳理机械，各类针布相继出现。1922年，法国泼拉脱兄弟公司首创金属针布，20世纪50年代开始用于棉和化学纤维纺纱。

英国鞋靴及有关行业研究协会成立 1922年，英国靴鞋及有关行业研究协会成立，它是世界上靴鞋及有关行业中最大的研究团体之一，英文简称SATRA。协会的任务包括：研究节约材料、降低成本、提高生产效率、扩大产品销售的方法；研究鞋面、鞋底材料和胶黏剂，研究鞋类适穿性及功能以及制鞋工程；人员培训，鞋用材料评估、鞋类评估以及安全鞋检验；提供产品质量标准、检测仪器以及市场信息等。其会员为20多个国家1000多家的鞋类制造商、零售商、修理店、制革厂和鞋面材料供应商以及制鞋机器和零配件制造厂等。

1923年

按钮式喷雾罐问世 1923年，挪威人福田（Fothein，E.）研制出一种喷蜡器。这种喷蜡器采用装有针阀的黄铜容器，以丁烷和氯乙烯作推进剂。数年后，在福田（Fothein，E.）研制的喷蜡器基础上，各种材质的喷雾罐相继出现。1942年，美国人古德休（Goodhue，L.D.）和沙利文（Sullivan，W.N.）发现，用能喷出直径$10\mu m$雾粒的喷雾罐喷射的杀虫剂可在空中保持5分钟，对杀死各种飞行与爬行昆虫极为有效。1943年，他们取得了发明专利权。此项技术后来被推广运用于农业生产。20世纪40年代，驻南太平洋美军广泛使用黄铜、钢、铝制的较为笨重的杀虫剂喷雾罐。1947年，美国大陆制罐公司制成了焊上阀门的凸顶凹底的三片罐。同年，彼得森（Peterson，H.E.）研制出高强度啤酒罐，可用作按钮式喷雾容器。1953年，特瑞（Terry，D.）以异丁烷为雾化推进剂。

带热量调节系统的煤气炉 20世纪初，英国出现了一种带热量调节系统的新式煤气炉。这种炉的顶部有一个使用连杆控制煤气供应的恒温器，炉子边上有一个校准了的可改变设置的标度盘。1923年，戴维斯公司生产的"新世界"牌煤气炉,其最大特点就是煤气炉上安装的"热量调节系统",以及加上了保温材料制成的外套,炉子的烟道也从顶部移到了底部。这是第一个用隔热材料来保护的炉子,采用恒温器控制热量,则是对煤气炉的最重大的改进。为推广这种炉子,戴维斯公司出版了一些烹饪书,书中向人们介绍了做好每个菜所需的热量,在标度盘上应调整到的相应位置。

第一台用电动机带动压缩机工作的冰箱 1923年,瑞典工程师布莱顿和孟德斯发明了世界上第一台用电动机带动压缩机工作的冰箱。1925年,一家公司买走了瑞典人的专利,生产出第一批家用电冰箱。这些冰箱使用电动机来驱动压缩机。最初,有的还需要连接一个起辅助冷却作用的供水设备,或是连接一个散热器,作为辅助冷却装置。例如20世纪30年代在英国广泛使用的B.T.H.冰箱,就有一个大的散热器安装在冰箱的顶部。

小胶印平版机 1923年,在德国首先推出小胶印平版机,这是平版工艺胶印机的一种简化形式。其后,这种机器经过不断改进后,不仅能与办公室的复印机相匹敌,还能用于大规模的商业印刷。第二次世界大战后,小胶印平版印刷机与在专门打字机上打印原稿相结合,开始冲击传统印刷机市场,并促进了预涂感光版的推广。

1924年

分散染料开始生产 分散染料的染料分子较小,结构上不含水溶性基团,借助于分散剂的作用在染液中均一分散而进行染色,能染醋酯纤维和聚酯纤维。因最初多用于醋酯纤维的染色,所以又称为醋纤染料。1924年德国巴登苯胺纯碱公司首先生产。这类染料结构简单,在水中呈溶解度极低的非离子状态,为了使染料在溶液中能较好地分散,除必须将染料颗粒研磨至小于$2\mu m$外,还需加入大量的分散剂,使染料成悬浮体稳定地分散在溶液中。

机电式电视问世 1924年,英国发明家约翰·罗杰·贝尔德(Baird, John Logie 1888—1946)根据"尼普科夫圆盘"进行了新的研究工作,发明出机电式电视,并首次在相距4英尺远的地方传送了一个十字剪影画。当时画面分辨率仅30行线,扫描器每秒只能5次扫过扫描区,画面本身仅2英寸高、1英

517

寸宽。1925年，贝尔德在伦敦首次向公众作了示范。1928年，在第五届德国广播博览会上电视机第一次作为公开产品展出。

最成功的固体燃料灶具　20世纪上半叶，最成功的固体燃料燃烧装置，是1924年由瑞典诺贝尔奖获得者达伦（Dalen，Gustav 1869—1937）发明的。这是一个铸铁炉灶，整个炉灶用绝热材料保护起来，在完全可控的条件下，无烟燃料在全封闭的炉内燃烧。而热能够逸出的唯一途径是通过炉顶表面的两个圆形孔，圆孔上放着罐和锅。当不烹饪时，就用装有铰链的笨重缝热盖子盖住这些孔。

1925年

剑杆织机问世　剑杆织机是无梭织机的一种，于1925年出现，20世纪50年代后实现商品化生产。该织机与有梭织机机构不同之处主要在引纬部分。剑杆织机引纬采用安装在打纬机构筘座腿上的左右连杆传动剑杆，使一侧剑杆的剑头带着纬纱送到织机中央，另一侧剑杆上的剑头接过纬纱，两侧剑杆同时退出，通过打纬机构形成织物。与有梭织机相比，剑杆织机具有结构简单、振动小、车速快、噪音小、织物产量高、质量好、劳动强度低、可扩大看台能力等优点。

莱卡相机样品首次展出　在1925年莱比锡博览会上，500台莱卡相机样品首次被展出。它外形简洁，装有速度为1/20—1/500的帘幕快门，f3.5最大光圈的镜头。它的出现，开启了小型摄影时代，成为适用于很多领域的基础影像仪器。

1926年

丰田佐吉［日］研制出自动换梭织机　丰田佐吉（1867—1931），日本织机改革家，丰田织机公司的创办者。1926年，他在前人的基础上研制出以自动换梭方式补充纬纱的自动换梭织机。自动换梭机构由诱导、梭库、梭箱、推梭机构四个部分组成。梭子中纬纱将用完时，换梭一侧的推梭机构受到开关侧的探针诱导，将装有纡子的梭子从梭库底部水平方向推入梭箱，而纬纱已用完的梭子则从梭箱背后被推出，完成换梭动作。自动换梭织机有单只梭库和并列梭库（2只或4只）两种。织制单色纬织物时用单只梭库，可容纳10只梭子；织制多色纬织物时，用并列梭库2只或4只，可容纳2色或4色纬纱各10只梭子。这种织机可节约人工换梭时间，减轻操作者劳动强度，增加挡车工看台能力，从而提高织机生产率和劳动生产力。丰田自动织机上的张力机构、自动换梭机构、投梭机构等重要部分具有现代织机的基本形制，是日本织机制造技术达到当时世界先进水平的标志，曾在世界各国得到广泛应用。

树脂整理技术创新 树脂整合是一种利用合成树脂处理织物得到特种整理效果的加工过程。其优点是：提高抗皱能力和弹性、改变和减轻化纤织物的起球现象，使织品保型、挺括、易洗快干、免熨烫。缺点是：降低织物的抗断裂强度、耐磨损性差，如处理不当，还会使织物带有异味。1926年，英国曼彻斯特的Tootal Broadhurst Lee公司首先发明用脲醛或酚醛树脂初缩体处理亚麻和棉织物，并获得专利。1930年后，随着合成树脂品类的不断增加，树脂整合技术被广泛用于织物的后整理工业化生产。

1927年

马里森［美］发明石英钟 石英钟主要部件是一个很稳定的石英振荡器。其工作原理是将石英振荡器所产生的振荡频率呈现出来，使它带动时针指示时间。1922年，美国物理学家伽迪（Cady，Walter Guyton 1874—1974）根据石英晶体振荡频率的高稳定性，首次提出应用压电效应将其制作成频率标准器。1927年，美国科学家马里森（Marrison，Warren 1896—1980）依循伽迪的思路，发明石英晶体钟。目前，最好的石英钟精准度极高，约270年才差1秒。

1928年

电传排字机问世 电传排字机实际上是一种电磁装置，它通过电报线路上的电脉冲来操作整行铸排机。通过遥控来排字的设想，早在1905年就被提出，但直到1928年，成功的遥控排字装置才在纽约首次展示。《泰晤士报》曾将这种装置安装在下议院，用来发送议会的会议记录原文。

1929年

第一届西湖博览会在杭州举办 1929年，第一届西湖博览会在杭州举办。该会是中国会展史上举办的规模最大的博览会。鉴于丝绸在全国经济中特别是江、浙、沪产业结构中具有举足轻重的地位，又因丝、绸两业危机迫近之故，博览会特设丝绸馆。馆长朱光焘，总干事长沈清钊，共聘业内人士43名为参事。此次博览会共有丝茧业56家、丝厂业107家、丝绸及服饰厂商近240家参展，荟萃了全国丝绸精品。博览会将蚕桑单列一部，作为农业馆的一个组成部分，内设蚕桑标本室、栽桑室、育桑室、标本仪器室、生丝检验室等7个专室。同时博览会还仿照南洋劝业会设参考馆，在展出国产缫丝设备的同时，展出日、意、法等国缫丝设备，以达到"为国人之观摩，以期舍短取长，力谋改良"的目的。

拉欧苏瓦［法］发明静电植绒机 静电植绒机是利用静电将短绒纤维垂直粘在织物上的加工装置。1929年，法国科学家拉欧苏瓦发明，并申请了英国专利。其原理是：利用电荷同性相斥、异性相吸的物理特性，使绒毛带上负电荷，把需要植绒的物体放在零电位或接地条件下，绒毛受到异电位被植物体的吸引，呈垂直状加速飞升到需要植绒的物体表面。由于被植物体上涂有胶黏剂，绒毛就被垂直粘在被植物体上。

1930年

朱启钤［中］撰《丝绣笔记》 朱启钤（1872—1964），字桂莘，祖籍贵州开州（今贵州开阳），曾任北洋政府高级官员，有机会接触清内府等处收藏的珍贵丝织品文物，对丝织文物有很高的鉴赏力。他是国内研究中国丝绸史和建筑史的倡导人之一。《丝绣笔记》初刊于1930年，两年后增补重印，为《丝绣丛刊》、《美术全集》所收。该书是关于中国传统丝织物的研究著作，以织成、锦绫、缂丝、刺绣等中国传统高级丝织品为对象，主要从工艺美术的角度进行研究。作者从历代中外文献中广泛收集各种丝织品起源、产地、技术、价格、代表作品等有关资料，并加以整理说明。虽然这部书多为材料罗列，主题不够明确，但对中国纺织史研究具有很高的参考价值。

中国制定《生丝检验细则》　20世纪初，中国的土丝和厂丝均无检验标准，仅以认定商标及手感目测检定，结果差异很大。1922年1月，中美各出资50%在上海创办了万国生丝检验所，按美国纽约生丝检验所检验标准承接业务，由该所出具质量证明书，买卖双方凭单交易，后因遭到洋行反对而无法开展业务。1929年国民政府收购上海万国生丝检验所，成立了上海商品检验局生丝检验处，于1930年制定《生丝检验细则》，同年4月实施公量检验制度，规定除灰丝、土丝、废丝外都必须检定公量，但品质检验一直迟至1936年8月方始强制执行。1937年2月起，实施品级检验。至此，对生丝的检验臻于完善。

德国制造出造纸毛毯织机　造纸毛毯织机是一种重型、阔幅、大卷装的多臂织机，用以织制造纸毛毯。早期的造纸毛毯织机利用普通毛织机改装而成。20世纪30年代，德国首先制造出这种特重型织机。20世纪70年代，随着造纸机宽度的增加，德国等国出现33米超阔幅造纸毛毯织机，可织制66米的环形织物。目前，特重型阔幅造纸毛毯织机采用液压气动和电子等新技术，设置双面同步传动升降筘座装置，能织制聚酯单丝的造纸成形网和干燥网等织物。

铬-铁结合鞣革法　1928年，托马斯（Thomas）和凯利（Kelly）发现，提高碱度，铁的结合量会增加，鞣制作用相当迅速。1930年拉尔夫（Ralph）申请了专利，将铁-铬合金溶于盐酸溶液，然后用碳酸钠调节至所需碱度，即可进行鞣制。其中起鞣制作用的是Cr（Ⅲ），无鞣性的Fe（Ⅱ）对革中的空松部位起填充作用，成革比较丰满。或者是先待上述鞣液渗透革内后再加入$Na_2Cr_2O_7$，将Fe（Ⅱ）氧化为Fe（Ⅲ），从而达到铬-铁结合鞣，成革质量很好，颜色呈自然的淡黄色，稳定性高。

1931年

全电子式电视问世　1931年，俄裔美国物理学家兹沃里金（Zworykin, Vladimir Kosma 1889—1982）在美国无线电公司（RCA）的资助下，将其以前的研究成果电子电视模型做了改进，制造出了一个令人满意的摄像机显像管。同年，进行了一项对一个完整的光电摄像管系统的实验。在这次实验中，一个由240条扫描线组成的图像被传送给4英里以外的一架电视机，再用镜子把9英寸显像管的图像反射到电视机前，完成了将电视摄像与显像完全电子化的过程。1936年，英国广播公司采用全电子式电视广播，第一次播出了具有较高清晰度，步入实用阶段的电视图像。

立式胶片放大机雏形出现 1931年，德国人莱茨·福克马斯（Leitz Focomat）研制出适用于35毫米底片的立式胶片机。在这种机器中，乳白色的电灯泡提供光源，聚光器将光线均匀地扩散到底片上，再通过放大镜投射到基板上。通过升高和下降竖管上的装置，便可以获得所期望的放大倍数，使胶片放大成为很容易的事情。这种机器是后来流行的立式胶片放大机的雏形。

中国成立工业标准化委员会 1931年，中国成立了工业标准化委员会，其下设有染织等专业化标准委员会。1950年着手进行统一纱、布、毛纺、麻袋、印染、针织内衣等标准草案。在全国范围内统一了棉花水分和含杂标准。1953年，纺织工业部首先组织制订了棉纱、棉布、印染成品的鉴定标准和有关检验方法标准草案，1955年在国营企业中试行。1956年正式颁发了一整套有关棉纱、棉布、印染布的部标准。此外，绸缎、毛纺、针织内衣等也制订了一批标准，并开始实行。到1962年，纺织工业主要产品，包括纺织机械、纺织器械等，基本有了统一标准。到1982年底，中国纺织方面的国家标准（包括内部标准）有124个，部标准有412个。此外，纺织工业部发布指导性技术文件17个，参考性技术文件13个。

氟利昂制冷冰箱问世 氟利昂（freon），又名氟里昂、氟氯烃，是几种氟氯代甲烷和氟氯代乙烷的总称，在常温下为无色气体，或易挥发液体，略有香味，低毒，化学性质稳定。它是20世纪20年代末期出现的、用于制冷的最早的一种人工合成化学制剂。在1930年以前，冰箱使用过的制冷剂有很多，如醚、氨、硫酸等。这些制冷剂，或易燃，或腐蚀性强，或刺激性强等，大多不安全。1931年，氟利昂成为各种制冷设备的制冷剂，并一直沿用几十年。因氟利昂是破坏臭氧层的元凶，在20世纪后期，陆续被世界各国禁用。

色光三原色波长 1931年，国际照明委员会（International Commission on Illumination）选定色光三原色的波长是：红（R）为700纳米，绿（G）为

546.1纳米，蓝（B）为435.8纳米。红光与绿光混合为黄色光，绿光与蓝光混合为青色光，红光与蓝光混合为品红色光。红光、绿光、蓝光等量混合为白光。

CIE1931表色系统　1931年，国际照明委员会（International Commission on Illumination）依据Young–Helmholtz加法混色系统理论建立CIE表色系统。此系统认为，红、绿、蓝三色光为光的原刺激，而透过测色仪器测色后所得此色样为三项原刺激量。此三项原刺激量即称为色料的三刺激值（Tristimulus Values），这也是使色刺激与光感觉能以定量方法表达色彩。以此理论所建立的CIE表色系统称为CIE1931标准色彩系统，是目前普遍采用的表色系统之一，其表色是以数据化的方式测量色彩并加以定义，其条件是适用于1～4°角视野对色彩的测量。1964年和1976年对1931年建立的CIE色彩系统表色法进行过补充。

1932年

滚筒式洗衣机　1932年，美国本德克斯航空公司宣布，他们研制成功第一台前装式滚筒洗衣机。这种洗衣机将洗涤、漂洗、脱水在同一个滚筒内完成，衣物在洗涤过程中不缠绕、洗涤均匀、磨损小，连羊绒、羊毛、真丝衣物也能在机内洗涤，具有全面洗涤性能。其工作原理是：利用电动机的机械做功使滚筒旋转，衣物在滚筒中不断地被提升摔下，再提升再摔下，做重复运动，加上洗衣粉和水的共同作用使衣物洗涤干净。滚筒式洗衣机的问世标志着电动洗衣机的发展又前进了一大步。

华容道游戏　华容道游戏是以著名的三国故事"曹操兵败走华容"为背景设计的。它有一个带二十个小方格的棋盘，代表华容道。盘上共摆有十个大小不一样的棋子，分别代表曹操、张飞、赵云、马超、黄忠、关羽以及四个兵卒。盘下方有一个两方格边长的出口，是供曹操逃走的。游戏规则是通过移动各个棋子，帮助曹操从初始位置移到棋盘最下方中部，从出口逃走；移动时不允许跨越棋子，还要设法用最少的步数把曹操移到出口。中国人何时发明此游戏，现在已经很难考证。1932年，英国人弗莱明（Fleming，John Harold 1917—2004）在英国申请了现在样式的专利，并且还附上横刀立马的解法。美国人曾利用计算机使用穷举法找出了最快81步的解法。"华容道""独立钻石"、魔方，一同被称为"智力游戏界的三个不可思议"。

瑞士赫伯利（Heberlein）公司发明假捻变形丝 假捻变形丝是采用分段法或连续法将长丝经高度加捻、热定型及退捻的变形工艺而制成的变形丝。1932年，瑞士赫伯利公司发明，并取得专利权。1933年，英国塞拉尼斯（Celanese）公司发明了将加捻和定型合并为一道工序的两步法变形丝加工法。其后，又发明了将三道工序合并为一道工序的加工方法。

1933年

统计学在开发服装号型规格上开始应用 1933年，西蒙斯（Simons，H.）报道了美国政府在第一次世界大战期间主持的调查工作，对1000名新兵的胸围和腰围进行了测量，计算出大多数人身体部位的平均值，用以拟制军装的裁剪样板。这是统计学在开发服装号型规格上的首次应用。之后，美国、荷兰、英国先后对妇女作了大规模的人体测量。在这次测量的基础上，1952年，美国对妇女服装号型公布了一个建议性的商业标准；1963年，英国公布了一个英国的标准。

第一个带恒温器的电炉灶 虽然1923年煤气炉上就已出现恒温器，但10年后人们才把恒温器应用到电炉灶上。第一个具有恒温器的电炉灶是1933年的克里达炉，这种恒温器被称为"克里达斯塔特"（Credastat）。恒温器的安装，使人们外出返回时仍能享受到已烹饪好的食物。

萨默维尔〔美〕获锆鞣法专利 1931年，美国人萨默维尔（Somervile，I.C.）利用硫酸锆的水溶液作鞣革实验，取得明显效果，并于1933年获得锆鞣剂美国专利。此后锆鞣机理的研究和实际应用有了较大发展。锆鞣法鞣革耐磨性很好，用在结合鞣上有重要意义。

1934年

瑞士苏尔寿·鲁蒂公司研制出片梭织机 片梭织机是一种用片状夹纬器（或称片梭）将纬纱引入梭口的织机。1933年，德国人罗斯曼（Rossmann，R.）首先提出片梭引纬；1934年，瑞士苏尔寿·鲁蒂（Sulzer Rneti）公司发明，并取得了多项专利。1953年开始成批生产。这种织机的梭子和一般有梭织机所使用的梭子形状不同，系采用一种金属材料制成、重量很轻的扁片式梭子。片梭织机的经纱运动和一般有梭织机的经纱运动相同，而纬纱运动则不同。其引纬过程是：在织机机架的左右两侧各有一梭箱，左侧梭箱主要是将片梭从梭链上提升，移动到换梭位置，并使片梭夹住从筒子纱上来的纬纱。然后依靠扭力棒的储蓄能量，通过投梭棒和击梭块把片梭投射出去，待片梭到达对侧后，右侧的接收箱进行制梭、梭子回退、打开梭夹钳口、松开纬纱等动作，并将片梭送入运梭链。运梭链的主要任务就是运载非工作中的片梭。片梭织机的速度相当于有梭织机的2~3倍，不仅生产效率高，还特别适于织造阔幅织物，故其发展较快。

铁鞣法制革的进步　铁鞣始于18世纪晚期，1770年，约翰逊获得英国第一个铁鞣法专利。此后很长时间都未能解决成革板硬、不耐老化等问题。直到1934年，凯撒博瑞（Casaburi）根据沃纳（Werner）理论对铁盐和有机酸盐进行综合研究，铁鞣法才得到突破性的进步。他选用了有机酸甲酸、乳酸、酒石酸和柠檬酸试验，得出的结论是：只有Fe_2Cl_6与酒石酸结合的鞣液才有实用价值，最佳效果是由2个酒石酸根取代Fe_2Cl_3中的Cl。酒石酸可以有效地抑制铁盐水解，从而实现真正的铁鞣。以1毫升硫酸铁对应0.5毫升NaOH，酒石酸和4~5毫升NaOH，可以获得满意的铁鞣效果。

1935年

卡罗瑟斯［美］发明尼龙66　尼龙66是最早发明的一种聚酰胺纤维。1928年，美国化学家卡罗瑟斯（Carothers，Wallace Hume 1896—1937）在杜邦公司（DuPont Company）实验室主持一项高分子化学研究，用聚合的方法测定高分子量物质的结构和组成。这项研究直接促使了尼龙的产生。1935年，卡罗瑟斯用己二胺、己二酸合成聚酰胺66，两年后又发明用熔融法制造聚酰胺66纤维的技术，产品称作尼龙或尼龙66。1938年开始工业化生产，奠定了合成纤维工业的基础。同年，德国的施拉克（Schlack, P.）发明聚酰胺6制造技术，1941年实现工业化生产。不久，聚酰胺4、聚酰胺7、聚酰胺9、聚酰胺11、聚酰胺610、聚酰胺1010等相继问世。尼龙后来在英语中成了从煤、空气、水或其他物质合成的，具有耐磨性和柔韧性、类似蛋白质化学结构的所有聚酰胺的总称。尼龙的出现是合成纤维工业的重大突破，是高分子化学的一个重要里程碑。

人造羊毛研制成功 19世纪60年代，英国人首先成功地从动物胶中制出人造蛋白质纤维。他将动物胶溶于乙酸，在硝酸酯的水溶液中凝固抽丝，然后以亚铁盐溶液脱硝，进一步加工得到蛋白质纤维，但未实现工业化生产。1935年，意大利人弗雷蒂用从牛乳内提取的乳酪素制成人造羊毛。此后，一些国家相继以大豆蛋白、花生蛋白制取人造纤维获得成功。但由于这类纤维的实用性能和制造成本存在问题，产量极少。

1937年

贝特尔森［丹］发明转杯纺纱 转杯纺纱是自由端纺纱方法之一，因采用转杯凝聚单纤维而称转杯纺纱。初时主要用气流，中国又称气流纺纱。1937年，丹麦人贝特尔森（Berthelsen，Svend Ejnar 1889—1968）最早提出。其原理是用气流将已开松的单纤维输送到高速回转的转杯内壁，在凝聚槽内形成纱尾，同时被加捻成纱引出，属于自由端纺纱方法之一。后又经法国、捷克斯洛伐克等国学者不断研究，技术逐渐成熟。1970年之后，转杯纺纱的工艺技术和机械设备发展迅速，应用越来越广。现世界有许多制造厂生产多种机型，适纺原料也从棉和棉型化学纤维发展到毛和毛型化学纤维，有纯纺和混纺。它的缺点是强力低，但织物手感丰满厚实，保暖性好，耐磨，吸浆和吸湿性好，吸色率高，适用于多种产品，如灯芯绒、劳动布、卡其、色织绒、印花绒、绒毯、线毯、浴巾和装饰用布等。

国际羊毛局成立 国际羊毛局（International Wool Secretariat），简称IWS，1937年成立，由主要产毛国家澳大利亚、新西兰、乌拉圭、南非出资组成，总部设在伦敦，是非营利性机构。其主要任务是为各成员国建立羊毛制品在全球的长期需求，研究提高羊毛制品质量、技术、扩大羊毛制品消费量，提高羊毛对其他纤维的竞争力。国际羊毛局本身并不制造和销售羊毛制品，但它在调查羊毛需求的过程中，经常与纺织工业各层次的单位保持密切联系，包括为零售商和羊毛纺织工业生产单位提供原毛挑选、加工工艺、产品开发、款式设计、品质控制、产品推广等方面的协助和支持，并与它们联合开展宣传活动，如推行世界知名的"纯羊毛标志"。

1938年

静电复印机的发明　1938年10月22日，美国物理学家卡尔森（Carlson, C.F. 1906—1968）将硫黄涂在一块锌版表面，用墨水在显微镜片上写下"10-22-38 Astoria"，然后不停摩擦锌版表面产生静电荷，再将显微镜片放在锌版的硫粉层表面，放到白炽灯下照射数秒，取下显微镜片，撒石松粉后吹掉，锌版便留下了字样，最后印制在蜡纸上加热融化便制成永久复印件。这是世界上第一台复印机的雏形。1949年，卡尔森所在的哈格德公司将生产出的静电复印机投放市场。哈格德公司就是今天以复印机而闻名世界的施乐公司前身。施乐公司的英文名Xerox是Xerography的前几个字母。复印机的出现为办公室工作带来了一场革命。

圆珠笔的发明　20世纪30年代，匈牙利人比罗（Bíró, László József 1899—1985），为了避免黏稠的墨水堵塞笔，他将一个能够旋转的小金属球安装在快干墨水的管子顶端。该金属球有两个功能：一是作为笔帽防止墨水变干；二是使墨水以可控速率从笔中流出。1938年，比罗和自己的兄弟一起申请了圆珠笔的专利。1943年，比罗生产出了第一种商品化的圆珠笔。这种笔的早期用户之一是英国的皇家空军，因为这种笔在高空中书写性能良好。1945年，比罗将专利卖给了一位法国男爵。法国人得到圆珠笔的专利后，专门开发了一个制造圆珠笔的工业流程，将第一批廉价圆珠笔生产出来。圆珠笔因使用干稠性油墨，具有不渗漏、不受气候影响，书写时间较长，无须经常灌注墨水等优点，成为近数十年来风靡世界的书写工具。

20世纪40年代

乌斯特条干均匀度仪研制成功　20世纪40年代，瑞士乌斯特（Uster）公司研制成功条干均匀度仪，用以测定棉条、粗纱和细纱的条干均匀度。这种仪器根据纱条通过电容极板间时电容量随纱条线密度变化而改变的原理设计而成。仪器出现后逐步发展出各种型号。其中B型适用于棉、毛、人造棉和麻纱等短纤维纱条，C型适用于化学纤维长丝和合成纤维纱条。早期的仪器能自动记录不匀率曲线，并能计算出纱条的平均差系数。现在的仪器能自动调换管纱，自动调节平均值和自动打印出方差系数或平均差系数。这种仪器还配有波谱仪和疵点仪。波谱仪可画出纱条不匀波谱图，借以分析纱条不匀性质和不匀产生的原因；疵点仪可记录纱条上的粗节、细节和棉结的数量。

无纺织布工业化生产　无纺织布指以纺织纤维为原料，经过黏合、熔合或其他化学、机械方法加工而成的产品。这种产品因为未经传统的纺纱、机织或针织的工艺过程，所以也称无纺布、不织布。无纺织布的工业化生产始于20世纪40年代，它的生产技术起源于造纸和制毡，由于产量高、成本低、使用范围广而得以迅速发展。20世纪50年代以后，无纺织布生产技术得以改进，针刺、簇绒、缝编等技术相继被采用，天然纤维和化学纤维无纺织布的产量大增，用途也日趋广泛。

1940年

温菲尔德［英］和迪克逊［英］研制成功聚酯纤维　聚酯纤维是一种由有机二元酸和二元醇缩聚而成的聚酯经纺丝所得的合成纤维，中国商品名为涤纶。1940年，英国的温菲尔德（Whinfield, John Rex 1901—1966）等人用对苯二甲酸和乙二醇为原料，在实验室内研制成功聚酯纤维，1941年正式生产，命名为"特丽纶"（Terylene）。1953年美国生产商品名为"达可纶"（Dacron）的聚酯纤维。随后聚酯纤维在世界各国得到迅速发展。1960年聚酯纤维的世界产量超过聚丙烯腈纤维，1972年又超过聚酰胺纤维，成为合成纤维的第一大品种。在中国，聚酯纤维称为涤纶纤维。

美国杜邦公司生产膨体纱　膨体纱是先由两种不同收缩率的纤维混纺成纱线，然后将纱线放在蒸汽、热空气或沸水中处理，此时，收缩率高的纤维产生较大收缩，位于纱的中心；而混在一起的低收缩纤维，由于收缩小，而被挤压在纱线的表面形成圈形，从而得到蓬松、丰满、富有弹性的膨体纱。膨体纱是利用合成纤维受热弹性变形加工成体积高度蓬松的化纤纱。1940年，这种纱线最先在美国出现，当时是采用两种不同收缩率的聚丙烯腈纤维和低收缩率的正规腈纶组合纺纱而成。同年，美国杜邦公司（DuPont

Company）又发明了喷气变形法生产的以尼龙为原料的膨体纱，商品名称为"塔斯纶"（Taslan）。由膨体纱制成的织物具有高度的蓬松性，良好的保暖性、透气性和伸缩性，主要用来制作秋冬季绒毛衫、内衣等。

1941年

美国杜邦公司研制出聚丙烯腈纤维　聚丙烯腈纤维在中国的商品名为腈纶，通常是指用85%以上的丙烯腈与第二和第三单体的共聚物，经湿法纺丝或干法纺丝制得的合成纤维。该纤维有人造羊毛之称，具有柔软、膨松、易染、色泽鲜艳、耐光、抗菌、不怕虫蛀等优点，但耐碱性较差。根据不同用途的要求可纯纺或与天然纤维混纺，其纺织品被广泛地用于服装、装饰、产业等领域。1941年，美国杜邦公司（DuPont Company）研制成功，商品名为"奥纶"（Orlon）。因染色困难，一直未实现工业化生产。1953年，杜邦公司研究丙烯腈与烯基衍生物组成二元或三元共聚物，改善了聚合体的可纺性和染色性，才得以投入工业化生产。1954年，德国拜耳公司推出商品化腈纶纤维，命名为"德拉纶"（Dralon）。

1942年

严中平［中］撰《中国棉纺织史稿》　《中国棉纺织史稿》是中国经济史学家严中平（1909—1991）的代表作品，该书是中国第一部系统论述棉纺织业发展史的专著，1942年刊行初版，原名《中国棉业之发展》，1955年经修订改用现名。全书共9章，叙述从元至元二十六年（1289）元世祖设立"木棉提举司"和"责民岁输木棉十万匹"的实物贡赋制度起，到1937年的中国棉纺织业发展史，特别着重分析鸦片战争后的发展。作者把中国棉纺织业的发展史概括为三个历史时期：鸦片战争前中国棉纺织业的发展（1289—1840年）；中国手工棉纺织业的解体（1840—1890年）；中国近代棉纺织业资本主义生产的发生和发展（1890—1937年）。第三个时期是全书的重点，共分六章加以详述。作者根据大量的中国古代和近代的棉纺织业的史料以及产业革命后其他国家的棉纺织工业发展史料，分析中国近代棉纺织业资本主义生产的发生与发展的过程，从侧面揭示了中国社会的近代发展史。书中提供了大量有关中国手工棉纺织技术传布、棉纺织机具革新的资料和世界近代大机器生产的棉纺织技术的发展及其在中国的传布与中国棉纺织工业的创立、发展的资料。这部书对研究中国近代经济史、棉纺织工业史以及中国棉纺织技术史都具有重要参考价值。

1943年

铁鞣法制革理论研究的新发现 1943年，英国细菌学家弗莱明（Fleming, A.）研究在不同浓度、碱度、时间、中性盐等因素下铁盐的吸收情况。铁的吸收是一个吸附过程，依赖于铁鞣液的碱度。由于铬鞣时铬盐与皮胶原上的酸根的结合同样依赖于碱度，因而他推测铁鞣过程类似铬鞣，其理由是：（1）铁盐与铬盐一样易水解成游离酸和碱式盐；（2）$Fe(OH)_3$水溶胶不起鞣制作用，不能渗透入皮内；（3）由于铁鞣需要先完全渗透，因此沉淀的铁盐对吸收无贡献；（4）由于Fe_2SO_3等可溶物的浓度并不依赖于碱度和Na_2SO_4的浓度，因此不是被吸收的物质；（5）因为吸收现象具有专一性，所以可能是胶原结合了特定的碱式硫酸铁。他对铬、铁结合鞣的研究，证实铁盐的结合比铬盐更快，程度更大。

1944年

色彩调和论 色彩调和，又称色彩和谐，指配色时应使色彩达到和谐、协调、悦目，引起视觉舒适和快感的审美效果。20世纪20年代，德国物理化学家奥斯瓦尔德（Ostwald, Friedrich Wilhelm 1853—1932）、美国色彩学家孟塞尔（Munsell, Albert Henry 1858—1918）及日本色彩研究所（P.C.C.S）在色彩调和及配色调和规律的应用上，都是以色环和色立体为工具，从而达到色彩设计的视觉美感。1944年，美国色彩学家蒙（Moon, Parry Hiram 1898—1988）和斯宾塞（Spencer, Domina Eberle 1920—?）共同发表"色彩调和论"。他们在奥氏、孟氏的色彩认知的基础上，提出"审美度""力矩""力臂"等新观点。色彩调和论强调色彩象征力、主观感知力和色彩辨别力等心理学因素，使色彩达到富有表现力的美学效果。

1946年

法国纺织研究院成立 法国纺织研究院（L'Institut Textile de France，简称ITF）是法国工业部直属的国家科研机构，于1946年成立，院址在巴黎布洛涅。院属纤维材料实验室（通称布洛涅实验室）、里昂分院（ITF-LYON）、米卢斯纺织研究中心（CRTM）、针织研究中心（ITF-MAILLE）等7个科研单位分布在几个纺织工业基地，院部负责领导6个分支机构科研计划协调等管理工作。附设纺织科技情报中心，进行纤维材料结构、性能、测试技术和纺织标准等研究工作。

聚氯乙烯纤维在德国问世 1946年，聚氯乙烯纤维在德国以商品名"佩采乌"（PCU）问世，1950年法国生产的聚氯乙烯纤维称为"罗维尔"，中国称之为"氯纶"。其全部化学组成为氯乙烯，可以将含氯量约57%的氯乙烯均聚物溶解在丙酮-二硫化碳或丙酮-苯等混合溶剂中用干法纺丝或湿法纺丝制得，也可以添加适量增塑剂和耐热剂等，通过模塑法成纤。产品形式有复丝、短纤维和棕丝等。聚氯乙烯纤维具有难燃、耐酸碱、耐磨、较好的保暖性等特点，常用于制作防燃的沙发布、床垫布、耐化学药剂的工作服、过滤布以及保温絮棉衬料等。

第一块预涂感光版（PS版）投入市场 预涂感光版，亦称PS版（Presensitizeds-ensitized Plate缩写），是预先涂覆感光层的感光性印刷版，有阴图和阳图两类。可以直接印刷，也可由胶版间接印刷。1938年，德国卡莱（Kalle）公司进行了预涂感光版的早期试验研究。1946年，研制出第一块重氮化合物预涂感光版，PS版正式投入市场。

美国速溶牛奶公司获干燥凝聚专利 20世纪上半叶，经喷雾干燥以后的食品很难还原至原状。1946年，美国速溶牛奶公司取得了一项凝聚专利。在干燥过程中，喷射干燥的颗粒被重新加湿至含10%的水分并进行振荡，从而聚在一起，重新组成较大的颗粒。当最后再次干燥到水分含量为3%～5%时，颗粒重新组合时相当迅速，制作出来的食品更受人欢迎。现在许多食品，包括咖啡、牛奶及面粉都进行凝聚生产，以得到流动状的食品。

1947年

国际标准化组织成立　国际标准化组织（International Organization for Standardization），简称ISO，是世界上最大的非政府组织，是国际标准化领域中一个十分重要的组织。该组织于1947年2月23日正式成立，总部设于瑞士日内瓦。ISO的宗旨是：在世界上促进标准化及其相关活动的发展，以便于商品和服务的国际交换，在知识、科学、技术和经济领域开展合作。下属的第38技术委员会（代号ISO/TC 38）是纺织品委员会，秘书处设在英国；第72技术委员会（代号ISO/TC 72）是纺织机械及器材技术委员会，秘书处设在瑞士。截至1980年底，国际标准化组织公布有关纺织的标准共172个，内容侧重于术语、尺寸和试验方法等基础标准，并陆续扩展到产品规格、性能、安全、环境保护等国际标准。

微波炉问世　微波炉是一种用微波加热食品的灶具。1945年，美国工程师珀西·勒巴朗·斯宾塞（Spencer, Percy Lebaron 1894—1970）实验时偶然发现了微波的热效应，同年申请了美国利用微波的第一个专利。1947年美国的雷声公司研制成功世界上第一个工业用微波炉。其后经过人们不断改进，1955年，家用微波炉诞生，20世纪60年代开始进入家庭。微波炉的工作原理是：利用其内部的磁控管，将电能转变成微波，以2450MHz的振荡频率穿透食物。当微波被食物吸收时，食物内的极性分子即被吸引，并以每秒24.5亿次的速度快速振荡，这种振荡的宏观表现是食物被加热了。

拉维尼［法］创制皮尺印刻机　皮尺印刻机是一种用来刻印裁缝用皮尺分度的机具，专门用来制造一米长的皮尺。1947年，法国裁缝兼职业教师拉维尼（Larigne, G.）创制，同年申请发明专利。之后，又有人发明了在皮带上刻印分度的皮带尺。

1948年

澳大利亚纺织工业研究所成立　澳大利亚纺织工业研究所是澳大利亚联邦科学与工业研究组织（简称CSIRO）所属的国立科研机构。CSIRO有关纺织方面的研究所有三个：纺织工业研究所、纺织物理研究所、蛋白质化学研究所。1948年，纺织工业研究所在吉朗建立。主要科研内容是：原毛打包、洗毛和毛条炭化工艺；羊毛纤维性能和加工特性；纺织加工工艺和设备，如自拈纺纱和利用棉纺设备进行羊毛纺纱的工艺和设备等；地毯加工工艺和设备；印染和防皱、防缩、防蛀等后整理工艺；降低噪声和污水处理。

国际营养科学联合会成立　国际营养科学联合会（International Union of Nutritional Sciences），简称IUNS，1948年6月在英国伦敦成立，现为国际科学理事会（ICSU）的科学联合会成员之一。以促进国际营养科学研究和应用的协作；鼓励通过召开国际会议、出版物和其他途径交换营养科学研究信息；建立委员会，加强与其他国际组织的联系，积极参与国际科学理事会的活动等为主要宗旨。主要出版物有《国际营养联合会通讯》（*IUNS Newsletter*）、《国际营养联合会名录》（*IUNS Directory*）、《委员会报告》（*Committee Reports*）等。

1949年

热熔染色技术问世　热熔染色技术是用分散染料染涤纶纤维织物的一种主要染色方法。其染色步骤是：首先将颗粒极细且适于热熔染色的分散染料做成高度分散的悬浮染液，以此染液将涤纶纤维织物进行侵轧，然后烘干，再在180～220℃的温度下进行短时间（1分钟左右）的干热高温处理（即热熔）。通过干热高温处理，纤维分子间隙增大，染料受热熔融或变成蒸汽，染料在熔融或气相状态下较容易渗入纤维内部达到上染固色，从而完成染色过程。1949年，杜邦公司（DuPont Company）技术公报上首次出现了关于热熔染色法及染料的总结报告。

英国禁止使用含铅釉料　鉴于操作工在给陶坯施含铅釉料过程中经常出现铅中毒现象，1949年，英国做出了禁止使用含铅釉料的规定。该规定出台后，该年内仅报道过一例铅中毒患者，这与19世纪末一年内400例铅中毒患者的情况形成了十分鲜明的对比。后来无铅釉料及低熔性二硅酸铅熔块的出现，使工人们在给陶坯上釉时发生中毒的危险性逐步降低。然而，直到今天某些国家仍允许在采取防护措施的条件下使用含铅化合物。

捷克斯洛伐克棉纺织工业研究所成立　1949年，捷克斯洛伐克棉纺织工业研究所在乌斯季成立。该所隶属于捷克斯洛伐克棉纺织工业总公司。1960年以前仅从事棉纺织工艺研究，1960年以后开始进行工艺与设备相结合的研究，并于1965年研制成功气流纺纱机，之后又研制成功多相织机。研究所设有机械和物理研究室、自动化数据处理中心、气流纺纱实验工场和机械制造工厂。主要科研内容是：气流纺纱和多相织造工艺与设备，改进纺纱和织造机械的结构，并研究新型纺织机械对于不同原料和产品的适应性能。此外，还承担纺织标准的试验研究。

20世纪50年代

服装裁剪中开始应用缩图排料法 服装裁剪中改进划样作业是为了减少复制样板的工作量和控制衣料的消耗。20世纪30年代，美国的服装工业采用了划样纸，用三张双面复写纸一次可得七张复样，然后将这种样纸覆在辅料上面使用。与此类似，采用1/5比例缩图排料以对划样提供总体考虑的方法也只是概念上的，还没有形成分析过程，直到20世纪50年代初期，这一方法才被采用。这是对改善划样和用料效率进行的认真尝试。

美国英特泰普公司推出具有商业价值的自动照相排字机 20世纪50年代末，美国英特泰普（Intertype）公司成功地推出具有商业价值的自动照相排字机。该机器是由英特铸排机改制而成，是一种采用自动照相的整行排字机，不仅可在一次运转中以长方形活字盘的形式整版直接排在胶片或照相纸上，还可通过操作刻度盘选择合适的镜头，在对印制物不作任何改变的情况下，对其字体的尺寸进行放大或缩小。

英特泰普自动照相排字机

它的问世促进了20世纪下半叶其他商业化类型照相排字机的发展。

西班牙发明经向多梭口织机 多梭口织机是一种同时形成多个梭口、用多只引纬器引入多根纬纱的织机。因相邻两梭口存在同样的相位差，多梭口织机也称多相织机。又因为相邻梭口开成波浪形，又称波形开口织机。多梭口织机分经向多梭口织机和纬向多梭口织机两种。20世纪50年代，西班牙人首先发明经向多梭口织机。到70年代，纬向多梭口织机出现并在瑞士、捷克斯洛伐克、意大利和苏联等国相继使用。由于多梭口织机能同时引入多根纬纱，在织制中使引纬成为连续过程，克服了有梭织机和无梭织机每次引入一根纬纱间歇引纬的缺点，因此能够实现低速高产的要求。但这种织机补纬动作频繁，要求机械动作精确可靠，对纱线质量的要求也高。

捷克斯洛伐克研制出喷射织机 喷射织机指的是用压缩气流或高压水流引导纬纱穿过梭口的织机。用压缩气流引纬的称之为喷气织机；用高压水流引纬的称之为喷水织机。喷射织机在单位时间内的引纬量，依织机筘幅而不同，至少高于有梭织机1~6倍。20世纪50年代，捷克斯洛伐克首先研制和生产出喷射织机。早期喷射织机的工作宽度约为45厘米，70年代已达到360厘米。它的规格和型号很多，可织造各种规格的纯纺、混纺纱或化学纤维长丝的织物。

日本制得高湿模量纤维 20世纪50年代初，日本的石川正之改进黏胶纤维制备工艺条件，并将初生的湿丝条进行高倍拉伸，获得高强度的黏胶纤维，取名为"虎木棉"。这是最早制得的一种高湿模量纤维。这种纤维的结构接近于棉纤维，截面形状接近于羊毛，湿态与干态的强度比达70%，吸水量小，碱溶性低。此后，比利时、瑞士和法国等国相继生产，制得一系列高强度、低延伸度、高湿模量的黏胶纤维，统称波里诺西克。这种纤维兼具棉和黏胶纤维的优点。

1950年

英国研制出全自动平板筛网印花机 全自动平板筛网印花机是一种用平板筛网进行织物印花的机器。其特点是印花时织物所受张力小，既适用于棉丝、合纤等机织物和针织物的印花，又适宜于小批量、多品种的高档织物印花。最早的平板筛网印花是在走车上装有一个筛网，在长台板上刮印织物，每次套印一色。1950年，英国研制出全自动平板筛网印花机，并在布塞（Buser）、斯托克（Stock）和齐默（Zimmer）印花厂投入工业化生产。这种机器借助环状传送带，可以同时套印出红花绿叶等各种色彩的花纹。一段可印8～20种颜色，花样大小可调节，灵活性较大，印制质量较高。

印度丝绸研究协会成立　1950年，印度丝绸研究协会（The Synthetic and Art Silk Mills Research Association，简称SASMIRA）在印度孟买成立。该研究协会的主要科研内容有：合纤聚合纺丝和弹力丝加工；机织、针织（天然丝与合纤丝交织）；染整工艺和新型染料、助剂的应用；工业用合纤织物的研制；理化测试和测试仪器的研制。协会是国家指定的化纤纺织品检验的仲裁机构，同时承担化纤和纺织工业的科技情报、市场调研、技术经济研究和咨询服务。协会附设一所纺织高等学校，有权授予理科硕士和博士学位。协会附设的合纤示范工厂于1982年建成，主要为学生实习和试验而设。出版物有《印度化纤纺织品》《萨斯米拉技术文摘》和《萨斯米拉简报》。

1951年

史密斯［英］研制出电子清纱器　电子清纱器是一种检测和切断纱疵的电子机械装置，1951年由英国人史密斯（Smith）创制。其原理是通过传感器把纱线的粗细转换成相应的电信号，信号经处理后控制执行机构将超过设定的粗细度和长度的纱疵切断，以清除影响产品质量的纱疵。由于清纱效果好，对纱线无损伤，调整方便，自面世后很快得到推广，并广泛用于络纱机、并线机和自由端纺纱机。现代的电子清纱器趋向于绝对测量和多功能，如电子清纱器与纱疵仪、电子计算机相连接的系统，可用于对络纱产量、效率以及纱疵等进行检测和数据收集。

华东纺织工学院成立　华东纺织工学院创建于1951年，由上海纺织工学院、交通大学纺织系、上海市立工业专科学校纺织科3所院系合并而成。1952—1956年，先后有6所院系调整并入华东纺织工学院。它是中国纺织院校中规模最大、专业设置比较齐全、理工结合的纺织大学。1985年更名为中国纺织大学，1999年更名为东华大学。学校现设有纺织、服装与艺术设计、材料科学与工程、机械工程、信息科学与技术、计算机科学与技术等17个专业学院。其中纺织学院是具有雄厚学科基础并体现东华大学传统纺织特色的主体院系，下设纺织材料、纺织工程、非织造材料与工程、纺织品设计与产业经济、高技术纺织品以及针织与服装工程，共6个大系，拥有纺织面料技术教育部重点实验室和教育部产业用纺织品工程研究中心，国家计量标准认证的"纺织检测中心"，学院级纺织中心实验室、复合材料研究中心和生物医用纺织品研究中心等教学研究基地，为国家培养了大批纺织技术人才。

熔喷法非织造布技术出现　熔喷法工艺特点是将高聚物树脂通过螺杆挤出机挤压熔融塑化后，通过计量泵精确计量送给喷丝组件，在高速高压热空气流的作用下拉成超细（0.5～1微米）纤维后，在收集装置上形成熔喷非织造布。熔喷法非织造布可以使用多种聚合物材料，如聚丙烯、聚酰胺等。1951年，美国利特尔公司研究用气流喷射熔液纺丝法，生产聚苯乙烯超细纤维非织造布，并获得美国专利。产品主要用于美国空军的过滤材料等。20世纪70年代后期，美国埃克森美孚公司（Exxon Mobil Corporation）将此技术转为民用，使得熔喷法非织造布技术得到迅速发展。目前，已有320多项与熔喷技术及其产品有关的专利。

1952年

喷气织机取得专利　喷气织机是采用喷射气流牵引纬纱穿越梭口的无梭织机。其工作原理是：利用空气作为引纬介质，以喷射出的压缩气流对纬纱产生摩擦牵引力进行牵引，将纬纱带过梭口，通过喷气产生的射流来达到引纬的目的。1914年，美国人布鲁克斯（Brooks，I.H.）在英国申请了采用空气引纬的专利。1929年，美国人巴罗（Ballou，E.H.）发明用成型金属作外管道，以引导气流和提高气流速度的措施。1949年，捷克斯洛伐克纺织研究院首先研制了P-45型狭幅喷气织机。第一台商业化的喷气织机Maxbo是由瑞典人麦克斯·沸鲍（Max Paabo）设计出来的，并于1952年获得专利。1970年后，喷气织机开始广泛应用于工业生产。

英国皮尔金顿公司发明浮法玻璃生产工艺　这是一种将玻璃液漂浮在金属液面上制得平板玻璃的工艺，由英国皮尔金顿公司于1952年发明。1959年初，浮法生产工艺在商业上的成功被完全公开。1970年之后，许多国家已获得用浮法技术生产玻璃的许可。其大体工艺流程是：将玻璃液从池窑连续地流入并漂浮在有还原性气体保护的金属锡液面上，依靠玻璃的表面张力、重力及机械拉引力的综合作用，拉制成不同厚度的玻璃带，经退火、冷却而制成浮法玻璃。由于这种玻璃在成型时，上表面在自由空间形成火抛表面，下表面与熔融的锡液接触，因而表面平滑，厚度均匀，不产生光畸变，其质量不亚于磨光玻璃。

美国阿尔拉克公司研制成功锦纶4　锦纶4是聚酰胺纤维的一种，因其分子结构单元中有4个碳原子，故称聚酰胺4纤维。该纤维染色性能良好，耐磨性和弹性与锦纶6相似，不易沾污，但尺寸稳定性差，适于制作袜子、内衣及装饰布等。1952年，美国阿尔拉克公司（Alrac Company）首先研制成功。随后，日本、德国和意大利等国都进行了大量研究工作。

1953年

塑料拉链问世　在拉链问世后的几十年内，拉链都是用金属制成。直到1953年，德国奥普提公司用塑料拉链代替金属拉链获得成功，从而大大降低了拉链的生产成本。1955年，塑料拉链上市，立刻受到消费者的青睐，德国40家生产塑料拉链的工厂也因此获利丰厚。以塑料制作拉链是拉链生产行业的一次革命。

1954年

中国纺织工程学会成立　中国纺织工程学会的前身是中国纺织学会，1930年4月20日创立于上海。该学会是以纺织科学技术为主要活动内容的学术性群众团体，是中国科学技术协会的组成部分。1949年8月，中国纺织学会在上海举行第14届年会，决议把学会改组为中国纺织染工作者协会。1950年11月，在北京召开的中国纺织染工作者协会代表会议上又决议恢复原名。1951年2月，中国纺织学会加入中华全国自然科学专门学会联合会（1958年并入中国科学技术协会）。根据联合会的要求，学会在原有基础上，合并中国原棉研究学会和中国染化工程学会，筹组中国纺织工程学会。1954年2月召开的中国纺织工程学会第一届代表大会，宣告中国纺织工程学会正式成立，总会设在北京。2010年12月召开了第二十四届代表大会。学会现有分支机构21个，分别为：棉纺织、毛纺织、麻纺织、针织、化纤、染整、丝绸、纺机器材、纺织设计、家用纺织品、服装服饰、标准与检测、空调除尘、技术经济、产业用纺织品、信息、环保、新型纺纱等18个专业委员会，以及学术工作委员会、标准化技术委员会、青年工作委员会3个工作委员会。出版物主要有《纺织学报》《毛纺科技》《纺织空调除尘》等。

色光加法混合律　色光加法混合律是指将两种以上色彩混合得到的色光比混合前更明亮的规律。1954年，格拉斯曼（Grassman，H.）首次提出色光加法混合律，其核心内容是：色彩经混合，对人眼的感觉是几种色光刺激视神经而引起的色彩效应，各波长的色光相加而得到新的色光。如红、绿、蓝三种色光混合得白色；红色光与绿色光混合呈黄色；绿色光与蓝色光混合得青色等。各中间色混合、互补色混合也是如此，如红色光和青绿色光、紫色光和黄绿色光混合得灰色，黄色光和紫青色光混合得白色等。

1955年

日本研制出波轮式洗衣机　1955年，日本研制出波轮式洗衣机。这种洗衣机的桶底装有一个圆盘波轮，上有凸出的筋。在波轮的带动下，桶内水流形成了时而右旋、时而左旋的涡流，带动织物跟着旋转、翻滚，从而清除衣服上的污垢。虽然波轮式洗衣机对衣物磨损率大，用水多，但洗净率高，而亚洲人又习惯用冷水清洗衣物，故在亚洲地区较为流行。

国际法制计量组织（OIML）成立　国际法制计量组织（Organisation Internationale de Métrologie Légale）法文缩写为OIML，是一个从事法制计量工作的政府间组织。1955年10月12日，美国、联邦德国等24个国家的代表在巴黎签署了《国际法制计量组织公约》，决定正式成立国际法制计量组织。OIML的主要任务是：搜集各国法制计量机构及法制计量器具的文献和情报，确定法制计量的一般原则，制定并推荐国际性计量技术法规，组织新检定方法和国际交流，协调国家间制造、使用和检定计量器具中出现的技术和管理问题，促进成员国主管法制计量部门的联系。

1956年

苏联发现红色素2号含有致癌物质　红色素2号是一种合成色素，分子式：$C_{20}H_{11}N_2Na_3O_{10}S_3$。它作为食用色素的使用，由来已久。1956年，苏联科学家发现红色素2号含有致癌物质，但美国食品药品监督管理局（FDA）以"理由不充分"为由，拒绝承认苏联的研究成果，直到1976年才正式承认红色素2号的致癌作用，下令禁止在食品中使用红色素2号。在此之前，红色素2号一直是用途最广泛的食品色素，几乎存在于日常使用的所有加工食品之中，比如番茄酱、糖果、果冻、香肠和众多调味品等。

中国纺织科学研究院成立　1956年，中国纺织科学研究院在北京成立。其成立之初是中国纺织工业部直属的综合性科研机构，1999年转制为中央直属大型科技企业，2009年并入中国通用技术集团公司，是纺织行业最大的综合性研究开发机构和实力较强的高新技术产业集团。该研究院拥有一支高水平的研究开发队伍和较为完备的实验仪器设备及中试车间，是纤维基复合材料国家工程研究中心、国家合成纤维工程技术研究中心、纺织行业生产力促进中心、国家纺织制品质量监督检验中心、纺织工业标准化研究所的依托单位，也是纺织行业技术开发基地。

英国帝国化学工业公司发明活性染料　活性染料是指在这类染料中有活性基因，它可以与纤维发生化学反应，从而使染料和纤维牢固地结合在一起。该染料是英国帝国化学工业公司于1956年发明的。早期生产的活性染料，其分子结构中存在三聚氯氰活性基因，基因借助其中剩余氮原子在染色过程中具有与纤维的羟基发生化学反应的活性，而使染料和纤维以牢固的化学键结合。这类染料色泽鲜艳，坚牢度较好，耐洗，使用方便，成本较低，可印可染，不仅用于天然纤维，也用于合成纤维。

梅斯特拉尔［瑞］发明尼龙搭扣　尼龙搭扣是由尼龙钩带和尼龙绒带两部分组成的联结用带织物。1956年，瑞士人梅斯特拉尔（de Mestral，George 1907—1990）发现自己爱犬的毛如果被长满了微小钩刺的牛蒡籽粘上就很难清理后，受此启发，发明出尼龙搭扣。尼龙搭扣的原理是：只要将尼龙钩带和尼龙绒带这两种带子对齐后轻轻挤压，毛圈就被钩住，起到联结作用，而且只能从搭扣的头端向外稍用力拉时才能将钩带和绒带撕开。其特点是：使用方便、不生锈、质轻、可洗、快捷，并且在缝件上柔软。

1957年

彭泽益［中］编《中国近代手工业史资料》　《中国近代手工业史资料》是中国近代经济史参考资料丛书之一，由中国科学院经济研究所彭泽益（1916—1994）主编，1957年出版。全书共4卷，书中附有大量图片。这部书辑录了自1840年鸦片战争到1949年中华人民共和国成立为止一百余年间有关中国近代纺织、缫丝、陶瓷、造纸、制盐、制茶等手工业发展的重要史料。根据中国近代历史的各个重大转折时期，按地区分门别类地辑录了中国手工业发展演变过程和相关历史背景资料。关于中国近代手工棉纺织业、缫丝业和丝织业的情况，在书中占有重要的地位，材料翔实。内容涉及清朝官营的京内织染局、宁苏杭三地织造局的机构沿革、工匠分工和配置、织机数量、产品品种和产量等，以及分布于全国各地城镇的广大个体经营的纺织业铺坊资料。该书对于了解和研究中国近代纺织技术和纺织经济发展道路和发展规律有重要的参考价值。

哥茨莱德［德］发明涡流纺纱　涡流纺纱是利用固定不动的涡流纺纱管代替高速回转的纺纱杯进行纺纱的一种纺纱方法。1957年，德国人哥茨莱德（Gatzfreid）设计发明。其最主要的特点是省去了高速回转的纺纱部件。由于采用气流加捻，摆脱了高速加捻部件引起的转动惯性问题和轴承负荷问题，以及因纺纱形成的气圈而增大了纺纱张力的问题。与其他纺纱比较，涡流纺纱的优势是：速度快、产量高、工艺流程短、制成率高、适纺性强、宜做起绒产品、操作简单、接头方便。缺点是：适纺原料的范围仅局限于中短化纤；成纱由于纤维伸直度较差而凝聚过程过于短促，使纱的结构较松散，纱的强度较低。

电磁炉问世　电磁炉又被称为电磁灶。1957年，第一台家用电磁炉诞生于德国。1972年，美国开始生产电磁炉，20世纪80年代初电磁炉在欧美及日本开始热销。电磁炉的原理是磁场感应涡流加热，即利用电流通过线圈产生磁场，当磁场内磁力线通过铁质锅的底部时，磁力线被切割，从而产生无数小涡流，使铁质锅自身的铁分子高速旋转，因铁分子旋转时相互碰撞摩擦生热，从而直接加热锅内的食物。

1958年

天津针织技术研究所成立　1958年，天津针织技术研究所成立。该所主要以针织绒类织物、装饰织物、医用织物的新产品、新工艺、新设备应用研究为重点，并从事针织行业科技情报、产品标准研究和物理化学测试服务。1973年，创办《针织工业》期刊。该期刊是全国中文核心期刊，是目前中国针织行业唯一向国内外公开发行的科技期刊。

美国杜邦公司发明水刺法非织造布　水刺法又称射流喷网成布法，利用高压水流穿、刺纤网，使纤维间相互缠结的非织造织物。1958年，美国杜邦公司（DuPont Company）首先研制成利用多只极高水压的喷射器对纤网进行直射和反弹，形成搅动，使纤维缠结加固的设备，并获得专利。由于水刺法的独特工艺技术以及适宜涤纶、锦纶、丙纶、黏胶纤维等，现广泛应用于医疗卫生产品和合成革基布、衬衫、家庭装饰领域。

1959年

美国杜邦公司工业化生产氨纶　氨纶是聚氨基甲酸酯纤维的简称，是一种弹性纤维，具有高延伸性、低弹模量和高弹性回复率，与天然乳胶丝十分相似。其分子结构为一个像链状的、柔软及可伸长性的聚氨基甲酸酯，通过与硬链段连接在一起而增强其特性。1959年，美国杜邦公司（DuPont Company）研制出自己的技术并开始工业化生产氨纶，商品名为莱卡（Lycra），亦称斯潘德克斯（Spandex）。

斯瓦杜［捷］发明喷水织机　喷水织机是采用喷射水柱牵引纬纱穿越梭口的无梭织机。喷水引纬对纬纱的摩擦牵引力比喷气引纬大，扩散性小，适应表面光滑的合成纤维、玻璃纤维等长丝引纬的需要，同时可以增加合纤的导电性能，有效地克服织造中的静电。1959年，世界上第一台喷水织机由捷克斯洛伐克人斯瓦杜（Svaty, Vladimír 1919—1986）发明并取得专利。同年，捷克斯洛伐克开始生产箱幅105cm、车速400r/min的H型喷水织机。20世纪60年代，自日本公司引进捷克专利仿制生产后，喷水织机的技术有了质的飞跃。

自调匀整装置用于棉纺 1959年，在意大利米兰第三届国际纺织机械展览会上，瑞士格拉夫（Graf）公司首次展出了用于梳棉机的自调匀整装置。在纺纱过程中，这种装置应用于罗拉牵伸过程、针梳牵伸过程和梳理过程，可以根据喂入或输出纤维条重量与额定值的差异，自动调节牵伸倍数，使输出纤维条达到标准重量。它的出现使清梳联合机用于生产成为可能，并为清梳联合机的应用奠定了技术基础。

20世纪60年代

单程式穿经机研制成功 穿经是根据织物上机图将织轴上的经纱依次穿入经停片、综和筘的工艺过程。穿经有手工和机械两种方式。早期的穿经采用手工方式，劳动强度高，产量低。20世纪60年代，中国模仿手工穿经的动作研制出单程式穿经机，使分纱、分经停片、分综、穿引和插筘等五项穿经基本动作在同一台机上自动完成，实现了机械自动化，同时大大提高生产效率。

美国杜邦公司研制出包缠纺纱机 20世纪60年代中期，美国杜邦公司（DuPont Company）研制出最早的包缠纺纱机。这种机器以条子喂入，用一吸嘴把须条吸出，须条经过假捻器获得必要的强力，然后由引纱罗拉输出。由于须条具有一定的宽度，假捻时一部分边纤维未受控制，经过假捻器后大多数纤维退捻，而这部分边纤维却得到额外的捻度缠绕在退捻的纱芯上，形成包缠纱。到70年代，日本和中国相继研究出喷气纺纱法，利用一个或两个喷嘴对纱条进行（加捻）假捻，使部分纤维包缠在芯纤维上形成包缠纱。

薄膜成纤技术出现 薄膜成纤是一种成纤聚合物经熔融挤压成膜再加工成为纤维的方法。这种技术创自20世纪60年代，70年代有了很大发展。薄膜成纤工艺的优点是：流程短，设备简单，操作方便，所需厂房面积小，效率高，成本低。薄膜成纤的产品一般用于工业，如制造地毯（面毯和底布）、绳索、渔网、粗缝纫线、无纺织布、包装袋布、家具布、人造草坪、水坝和建筑增强材料等。工业上使用薄膜法最多的聚合物是等规聚丙烯纤维，其次是聚酯纤维、低压聚乙烯和聚四氟乙烯等。

多向立体织物出现 多向立体织物是由碳纤维做原料经特种编织工艺加工而成，是碳/碳复合材料的基材，简称nD织物。n表示向数，D表示方向。

它与传统的平面织物不同，呈立柱体状。织物中碳纤维按规定的空间位置编成紧密交叉的网络结构。最早的多向立体织物是3D织物，出现于20世纪60年代。到70年代又逐步研制出了4D、5D……11D、13D织物。碳/碳复合材料具有比重小、模量高、强度高、刚性好、内阻尼大、耐高温、耐腐蚀、耐疲劳、耐磨等优良特性，是新型的尖端材料之一。最初用于导弹和航天器材，到70年代后期逐步推广到民用，用以制作车身、船体、假肢、医疗器械、化学品贮罐、高速回转器件和体育用品等。

1961年

伊顿［瑞］建立色彩表现理论　色彩表现理论是以几何形状来表征色彩的潜在心理价值的一种学说。1961年，瑞士色彩学家伊顿（Itten，Johannes 1888—1967）在他的《色彩艺术》一书中，首次建立以色彩形状表现心理形象性格的理论。如正方形象征静止，三角形象征思想，圆形则表示运动。其中三原色中的红色具有重量感和不透明性，与正方形的静止、庄重感的形状一致；黄色明澈而无重量，与锐角并有进取感的三角形一致；蓝色有透明感，与有移动感的圆形一致。原色相加的间色，其形状是两种色形的综合，即橙色为梯形、绿色为球面三角形、紫色为椭圆形。

1962年

自拈纺纱技术出现　所谓自拈纺纱，是在两根单纱条上加上具有正反拈向相间的假拈，然后立即将两根单纱条紧靠在一起，依靠两根纱条的抗扭力矩自行拈合成具有自拈拈度的双股自拈线（ST线）。1962年，一个英国专利最先介绍了这种新型纱线结构的概念。其后不久，澳大利亚人根据这个专利发明自拈纺纱机。自拈线的毛型感强，手感柔软、丰满，成圈性能好，可用于生产纬编化纤仿毛针织物和色织物。

A005型上抓式自动抓棉机　抓棉机是用于从棉包上抓取成小块原棉借气流输送到混棉机的机械，是棉纺织厂开清棉的主要设备之一。1962年，梅建华设计的A005型上抓式自动抓棉机，由墙轨、双棉台、抓棉小车和伸缩管等部件组成。

1963年

荷兰斯托克公司研制出卧式圆网印花机　圆网印花是利用刮刀使圆网内的色浆在压力的驱使下印制到织物上的一种印花方式。1963年，荷兰斯托克（Stork）公司研制出世界上第一台卧式圆网印花机。这种机器既有辊筒印花生产效率高的优点，又有平网印花色泽浓艳和大花型的特点，被公认为是一种介于辊筒印花和平网印花之间，在印花技术上有重大突破和发展的印花机。圆网印的关键部件是圆网，一般有无缝镍质圆网和合成纤维无缝圆网两种。镍网常用电铸成型法制成，网眼呈六角形；合成纤维圆网内部衬有金属框网支撑，印制精细花纹效果良好。圆网的印花图案一般用感光方法制成，通常可印6～20种色彩。

清梳联合机正式投入市场　1957年，瑞士立达（Rieter）公司开始研制清梳联合机，并采用一种类似于清棉配棉系统的间道、阀门，用气流输送到梳棉机的Aerofeed系统。1962年，立达公司将第一批Aerofeed系统先后提供给瑞

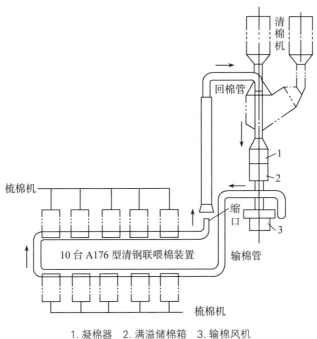

1.凝棉器　2.满溢储棉箱　3.输棉风机
清梳联工艺过程

士的Figi纺纱厂和美国的Gratex纺纱厂使用。1963年第四届国际纺织机械展览会（ITMA）首次展出了清梳联装置；同年，德国特吕茨勒（Trützschler）公司开发的Exactafeed FBK棉箱也正式投入市场。这种机器将原来清棉机对棉流的加压、成卷、落卷、堆放、搬运以及梳棉机的上卷、换卷、退卷、搭接头等一系列人工操作，改为开清棉机的棉流经过梳棉管道和连接棉箱直接喂入梳棉机，将原棉在开清棉机中的开松、紧压、喂入梳棉机再开松的间歇加工工艺，改为连续开松的加工工艺。它的出现为纺纱工艺实现自动化、连续化生产迈出了重要的一步。

1964年

CIE1964表色系统　CIE1964表色系统出现的主要原因，在于如果在大面积的视野条件下，小于4° 视场的CIE1931表色系统会因不同观察者视觉构造所影响，在判别色彩上产生某些程度的变化，于是在1964年另行制定适用于4～10° 视场的色彩测量基准，称之为"1964补充标准色度学系统"。该系统的基础理论是根据斯泰尔斯（Stiles，Walter Stanley 1901—1985）及其研究伙伴的两项实验结果所制定。比较CIE1931表色系统与CIE1964表色系统，最大的不同在于相同波长的光谱色在各自光谱轨迹上的位置有相当大的差异，因此视觉角度增大的确让受测者在色彩的匹配上有所提升。

国际羊毛局推出纯羊毛标志　国际羊毛局（The Woolmark Company）原称国际羊毛秘书处（International Wool Secretariat）为了保证羊毛产品的质量，于1964年设计了由三个毛线团组成的"纯羊毛标志"。凡纯羊毛制品达到国际羊毛局规定的强力、色牢度、耐磨、可洗性等品质要求，经该局核

纯羊毛标志

准，可使用该标志。纯羊毛标志已是国际市场上闻名的纺织标志，目前在全球超过67个国家和地区拥有3000多家特许权企业在其成衣、地毯、家用纺织品、洗衣机及洗涤剂等产品上使用纯羊毛标志。零售市场上，每年超过40亿的服饰产品上挂有纯羊毛标志，倍受零售商和消费者的青睐。

1966年

高锟［美］提出光导纤维在通信上应用的基本原理　1966年，生于中国上海的美籍华裔物理学家高锟（1933—2018）发表了一篇题为《光频率介质纤维表面波导》的论文，开创性地提出光导纤维在通信上应用的基本原理，描述了长程及高信息量光通信所需绝缘性纤维的结构和材料特性。简单地说，只要解决好玻璃纯度和成分等问题，就能够利用玻璃制作光学纤维，从而高效传输信息。在高锟提出这个原理的时候，玻璃纤维纯度不高，光通信讯号每传导1米，就要损耗20%，光的传输距离不超过10米，根本无法找到可以应用这个原理的玻璃材料。1972年，美国的一家公司制造出传输损耗20dB/km的光导纤维，高锟的设想开始接近现实。1981年，第一个光纤传输系统在美国问世，高锟的设想终于变成现实。

1968年

HVI棉纤维测试仪问世　HVI是棉纤维大容量测试仪英文名称High Volume Instrument的缩写。该测试仪由美国Spin Lab公司和NCI公司于1968年研制成功，用于测量棉纤维长度、长度整齐度、短纤维指数、强力、伸长率、马克隆值、色泽等级、水分和杂质。它的出现使轧花厂和棉纺厂能根据测试得到棉纤维的品质信息，及时调整优化各台机器的工况，使之能高效生产出优质棉花和棉纺织产品。现在国际纺织生产联合会成员国均已采用HVI检测仪作为指导用户生产以及商贸交易的测试仪器。

天津纺织工学院成立　天津纺织工学院是在天津大学纺织系与天津纺织工业学校的基础上成立的，是中国北方的一所专业设置比较齐全的纺织工业大学。原名河北纺织工学院，成立于1958年，1968年改名为天津纺织工学院，2000年合并天津市经济管理干部学院，并更名为天津工业大学。

1969年

全球第一台水平式夹网纸机建成投产　长网纸机和圆网纸机上面的成形器都是单面脱水，而双面脱水是消除纸张两面差和提高纸机车速及产量的一个重要途径。为此，人们经长时间的摸索和改进，直到1969年，全球第一台安装有水平式夹网成形器的纸机才在加拿大魁北克北岸造纸厂（Quebec North Shore Paper）投产。同年，美国金佰利-克拉克（Kimberly-Clark）公司开发出用在薄页纸机上的新月形成形器，并申报了专利。因为薄页纸生产的特点，新月形成形器由成形网和毛毯包裹在大直径成形辊上形成夹网形式。这种成形器脱水能力大，纸浆在压榨毛毯上直接成形，网毯之间不再需要传递装置。1989年克拉克公司的专利到期，其他制造商相继仿制，新月形纸机从此获得广泛使用，成为现代生产薄页纸的主力纸机。在造纸机的历史上有三件大事，发明夹网纸机是其中之一。

20世纪70年代

液晶纺丝技术出现 液晶纺丝是将具有各向异性的液晶溶液（或熔体）经干-湿法纺丝、湿法纺丝、干法纺丝或熔体纺丝纺制纤维的方法。这是20世纪70年代发展起来的一种新型纺丝工艺，可以获得断裂强度和模量极高的纤维。液晶纺丝的特点是纺丝的溶液或熔体是液晶，这时刚性链聚合物大分子呈伸直棒状，有利于获得高取向度的纤维，也有利于大分子在纤维中获得最紧密的堆砌，减少纤维中的缺陷，从而大大提高纤维的力学性能。

川端季雄［日］设计制造出KES-F系列织物风格仪 织物风格仪是指检测织物某些物理机械性质来综合评定织物风格的仪器。织物风格广义上指织物在人的触觉和视觉官能上的反应；狭义仅指触觉而言，即通常所称的手感。1930年出现用悬臂梁法测定织物试样的弯曲长度和弯曲刚度，以此来表示织物的手感性质。到20世纪50年代，美国学者提出用圆形试样通过环圈时的最大牵引力来表示织物手感，从而出现了早期的手感检测仪。70年代初，日本学者川端季雄提出用织物的纯弯曲性、表面特性（摩擦系数和粗糙度）、拉伸性（包括剪切）、压缩性等综合反映织物风格，并由检测这些性质的仪器组成KES-F系列织物风格仪。用这一系列四种仪器测得16个指标，按织物的不同用途评定挺（刮）、滑（爽）、丰（满）等基本风格值，再输入计算机求出综合风格值。该风格仪是迄今为止运用较为成熟的客观评定系统。

捷克斯洛伐克研制成功织编机 织编机是一种用机织和针织相结合的方

法织制织物的机器。20世纪70年代在捷克斯洛伐克研制成功。这种织机的开口、送经和卷取机构与传统织机相同，打纬机构与传统织机相似，只是在引纬机构方面改变了传统织机单根纬纱全幅引纬方式，用数百根纬纱把全幅均匀分成数百段，每根纬纱分别穿过各自的引纬针，同时引入对应的各段梭口与经纱交织形成机织纵条。在主轴每两转中引纬针左右摆动一次。在机织纵条间设有舌针，当舌针伸入梭口时，引纬针向左或向右摆动，于是纬纱便垫上左、右侧舌针针头形成线圈。当舌针退出梭口时，新引入纬纱形成的线圈便与旧线圈串套连接，构成针织纵列。织编机制成的织物纵向用若干条经纬交织的双纬织物为基础，以经编成圈方式将各纵条中的纬纱线圈串套连接起来，构成机织、针织相间排列的整幅织物。其中机织部分约占80%，其余是针织部分。织物兼具机织物尺寸稳定和针织物横向弹性的优点，但也带有针织物逆向脱散性的缺点。

CAD/CAM系统在服装行业开始应用 20世纪70年代初，CAD/CAM（Computer Aide Design/Computer Aide Manufacture）系统在服装行业开始应用。该系统最初主要用于排料，以显示衣片的排列和裁剪规律。美国的格柏（Gerber）公司和法国的力克（Lectra）公司开发了最早的计算机排料系统。不过，这些系统初期是基于单片机设计的，机体庞大而且昂贵。随着计算机技术的发展和CAD/CAM系统应用的不断扩大，CAD/CAM系统中又开发了放码功能。而后，针对服装生产的各个阶段，服装CAD/CAM系统不断扩充，到目前为止，几乎涵盖了服装生产的各个阶段和领域。

转移印花技术出现 20世纪70年代在中国出现的一项新的印花工艺。它与液相反应法的防染、拔染印花不同，是一种干法加工工艺，采用气相反应法的升华法转移印花。其大概的工艺流程是：用印刷的方法将合适的染料在特种纸上印上所要印花的图案，制成转移印花纸（简称印花纸）。再将印花纸印上染料的一面与初印织物结合，通过高温和压力的作用，使染料升华成气体扩散进入织物纤维中，从而将印花纸上的图案转移到织物上。主要优点是：织物在转印后不需要湿法处理加工，可节约大量用水，没有染料污染的废水处理问题。缺点是：转移印花用纸量大，印花纸价格高，染料选择有局限性。

自动络筒机问世　络筒是纺纱织布中的一道重要工序。该工序的重要任务是把细纱工序纺出的管纱头尾相接，变成长长的纱线卷绕成筒子形状，提供给下道工序"整经"作织布时的经纱，或是摇成绞纱，染成色线。完成这项任务的主要设备是络筒机。早期的络筒机是人工接头，接管、换筒，劳动强度大，用人多，生产率低。20世纪70年代自动络筒机出现。该机包括：自动接头、自动换管、满管自停、故障自停、自动运输筒子和自动清洗等装置。为了提高纱线质量，还配有自动验结和电子清纱器，自动检测条干不匀的纱线，并自动切除。

1970年

国际食品科学技术联盟正式成立　国际食品科学技术联盟（International Union of Food Science and Technology）是全球食品科技工作者的国际学术团体，简称IUFoST。其前身是食品科学小组，由澳大利亚、美国、英国、加拿大、瑞典、印度等国的食品科学家和食品工艺学家组成。1962年在英国伦敦召开第一届世界食品科学技术会议，组成国际食品科学技术委员会，作为食品科学小组的一个特设机构。1966年在波兰华沙召开第二届会议，会上国际食品科学技术委员会作为各国食品科学技术协会的国际联合组织获得公认。1970年在美国华盛顿召开第三届会议，会上正式宣布成立国际食品科学技术联盟。联盟的宗旨是：在成员组织的科学家和专家之间进行国际合作和交流科学技术情报；支持食品科学在理论和应用领域的国际进展；提高食品加工、制造、保藏和流通技术；促进食品科学技术教育和培训。

双纱捻纺机问世　双纱捻纺机是一种在环锭精纺机上添加附加装置，由一道工序完成纺纱、并纱和捻线三种功能的纺机。1970年，澳大利亚联邦科学与工业研究机构（CSIRO）及国际羊毛局（IWS）联合研究发明。它的出现，使毛纺细纱机的产量增加一倍，并可纺制高支纱线。1971年，该机首次在国际纺织机械博览会上展出，随后不久，众多纺织机械制造公司都借鉴或采用这种纺机的机构和工作原理。

1971年

美国电纺公司在国际纺织机械展览会上展出静电纺纱机 静电纺纱是自由端纺纱的一种形式。其基本原理是当电介质放入静电场中将出现极化过程，使两端产生束缚电荷。由于这种束缚电荷的出现，电介质在静电中极化后受库仑力的作用，使纤维伸直、排列、凝聚获得自由端。静电纺纱能使传统纺纱过程中的加捻和卷绕过程分开，达到高速、高产及缩短工艺流程。静电纺纱的研究起源于美国，1949年，美国人肯尼迪（Kennedys, E.S. 1919—1995）首次获得静电纺纱装置的专利，其后美国不少纺织企业进行静电纺纱研究。1971年美国电纺公司在国际纺织机械展览会上曾展出一台20锭样机（ESPⅢ型），引起人们对静电纺纱研究的重视。自此以后，静电纺纱机得到较快发展。

数控工业缝纫机问世 数控工业缝纫机是一种以程序纸带控制缝制衣服特定部位（领、袋、袖头、门襟等）尺寸和式样的缝纫机，简称"NC"缝纫机。这种由电脑程序控制的缝纫机的最大特点是：变换尺寸和式样便捷，使成品规格标准化，并使工人可以进行多机台操作，大幅度提高缝制的劳动生产率。1971年，日本东京重机工业（Juki）公司，美国格伯（Gerber）公司、意大利内基（Necchi）公司相继开发出自己品牌的数控工业缝纫机，并在世界纺织服装机械博览上展出。

日本东丽公司推出人造麂皮绒 人造麂皮绒是以涤纶、腈纶、锦纶、醋酸纤维等化学纤维为原料，用起绒或植绒法制得的类似天然麂皮的织物。1971年，日本东丽公司首先推出爱克萨纳（Ecsaine）人造麂皮制服装。其后几年内，日本、意大利、德国等国相继用静电植绒法制得仿麂皮织物。1981年，日本仓敷公司又发明出索夫里纳（Sofrina）茸毛型仿麂皮织物。1982年，日本东丽公司则发明出用复合纤维织成底布，经聚氨酯浸渍、磨绒，再经起绒、后整理加工成型，结构与天然麂皮非常相似的双面高级人造麂皮绒。它克服了动物麂皮着水收缩变硬、易被虫蛀、缝制困难的缺点，具有质地轻软、透气保暖、耐穿耐用的优点，适宜制作春秋季大衣、外套、运动衫等服装和装饰用品，也可用作鞋面、手套、墙布等。

1972年

美国牛顿长丝制造公司研制成功尼龙12　尼龙12，即聚十二内酰胺纤维，脂肪族聚酰胺纤维的品种之一。该物质以丁二烯为原料，经三聚化先制成环癸三烯，再经环十二烷酮、环十二烷酮肟等中间体，最后通过贝克曼重排制成聚十二内酰胺，用溶体纺丝法制成纤维，耐酸、耐碱、耐油。1972年，由美国牛顿长丝制造公司（Newton Filament Co.）研制成功，并率先进行生产。

1974年

商品条形码得到应用　1952年，美国人伍德兰德（Woodland, Norman Joseph 1921—2012）和希弗尔（Silver, Bernard 1924—1963）申请了全方位条形码符号技术的专利。这项技术沿袭了科芒德（John Kermode）的垂直"条"和"空"设计思路，扫描器通过扫描图形的中心，对条形码符号解码，而不限制条形码符号方向的朝向。由于受限于条码系统设备成本，从伍德兰获得条形码专利，到条码系统进入市场，经过了漫长时间。根据IBM的资料，全球第一次扫描条形码的操作发生在1974年6月26日的俄亥俄州特洛伊市。当时，一名收银员为购物者道森（Dawson, Clyde）扫描了10包箭牌口香糖，价格为67美分。这标志着条形码技术应用的开始。

鲁比克［匈］发明魔方　魔方，又叫魔术方块，或称鲁比克方块。1974年，匈牙利布达佩斯建筑学院鲁比克（Rubik, Ernó 1944—　　）教授发明魔方。人们最常玩的是3阶魔方，它是由富有弹性的硬塑料制成的6面正方体。核心是一个轴，并由26个小正方体（中间一层为8块，其余两层各9块）组成。包括中心方块有6个，固定不动，只有一面有颜色。边角方块（角块）有8个（3面有色）可转动。边缘方块（棱块）12个（2面有色）亦可转动。玩法是将打乱的立方体通过转动尽快恢复成六面成单一颜色。据专家估计，打乱后的图案组成可达4.3×10^{19}种。魔方受欢迎的程度可称智力游戏界的奇迹，而且它对群论和计算机科学也有深远影响。与中国人发明的"华容道"、法国人发明的"独立钻石"一同被称为智力游戏界的三大不可思议。

1975年

造纸机实现自动控制　1975年12月，美国霍尼韦尔公司（Honeywell）推出了第一套集散控制系统（DCS）–TDC 2000，使纸机自动控制成为现实。DCS以微机为核心，对生产过程进行分散控制和集中管理，从而将纸机生产各部分的控制联系在一起，组成一套完整的自动化控制系统，其应用是造纸机控制的一次飞跃，为纸机向大型化和高速化创造了条件，故也位列造纸机历史上三件大事之一。

1976年

钱宝钧［中］研制成功多功能纤维热机械分析仪　1976年，钱宝钧（1907—1996）研制成功一种新型的纤维热机械分析专用仪器。这种仪器以扭力天平为测力机构，可用于连续测定在升温过程中干态和溶胀状态纤维的热收缩、热收缩应力，也能直接测定收缩模量和拉伸模量，在国际上为首创。1982年改进为用电子分析天平为测力机构的、自动化程度较高的第Ⅱ型。在此之前探测纤维织态结构采用的是多次变换溶剂浓度的办法，这是一种扩散过程，因此敏感性差，速率较慢，精确度也不高。自多功能纤维热机械分析仪研制成功后，用溶胀示差扫描量热的方法探索纤维织态结构，从而建立了一整套溶胀热分析研究纤维织态结构的新方法。

美国巴特科尔曼公司研制成功三向织机　三向织机是织制三向织物的特种机器。三向织物通常是以两根经纱和一根纬纱为一组，两根经纱分别从左右方向与横向织入的纬纱成60°交织。1976年，美国巴特科尔曼公司研制成功TW2000型三向织机。这种织机的8个织轴均匀分置在织机上部的回转次齿轮上。除作自转以送出经纱外，并随大齿轮作公转，以使织轴上的经纱与综片处的经纱作同步运动。纬纱由刚性剑杆机构引入。为了配合经纱沿纬纱方向移动，机器使用两只开式梳形筘。三向织物应用于航空、航天和工业用品方面。

CIE1976均匀颜色空间（L*u*v*）　1976年，国际照明委员会（CIE）发布主要应用于色光表示的CIE1976（L*u*v*）空间，统一评定色差方式。一是基于改进CIE（W*U*V*）空间色差公式的不足；二是修正CIE（W*U*V*）

中W*式没有包含进去的完全反射漫射物体白物体刺激值的亮度因素；三是在不影响色差的计算下将W*式中的常数作轻微的调整；四是修正因CIE（W*U*V*）坐标（u，v）中v坐标所影响的色差计算。

CIE1976均匀颜色空间（L*a*b*） 1976年，国际照明委员会（CIE）发布主要应用于物体色表示的CIE1976（L*a*b*）空间，统一评定色差方式。主要在于为获得物体的表面色所在的位置，并可以与曼赛尔表色系统相互对应。其中L*表示其明度指数，而a*则表示红、绿指数，b*表示黄、蓝指数。当a*所在位置在空间中如为正值，显示趋向红色色相；反之，则为绿色色相。b*所在位置在空间中如为正值，显示趋向黄色色相；反之，则为蓝色色相。CIE1976均匀颜色空间广泛用于各领域产业在色彩的标示。

英国蒙纳公司推出世界上第一台激光照相排字机 1976年，英国蒙纳公司（Monotype Co.）将激光扫描技术应用到照相排字机上，制成Lasercomp型激光照相排字机作为印刷工业使用的制版设备。该机器利用电子计算机对输入文字符号进行校对和编辑处理，再通过激光扫描技术曝光成像在感光材料上。因其扫描分辨率较高，故这种照排机能较好地再现文字字形轮廓和笔锋，照排的文字质量高，字形字体比铅铸字更丰富，而且排版速度快。激光照相排字技术一经推出，很快就成为文字排版的主力军。

20世纪70年代后期

全自动洗衣机问世 20世纪70年代后期，以电脑（微处理器）控制的全自动洗衣机在日本问世，这种洗衣机在洗涤过程中采用了自动控制装置，按照预先规定的时间，用定时开关启动或停止机器、换水、排空桶内水等洗衣过程。其工作原理是：通过各种开关组成控制电路，控制电动机、进水阀、排水电磁铁及蜂鸣器的电压输出，使洗衣机实现程序运转。它的问世开创了洗衣机发展的新阶段。

20世纪80年代初

铁-铬结合鞣法的改进 20世纪80年代初，西北轻工业学院皮革研究室根据Mannich反应机理，创造了一种新的铁-铬结合鞣法。此法选用酒石酸盐作为含活泼氢的物质，使之与甲醛和胶原蛋白质中的氨基缩合，并产生如下效应：在皮胶原的相邻肽键间生成了新的交联键；在皮胶原结构中引进了额外的羧基。由于胶原的氨基被封闭，释放出更多的胶原羧。这些被引进的羧基与被释放的羧基都可以与鞣剂结合，除了产生更多的交联键外，也增加了革中鞣剂的结合量。

1981年

日本村田公司推出MJS801型喷气纺纱机　1981年11月，在日本大阪第二届国际纺织机械展览会上，日本村田（Murata）公司首次展出了MJS801型喷气纺纱机，引起世界纺织界的极大关注。该台设备有60个纺纱头，可采用38毫米（1.5英寸）以下长度的纤维纺制7～29特（20～80英支）涤/棉混纺纱，牵伸倍数为60～250倍，出条速度达到120～180米/分，机上装有手动留头装置和打结器，代替人工巡回自动接头，打成渔夫结。巡回速度达到15米/分，接一个头约需12秒。

美国西点公司批量生产喷气纺纱机　喷气纺纱是一种非传统纺纱方法。该方法利用喷射气流对牵伸后，纤维条施行假捻时，纤维条上一些头端自由纤维包缠在纤维条外围纺纱。1936年，美国杜邦公司研制出喷嘴包缠纺纱机，由于某些原因，未能进行工业化生产。1976后，日本村田公司在杜邦公司（DuPont Company）单喷嘴包缠纺技术的基础上研制喷气纺纱，至1980年试制成功。1981年，首先在美国西点公司批量生产了40台喷气纺纱机。

1982年

登肯多夫研究所成立　登肯多夫研究所（Das Denkendorfer Institut）是在罗特林根纺织工艺研究所登肯多夫原址进行扩建而成，并将斯图加特化纤和纺织化学研究所并入，形成化纤、纺织和染整研究中心。1982年7月建成完工。研究所设有化纤聚合纺丝，纺纱，织造（包括针织），机械设计和纺织化学研究室，理化试验室和实验工场。实验工场安装有1.7万纱锭、部分织机、针织机、小型化纤和染整实验设备。主要科研内容是：纤维高分子材料合成，共聚改性，高聚物熔融法、湿法和干法纺丝；化纤和天然纤维的纺织加工工艺和设备；纤维和织物的染色和化学整理；纺织测试技术，纤维结构和理化性能；医用纺织材料；污水处理和降低噪声等。登肯多夫研究所与克雷费尔德和亚琛两地区的纺织科研机构形成联邦德国的三个纺织研究中心。

选针式提花毛巾袜机研制成功　1982年，上海针织五厂吴昆义等研制出造针式提花毛巾袜机，技术性能为：针筒直径3.5英寸；机号级数8.7级以下；转速140转/分；台时产量7～9双；机械效率90%以上。采用特殊设计的起毛沉降位，提花片片踵保持20～26档，既能编织毛圈织物，又具有牵拉功能，还能控制底线在成圈时的位置。该机械提花结构简单，克服了直接选片式和间接选片式提花系统的缺陷，能够生产多种全圈与绣花复合提花袜。

1983年

溶剂鞣革的新工艺　1983年，魏庆元发明了一种溶剂鞣革的新工艺。此工艺以有机溶剂为介质，铬盐是不溶于这类溶剂的。鞣革时不再加水，故减少了废液的污染。铬盐与裸皮接触后，利用皮中残存的水分而被溶解吸收。这时铬是被硫酸根隐匿的，以阴离子形式存在，与裸皮不发生结合，故能快速渗入革内。利用该工艺，成革粒面紧密细致，不易产生松面，经济效益显著。

英国博纳斯公司开发成功电子提花机　博纳斯（Bonas）公司是世界上最早研究开发电子提花的厂商，于1983年推出第一台积极式电子提花机，后经不断改进，到1999年共推出13000台左右，在电子提花机的世界份额中占55%。该机的主要特点是：（1）车速最高可达1000r/min。（2）电子选针机构设计简易，活动部件少，唯一的活动部件是竖钩，所以磨损少，不需要添加润滑油或润滑脂，对使用环境温度要求低，环境温度在40℃时仍能正常工作。（3）电磁阀电子板采用插入法，可轻易拆卸或装上，更换方便。（4）电子提花网络系统配合控制器，可供厂内任何地方和中央电脑之间双向通讯。（5）贮存器有记忆卡、硬盘或者PCMCIA，可随用户选择。

1984年

陈维稷［中］主编《中国纺织科学技术史（古代部分）》　该书是中国第一部全面论述纺织科学技术史的专著。由中华人民共和国纺织工业部、中国科学院自然科学史研究所、国家文物事业管理局联合组织编写，著名纺织专家陈维稷（1902—1984）任主编。此书在广泛收集与研究出土文物和充分利用文献资料的基础上，对我国从原始社会到清代末期手工纺织业发展的全过程进行了历史概括，对各个历史时期的纺织原料、纺织染整加工技术、产品品种和织物组织等进行了较为系统的论述，初步形成了较完整的科技史体系。全书分三编：第一编为原始手工纺织时期，叙述了纺织技术在中国的起源；第二编为手工机器纺织形成时期，叙述了缫、纺、织、染的工艺以及完整的手工机器逐步形成的过程；第三编为手工机器纺织发展时期，叙述了纺织原料的变迁和换代，缫丝工艺与手工机器的完善，纺车和大纺车、织机特别是各类提花织机的全面发展，练、染、印、整技术及丰富多彩的织品。

1985年

新型涂料印花助剂 1985年，中国浙江宁波市化工研究所徐文娟发明新型涂料印花助剂。这种新型助剂由于加入了稀土元素，从而使其稳定性大大提高，减少火油用量；另外，还能确保纤维制品涂料印花牢度，有效地提高鲜艳度和给色量，并能减少环境污染，具有较大经济和社会效益。

1986年

大麻"松梳理"脱胶工艺 大麻是一种韧皮纤维，不经脱胶不能分离成可纺纤维，历史上曾采用水沤及碱煮方法进行脱胶处理。1986年，由中国张道臣设计的大麻"松梳理"脱胶工艺，则是采用不同量的烧碱及其他钠盐与煮炼助剂，在不同温度与时间下进行煮炼，进而达到"适度"脱胶的松梳理，以获得不同长度和细度的大麻纤维以适应纺纱需要，从而使大麻纤维能够纺较高支数的纯大麻纱，以及与羊毛、棉毛、化纤混纤纺的高支纱，因而大大提高了大麻纤维的利用价值。

1987年

美国亚特兰大纺织研究院发明静电印花机 1987年，美国亚特兰大纺织研究院发明静电印花机。静电印花机是将花纹用静电技术复制于织物上的机器。它利用反光原理，将涉及的花纹用静电效应复制于金属滚筒上，在静电场的作用下，染料和黏合剂的粒子载体根据电荷力的强弱，吸附于滚筒上的影像区域中，可以像纸张复印机一样将花纹复制于织物上。这种印花机由电脑控制，可印制三套色的织物，与传统的水溶液印花相比，可节约大量工业用水和能源，不产生"三废"，对环境保护有显著效果。

1993年

VCD影碟机的发明 1992年，在美国举办的国际广播电视技术展览会上，美国C-Cube公司展出的一项MPEG（图像解压缩）技术引起了时为中国安徽现代集团总经理姜万勐的兴趣，他凭直觉感到，用这一技术可以把图像和声音同时存储在一张小光盘上。于是他与C-Cube公司董事长孙燕生合作，共同出资在中国安徽成立了万燕公司，意在用美国MPEG技术研制视听新品。1993年，世界上第一台VCD影碟机诞生。同年9月，取名"万燕"，完全符合此前国际上正式颁布的图像压缩标准的第一批1000台VCD影碟机生产下线。VCD影碟机的出现，可以使消费者花费更少的费用，尽情享用VCD提供的丰盛的视听大餐。

国际色彩联盟成立 传统的色彩管理中，设备的颜色特性文件都是各个生产厂家根据自己的规定建立的。用这种方式直接进行颜色转换虽然可以达到较好的色彩效果，但由于输入、输出设备不同，设备的特性文件建立标准也不同，给颜色转换带来了很多不便。为了解决颜色这个问题，1993年Adobe、Agfa、Apple、Kodak、Fogra、Microsoft、Silicon Graphics、Sun Microsystem等公司发起并成立了国际色彩联盟（International Color Consortium），简称ICC，旨在推广一个开放的、供货商中立的（Vendor-Nentral）、跨平台的色彩管理系统，鼓励供货商支持ICC色彩描述格式并支持使用ICC Profile时所需的作业流程。它的成立为色彩管理系统（CMS）规定了一个国际标准，并且该联合会各成员都声称其操作系统平台或应用程序软件均支持ICC标准。该规范引入了PCS（Profile Connection Space）概念，将PCS作为标准的交换色空间，使开放色彩管理系统的实现成为可能，有效地改变了之前工业界不同色彩设备厂自有色彩管理方案的混乱状态。

以色列英迪哥（Indigo）公司推出彩色数字印刷机 1993年10月，以色列英迪哥公司首次将采用电子油墨的彩色数字印刷机推向市场，引起极大关注。这是一种真正印刷领域的彩色印刷机，在此之前彩色数字印刷机的机器面向的都是办公领域，而且其较比胶印印刷印刷质量较差。英迪哥公司初期推

Indigo XB2型四开机

出的机器型号有320mm×464mm、每小时2000印的E-Print Pro型。此外，还有配置高速数据处理功能，印刷速度达每小时4000印的TurboStream 2000型。其后几年又推出500mm×700mm、每小时2000印的XB2型四开机，使彩色数字印刷机扩展到四开幅面。

1994年

比利时赛康（Xeikon）公司推出采用干式超细墨粉彩色数字印刷机 该机是世界上首台采用干式超细墨粉电子成像技术的彩色数字印刷机，其静电成像是在特别设计的成像带上，彩色图像再从橡皮带上转移到承印物上，具有双面成像功能，可以印刷80–300g/m²的纸张，还可以承印PVC卡或不干胶材料。

Xeikon GSP 3200印刷机

意大利FOR公司推出YM2+1型粗纺梳毛机 该机的主要特点，一是宽幅、高速、高产、优质及计算机控制技术的应用，提高了自动化程序，降低了人们的劳动强度，确保成纱的优良品质；二是拥有专利权的WM2+2型杂乱梳理机构，可以获得以前采用传统粗纺梳毛机无法获得的优质、均匀、混合的杂乱型纤维网；三是具有新专利的宽带喂毛器和纤维网折叠装置，置于杂乱梳理和末道梳理机之间，生产出的折叠纤维网，几何形状规整，在纤维运动之间无折皱现象，从混合到重量均匀度都能较好地喂入末道梳理部分；四是拥有专利的杂乱梳理机和宽带喂毛器，使末道梳理仅用一个梳理段，即可

生产出优质毛纱。

1995年

意大利奔达（Panter）公司推出E4X型剑杆织机　该机与以往剑杆织机的区别是没有采用变螺距螺杆引剑机构，而是采用等螺距螺杆，使入纬时间延长至260°，同一螺杆引纬装置可适用于各种不同的筘幅。此外，还具有的特点是开口小、剑头剑带小，剑带采用芳纶材料、有润滑，织

E4X型剑杆织机

机振动小，可直接放在地面上，强化打纬轴、打纬臂和筘座，打纬部分刚性好，后梁张力系统有创新，后梁辊直径减小，减小与经纱的接触面和摩擦，扭轴加压，圆形传感器传感经纱引力。

数字直接成像印刷机DI46-4

德国海德堡公司首次推出高速直接成像印刷机　1995年，在德国杜赛尔多夫举办的国际印刷与造纸工业博览会上，德国海德堡公司首次推出引起印刷界极大关注的DI（Direct Imaging）类型数字直接成像印刷机DI46-4。这种印刷机无论是原理上还是机构上，都与传统平版印刷机有较大的不同。它采用特殊的印版材料、特殊的印刷油墨，并采用无水胶印方式进行印刷。由于没有水墨平衡问题，可提高印刷品质量的稳定性，大大节省辅助工作时间。此外，因采用特殊的印版滚筒及上版方式，一次装载的卷材类印版可提供连续35次印刷工作所需印版，而每次印版的准备时间仅需几秒钟，并可同时在四个机组的印版滚筒上直接成像。这种方式的数字直接成像印刷机不使用胶片，将制版与印刷融为一体，既节省了操作时间，又有效解决了套印问题。

瑞士苏尔寿·鲁蒂（Sulzer Rueti）公司推出M8300型多相织机　1995年，瑞士苏尔寿·鲁蒂（Sulzer Rueti）公司推出的M8300型多相织机，兼备

了喷气织机及多相开口技术的优点，在较高速度下生产平纹织物，不用贮纬器，也没有综框及钢筘。它可同时引入四根纬纱，每根纬纱都是从独立的喷嘴气流同时引入织口，其入纬率可高达5000m/min，纬纱的运动速度达到1250m/min。其经纱是通过织造转子连

M8300型多相织机

续转动的圆筒引导开口，织造转轮本身的表面弧度及其不断的转动使梭口一个个形成。而打纬则是由安装在织造转轮上两排开口元件之间的梳形筘来完成。引纬以后，因下层经纱上升将整根纬纱带离引纬通道，使处于纬纱后面的梳形筘带动这一纬纱并将其打入织口。24台M8300型织机的生产能力相当于同时期使用的100台高速单相喷气织机的生产能力。

日本村田公司推出MVS 851型涡流纺纱机 1995年，日本村田（Murata）公司在喷气纺纱机的基础上进行改进，推出适合纺纯棉的纺纱设备MVS 851型涡流纺纱机，弥补了当时同类型机器品种适应性差的不足。该机器的纺纱速度为400m/min，可用于生产支数为13～32.4tex的纯棉纱。它的核心机构是由牵伸、涡流加捻、空心锭子、卷绕四部分组成。工艺流程是：由棉条喂入并经过四罗拉牵伸机构牵伸后达到需要的纱线支数的须条。从前罗拉引出纤维被吸入喷嘴并集聚在一个钉状突出物上，钉状突出物伸入空心锭子的上口。在集聚时，纤维被针状物牵引进入空心锭子中，在集聚点纤维尾部沿喷嘴内侧在高速回转涡流的作用下升起，使纤维分离并沿着锭子旋转。当纤维被牵引到锭子内时，纤维沿着锭子的回转而获得一定捻度。因纤维束沿着锭子包缠的角度及回转角度都是可以控制的，故而实现了高速度纺纱并获得真捻。

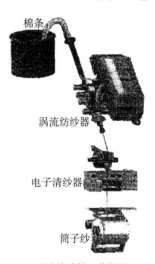

MVS涡流纺纱工艺简图

1997年

Atari 2600游戏机 Atari 2600游戏机是美国游戏开发商雅达利（Atari）在1997年10月发行的一款游戏机。这是世界上第一个可使用无限游戏软件的操作平台，它的发行改变了以前一台游戏机只能玩一两种游戏的弊端。其独到之处，一是它确立了以家用电视机作为显示器，以线缆联结的手柄作为控制单元标准系统结构的模式；二是可更换游戏的卡带。在此之前，游戏机的游戏都是固化在ROM里的，一旦玩腻了这个游戏，其主机的使用寿命也就终止了。而Atari 2600游戏机对应的卡带可以不停地翻新，使主机一直保持吸引力。Atari 2600游戏机凭借创新的设计理念和便捷的操作模式，使家用游戏机真正超越了其他玩具。1982年Atari 2600游戏机退出市场时，它引领的家用游戏机的模式概念已成功进入了人们的生活，游戏业因此而成熟起来。

1999年

德国海德堡公司推出DI74直接成像印刷机 DI74直接成像印刷机是德国海德堡公司继DI46-4直接成像印刷机之后，于1999年国际印刷业展览会（IGAS）上推出的另一款数字直接成像印刷机。该机使用热敏金属铝基印版、胶印油墨，带有润湿系统。其原理是通过Creo公司的Squarespot（TM）热成像技术，将印前处理好的数字式图像，直接传递到印刷机上的数字直接成像制版装置系统中。此系统能在多达6个机组上同时制版，总共耗时仅3.5分钟，便可完成全机四开印版的制版，并可立即开始印刷。印版的分辨力高达2400dpi。另外，由于DI74的使用特点介于复印机类型的数字式印刷机与传统

海德堡DI74直接成像印刷机

胶印机之间，具备这两种类型印刷机的一些功能，使其仍可利用传统平版印刷方式及设备，只需在各机组上加装内置40W激光器的数字直接成像装置，即可构成先进的数字直接成像印刷机，从而完成套印要求更高、速度要求更快的多色高质量印刷品。

全球第一台双夹网纸机建成投产　1999年11月，全球第一台双夹网纸机在位于美国俄克拉荷马州罗顿市的共和纸板公司（Republic Paperboard）建成投产，生产石膏板面纸。这台纸机由德国福伊特·苏尔寿（Voith Sulzer）造纸技术公司提供，采用了两台DuoFormer成形器。夹网成形的脱水能力大，设备紧凑，动力消耗低。它没有浆料自由面，所以不会限制车速，取得了长网和圆网成形器所达不到的车速。

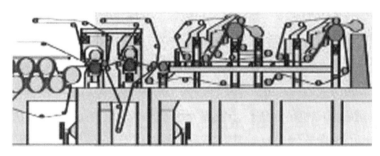

全球第一台双夹网纸机

意大利萨维奥（Savio）公司推出ORION自动络筒机　该机的机电一体化程度非常高，表现为三个方面：首先，防叠装置为电子装置；张力加压为电磁；打结循环系统为电机单独驱动。而在以前的络筒机上，这些多为制造水平和加工精度要求高，结构复杂，易损件多，调节点多，维修工作量大的机械类零部件。实现电子化后，机械类零部件被替代，上述弊端也随之消失。其次，监控内容在数量上不断扩大。以前的络筒机监控主要集中在整机运行上，而该机不仅在整机上有所发展（如品种更换），在锭节上发展更为迅猛，如筒子成形、筒子防叠、纱线张力控制、打结循环程序控制、吸风装置的负压控制等，都由计算机集中处理和调

意大利萨维奥公司生产的自动络筒机

控。再次，监控内容在质量上向纵深发展。从以前的数据统计、程序控制转为以质量控制为主。电子清纱器也从分体式改为一体化，由正常卷绕的清纱控制，到整个卷绕过程的全程控制。正是由于机电一体化程度较高，才使其络纱速度可达2000m/min。

2000年

美国施乐（Xerox）公司推出DocuColor 2000系列彩色数字印刷机　该系列彩色印刷机的主力机型有两种，一种是每小时2700印的DocuColor 2045型，另一种是每小时3600印的DocuColor 2060型。两种机型印刷精度均为600dpi，不仅应用了施乐公司独有的IBT（转印橡皮带）技术，通过将四种颜色的墨粉分别在转印橡皮带上成像，然后将彩色图像一次性转印到承印物上，具有很高的套准精度。同时还采用了施乐公司的另一项专利技术I-TRACS，它既可以对印品上的各种图像元素进行分析，对不同图像元素使用不同的网点技术，又能识别文字、线条或照片，并分别处理，大大提高了印品质量。

数码喷射印花机得到进一步发展　数码印花的生产过程是通过数字化手段，由专用的RIP软件通过对其喷印系统将专用染料（活性、分散、酸性主涂料）直接喷印到织物或其他介质上，再经过处理加工后，在纺织面料上获得所需的高精度印花产品。1995年，奥地利齐玛（Zimmer）公司率先展出用于地毯的数码喷射印花样机。由于这种机器使用阀喷技术，喷射液滴很大，分辨率很低，尚不能应用在服装面料上。2000年，随着数码技术的发展，主要采用压电式喷头，可用于服装面料的新型数码喷射印花机出现。在同年相关的国际展览会上，包括荷兰、日本、瑞士、美国、意大利等国家的公司，纷纷推出采用压电式喷头、分辨率可达360～720dpi的数码喷射印花机产品。数码印花与传统印染工艺相比有以下优势：其一，因工艺路线大大缩短，使得接单速度快，打样成本大大降低；其二，不再局限于套色的繁复和花回长度的限制，可使纺织面料实现高档印刷的印制效果；其三，可真正实现小批量、快反应的生产过程，一些产品甚至可以实现当日交货，立等可取；其四，高精度的喷印过程中不用水、不用色浆，印制过程中没有污水产生。

参考文献

［1］菅井準一，等.科学技術史年表［M］.東京：平凡社，1953.

［2］中山秀太郎.技術史入門［M］.東京：オーム社，1979.

［3］岩波书店编集部.岩波西洋人名辞典：増补版［M］.東京：岩波書店，1981.

［4］藪内清.科学史からみた中国文明［M］.東京：NHKブクス，1982.

［5］伊东俊太郎，等.科学史技術史事典［M］.東京：弘文堂，1983.

［6］［德］吕贝尔特.工业化史［M］.戴鸣钟，译.上海：上海译文出版社，1983.

［7］陈维稷.中国纺织科学技术史：古代部分［M］.北京：科学出版社，1984.

［8］［日］伊东俊太郎.简明世界科学技术史年表［M］.姜振寰，等译.哈尔滨：哈尔滨工业大学出版社，1984.

［9］［法］布瓦松纳.中世纪欧洲生活和劳动［M］.潘源来，译.北京：商务印书馆，1985.

［10］David Abbot. The Biographical Dictionary of Scientists（Engineers and Inventors）［M］. London：Frederick Muller Ltd.，1985.

［11］［苏］普罗霍罗夫.苏联百科辞典［M］.北京：中国大百科全书出版社，1986.

［12］城阪俊吉.科学技術史の裏通り［M］.東京：日刊工業新聞社，1988.

［13］中国大百科全书总编辑委员会.中国大百科全书［M］.北京：中国大百科全书出版社，1990.

［14］赵红州.大科学年表［M］.长沙：湖南教育出版社，1992.

［15］张文彦，等.自然科学大事典［M］.北京：科学技术文献出版社，1992.

［16］中国近代纺织史编委会.中国近代纺织史［M］.北京：中国纺织出版社，1997.

［17］郭建荣.中国科学技术年表（1582—1990）［M］.北京：同心出版社，1997.

［18］董光璧.中国近现代科学技术史［M］.长沙：湖南教育出版社，1997.

［19］［法］保尔·芒图.十八世纪产业革命［M］.杨人梗，等译.北京：商务印书馆，1997.

［20］［英］亚·沃尔夫.十六、十七世纪科学、技术与哲学史［M］.周昌忠，等译.北京：商务印书馆，1997.

［21］［英］亚·沃尔夫.十八世纪科学、技术与哲学史［M］.周昌忠，等译.北京：商务印书馆，1997.

［22］金秋鹏.中国科学技术史：人物卷［M］.北京：科学出版社，1998.

［23］朱根逸.简明世界科技名人百科事典［M］.北京：中国科学技术出版社，1999.

［24］［英］彼得·詹姆斯.世界古代发明［M］.颜可维，译.北京：世界知识出版社，1999.

［25］［美］拉尔夫，等.世界文明史［M］.赵丰，等译.北京：商务印书馆，1999.

［26］［美］乔治·巴萨拉.技术发展简史［M］.周光发，译.上海：复旦大学出版社，2000.

［27］［法］安田朴.中国文化西传欧洲史［M］.耿升，译.北京：商务印书馆，2000.

［28］吴熙敬.中国近现代技术史［M］.北京：科学出版社，2000.

［29］许良英，李佩珊，等.20世纪科学技术简史［M］.北京：科学出版社，2000.

［30］James Trefil. The Encyclopedia of Science and Technology［M］. London：Routledge，2001.

［31］城阪俊吉.エレクトロニスを中心とした年代別科学技術史［M］.東京：日刊工業新聞社，2001.

［32］姜振寰.世界科技人名辞典［M］.广州：广东教育出版社，2001.

［33］Robert Uhlig. James Dyson's History of Great Inventions［M］. London：Robinson Publishing，2002.

［34］赵承泽.中国科学技术史：纺织卷［M］.北京：科学出版社，2002.

［35］杜石然.中国科学技术史：通史卷［M］.北京：科学出版社，2003.

［36］张文彦.世界科技名人辞典［M］.上海：中华地图学社，2005.

［37］［英］辛格，威廉姆斯，等.技术史［M］.陈昌曙，姜振寰，等译.上海：上海科技教育出版社，2005.

［38］张秀民.中国印刷史：插图珍藏增订版［M］.杭州：浙江古籍出版社，2006.

［39］《20世纪发明发现》编委会编.20世纪发明发现［M］.北京：科学技术文献出版

社，2006.

　　［40］艾素珍，宋正海.中国科学技术史：年表卷［M］.北京：科学出版社，2006.

　　［41］王菊华.中国古代造纸工程技术史［M］.太原：山西教育出版社，2006.

　　［42］［英］彼得·惠特菲尔德.彩图世界科技史［M］.繁奕祖，等译.北京：科学普及出版社，2006.

　　［43］［英］英利萨·罗斯纳.科学年表［M］.郭元林，等译.北京：科学出版社，2007.

　　［44］潘吉星.中国造纸史［M］.上海：上海人民出版社，2009.

　　［45］［美］乔利昂·戈达德.科学与发明简史［M］.迟文成，等译.上海：上海科学技术文献出版社，2011.

　　［46］何堂坤.中国古代手工业工程技术史［M］.太原：山西教育出版社，2012.

事项索引

动力织机　1785

冻绿染色　约420—480

铜版印刷　1627

独立钻石游戏　1789

杜邦公司　1802

端砚　7世纪

多锭蚕丝捻线车　15世纪

多锭大纺车　1313

多向立体织物　20世纪60年代

多综多蹑织机　B.C.1世纪

E

蒽醌还原染料　1901

二型醋酯纤维　1921

F

发绣　11世纪

法兰绒　18世纪

方观承［中］撰《棉花图》　1765

仿真绣　1915

纺轮　B.C.5400—B.C.5100

纺织工程学会　1954

纺织染传习所　1912

纺织研究院　1946

飞棒狩猎　B.C.6000

飞梭机构　1733

鲱鱼贮藏方法　约1330

分散染料　1924

酚醛塑料　1907

丰田织机　1897

风琴　1810

蜂蜜　约10000年前

缝纫机　1846，1851，1854，1891，1971

缝纫机针　1834

伏达电堆　1800

伏特加酒　14世纪

服装号型　1933

浮法玻璃　1952

复印机　1938

G

干燥凝聚　1946

甘肃织呢局　1880

甘油　1779

甘蔗制糖　B.C.325

钢琴式排字机　1840

高湿模量纤维　20世纪50年代

锆鞣法　1933

割绒织机　1857

葛织物　B.C.4300—B.C.4000

铬鞣法理论　1858

铬-铁结合鞣革法　1930

铬盐二浴鞣制法　1884

铬盐一浴鞣制法　1893

改良蚕种-青桂　1898

工业标准化　1931

古登堡博物馆　1900

谷氨酸　1866

骨针　约16000年前

钴蓝色玻璃　1540

固体燃料灶具　1924

管风琴　B.C.245

罐头食品　1804

光导纤维　1966

光电池　1888

光学玻璃　1768，19世纪

自动毛巾织机　19世纪50年代

自动喂毛机　1876

自动抓棉机　1962

自来水笔　1884

自拈纺纱　1962

自行车　1861，1871

走锭纺纱机　1779

走马灯　12世纪初

最早的毛笔实物　B.C.4世纪

最早的丝织物残片　B.C.5000—B.C.3000

最早的印刷机　1450

最早的织锦实物　B.C.10世纪

人名索引

A

阿查德 Achard，F.K.［德］　1801

阿克莱特 Arkwright，R.［英］　1769

阿库姆 Accum，F.［英］　1820

阿蒙顿 Amontons，G.［法］　18世纪

阿佩特 Appert，N.［法］　1679，1804

爱迪生 Edison，Th.A.［美］　1877，1879，
1900

奥伯里格 Obrig，Th.［美］　1887

奥德马尔 Audemars，G.［瑞］　1855

奥斯瓦尔特 Ostwald，F.W.［德］　1944

B

巴本 Papin，D.［法］　1679

巴斯德 Pasteur，L.［法］　1804，1865

巴苏斯 Bassus，C.［希］　B.C.6世纪

拜耳 Baeyer，A.［德］　1878，1907

宝玑 Breguet，A.［瑞］　1812，1823

保罗 Paul，L.［英］　1738

波美 Baume，A.［法］　1771

贝尔 Bell，A.G.［美］　1876

贝克兰 Baekeland，L.H.［美］　1907

贝特尔森 Berthelsen，S.E.［丹］　1937

毕昇［中］　1041，1103

波恩 Bourn，D.［英］　1748

伯克尔松 Beukelszoon，W.［法］　约1330

伯克勒尔 Bockler，G.A.［德］　1662

伯特 Burt，W.A.［美］　1829

伯特格尔 Bottger，J.F.［德］　1713

博登 Borden，G.［美］　1853

博恩 Bohn，R.［德］　1901

布鲁斯 Bruce，D.［美］　1838

布乔 Bouchon，B.［法］　1725

布斯 Booth，H.C.［英］　1901

C

蔡伦［中］　105，353，404

陈启沅［中］　1873

K

卡尔森 Carlson，C.F.〔美〕 1938

卡罗瑟斯 Carothers，W.H.〔美〕 1935

卡特赖特 Cartwright，E.〔英〕 1785

凯 Kay，J.〔英〕 1733

凯尼格 Koening，F.〔英〕 1811

康特 Conté，N.J.〔法〕 1795

柯万 Cowen，J.L.〔美〕 1898

克莱默 Clymer，G.〔美〕 1813

克朗普顿 Crompton，S.〔英〕 1779

克劳德 Claude，G.〔法〕 1910

克雷恩 Crane，J.〔英〕 1775

克利克 Klíč，K.〔捷〕 1894

克劳斯 Cross，C.F.〔英〕 1891

肯尼迪 Kennedys，E.S.〔美〕 1971

库克沃西 William，C.〔英〕 1768

L

拉瓦尔 Laval，G.G.P.〔典〕 1877，1890

比罗 Bíró，L.J.〔匈〕 1938

兰斯顿 Lanston，T.〔英〕 1887

朗瑞斯 Langstroth，L.L.〔美〕 1853

雷文斯克罗夫特 Ravenscroft，G.〔英〕 1675

李时珍〔中〕 约9世纪末，1590

利伯曼 Liebermann，C.Th.〔德〕 1868，1869

列奥米尔 Reaumur，R.A.F.〔法〕 18世纪

林耐 Linné，C.〔典〕 18世纪

林启〔中〕 1897

楼璹〔中〕 12世纪

卢瑟福 Rutherford，D.〔苏格兰〕 18世纪

鲁贝尔 Rubel，I.W.〔美〕 1904

鲁比克 Rubik，E.〔匈〕 1974

陆羽〔中〕 7世纪，约780

伦德斯特姆 Lundström，J.E.〔典〕 1855

罗伯特 Robert，L.N.〔法〕 1805

M

马格拉夫 Marggraf，A.S.〔德〕 1747，1801

马钧〔中〕 3世纪

马凯 Macquer，P.J.〔法〕 1704—1710，1761

马礼逊 Morrison，R.〔英〕 1807

马里森 Marrison，W.〔美〕 1927

马森布洛克 van Musschenbroek，P.〔荷〕 18世纪

曼比 Manby，G.W.〔英〕 1816

蒙 Moon，P.H.〔美〕 1944

梅斯特拉尔 Mestral，G.〔瑞〕 1956

孟塞尔 Munsell，A.H.〔美〕 1944

米勒 Müller，A.〔德〕 1887

默根特勒 Mergenthaler，O.〔美〕 1885

N

尼科尔森 Nicholson，W.〔英〕 1790

牛顿 Newton，S.〔英〕 1666

诺斯勒普 Northrop，J.H.〔美〕 1895

O

欧文斯 Owens，M.J.〔美〕 1898

P

帕金 Perkin，W.H.〔英〕 1856，1857

帕金斯 Perkins，J.〔美〕 1851

彭泽益〔中〕 1957

普里斯特利 Priestly，J.〔英〕 1772

普罗然 Progin, X. ［法］ 1833

Q

钱宝钧［中］ 1976

秦观［中］ 11世纪，12世纪，1313

R

任大椿［中］ 18世纪

S

塞内费尔德 Senefelder, A. ［德］ 1796

赛根 Siegen, L. ［德］ 17世纪

舍勒 Scheele, C.W. ［瑞］ 1779

摄尔修斯 Celsius, A. ［典］ 18世纪

沈寿［中］ 1915，1919

胜家 Singer, I.M. ［美］ 1851

舒尔兹 Schultz, A. ［德］ 1884

斯宾塞 Spencer, P.L. ［美］ 1947

斯宾塞 Spencer, D.E. ［美］ 1944

斯泰尔斯 Stiles, W.S. ［英］ 1964

斯坦厄普 Stanhope, C.S. ［英］ 1798

斯特劳斯 Strauss, L. ［美］ 1873

斯瓦杜 Svaty, V. ［捷］ 1959

宋应星［中］ 约295—300，533—544，
　　12世纪初，1637

孙廷铨［中］ 1665

索尔维 Solvay, E. ［比］ 1859

索里亚 Sauria, C. ［法］ 1844

索普 Thorp, J. ［美］ 1828

T

塔尔博特 Talbot, W.H.F. ［英］ 1852，
　　1860

泰南特 Tennant, C. ［英］ 1799

唐金 Donkin, B. ［英］ 1805

托马斯 Thomas, S.G. ［英］ 1880

托希 Tuohy, K. ［美］ 1887

W

王祯［中］ 12世纪初，12世纪，1298，
　　1313，1639

威尔逊 Wilson, A.B. ［美］ 1851，1854

威特勒 Wichterle, O. ［捷］ 1887

韦奇伍德 Wedgwood, J. ［英］ 1782，18
　　世纪

维森塔尔 Wiesenthal, C.F. ［英］ 1755

卫杰［中］ 1894

温菲尔德 Whinfield, J.R. ［英］ 1940

沃康松 Vaucanson, J. ［法］ 1745，1799

沃克 Walker, J. ［英］ 1855

沃特曼 Waterman, L.E. ［美］ 1884

伍德兰德 Woodland, N.J. ［美］ 1974

X

希弗尔 Silver, B. ［美］ 1974

夏尔多内 Chardonnet, H.B. ［法］ 1889

肖尔斯 Sholes, C.L. ［美］ 1876

徐光启［中］ 12世纪初，1639

薛景石［中］ 1261

薛南溟［中］ 1896

Y

严嵩［中］ 16世纪

严中平［中］ 1942

扬 Young, Th. ［英］ 1801

杨岫［中］ 1742

杨守玉［中］ 20世纪20年代

耶尔 Yale, L. ［美］ 1848

伊顿 Itten, J.［瑞］　1961

伊文思 Evans, O.［美］　1785

Z

詹克斯 Jenks, A.［美］　1830

张謇［中］　1912, 1919

周舜卿［中］　1896

朱启钤［中］　1625, 1930

宗卡 Zonca, V.［意］　1621

左伯［中］　185

编后记

　　本书依据主编姜振寰先生为《世界技术编年史》制定的编写体例，收录了自远古至2000年为止的轻工和纺织技术的重要事项。全书内容分为概说、事项和索引三部分。其中的概说部分，分别将远古—1900年以及1901—2000年期间的社会文化与科学技术情况作了简要地阐述；事项部分则按时间顺序排列，将远古—2000年间重要的、影响较大的技术事例予以具体介绍；最后的索引，包括事项索引和人名索引，所编写的事项和人名仅指每个条目中的事项和人名，没有编写条目中所涉及的事项和人名；每个事项和人名后标注其出现的年代。

　　本书由赵翰生进行全书的规划、事项的选定和统、校、定稿。中国科学院自然科学史研究所刘辉、北京电子科技职业学院田方参与了编写初稿工作。编写时除了参考书中所列"参考文献"外，还参考了"百度百科""百度文库""知网""豆丁网""互动百科""维基百科"等网站中所转载的文献资料。所选插图除注明外，主要选自本书后的参考文献以及百度、谷歌、维基等网站。在此一并致谢！

　　由于全书涉及的内容广泛，差错不足之处可能很多，特别是20世纪期间，新技术层出不穷，我们专业水平有限，难免遗漏很多重要事项，只能冀望读者批评指正，再版时修正和补充。